军工产品研制管理丛书

军工产品研制
技术文件编写范例

梅文华 王 勇 王淑波 孙 林 杨蕊琴 编

国防工业出版社

·北京·

内 容 简 介

本书提供了军工产品研制技术文件编写的一些范例，内容与《军工产品研制技术文件编写指南》《军工产品研制技术文件编写说明》相对应，既可配套使用，又可独立使用，是指导军工产品研制过程中编写相关技术文件的一本实用工具书，对规范技术文件内容、提高技术文件质量、完善设计开发过程，具有重要的应用价值。

本书可供从事军工产品论证验证人员、研制生产人员、型号管理人员参考使用。

图书在版编目(CIP)数据

军工产品研制技术文件编写范例/梅文华等编. —北京：国防工业出版社，2022.6 重印
ISBN 978-7-118-10564-3

Ⅰ.①军… Ⅱ.①梅… Ⅲ.①国防工业—工业产品—研制—文件—编制—范文 Ⅳ.①F407.486.3

中国版本图书馆 CIP 数据核字(2015)第 301202 号

※

国防工业出版社出版发行
(北京市海淀区紫竹院南路 23 号　邮政编码 100048)
三河市腾飞印务有限公司印刷
新华书店经售

*

开本 710×1000　1/16　印张 43¼　字数 786 千字
2022 年 6 月第 1 版第 4 次印刷　印数 8001—10000 册　定价 200.00 元

(本书如有印装错误，我社负责调换)

国防书店：(010)88540777　　　发行邮购：(010)88540776
发行传真：(010)88540755　　　发行业务：(010)88540717

序 言

60年来，我国武器装备的研制，走过了一个由仿制、合作到自主创新，由"有什么武器打什么仗"到"打什么仗研制什么武器"的发展历程。我国武器装备也开始进入了一个跨越式发展阶段，大量新型武器装备陆续问世。

随着国民经济和科学技术的快速发展，武器装备的科技含量越来越高，武器装备系统也越来越复杂。军工产品设计、生产、管理的每一个环节都关系到产品的性能和质量。提高装备质量，规范武器装备研制过程，是从事军工产品论证、研制、试验和管理的人员面临的一个重大课题。为此陆续颁发了相关的国家军用标准，对规范军工产品研制过程，提高军工产品技术质量，起到了重要的推动作用。

在军工产品研制过程中，国防工业部门贯彻执行有关军工产品研制的国家军用标准，积累了一定的经验，但是，由于各个单位重视程度不同，理解上存在差异，加上研发人员不断更替，这些国家军用标准的执行情况并不尽如人意，造成有些军工产品在定型时仍然存在各种各样的问题。

为了更好地规范军工产品研制过程，提高军工产品技术质量，空军装备部组织一批长期从事军工产品研制和管理的专家学者，在总结工作经验和教训的基础上，依据国家标准、国家军用标准和有关文件规定，编写了《军工产品研制管理丛书》。

《军工产品研制管理丛书》的编写目标是作为指导军工产品研制与管理的一套实用参考书，力求全面系统，深入浅出，并给出了典型的范例。本丛书实用性强，各册既具有相对独立性，可独立使用，又具有一定的联系，可结合起来阅读。希望丛书的出版发行，能对规范研制过程，降低研制风险，提高研制质量，促进人才成长，作出一些贡献。

中国工程院院士

2010 年 10 月 15 日

前 言

军事装备的跨越式发展,对军工产品的技术和质量提出了更高的要求。为了规范军工产品研制过程,提高军工产品技术质量,空军装备部组织编写了《军工产品研制管理丛书》。

本书是《军工产品研制技术文件编写范例》,内容与《军工产品研制技术文件编写指南》《军工产品研制技术文件编写说明》相对应,既可配套使用,又可独立使用,是指导军工产品研制过程中编写相关技术文件的一本实用工具书,对规范技术文件内容、提高技术文件质量、完善设计开发过程,具有重要的应用价值。

本书选用了研制方案评审和设计定型审查时一些常用技术文件的示例,鉴于《研制方案》《技术说明书》《使用维护说明书》等技术文件与实际武器装备密切相关,因保密原因,本书未提供这几个常用技术文件的示例。为了方便读者阅读,对于每个技术文件,同时提供了《军工产品研制技术文件编写指南》《军工产品研制技术文件编写说明》中的相关内容,即每个技术文件按照编写指南、编写说明、编写示例分别介绍。

不同的技术文件可能含有相同的内容,如《设计定型审查意见书》《设计定型申请》《研制总结》都有产品简介和设计定型试验概况,为保持技术文件编写示例的完整性,本书中都予以重复说明,没有省略,工程技术人员可以在确保各技术文件之间协调一致的基础上,根据技术文件的特点进行适当精简或充实,如在《研制总结》中应当更加详细一些,在《设计定型申请》和《设计定型审查意见书》中更加精炼一些。每个编写示例中的插图和表格从 1 开始独立编号,便于工程技术人员参考使用。编写示例中的说明性文字在括号中使用楷体标识。

需要说明的是,本书给出的技术文件编写示例,主要针对常规武器装备,有的甚至是航空武器装备,不一定适合所有军工产品。读者在撰写技术文件时,应根据产品类型和产品特点,进行相应调整。

本书适用于从事军工产品论证验证人员、研制生产人员、型号管理人员使用。"他山之石,可以攻玉",作者期望本书的出版能够为广大读者提供有益的参考。值得强调的是,作者编写本书的初衷是希望读者通过使用本书完善军工产品研制工作,同时撰写出高水平的技术文件。读者绝不能为了应付评审和审查照抄技术文件编写范例的内容,而实际上却并没有按照武器装备研制程序开展相关工作。只有熟悉法规和标准，按照法规和标准要求开展相应的工作，才能编写出高水平的技术文件，达到完整、准确、协调、规范的要求。

本书由梅文华、王勇、王淑波、孙林、杨蕊琴编写，由梅文华统稿。

本书作者感谢海军装备部、空军装备部、空军装备研究院航空装备研究所、中国电子科技集团公司第十研究所、中国航空综合技术研究所等单位领导的支持。感谢王越院士、王小谟院士的指导。感谢彭力、王方、贾志波、黄宏诚、李冬炜、纪敦、徐凤金、董欧、张令波、景堃、罗乖林、侯建、全力民、殷世龙、毕国楦、齐红德、苏东林、陈尧、王欣、程丛高、王光芦、陈丹明、张铮、程德斌、高梦娟、吴文婷等同志的帮助。

由于作者水平有限，书中缺点和不足在所难免，欢迎批评指正。修改意见和建议烦请寄至 wenhuamei@sina.com。

编 者

2015 年 8 月

目 录

范例 1　设计定型审查意见书 ·· 1
  1.1　编写指南 ··· 1
  1.2　编写说明 ··· 1
  1.3　编写示例 ··· 4
    1.3.1　设计定型审查意见书 ··· 4
    1.3.2　软件定型审查意见书 ··· 14
    1.3.3　设计鉴定审查意见 ·· 18

范例 2　设计定型申请 ·· 21
  2.1　编写指南 ··· 21
  2.2　编写说明 ··· 22
  2.3　编写示例 ··· 24

范例 3　研制总结 ··· 33
  3.1　编写指南 ··· 33
  3.2　编写说明 ··· 33
  3.3　编写示例 ··· 40

范例 4　军事代表对军工产品设计定型的意见 ························ 59
  4.1　编写指南 ··· 59
  4.2　编写说明 ··· 60
  4.3　编写示例 ··· 61

范例 5　质量保证大纲（质量计划） ······································ 68
  5.1　编写指南 ··· 68
  5.2　编写说明 ··· 68
  5.3　编写示例 ··· 77

范例 6　质量分析报告 ·· 94
  6.1　编写指南 ··· 94
  6.2　编写说明 ··· 94
  6.3　编写示例 ··· 102

范例 7　标准化大纲 ··· 132
  7.1　编写指南 ··· 132

7.2 编写说明 ·· 132
　　7.3 编写示例 ·· 141

范例 8　标准化工作报告 ··· 158
　　8.1 编写指南 ·· 158
　　8.2 编写说明 ·· 159
　　8.3 编写示例 ·· 161

范例 9　标准化审查报告 ··· 173
　　9.1 编写指南 ·· 173
　　9.2 编写说明 ·· 173
　　9.3 编写示例 ·· 175

范例 10　可靠性工作计划(可靠性大纲) ································· 178
　　10.1 编写指南 ··· 178
　　10.2 编写说明 ··· 178
　　10.3 编写示例 ··· 179

范例 11　软件开发计划 ·· 207
　　11.1 编写指南 ··· 207
　　11.2 编写说明 ··· 207
　　11.3 编写示例 ··· 213

范例 12　软件配置管理计划 ·· 229
　　12.1 编写指南 ··· 229
　　12.2 编写说明 ··· 229
　　12.3 编写示例 ··· 232

范例 13　软件质量保证计划 ·· 240
　　13.1 编写指南 ··· 240
　　13.2 编写说明 ··· 240
　　13.3 编写示例 ··· 242

范例 14　软件测试计划 ·· 251
　　14.1 编写指南 ··· 251
　　14.2 编写说明 ··· 251
　　14.3 编写示例 ··· 255

范例 15　软件测试报告 ·· 269
　　15.1 编写指南 ··· 269
　　15.2 编写说明 ··· 269
　　15.3 编写示例 ··· 271

范例16 软件定型测评大纲 278
- 16.1 编写指南 278
- 16.2 编写说明 278
- 16.3 编写示例 281

范例17 软件定型测评报告 300
- 17.1 编写指南 300
- 17.2 编写说明 300
- 17.3 编写示例 303

范例18 软件配置管理报告 322
- 18.1 编写指南 322
- 18.2 编写说明 322
- 18.3 编写示例 324

范例19 软件质量保证报告 329
- 19.1 编写指南 329
- 19.2 编写说明 329
- 19.3 编写示例 330

范例20 软件研制总结报告 341
- 20.1 编写指南 341
- 20.2 编写说明 341
- 20.3 编写示例 344

范例21 产品规范 354
- 21.1 编写指南 354
- 21.2 编写说明 354
- 21.3 编写示例 372

范例22 设计定型基地试验大纲 395
- 22.1 编写指南 395
- 22.2 编写说明 395
- 22.3 编写示例 398
  - 22.3.1 设计定型基地试验大纲 398
  - 22.3.2 设计定型功能性能试验大纲 404
  - 22.3.3 设计定型电磁兼容性试验大纲 418
  - 22.3.4 设计定型环境鉴定试验大纲 448
  - 22.3.5 设计定型可靠性鉴定试验大纲 481

范例23 设计定型基地试验报告 498
- 23.1 编写指南 498

23.2 编写说明 ··· 498
23.3 编写示例 ··· 500
　　23.3.1 设计定型基地试验报告 ······························ 500
　　23.3.2 设计定型环境鉴定试验报告 ·························· 506
　　23.3.3 设计定型可靠性鉴定试验报告 ························ 531

范例24 设计定型部队试验大纲 ································ 547
24.1 编写指南 ··· 547
24.2 编写说明 ··· 547
24.3 编写示例 ··· 560

范例25 设计定型部队试验报告 ································ 575
25.1 编写指南 ··· 575
25.2 编写说明 ··· 575
25.3 编写示例 ··· 585

范例26 重大技术问题攻关报告 ································ 597
26.1 编写指南 ··· 597
26.2 编写说明 ··· 597
26.3 编写示例 ··· 598

范例27 可靠性维修性测试性保障性安全性评估报告 ············ 602
27.1 编写指南 ··· 602
27.2 编写说明 ··· 602
27.3 编写示例 ··· 605

范例28 电磁兼容性评估报告 ·································· 625
28.1 编写指南 ··· 625
28.2 编写说明 ··· 625
28.3 编写示例 ··· 630

范例29 价值工程和成本分析报告 ······························ 646
29.1 编写指南 ··· 646
29.2 编写说明 ··· 646
29.3 编写示例 ··· 650

范例30 设计定型录像片解说词 ································ 665
30.1 编写指南 ··· 665
30.2 编写说明 ··· 666
30.3 编写示例 ··· 669

参考文献 ·· 673

范例1 设计定型审查意见书

1.1 编写指南

1. 文件用途

《设计定型审查意见书》是全面评定产品是否符合设计定型标准和要求的评价性文件,是军工产品定型委员会审批产品设计定型的重要依据。

GJB 1362A—2007《军工产品定型程序和要求》将《设计定型审查意见书》列为设计定型文件之一。

2. 编制时机

在设计定型审查会上,由设计定型审查组讨论通过,审查组全体成员签署。

3. 编制依据

主要包括:产品立项批复文件,研制总要求,研制任务书,研制合同,研制计划,设计定型基地试验大纲,设计定型基地试验报告,设计定型部队试验大纲,设计定型部队试验报告,软件定型测评大纲,软件定型测评报告,重大技术问题攻关报告,军事代表对设计定型的意见,设计定型审查组对产品进行的性能测试、设计定型文件资料审查结果,GJB 1362A—2007《军工产品定型程序和要求》,GJB/Z 170.2—2013《军工产品设计定型文件编制指南 第2部分:设计定型审查意见书》等。

4. 目次格式

按照GJB/Z 170.2—2013《军工产品设计定型文件编制指南 第2部分:设计定型审查意见书》编写。

GJB/Z 170.2—2013 规定了《设计定型审查意见书》的编制内容和要求。

1.2 编写说明

1 审查工作简况

主要包括:组织设计定型审查的依据、审查时间、审查地点、参加单位、代表数量、审查工作的程序及内容等,并附审查意见汇总表。

2 产品简介

主要包括:产品的使命任务(或主要用途)、组成、主要承研承制单位及分工情况、技术特点等。

3 产品研制概况

简要叙述产品研制过程,包括论证阶段、方案阶段、工程研制阶段、设计定型阶段等研制阶段的起止时间、主要工作内容及完成情况。

4 设计定型试验概况

4.1 基地试验

主要包括:试验依据、承试单位、试验时间及地点、主要试验内容、试验结论、主要意见与建议等。

4.2 部队试验

主要包括:试验依据、承试部队、试验时间及地点、主要试验内容、试验结论及对产品的评价、主要意见与建议等。

4.3 软件定型测评

主要包括:测评依据、测评机构、测评时间、主要测试内容、测评结论及定型版本号等。

5 主要问题及解决情况

5.1 工程研制阶段

主要包括:工程研制阶段出现的影响安全、主要战术技术指标、研制进度等的技术质量问题及归零情况。

5.2 设计定型阶段

主要包括:设计定型阶段出现的故障总数量、主要问题及归零情况。

6 产品战术技术指标达到情况

依据设计定型试验结论,对照研制总要求,以表格形式给出产品主要战术技术指标要求及使用要求、实测值、数据来源、考核方式及符合情况。

表格可列在文中,也可视情以附表的形式给出,具体格式见表1.1。

表1.1 产品主要战术技术指标符合性对照表

序号	指标章条号	要求	实测值	数据来源	考核方式	符合情况

注:1. 指标章条号沿用研制总要求(或研制任务书、研制合同)原章条号;
　　2. 要求是指战术技术指标及使用性能要求;
　　3. 数据来源栏填写实测值引自的相关报告、文件,如基地试验报告、仿真试验报告等;
　　4. 考核方式栏可填试验验证、理论分析、数学仿真/半实物仿真、综合评估等。

7 设计定型文件审查情况

主要包括：审查的依据、方式、文件的类别和数量，以及对设计定型文件的完整性、规范性、准确性的总体评价。

8 配套设备、原材料、元器件保障情况

主要包括：

a) 产品配套是否齐全，能独立考核的配套设备、部件、器件、原材料、软件等是否完成逐级考核，关键工艺是否完成考核；

b) 配套设备、部件、器件、原材料的质量是否可靠，是否具有稳定的供货来源；

c) 产品选用进口电子元器件的使用比例、安全性等，与相关规定要求的符合情况。

9 小批量生产条件准备情况

对于需要进行小批量生产的产品，应当概述试制和小批量生产的准备情况。

10 存在问题的处理意见

产品尚存在的问题及其处理意见。如无问题亦应明确指出。若存在不符合项目，应单独说明原因，并分析对产品使用的影响。

11 对生产定型条件和时间的建议

对于需要进行生产定型的产品，应当提出生产定型的条件和时间建议。

12 产品达到设计定型标准和要求的程度及审查结论意见

依据《军工产品定型工作规定》和 GJB 1362A—2007 中相关要求，对以下内容给出审查意见：

a) 产品性能是否达到批准的研制总要求和规定的标准；

b) 产品是否符合全军装备体制、装备技术体制和通用化、系列化、组合化要求；

c) 设计图样（含软件源程序）和相关文件资料是否完整、准确，软件文档是否符合相关规定；

d) 产品配套是否齐全，能独立考核的配套设备、部件、器件、原材料、软件等是否已完成逐级考核，关键工艺是否已通过考核；

e) 配套产品质量是否可靠，是否具有稳定的供货来源；

f) 承研承制单位是否具备国家认可的装备研制生产资格。

对于大型装备，可按条目分节描述；对于配套产品可合并描述；含配套软件的产品应当给出软件（含版本号）是否满足《军用软件产品定型管理办法》的结论性意见；对于出现过重大技术质量问题的产品，应当概述其归零结论；对于尚存在遗留问题的产品应给出是否影响定型工作的结论，不存在遗留问题亦应明确说明。

给出审查结论,通常采用以下方式:

a) 产品符合军工产品设计定型标准和要求,通过设计定型审查,建议批准设计定型;

b) 产品不符合军工产品设计定型标准和要求,建议产品研制单位解决存在的问题后,重新申请设计定型。

1.3 编写示例

1.3.1 设计定型审查意见书

×××(产品名称)设计定型审查意见书

××军工产品定型委员会(二级定委名称):

20××年××月××日至××日,×××(二级定委办公室)在×××(会议地点)组织召开了×××(产品名称)设计定型审查会议。参加会议的有一级定委专家委、×××(相关机关)、×××(相关部队)、×××(研制总要求论证单位)、×××(军队其他有关单位)、×××(军事代表机构)、×××(承试单位)、×××(本行业和相关领域的单位)、×××(承研单位)、×××(承制单位)等××个单位××名代表(附件2)。会议成立了以×××(军队主管机关)为组长单位、×××(工业部门主管机关)为副组长单位的设计定型审查组(附件3),观看了×××(产品名称)设计定型录像片,听取了×××(承研单位)作的《×××(产品名称)研制总结》、《×××(产品名称)质量分析报告》、《×××(产品名称)标准化工作报告》,×××(承制单位)作的《×××(产品名称)试制总结》,×××(承试单位)作的《×××(产品名称)设计定型基地试验报告》,×××(承试部队)作的《×××(产品名称)设计定型部队试验报告》,×××(总体单位)作的《×××(产品名称)装机成品使用评议书》,×××(驻承制单位军事代表室)作的《军事代表对×××(产品名称)设计定型的意见》,文件资料审查组作的《×××(产品名称)设计定型文件资料审查意见》。审查组依据《军工产品定型工作规定》和 GJB 1362A—2007《军工产品定型程序和要求》,对照总装备部装军〔××××〕×××号文批复的《×××(产品名称)研制总要求》,审查了设计定型文件,对×××(产品名称)的研制、试验和小批量生产准备情况进行了全面审查,并重点围绕战术技术指标和使用要求符合性、研制过程中暴露的技术质量问题解决情况以及涉及部队使用、维护保障等方面的问题进行了质询和讨论,现将有关情况报告如下。

一、产品简介

×××(产品名称)是"×××工程"重要装备,是我国自主研制的×××。

20××年××月,总装备部装计〔××××〕×××号《关于×××(产品名称)研制立项事》批准研制立项。×××(承研单位)为承研单位,×××(承制单位)为试制单位,×××(承试单位)为设计定型基地试验责任单位,×××(承试部队)为设计定型部队试验责任单位。20××年××月,总装备部装军〔××××〕×××号《关于×××研制总要求事》批复×××(产品名称)研制总要求,并按照装备命名规定,命名为×××,型号代号×××,简称×××,为×级军工产品。首装×××平台,适用于×××、……、×××等平台。

×××(产品名称)主要使命任务是×××,具有×种典型作战使用模式:
a) ×××使用模式,用于×××;
b) ×××使用模式,用于×××;
……

×××(产品名称)具有下列主要功能:
a) ×××;
b) ×××;
……

×××(产品名称)由×××、……、×××和×××组成,产品分级及研制分工见表1。

表1 ×××(产品名称)及配套产品研制任务分工

序号	产品名称	产品型号	级别	新研/改型/选型	研制单位	生产单位	备注
1	×××	×××	二级	新研	×××	×××	
2	×××	×××	二级	新研	×××	×××	
3	×××	×××	二级	新研	×××	×××	
…	……	……	……	……	……	……	

×××(产品名称)采用×××、……、×××和×××等关键技术,具有×××、……、×××和×××等技术特点。

×××(产品名称)主要战术技术指标:
a) ×××(参数名称1):×××(指标要求)
b) ×××(参数名称2):×××(指标要求)
……

二、产品研制概况

(一)产品研制历程

×××(产品名称)研制自20××年××月开始,历时××年,完成了《常规武器装备研制程序》规定的论证、方案、工程研制和设计定型四个阶段的全部研制工作,主要历程如下：

20××年××月,通过立项综合论证审查；

20××年××月,签订研制合同和/或技术协议书；

20××年××月,通过×××组织的研制方案评审；

20××年××月,通过×××组织的初样机设计评审；

20××年××月,完成初样机研制；

20××年××月,通过×××组织的C转S评审；

20××年××月,通过×××组织的正样机设计评审；

20××年××月,完成正样机研制；

20××年××月,通过工艺评审及首件鉴定；

20××年××月,通过产品质量评审；

20××年××月,通过×××组织的S转D评审；

20××年××月,通过×××组织的装机方案评审；

20××年××月,完成装机(改装)工作；

20××年××月,完成机上地面联试；

20××年××月,通过×××(二级定委办公室)组织的设计定型功能性能试验大纲审查；

20××年××月,通过×××(二级定委办公室)组织的设计定型电磁兼容性试验大纲审查；

20××年××月,通过×××(二级定委办公室)组织的设计定型环境鉴定试验大纲审查；

20××年××月,通过×××(二级定委办公室)组织的设计定型可靠性鉴定试验大纲审查；

20××年××月,通过×××(二级定委办公室)组织的设计定型试飞(试车、试航)大纲审查；

20××年××月,通过×××(二级定委办公室)组织的设计定型部队试验大纲审查；

20××年××月,在×××完成设计定型功能性能试验；

20××年××月,在×××完成设计定型电磁兼容性试验；

20××年××月,在×××完成设计定型环境鉴定试验；

20××年××月,在×××完成设计定型可靠性鉴定试验；

20××年××月,在×××完成设计定型试飞(试车、试航)；

20××年××月,在×××完成设计定型部队试验；

20××年××月,通过×××(二级定委办公室)组织的全部设计定型试验验收审查；

20××年××月，完成全部配套产品设计定型/鉴定审查。

（二）软件研制情况

×××（产品名称）软件由××个计算机软件配置项组成，源代码×××万行，软件定型状态见表2。

表2　×××（产品名称）软件配置项一览表

序号	软件配置项名称	标识	等级	产品版本	分机版本	研制单位
1	×××	×××	关键	3.00	2.0.6	×××
2	×××	×××	重要	3.00	2.0.6	×××
3	×××	×××	一般	3.00	2.0.6	×××
×	×××	×××	××	3.00	2.0.6	×××

×××（软件名称）软件研制自20××年××月开始，历时××年，依据GJB 2786A—2009《军用软件开发通用要求》，按照软件工程化要求开展了相关研制活动。主要研制历程如下：

20××年××月，签订×××技术协议书（或×××软件研制任务书），正式启动软件研制工作；

20××年××月，完成软件需求分析，软件需求规格说明通过×××组织的评审；

20××年××月，完成软件开发计划、软件配置管理计划、软件质量保证计划等文件编写；

20××年××月，完成软件系统分析和设计；

20××年××月，完成软件系统内部测试和C型样件功能性能调试；

20××年××月，完成S型样件交付和软件装机系统联试；

20××年××月，完成软件需求外部评审；

20××年××月，完成软件第三方测试；

20××年××月，通过×××（二级定委办公室）组织的软件定型测评大纲审查；

20××年××月，完成软件定型测评；

20××年××月，随所属产品完成设计定型基地试验考核；

20××年××月，随所属产品完成设计定型部队试验考核；

20××年××月，通过×××（二级定委办公室）组织的软件定型测评验收审查。

20××年××月,通过×××(二级定委办公室)组织的软件定型审查。

三、设计定型试验概况

(一) 设计定型基地试验

×××(产品名称)已完成了设计定型功能性能试验、设计定型电磁兼容性试验、设计定型环境鉴定试验、设计定型可靠性鉴定试验、设计定型试飞(试车、试航)等基地试验。

1. 设计定型功能性能试验

20××年××月××日至20××年××月××日,×××(承试单位)依据×××(二级定委)批复的《×××(产品名称)设计定型功能性能试验大纲》,在×××(试验地点)完成了设计定型功能性能试验,主要试验内容包括×××、……、×××等××项,试验过程中未发生故障,试验结果表明,产品功能性能满足研制总要求。

20××年××月××日,通过了由×××(二级定委办公室)组织的验收审查。

2. 设计定型电磁兼容性试验

20××年××月××日至20××年××月××日,×××(承试单位)依据×××(二级定委)批复的《×××(产品名称)设计定型电磁兼容性试验大纲》,在×××(试验地点)完成了CE×××、……、CE×××、RE×××、……、RE×××、CS×××、……、CS×××、RS×××、……、RS×××等××项电磁兼容性试验,且产品在×××(试验地点)参加了全机电磁兼容性试验,试验过程中未发生故障,试验结果表明,产品电磁兼容性满足研制总要求。

20××年××月××日,通过了由×××(二级定委办公室)组织的验收审查。

3. 设计定型环境鉴定试验

20××年××月××日至20××年××月××日,×××(承试单位)依据×××(二级定委)批复的《×××(产品名称)设计定型环境鉴定试验大纲》,在×××(试验地点)完成了设计定型环境鉴定试验,主要试验内容包括低温贮存、低温工作、高温贮存、高温工作、温度冲击、温度—高度、功能振动、耐久振动、加速度、冲击、运输振动、湿热、霉菌、盐雾等××项,试验过程中,出现了×××、……、×××等×个故障,均已整改归零,试验结果表明,产品环境适应性满足研制总要求。

20××年××月××日,通过了由×××(二级定委办公室)组织的验收审查。

4. 设计定型可靠性鉴定试验

20××年××月××日至20××年××月××日,×××(承试单位)依据

×××（二级定委）批复的《×××（产品名称）设计定型可靠性鉴定试验大纲》，在×××（试验地点）完成了设计定型可靠性鉴定试验，采用统计试验方案××，总试验时间×××h，出现×××、……、×××等×个故障，均已整改归零，试验结果表明，产品可靠性满足研制总要求。

20××年××月××日，通过了由×××（二级定委办公室）组织的验收审查。

5. 设计定型试飞（试车、试航）

20××年××月××日至20××年××月××日，×××（承试单位）依据×××（二级定委）批复的《×××（产品名称）设计定型试飞（试车、试航）大纲》，在×××（试验地点）完成了设计定型试飞（试车、试航），主要试验内容包括×××、……、×××等××项，累计试飞（试车、试航）×××架次（车次、航次）××× h××min，试验过程中，出现了×××、……、×××等×个故障，均已整改归零，试飞（试车、试航）结果表明，产品功能性能满足研制总要求和使用要求。

20××年××月××日，通过了由×××（二级定委办公室）组织的验收审查。

（二）设计定型部队试验

20××年××月××日至20××年××月××日，×××（承试部队）依据×××（二级定委）批复的《×××（产品名称）设计定型部队试验大纲》，在×××（试验地点）完成了设计定型部队试验，主要试验内容包括×××、……、×××等××项，累计飞行（行驶、航行）×××架次（车次、航次）×××h××min，重点考核×××（产品名称）的作战使用性能和部队适用性。部队试验结果表明，产品作战使用性能和部队适用性均达到相关指标的要求，试验过程中没有发现产品存在严重的设计缺陷，存在的一些一般性问题，在承制单位的配合下进行了改进，效果较好。通过试验过程、结果和存在问题的综合分析，产品满足作战使用性能和部队适用性要求，通过部队试验。

20××年××月××日，通过了由×××（二级定委办公室）组织的验收审查。

（三）软件定型测评

20××年××月××日至20××年××月××日，依据×××（二级定委）批复的《×××（产品名称）软件定型测评大纲》，由×××、……、×××等××家软件测评单位对××项关键软件，××项重要软件，××项一般软件开展定型测评工作。

测试级别包括配置项级和系统级两个级别，配置项级测试类型包括文档审查、静态分析、代码审查、动态测试等×种，系统级测试类型包括功能测试、性能测试、接口测试、强度测试、余量测试、安全性测试、边界测试和安装性测试等×

种。共设计并执行测试用例×××例(其中配置项测试×××例、系统测试××× 例),发现软件问题×××个(其中,设计问题××个、程序问题×××个、文档问题×××个、其他问题××个)。针对测试中发现的所有问题,软件承研单位都完成了整改,定型测评机构也全部进行了回归测试,并随产品完成了设计定型试验验证。测评过程中发现的问题及最终确定的软件定型版本见表3。软件定型测评结果表明,软件满足产品研制总要求和软件研制任务书。

20××年××月××日,通过了由×××(二级定委办公室)组织的软件定型测评验收审查,软件质量综合评价为A级。

表3 ×××(产品名称)软件定型测评

软件项目名称	定型测评机构	文档审查及代码审查问题	系统测试问题	最终版本号
×××软件	×××软件测评中心	一般缺陷××个 建议改进××个	无	V×.××
×××软件	×××软件测评中心	建议改进××个	严重缺陷××个;……一般缺陷××个;……建议改进××个;……	V×.××
……	……	……	……	……

(四)复杂电磁环境适应性评估

20××年××月××日,《×××(产品名称)复杂电磁环境适应性摸底试验评估大纲》通过由×××(二级定委办公室)组织的审查。

20××年××月××日至20××年××月××日,×××(评估单位)按照《×××(产品名称)复杂电磁环境适应性摸底试验评估大纲》要求完成了摸底试验评估并向×××(二级定委办公室)提交评估报告。

×××(产品名称)在研制过程中开展了复杂电磁环境适应性设计,完成了全机电磁兼容性试验验证,以及×××、×××、×××在干扰环境条件下的抗干扰试验,基本摸清了×××(产品名称)在复杂电磁环境下的适应能力。评估结果表明:×××(产品名称)电磁兼容性良好;具备在×××平台电磁环境中完成规定作战使命任务的能力;在敌方干扰条件下,具备一定的抗干扰能力,可适应一定强度的战场复杂电磁环境。

20××年××月××日,通过了由×××(二级定委办公室)组织的评审。

四、主要问题及解决情况

(一)工程研制阶段

×××(产品名称)在工程研制阶段出现了×××、……、×××等×个主要技术质量问题。经机理分析和试验复现,查明问题原因是×××、……、×××;通过采取×××、……、×××等解决措施,经验证措施有效。20××年××月××日,通过了由×××组织的归零评审。

（二）设计定型阶段

×××(产品名称)在设计定型阶段出现了×××、……、×××等×个主要技术质量问题。经机理分析和试验复现,查明问题原因是×××、……、×××;通过采取×××、……、×××等解决措施,经验证措施有效。20××年××月××日,通过了由×××组织的归零评审。

五、产品战术技术指标达到情况

设计定型功能性能试验、电磁兼容性试验、环境鉴定试验、可靠性鉴定试验、试飞(试车、试航)、部队试验表明,×××(产品名称)功能和性能达到了《×××(产品名称)研制总要求》和使用要求。战术技术指标达标情况见附件1。

六、设计定型文件审查情况

20××年××月××日,×××组织召开了×××(产品名称)设计定型文件资料预审查会,提出了×××条修改意见和建议。会后,承研承制单位进行了修改完善,正式提交设计定型审查文件共23类××册×××项(其中技术文件×××份合×××标准页、图样×××张合×××标准页、相册1册××张、录像片光盘1张)。

经审查,设计定型文件完整、准确、协调、规范,文实相符,符合《军工产品定型工作规定》、GJB 1362A—2007《军工产品定型程序和要求》和GJB/Z 170—2013《军工产品设计定型文件编制指南》对设计定型文件的相关规定;软件文档编制规范,签署齐全,符合GJB 438B—2009《军用软件开发文档通用要求》的规定;产品规范和图样内容合理,操作性强,可用于指导产品小批量生产和验收;技术说明书和使用维护说明书等用户技术资料基本满足部队使用维护要求。

七、配套设备、原材料、元器件保障情况

×××(产品名称)配套齐全,配套的二级设计定型产品×项,三级或三级以下设计鉴定产品××项,均已完成逐级考核,通过设计定型/鉴定审查,具备批量供货能力;产品配套软件已通过定型审查,版本固定,符合《军用软件产品定型管理办法》要求。

主要配套产品、设备、零部件、元器件、原材料质量可靠,有稳定的供货来源,供货单位已列入合格供方和合格外包方目录。国产电子元器件规格比××%,数量比××%,费用比××%,没有使用红色等级进口电子元器件,使用紫色、橙色、黄色等级进口电子元器件比例×%,满足研制总要求,符合军定〔2011〕70

号等文件中对全军装备研制五年计划确定的主要(或一般)装备的要求。

八、标准化审查情况

(说明:此处增加一章内容,以体现设计定型标准和要求中关于标准化要求)

研制过程中成立了标准化工作系统,编制了标准化大纲,建立了标准体系,编制了标准选用目录和软件贯标要求,标准应用合理,实施正确;有效开展并实现了"三化"设计目标,标准化件数系数达到××%,标准化品种系数达到××%,满足标准化大纲要求,符合《装备全寿命标准化工作规定》、《武器装备研制生产标准化工作规定》和 GJB 1362A—2007 的规定。

九、小批量生产条件准备情况

对研制过程中暴露技术质量问题的解决措施已全部在产品图样中落实,产品规范、图样以及工艺工装文件完整、准确、协调、规范,通过了工艺评审,能正确指导小批量生产和验收;工艺装备、检验、测量和试验设备配备齐全;关键工艺和关键技术已通过考核;对供方进行了质量保证能力和产品质量的评价,编制了合格供方名录和采购产品优选目录,有稳定的供货来源;各类操作和检验人员配置合理,均已经过培训,考核合格;研制单位质量管理体系健全,编制了《×××(产品名称)质量保证大纲》,对所有正式生产工装、过程、装置、环境、设施进行了检查,具备小批量生产的条件。

十、存在问题的处理意见

研制过程中出现的问题均已归零,无遗留问题。

十一、对生产定型条件和时间的建议

不进行生产定型(或:×××(产品名称)小批量生产×××台套后,组织进行生产定型)。

十二、产品达到设计定型标准和要求的程度及审查结论意见

审查组依据《军工产品定型工作规定》《军用软件产品定型管理办法》和 GJB 1362A—2007 的相关要求,形成审查结论意见如下:

1. 承研承制单位已按照《常规武器装备研制程序》完成了×××(产品名称)全部研制工作,产品技术状态已冻结,经设计定型试验表明,产品功能性能满足研制总要求和规定的标准。

2. 研制过程中贯彻了《装备全寿命标准化工作规定》和《武器装备研制生产标准化工作规定》,产品符合全军装备体制、装备技术体制和通用化、系列化、组合化要求。

3. 设计定型文件完整、准确、协调、规范,符合 GJB 1362A—2007 和 GJB/Z 170—2013 的规定;软件文档符合 GJB 438B—2009 的规定;产品规范、图样以及在试制过程中形成的工艺文件可以指导产品小批量生产和验收,技术说明书和使用维护说明书等用户技术资料基本满足部队使用维护需求。

4. 产品配套齐全,配套的×项二级产品,××项三级或三级以下产品,均已完成逐级考核,通过了设计定型/鉴定审查;产品配套的××项关键、重要软件已通过定型审查,版本固定,符合《军用软件产品定型管理办法》要求;关键工艺已通过考核,工艺文件、工装设备等均满足小批量生产的需要。

5. 主要配套产品、设备、零部件、元器件、原材料质量可靠,有稳定的供货来源,国产电子元器件规格比××%,数量比××%,费用比××%,没有使用红色等级进口电子元器件,使用紫色、橙色、黄色等级进口电子元器件比例××%,满足研制总要求,符合军定〔2011〕70号等文件中对全军装备研制五年计划确定的主要(或一般)装备的要求。

6. 承研承制单位具备国家认可的武器装备研制、生产资格,质量管理体系运行有效,在研制过程中贯彻了《武器装备质量管理条例》,产品质量受控,出现的技术质量问题均已归零,无遗留问题。

审查组认为,×××(产品名称)符合军工产品设计定型标准和要求,同意通过设计定型审查,建议批准设计定型(对一级定型产品:建议提交一级定委审查)。

附件1:×××(产品名称)主要战术技术指标符合性对照表
附件2:×××(产品名称)设计定型审查会代表名单
附件3:×××(产品名称)设计定型审查组专家签字名单

审查组组长:
副组长:
二○××年××月××日

附件1

×××(产品名称)主要战术技术指标符合性对照表

序号	指标章条号	要　求	实测值	数据来源	考核方式	符合情况

注:1. 指标章条号沿用研制总要求(或研制任务书、研制合同)原章条号;
　　2. 要求是指战术技术指标及使用性能要求;
　　3. 数据来源栏填写实测值引自的相关报告、文件,如基地试验报告、仿真试验报告等;
　　4. 考核方式栏可填试验验证、理论分析、数学仿真/半实物仿真、综合评估等

附件 2

×××（产品名称）设计定型审查会代表名单

序号	姓 名	工作单位	职务/职称	签 字

附件 3

×××（产品名称）设计定型审查组专家签字名单

序号	组内职务	姓 名	工作单位	职 称	签 字
1	组 长				
2	副组长				
…	组 员				

附件 4

×××（产品名称）设计定型审查意见汇总表

序号	修改意见	提出单位或个人	处理意见

注：附件4仅供二级定委核查修改意见落实情况用，不在审查意见书中出现。

1.3.2 软件定型审查意见书

×××（软件名称）软件定型审查意见书

航空军工产品定型委员会：

20××年××月××日至××日，航定办在×××（会议地点）组织召开了×××（产品名称）软件定型审查会。参加会议的有×××（相关机关）、×××（相关部队）、×××（研制总要求论证单位）、×××（军队其他有关单位）、×××（军事代表机构）、×××（软件定型测评单位）、×××（本行业和相关领域的单位）、×××（承制单位）等××个单位××名代表（附件1）。会议成立了软件定型审查组（附件2），听取了×××（承制单位）作的《×××（软件名称）软件研制总结》、《×××（软件名称）软件质量保证报告》，×××（软件定型测评单位）作的《×××（软件名称）软件定型测评报告》，×××（承试部队）作的《×××（软件名称）软件定型部队试验报告》，×××（驻承制单位军事代表室）作的《军事代表对×××（软件名称）软件定型的意见》，对软件定型文件进行了审查。审查组依据《军工产品定型工作规定》、《军用软件产品定型管理办法》、《航空军工产品配套软件定型管理工作细则》和相关国军标要求,对照《×××(软件名称)软件研制总要求》,经讨论质询,形成审查意见如下:

一、产品简介

×××(软件名称)软件是×××(所属产品名称)的组成部分,包括×××(配置项1名称)、……、×××(配置项×名称)等××个配置项。

×××(配置项×名称)软件为××("关键"或"重要")软件,由×××(承制单位)研制,主要完成×××、……、×××等功能。软件采用×××设计语言,×××开发工具,配置在×××模块,运行于×××环境。软件首次装机版本V×.××,定型测评进入版本V×.××,定型测评结束版本V×.××,机上软件升级×次,定型版本V×.××。

二、产品研制概况

×××(软件名称)软件研制自20××年××月开始,历时××年,依据GJB 2786A—2009《军用软件开发通用要求》,按照软件工程化要求开展了相关研制活动。主要研制历程如下:

20××年××月,签订×××技术协议书(或×××软件研制任务书),正式启动软件研制工作;

20××年××月,完成软件需求分析,软件需求规格说明通过×××组织的评审;

20××年××月,完成软件开发计划、软件配置管理计划、软件质量保证计划等文件编写;

20××年××月,完成软件系统分析和设计;

20××年××月,完成软件系统内部测试和C型样件功能性能调试;

20××年××月,完成S型样件交付和软件装机系统联试;

20××年××月,完成软件需求外部评审;

20××年××月,完成软件第三方测试;

20××年××月,完成软件定型测评;

20××年××月,随所属产品完成设计定型基地试验考核;

20××年××月,随所属产品完成设计定型部队试验考核;

20××年××月,通过软件定型测评验收审查。

三、软件定型测评及随产品试验情况

(一)软件定型测评情况

20××年××月××日,《×××(软件名称)软件定型测评大纲》通过由航定办组织的审查。

20××年××月××日至20××年××月××日,依据航定委批复的《×

××(软件名称)软件定型测评大纲》,由×××、……、×××等××家软件测评单位对××项关键软件和××项重要软件开展定型测评工作。

测试级别包括配置项级和系统级两个级别,配置项级测试类型包括文档审查、静态分析、代码审查、动态测试等×种,系统级测试类型包括功能测试、性能测试、接口测试、强度测试、余量测试、安全性测试、边界测试和安装性测试等×种。共设计并执行测试用例×××例(其中配置项测试×××例、系统测试×××例),发现软件问题×××个(其中,设计问题××个、程序问题×××个、文档问题×××个、其他问题××个)。针对测试中发现的所有问题,软件承研单位都完成了整改,定型测评机构也全部进行了回归测试,并随产品完成了设计定型试验验证。软件定型测评结果表明,软件满足产品研制总要求和软件研制任务书。

20××年××月××日,通过了由航定办组织的软件定型测评验收审查,软件质量综合评价为 A 级。

(二)随产品试验情况

1. 设计定型试飞

20××年××月××日至20××年××月××日,×××(软件名称)软件随产品完成了设计定型试飞,累计飞行×××架次×××h××min,试飞过程中出现的×××、……、×××等×个软件故障均已整改归零(或未出现因软件原因引起的技术质量问题),试飞结果表明,产品功能性能满足研制总要求和使用要求。

2. 设计定型部队试验

20××年××月××日至20××年××月××日,×××(软件名称)软件随产品完成了设计定型部队试验,累计飞行×××架次×××h××min,试验过程中,未出现因软件原因引起的技术质量问题,部队试验结果表明,产品满足作战使用性能和部队适用性要求。

四、主要问题及解决情况

在定型测评过程中出现的××个问题,均为一般问题。在随产品设计定型试飞和部队试验过程中未出现因软件原因引起的技术质量问题。

(或:在软件定型测评过程中出现了×××、……、×××等×个主要技术质量问题。经原因分析和试验复现,查明问题原因是×××、……、×××;通过采取×××、……、×××等解决措施,经验证措施有效。20××年××月××日,通过了由×××组织的归零评审。)

五、软件主要功能性能指标达标情况

×××(软件名称)软件经第三方测试、定型测评和设计定型试验考核,结果表明满足研制总要求、技术协议书、软件研制任务书、软件需求规格说明中规定的各项功能性能要求。软件主要功能性能指标达标情况见表1。

表1　软件主要功能性能指标符合性对照表

序号	指标章条号	要　求	实测值	数据来源	考核方式	符合情况

六、软件定型文件审查情况

软件定型文件共13类××份合×××标准页。经审查认为，×××（**软件名称**）软件按型号软件工程要求编制了相关文档，文件齐套，内容完整、准确、协调、规范，满足软件需求、设计、测试、配置管理、质量保证等要求，符合《军用软件产品定型管理办法》、《航空军工产品配套软件定型管理工作细则》、GJB 1362A—2007《军工产品定型程序和要求》和GJB 438B—2009《军用软件开发文档通用要求》等相关法规和标准。

七、软件工程化实施情况

×××（**软件名称**）软件研制实施了软件工程化管理，制定了《×××（**所属产品名称**）软件工程管理规定》和《×××（**所属产品名称**）软件配置管理规定》等文件，依据GJB/Z 102A—2012《军用软件安全性设计指南》对软件进行了特性分析，确定了关键软件××项、重要软件××项、一般软件××项。

按软件工程化要求，开展了系统分析与设计、软件需求分析、软件设计、软件编码、软件测试等活动，并实施了软件配置管理和软件质量保证。建立了软件开发、管理、监督等组织机构，明确了各组织机构职责，实施了软件开发人员与软件测试人员分离。建立了软件开发库、受控库和产品库，软件更改出入库手续符合配置管理要求，配置管理有效，软件状态受控。全程开展了软件质量保证活动，实时跟踪及时监督开发人员、测试人员解决研制过程中出现的技术质量问题及隐患，按要求开展了单元级、配置项级、系统级三个级别的内部测试，测试充分，保证了软件质量。

八、存在问题的处理意见

研制过程中出现的问题均已归零，无遗留问题。

九、审查结论意见

×××（**软件名称**）软件已完成全部研制工作，经定型测评和设计定型试验表明，软件功能性能满足研制总要求、软件研制任务书、软件需求规格说明的要求以及使用要求，无遗留问题；软件源程序、相关文件资料和数据完整、准确、协调、规范，文实相符，满足GJB 438B—2009《军用软件开发文档通用要求》；软件研制工作符合软件工程化要求，软件配置管理有效，能独立考核的配套软件产品已完成逐级考核。软件符合军用软件产品定型标准和要求，具备定型条件。

审查组同意×××(软件名称)软件(版本 V×.×××)通过定型审查,建议批准软件定型。

附件1:×××(软件名称)软件定型审查会代表名单
附件2:×××(软件名称)软件定型审查组专家签字名单
附件3:×××(软件名称)软件定型审查专家意见汇总表

审查组组长:

副组长:

二〇××年××月××日

附件1

×××(软件名称)软件定型审查会代表名单

序号	姓　名	工作单位	职务/职称	签　字

附件2

×××(软件名称)软件定型审查组专家签字名单

序号	组内职务	姓　名	工作单位	职　称	签　字
1	组　长				
2	副组长				
…	组　员				

附件3

×××(软件名称)软件定型审查专家意见汇总表

序号	修改意见	提出单位或个人	处理意见

注:附件3仅供二级定委核查修改意见落实情况用,不在审查意见书中出现

1.3.3 设计鉴定审查意见

对于三级或三级以下军工产品,由装备研制管理部门组织进行设计鉴定审查,形成《×××(产品名称)设计鉴定审查意见(书)》。

对于相对重要的产品,形成完整的《×××(产品名称)设计鉴定审查意见书》,编写示例可参照1.3.1,不再赘述。对于一般产品,可仅对产品达到设计鉴定标准和要求的程度给出审查结论意见,形成《×××(产品名称)设计鉴定审查意见》,编写示例如下。

×××(产品名称)设计鉴定审查意见

20××年××月××日,×××(上级装备研制管理部门)在×××(会议地点)组织召开了×××(产品名称)设计鉴定审查会。参加会议的有×××(相关机关)、×××(相关部队)、×××(研制总要求论证单位)、×××(军队其他有关单位)、×××(军事代表机构)、×××(承试单位)、×××(本行业和相关领域的单位)、×××(承制单位)等××个单位××名代表(附件1)。会议成立了审查组(附件2),观看了×××(产品名称)设计鉴定录像片,听取了×××(承制单位)作的《×××(产品名称)研制总结》、《×××(产品名称)质量分析报告》、《×××(产品名称)标准化工作报告》、×××(承试单位)作的《×××(产品名称)设计鉴定基地试验报告》、×××(承试部队)作的《×××(产品名称)设计鉴定部队试验报告》、×××(技术总体单位)作的《技术总体单位对×××(产品名称)设计鉴定的意见》、×××(驻承制单位军事代表室)作的《军事代表对×××(产品名称)设计鉴定的意见》,文件资料审查组作的《×××(产品名称)设计鉴定文件资料审查意见》,性能测试组作的《×××(产品名称)功能性能测试报告》。审查组依据《军工产品定型工作规定》和GJB 1362A—2007《军工产品定型程序和要求》,对×××(产品名称)研制工作进行了全面审查,经讨论质询,形成审查意见如下:

1. 承研承制单位已按照《常规武器装备研制程序》完成了×××(产品名称)全部研制工作,产品技术状态已冻结,经设计鉴定试验表明,产品功能性能达到了《×××(产品名称)研制总要求》(或技术协议书规定的战术技术指标要求)和使用要求。

2. 研制过程中贯彻了《装备全寿命标准化工作规定》和《武器装备研制生产标准化工作规定》,产品符合全军装备体制、装备技术体制和通用化、系列化、组合化要求。

3. 设计鉴定文件完整、准确、协调、规范,符合GJB 1362A—2007《军工产品定型程序和要求》和GJB/Z 170—2013《军工产品设计定型文件编制指南》的规定;软件文档符合GJB 438B—2009《军用软件开发文档通用要求》的规定;产品规范和图样可以指导产品小批量生产和验收,技术说明书和使用维护说明书等用户技术资料基本满足部队使用维护需求。

4. 产品配套齐全,配套的设备已进行了独立考核并通过了设计鉴定;产品配套软件已通过鉴定测评,版本固定,符合《军用软件产品定型管理办法》要求;关键工艺已通过考核,工艺文件、工装设备等均满足小批量生产的需要。

5．主要配套产品、设备、零部件、元器件、原材料质量可靠,有稳定的供货来源,国产电子元器件规格比××%,数量比××%,费用比××%,没有使用红色等级进口电子元器件,使用紫色、橙色、黄色等级进口电子元器件比例×%,满足研制总要求,符合军定〔2011〕70号等文件中对全军装备研制五年计划确定的一般装备的要求。

6．承制单位具备国家认可的武器装备研制、生产资格,质量管理体系健全,运行有效,产品研制过程中贯彻了《武器装备质量管理条例》,研制过程质量受控,出现的技术质量问题均已归零,无遗留问题。

审查组认为,×××(产品名称)符合军工产品设计鉴定标准和要求,同意通过设计鉴定审查,建议批准设计鉴定。

审查组组长:
副组长:
二〇××年××月××日

附件1

×××(产品名称)设计鉴定审查会代表名单

序号	姓　名	工作单位	职务/职称	签　字

附件2

×××(产品名称)设计鉴定审查组专家签字名单

序号	组内职务	姓　名	工作单位	职　称	签　字
1	组　长				
2	副组长				
…	组　员				

附件3

×××(产品名称)设计鉴定审查意见汇总表

序号	修改意见	提出单位或个人	处理意见

注:附件3仅供装备主管机关核查修改意见落实情况用,不在审查意见书中出现

范例 2　设计定型申请

2.1　编写指南

1. 文件用途

《设计定型申请》用于向二级定委提出设计定型书面申请,供二级定委决策进行设计定型审查。

GJB 1362A—2007《军工产品定型程序和要求》将《设计定型申请》列为设计定型文件之一。

对于一级军工产品和二级军工产品,进行设计定型,《设计定型申请》报二级定委。对于三级以下(含)军工产品,进行设计鉴定,《设计鉴定申请》报业务主管部门。

2. 编制时机

产品通过设计定型试验且符合规定的标准和要求,设计定型审查准备工作完成后,由承研承制单位和主管军事代表机构联合编制,承研承制单位和军事代表机构主管领导联合签发,格式按照"请示"类公文上报二级定委。

承研承制单位与军事代表机构意见不一致时,经二级定委同意,承研承制单位也可以单独提出设计定型申请,军事代表机构应同时对军工产品的设计定型提出意见。

3. 编制依据

主要包括:产品立项批复文件,研制总要求,研制任务书,研制合同,研制计划,设计定型基地试验大纲,设计定型基地试验报告,设计定型部队试验大纲,设计定型部队试验报告,软件定型测评大纲,软件定型测评报告,重大技术问题攻关报告,GJB 1362A—2007《军工产品定型程序和要求》,GJB/Z 170.3—2013《军工产品设计定型文件编制指南　第 3 部分:设计定型申请》等。

4. 目次格式

按照 GJB/Z 170.3—2013《军工产品设计定型文件编制指南　第 3 部分:设计定型申请》编写。

GJB/Z 170.3—2013 规定了《设计定型申请》的编制内容和要求。

2.2 编写说明

1 研制任务来源

简述产品研制任务形成的主要情况。一般包括：研制任务背景、立项批复、研制总要求（或研制任务书、研制合同等）下达的时间、机关、文号、文件名称等。

2 产品简介

简述产品的基本情况。一般包括：产品的使命任务（或主要用途）、组成，主要承研承制单位及分工情况等。

3 产品研制概况

简述产品研制过程。一般包括：方案阶段、工程研制阶段、设计定型阶段等工作阶段的起止时间、主要工作内容及完成情况，研制过程中出现的重大技术质量问题及归零情况等。

产品如包含配套软件，则应单独叙述软件研制情况。

4 设计定型试验概况

简述设计定型基地试验、部队试验及配套软件定型测评的概况。

a) 基地试验和部队试验概况，主要包括：试验依据、承试单位、试验时间、试验地点、试验项目、试验结论等，试验中暴露的主要问题、意见建议及处理情况等；

b) 配套软件定型测评概况，主要包括：测评依据、测评机构、测评时间、主要测试内容、测评结论及版本号，发现的重大缺陷及回归测试结论等。

5 符合研制总要求和规定标准的程度

依据设计定型试验的结论，概述产品符合研制总要求（或研制合同、研制任务书等）和规定标准的程度。如采用研制试验得出的结论，应当予以说明；对于产品的主要战术技术指标符合性，应当列表说明。表格形式见表 2.1，表格可列在文中，也可视情以附表形式给出。

表 2.1 产品主要战术技术指标符合性对照表

序号	指标章条号	要求	实测值	数据来源	考核方式	符合情况

注：1. 指标章条号沿用研制总要求（或研制任务书、研制合同）原章条号；
  2. 要求是指战术技术指标及使用性能要求；
  3. 数据来源栏填写实测值引自的相关报告、文件，如基地试验报告、仿真试验报告等；
  4. 考核方式栏可填试验验证、理论分析、数学仿真/半实物仿真、综合评估等

6 存在的问题和解决措施

产品尚存在的问题及处理意见,如无问题亦应明确指出。

7 设计定型意见

总结评价产品是否具备设计定型的条件。视产品复杂程度可按条叙述,或综合概述。主要包括:

a) 产品达到研制总要求和规定标准的情况。概述产品达到批准的研制总要求和规定标准的情况,结论应与第5章一致;

b) 产品符合通用化、系列化、组合化要求的情况。对直接配套成品、设备、保障资源、主要零部件、元器件以及新研原材料符合全军装备体制、装备技术体制和通用化、系列化、组合化的情况进行总体评价;

c) 产品设计图样(含软件源程序)和相关文件资料的完整性、准确性情况。对产品设计图样(含软件源程序)和技术文件的完整性、准确性、适用性等进行评价;

d) 产品配套及考核情况。简要说明产品配套是否齐全,能独立考核的配套设备、部件、器件、原材料、软件等是否完成逐级考核,关键工艺是否已通过考核;

e) 配套的设备、部件、器件、原材料质量及供货情况。评价配套的设备、部件、器件、原材料的质量是否可靠,是否具有稳定的供货来源;产品选用进口电子元器件的使用比例、安全性等是否符合相关规定要求;

f) 承研承制单位具备国家认可的装备研制生产资格情况。说明承研承制单位具备的装备研制生产资格,质量管理体系运行是否有效等;

g) 给出产品是否具备设计定型条件的结论性意见,提出设计定型申请。

示例:

×××产品已达到批准的战术技术指标和使用要求;配套成品、设备、保障资源、主要零部件、元器件以及新研原材料满足通用化、系列化、组合化的要求;产品图样与相关文件资料完整、齐套、准确、统一、协调;产品配套齐全,配套的二级产品×个,三级或三级以下产品××个,均已完成定型(鉴定),关键工艺已通过考核;主要配套成品、设备、零部件、元器件、原材料质量可靠,有稳定的供货保障,国外进口电子元器件规格比为×%,数量比为×%,数费比为×%,没有使用红色等级进口电子元器件,使用紫色、橙色、黄色等级进口电子元器件比例为×%,符合军定〔2011〕70号等文件中对全军装备研制五年计划确定的主要装备的要求;产品配套软件已通过定型测评,版本固定,符合《军用软件产品定型管理办法》要求;产品研制过程质量受控,出现的技术质量问题均已归零,无遗留问题;×××(承制单位)具备国家认可的武器装备研制生产资格(许可证号:×××),质量管理体系运行有效。

根据《军工产品定型工作规定》、《军用软件产品定型管理办法》和相关国军标，×××（承制单位）、×××（军事代表机构）一致认为×××产品（含软件）符合设计定型标准和要求，特申请×××产品设计定型。

8 附件

根据 GJB 1362A—2007 中 5.6.3"申请报告附件"规定，设计定型申请一般包括以下附件：

　　a）产品研制总要求（或研制任务书等）；
　　b）产品研制总结；
　　c）军事代表机构质量监督报告；
　　d）质量分析报告；
　　e）价值工程和成本分析报告；
　　f）标准化工作报告；
　　g）可靠性、维修性、测试性、保障性、安全性评估报告；
　　h）设计定型文件清单；
　　i）二级定委规定的其他文件。

以上附件可根据二级定委要求视情剪裁。

2.3 编写示例

××军工产品定型委员会：

　　×××（承制单位）已完成×××（产品名称）全部研制工作，并做好设计定型准备。根据《军工产品定型工作规定》、《军用软件产品定型管理办法》和相关规定，×××（承制单位）和×××（驻承制单位军事代表室）联合上报设计定型申请，具体情况说明如下。

一、研制任务来源

　　20××年××月××日，总装备部装计〔××××〕×××号《关于×××立项研制事》批准研制×××（产品名称）；

　　20××年××月××日，×××（订货方）与×××（承制单位）签订×××（产品名称）研制合同（或技术协议书），编号×××；

　　20××年××月××日，总装备部××〔××××〕×××号《关于×××研制总要求事》批复×××（产品名称）研制总要求。

二、产品简介

　　×××（产品名称）是为×××（上一层次产品名称）配套研制的机载电子（或其他）设备，首装×××平台，适用于×××、……、×××等平台，单机配套

×套,属于×级定型产品。

×××(产品名称)主要使命任务是×××,具有×种典型作战使用模式:
a) ×××使用模式,用于×××;
b) ×××使用模式,用于×××;
……

×××(产品名称)具有下列主要功能:
a) ×××;
b) ×××;
……

×××(产品名称)由×××、……、×××和×××组成,产品分级及研制分工见表1。

表1 ×××(产品名称)及配套产品研制任务分工

序号	产品名称	产品型号	级别	新研/改型/选型	研制单位	生产单位	备注
1	×××	×××	二级	新研	×××	×××	
2	×××	×××	二级	新研	×××	×××	
3	×××	×××	二级	新研	×××	×××	
…	……	……	……	……	……	……	

×××(产品名称)采用×××、……、×××和×××等关键技术,具有×××、……、×××和×××等技术特点。

×××(产品名称)主要战术技术指标:
a) ×××(参数名称1):×××(指标要求)
b) ×××(参数名称2):×××(指标要求)
……

三、产品研制概况

(一)产品研制历程

×××(产品名称)研制自20××年××月开始,历时××年,完成了《常规武器装备研制程序》规定的论证、方案、工程研制和设计定型四个阶段的全部研制工作,主要历程如下:

20××年××月,通过立项综合论证审查;
20××年××月,签订研制合同和/或技术协议书;
20××年××月,通过×××组织的研制方案评审;
20××年××月,通过×××组织的初样机设计评审;
20××年××月,完成初样机研制;

20××年××月,通过×××组织的C转S评审;

20××年××月,通过×××组织的正样机设计评审;

20××年××月,完成正样机研制;

20××年××月,通过工艺评审及首件鉴定;

20××年××月,通过产品质量评审;

20××年××月,通过×××组织的装机方案评审;

20××年××月,完成装机(改装)工作;

20××年××月,完成机上地面联试;

20××年××月,通过×××组织的S转D评审;

20××年××月,在×××完成设计定型功能性能试验;

20××年××月,在×××完成设计定型电磁兼容性试验;

20××年××月,在×××完成设计定型环境鉴定试验;

20××年××月,在×××完成设计定型可靠性鉴定试验;

20××年××月,在×××完成软件定型测评;

20××年××月,在×××完成设计定型试飞(试车、试航);

20××年××月,在×××完成设计定型部队试验;

20××年××月,通过×××(二级定委办公室)组织的全部设计定型试验验收审查;

20××年××月,完成全部配套产品设计定型/鉴定审查。

(二)软件研制情况

×××(产品名称)软件由××个计算机软件配置项组成,源代码×××万行,软件定型状态见表2。

表2　×××(产品名称)软件配置项一览表

序号	软件配置项名称	标识	等级	产品版本	分机版本	研制单位
1	×××	×××	关键	3.00	2.0.6	×××
2	×××	×××	重要	3.00	2.0.6	×××
3	×××	×××	一般	3.00	2.0.6	×××
×	×××	×××	××	3.00	2.0.6	×××

×××(软件名称)软件研制自20××年××月开始,历时××年,依据GJB 2786A—2009《军用软件开发通用要求》,按照软件工程化要求开展了相关研制活动。主要研制历程如下:

20××年××月,签订×××技术协议书(或×××软件研制任务书),正式启动软件研制工作;

20××年××月，完成软件需求分析，软件需求规格说明通过×××组织的评审；

20××年××月，完成软件开发计划、软件配置管理计划、软件质量保证计划等文件编写；

20××年××月，完成软件系统分析和设计；

20××年××月，完成软件系统内部测试和C型样件功能性能调试；

20××年××月，完成S型样件交付和软件装机系统联试；

20××年××月，完成软件需求外部评审；

20××年××月，完成软件第三方测试；

20××年××月，通过×××（二级定委办公室）组织的软件定型测评大纲审查；

20××年××月，完成软件定型测评；

20××年××月，随所属产品完成设计定型基地试验考核；

20××年××月，随所属产品完成设计定型部队试验考核；

20××年××月，通过×××（二级定委办公室）组织的软件定型测评验收审查。

20××年××月，通过×××（二级定委办公室）组织的软件定型审查。

四、设计定型试验概况

（一）设计定型基地试验

×××（产品名称）已完成了设计定型功能性能试验、设计定型环境鉴定试验、设计定型可靠性鉴定试验、设计定型电磁兼容性试验、设计定型试飞（试车、试航）等基地试验。

1. 设计定型功能性能试验

20××年××月××日，《×××（产品名称）设计定型功能性能试验大纲》通过由×××（二级定委办公室）组织的审查。

20××年××月××日至20××年××月××日，×××（承试单位）依据×××（二级定委）批复的《×××（产品名称）设计定型功能性能试验大纲》，在×××（试验地点）完成了设计定型功能性能试验，主要试验内容包括×××、……、×××等××项，试验过程中未发生故障，试验结果表明，产品功能性能满足研制总要求。

20××年××月××日，通过了由×××（二级定委办公室）组织的验收审查。

2. 设计定型电磁兼容性试验

20××年××月××日，《×××（产品名称）设计定型电磁兼容性试验大纲》通过由×××（二级定委办公室）组织的审查。

20××年××月××日至20××年××月××日,×××(承试单位)依据×××(二级定委)批复的《×××(产品名称)设计定型电磁兼容性试验大纲》,在×××(试验地点)完成了CE×××、……、CE×××、RE×××、……、RE×××、CS×××、……、CS×××、RS×××、……、RS×××等××项电磁兼容性试验,以及全机电磁兼容性试验,试验过程中未发生故障,试验结果表明,产品电磁兼容性满足研制总要求。

20××年××月××日,通过了由×××(二级定委办公室)组织的验收审查。

3. 设计定型环境鉴定试验

20××年××月××日,《×××(产品名称)设计定型环境鉴定试验大纲》通过由×××(二级定委办公室)组织的审查。

20××年××月××日至20××年××月××日,×××(承试单位)依据×××(二级定委)批复的《×××(产品名称)设计定型环境鉴定试验大纲》,在×××(试验地点)完成了设计定型环境鉴定试验,主要试验内容包括低温贮存、低温工作、高温贮存、高温工作、温度冲击、温度—高度、功能振动、耐久振动、加速度、冲击、运输振动、湿热、霉菌、盐雾等××项,试验过程中,出现了×××、……、×××等×个故障,均已整改归零,试验结果表明,产品环境适应性满足研制总要求。

20××年××月××日,通过了由×××(二级定委办公室)组织的验收审查。

4. 设计定型可靠性鉴定试验

20××年××月××日,《×××(产品名称)设计定型可靠性鉴定试验大纲》通过由×××(二级定委办公室)组织的审查。

20××年××月××日至20××年××月××日,×××(承试单位)依据×××(二级定委)批复的《×××(产品名称)设计定型可靠性鉴定试验大纲》,在×××(试验地点)完成了设计定型可靠性鉴定试验,采用统计试验方案××,总试验时间×××h,出现×××、……、×××等×个故障,均已整改归零,试验结果表明,产品可靠性满足研制总要求。

20××年××月××日,通过了由×××(二级定委办公室)组织的验收审查。

5. 设计定型试飞(试车、试航)

20××年××月××日,《×××(产品名称)设计定型试飞(试车、试航)大纲》通过由×××(二级定委办公室)组织的审查。

20××年××月××日至20××年××月××日,×××(承试单位)依据×××(二级定委)批复的《×××(产品名称)设计定型试飞(试车、试航)大纲》,在×××(试验地点)完成了设计定型试飞(试车、试航),主要试验内容包括×××、……、×××等××项,累计试飞(试车、试航)×××架次(车次、航次)××

×h××min，试验过程中，出现了×××、……、×××等×个故障，均已整改归零，试飞(试车、试航)结果表明，产品功能性能满足研制总要求和使用要求。

20××年××月××日，通过了由×××(二级定委办公室)组织的验收审查。

(二) 设计定型部队试验

20××年××月××日，《×××(产品名称)设计定型部队试验大纲》通过由×××(二级定委办公室)组织的审查。

20××年××月××日至20××年××月××日，×××(承试部队)依据×××(二级定委)批复的《×××(产品名称)设计定型部队试验大纲》，在×××(试验地点)完成了设计定型部队试验，主要试验内容包括×××、……、×××等××项，累计飞行(行驶、航行)×××架次(车次、航次)××h××min，重点考核×××(产品名称)的作战使用性能和部队适用性。部队试验结果表明，产品作战使用性能和部队适用性均达到相关指标的要求，试验过程中没有发现产品存在严重的设计缺陷，存在的一些一般性问题，在承制单位的配合下进行了改进，效果较好。通过试验过程、结果和存在问题的综合分析，产品满足作战使用性能和部队适用性要求，通过部队试验。

20××年××月××日，通过了由×××(二级定委办公室)组织的验收审查。

(三) 软件定型测评

20××年××月××日，《×××(产品名称)软件定型测评大纲》通过由×××(二级定委办公室)组织的审查。

20××年××月××日至20××年××月××日，依据×××(二级定委)批复的《×××(产品名称)软件定型测评大纲》，由×××、……、×××等××家软件测评单位对××项关键软件，××项重要软件，××项一般软件开展定型测评工作。

测试级别包括配置项级和系统级两个级别，测试类型有文档审查、静态分析、代码审查、功能测试、性能测试、接口测试、强度测试、安全性测试、边界测试、余量测试和安装性测试等××种。共设计并执行测试用例×××例(其中配置项测试×××例、系统测试×××例)，发现软件问题×××个(其中，设计问题××个、程序问题×××个、文档问题×××个、其他问题××个)。针对测试中发现的所有问题，软件承研单位都完成了整改，定型测评机构也全部进行了回归测试，并随产品完成了设计定型试验验证。测评过程中发现的问题及最终确定的软件定型版本见表3。软件定型测评结果表明，软件达到了产品研制总要求和软件研制任务书规定的相关要求。

表3 ×××（产品名称）软件定型测评

软件项目名称	定型测评机构	文档审查及代码审查问题	系统测试问题	最终版本号
×××软件	×××软件测评中心	一般缺陷××个 建议改进××个	无	V.×.×.×
×××软件	×××软件测评中心	建议改进××个	严重缺陷××个；…… 一般缺陷××个；…… 建议改进××个；……	V.×.×.×
……	……	……	……	……

20××年××月××日，通过了由×××（二级定委办公室）组织的软件定型测评验收审查，××月××日，通过了软件设计定型审查。

（四）复杂电磁环境适应性评估

20××年××月××日，《×××（产品名称）复杂电磁环境适应性摸底试验评估大纲》通过由×××（二级定委办公室）组织的审查。

20××年××月××日至20××年××月××日，×××（评估单位）按照×××（二级定委）批复的《×××（产品名称）复杂电磁环境适应性摸底试验评估大纲》要求完成了摸底试验评估并向×××（二级定委办公室）提交评估报告。

×××（产品名称）在研制过程中开展了复杂电磁环境适应性设计，完成了全机电磁兼容性试验验证，以及×××、×××、×××在干扰环境条件下的抗干扰试验，基本摸清了×××（产品名称）在复杂电磁环境下的适应能力。评估结果表明：×××（产品名称）电磁兼容性良好；具备在×××平台电磁环境中完成规定作战使命任务的能力；在敌方干扰条件下，具备一定的抗干扰能力，可适应一定强度的战场复杂电磁环境。

20××年××月××日，通过了由×××（二级定委办公室）组织的评审。

五、符合研制总要求和规定标准的程度

经设计定型试验表明，×××（产品名称）功能和性能达到了《×××（产品名称）研制总要求》和使用要求。战术技术指标达标情况见表4。

表4 ×××（产品名称）主要战术技术指标符合性对照表

序号	指标章条号	要求	实测值	数据来源	考核方式	符合情况

注：1. 指标章条号沿用研制总要求（或研制任务书、研制合同）原章条号；
   2. 要求是指战术技术指标及使用性能要求；
   3. 数据来源栏填写实测值引自的相关报告、文件，如基地试验报告、仿真试验报告等；
   4. 考核方式栏可填试验验证、理论分析、数学仿真/半实物仿真、综合评估等

六、存在的问题和解决措施

研制过程中出现的问题均已归零，无遗留问题。

七、设计定型意见

目前，×××（承制单位）已完成设计定型准备工作，经军、厂（或所）联合组成的审查组审查认为：

1. 承研承制单位已完成了×××（产品名称）全部研制工作，产品技术状态已冻结，经设计定型试验表明，产品功能性能达到了《×××（产品名称）研制总要求》和使用要求。

2. 研制过程中贯彻了《装备全寿命标准化工作规定》和《武器装备研制生产标准化工作规定》，产品符合全军装备体制、装备技术体制和通用化、系列化、组合化要求。

3. 设计定型文件完整、准确、协调、规范，符合 GJB 1362A—2007《军工产品定型程序和要求》和 GJB/Z 170—2013《军工产品设计定型文件编制指南》的规定；软件文档符合 GJB 438B—2009《军用软件开发文档通用要求》的规定；产品规范、图样以及在试制过程中形成的工艺文件可以指导产品小批量生产和验收，技术说明书和使用维护说明书等用户技术资料基本满足部队使用维护需求。

4. 产品配套齐全，配套的×项二级产品，××项三级或三级以下产品，均已完成逐级考核，通过了设计定型/鉴定审查；产品配套的××项关键、重要软件已通过定型测评，版本固定，符合《军用软件产品定型管理办法》要求；关键工艺已通过考核，工艺文件、工装设备等均满足小批量生产的需要。

5. 主要配套产品、设备、零部件、元器件、原材料质量可靠，有稳定的供货来源，国产电子元器件规格比××％，数量比××％，费用比××％，没有使用红色等级进口电子元器件，使用紫色、橙色、黄色等级进口电子元器件比例×％，满足研制总要求，符合军定〔2011〕70号等文件中对全军装备研制五年计划确定的主要（或一般）装备的要求。

6. 承研承制单位具备国家认可的武器装备研制、生产资格，质量管理体系运行有效，在研制过程中贯彻了《武器装备质量管理条例》，产品质量受控，出现的技术质量问题均已归零，无遗留问题。

根据《军工产品定型工作规定》、《军用软件产品定型管理办法》和相关国军标，×××（承制单位）、×××（军事代表机构）一致认为×××产品（含软件）符合军工产品设计定型标准和要求，特申请×××（产品名称）设计定型。

八、附件

a) 产品研制总要求（或研制任务书等）；

b) 产品研制总结；

c) 军事代表对产品设计定型的意见；
d) 质量分析报告；
e) 价值工程和成本分析报告；
f) 标准化工作报告；
g) 可靠性、维修性、测试性、保障性、安全性评估报告；
h) 设计定型文件清单；
i) 二级定委规定的其他文件。

承制单位全称(盖章)　　　　　　驻×××(承制单位)军事代表室(盖章)
二○××年××月××日　　　　　　二○××年××月××日

范例 3　研　制　总　结

3.1　编　写　指　南

1. 文件用途

《研制总结》是对产品研制工作全过程进行系统综述、全面总结的结论性文件。

GJB 1362A—2007《军工产品定型程序和要求》将《研制总结》列为设计定型文件之一。

2. 编制时机

在完成工程研制和设计定型试验后,申请设计定型审查之前编制。

3. 编制依据

主要包括:产品立项批复文件,研制总要求,研制任务书,研制合同,研制计划,研制方案,设计计算报告,产品规范,设计定型基地试验大纲,设计定型基地试验报告,设计定型部队试验大纲,设计定型部队试验报告,软件定型测评大纲,软件定型测评报告,重大技术问题攻关报告,质量分析报告,标准化工作报告,GJB 1362A—2007《军工产品定型程序和要求》,GJB/Z 170.4—2013《军工产品设计定型文件编制指南　第 4 部分:研制总结》等。

4. 目次格式

按照 GJB/Z 170.4—2013《军工产品设计定型文件编制指南　第 4 部分:研制总结》编写。

GJB/Z 170.4—2013 规定了《研制总结》的编制内容和要求,并给出了示例。

3.2　编　写　说　明

1　研制任务来源

简述产品研制任务形成的基本情况,内容应包含研制任务背景和立项批复、研制总要求(或研制任务书、研制合同等)下达的时间、机关、文号、文件名称等。

2 产品概述
2.1 使命任务及作战使用要求
主要包括：

a) 产品的使命任务；

b) 典型作战使用模式等。

2.2 产品组成及主要功能
主要包括：

a) 产品组成；

b) 产品主要功能；

c) 反映产品特点的主要战术技术指标。

2.3 研制任务分工
简述研制任务分工的基本情况。

3 研制过程
3.1 方案阶段
主要包括：

a) 阶段起止时间；

b) 主要工作及完成情况；

c) 主要成果；

d) 阶段评审情况等。

3.2 工程研制阶段
主要包括：

a) 阶段起止时间；

b) 主要工作及完成情况；

c) 主要成果(含产品研制数量)；

d) 主要试验内容及完成情况；

e) 转阶段评审情况等。

工程研制阶段可进一步根据产品特点按不同子阶段描述，或按照产品技术状态、试验状态进行描述。

工程研制阶段应列出主要研制试验项目(可采取表格形式)。对于重要试验可叙述试验目的、依据、简要经过(时间、地点、参试装备及状态)、出现的问题及处理情况、试验结论等。

3.3 设计定型阶段
简要介绍设计定型阶段的主要工作情况。如产品技术状态发生变更的，应当进行阐述。

3.4 关键技术攻关情况

叙述产品研制过程中涉及的关键技术、难点及攻关情况。

4 设计定型试验情况

4.1 基地试验

主要包括：

a）定委批复试验大纲的文号及时间；

b）试验时间及地点；

c）承试单位及参试单位；

d）参试样品及数量；

e）试验项目、目的、试验环境与条件、试验结果；

f）试验结论；

g）概述试验基地提出的意见、建议和处理情况等。

4.2 部队试验

主要包括：

a）定委批复试验大纲的文号及时间；

b）试验时间及地点；

c）试验部队及参试单位；

d）参试产品及数量；

e）主要试验内容；

f）试验结论及产品评价；

g）概述试验部队提出的改进意见、建议和处理情况等。

4.3 软件定型测评

主要包括：

a）交付测评版本和最终版本号；

b）测评依据（批复的测评大纲的文号及时间）；

c）测评时间；

d）测评机构；

e）主要测试内容；

f）测评结果；

g）概述发现缺陷、影响分析及回归测试结果等。

5 出现的技术问题及解决情况

对工程研制、基地试验、部队试验和软件定型测评中出现的技术问题及解决情况以表格形式列出，见表3.1。

表 3.1　出现问题汇总表

序号	问题描述	原因分析	解决措施	试验验证情况	备注

对影响安全、主要战技指标、部队使用以及其他对研制工作产生重大影响的技术问题应当逐项详细说明。

6　主要配套产品的定型（鉴定）情况及质量、供货保障情况

概要介绍主要配套成品、设备、零部件、元器件、原材料、软件的种类、数量、生产厂家，其中已定型（鉴定）的种类、数量，经过质量管理体系认证的研制生产厂家情况，供货保障情况；国外进口配套设备、零部件、元器件、原材料、软件的供货保障情况；国外进口电子元器件规格控制比例、数量控制比例、经费控制比例以及使用紫色、橙色、黄色等级的进口电子元器件比例，若存在超标，还需说明申请特批情况。

以表格形式列出直接配套、能够独立考核的成品、设备，主要的零部件、元器件，以及新研原材料等的明细，见表 3.2。

表 3.2　主要配套成品、设备、零部件、元器件、原材料、软件明细

序号	名称	类别	数量	定型级别	新研或外购情况	定型或鉴定情况	配套单位	质量、供货保障情况

注：1. 类别栏填写产品是属于配套成品、设备、零部件、元器件、原材料中哪一类；
　　2. 新研或外购情况栏填写新研、外购、外协、联合研制等

7　产品可靠性、维修性、测试性、保障性、安全性情况

7.1　可靠性情况

主要包括：

a）可靠性要求；

b）可靠性设计情况；

c）可靠性试验情况；

d）可靠性数据分析及处理情况；

e）评估结论。

7.2 维修性情况
主要包括:
- a) 维修性要求;
- b) 维修性设计情况;
- c) 维修性试验情况;
- d) 维修性数据分析及处理情况;
- e) 评估结论。

7.3 测试性情况
主要包括:
- a) 测试性要求;
- b) 测试性设计情况;
- c) 测试性试验情况;
- d) 测试性数据分析及处理情况;
- e) 评估结论。

7.4 保障性情况
主要包括:
- a) 保障性要求;
- b) 保障性设计情况;
- c) 保障性试验情况;
- d) 保障性数据分析及处理情况;
- e) 评估结论。

7.5 安全性情况
主要包括:
- a) 安全性要求;
- b) 安全性设计情况;
- c) 安全性试验情况;
- d) 安全性数据分析及处理情况;
- e) 评估结论。

7.6 其他
根据二级定委要求,可增加环境适应性、电磁兼容性等相关内容。

8 贯彻产品标准化大纲情况
8.1 标准的贯彻实施情况
主要包括:
- a) 标准化大纲编制、实施情况;

b) 实施相关标准情况；

c) 产品设计图样与相关技术文件的完整性、正确性、统一性；

d) 尚未贯彻标准以及无标准可依的元器件、原材料、配套产品等的说明清单。

8.2 通用化、系列化、组合化情况

主要包括：对直接配套成品、设备、保障资源，主要零部件、元器件，以及新研原材料的通用化、系列化、组合化情况的总体评价。

8.3 标准化程度评价

主要包括：

a) 标准化系数；

b) 标准化效益情况；

c) 标准化程度评价结论等。

9 产品质量、工艺性、经济性评价

9.1 产品质量评价

主要包括：

a) 产品质量保证大纲的制定与贯彻情况；

b) 质量管理体系的建立与运行情况；

c) 质量问题的归零情况等。

9.2 产品工艺性评价

主要包括：

a) 工艺设计及工艺文件编制情况；

b) 工艺装备和专用(检测、试验)设备配套情况；

c) 产品试制、试生产情况；

d) 生产质量工艺保证措施；

e) 关键性生产工艺攻关情况；

f) 工艺满足保证产品质量和小批量生产条件的情况。

9.3 产品经济性评价

主要包括：

a) 价值工程工作实施情况；

b) 研制成本核算情况；

c) 目标价格符合性情况；

d) 寿命周期费用分析。

10 产品达到的战术技术性能

10.1 产品战术技术指标达到情况

对照批准的研制总要求(研制合同、研制任务书)，以表格形式列出产品的主要战术技术指标及使用要求、实测值、数据来源、符合研制总要求情况,见表3.3。

表3.3 ×××(产品名称)主要战术技术指标符合性对照表

序号	指标章条号	要 求	实测值	数据来源	考核方式	符合情况

注:1. 指标章条号沿用研制总要求(或研制任务书、研制合同)原章条号;
    2. 要求是指战术技术指标及使用性能要求;
    3. 数据来源栏填写实测值引自的相关报告、文件,如基地试验报告、仿真试验报告等;
    4. 考核方式栏可填试验验证、理论分析、数学仿真/半实物仿真、综合评估等。

10.2 承试单位提出的意见、建议及解决情况

逐项描述承试单位提出的意见、建议及解决情况。

11 产品尚存问题及解决措施

针对产品尚存问题进行逐条分析,主要包括:
a) 问题描述;
b) 原因分析;
c) 对部队使用的影响;
d) 解决措施和时间节点;
e) 责任单位。

必要时应列表说明,见表3.4。如果无遗留问题,此条亦应保留,可填写"无"。

表3.4 产品尚存问题及解决措施

序号	问题描述	原因分析	对部队使用的影响	解决措施	时间节点	责任单位

注:1. 产品所有尚存问题均应列入表中;
    2. 解决措施指采取的工作内容和步骤。

12 对产品设计定型的意见

按《军工产品定型工作规定》中第三章第二十一条规定的六条标准,逐条叙述,明确给出是否具备设计定型条件,申请批准设计定型的结论以及其他需要说明的问题和建议。典型用语为:

综上所述,××产品经过研制试验和设计定型试验表明,其战术技术性能达到了批复的研制总要求(战术技术指标要求);研制过程中,贯彻了通用化、系列化、组合化要求;设计定型文件完整、准确、协调、规范,图、文与实物相符,满足GJB 1362A—2007《军工产品定型程序和要求》和GJB/Z 170—2013《军工产品设计定型文件编制指南》的规定;软件已通过定型测评,源程序和相关文档资料齐套、数据齐全,满足《军用软件产品定型管理办法》和 GJB 438B—2009《军用软件开发文档通用要求》的要求;配套产品已进行了独立考核并通过了设计定型(鉴定),元器件、原材料有稳定的供货来源;承制单位通过了 GJB 9001B 质量体系认证,质量体系运行有效。该产品已具备设计定型条件,申请设计定型。

3.3 编写示例

1 研制任务来源

×××(产品名称)是"×××工程"重要装备,是我国自主研制的×××。20××年××月,总装备部装计[××××]×××号《关于×××(产品名称)研制立项事》批准研制立项。20××年××月,总装备部装军[××××]×××号《关于×××研制总要求事》批复×××(产品名称)研制总要求,并按照装备命名规定,命名为×××,型号代号×××,简称×××,为×级军工产品。

2 产品概述

2.1 使命任务及作战使用要求

×××(产品名称)首装×××平台,适用于×××、……、×××等平台。

×××(产品名称)主要使命任务是×××,具有×种典型作战使用模式:

a) ×××使用模式,用于×××;

b) ×××使用模式,用于×××;

……

×××(产品名称)主要战术技术指标:

a) ×××(参数名称1):×××(指标要求)

b) ×××(参数名称2):×××(指标要求)

……

2.2 产品组成及主要功能

2.2.1 产品组成

×××(产品名称)由×××、……、×××和×××组成,如图1所示。

图1 产品各组成部分外形图

产品分级及研制分工见表1。

表1　×××(产品名称)组成及研制分工

序号	名称	型号	级别	新研/改型/选型	配套数量	研制单位	生产单位
1	×××	×××	二级	新研	×	×××	×××
2	×××	×××	二级	新研	×	×××	×××
3	×××	×××	二级	新研	×	×××	×××
…	……	……	……	……	…	……	……

×××(产品名称)软件由××个计算机软件配置项组成,源代码×××万行,软件定型状态见表2。

表2　×××(产品名称)软件配置项一览表

序号	软件配置项名称	标识	等级	产品版本	分机版本	研制单位
1	×××	×××	关键	×××	×××	×××
2	×××	×××	重要	×××	×××	×××
3	×××	×××	一般	×××	×××	×××
×	×××	×××	×××	×××	×××	×××

2.2.2　产品主要功能

×××(产品名称)具有下列主要功能:

a) ×××;

b) ×××;

……

2.3　研制任务分工

×××(承研单位)为承研单位,×××(承制单位)为试制单位,×××(承试单位)为设计定型基地试验责任单位,×××(承试部队)为设计定型部队试验责任单位。

3　研制过程

×××(产品名称)的研制工作从20××年××月开始,先后经历了方案、工程研制和设计定型三个阶段。

3.1　方案阶段

20××年××月,通过×××组织的研制方案评审。

3.2　工程研制阶段

20××年××月,通过×××组织的初样机设计评审;

20××年××月,完成初样机研制;

20××年××月,通过×××组织的C转S评审;

20××年××月,通过×××组织的正样机设计评审;

20××年××月,完成正样机研制;

20××年××月,通过×××组织的工艺评审及首件鉴定;

20××年××月,通过×××组织的产品质量评审;

20××年××月,通过×××组织的装机方案评审;

20××年××月,完成装机(改装)工作;

20××年××月,完成机上地面联试;

20××年××月,完成科研调整试验;

20××年××月,通过×××组织的S转D评审。

3.3 设计定型阶段

20××年××月,在×××完成设计定型功能性能试验;

20××年××月,在×××完成设计定型环境鉴定试验;

20××年××月,在×××完成设计定型可靠性鉴定试验;

20××年××月,在×××完成设计定型电磁兼容性试验;

20××年××月,在×××完成软件定型测评;

20××年××月,在×××完成设计定型试飞(试车、试航);

20××年××月,在×××完成设计定型部队试验;

20××年××月,通过×××(二级定委办公室)组织的全部设计定型试验验收审查;

20××年××月,完成全部配套产品设计定型/鉴定审查。

3.4 关键技术攻关情况

×××(产品名称)作为×××,涉及×××、……、×××等关键技术。

3.4.1 ×××技术

×××技术在国内×××,存在的问题主要是×××,在×××有待试验验证。研制过程中,为攻克×××技术,采取的主要措施包括:

a) 采用×××,改善×××;

b) 采用×××,提高×××;

c) 采用×××,降低×××。

通过×××试验验证,×××(产品名称)×××性能满足研制总要求。

3.4.2 ×××技术

……

4 设计定型试验情况

4.1 设计定型基地试验

×××(产品名称)已完成了设计定型功能性能试验、设计定型环境鉴定试验、设计定型可靠性鉴定试验、设计定型电磁兼容性试验、设计定型试飞(试车、试航)等基地试验。

4.1.1 设计定型功能性能试验

20××年××月××日,《×××(产品名称)设计定型功能性能试验大纲》通过由×××(二级定委办公室)组织的审查。

20××年××月××日至20××年××月××日,×××(承试单位)依据《×××(产品名称)设计定型功能性能试验大纲》,在×××(试验地点)完成了设计定型功能性能试验,主要试验内容包括×××、……、×××等××项,试验过程中未发生故障,试验结果表明,产品功能性能满足研制总要求。

20××年××月××日,通过了由×××(二级定委办公室)组织的验收审查。

4.1.2 设计定型电磁兼容性试验

20××年××月××日,《×××(产品名称)设计定型电磁兼容性试验大纲》通过由×××(二级定委办公室)组织的审查。

20××年××月××日至20××年××月××日,×××(承试单位)依据《×××(产品名称)设计定型电磁兼容性试验大纲》,在×××(试验地点)完成了CE×××、……、CE×××、RE×××、……、RE×××、CS×××、……、CS×××、RS×××、……、RS×××等××项电磁兼容性试验,以及全机电磁兼容性试验,试验过程中未发生故障,试验结果表明,产品电磁兼容性满足研制总要求。

20××年××月××日,通过了由×××(二级定委办公室)组织的验收审查。

4.1.3 设计定型环境鉴定试验

20××年××月××日,《×××(产品名称)设计定型环境鉴定试验大纲》通过由×××(二级定委办公室)组织的审查。

20××年××月××日至20××年××月××日,×××(承试单位)依据《×××(产品名称)设计定型环境鉴定试验大纲》,在×××(试验地点)完成了设计定型环境鉴定试验,主要试验内容包括低温贮存、低温工作、高温贮存、高温工作、温度冲击、温度—高度、功能振动、耐久振动、加速度、冲击、运输振动、湿热、霉菌、盐雾等××项,试验过程中,出现了×××、……、×××等×个故障,均已整改归零,试验结果表明,产品环境适应性满足研制总要求。

20××年××月××日,通过了由×××(二级定委办公室)组织的验收审查。

4.1.4 设计定型可靠性鉴定试验

20××年××月××日,《×××(产品名称)设计定型可靠性鉴定试验大纲》通过由×××(二级定委办公室)组织的审查。

20××年××月××日至20××年××月××日,×××(承试单位)依据《×××(产品名称)设计定型可靠性鉴定试验大纲》,在×××(试验地点)完成了设计定型可靠性鉴定试验,采用统计试验方案××,总试验时间×××h,出现了×××、……、×××等×个故障,均已整改归零,试验结果表明,产品可靠性满足研制总要求。

20××年××月××日,通过了由×××(二级定委办公室)组织的验收审查。

4.1.5 设计定型试飞(试车、试航)

20××年××月××日,《×××(产品名称)设计定型试飞(试车、试航)大纲》通过由×××(二级定委办公室)组织的审查。

20××年××月××日至20××年××月××日,×××(承试单位)依据《×××(产品名称)设计定型试飞(试车、试航)大纲》,在×××(试验地点)完成了设计定型试飞(试车、试航),主要试验内容包括×××、……、×××等××项,累计试飞(试车、试航)×××架次(车次、航次)×××h××min,试验过程中,出现了×××、……、×××等×个故障,均已整改归零,试飞(试车、试航)结果表明,产品功能性能满足研制总要求和使用要求。

20××年××月××日,×××(承试单位)出具的使用人员评述意见认为:"×××"。

20××年××月××日,×××(承试单位)出具的维护人员评述意见认为:"×××"。

20××年××月××日,通过了由×××(二级定委办公室)组织的验收审查。

4.2 设计定型部队试验

20××年××月××日,《×××(产品名称)设计定型部队试验大纲》通过由×××(二级定委办公室)组织的审查。

20××年××月××日至20××年××月××日,×××(承试部队)依据《×××(产品名称)设计定型部队试验大纲》,在×××(试验地点)完成了设计定型部队试验,主要试验内容包括×××、……、×××等××项,累计飞行(行驶、航行)×××架次(车次、航次)×××h××min,重点考核×××(产品名称)的作战使用性能和部队适用性。部队试验结果表明,产品作战使用性能和部队适用性均达到相关指标的要求,试验过程中没有发现产品存在严重的设计缺陷,存在的一些一般性问题,在承制单位的配合下进行了改进,效果较好。通过试验过程、结果和存在问题的综合分析,产品满足作战使用性能和部队适用性要求,通过部队试验。

20××年××月××日,×××(承试部队)出具的使用人员评述意见认为:"×××"。

20××年××月××日,×××(承试部队)出具的维护人员评述意见认为:"×××"。

20××年××月××日,通过了由×××(二级定委办公室)组织的验收审查。

4.3 软件定型测评(适用时)

20××年××月××日,《×××(产品名称)软件定型测评大纲》通过由×××(二级定委办公室)组织的审查。

20××年××月××日至20××年××月××日,依据《×××(产品名称)软件定型测评大纲》,由×××、……、×××等××家软件测评单位对××项关键软件,××项重要软件,××项一般软件开展定型测评工作。

测试级别包括配置项级和系统级两个级别,测试类型有文档审查、静态分析、代码审查、功能测试、性能测试、接口测试、强度测试、安全性测试、边界测试、余量测试和安装性测试等××种。共设计并执行测试用例×××例(其中配置项测试×××例、系统测试×××例),发现软件问题×××个(其中,设计问题××个、程序问题×××个、文档问题×××个、其他问题××个)。针对测试中发现的所有问题,软件承研单位都完成了整改,定型测评机构也全部进行了回归测试,并随产品完成了设计定型试验验证。测评过程中发现的问题及最终确定的软件定型版本见表3。软件定型测评结果表明,软件达到了产品研制总要求和软件研制任务书规定的相关要求。

表3　×××(产品名称)软件定型测评

软件项目名称	定型测评机构	文档审查及代码审查问题	系统测试问题	最终版本号
×××软件	×××软件测评中心	一般缺陷××个 建议改进××个	无	V.×.×.×
×××软件	×××软件测评中心	建议改进××个	严重缺陷××个;…… 一般缺陷××个;…… 建议改进××个	V.×.×.×
……	……	……	……	……

20××年××月××日,通过了由×××(二级定委办公室)组织的软件定型测评验收审查,××月××日,通过了软件设计定型审查。

4.4 复杂电磁环境适应性评估(适用时)

20××年××月××日,《×××(产品名称)复杂电磁环境适应性摸底试验评估大纲》通过由×××(二级定委办公室)组织的审查。

20××年××月××日至20××年××月××日,×××(评估单位)按照《×××(产品名称)复杂电磁环境适应性摸底试验评估大纲》要求完成了摸底试验评估并向×××(二级定委办公室)提交评估报告。

×××(产品名称)在研制过程中开展了复杂电磁环境适应性设计,完成了全机电磁兼容性试验验证,以及×××、×××、×××在干扰环境条件下的抗干扰试验,基本摸清了×××(产品名称)在复杂电磁环境下的适应能力。评估结果表明:×××(产品名称)电磁兼容性良好;具备在××平台电磁环境中完成规定作战使命任务的能力;在敌方干扰条件下,具备一定的抗干扰能力,可适应一定强度的战场复杂电磁环境。

20××年××月××日,通过了由×××(二级定委办公室)组织的评审。

5 出现的技术问题及解决情况

×××(产品名称)在工程研制阶段出现了×××、……、×××等×个主要技术质量问题。经机理分析和试验复现,查明问题原因是×××、……、×××;通过采取×××、……、×××等解决措施,经验证措施有效。20××年××月××日,通过了由×××组织的归零评审。

×××(产品名称)在设计定型阶段出现了×××等×个主要技术质量问题。经机理分析和试验复现,查明问题原因是×××、……、×××;通过采取×××、……、×××等解决措施,经验证措施有效。20××年××月××日,通过了由×××组织的归零评审。

出现的技术问题及解决情况见表4。

表4 出现问题汇总表

序号	问题描述	原因分析	解决措施	试验验证情况	备注

对影响安全、主要战技指标、部队使用以及其他对研制工作产生重大影响的技术问题逐项详细说明如下。

5.1 ×××(技术问题1)

a) 问题描述

20××年××月××日,在进行×××试验过程中,出现×××现象,导致×××。

b) 原因分析

对故障现象和试验数据进行了分析,对故障原因进行了排查,并于20××年××月××日通过试验进行了故障复现,确认出现×××故障的原因主要是×××、×××。

c) 解决措施

针对上述原因,采取了下述解决措施:

1) ×××;
2) ×××。

20××年××月××日,×××(军方主管机关)和×××(工业部门主管机关)在×××联合组织召开了×××故障归零改进方案评审会,评审组认为:×××故障原因分析定位准确,解决措施合理可行。

d) 验证情况

20××年××月××日,在×××进行了×××试验验证,试验过程中产品工作正常,结果表明,解决措施正确,合理有效。

e) 归零情况

完成试验验证后,所有解决措施已落实到设计文件、工艺文件和生产图样。

20××年××月××日,×××(军队主管机关)和×××(工业部门主管机关)在×××联合组织召开了×××故障归零评审会。审查组认为,×××(产品名称)×××故障已进行了归零处理,可以转入下一阶段工作。

5.2 ×××(技术问题×)

×××。

6 主要配套产品的定型(鉴定)情况及质量、供货保障情况

×××(产品名称)设计定型/鉴定项目共有××项。其中,进行二级设计定型的有××项,三级设计鉴定的有××项,三级以下鉴定的有××项,详见表5。配套单位均具有军工产品研制生产资格,所有配套产品均已完成设计定型/鉴定审查,满足研制总要求和部队使用要求。

表5 主要配套成品、设备、零部件、元器件、原材料、软件明细

序号	名称	型号	数量	级别	新研/改型/选型	考核情况	配套单位	质量、供货保障情况
1	×××	×××	×	二级	新研	已通过设计定型审查 (2016年9月10日)	×××	供货充足 质量稳定
2	×××	×××	×	二级	新研	已通过设计定型审查 (2016年10月12日)	×××	供货充足 质量稳定

(续)

序号	名称	型号	数量	级别	新研/改型/选型	考核情况	配套单位	质量、供货保障情况
3	××××××	×	三级		改型	已通过设计鉴定审查（2016年11月8日）	×××	供货充足 质量稳定
…	……	……	…	……	……	……	……	……

×××（产品名称）的成品配套和元器件采购严格按照质量管理体系程序文件《采购过程控制程序》的规定进行控制。采购的成品和元器件的供应方均在《合格供方目录》中，产品质量可靠，供应渠道畅通，供货周期可满足生产要求。

研制过程中，按装法〔2011〕2号文《武器装备研制生产使用国产军用电子元器件暂行管理办法》和型号研制总要求开展了型号电子元器件的管理和控制工作，制定了电子元器件大纲、元器件优选目录等顶层文件，对选用安全可靠的电子元器件进行了全过程的控制和管理。

研制总要求明确，使用进口电子元器件的规格比例不超过××％，数量比例不超过××％，费用比例不超过××％，禁止使用确定有安全隐患的进口电子元器件（红色）、可能存在安全隐患但因检测能力限制而不能鉴别的（紫色）、曾经遭到禁运和可能遭到禁运的（橙色）、已停产和可能停产的（黄色）进口电子元器件的总和不得超过××％。经统计，使用国产电子元器件的规格比例为××％，数量比例为××％，费用比例为××％；未使用红色安全等级的进口电子元器件，紫、橙、黄色安全等级进口电子元器件的总和，规格比为××％、数量比为××％、费用比为××％，符合研制总要求的规定。电子元器件统计分析结果见表6。

表6 电子元器件统计分析表

	国产			进口			总计		
	规格	数量	费用	规格	数量	费用	规格	数量	费用
统计结果	A	B	C	D	E	F	X	Y	Z
	规格国产比例		数量国产比例		费用国产比例		数费国产比例		
国产比例（％）	A/X		B/Y（＝BY）		C/Z（＝CZ）		(BY)/(CZ)		
进口电子元器件安全等级分析	红色		紫色		橙色		黄色		绿色	总计
	规格	数量	规格	数量	规格	数量	规格	数量	规格	数量	规格	数量
统计结果	G	H	I	J	K	L	M	N	O	P	D	E
使用比例（％）	G/X	H/Y	I/X	J/Y	K/X	L/Y	M/X	N/Y	O/X	P/Y	D/X	E/Y
说明事项：												

7 产品可靠性、维修性、测试性、保障性、安全性情况

7.1 可靠性情况

根据研制总要求，×××（产品名称）的可靠性指标要求如下：
×××。

按照 GJB 450A—2004《装备可靠性工作通用要求》制定了《×××（产品名称）可靠性工作计划》，明确了可靠性工作要求，通过评审后下发给配套研制单位作为开展可靠性工作的依据。

在方案阶段，按可靠性指标要求开展了初步的可靠性分配和预计工作。根据×××（产品名称）技术状态的变化，以及与配套研制单位的多轮技术协调，在详细设计时，再次进行可靠性指标分配，并将分配值纳入配套产品研制任务书中。×××、×××、×××等配套产品均进行了可靠性预计。经可靠性分析、摸底试验和设计定型可靠性鉴定试验验证，×××（产品名称）及其配套产品的可靠性指标均达到了研制要求。

在方案阶段，总设计师系统编制了《×××（产品名称）可靠性设计准则》并下发各分系统单位，规定了可靠性设计的一般要求和详细要求。

在工程研制阶段，进行了可靠性设计准则符合性检查，编制了《×××（产品名称）可靠性设计准则符合性报告》；同时对各配套产品可靠性设计准则符合性进行了检查，各配套研制单位均编制了可靠性设计准则符合性报告。

在工程研制阶段，进行了故障模式影响分析，编制了《×××（产品名称）故障模式影响分析》报告。

在元器件控制与管理方面，为提高产品可靠性，在研制初期组织各配套研制单位编写了《×××（产品名称）元器件优选目录》，下发各配套研制单位，同时还下发了《×××（产品名称）元器件大纲》、《×××（产品名称）元器件质量与可靠性管理规定》、《×××（产品名称）电子元器件二次筛选规范》和《×××（产品名称）元器件破坏性物理分析（DPA）工作管理规定》等文件，督促各配套研制单位按顶层文件开展工作。

建立了故障报告闭环系统，确定故障报告、分析和纠正（FRACAS）程序，记录和保存全部活动过程中形成的文件，以保证出现的故障得到及时报告、分析和纠正。制定了×××（产品名称）故障报告、分析和纠正措施系统规范，以加强×××（产品名称）FRACAS管理，促进故障信息交流、查询、保存和统计分析，并尽量避免研制过程信息的遗漏和丢失。

在对设计定型可靠性鉴定试验、设计定型基地试验和设计定型部队试验可靠性数据统计的基础上，对产品可靠性进行了评估。×××（产品名称）平均故障间隔时间为×××h，满足可靠性指标要求。

7.2 维修性情况

根据研制总要求,×××(产品名称)的维修性指标要求如下:
×××。

按照 GJB 368B—2009《装备维修性工作通用要求》制定了《×××(产品名称)维修性工作计划》,明确了维修性工作要求,通过评审后下发给配套研制单位作为开展维修性工作的依据。

在各研制阶段对产品维修性指标进行了反复分配和预计。按照技术状态的变化以及与配套产品研制单位协调的情况,将分配结果落实到配套产品技术协议书中,各配套产品按照分配的指标要求开展维修性设计工作。预计工作从下向上进行,以最低层次产品的预计为基础,逐步得到产品的维修性预计值。各研制阶段预计结果均满足维修性指标要求。

×××(产品名称)根据研制总要求建立维修性模型,采用×级维修体制,方案、工程研制阶段结合功能试验和可靠性试验进行维修性核查,×××(产品名称)维修的可达性良好。按《×××(产品名称)设计定型基地试验大纲》的要求,于20××年××月××日在×××进行了互换性试验,试验结果表明产品具有良好的互换性。

×××(产品名称)按《×××(产品名称)设计定型基地试验大纲》的要求,于20××年××月××日至××月××日在×××(试验地点)进行了二级维修平均修复时间试验,试验结果为××min,满足研制总要求规定的平均修复时间 MTTR 小于等于××min 的要求。

通过对×××(产品名称)使用过程中的故障数据进行分析,×××(产品名称)故障率较低,涉及维修保障工作较少,满足部队使用要求。

7.3 测试性情况

根据研制总要求,×××(产品名称)的测试性指标要求如下:
×××。

按照 GJB 2547A—2012《装备测试性工作通用要求》制定了《×××(产品名称)测试性工作计划》,明确了测试性工作要求,通过评审后下发给配套研制单位作为开展测试性工作的依据。

按照要求制定了测试总体方案,完成了固有测试性分析等测试性设计准则符合性分析、测试性/BIT 设计等工作,落实了相关的测试性设计要求。

为全面验证测试性指标要求,在设计定型功能性能试验大纲中,设置了测试性试验项目,通过模拟设置故障,对产品测试性指标进行考核。试验结果满足规定的测试性要求。

结合设计定型基地试验过程中采集到的测试性自然样本和实验室测试性试

验模拟样本,测试性评估结果为:产品加电 BIT 和周期 BIT 故障检测率××%,故障隔离率××%,达到了故障检测率不小于××%,故障隔离率不小于××%的要求;三种 BIT 故障检测率××%,故障隔离率××%,达到了故障检测率不小于××%,故障隔离率不小于××%的要求。设计定型基地试验和部队试验期间未发生虚警,达到虚警率不大于×%的要求。

7.4 保障性情况

根据研制总要求,×××(产品名称)的保障性指标要求如下:×××。

按照 GJB 3872—1999《装备综合保障通用要求》制定了《×××(产品名称)保障性工作计划》,明确了保障性工作要求,通过评审后下发给配套研制单位作为开展保障性工作的依据。

通过保障性分析,确定了维修体制为×级维修:基层级、(中继级)和基地级。基层级维修完成×××、×××等维修工作;(中继级维修完成×××、×××等维修工作);基地级维修完成×××、×××等维修工作。维修方式分为:定时维修、视情维修和状态监控等 3 种。

按照保障性工作计划,全面开展了××个分系统的保障性分析,包括使用与维修任务分析、修理级别分析、保障设备需求分析、以可靠性为中心的维修分析等 4 种分析工作。通过保障性分析确定了工具、设备、备件、资料等需求,同步进行了保障资源规划,并制定了综合保障方案、综合保障建议书,完成了部级评审。规划了随机保障设备××项、定检修理设备××项,其中新研/改型保障设备共××项。各新研/改型保障设备完成了研制、试用和鉴定;规划了随机维修工具,包括通用工具、机械工具、×××等。

为保障×××(产品名称)使用与维修,在用户技术资料目录中规划了全机用户技术资料配置项目,同步编制了×××(产品名称)维护手册、×××(产品名称)使用手册等××套用户技术资料和交互式电子技术手册(IETM),均通过了试用和审查。试验基地和承试部队结合试验工作对手册进行了适用性审查,提出改进建议共计×××项,现已完成整改工作。

对部队使用维修人员培训进行了全面规划,编制了培训大纲和培训手册,完成了培训设备的研制和培训教材的编制等工作,进行了试验基地使用培训、维修培训,承试部队使用培训、维修培训等培训工作,共培训使用维修人员××人次,全部通过考核获得培训合格证,保障了设计定型基地试验、部队试验和后续的训练使用。

试验期间结合日常维护检查、排故修理和定检等工作,对保障设备、工具和备件进行了适用性鉴定,结果表明能够满足使用维护工作需要。

7.5 安全性情况

根据研制总要求，×××的安全性指标要求如下：

×××。

按照GJB 900A—2012《装备安全性工作通用要求》制定了《×××（产品名称）安全性工作计划》，明确了安全性工作要求，通过评审后下发给配套研制单位作为开展安全性工作的依据。

按照安全性工作计划，开展了整机和系统级的功能危险分析、故障树分析、区域安全性分析、系统安全性评估等工作。通过功能危险分析确定产品的安全性目标，通过结构强度设计、余度设计等手段消除、降低或控制影响×××（产品名称）安全使用的灾难和危险的故障状态，并提出解决措施，提高整机安全性水平。

在产品可靠性安全性设计准则分析中落实了影响人员和产品安全的部位有醒目的警告标志和防护措施。在关键系统（动力、液压、燃油、电气、电子等）采用了×××、×××和×××等余度设计措施。

在设计定型基地试验和部队试验过程中，未出现人员伤害、设备损坏的现象，未发生影响安全的技术质量问题。

8 贯彻产品标准化大纲情况

8.1 标准的贯彻实施情况

根据《装备全寿命标准化工作规定》和《武器装备研制生产标准化工作规定》等法规规定，型号标准化工作系统在型号行政指挥系统的领导下，配合型号设计师系统开展工作。为保证标准化工作与型号研制同步开展，在方案阶段，依据×××（产品名称）的组成、研制特点和技术状态标识等要求，结合国家军用标准、行业标准和企业标准的要求，编写了《×××（产品名称）标准化大纲》和《×××（产品名称）标准化体系表》。明确了标准化工作的原则、目标和要求；提出了重大标准的贯彻实施意见和研制各阶段的标准化任务；规定了与配套产品标准化之间的协调原则、办法和程序；并编写发出了基础标准、材料标准、标准件标准限用清册，组织开展了型号"三化"的设计工作。

型号标准化工作系统按照标准化大纲的规定和要求，组织标准化专业设计人员对×××（产品名称）设计图样、设计文件进行全面标准化审查，重点审查了产品中必须贯彻的重要互换性标准和基础标准、原材料标准、标准件标准以及产品图样管理规定在产品设计图样和设计文件中的贯彻执行情况。标准化审查中提出各类技术性问题均得到妥善处理。

为了保证型号先进的战技指标，提高设计质量，将研制纳入科学化、现代化管理，型号研制过程始终注意加强型号的可靠性、维修性、测试性、保障性、安全性、电磁兼容性、质量管理、标准化等工作。研制过程贯彻执行了×××(产品名称)质量保证大纲、标准化大纲、可靠性工作计划、维修性工作计划、测试性工作计划、保障性工作计划、安全性工作计划和电磁兼容性工作计划,并在型号研制过程中实施动态管理,根据实施过程中的情况进行了完善,×××(产品名称)及其配套产品严格按照上述大纲进行各阶段研制。

  为保证×××(产品名称)符合通用化、系列化、组合化要求,标准化系统规定了×××(产品名称)设计图样中必须贯彻的重要互换性标准和基础标准。针对研制需要,制定了××项标准,其中,国家军用标准××项,行业标准××项(必要时可列表给出)。经统计,×××(产品名称)研制过程中共计贯彻×××项标准,其中,国家标准××项,国家军用标准××项,行业标准××项。

  ……

  ×××(产品名称)定型的生产图样共计×××张,合×××标准页;设计文件×××份,合×××标准页。生产图样和设计文件完整、准确、协调、规范;图文与实物一致,符合标准化管理规定。

8.2 通用化、系列化、组合化情况

  ×××(产品名称)充分借鉴了其他型号及相关单位产品的经验,借助国内外先进、成熟技术,贯彻通用化、系列化、组合化的设计思想。为保证×××(产品名称)设计符合通用化、系列化、组合化要求,标准化系统规定了设计图样中必须贯彻的重要互换性标准和基础标准;对成品、原材料、元器件、标准件的选用提出了具体标准化要求;在产品设计过程中,充分利用×××(同类产品名称)的设计结构,开展产品的通用化设计工作,使得产品性能在满足研制总要求的同时达到了合理的成本消耗,并且兼顾未来发展需要。

  ……

8.3 标准化程度评价

  研制过程中严格贯彻《装备全寿命标准化工作规定》和《武器装备研制生产标准化工作规定》,按照《×××(产品名称)标准化大纲》要求开展标准化工作。经统计,产品使用标准件×××品种×××件、通用件×××品种×××件、外购件×××品种×××件、专用件×××品种×××件,合计×××品种×××件。经计算,×××(产品名称)的标准化件数系数为××﹪、标准化品种系数为××﹪、重复系数为××,达到了标准化大纲规定的指标。

  标准化工作取得了良好的效果,具体表现在:

  a) 成套发文使图样、设计文件基本统一、协调、完整,提高了发文质量;

  b) 通过在产品上贯彻各项互换性基础标准,保证了产品之间连接的互换性,保证了产品的维修性;

c) 通过贯彻执行各项标准限用文件,极大程度地压缩了专用件、原材料等品种、规格,获得了一定的经济效益;

d) 通过在产品中开展"三化"设计,保证了用户对产品的使用和维护性;

e) 减少了专用工装的投入,有利于组织批量生产,降低制造成本。

9 产品质量、工艺性、经济性评价

9.1 产品质量评价

根据《武器装备质量管理条例》和×××(产品名称)研制的质量保证要求,为确保研制工作有序开展,成立了型号行政总指挥系统、总设计师系统和总质量师系统,明确了各系统之间的关系及各自的质量职责;制定了型号质量保证大纲、质量师系统工作规定、FRACAS系统工作规定等质量管理体系文件,规定了相关单位、部门人员的质量职责;制定了质量方针和质量目标,确定了质量管理体系自身的建设要求;符合GJB 9001B—2009对质量管理体系的建设要求。

在工程研制阶段,质量工作重点是依据质量保证大纲、质量师系统工作规定、FRACAS系统工作规定等质量体系管理文件,规范设计、器材采购和加工装配行为,进行过程控制,严把设计和生产质量关。

在设计质量控制上,按照质量体系程序中相关文件要求进行,严格技术状态管理,产品图样更改严格履行审批手续。

在技术状态管理上,×××。

在生产过程质量控制上,×××。

在外协、外购产品质量控制上,×××。

在不合格品处理的控制上,×××。

针对设计、生产、试验中暴露出来的重大技术问题,组织进行专题技术评审、技术攻关和技术归零。

在产品研制过程中,还开展了多次质量工作检查及复查,促进质量管理工作和体系建设不断完善。

……

9.2 产品工艺性评价

×××(产品名称)研制过程中,编制了工艺总方案、工艺标准化综合要求和各类工艺文件××册;设计、制造了专用工装×××(件)套,设计制造及购置了××种非标准仪器仪表设备及专用测试设备;完成了××项重点工艺攻关,实现了×××、……、×××工艺;加强对外协外购件的质量控制和产品验收工作,对关键件组件,明确了验收指标质量要求。×××(产品名称)的配套产品均为定型产品,其生产批量累计×××套,工艺成熟,质量可靠。

……

×××（产品名称）大量采用×××、×××等同类产品的成熟技术、产品和工艺，工艺方案、工艺路线、工艺规程合理可行，工艺装备齐全；研制过程中贯彻执行了通用化、系列化和组合化的设计思想，降低了设计、试验和生产成本；具有良好的工艺性和经济性。通过样机试制，存在的工艺问题和工艺难点都得到了有效解决，×××（产品名称）生产工艺已基本成熟并趋于稳定，具备了小批量生产的条件。

9.3 产品经济性评价

为达到性能质量最优、经济性最好的型号研制目标，×××（产品名称）研制确立了价值工程需达到的目标及工作计划，明确了系统之间的关系及各自的职责，建立了相关管理体系。

在研制过程中不断完善价值工程目标、工作方法。严格按照国防科工委、财政部发布的〔88〕计计字第×××号文《关于国防科研试制费使用若干问题的规定（试行）》和〔90〕计计字第×××号文《国防科研试制费核算暂行规定》以及×××等相关管理规定，强化科研财务管理，控制科研经费的开支。在设计、试制、试验及小批量生产过程中，始终本着在满足高质量的基础上，尽可能降低各项成本的思想贯彻"三化"设计理念，在实施价值工程工作过程中，在满足技战术指标的前提下，提高零件的加工工艺性，降低成本。尽量采用通用、标准、成熟元器件，压缩元器件的品种和规格，以利于采购和生产的顺利进行。通过以上措施，使×××（产品名称）整体具有较好的经济性。

20××年××月，×××（装备主管机关）与×××（承制单位）正式签订研制合同，由×××（承制单位）进行×××（产品名称）的设计、研制和生产。×××（产品名称）研制工作从20××年××月开始至20××年××月结束，合同明确研制阶段生产×××（产品名称）××套，包含×××、×××、×××。研制经费严格按照〔1995〕计计字第1765号《国防科研项目计价管理办法》控制使用，研制成本支出×××万元。

×××（产品名称）研制经费×××万元，超概算研制经费×××万元（包含研制×××套产品）。×××研制成本明细见表7。截至20××年××月底，经费结余×××万元（经费结余＝预算经费＋超概算经费－实际研制成本）。

表7 研制成本项目明细表 单位：万元

序号	项目	预算经费	超概算经费	实际研制成本
1	设计费	×××	×××	×××
2	材料费	×××	×××	×××
3	外协费	×××	×××	×××

(续)

序号	项目	预算经费	超概算经费	实际研制成本
4	专用费	×××	×××	×××
5	试验费	×××	×××	×××
6	固定资产使用费	×××	×××	×××
7	工资费	×××	×××	×××
8	管理费	×××	×××	×××
	合 计	×××	×××	×××
	经费结余		×××	

×××(产品名称)批生产成本估算见表8。

表 8 批产成本项目明细表　　　单位:万元

序号	项目	金额	备注
1	一、制造成本	×××	×××
2	1.直接材料	×××	×××
	其中:原材料	×××	×××
	×××	×××	×××
…	……	……	……

根据批生产成本估算,初步预计×××(产品名称)直接成本为××万元。

×××(产品名称)订购价格除直接成本之外,还必须考虑订购周期、订购数量等因素。根据对生产能力的评估,具备年产××套产品的能力。根据订购方需求,参考国内某型×××(产品名称)订购价格,考虑批产经济性,当采购数量小于××时,订购价格预计为××万元/套,当采购数量超过××时,订购价格预计为××万元/套。

×××(产品名称)采用×级维修体制,平均修复时间MTTR≤×h,通过对使用过程中的故障数据进行分析,×××(产品名称)故障率较低,涉及维修保障工作较少。使用期限内费用开支主要涉及×××、×××、×××等项目,在正确按照维护使用方法操作情况下,预计维护费用约为××万元/套。

……

10 产品达到的战术技术性能

10.1 产品设计定型技术状态

×××(产品名称)设计定型技术状态与××〔××××〕×××号文《批复×××(产品名称)研制总要求》的规定一致,不存在偏差。

10.2 产品战术技术指标达到情况

经设计定型试验表明,×××(产品名称)功能和性能达到了《×××(产品名称)研制总要求》和部队使用要求,战术技术指标达标情况见表9。

表9 ×××(产品名称)主要战术技术指标符合性对照表

序号	指标章条号	要 求	实测值	数据来源	考核方式	符合情况

注:1. 指标章条号沿用研制总要求(或研制任务书、研制合同)原章条号;
   2. 要求是指战术技术指标及使用性能要求;
   3. 数据来源栏填写实测值引自的相关报告、文件,如基地试验报告、仿真试验报告等;
   4. 考核方式栏可填试验验证、理论分析、数学仿真/半实物仿真、综合评估等。

10.3 承试单位提出的意见、建议及解决情况

10.3.1 承试单位提出的意见及解决情况

承试单位未提出意见。

10.3.2 承试单位提出的建议及解决情况

×××(承试单位)在设计定型试验报告中提出了下述建议:

a) ×××;
b) ×××。

针对承试单位提出的建议,拟采取下述解决措施,在×××(解决时限)前落实:

a) ×××;
b) ×××。

11 产品尚存问题及解决措施

研制过程中出现的问题均已归零,无遗留问题。

12 对产品设计定型的意见

综上所述,研制单位已按照《常规武器装备研制程序》完成了全部研制工作,研制过程中暴露的技术质量问题已全部归零,没有影响设计定型的遗留问题,技术状态已冻结,经设计定型试验表明,产品功能性能达到了《×××(产品名称)研制总要求》和使用要求。研制过程中贯彻了《装备全寿命标准化工作规定》和《武器装备研制生产标准化工作规定》,产品符合全军装备体制、装备技术体制和通用化、系列化、组合化要求。设计定型文件完整、准确、协调、规范,符合GJB 1362A—2007和GJB/Z 170—2013的规定;软件文档符合GJB 438B—2009的规定;产品规范、图样以及在试制过程中形成的工艺文件可以指导产品小批量生

产和验收,技术说明书和使用维护说明书等用户技术资料基本满足部队使用维护要求。产品配套齐全,配套的×项二级产品,××项三级或三级以下产品,均已完成逐级考核,通过了设计定型/鉴定审查;产品配套的××项关键、重要软件已通过定型测评,版本固定,符合《军用软件产品定型管理办法》要求;关键工艺已通过考核,工艺文件、工装设备等均满足小批量生产的需要。主要配套产品、设备、零部件、元器件、原材料质量可靠,有稳定的供货来源,国产电子元器件规格比××%,数量比××%,费用比××%,没有使用红色等级进口电子元器件,使用紫色、橙色、黄色等级进口电子元器件比例×%,满足研制总要求,符合军定〔2011〕70号等文件中对全军装备研制五年计划确定的主要(或一般)装备的要求。研制单位具备国家认可的武器装备研制、生产资格,质量管理体系运行有效,在研制过程中贯彻了《武器装备质量管理条例》,产品质量受控。该产品已具备设计定型条件,申请设计定型。

范例 4　军事代表对军工产品设计定型的意见

4.1　编　写　指　南

1. 文件用途

《军事代表对军工产品设计定型的意见》用于驻承研承制单位军事代表机构对军工产品能否设计定型提出明确的意见。

对于一级军工产品和二级军工产品,进行设计定型,驻厂(所)军事代表机构出具《军事代表对军工产品设计定型的意见》;对于三级以下(含)军工产品,进行设计鉴定,驻厂(所)军事代表机构出具《军事代表对军工产品设计鉴定的意见》。

GJB 1362A—2007《军工产品定型程序和要求》将《军事代表对军工产品设计定型的意见》列为设计定型文件之一。

在设计定型(鉴定)会议上,由于相关内容已由承研承制单位作《研制总结》报告时介绍,驻厂(所)军事代表机构宣读意见时可适当简化,最简时可只宣读第 4 章"对产品设计定型的意见"和第 5 章"问题与建议"。

2. 编制时机

产品通过设计定型试验且符合规定的标准和要求,申请设计定型审查时。

3. 编制依据

主要包括:产品立项批复文件,研制总要求,研制任务书,研制合同,研制计划,设计定型基地试验大纲,设计定型基地试验报告,设计定型部队试验大纲,设计定型部队试验报告,软件定型测评大纲,软件定型测评报告,重大技术问题攻关报告,GJB 1362A—2007《军工产品定型程序和要求》,GJB/Z 170.9—2013《军工产品设计定型文件编制指南　第 9 部分:军事代表对军工产品设计定型的意见》等。

4. 目次格式

按照 GJB/Z 170.9—2013《军工产品设计定型文件编制指南　第 9 部分:军事代表对军工产品设计定型的意见》编写。

GJB/Z 170.9—2013 规定了《军事代表对军工产品设计定型的意见》的编制内容和要求。

4.2 编写说明

1 概述

主要包括：
   a) 研制任务来源；
   b) 工作依据；
   c) 质量监督工作起始时间；
   d) 简述承担质量监督任务的组织机构、单位与分工。

2 研制过程质量监督工作概况

根据 GJB 3885 和 GJB 3887 的要求，简要介绍军事代表在军工产品研制过程中开展质量监督工作的概况，主要包括研制过程质量监督工作的主要内容、方法和重点。

3 对研制工作的基本评价

对承制单位在研制过程中的质量控制情况进行全面、系统的评价，并力求具体、准确、清晰，必要时可附图、表。

   a) 根据 GJB 5713 和 GJB 9001B 的要求，对装备承制单位资格审查和质量管理体系建立及运行情况进行评价；
   b) 根据 GJB 5709 的要求，对技术状态管理情况进行评价。主要包括技术状态的标识、控制、纪实与审核的情况，以及软件配置管理等情况；
   c) 根据 GJB 3885 的要求，对研制过程受控情况进行评价。主要包括分级分阶段设计评审、工艺评审和产品质量评审等情况；
   d) 根据 GJB 190 和 GJB 3885 等要求，对承制单位提供的关重件（特性）、关键工序分析和验证以及电子元器件的使用、审查等情况进行评价；
   e) 对设计定型样机检验的情况及评价；
   f) 根据 GJB 5711 的要求，对技术质量问题处理情况的评价。主要包括工程研制阶段和设计定型阶段暴露的主要问题的处理、归零等情况，附表的格式见表 4.1。

表 4.1 研制过程技术质量问题解决情况一览表

序号	问题描述	原因分析	解决措施	验证情况	归零情况	备注

   g) 必要时，对承制单位开展价值工程和成本分析情况进行评价。

h) 其他需要评价的内容。
4　对产品设计定型的意见
　　对产品性能、承制单位状况、图样与技术文件质量等情况进行综合评价,主要包括:
　　a) 产品性能是否达到研制总要求规定的战术技术指标和作战使用要求;
　　b) 设计图样及相关文件资料是否完整、准确、规范;
　　c) 产品配套是否齐全、质量可靠并有稳定的供货来源;
　　d) 应独立考核的配套产品是否已完成逐级考核并完成定型(鉴定)审查;
　　e) 承制单位是否建立了质量管理体系,是否具备国家认可的装备研制生产资质;
　　f) 产品是否具备设计定型条件,是否同意提交设计定型。
5　问题与建议
　　针对存在的问题或不足,提出进一步完善、改进的意见或建议。

4.3　编写示例

　　在上级机关的指导下,依据×××(产品名称)研制总要求,军事代表室制定了×××(产品名称)研制监督计划,对产品的设计、试制、试验及试飞(试车、试航)等研制过程进行了质量监督,现将军事代表室对×××(产品名称)设计定型的意见报告如下。
1　概述
1.1　研制任务来源
　　×××(产品名称)是为×××(上一层次产品名称)配套研制的机载电子(或其他)设备,首装×××平台,适用于×××、……、×××等平台,单机配套×套,属于×级定型产品。
　　20××年××月××日,总装备部装计〔××××〕×××号《关于×××立项研制事》批准研制×××(产品名称);20××年××月××日,×××(订货方)与×××(承制单位)签订×××(产品名称)研制合同(或技术协议书),编号×××。20××年××月××日,总装备部装军〔××××〕×××号《关于×××研制总要求事》批复×××(产品名称)研制总要求。
1.2　工作依据
　　×××(驻承制单位军事代表室)对×××(产品名称)的研制过程进行了质量监督,主要工作依据如下:
　　a)《中国人民解放军驻厂军事代表工作条例》;

b)《武器装备质量管理条例》；
c)《中国人民解放军装备科研条例》；
d)《军工产品定型工作规定》；
e)《驻厂军事代表室工作规范》；
f) GJB 190—1986 特性分类；
g) GJB 438B—2009 军用软件开发文档通用要求；
h) GJB 1362A—2007 军工产品定型程序和要求；
i) GJB 3206A—2010 技术状态管理；
j) GJB 3273—1998 研制阶段技术审查；
k) GJB 3885A—2006 装备研制过程质量监督要求；
l) GJB 3887A—2006 军事代表参加装备定型工作程序；
m) GJB 5235—2004 军用软件配置管理；
n) GJB 5709—2006 装备技术状态管理监督要求；
o) GJB 5711—2006 装备质量问题处理通用要求；
p) GJB 5712—2006 装备试验质量监督要求；
q) GJB 5713—2006 装备承制单位资格审查要求；
r) GJB 9001B—2009 质量管理体系要求；
s) GJB/Z 170—2013 军工产品设计定型文件编制指南；
t) ×××（产品名称）研制总要求；
u) ×××（产品名称）研制合同和/或成品技术协议书。

1.3 质量监督工作起始时间

20××年××月至20××年××月。

1.4 承担质量监督任务的组织机构、单位与分工

×××（驻承制单位军事代表室）组织建立了×××（产品名称）研制军事代表质量监督体系,全面负责×××（产品名称）总体及配套产品研制过程的质量监督工作。×××、×××、×××（驻配套产品承制单位军事代表室）等×个单位负责×××、×××、×××等×项二次配套产品研制过程的质量监督工作。在质量监督过程中,我室全员参与:总军事代表全面负责质量监督工作的领导、组织与策划,掌控总体研制进度、关键技术解决与技术质量问题处理;其余军代表按照专业分工,分别负责×××、×××等技术状态项的质量监督;指定主管军代表负责产品总体的质量监督,确保各技术状态项质量监督工作的不缺项、不漏项,实现监督管理的深度和广度。

2 研制过程质量监督工作概况

产品研制过程中,军事代表室始终坚持"军工产品质量第一"的方针,严格贯彻落实相关法规和标准要求,不断深化体系、过程、产品"三位一体"的质量工作模式,对产品实行全系统、全寿命、全方位和全特性质量管理。在上级机关领导下全面部署实施精品工程战略,深入组织开展精品工程创建活动,对产品设计、试制、试验和试飞(试车、试航)等过程开展了精细化的质量监督。

2.1 设计过程质量监督

依据研制合同和相关法规标准,军事代表室编制了合同履行监督实施方案、质量监督实施细则等指导性文件。参与了产品研制零级网络图、研制计划、试验计划等项目策划工作。

签订了配套产品技术协议书和技术协调单,审查了产品研制方案、质量保证大纲、标准化大纲、可靠性维修性测试性保障性安全性工作计划、型号专用规范(系统规范、研制规范、产品规范)等文件,严格审签过程控制文件,确保技术状态文件相互协调并具有可追溯性。

组织开展了重要阶段转移前的预先审查。参加了产品及其配套产品的研制方案评审,参加了初样机设计、正样机试制等评审工作,跟踪并监督了×××项专家意见和建议的整改落实。

2.2 试制过程质量监督

审签了产品质量保证大纲,参加了工艺总方案和关键/重要过程、特殊过程等工艺评审,组织开展了试制及生产前准备状态检查,组织对生产过程中的设计、工艺文件的一致性和准确性进行全面的清理和审查,对工艺装备和试验设备质量开展监督检查,督促×××(承制单位)及时完成工装、设备新制和返修。

组织开展原材料、标准件入厂复验及配套产品的验收复试,组织对器材供方进行定期检查、评价和管理,重点选取关重工序制定军检项目×××项,依据编制的检验验收规程对样机严格开展了检验验收,产品交付前组织开展了产品质量评审。

参加了关键/重要件的首件鉴定,针对试制及生产过程中存在的问题组织开展了专题质量问题分析,督促承研承制单位采取了纠正和预防措施。

2.3 研制试验过程质量监督

审查了地面联试、机上地面试验、功能性能试验、环境/可靠性/电磁兼容性摸底试验等试验任务书和试验大纲,确认试验目的明确、试验方法合理、评定准则正确并制定了风险预案。

组织并参加了研制试验前的开试评审工作,重点检查了试验设施、设备、环境条件和被试品技术状态等试验准备情况是否符合相关要求。

现场跟踪试验情况,监督各项试验严格按照试验大纲和试验规程要求操作实施,督促针对暴露出来的技术质量问题进行归零整改,对试验结果进行确认并审签试验报告。

参加软件测试计划、测试说明审查和软件测试结果验收审查,监督××项研制、改进软件的第三方测试过程中暴露的技术质量问题完成归零处理。

2.4 定型试验过程质量监督

组织开展了设计定型试验进入条件审查,组织完成了设计定型功能性能试验,参加了其他设计定型试验并组织承研承制单位开展试验现场服务保障,监督承研承制单位及时解决试验过程中暴露的××项技术质量问题并完成归零处理,监督承试单位按照批复的试验大纲完成规定的试验项目,对产品功能性能符合情况进行了核实确认。

2.5 设计定型准备工作

组织或参加了新研/改进的配套产品及其保障设备的设计定型(鉴定),组织开展了关键性生产工艺考核,对配套产品逐级考核情况、生产条件准备情况和定型技术状态进行了核查确认。

依据相关标准对各类研制报告和设计定型文件进行了审签,组织对设计定型文件资料进行了检查和预审查,参加设计定型预审查并监督承研承制单位整改落实专家意见和建议。

2.6 军事代表系统质量监督情况

编制了《×××(产品名称)军事代表质量监督体系工作办法》,通过加强联合管理、法规指导、合同规范、沟通协调,军事代表质量监督体系各成员单位充分发挥军方主导,定期开展现场巡检,重要节点转阶段组织开展质量复查等活动,严格监督各参研单位加强质量管理体系建设,扎实开展分级分阶段的设计评审、工艺评审和产品质量评审,推动精品工程各项质量保证措施得到贯彻落实。

3 对研制工作的基本评价

3.1 质量管理体系运行情况

×××(承制单位)具备国家和军队认可的武器装备研制生产资格,军事代表室依据《中国人民解放军驻厂军事代表工作条例》、GJB 9001B—2009《质量管理体系要求》等有关规定和要求,通过二方审核、第三方监督审核和武器装备承制单位资格审查,对×××(承制单位)质量管理体系运行情况进行日常监督。20××年××月,通过×××组织的二方审核;20××年××月,通过×××组织的武器装备承制单位资格审查;20××年××月至20××年××月,×××组织每年对×××(承制单位)质量管理体系运行情况开展了监督审核。日常监督检查表明,×××(承制单位)质量管理体系运行有效。

3.2 技术状态管理情况

军事代表室依据 GJB 3206A—2010《技术状态管理》、GJB 5709—2006《装

备技术状态管理监督要求》和GJB 5235—2004《军用软件配置管理》等有关标准和要求,对×××(承制单位)技术状态管理及其相关活动进行了有效监督。

×××(承制单位)按照GJB 3206A—2010《技术状态管理》要求,制定了技术状态管理计划,明确了技术状态项,在研制过程的不同阶段,分别编制了能全面反映其在某一特定时刻能够确定下来的技术状态的文件,经评审确认后建立了功能基线、分配基线、产品基线,并对技术状态的更改进行了严格控制。

×××(承制单位)按照GJB 5235—2004《军用软件配置管理》要求,成立了软件配置管理小组,建立了软件开发库、受控库和产品库;按照软件配置管理计划开展软件配置管理活动,对软件文档、代码进行了版本管理与控制,并设置软件履历书;软件更改出入库手续符合配置管理要求,配置管理有效,软件状态受控。

3.3 研制过程受控情况

军事代表室依据GJB 3885A—2006,对×××(产品名称)研制过程进行了质量监督。组织或参加了分级分阶段的设计评审、工艺评审和产品质量评审等评审工作。20××年××月××日,参加了研制方案评审;20××年××月××日,参加了C转S阶段评审;20××年××月××日,参加了设计评审;20××年××月××日,军厂联合组织召开了工艺评审会;20××年××月××日,组织召开了产品质量评审会;20××年××月至20××年××月,组织了设计定型功能性能试验,担任试验领导小组组长;参加了设计定型环境鉴定试验、可靠性鉴定试验、电磁兼容性试验(含电源特性试验)等基地试验,担任试验领导小组副组长。在整个研制过程中,产品研制始终处于受控状态,未出现重大质量问题和严重质量问题,出现的×个一般技术质量问题已得到有效解决。

3.4 关重特性分析情况

研制过程中,×××(承制单位)根据GJB 190—1986和GJB 3885A—2006等要求,进行了特性分析,明确了关键件××个、重要件××个,关键特性××个、重要特性××个,关键软件××个、重要软件××个,并对关键工序进行了分析和验证。军代表对特性分析报告、关重件目录清单、技术状态项清单进行了监督审查。

研制过程中,×××(承制单位)按装法〔2011〕2号文《武器装备研制生产使用国产军用电子元器件暂行管理办法》和型号研制总要求开展了电子元器件的管理和控制工作,制定了电子元器件大纲、元器件优选目录等顶层文件,对选用安全可靠的电子元器件进行了全过程的控制和管理。经审查,使用国产电子元器件规格比为××%,数量比为××%,费用比为××%,没有使用红色等级进口电子元器件,使用紫色、橙色、黄色等级进口电子元器件比例为×%,符合军定〔2011〕70号等文件中对全军装备研制五年计划确定的主要（或一般）装备的要求。

3.5 设计定型样机检验情况

军事代表室依据研制总要求、研制合同和产品规范，编制了《军检验收细则》，规定了验收的项目、内容、方法、步骤和所用仪器、仪表、量具及设备，明确规定了实施时机、地点、条件和环境要求，确保在每个环节、每个工作步骤都有章可循，实现了军检验收操作的规范化，提高了军检验收质量。20××年××月××日至20××年××月××日，军事代表室对承制单位提交的经承制单位检验合格的×套设计定型样机进行了军检验收，确保样机质量达到规定的要求。

3.6 技术质量问题处理情况

在初样机研制、正样机研制、设计定型基地试验（含功能性能试验、电磁兼容性试验、环境鉴定试验、可靠性鉴定试验等）、设计定型部队试验、软件定型测评过程中，未出现重大质量问题和严重质量问题，出现的×××（技术质量问题1）、×××（技术质量问题2）、……等×个一般技术质量问题已得到有效解决，并按照规定程序完成了归零（或产品未出现任何技术质量问题）。目前，产品的功能性能已达到批准的战术技术指标要求，没有任何遗留问题（或目前，产品的功能性能除×××等×项未达到要求外，其余均已达到批准的战术技术指标要求，遗留的问题已有解决措施，可望在批生产前落实）。研制过程中质量问题解决情况见表1。

表1 研制过程质量问题解决情况一览表

序号	问题描述	原因分析	解决措施	验证情况	归零情况	备注

3.7 价值工程和成本分析情况

为达到性能质量最优、经济性最好的型号研制目标，×××（承制单位）在研制过程中，确立了价值工程需达到的目标及工作计划，明确了各系统之间的关系及各自的职责，建立了相关管理体系。

在研制过程中不断完善价值工程目标、工作方法。严格按照国防科工委、财政部发布的〔1988〕计计字第×××号文《关于国防科研试制费使用若干问题的规定（试行）》、〔1990〕计计字第×××号文《国防科研试制费核算暂行规定》和相关规定，强化科研财务管理，控制科研经费的开支。在研制过程中，始终本着满足高质量的基础上尽可能降低各项成本的思想，贯彻三化设计理念，在实施价值工程工作过程中，在满足研制要求的前提下，提高零件的加工工艺性，降低成本。

尽量采用通用、标准、成熟元器件,压缩元器件的品种和规格,以利于采购和生产的顺利进行。通过以上措施,使×××(产品名称)具有较好的经济性。

研制经费严格按照〔1995〕计计字第1765号《国防科研项目计价管理办法》控制使用,经成本分析,研制成本支出×××万元。

根据批生产成本估算,初步预计×××(产品名称)直接成本为××万元。

3.8 设计定型文件资料情况

依据GJB 1362A—2007《军工产品定型程序和要求》和GJB/Z 170—2013《军工产品设计定型文件编制指南》,军事代表室组织对×××(承制单位)提交的全套定型文件(产品图样××张合×××标准页、技术文件××份合×××标准页)进行了审查,并审签了相关图样和技术文件。定型文件完整、准确、协调、规范,图、文与实物相符;生产图样和产品规范可以有效地指导产品生产,满足技术状态管理要求;技术说明书和使用维护说明书基本满足部队使用维护需求。

4 对产品设计定型的意见

综上所述,×××(产品名称)经过设计定型试验表明,其战术技术性能达到了批复的研制总要求(战术技术指标要求);研制过程中,贯彻了通用化、系列化、组合化要求;设计定型文件完整、准确、协调、规范,图、文与实物相符,满足GJB 1362A—2007《军工产品定型程序和要求》和GJB/Z 170—2013《军工产品设计定型文件编制指南》;软件已通过定型测评,源程序和相关文档资料齐套、数据齐全,满足《军用软件产品定型管理办法》和GJB 438B—2009《军用软件开发文档通用要求》;配套的设备已进行了独立考核并通过了设计定型,元器件、原材料有稳定的供货来源;承研单位通过了GJB 9001B—2009质量管理体系认证,质量体系运行有效。没有遗留问题(或遗留问题已有解决措施)。

根据军工产品定型的有关规定,×××(产品名称)已经具备定型条件,同意提交设计定型审查。

5 问题与建议

×××(产品名称)完成了全部研制工作并经设计定型试验考核,其战技指标满足装军〔××××〕×××号文《批复×××(产品名称)研制总要求》的规定,在研制过程中出现的技术质量问题均已归零,不存在遗留问题。

在设计定型部队试验中提出的关于×××、×××的改进建议,承制单位已有解决措施,并进行了试验验证,建议在小批量生产中落实。

范例 5　质量保证大纲(质量计划)

5.1　编写指南

1. 文件用途

　　质量保证大纲(质量计划)明确组织或供方为满足质量要求所开展的活动及可能带来的风险,对采购、研制、生产和售后服务等活动的质量控制做出规定。

　　产品应按 GJB 450A、GJB 368B、GJB 2547A、GJB 900A、GJB 3872 的要求,分别编制可靠性大纲(可靠性工作计划)、维修性大纲(维修性工作计划)、测试性大纲(测试性工作计划)、安全性大纲(安全性工作计划)和综合保障大纲(综合保障工作计划),并作为质量保证大纲的组成部分。

2. 编制时机

　　质量保证大纲应在产品研制、生产开始前,确定产品实现所需要的过程后,由质量部门或项目负责人组织制定。质量保证大纲实施前应经审批,合同要求时,应提交顾客认可。

　　适当时,可对质量保证大纲进行修改。修改后的质量保证大纲应重新履行审批手续,必要时,再次提交顾客认可。

3. 编制依据

　　主要包括:研制立项综合论证报告,研制总要求,研制任务书,研制合同,技术协议书,研制计划,质量方针,质量目标,质量管理体系文件,GJB 1406A—2005《产品质量保证大纲要求》,可靠性工作计划,维修性工作计划,测试性工作计划,综合保障工作计划,安全性工作计划,环境工程工作计划,其他相关的计划等。

4. 目次格式

　　按照 GJB 1406A—2005《产品质量保证大纲要求》编写。

5.2　编写说明

1　范围

　　大纲的适用范围一般包括:

a) 所适用的产品或特殊的限制；

b) 所适用的合同范围；

c) 所适用的研制或生产阶段。

2 质量工作原则与质量目标

2.1 质量工作原则

组织应制定质量工作总原则，一般包括：

a) 产品质量工作总要求；

b) 技术上应用或借鉴其他产品的程度；

c) 采用新技术的比例；

d) 技术状态管理的要求；

e) 设计的可制造性。

2.2 质量目标

组织应制定质量目标，一般包括：

a) 对产品或合同规定的质量特性满意程度；

b) 可靠性、维修性、保障性、安全性和测试性指标等；

c) 顾客满意的重要内容。

3 管理职责

大纲应明确各级各类相关人员的职责、权限、相互关系和内部沟通的方法，以及有关职能部门的质量职责和接口的关系，并作为整个产品保证工作系统的一部分。

4 文件和记录的控制

大纲应对研制、生产全过程中文件和记录的控制作出规定。当控制要求与组织的质量管理体系文件要求一致时，可直接引用。

成套资料应符合 GJB 906 的规定。

5 质量信息的管理

大纲中应明确规定为达到产品符合规定要求所需要的信息，以及实施信息的收集、分析、处理、反馈、存储和报告的要求。对发现的产品质量问题应按要求实施质量问题归零，并充分利用产品在使用中的质量信息改进产品质量。

6 技术状态管理

组织应针对具体产品按 GJB 3206A 的要求策划和实施技术状态管理活动，明确规定技术状态标识、控制、记实和审核的方法和要求。技术状态管理活动应从方案阶段开始，在产品的全寿命周期内，应能准确清楚地表明产品的技术状态，并实施有效的控制。

6.1 技术状态标识

技术状态标识的任务包括：

a) 选择技术状态项；
b) 确定各技术状态项在不同阶段所需的技术状态文件；
c) 标识技术状态项和技术状态文件；
d) 建立技术状态基线；
e) 发放经正式确认的技术状态文件并保持其原件。

6.2 技术状态控制

技术状态控制的任务包括：

a) 制定控制技术状态更改、偏离许可和让步的管理程序与方法；
b) 控制技术状态更改、偏离许可和让步；
c) 确保已批准的技术状态更改申请，及偏离许可、让步申请得到准确实施。

6.3 技术状态记实

技术状态记实的任务包括：

a) 记录并报告各技术状态项的标识号、现行已批准的技术状态文件及其标识号；
b) 记录并报告每一项技术状态更改从提出到实施的全过程情况；
c) 记录并报告技术状态项的所有偏离许可和让步的状况；
d) 记录并报告技术状态审核的结果，包括不符合的状况和最终处理情况；
e) 记录并维持已交付产品的版本信息及产品升级的信息；
f) 定期备份技术状态记实数据，维护数据的安全性。

6.4 技术状态审核

每一个技术状态项都应进行功能技术状态审核和物理技术状态审核。

应成立技术状态审核组，审核组成员应有代表性和相应的资质。承制方应采取必要措施配合开展技术状态审核。

在正式的技术状态审核之前，承制方应自行组织内部的技术状态审核。

7 人员培训和资格考核

根据产品的特点，大纲应规定对参与研制、生产、试验的所有人员进行培训和资格考核的要求。当关键加工过程不能满足要求，工艺、参数或所需技能有较大改变，或加工工艺较长时间未使用时，应规定对有关人员重新进行培训和考核的要求。

8 顾客沟通

大纲应规定与顾客沟通的内容和方法，一般包括：

a) 产品信息，包括产品质量信息；

b) 问询、合同或订单的处理,包括对其修改;
c) 顾客反馈,包括抱怨及其处理方式。

9 设计过程质量控制
9.1 任务分析
组织应对产品任务剖面进行分析,以确认对设计最有影响的任务阶段和综合环境,通过任务剖面分析,确定可靠性、维修性、保障性、安全性、人机工程等各种定量和定性因素,并将结论纳入规范作为设计评审的标准。

9.2 设计分析
组织应遵循通用化、系列化、组合化的设计原则,对性能、质量、可靠性、费用、进度、风险等因素进行综合权衡,开展优化设计。通过设计分析研究,确定产品特性、容差以及必要的试验和检验要求。

9.3 设计输入
组织应确定产品的设计输入要求,包括产品的功能和性能、可靠性、维修性、安全性、保障性、环境条件等要求,以及有关的法令、法规、标准等要求。

设计输入应形成文件并进行评审和批准。

组织应编制设计规范和文件,以保证设计规范化。设计规范和文件应符合国家和国家军用标准的要求。为使设计采用统一的标准、规范,在进行设计前,应编制文件清单,供设计人员使用。

9.4 可靠性设计
大纲应规定按可靠性大纲,实施可靠性工作项目。

9.5 维修性设计
大纲应规定按维修性大纲,实施维修性工作项目。

9.6 测试性设计
大纲应规定按测试性大纲,实施测试性工作项目。

9.7 保障性设计
大纲应规定按保障性大纲,实施保障性工作项目。

9.8 安全性设计
大纲应规定按安全性大纲,实施安全性工作项目。

9.9 元器件、零件和原材料的选择和使用
大纲应规定按 GJB 450A 工作项目 308 和工作项目 309 中的规定选择和使用元器件、零件和原材料。

按 GJB/Z 35 的要求开展元器件降额设计。

9.10 软件设计
大纲应规定按 GJB 438B、GJB 439A、GJB 2786A 和 GJB/Z 102 的要求对软

件的开发、运行、维护和引退进行工程化管理并按 GJB 5000 的规定进行软件的分级、分类,对软件整个生存周期内的管理过程和工程过程实施有效的控制。

9.11 人机工程设计

大纲应规定编制人机工程大纲的要求,在保证可靠性、维修性、安全性的条件下,能确保操作人员正常、准确地操作。

9.12 特性分析

大纲应按 GJB 190 的原则进行特性分析,确定关键件(特性)和重要件(特性)。

9.13 设计输出

大纲应规定设计输出的要求,一般包括:

a) 满足设计输入的要求;
b) 包含或引用验收准则;
c) 给出采购、生产和服务提供的适当信息;
d) 规定并标出与产品安全和正常工作关系重大的设计特性如操作、贮存、搬运、维修和处置的要求;
e) 根据特性分类,编制关键件、重要件项目明细表,并在产品设计文件和图样上作相应标识。

设计输出文件在放行前应得到批准。

9.14 设计评审

大纲应根据产品的功能级别和管理级别,按 GJB 1310 的有关要求,规定需实施分级、分阶段的设计评审。当合同要求时,应对顾客或其代表参加评审的方法作出规定。

如需要,应进行专项评审或工艺可行性评审。

9.15 设计验证

大纲应规定所要进行的设计验证项目及验证方法。在整个研制过程中,应能保证对各项验证进行跟踪和追溯。

在转阶段或靶场试验前,应对尚未经过试验验证的关键技术、直接影响试验成功和危及安全的问题,组织同行专家和专业机构的人员进行复核、复算等设计验证工作。

9.16 设计确认/定型(鉴定)

大纲应依据所策划的安排,明确规定确认的内容、方式、条件和确认点以及要进行鉴定的技术状态项,根据使用环境,提出要求并实施。

对需要定型(或鉴定)的产品,按 GJB 1362A 及有关产品定型(或鉴定)工作规定的要求完成定型(或鉴定)。

9.17 设计更改的控制

大纲应规定按 GJB 3206A 实施设计更改控制的具体要求。

10 试验控制

大纲应制定实施试验综合计划,该计划包括研制、生产和交付过程中应进行的全部试验工作,以保证有效地利用全部试验资源,并充分利用试验的结果。

大纲应规定按 GJB 450A、GJB 1407、GJB 368B、GJB 1032 的要求进行可靠性研制试验、可靠性鉴定试验、可靠性增长试验、维修性验证试验和环境应力筛选试验,以及按 GJB 1452 的规定进行大型试验质量管理的要求。

11 采购质量控制

11.1 采购品的控制

大纲应按 GJB 939、GJB 1404 和 GJB/Z 2 要求规定采购所需要的文件,内容包括:

a) 对具有关键(重要)特性的采购产品,应规定适当的控制方式;
b) 选择、评价和重新评价供方的准则,以及对供方所采用的控制方法;
c) 适用时,对供方大纲或其他大纲要求的确认及引用;
d) 满足相关质量保证要求(包括适用于采购产品的法规要求)所采用的方法;
e) 验证采购产品的程序和方法;
f) 向供方派出常驻或流动的质量验收代表的要求。

采购信息所包含的采购要求应是充分与适宜的。

大纲应规定采购新研制产品的质量控制要求、使用和履行审批的手续,以及各方应承担的责任。

需要时,对供方的确认应征得顾客或其代表的同意。

11.2 外包过程的控制

大纲应规定在产品实现过程中,对所有外包过程的控制要求,一般包括:

a) 正确识别产品在实现过程中所需要的外包过程;
b) 针对具体的外包过程,如设计外包、试制外包、试验外包和生产外包等过程,制定相应的控制措施和方法;
c) 对外包单位资格的要求;
d) 对外包单位能力的要求(包括设施和人员要求);
e) 对外包产品进行验收的准则;
f) 对外包单位实行监督的管理办法等。

12 试制和生产过程质量控制

大纲应对试制、生产、安装和服务过程作出规定,包括:

a) 过程的步骤；

b) 有关的程序和作业指导书；

c) 达到规定要求所使用的工具、技术、设备和方法；

d) 满足策划安排所需的资源；

e) 监测和控制过程（含对过程能力的评价）及产品（质量）特性的方法，包括规定的统计或其他过程控制方法；

f) 人员资格的要求；

g) 技能或服务提供的准则；

h) 适用的法律法规要求；

i) 新产品试制的控制要求。

12.1 工艺准备

在完成设计资料的工艺审查和设计评审后应进行工艺准备，一般包括：

a) 按产品研制需要提出工艺总方案、工艺技术改造方案和工艺攻关计划并进行评审；

b) 对特种工艺应制定专用工艺文件或质量控制程序；

c) 进行过程分析，对关键过程进行标识、设置质量控制点及规定详细的质量控制要求；

d) 工艺更改的控制及有重大更改时进行评审的程序；

e) 试验设备、工艺装备和检测器具应按规定检定合格；

f) 有关的程序和作业指导书。

在工艺文件准备阶段，按 GJB 1269A—2000 的有关要求，实施分级、分阶段的工艺评审。

12.2 元器件、零件和原材料的控制

大纲应规定器材（含半成品）的质量控制要求及材料代用程序，确保：

a) 合格的元器件、零件、原材料和半成品才可投入加工和组装；

b) 外购、外协的产品应经进厂复验、筛选合格，附有复验合格证或标记，方可投入生产。使用代用料时，应履行批准手续；

c) 在从事成套设备生产时，贮存的装配件和器材应齐全并作出适当标记；

d) 经确认易老化或易受环境影响而变质的产品应加以标识、并注明保管有效日期；

e) 元器件选用、测试、筛选符合规定的要求。

12.3 基础设施和工作环境

大纲应明确针对具体产品或服务的基础设施、工作场所等方面的特殊要求。当工作环境对产品或过程的质量有直接影响时，大纲应规定特殊的环境要

求或特性,如:清洁室空气中的粒子含量、生物危害的防护等。

12.4 关键过程控制

大纲应规定按工艺文件或专用的质量控制程序、方法,对关键过程实施质量控制的要求。

12.5 特殊过程控制

大纲应根据产品特点,明确规定过程确认的内容和方式,适用时可包括:

a) 规定对过程评审和批准的准则;
b) 对设备的认可和人员资格的鉴定;
c) 使用针对具体过程的方法和程序;
d) 必要的记录,如能证实设备认可、人员资格鉴定、过程能力评定等活动的记录;
e) 再次确认或定期确认的时机。

12.6 关键件、重要件的控制

按 GJB 909 的有关规定。

12.7 试制、生产准备状态检查

按 GJB 1710 的有关规定。

12.8 首件鉴定

应按 GJB 908 的有关规定对首件进行鉴定。

12.9 产品质量评审

大纲中应明确按 GJB 907 的有关规定,对产品质量进行评审的程序,以及对评审中提出的问题,由谁负责处理、保存评审记录和问题处理记录的要求。

12.10 装配质量控制

大纲应规定对装配质量进行控制的要求,包括编写适宜的装配规程或作业指导书等。

12.11 标识和可追溯性

按 GJB 726 的有关规定对产品标识和有可追溯性要求的产品进行控制。
按 GJB 1330 有关规定对批次管理的产品进行标识和记录。

12.12 顾客财产

大纲应规定对顾客提供的产品如材料、工具、试验设备、工艺装备、软件、资料、信息、知识产权或服务的控制要求。包括:

a) 验证顾客提供产品的方法;
b) 顾客提供不合格产品的处置;
c) 对顾客财产进行保护和维护的要求;
d) 损坏、丢失或不适用产品的记录与报告的要求。

12.13 产品防护

在贮存、搬运或制造过程中,对器材(含半成品)或产品应采取必要的防护措施,并明确规定:

a) 按 GJB 1443 的要求,对搬运、贮存、包装、防护和交付等活动进行控制;
b) 确保不降低产品特性,安全交付到指定地点的要求。

12.14 监视和测量

12.14.1 一般要求

大纲应规定对产品进行监视和测量的要求与方法。包括:

a) 所采用的过程和产品(包括供方的产品)进行监视和测量的方法与要求;
b) 需要进行监视和测量的阶段及其质量特性;
c) 每一个阶段监视和测量的质量特性;
d) 使用的程序和接收准则;
e) 使用的统计过程控制方法;
f) 测量设备的准确度和精确度,包括其校准批准状态;
g) 人员资格和认可;
h) 要求由法律机构或顾客进行的检验或试验;
i) 产品放行的准则;
j) 检验印章的控制方法;
k) 生产和检验共用设备用作检验手段时的校验方法;
l) 保存设备使用记录,以便发现设备偏离校准状态时,能确定以前测试结果的有效性。

12.14.2 过程检验

大纲应按 GJB 1442 的要求,依据检验程序对试制和生产过程进行过程检验,做好原始记录。

12.14.3 验收试验和检验

在加工装配完成后,应进行验收试验和检验:

a) 验收试验和检验的操作应按批准的程序、方法进行;
b) 验收试验和检验结束后,均应提供产品质量和技术特性数据;
c) 在试验和检验中发生故障,均应找出原因并在采取措施后重新进行试验和检验。

12.14.4 例行试验(典型试验)

应按规定进行例行试验,并实施必要的监督,以保证产品性能、可靠性及安全性满足设计要求,根据环境条件的敏感性、使用的重要性、生产正常变化与规定公差之间的关系、工艺变化敏感程度、生产工艺(过程)的复杂性和产品数量确定所需测试的产品,并征得顾客的认可。

12.14.5 无损检验
应按 GJB 466 和 GJB 593 的有关规定对无损检验进行控制。

12.14.6 试验和检验记录
大纲应规定保存试验、检验记录的要求,并根据试验和检验的类型、范围及重要性确定记录的详细程度。记录应包括产品的检验状态,必要的试验和检验特性证明、不合格品报告、纠正措施及抽样方案和数据。

12.15 不合格品的控制
大纲应规定对不合格品进行识别和控制的要求,以防止其非预期使用或交付。有关不合格品的标识、评价、隔离、处置和记录执行 GJB 571 的规定。

12.16 售后服务
当合同有要求时,大纲应按协议或合同要求组织技术服务队伍到现场,指导正确安装、调试、使用和维护,及时解决出现的问题。

5.3 编写示例

1 范围
本大纲规定了×××(产品名称)各阶段质量工作目标、质量保证要求、质量职责以及应遵循的准则。

本大纲是×××(产品名称)研制工作的指令性文件,适用于×××(产品名称)论证、研制、交付以及小批量生产。

2 质量工作原则与质量目标
2.1 质量工作原则
2.1.1 基本原则
a) 质量第一原则

在产品研制、生产、使用过程中,应认真执行《武器装备质量管理条例》等质量法规和 GJB 9001B—2009《质量管理体系要求》、GJB 1406A—2005《产品质量保证大纲要求》等有关标准,始终坚持"军工产品质量第一"的原则,实施精品工程,实行全过程、分阶段、有重点的质量控制。

b) 一次成功原则

贯彻一次成功的原则,确保产品设计一次成功,不出现方案性设计错误,不出现因方案设计问题而造成试验失败,满足可制造性、可检验性和经济性要求。

c) ×××原则

×××。

2.1.2 总体要求

a) 产品质量工作总要求

配合总体单位建立质量师系统,在行政指挥系统的领导下、设计师系统的指导下,密切协同,先期做好质量管理的策划和计划,吸取以往型号武器装备研制的经验教训,规划和制定管理文件,并实时修订和细化。

按照军工产品的各项法律、法规和政策,贯彻武器装备研制质量管理要求,确保全体参研人员质量意识,依靠全员参与实现产品研制的质量目标,并持续改进,消除产品缺陷,完善产品的质量特性和服务质量。

b) 技术上应用或借鉴其他产品的程度

在技术上应用和借鉴×××、×××(同类产品名称)等本单位同类产品的成熟技术,实现通用化、系列化、组合化。

c) 采用新技术的比例

采用的新技术必须通过设计验证,比例不超过××%。

d) 技术状态管理的要求

按照GJB 3206A—2010《技术状态管理》的要求,在产品的全寿命周期内,做好技术状态标识、技术状态控制、技术状态记实和技术状态审核工作。

e) 设计的可制造性

产品设计具备可制造性,×××。

2.2 质量目标

×××(产品名称)研制的质量目标如下:

a) 确保产品功能、性能指标满足研制总要求(和/或技术协议书);

b) 产品技术状态受控;

c) 产品质量问题全部归零;

d) 确保产品一次通过试验考核,一次研制成功。

研制总要求规定的×××(产品名称)通用质量特性要求如下。

a) 研制总要求(或研制合同/技术协议书)中规定的可靠性指标为:×××。

b) 研制总要求(或研制合同/技术协议书)中规定的维修性指标为:×××。

c) 研制总要求(或研制合同/技术协议书)中规定的测试性指标为:×××。

d) 研制总要求(或研制合同/技术协议书)中规定的保障性指标为:×××。

e) 研制总要求(或研制合同/技术协议书)中规定的安全性指标为:

×××。

3 管理职责

行政总指挥对研制质量全面负责,总设计师对设计和试验质量全面负责,质量师负责质量保证和质量控制的组织实施与监督,并独立行使职权,对质量保证和质量控制活动实施的有效性和产品质量的符合性负责,标准化师负责标准化工作的组织实施与监督。

明确×××(产品名称)研制行政指挥系统、设计师系统、质量师系统人员见表1。

表1 行政指挥系统、设计师系统、质量师系统人员

行政指挥系统		
姓名	部门	职务/职称
行政总指挥		
行政副总指挥		
……		
……		
设计师系统		
姓名	部门	职务/职称
总设计师		
副总设计师		
主任设计师		
主管设计师		
标准化师		
……		
……		
质量师系统		
姓名	部门	职务/职称
总质量师		
副总质量师		
质量师		
……		
……		

3.1 行政指挥系统的质量职责

a) 执行国家及有关行政部门颁布的质量法律、法规和政策,贯彻质量方针、

目标及质量管理各项规章制度；

b）配合×××（上一层次产品名称）行政指挥系统开展相关工作；

c）确保顾客的要求得到确定并予以满足，确保顾客能够及时获得产品质量问题的信息，对产品的最终交付质量负领导责任；

d）提出并落实重大的技术改造措施，保证产品研制所需保障条件；

e）协调跨部门的研制计划和重大技术和质量问题；

f）检查并考核产品各级人员的质量工作，提出奖惩建议；

g）从行政上保证技术指挥线的畅通。

3.2 设计师系统的质量职责

3.2.1 总设计师的质量职责

a）执行国家及有关行政部门颁布的质量法律、法规和政策，贯彻质量方针、目标及质量管理各项规章制度。在行政总指挥领导下，主持产品设计和试验工作，负责设计技术方面的组织、管理、指挥及重大的决策，对产品设计过程质量负全面领导责任，对产品的设计和试验质量负总责；

b）配合×××（上一层次产品名称）总设计师开展相关工作；

c）领导并组织编制产品质量保证大纲、批准大纲的实施；

d）是产品研制负责人，在产品研制过程中，严格贯彻研制程序，执行质量、标准化管理法规和有关规定，积极开展优化设计技术，积极推进先进的技术管理方法；

e）与顾客沟通，了解顾客的需求，参与合同评审，把顾客要求转化为产品要求；

f）把产品要求转化为设计规范及要求。参与产品实现的策划、设计开发策划，协调处理研制过程中出现的重大技术和质量问题。审批有关技术文件，对其文件质量的正确性、合理性、协调性、完整性负责；

g）组织产品设计评审、验证和确认等工作；

h）负责组织协调与顾客之间的关系，及时处理出现的技术和质量问题；

i）负责组织重要试验；参与故障报告、分析、纠正和预防措施系统的运行。

3.2.2 主任设计师的质量职责

a）执行国家及有关行政部门颁布的质量法则、法规和政策，贯彻质量方针、目标及质量管理各项规章制度和标准；

b）在总设计师领导下，根据研制合同要求、研制总要求和技术协议书，确定设计输入要求，主持开展设计和研制工作，确保总体方案的实现，对设计和试验质量负责；

c）在产品的研制过程中，严格执行研制程序和质量、标准化管理的有关规

定要求,积极开展和推广优化设计技术;

　　d) 在总设计师领导下,参与组织拟制设计方案等技术文件;

　　e) 组织开展软件工程等方面的设计及技术管理工作,直接参加科研、设计、试验工作,与有关人员一起突破技术关键;

　　f) 按设计开发计划的要求,形成各阶段技术文件,审签下级设计师的文件,并确保正确性、合理性、可靠性、完整性、一致性。开展设计控制、验证等活动;

　　g) 对研制中出现的重大技术和质量问题,应及时向总设计师和总质量师报告,落实有关纠正/预防措施,负责组织故障报告、分析、纠正和预防措施的运行;

　　h) 做好产品确认前的技术准备工作;

　　i) 参与产品装调、检验、重要试验大纲的拟制,参与产品重要试验及产品鉴定和交付等工作。

3.2.3　主管设计师的质量职责

　　a) 执行国家及有关行政部门颁布的质量法律、法规和政策,贯彻质量方针、目标及质量管理各项规章制度和标准;严格执行产品研制过程的质量控制规定,产品研制中要始终贯彻质量第一的思想,对其承担的设计任务的设计和试验质量负责;

　　b) 在设计、开发中,按照设计开发计划、质量要求和有关程序,做好相应的设计开发工作,对设计质量满足规定要求负责;对技术文件的正确性、合理性、继承性、可靠性、完整性、一致性负责;

　　c) 负责设计验证、试验等活动;

　　d) 负责做好产品调试、联试、试验的质量记录;

　　e) 按照质量体系文件的有关规定,履行技术文件的拟制、审核、会签、批准程序和制度。进行更改时,要履行更改程序,不得擅自、随意进行设计更改。对使用的设计文件和资料,按照文件控制要求,精心保管,不得随意涂改、乱划;

　　f) 对复杂的产品(设备/分系统/系统)按规定进行特性分析,完成特性分析报告。编制关键件、重要件明细表;在设计文件上按规定做好关键特性和重要特性的标识。

3.2.4　标准化师的质量职责

　　a) 执行国家及有关行政部门颁布的质量法律、法规和政策,贯彻质量方针、目标及质量管理各项规章制度和标准,对产品研制过程中的标准化管理工作负责;

　　b) 提出贯彻和采用标准的原则,对重大标准的贯彻提出决策性建议;

　　c) 完成方案阶段,工程研制阶段和设计定型阶段的标准化工作;

　　d) 组织制定、协调和审查标准及标准化文件;

e）负责技术文件的标准化审查；

f）协调产品与×××（上一层次产品名称）之间的标准化工作，落实×××（上一层次产品名称）标准化工作的相关要求。

3.3 质量师系统的质量职责
3.3.1 总质量师的质量职责

a）执行国家及有关行政部门颁布的质量法律、法规和政策，贯彻质量方针、目标及质量管理各项规章制度和标准。对产品研制过程中的质量控制工作负责；

b）配合×××（上一层次产品名称）总质量师开展相关工作；

c）协助行政总指挥、总设计师，分管产品的质量工作，对产品研制过程中质量管理工作负责，组织编制《产品质量保证大纲》；

d）参与产品实现的策划、设计开发的策划，组织开展有关工作；

e）在产品研制过程中，组织开展产品各阶段的质量工作，审签有关技术文件；

f）开展并指导软件工程等工作，对工作情况进行监督、考核；

g）参与设计评审，对评审中发现的质量问题和提出的意见，负责对"归零"工作进行跟踪检查；

h）组织开展产品的检测、验收，参与产品的验证活动，对产品质量问题、纠正措施和《产品质量保证大纲》执行情况，负责监督、检查和跟踪管理；

i）参与研究分析有关质量问题，组织故障报告、分析、纠正和预防措施系统的运行，及时收集反馈产品质量信息，以改进产品质量和工作质量，必要时向上级报告；

j）组织并参加产品的试验工作。

3.3.2 质量师的质量职责

a）执行国家及有关行政部门颁布的质量法律、法规和政策，贯彻质量方针、目标及质量管理各项规章制度和标准，对产品研制过程中的质量负责；

b）参与产品实现和设计开发策划，根据GJB 1406A—2005《产品质量保证大纲要求》，《×××（上一层次产品名称）质量保证大纲》要求及单位实际情况，负责拟制质量保证大纲，并组织实施；

c）负责组织产品研制的质量策划和实施，负责研制过程质量控制活动的组织与实施；

d）拟制、会签有关技术文件；

e）参加性能测试、验收等验证活动；

f）负责产品研制过程中的故障报告、分析、纠正和预防措施系统的正常运行；

g）负责产品研制过程中的质量信息收集和质量信息在行政指挥线上的向上传递和设计师系统的内部传递，并建立记录。

4 文件和记录的控制

4.1 文件控制

根据 GJB 906—1990《成套技术资料质量管理要求》、ZG××.×××《文件控制程序》、ZG××.×××《设计文件的签署规定》、ZG××.×××《标准化评审管理制度》和 ZG××.×××《设计文件的更改》执行技术文件签署制度，设计更改、工艺和质量会签制度，执行标准化审查制度，明确各级人员签署的技术质量责任制，严把质量关，确保技术档案完整、准确、协调、规范、有效。

4.2 记录控制

按照 ZG××.×××《质量记录控制程序》要求做好相关质量记录的编制、收集、标识、存储、查（借）阅、处置工作。

5 质量信息的管理

质量管理部门负责研制、生产、试验、使用过程的质量信息的归口管理，按照 ZG××.×××《质量信息处理和数据分析控制程序》要求实施质量与可靠性信息管理，使质量与可靠性信息的收集、传递、分析、处理、反馈、存储、使用等各环节的工作制度化、规范化、程序化。在产品的研制、试生产过程中出现的各种质量问题和故障均按程序要求及时地报告和处理，实施质量问题归零，并充分利用产品在使用中的质量信息改进产品质量。

6 技术状态管理

按照 GJB 3206A—2010《技术状态管理》、ZG××.×××《技术状态管理制度》的要求，策划和实施技术状态管理活动，从方案阶段开始，在产品的全寿命周期内，做好技术状态标识、技术状态控制、技术状态记实和技术状态审核工作。

6.1 技术状态标识

技术状态标识的任务包括：

a）选择技术状态项；

b）确定各技术状态项在不同阶段所需的技术状态文件；

c）标识技术状态项和技术状态文件；

d）建立技术状态基线；

e）发放经正式确认的技术状态文件并保持其原件。

6.2 技术状态控制

技术状态控制的任务包括：

a）制定控制技术状态更改、偏离许可和让步的管理程序与方法；

b) 控制技术状态更改、偏离许可和让步；

c) 确保已批准的技术状态更改申请,及偏离许可、让步申请得到准确实施。

6.3 技术状态记实

技术状态记实的任务包括：

a) 记录并报告各技术状态项的标识号、现行已批准的技术状态文件及其标识号；

b) 记录并报告每一项技术状态更改从提出到实施的全过程情况；

c) 记录并报告技术状态项的所有偏离许可和让步的状况；

d) 记录并报告技术状态审核的结果,包括不符合的状况和最终处理情况；

e) 记录并维持已交付产品的版本信息及产品升级的信息；

f) 定期备份技术状态记实数据,维护数据的安全性。

6.4 技术状态审核

每一个技术状态项都应进行功能技术状态审核和物理技术状态审核。

应成立技术状态审核组,审核组成员应有代表性和相应的资质。应采取必要措施配合开展技术状态审核。

在正式的技术状态审核之前,应自行组织内部的技术状态审核。

7 人员培训和资格考核

根据产品的特点,对参与研制、生产、试验的所有人员进行培训和资格考核。当关键加工过程不能满足要求,工艺、参数或所需技能有较大改变,或加工工艺较长时间未使用时,应对有关人员重新进行培训和考核。

8 顾客沟通

按照 ZG××.××××《服务控制程序》开展顾客沟通工作。及时处理交付顾客的产品在使用过程中出现的技术质量问题,根据顾客的要求开展现场技术保障,必要时对用户进行技术培训。按照《服务控制程序》妥善处理或消除顾客抱怨,恢复信心。同时设计师系统应定期或根据需要,安排同顾客进行沟通,沟通后应及时形成相应记录并存档,为项目论证、设计过程中提供更多设计依据。

沟通一般包括：

a) 与上级机关、总体单位、用户代表、各配合单位沟通项目设计过程中的相关问题,讨论或评审阶段成果；及时了解产品信息,包括产品质量信息；

b) 问询、合同、技术协议书和任务书的处理,包括对其修改；

c) 上级机关、总体单位等顾客的反馈,包括抱怨及其处理方式。

9 设计过程质量控制

按照 ZG××.××××《产品设计和开发控制程序》要求对×××（产品名称）的设计过程实施管理和控制。

9.1 任务分析

在上级任务下达后,根据任务需求,应充分调研国内外项目最新状况,结合我军特点及已往类似产品工作经验,形成可行性研究分析报告和初步总体技术方案论证报告。

应对产品任务剖面进行分析,以确认对设计最有影响的任务阶段和综合环境,通过任务剖面分析,确定可靠性、维修性、测试性、保障性、安全性、人机工程等各种定量和定性因素,并将结论纳入规范作为设计评审的标准。

9.2 设计分析

应遵循通用化、系列化、组合化的设计原则,对性能、质量、可靠性、费用、进度、风险等因素进行综合权衡,开展优化设计。通过设计分析研究,确定产品特性、容差以及必要的试验和检验要求。确定哪些已往型号经验可以借鉴,哪些需要改进提高。

9.3 设计输入

以研制总要求、研制合同或任务书作为设计输入要求,包括产品的功能和性能、可靠性、维修性、测试性、保障性、安全性、环境条件等要求,以及有关的法令、法规、标准等要求。

设计输入应形成文件并进行评审和批准。

同时应编制设计规范和文件,以保证设计规范化。设计规范和文件应符合国家标准和国家军用标准的要求。为使设计采用统一的标准、规范,在进行设计前,应编制文件清单,供设计人员使用。

9.4 可靠性设计

根据GJB 450A—2004《装备可靠性工作通用要求》、《×××(上一层次产品名称)可靠性工作计划》拟制《×××(产品名称)可靠性工作计划》,并根据《×××(产品名称)可靠性工作计划》、《可靠性设计规范》和ZG××.××××《可靠性设计管理制度》的规定,进行可靠性设计,将合同中规定的可靠性指标具体落实到产品中。

9.5 维修性设计

根据GJB 368B—2009《装备维修性工作通用要求》、《×××(上一层次产品名称)维修性工作计划》,拟制《×××(产品名称)维修性工作计划》,并根据《×××(产品名称)维修性工作计划》、《维修性设计规范》和ZG××.××××《维修性设计管理制度》,对维修性指标进行分析,开展维修性设计,将合同中规定的维修性指标具体落实到产品中。

9.6 测试性设计

根据GJB 2547A—2012《装备测试性工作通用要求》、《×××(上一层次产品名称)测试性工作计划》,拟制《×××(产品名称)测试性工作计划》,并根据《×××(产品名称)测试性工作计划》、《测试性设计规范》和ZG××.×××《测试性设计管理制度》,对测试性指标进行分析,开展测试性设计,将合同中规定的测试性指标具体落实到产品中。

9.7 保障性设计

根据GJB 3872—1999《装备综合保障通用要求》、《×××(上一层次产品名称)综合保障大纲》拟制《×××(产品名称)保障性工作计划》,并根据《×××(产品名称)保障性大纲》的要求,进行保障性分析,搞好保障性设计,确定保障性目标和必要的综合保障项目,并具体规定综合保障用的可更换单元、专用测试设备、工具、资料等内容。

9.8 安全性设计

根据GJB 900A—2012《装备安全性工作通用要求》、《×××(上一层次产品名称)安全性大纲》拟制《×××(产品名称)安全性工作计划》,并根据《×××(产品名称)安全性工作计划》的要求,开展安全性设计工作,将合同中规定的安全性要求具体落实到产品中。

9.9 元器件、零件和原材料的选择和使用

按照GJB 450A—2004《装备可靠性工作通用要求》工作项目308和工作项目309中的规定选择和使用元器件、零件和原材料,按照GJB/Z 35—1993《元器件降额准则》的要求开展元器件降额设计。

按照装法〔2011〕2号文《武器装备研制生产使用国产军用电子元器件暂行管理办法》和型号研制总要求开展电子元器件的管理和控制工作,根据项目情况,编制元器件优选目录、元器件二次筛选规范等。严格制定超目录采购程序,除用户特别要求外,尽可能选用优选目录内设备。

9.10 软件设计

软件设计应遵循GJB 2786A—2009《军用软件开发通用要求》、GJB 438B—2009《军用软件开发文档通用要求》、GJB 439A—2013《军用软件质量保证通用要求》、GJB/Z 102—1997《软件可靠性和安全性设计准则》的要求对软件的开发、运行、维护和引退进行工程化管理,并按照GJB 5000A—2009《军用软件研制能力成熟度模型》的规定进行软件的分级、分类,对软件整个生命周期内的管理过程和工程过程实施有效的控制。

根据软件设计要求和软件顶层设计,确定软件产品是否存在关键件、重要件,并形成关键件、重要件分析报告。

9.11 人机工程设计

按照GJB 3207—1998《军事装备和设施的人机工程要求》编制人机工程大

纲,注重人机工程设计,在保证装备可靠性、维修性、测试性、保障性、安全性的条件下,产品能确保操作人员正常、准确地操作。

9.12 特性分析

按照 GJB 190—1986《特性分类》对产品进行特性分析,依据 GJB 2116—1994 进行产品分解,分别提出接口要求并对其设计进行分析,编制关键件重要件明细表、技术状态项明细表和工序检验项目汇总表。

9.13 设计输出

严格设计输出的图样和技术文件的审签、会签,落实技术责任制,控制设计输出的质量。设计输出应满足如下要求:

 a) 满足设计输入的要求;
 b) 包含或引用验收准则;
 c) 给出采购、生产和服务提供的适当信息;
 d) 规定并标出与产品安全和正常工作关系重大的设计特性如操作、贮存、搬运、维修和处置的要求;
 e) 根据特性分类,编制关键件、重要件项目明细表,并在产品设计文件和图样上作相应标识。

设计输出文件在放行前应得到批准。

9.14 设计评审

根据产品的功能级别和管理级别,按照 GJB 1310A—2004《设计评审》和 ZG××.××××《设计评审管理制度》、ZG××.××××《软件评审规程》的有关要求,实行分级、分阶段的设计评审。项目相关评审主要有:

 a) 方案评审;
 b) 详细设计评审;
 c) 转阶段评审;
 d) 规范评审。

按照 GJB 2786A—2009《军用软件开发通用要求》、GJB 439A—2013《军用软件质量保证通用要求》规定,软件相关评审主要有:

 a) 软件需求评审;
 b) 软件设计评审;
 c) 软件测试评审。

如需要,应进行专项评审或工艺可行性评审。

当合同要求时,对顾客或其代表参加评审的方法作出规定。

9.15 设计验证

根据工程情况,提出设计验证项目及验证方法。在整个研制过程中,保证对各项验证进行跟踪和追溯。

在转阶段或地面装机联试前,对尚未经过试验验证的关键技术,直接影响试验成功和危及安全的问题,组织同行专家和专业机构的人员进行复核、复算等设计验证工作。

主要验证节点如下:
a) ×××(上一层次产品名称)软件集成联试验收测试;
b) ×××(产品名称)出所验收测试;
c) ×××(上一层次产品名称)地面集成联试;
d) ×××(上一层次产品名称)地面装机联试验收测试;
e) 使用试验。

9.16 设计确认/定型(鉴定)

依据工程进度安排,明确规定确认的内容、方式、条件和确认点以及要进行鉴定的技术状态项,根据使用环境,提出要求并实施。

对需要定型(或鉴定)的产品,按照GJB 1362A—2007《军工产品定型程序和要求》及有关产品定型(或鉴定)工作规定的要求完成定型(或鉴定)。

9.17 设计更改的控制

按照GJB 3206A—2010《技术状态管理》和ZG××.××××《设计文件的更改》实施设计更改控制。

10 试验控制

应制定实施试验综合计划,该计划包括研制、生产和交付过程中应进行的全部试验工作,以保证有效地利用全部试验资源,并充分利用试验的结果。

在产品研制、生产和交付过程中按照GJB 150A、GJB 450A、GJB 1407、GJB 368B、GJB 1032的要求进行环境试验、可靠性试验(可靠性研制试验、可靠性鉴定试验、可靠性增长试验)、维修性验证试验和环境应力筛选试验。同时在研制过程中,应对特定的产品进行摸底试验。

按照ZG××.××××《最终产品检验和试验控制程序》进行试验控制。试验前要根据研制合同、技术协议书或研制任务书制定试验大纲、规范等文件,必要时应经评审。大型试验按照GJB 1452A—2004《大型试验质量管理要求》进行管理。除订购方对某一试验同意通过类比分析或评估提供类比、评估报告外,试验应按照要求执行。

11 采购质量控制

11.1 采购品的控制

按照ZG××.××××《采购控制程序》要求实施管理,对新增供方按照ZG××.××××《供方评价和选择程序》进行控制。

针对新研制产品按照 ZG××.××××《新技术、新工艺、新器材的采用管理制度》、ZG××.××××《外购器材认定管理制度》实施控制。

11.2 外包过程的控制

在产品的实现过程中,按照 ZG××.××××《外包管理制度》以及 ZG××.××××《供方质量管理体系审核管理制度》对所有外包产品承制单位实施严格控制,一般包括:

a) 正确识别产品在实现过程中所需要的外包过程;

b) 针对具体的外包过程,如设计外包、试制外包、试验外包和生产外包等过程,制定相应的控制措施和方法;

c) 严格对外包单位进行资格审核;

d) 对外包单位能力的要求(包括设施和人员要求);

e) 提出或配合外包单位提出外包产品验收准则及验收方法,协议中应有质量会签;

f) 对外包单位实行监督的管理办法等。

12 试制和生产过程质量控制

在产品试制、生产、安装和服务过程中,应在相应的生产、技术、管理文件中对以下内容作出明确规定:

a) 过程的步骤;

b) 有关的程序和作业指导书;

c) 达到规定要求所使用的工具、技术、设备和方法;

d) 满足策划安排所需的资源;

e) 监测和控制过程(含对过程能力的评价)及产品(质量)特性的方法,包括规定的统计或其他过程控制方法;

f) 人员资格的要求;

g) 技能或服务提供的准则;

h) 适用的法律法规要求;

i) 新产品试制的控制要求。

12.1 工艺准备

在完成设计资料的工艺审查和设计评审后应进行工艺准备,一般包括:

a) 按产品研制需要提出工艺总方案、工艺技术改造方案和工艺攻关计划并进行评审;

b) 对特种工艺应制定专用工艺文件或质量控制程序;

c) 进行过程分析,对关键过程进行标识、设置质量控制点及规定详细的质量控制要求;

d) 工艺更改的控制及有重大更改时进行评审的程序；

e) 试验设备、工艺装备和检测器具应按规定检定合格；

f) 有关的程序和作业指导书。

在工艺文件准备阶段，按照 GJB 1269A—2000《工艺评审》和 ZG××.×××《新产品试验控制程序》的有关要求，实施分级、分阶段的工艺评审。

12.2 元器件、零件和原材料的控制

按照 ZG××.××××《采购产品检验和试验控制程序》、ZG××.××××《元器件二次筛选管理制度》、ZG××.××××《器件代用管理制度》、ZG××.××××《过程管理检验和试验控制程序》要求对元器件、零件和原材料实施质量控制，确保：

a) 合格的元器件、零件、原材料和半成品才可投入加工和组装；

b) 外购、外协的产品应经进厂复验、筛选合格，附有复验合格证或标记，方可投入生产。使用代用料时，应履行批准手续；

c) 在从事成套设备生产时，贮存的装配件和器材应齐全并作出适当标记；

d) 经确认易老化或易受环境影响而变质的产品应加以标识，并注明保管有效日期；

e) 元器件选用、测试、筛选符合规定的要求。

12.3 基础设施和工作环境

按照 ZG××.××××《基础设施和工作环境控制程序》实施管理，根据产品研制特点，加强科研基础设施、工作场所的建设，确保产品研制、生产顺利进行。

当工作环境对产品或过程的质量有直接影响时，应规定特殊的环境要求或特性，如清洁室空气中的粒子含量、生物危害的防护等。

12.4 关键过程控制

按照 ZG××.××××《过程的控制、确认控制程序》要求或工艺文件，对关键过程实施质量控制。

12.5 特殊过程控制

按照 ZG××.××××《过程的控制、确认控制程序》要求或工艺文件，对特殊过程实施质量控制。

应根据产品特点，明确规定过程确认的内容和方式，适用时可包括：

a) 规定对过程评审和批准的准则；

b) 对设备的认可和人员资格的鉴定；

c) 使用针对具体过程的方法和程序；

d) 必要的记录，如能证实设备认可、人员资格鉴定、过程能力评定等活动的记录；

e) 再次确认或定期确认的时机。

12.6 关键件、重要件的控制
按照GJB 909A—2005《关键件和重要件的质量控制》的有关规定执行。

12.7 试制、生产准备状态检查
按照GJB 1710A—2004《试制和生产准备状态检查》和ZG××.×××《新产品试验控制程序》的有关规定分别对其研制过程进行试制和生产准备状态检查，完成检查报告。

12.8 首件鉴定
按照GJB 908A—2008《首件鉴定》和ZG××.×××《新产品试验控制程序》的有关规定开展首件鉴定工作。

12.9 产品质量评审
按照GJB 907A—2006《产品质量评审》和ZG××.×××《新产品试验控制程序》的有关规定，对产品质量进行评审。对评审中提出的问题，由×××(质量管理部门或项目组)负责处理、保存评审记录和问题处理记录。

12.10 装配质量控制
根据任务特点，编写适宜的装配规程或作业指导书。在装配过程中按照产品装配规程或作业指导书进行逐项检验，执行二检制度，严格进行多余物控制，同时对加工现场的生产条件实行监控，发现问题及时处理和汇报，确保装配质量。

12.11 标识和可追溯性
按照GJB 726A—2004《产品标识和可追溯性要求》和ZG××.×××《产品标识和可追溯性控制程序》的有关规定对有产品标识和可追溯性要求的产品进行标识和控制。

按照GJB 1330—1991《军工产品批次管理的质量控制要求》有关规定对批次管理的产品进行标识和记录。

12.12 顾客财产
研制过程中，对顾客提供的产品如材料、工具、试验设备、工艺装备、软件、资料、信息、知识产权或服务，按照ZG××.×××《顾客财产控制程序》实施控制，包括：

a) 验证顾客提供产品的方法；
b) 顾客提供不合格产品的处置；
c) 对顾客财产进行保护和维护的要求；
d) 损坏、丢失或不适用产品的记录与报告的要求。

12.13 产品防护

按照 GJB 1443—1992《产品包装、装卸、运输、贮存的质量管理要求》和 ZG××.××××《产品防护控制程序》的要求,采取必要的防护措施,对搬运、贮存、包装、防护和交付等活动进行控制,确保不降低产品特性,安全交付到指定地点。

12.14 监视和测量
12.14.1 一般要求

按照 ZG××.××××《过程监视和测量控制程序》、ZG××.××××《监视和测量设备控制程序》、ZG××.××××《质量印章管理制度》等要求对研制过程和产品进行监视和测量,提出要求与方法。包括:

a) 所采用的过程和产品(包括供方的产品)进行监视和测量的方法与要求;
b) 需要进行监视和测量的阶段及其质量特性;
c) 每一个阶段监视和测量的质量特性;
d) 使用的程序和接收准则;
e) 使用的统计过程控制方法;
f) 测量设备的准确度和精确度,包括其校准批准状态;
g) 人员资格和认可;
h) 要求由法律机构或顾客进行的检验或试验;
i) 产品放行的准则;
j) 检验印章的控制方法;
k) 生产和检验共用设备用作检验手段时的校验方法;
l) 保存设备使用记录,以便发现设备偏离校准状态时,能确定以前测试结果的有效性。

12.14.2 过程检验

按照 GJB 1442A—2006《检验工作要求》和 ZG××.××××《过程产品检验和试验控制程序》的要求,依据检验程序对试制和生产过程进行过程检验,做好原始记录。

12.14.3 验收试验和检验

在加工装配完成后,应进行验收试验和检验:

a) 验收试验和检验的操作应按批准的程序、方法进行;
b) 验收试验和检验结束后,均应提供产品质量和技术特性数据;
c) 在试验和检验中发生故障,均应找出原因并在采取措施后重新进行试验和检验。

12.14.4 环境例行试验

按照产品规范的要求,对产品进行环境例行试验,并实施必要的监督,以保证产品性能、可靠性及安全性满足设计要求。根据环境条件的敏感性、使用的重要性、生产正常变化与规定公差之间的关系、工艺变化敏感程度、生产工艺(过程)的复杂性和产品数量确定所需测试的产品,并征得顾客的认可。

12.14.5 无损检验

按照 GJB 466—1988《理化试验质量控制规范》和 GJB 593—1988《无损检测质量控制规范》的有关规定对无损检验进行控制。

12.14.6 试验和检验记录

所有试验记录、检验记录均应保存,并根据试验和检验的类型、范围及重要性确定记录的详细程度。记录应包括产品的检验状态,必要的试验和检验特性证明、不合格品报告、纠正措施及抽样方案和数据。

12.15 不合格品的控制

按照 GJB 571A—2005《不合格品管理》和 ZG××.××××《不合格品控制程序》的规定对不合格品进行标识、评价、隔离、处置和记录,以防止其非预期使用或交付。

12.16 售后服务

按协议或合同要求,组织技术服务队伍到现场,指导正确安装、调试、使用和维护,及时解决出现的问题。

范例 6　质量分析报告

6.1　编写指南

1. 文件用途

对研制产品的质量及其质量保证工作进行全面和系统的分析,用于产品质量评审。

GJB 1362A—2007《军工产品定型程序和要求》将《质量分析报告》列为设计定型文件之一。

2. 编制时机

质量分析报告在产品检验合格之后、交付之前编写。作为产品质量评审的提交文件。

根据需要,军工产品研制质量分析报告可按产品设计质量分析报告和产品生产质量分析报告分开编写。

3. 编制依据

主要包括:研制任务书,研制合同,质量保证大纲,相关技术文件,适用的标准、规范、法规及有关质量管理体系文件,GJB 907A—2006《产品质量评审》等。

4. 目次格式

按照 GJB/Z 170.15—2013《军工产品设计定型文件编制指南　第 15 部分:质量分析报告》编写。GJB/Z 170.15—2013 规定了《质量分析报告》的编制内容和要求,并给出了示例。

6.2　编写说明

1　概述

简述产品名称、代号、任务来源、主要用途、组成及功能,研制过程(研制节点)和研制技术特点,产品质量保证特点,产品质量保证概况,试验验证情况,配套情况和其他需要说明的情况。

2 质量要求

简要说明质量目标、质量保证原则和产品质量保证大纲要求及产品质量保证相关文件。

3 质量控制

3.1 质量管理体系

根据 GJB 9001B—2009 和 GJB 5708—2006，对本单位或质量师系统指导产品研制的质量管理体系建立、运行及改进等情况进行说明，主要包括：

a) 管理体系：质量管理体系建立、运行及持续改进情况。应说明体系运行的有效性和保持产品可靠性、维修性、保障性、测试性、安全性、环境适应性等工作的过程；

b) 文件体系：程序文件、作业文件、军工产品质量系列保证文件的编制情况、执行情况和文件持续改进情况；

c) 监督体系：对质量管理体系运行的监督情况。应对重大活动进行测量，提交建立相应记录备查。

3.2 研制过程质量控制

3.2.1 技术状态控制

根据 GJB 3206A—2010 和 GJB 5709—2006，对产品论证、方案、工程研制和设计定型阶段技术状态管理，技术状态项和基线的确定，技术状态标识、控制、纪实、评价和审核等活动的开展情况进行说明，主要包括：

a) 技术状态标识：简述产品技术状态基线的确定和相应标识符号（包括用以标识每个技术状态项、技术状态文件、技术状态文件更改建议，以及偏离许可与让步的标识号）的选择情况；

b) 技术状态控制（分解、传递、文件控制）：简述在技术状态文件正式确立后，对技术状态项的更改（包括技术状态文件更改，以及对技术状态产生影响的偏离和超差）进行评价、协调、批准或不批准以及实施活动情况；

c) 技术状态纪实：简述对已确定的技术状态文件、建议更改状况和已批准更改的执行状况所做的正式记录和报告情况；

d) 技术状态评价：简述对已建立的技术状态基线进行技术成熟度评价和技术状态实现情况。应提交技术状态技术成熟度评价报告备查；

e) 技术状态审核：简述对产品是否符合技术状态标识而开展的审查情况（包括要进行技术状态审核的技术状态项清单及其与装备研制进度的关系，所使用的审核程序、审核报告的形式等）；

f) 偏离许可情况：简述是否经书面批准，允许一定数量或在一定时间内，产品可以不符合规范、图纸或其他文件所规定的特性或设计要求情况（包括偏离许可申请的编号,标题,型号名称、技术状态项名称及其编号,申请单位名称及申请日期,受影响的技术状态标识文件,偏离许可的内容,实施日期,有效范围,偏离许可带来的影响及相应的措施等)。

3.2.2 设计质量控制

根据 GJB 1310A—2004 和 GJB 2366A—2007,对依据产品质量保证大纲进行的产品设计分析、设计报告、阶段评审和试验验证以及设计更改控制等情况进行说明,主要包括:

a) 设计分析:简述对产品性能、质量、可靠性、费用、进度、风险等因素进行综合权衡和优化设计情况,以及产品特性、容差、必要的试验和检验要求等;

b) 设计报告:简述对设计和开发的输入进行验证的情况,说明是否满足设计和开发输入要求;

c) 阶段评审:简述方案阶段、工程研制阶段、定型阶段设计评审情况,以及各阶段评审要点和评审归零情况;

d) 试验验证:简述设计验证项目及验证方法情况(重点包括涉及关键技术、直接影响试验成功和危及安全等的项目);

e) 设计更改:简述识别设计和开发的更改评审情况(包括评价更改对产品组成部分和已交付产品的影响等)。

3.2.3 工艺质量控制

根据 GJB 467A—2008、GJB 1269A—2000 和 GJB/Z 106A—2005,对在研制过程中依据产品质量保证大纲进行的工艺设计、工艺控制、工艺验证、工艺技术状态的一致性等情况进行说明,主要包括:

a) 工艺设计:简述根据管理级别和产品研制程序,分级、分阶段工艺评审情况;

b) 工艺控制:简述根据管理级别和产品研制程序,分级工艺控制情况,工艺更改是否按程序批准;

c) 关键工序:简述关键工序的识别和关键工序的控制情况;

d) 特殊工艺:简述特殊工艺的工艺设计过程及质量特性控制情况;

e) 工艺验证:简述工艺设计的符合性验证情况;

f) 工艺文件:简述工艺文件的规范性、齐套性和可控性情况;

g) 不合格品处理:简述对不合格品的处理情况(包括鉴别、标识、隔离、审理、处置、记录等一系列活动)。

3.2.4 外协、外购产品质量控制

根据 GJB 939—1990,对外协/外购产品设计、生产(或研制)、检验验收等过程质量控制情况进行说明,主要包括:

a) 外协/外购单位资质:简述外协/外购单位是否建立质量管理体系及其运行有效性情况,是否具备军品研制资质和保密资质;

b) 技术状态控制(分解、传递、文件控制):简述主承制方如何对外协/外购单位技术状态标识实施控制,相关技术状态是否受控;

c) 产品交接验收:简述对外协/外购单位产品检查、确认、质量评审、制定验收文件情况;

d) 技术资料完整性及归档:简述外协/外购单位的图样、技术条件、试验文件、工程更改文件、目录(清单)和必要的软件等资料的归档情况;

e) 不合格品处理:简述外协/外购单位建立不合格品审理系统,制定并实施鉴别、隔离、控制、审查和分级处理不合格品程序情况。

3.2.5 元器件及原材料质量控制

根据GJB 546A—1996和GJB 3404—1998,对电子元器件和原材料的质量及其生产设施、过程的质量控制情况进行说明,主要包括:

a) 元器件和原材料的使用与元器件优选目录的符合性(有无超目录使用及审批情况):简述是否严格按优选目录选择元器件,超目录选择是否按程序上报并批准;

b) 元器件和原材料的合格检验及元器件筛选:简述元器件是否按有关技术标准规定进行筛选,对未经筛选或经筛选但不满足要求的元器件的处理情况,以及筛选技术条件情况;

c) 元器件和原材料的失效分析:简述元器件和原材料的失效分析情况,失效分析是否由指定元器件失效分析机构进行,并提交失效分析报告备查;

d) 不合格品处理:简述对元器件和原材料的不合格品鉴别、隔离、控制、审查与分级处理情况。

3.2.6 文件及技术资料质量控制

根据GJB 906—1990,对产品研制过程有关文件,包括图样和技术文件等文件资料质量控制情况进行说明,主要包括:

a) 设计文件:简述图样、技术文件、设计计算文件、产品试验文件、工程更改文件、汇总目录(清单)、必要的软件资料等的质量控制情况;

b) 工艺文件:简述工艺总体方案(协调方案)、工艺规范(生产说明书)、工艺规程(卡片)、关键工序、重要工序目录等的质量控制情况;

c) 质量保证文件:简述合格器材供应单位名单(定点供应厂商名单)、质量保证规范、标准质量证明文件(履历本、合格证、鉴定证书)、质量(故障)分析报告、质量信息反馈等的资料齐套性情况;

d) 产品规范:简述产品规范的编制策划、编制过程控制、最终评审的质量控制情况；

e) 作业指导书:简述作业指导书的编制策划、编制过程控制、最终评审的质量控制情况；

f) 调试/试验文件:简述调试/试验文件的编制策划、编制过程控制、最终评审的质量控制情况；

g) 外来文件:简述外来文件的质量控制情况；

h) 文件更改记录:简述文件更改的质量控制和记录情况。

3.2.7 关键件和重要件质量控制

根据 GJB 909A—2005,对产品实现过程的关键件和重要件质量控制情况进行说明,主要包括：

a) 关键特性、重要特性分析:简述对关键特性、重要特性(包括技术指标分析、FMECA 分析、设计分析并选定检验单元)分析情况；

b) 产品特性分类:简述根据特性重要程度,实施分类(关键特性,重要特性和一般特性)的过程情况；

c) 关键件、重要件标识:简述根据特性分类,对关键件、重要件的标识策划和质量控制情况；

d) 关(键)重(要)工序:简述关键、重要特性构成工序的识别和质量控制情况；

e) 关键件、重要件控制:简述关键件、重要件分析、记录和质量控制情况。

注:关(键)重(要)工序即产品生产过程中,对产品质量起决定性作用,需要严密控制的工序。一般包括:加工难度大,质量不稳定,原材料昂贵、出废品后经济损失较大的工序,关键外购器材入厂验收工序等。

3.2.8 产品标识和可追溯性质量控制

根据 GJB 726A—2004,对产品研制、生产过程中产品的标识和追溯情况进行说明,主要包括：

a) 产品标识:简述对产品名称、型号、图(代)号等可追溯性策划和质量控制情况；

b) 分类编码:简述对产品进行分类编码策划和质量控制情况；

c) 电子标识及管理:简述对产品进行电子标识及管理策划和质量控制情况。

3.2.9 计量检验质量控制

根据 GJB 1309—1991 和 GJB 2712A—2009,对执行检验、测量和试验设备的质量控制情况和产品检验程序控制情况进行说明,主要包括：

a) 产品关键参数量值传递关系:简述产品关键参数的识别、量值传递过程和质量控制情况；

　　b）专用测试设备：简述对专用测试设备进行计量策划和质量控制情况；

　　c）通用测试设备：简述对通用测试设备进行计量策划和质量控制情况；

　　d）工艺/工装：简述对工艺/工装进行计量检定策划和质量控制情况；

　　e）大型试验的计量保证：简述对大型试验的计量保证策划、设备检定和质量控制情况；

　　f）不合格处理：简述计量检验质量控制过程中出现不合格项的处理情况。

3.2.10 大型试验质量控制

根据GJB 1452A—2004，对产品大型试验的质量控制情况进行说明，主要包括：

　　a）试验质量策划：简述大型试验的识别过程，质量控制项目、质量控制点和控制措施，质量职责和权限落实，以及试验过程质量控制情况；

　　b）试验风险分析：简述试验过程中技术难点、风险识别、风险分析和评估，以及故障预案安全保障措施的策划情况；

　　c）试验现场质量控制：简述试验现场质量控制的策划和措施落实情况；

　　d）试验数据处理：简述试验实施过程完成后在撤离试验现场前，汇集、整理试验记录和全部原始数据，保证数据完整性和真实性情况；

　　e）试验报告：简述试验结束后，试验总结报告的质量控制情况；

　　f）持续改进：简述试验过程中出现故障的分析、处理和验证情况；

　　g）不合格项处理：简述大型试验质量控制过程中出现不合格项的处理情况。

3.2.11 软件质量控制

根据GJB 439A—2013、GJB 2786A—2009、GJB 4072A—2006、GJB 5000A—2008、GJB 5236—2004和《军用软件产品定型管理办法》，对软件产品策划、开发、验证、测试、改进、更改、评审、配置和质量管理情况进行说明，主要包括：

　　a）软件质量策划：说明软件质量控制实施机构及其责任和权限，软件管理、工具、设施、技术等具体要求，按规定对软件的问题和缺陷进行检测、报告、分析与修改、评审和审查的情况；

　　b）软件配置管理：简述软件配置管理情况（可列出标识软件产品项目、控制和实现修改、维护和存储软件版本等的方法）；

　　c）软件基线管理：简述软件基线的构建和版本控制情况；

　　d）软件成熟度评价：简述软件技术成熟度评价策划，软件功能模块技术成熟度评价，软件技术成熟度质量控制情况；

　　e）软件测试验证：简述软件测试验证策划、测试大纲和测试细则评审、测试验证实施和质量控制情况；

　　f) 软件持续改进：简述软件持续改进的内容和项目,说明对软件持续改进的质量控制；

　　g) 不合格项处理：简述软件质量控制过程中出现不合格项的处理情况。

3.2.12　质量信息管理

　　根据 GJB 1686A—2005,对利用各种手段采集产品质量数据的有关活动进行说明,并对产品质量数据应用情况,产品质量信息收集、传递、处理、存储和使用等的管理活动情况,以及 FRACAS 系统的运行情况等进行说明。

4　质量问题分析与处理

4.1　重大和严重质量问题分析处理

　　对产品出现的重大质量问题情况,技术(管理)归零工作情况,解决措施验证情况进行说明,在设计定型审查时应提供质量问题归零报告(或处理单)及归零评审证书备查。主要包括：

　　a) 问题描述：问题出现的时间、地点,呈现的典型特征以及带来的后果；

　　b) 原因分析：说明原因分析的过程、问题产生的机理；

　　c) 问题复现：通过试验或其他验证方法,问题是否再现或得到确认,验证定位的准确性和机理分析的正确性；

　　d) 纠正措施：针对问题采取了哪些措施,措施是否经过验证；

　　e) 举一反三：是否把质量问题信息反馈给本型号、本单位,并通报其他型号、其他单位,是否开展有无可能发生类似模式或机理的问题检查,并采取预防措施；

　　f) 归零情况：针对发生的质量问题,是否从管理上按"过程清楚、责任明确、措施落实、严肃处理、完善规章"和技术上按"定位准确、机理清楚、问题复现、措施有效、举一反三"的要求逐项落实,并形成管理归零报告和相关文件等。

4.2　质量数据分析

　　根据 GJB 5711—2006,对产品在研制期间出现的质量问题,列出《质量问题汇总表》。根据 GJB/Z 127A—2006 进行质量稳定性分析,并以适当的形式(例如图表)表征研制各阶段主要质量问题的原因(按人、机、料、法、环、测),分析说明产品技术参数与研制总要求或技术条件的符合性情况。

4.3　遗留质量问题及解决情况

　　明确产品有无性能特性研制遗留问题,凡有遗留质量问题的产品应详细说明情况并明确解决措施、完成时限和责任单位。主要包括：

　　a) 问题描述：简述遗留问题的典型特征及后果；

b) 原因分析:对遗留问题的成因进行分析;

c) 问题风险:简述问题的风险识别、风险分析和评估以及主要难点;

d) 后续措施:简述后续措施策划情况、责任人和时间进度安排。

4.4 售后服务保证质量风险分析

根据 GJB 5707—2006,对承制单位产品售后技术服务策划的质量保证及风险进行分析,一般包括:

a) 技术培训质量保证风险;

b) 技术资料提供质量保证风险;

c) 备件供应质量保证风险;

d) 现场技术支持质量保证风险;

e) 质量问题处理质量保证风险;

f) 信息收集与处理质量保证风险;

g) 装备大修规划质量保证风险;

h) 其他可能预见的质量保证风险。

5 质量改进措施与建议

说明产品研制过程中发现质量问题的改进情况,包括体系运行、管理制度、技术改进、检验验收等,以及其他改进建议。

6 结论

主要包括:

a) 产品研制过程是否符合军工产品研制程序,经过各项试验考核,产品各项指标是否满足研制总要求(研制合同、研制任务书);

b) 产品质量管理体系受控情况、研制过程是否质量受控;

c) 设计文件是否完整、正确、协调,是否与产品设计定型技术状态一致,是否符合定型标准要求;

d) 对产品研制过程中暴露的设计和产品质量问题,采取措施或解决措施的有效性;

e) 产品原材料、元器件、外购件及外协件是否定型、定点,供货是否有保证,是否满足小批量试生产和部队使用要求;

f) 是否全面贯彻了进口电子元器件控制要求,进口电子元器件是否具有稳定的供货渠道、替代计划及风险分析;

g) 是否全面贯彻了质量保证大纲要求,产品质量是否具备设计定型条件,给出可否设计定型的结论意见。

7 质量问题汇总表

按照质量问题汇总表的格式收集相关质量问题数据,见表 6.1。

表 6.1 质量问题汇总表

序号	产品名称	产品编号	所属(分)系统	故障日期	研制阶段	质量问题(故障)概述及定位	原因分析	原因分类1/原因分类2	是否批次性问题	纠正措施及举一反三情况	责任单位	归零结果	外协(外购)厂家	备注

6.3 编写示例

1 概述
1.1 产品名称、代号
名称：×××；

型号：×××；

代号：×××。

1.2 任务来源
×××（产品名称）是"×××工程"重要装备，是我国自主研制的×××。20××年××月，总装备部装计〔××××〕×××号《关于×××（产品名称）研制立项事》批准研制立项。20××年××月，总装备部装军〔××××〕×××号《关于×××研制总要求事》批复×××（产品名称）研制总要求，并按照装备命名规定，命名为×××，型号代号×××，简称×××，为×级军工产品。

1.3 主要用途、组成及功能
×××（产品名称）用于×××。

×××（产品名称）由×××、……、×××和×××组成，如图1所示。

图1 产品各组成部分外形图

产品组成、分级及研制分工见表1。

表1 产品组成及研制分工

序号	名称	型号	级别	新研/改型/选型	配套数量	研制单位	生产单位
1	×××	×××	二级	新研	×	×××	×××
2	×××	×××	二级	新研	×	×××	×××
3	×××	×××	二级	新研	×	×××	×××
…	……	……	……	……	…	……	……

×××(产品名称)软件由××个计算机软件配置项组成,源代码×××万行,软件定型状态见表2。

表2 ×××(产品名称)软件配置项一览表

序号	软件配置项名称	标识	等级	产品版本	分机版本	研制单位
1	×××	×××	关键	3.00	2.0.6	×××
2	×××	×××	重要	3.00	2.0.6	×××
3	×××	×××	一般	3.00	2.0.6	×××
×	×××	×××	××	3.00	2.0.6	×××

×××(产品名称)具有下列主要功能:

a) ×××;

b) ×××;

……

1.4 研制过程

×××(产品名称)研制自20××年××月开始,历时××年,完成了《常规武器装备研制程序》规定的论证、方案、工程研制和设计定型四个阶段的全部研制工作,主要历程如下:

20××年××月,通过立项综合论证审查;

20××年××月,签订研制合同和/或技术协议书;

20××年××月,通过×××组织的研制方案评审;

20××年××月,通过×××组织的初样机设计评审;

20××年××月,完成初样机研制;

20××年××月,通过×××组织的C转S评审;

20××年××月,通过×××组织的正样机设计评审;

20××年××月,完成正样机研制;

20××年××月,通过产品质量评审;

20××年××月,通过×××组织的装机方案评审;

20××年××月,完成装机(改装)工作;

20××年××月,完成机上地面联试;

20××年××月,通过×××组织的S转D评审;

20××年××月,在×××完成设计定型功能性能试验;

20××年××月,在×××完成设计定型电磁兼容性试验;

20××年××月,在×××完成设计定型环境鉴定试验;

20××年××月,在×××完成设计定型可靠性鉴定试验;

20××年××月,在×××完成设计定型基地试验(试飞、试车、试航);

20××年××月,在×××完成设计定型部队试验;

20××年××月,通过×××(二级定委办公室)组织的全部设计定型试验验收审查;

20××年××月,完成全部配套产品设计定型/鉴定审查。

1.5 研制技术特点

×××(产品名称)采用×××、……、×××和×××等关键技术,具有下述技术特点:

a) 交联设备多、交联关系复杂;

b) 功能模态多;

c) ×××。

1.6 产品质量保证特点

产品质量保证特点主要有:

a) 过程控制严格。每年年初,按照型号工作要求和产品研制阶段特点,制定年度质量计划,明确年度质量工作重点和工作要求。为保证装机安全,在×××试验前、小批投产前等重要节点,多次组织研制质量复查。为提升质量管理体系的有效性,加强质量监控,从20××年起,每年组织对生产现场进行随机突击检查,按区域、过程、体系全覆盖的原则查找不符合项,并监督相关单位按时完成整改。每套产品交付前,组织对产品制造过程进行梳理,检查产品的原材料代用情况,设计更改单、设计通知单、工艺通知单要求在产品上的落实情况,电子元器件的二次筛选情况,不合格品控制情况,产品在生产中出现问题的解决归零情况,以及试验过程中出现问题的纠正措施在本套产品上的落实情况,有效地保证了产品交付质量。

b) 供方控制严格。针对外购件外协件出现的批次性质量问题,深入生产厂家进行现场审核,确保纠正措施落实到位。

c) 故障归零严格。针对设计定型试验中出现的技术质量问题,按照"双五归零"标准,分析原因,制定纠正措施,开展举一反三,严格归零处理,避免问题的再次发生。

1.7 产品质量保证概况

20××年××月,编制了《×××(产品名称)质量保证大纲》,规定了产品研制工作的质量目标、管理职责、技术状态管理的要求,以及研制过程验证、确认、监视及检验等质量控制要求。随着产品研制进展及总体技术要求的变化,对质量保证大纲进行了相应修订,保证了质量保证大纲的适宜性和可操作性。

针对产品特点及复杂程度,×××(承制单位)召开办公会,确定了产品研制组织机构及技术负责人,以及产品、部件的设计、工艺、质量主管和项目主管。

研制过程中,按照×××(承制单位)质量管理体系程序文件要求,依据《×××(产品名称)质量保证大纲》,开展了×××(产品名称)的质量管理工作,对产品实现的策划及设计、试制、试验等方面工作实施了监控,保证了研制工作的规范进行和产品质量的稳定可靠,研制过程中出现的技术质量问题均已归零,研制过程质量受控。

1.8 试验验证情况

×××(产品名称)已完成了设计定型功能性能试验、电磁兼容性试验、环境鉴定试验、可靠性鉴定试验、试飞(试车、试航)、部队试验和配套软件定型测评。试验结果充分验证了产品功能性能和作战使用性能对研制总要求和/或技术协议书的符合性。

1.9 配套情况

产品配套情况见表3。产品交付时均按照配套表要求,配套齐全。

表3 产品配套表

序号	名称	型号/编号	配套数量	提供单位	备注
	×××	×××	×:×	×××	
	××	×××	×:×	×××	
	……	×××	×:×	……	
	×××(随机设备)	×××	×:×	×××	
	×××(随机工具)	×××	×:×	×××	
	×××(随机备件)	×××	×:×	×××	
	履历本	×××	×:×	×××	
	技术说明书	×××	×:×	×××	
	使用维护说明书	×××	×:×	×××	

1.10 其他需要说明的情况

无。

2 质量要求
2.1 质量目标
×××(产品名称)研制的质量目标如下：
a) 确保产品功能、性能指标满足研制总要求(和/或技术协议书)；
b) 产品技术状态受控；
c) 产品质量问题全部归零；
d) 确保产品一次通过试验考核，一次研制成功。

2.2 质量保证原则
2.2.1 质量第一原则
在产品研制、生产、使用过程中，应认真执行《武器装备质量管理条例》等质量法规和 GJB 9001B—2009《质量管理体系要求》、GJB 1406A—2005《产品质量保证大纲要求》等有关标准，始终坚持"军工产品质量第一"的原则，实施精品工程，实行全过程、分阶段、有重点的质量控制。

2.2.2 一次成功原则
贯彻一次成功的原则，确保产品设计一次成功，不出现方案性设计错误，不出现因方案设计问题而造成试验失败，满足可制造性、可检验性和经济性要求。

2.2.3 ×××原则
×××。

2.3 产品质量保证大纲要求
《×××(产品名称)质量保证大纲》中，提出了如下要求：
a) 在研制生产过程中要树立人人制造精品的意识，以建立"精品工程"为目标，开展各项工作；
b) ×××。

2.4 产品质量保证相关文件
产品质量保证相关文件主要有：
GJB 1406A—2005《产品质量保证大纲要求》；
GJB 9001B—2009《质量管理体系要求》；
×××(承制单位)质量管理体系文件——程序文件；
×××《×××(产品名称)质量保证大纲》；
×××《×××(产品名称)软件质量保证计划》；
×××《×××(产品名称)计量保证大纲》；
×××《×××(产品名称)标准化大纲》；
×××《×××(产品名称)可靠性工作计划》；

×××《×××(产品名称)维修性工作计划》；

×××《×××(产品名称)测试性工作计划》；

×××《×××(产品名称)保障性工作计划》；

×××《×××(产品名称)安全性工作计划》。

3 质量控制

3.1 质量管理体系

3.1.1 管理体系

×××(承制单位)质量管理体系通过了军工产品承制单位质量管理体系考核、新时代认证中心质量管理体系认证。19××年,获得质量管理体系认证注册,20××年和20××年,×××(承制单位)分别按照GJB 9001A—2001、GJB 9001B—2009完成了新版标准的转换工作,增强了程序文件的操作性和覆盖面。目前员工质量意识较强,能比较自觉地按照质量管理体系程序文件的要求开展工作。×××(承制单位)质量管理体系运行有效,能够保证项目正常开展的质量控制,确保产品可靠性、维修性、测试性、保障性和安全性等工作的有效策划、运行及控制。

3.1.2 文件体系

×××(承制单位)按照GJB 9001B—2009建立了文件化的质量管理体系,编制了质量手册、程序文件、作业指导文件,并不断完善、改进,能够满足产品的研制、生产及全过程质量控制要求。

在方案初期,组织开展了产品质量控制策划工作,制定了《×××(产品名称)质量保证大纲》、《×××(产品名称)软件质量保证计划》、《×××(产品名称)可靠性工作计划》、《×××(产品名称)维修性工作计划》、《×××(产品名称)测试性工作计划》、《×××(产品名称)保障性工作计划》、《×××(产品名称)安全性工作计划》等文件,对产品研制的全过程进行了质量控制,确保产品质量受控。

3.1.3 监督体系

×××(承制单位)在×××质量方针的框架下,建立了质量目标控制体系,通过内审、管理评审、数据分析改进等工作的实施,以及在军事代表监督下不断的改进和完善,确保了质量管理体系的有效运行及持续改进。

为确保研制任务实施有效、过程质量受控,建立了行政指挥系统和设计师系统,任命了×××(产品名称)研制项目行政负责人,技术总师,各级电路、结构、工艺、质量负责人,以及可靠性师、质量师、计量师、标准化师等。各级人员及各职能部门根据程序文件《职责、权限和沟通管理程序》的要求明确质量职责、权限及相互关系,为产品质量满足用户要求提供了组织保障。

3.2 研制过程质量控制

3.2.1 技术状态管理

按照 GJB 3206A—2010《技术状态管理》的要求，编制了《技术状态管理程序》文件，纳入了质量管理体系。在产品研制过程中，严格按照文件要求开展了技术状态标识、控制、记实、审核等方面的工作。

×××（产品名称）研制中按 GJB 2116—1994《武器装备研制项目工作分解结构》的要求进行了产品结构分解，并根据产品功能特性和物理特性，确定产品技术状态项及不同阶段所需的技术状态文件，建立了产品功能基线、分配基线、产品基线。×××（产品名称）技术状态项和技术状态文件标识清楚、签署完整，技术状态文件已按程序文件要求完成了 PDM 系统归档。

×××（产品名称）软件开发按软件工程化管理要求，进行需求管理和配置管理，软件配置项实行三库管理，并通过版次标识其变更过程。

产品的技术状态管理符合要求，产品研制过程中出现的问题已经解决并归零，相关更改已落实，技术状态已确定，经设计定型试验表明，产品能够达到研制总要求和/或成品技术协议书要求。

3.2.1.1 技术状态标识

a）选择技术状态项及标识

按照产品分解结构，选择了×××、×××作为技术状态项。

b）确定各技术状态项在不同阶段所需的技术状态文件及标识

按照《×××（产品名称）技术状态管理计划》，确定了各阶段输出的文件、责任单位及完成时间。

c）技术状态基线

研制过程中依据研制总要求和/或技术协议书编制了《×××（产品名称）系统规范》、《×××（产品名称）研制规范》、《×××（产品名称）产品规范》和《×××（产品名称）软件产品规格说明》等技术文件，建立了产品功能基线、分配基线和产品基线。

3.2.1.2 技术状态控制

a）技术状态更改

技术状态更改遵循"论证充分、试验验证、各方认可、审批完备、落实到位"的原则。

×××（承制单位）按照 ZG××.××××《文件控制程序》、ZG××.××××《设计文件编制、审批、更改管理办法》的规定，对需要实施的技术状态更改进行分类，并逐项履行更改程序，按不同的变更类别要求完成审签，必要时通过用户代表确认。落实更改内容时，确保所有涉及到的文件全部得到更改。×××（产品名称)设计更改符合程序文件要求。

技术协调单落实情况见表4。

表4 ×××(产品名称)技术协调单落实汇总

序号	提出单位	接收单位	编号	主要协调内容	落实情况
落实情况包括:1. 图样及技术文件已更改到位;2. 产品实物已落实到位					

b) 偏离许可和让步

偏离许可(器材代用)的办理、审批及控制执行ZG××.×××《原材料代用管理办法》。

让步的办理、审批及控制执行ZG××.×××《不合格品控制程序》,不合格品审理委员会对不合格品进行审查和处理,以防止其非预期的使用或交付。

按照ZG××.×××《预防措施控制程序》,对不合格品产生的原因进行了定位、分析,对纠正措施及归零情况进行了监督和验证,避免不合格品的重复发生。

研制过程中,产品办理了××份偏离单(或×××(产品名称)无技术状态偏离许可和让步)。器材代用清单见表5。

表5 器材代用清单

元器件代用					
序号	代料单号	图号	批次号	原器材型号规格	代用器材型号规格	代用说明
原材料代用						
序号	代料单号	图号	批次号	原器材型号规格	代用器材型号规格	代用说明

3.2.1.3 技术状态记实

×××(承制单位)从产品方案阶段起就开展技术状态记实活动,并定期备份技术状态记实数据。

在产品转阶段评审前或型号要求节点,编制了产品技术状态记实报告,记录了×××、×××的控制情况,技术状态记实文件完整并已归档。

3.2.1.4 技术状态审核

×××(产品名称)功能技术状态审核和物理技术状态审核结合产品转阶

段、设计定型工作进行。按照 ZG××.××××《设计和开发控制程序》对评审有效性进行严格控制,对遗留问题进行记录并及时跟踪直至解决。技术状态审核符合 GJB 3206A—2010《技术状态管理》的要求。

3.2.2 设计质量控制

3.2.2.1 设计分析

研制初期,组织相关人员进行了产品设计和开发的策划,形成了产品设计和开发策划报告,确定了产品设计和开发的阶段及每个阶段所需进行的评审、验证和确认活动,形成了产品总体设计方案。该方案经评审确认,为产品设计、研制提供了有效的指导性依据。

3.2.2.2 设计报告

设计过程形成的设计报告、图样资料、器材清单、明细表、调试说明等文件均按质量管理体系文件《文件控制要求》的要求,进行审签和批准。×××(产品名称)设计文件的编制符合有关电气、技术制图的国家标准、行业标准及×××(承制单位)有关规定的要求,签署完整,设计文件基本成套、协调、统一,质量受控。通过×××形成的报告,表明产品设计满足设计和开发输入各项文件规定的指标要求。

3.2.2.3 阶段评审

×××(产品名称)按照质量管理体系及项目质量保证大纲的要求,对设计过程进行了质量控制,严格落实了设计评审制度。评审做到了全面、客观、负责。项目质量人员参加了项目的各次评审,并严格督促了评审专家意见的分析和落实。各阶段主要评审中共有××项遗留问题,均已归零解决。

×××(产品名称)在研制过程中的主要评审工作如下:

20××年××月××日,×××在××组织召开了×××(产品名称)研制方案评审会,设计方案×××,顺利通过方案评审,与会专家共提出××条意见,其中××条问题已经落实到研制方案与详细设计,质量部门进行了跟踪检查。另外××条问题经×××,目前已按协调意见落实。

20××年××月××日,×××(承制单位)组织有关专家对×××(产品名称)详细设计报告进行了所级内部评审,评审会由×××主持。评审组对×××(产品名称)详细设计报告进行了分析讨论,对提供的支撑文件进行了审查,提出了××项意见。设计师系统在现场对其中××条意见进行了解释说明,另××条问题在详细设计报告中进行了落实修改。详细设计通过所级评审。

20××年××月××日,由××机关主持,并邀请×××(总体单位)、×××的相关专家,对×××(产品名称)的详细设计报告进行了评审。会后设计师系统对专家提出的问题进行了认真落实修改,并按要求对其进行了跟踪闭环。

20××年××月××日,×××组织在×××(承制单位)进行了×××(产品名称)质量评审。邀请×××、×××等单位的有关专家参加了评审,由×××任评审组组长。评审组经过认真分析、讨论,认为×××(产品名称)研制过程质量受控,通过了验收测试、用户状态确认测试,同意提交用户使用。

20××年××月××日,由×××组织,在×××(会议地点)召开了×××(产品名称)×型件装机评审会,×××、×××等××个单位××名代表参加。会上专家提出了××条问题,其中××条问题进行了现场解释,××条采纳的问题,已经在后续工作中全部得到了落实。

20××年,×××(产品名称),在×××所通过系统联试、验收测试合格后,××所组织了系统的提交质量评审。评审会上,项目组进行了研制总结情况汇报、阶段质量总结情况汇报。与会专家(含用户代表),对产品的整个设计过程、研制过程的情况进行质量把关,质量师组织完成了评审会上,专家提出的问题跟踪落实工作。产品通过评审后提交军检验收。

产品设计评审及专家意见的归零情况汇总见表6。

表6 研制过程各阶段主要评审情况

序号	评审名称	评审时间	评审要点	问题	处理结果	备注

3.2.2.4 试验验证

×××(产品名称)已完成了×××、×××、×××等研制试验和设计定型功能性能试验、电磁兼容性试验、环境鉴定试验、可靠性鉴定试验、试飞(试车、试航)、部队试验和配套软件定型测评等设计定型试验,产品设计的符合性、适用性和可靠性等得到了充分、有效的试验验证。试验结果表明,产品功能性能满足研制总要求、技术协议书和使用要求。

3.2.2.5 设计更改

产品设计更改严格按照ZG××.××××《设计文件编制、审批、更改管理办法》的要求进行。研制以来,针对产品研制和技术协调等情况,先后编发了××份设计更改单对产品图样等设计资料进行了更改完善。研制过程设计更改受控。

3.2.3 工艺质量控制

3.2.3.1 工艺设计

按照ZG××.××××《工艺设计管理程序》及产品质量保证大纲要求,开展了产品工艺设计工作。

×××(产品名称)在设计、试制中采用的成熟技术,工艺稳定,新研或改进设备,其印制板制造、电子组装、机械加工、焊接、热处理、油漆、电镀和防护等工艺成熟。在方案设计初期,工艺设计师编制了《×××(产品名称)试制工艺总方案》,与电路、结构并行设计,随研制方案进行了评审,确保了工艺设计的合理性。在工艺组织上,制定了合理的工艺流程、有效的工艺措施,编制了详细的生产工艺文件,能够指导生产现场按工艺规程要求执行。

为确保产品质量,在满足设计性能的前提下,尽量采用成熟的工艺技术,需要采用新工艺、新材料时,必须经过专题试验,严格考核后,方可正式采用。设计各类规程时根据实际工艺水平和制造能力,尽量采用标准和成熟工艺技术、成组工艺技术、数控加工技术、SMT等现代制造技术组织生产,提高产品工艺可靠性和产品质量。

产品首件交付前,进行了工艺评审,并对评审中的问题进行了归零管理。产品工艺评审情况见表 7。

表 7 工艺评审情况

序号	评审内容	评审意见	落实情况	备注

3.2.3.2 工艺控制

工艺文件按照 ZG××.××××《工艺文件及标准化文件编制、审批、更改管理办法》履行了审批及有关部门的会签手续,并按规定发放,确保生产现场使用的文件是现行有效版本。

3.2.3.3 关键工序

通过对各部件的结构、性能和工艺特点分析,×××(产品组成部分)不存在加工难点,未设立关键工序。

×××(产品组成部分)是一项技术含量较高的机电一体化产品,其××重要特性形成的工序:定为关键工序。关键工序清单见表 8。

表 8 关键工序清单

序号	零(部)件代号	零(部)件名称	工序号	工序名称	关键重要特性

3.2.3.4 特殊工艺

产品涉及铸造、喷漆、浸漆、钝化、硫酸阳极化、热处理等特殊过程。依据

ZG××.××××《过程确认控制程序》,对特殊过程进行了确认及再确认。特殊过程编制了典型工艺规程、生产说明书指导现场操作;编制了过程连续控制的记录卡片,对过程参数进行记录,保证特殊工艺的质量满足规定的要求。特殊过程记录完整,可追溯。

×××(产品名称)涉及的主要特殊过程见表9。

表9 主要特殊过程的确认情况

序号	工种	过程名称	零件名称	编号	确认结果
1	焊接	电极压封	谐振腔组件	×××	有效

3.2.3.5 工艺验证

根据×××《首件鉴定管理办法》规定,对×××进行了首件鉴定。首件鉴定结论合格,其结果进一步证实了工艺过程的合理性、可行性及设备、人员等生产条件能够持续地满足制造出符合设计要求的产品。

3.2.3.6 工艺文件

文件资料的控制按照ZG××.××××《文件控制程序》等有关规定执行。

研制过程中,随着产品设计文件的下发,工艺人员编制了工艺总方案××份,工艺标准化综合要求××份,车间流转路线××份,毛料清单××份,机械加工工序卡片××份,冲压工序过程卡片××份,热处理工序卡片××份,表面处理工序卡片××份,装配、调试工艺规程××份,验收工艺规程××份,包装工艺规程××份。工艺文件及其更改汇总表见表10。

产品工艺资料规范、齐套,内容符合设计意图,能够满足研制过程工艺质量控制要求。

表10 工艺文件及其更改汇总表

序号	更改单编号	部件代号	阶段	版本	文件代号	文件名称	更改时间	更改原因
								设计更改
								工艺改进
								协调更改

3.2.3.7 不合格品处理

研制、生产过程中的不合格品严格按照ZG××.××××《不合格品控制程序》进行鉴别、标识、隔离、审理、处置。

研制过程由于×××,造成×××零件不符合产品图样要求,办理不合格品二级审理单××份,详见表11,审理结论为让步接收。

表11 不合格品让步使用情况

序号	审理单号	零组件图号	名称	超差现象	备注

不合格零件的审理手续齐全,经顾客代表审签认可。×××(承制单位)和×××(驻承制单位军事代表室)对不合格品产生的原因进行了定位、分析,对纠正措施及归零情况进行了监督和验证。

经装配及试验验证,不合格品让步使用无不良后期影响。

3.2.4 外协、外购产品质量控制

3.2.4.1 外协/外购单位资质

外购/外协单位资质控制执行ZG××.××××《供方控制程序》。

×××(承制单位)对供方质量管理体系、产品质量、供应保证能力等考察后,确定了《供方名录》,并进行动态管理。

产品涉及的外购/外协,均在《供方名录》规定的厂家采购/加工。其中主要供方×××、×××、×××均具备国家认可的武器装备研制、生产资格及保密资质。

外购/外协单位质量保证能力见表12。

表12 外购/外协供方质量保证能力情况

序号	单位名称	外购/外协件	质量管理体系运行情况	生产能力状况	备注

3.2.4.2 技术状态控制

外购/外协产品技术状态控制执行ZG××.××××《外包控制程序》。×××(承制单位)识别、确定了外购/外协项目,编制了各部件外购件清单。产品涉及的外购/外协均与供方签订了技术协议/采购合同。×××(承制单位)设计师系统参加了×××(总体单位)与外协配套产品"成品协议"的签订,并且进行了相关技术接口的协调,编写了《×××(产品名称)接口控制文件》等文件,明确了接口协议要求,并下达了研制任务书,编写了《×××(产品名称)接口定义》、下发了《×××(下一层次产品名称)技术要求》,确保了×××(产品名称)技术接口状态受控。外协加工时,×××(承制单位)提供产品图纸、工艺、材料,提供给供方的文件从档案室领取,现行有效,加盖"一次性用图"和"外包日期"标记,确保外购/外协件技术状态受控。

3.2.4.3 产品交接验收

外购/外协产品验收执行×××《入厂复验管理办法》。×××(承制单位)编制了产品各部件的外购件入厂检验项目。产品涉及外购件×××项,外协件×××项,到货后,首先进行初检,对供方的资质、外购/外协件的批次、数量包装情况、质量证明文件等进行核查,无误后,由专业检验室按照入厂检验项目/图纸要求实施入厂检验。入厂检验合格后方可转入下一工序使用。

外购/外协单位负责的零组件及其质量数据见表13。

表13 外购/外协件及其质量数据

序号	单位名称	外购/外协件	交检数	合格数	一次入验合格率	质量评价

3.2.4.4 技术资料完整性及归档

外购/外协单位配套设备提交×××(承制单位)联试时,出具了相关的质量证明文件,明确了设备的技术状态,提交的技术说明书、使用维护说明书等技术资料,均按要求归档,资料完整,可追溯。

3.2.4.5 不合格品处理

按照ZG××.××××《不合格品控制程序》,对产品涉及的不合格外购/外协件,进行了鉴别、隔离、控制、审查、退货处理,无不合格外购/外协件非预期使用现象。

对联试过程中出现的问题,向各单位进行了通报,并要求归零。退回原厂家的外购/外协件,均随带了"外购/外包产品退货纠偏单",由供方分析原因,制定、落实纠正措施,随产品一并返回,作为对供方考核的依据之一。

3.2.5 元器件及原材料质量控制

3.2.5.1 元器件和原材料的使用与元器件优选目录的符合性

为加强元器件管理,×××(承制单位)严格按照制定的元器件管理规定,按《×××元器件优选目录》选用元器件,并将使用的元器件清单向×××(总体单位)进行了通报。按照×××(总体单位)的要求,×××(承制单位)进行了型号元器件优选目录的符合性清理,形成了《×××(产品名称)元器件超目录清单》,并向×××(总体单位)进行了汇报,履行了相关手续。使用元器件从选用、采购、入所复验、筛选、入库等过程进行了控制。元器件超目录清单见表14。

×××(产品名称)配套的其他设备元器件的控制,由各配套单位按照×××(承制单位)下发的元器件控制要求贯彻执行,各单位质量部门、军代表进行了过程监控。

表14 超目录器材清单

序号	元器件名称	型号规格	技术标准	封装形式和封装材质	质量等级	单机数量	生产厂家	说明

×××（产品名称）在研制过程中尽可能选用国产元器件；在国内没有类似元器件或国产类似元器件性能指标达不到使用要求情况下，才选用进口电子元器件；在必须选用进口电子元器件时，优先选用颜色等级为绿色的进口元器件。

×××（产品名称）所有进口元器件均属非禁运产品，可通过常规外贸渠道进口，供货渠道顺畅，可长期供货，供货有保障。

通过优先选用国产电子元器件，控制了×××（产品名称）使用的电子元器件比例，满足研制总要求，电子元器件统计分析结果见表15。

表15 电子元器件统计分析表

	国产			进口			总计		
	规格	数量	费用	规格	数量	费用	规格	数量	费用
统计结果	A	B	C	D	E	F	X	Y	Z
	规格国产比例		数量国产比例		费用国产比例		数费国产比例		
国产比例(%)	A/X		B/Y(=BY)		C/Z(=CZ)		(BY)/(CZ)		
进口电子元器件安全等级分析	红色		紫色		橙色		黄色		绿色		总计	
	规格	数量	规格	数量	规格	数量	规格	数量	规格	数量	规格	数量
统计结果	G	H	I	J	K	L	M	N	O	P	D	E
使用比例(%)	G/X	H/Y	I/X	J/Y	K/X	L/Y	M/X	N/Y	O/X	P/Y	D/X	E/Y
说明事项：												

3.2.5.2 元器件和原材料的合格检验及元器件筛选

电子元器件按照外购件入厂检验项目，100％进行了入厂验收。

按照ZG××.××××《电子元器件二次筛选规范》，编制了电子元器件二次筛选规范，并按规范进行了二次筛选。

产品中涉及的两项电子元器件（×××）因国内暂无手段未进行筛选（×××出具了不能筛选证明），××项器件随产品进行了筛选，在筛选及外场使用中，未出现过故障。

电子元器件经试验和使用验证，满足系统设计要求。

3.2.5.3 元器件和原材料的失效分析

产品研制过程中,对出现问题的电子元器件等在具有资质的专业机构进行了失效分析。

a) ×××三极管失效分析

20××年××月,×××反馈:×××故障。

经排查,确定故障是由×××三极管失效引起。将失效三极管送×××进行了失效分析,结果为:"三极管失效原因是由于×××"。

b) ×××继电器失效分析

20××年××月××日,×××在试验过程中,出现接通×××故障。故障定位:×××继电器失效。

将失效继电器送×××进行了失效分析,结论为:×××。

×××。

3.2.5.4 不合格品处理

按照ZG××.××××《不合格品控制程序》,对产品涉及的不合格元器件、原材料进行了鉴别、隔离、控制、审查、退货处理,无不合格品超差使用现象。

退回厂家的元器件和原材料,随带"外购/外包产品退货纠偏单",由供方分析原因,制定、落实纠正措施,随产品一并返回,作为对供方考核的依据之一。

3.2.6 文件及技术资料质量控制

3.2.6.1 设计文件

研制过程中,按照ZG××.××××《设计和开发控制程序》要求,逐步编制了总体设计方案、详细设计报告、产品图样、产品规范、外购/外协件清单、外购件入厂检验项目、×××试验大纲、设计定型功能性能试验大纲、软件需求规格说明、软件开发计划、配置管理计划等设计文件。

设计文件按照ZG××.××××《设计文件编制、审批、更改管理办法》及产品技术协议的要求履行了标准化审查、工艺会签、质量会签、军代表确认及主机会签,为器材采购和产品的研制、生产、验收等提供了有效依据。

3.2.6.2 工艺文件

随着产品设计文件的下发,按照ZG××.××××《工艺设计管理程序》及时编制了工艺总方案、工艺标准化综合要求、零组件加工的工艺流转路线表、产品的装调、验收工艺规程等工艺资料。工艺资料按照ZG××.××××《工艺文件及标准化文件编制、审批、管理更改办法》履行了审批手续。工艺资料内容符合设计意图,能够正确指导生产和试验工作进行。

3.2.6.3 质量保证文件

编制了《供方名录》、《×××(产品名称)质量保证大纲》、《×××(产品名称)软件质量保证计划》、《×××(产品名称)计量保证大纲》等质量保证文件。质量保证文件完整,按照×××履行了审批手续,并按规定归档。

3.2.6.4 产品规范

编制了《×××(产品名称)产品规范》,履行了规定的审批手续。产品规范更改的控制,执行ZG××.××××《设计文件编制、审批、更改管理办法》。

3.2.6.5 作业指导书

按照产品生产要求,梳理工作流程,编制了各类作业指导文件。作业指导书履行了审批手续,并不断修订完善。

3.2.6.6 调试/试验文件

编制了产品及各部件的调试、试验工艺规程。工艺规程编制及更改按照ZG××.××××履行了审批手续。

3.2.6.7 外来文件

外来文件的控制执行ZG××.××××《文件控制程序》。设置了专门机构,对收到的型号顶层文件等外来文件签收、登记,建帐,传递;收到×××时,及时传递信息,将技术协调内容纳入相关设计文件,确保将协调要求落实到产品中。

对于标准类外来文件建立标准总目录,按规定发放并记录。

及时核查、跟踪所用标准的更新情况,更新标准馆藏目录,定期公布标准、法规的有效版本目录,确保工厂能及时得到有关标准更新的信息。

3.2.6.8 文件更改记录

设计文件、工艺文件的更改原则、更改分类、更改原因分类、审签规定、更改实施等按照ZG××.××××《设计文件编制、审批、更改管理办法》、ZG××.××××《工艺文件及标准化文件编制、审批、更改管理办法》要求执行。研制过程中所有更改均有记录。

3.2.7 关键件和重要件质量控制

3.2.7.1 关键特性、重要特性分析

按照ZG××.××××《特性分析管理办法》,对系统各部件进行了特性分析,形成了特性分析报告。经分析×××中的×××具有重要特性,为重要件,其余均为一般特性零件,无关键特性。

3.2.7.2 产品特性分类

根据特性分析的结果,产品×××为重要特性,特性分类编号:×××,其余均为一般特性。

共有××个关键件,××个重要件(或无关键件和重要件),关键件和重要件清单见表16。

表 16 关键件和重要件清单

产品代号	×××	产品名称	×××	阶段标记	D
序号	图号（代号）	关重件名称	字母标记	特性标记	备注
1			G	G1	
2			Z	Z100	

按研制总要求中对×××（产品名称）软件重要程度的划分，共有重要软件××项，无关键软件，重要软件均通过了第三方测评和定型测评。

3.2.7.3 关键件、重要件标识

按照 ZG××.××××《特性分析管理办法》，重要件在图纸明细表的"特性标记"栏内标注"Z"，在产品图样上醒目位置标注"重要件"，其重要特性在该零组件图样上的相关位置及技术要求中标注。

重要件的合格证上加盖"重要件"印章，并随零件周转。

3.2.7.4 关（键）重（要）工序

产品不涉及重要工序。

×××、×××、×××确定为关键工序。

3.2.7.5 关键件、重要件控制

关键工序的控制执行 ZG××.××××《关键过程控制程序》。编制了关键工序目录、关键工序质量控制卡片，在工艺过程卡片及制造过程涉及的工艺规程的关键工序号前加盖了"关键工序"印章。关键工序质量控制卡片明确了人、机、料、法、环的控制内容。

与关键工序有关的人员均经培训，考核合格后持证上岗。在加工、装配过程中按照关键工序质量控制卡片的要求，定人员、定设备、定工艺方法，对×××工序进行了严格的质量控制。关键工序实施过程中，操作人员按照规定对生产条件进行检查、调控，保证过程处于受控状态。

检验人员按照工序卡片及关键工序质量控制卡片要求进行 100% 检验。

3.2.8 产品标识和可追溯性质量控制

3.2.8.1 产品标识

按照 GJB 726A—2004 要求，对采购产品、生产过程的产品和最终产品，采取了适宜的方法进行标识，并进行了记录，具有可追溯性。

产品研制初期，向×××申请，确定了产品型号、名称，并确定了产品代号。

按照 ZG××.××××《标识和可追溯性管理程序》，对原材料、元器件、零件、组件和产品分别实施了型（代）号、名称、批次号、质量状态及加印等的识别标

识或标识移植,在有关的工序卡片、记录单及合格证上记录、传递了软件版本标识,并对生产现场的零组件或产品实施了"合格"、"不合格"、"待检验"、"待判定"等的检验状态标识。

按照程序文件 ZG××.×××《批次管理控制要求》,对加工、装配过程的产品批次进行标识和记录,"批次管理记录卡"、"装配原始记录"按要求进行归档。

成品件通过产品履历本、产品铭牌、漆封印实现产品标识。

在产品接收、生产、贮存、包装、运输、交付等过程中,产品标识与产品同步流转。最终产品名称、型号、批次号等标识在前面板上。标识文字、代号完整、清晰,处于醒目位置,易于识别和追溯。标识记录纳入质量记录的控制程序,并给予保存。产品标识唯一,可追溯性良好。

3.2.8.2 分类编码

按照 GJB 1775—1993《装备质量与可靠性信息分类和编码通用要求》和 GJB 630A—1998《飞机质量与可靠性信息分类和编码要求》,对产品进行分类编码策划和质量控制。

3.2.8.3 电子标识及管理

未实行电子标识。

按《×××条码标识要求》的规定,对产品及其附件、配件等使用二维条码进行了标识和管理。

3.2.9 计量检验质量控制

3.2.9.1 产品关键参数量值传递关系

对产品进行了检测和计量保证能力分析,明确了产品必须检测的项目或参数。选择了符合量值传递要求的通用检测设备,同时设计制造了符合量值传递的专用测试设备×××。根据量值传递要求,对×××通用设备和专用设备进行了检定,保证其计量要求。

3.2.9.2 专用测试设备

编制了×××(专用测试设备)校准规范,并根据校准规范进行校准。校准合格后在×××(专用测试设备)上粘贴了"准用"标识。×××量值能够溯源到国防最高计量标准或国家计量基准、标准。

3.2.9.3 通用测试设备

对产品通用测试设备,按照国家校准规范或检定规程进行检定,经检定合格后在通用测试设备上粘贴"合格"标识。通用测试设备量值能够溯源到国防最高计量标准或国家计量基准、标准。

3.2.9.4 工艺/工装

根据工艺需要,产品各配套部件设计、制造了××套专用工装、测试设备,目前均在生产线上正常使用。工艺装备的设计、制造、检定及管理执行 ZG××.×××《工装设计、制造管理办法》、ZG××.×××《工装检定管理办法》和 ZG××.×××《测试设备控制程序》。

生产过程中所用的设备、工艺装备、检测器具均在合格的检定周期内,并处于良好使用状态。

经小批生产验证,现有工艺装备可以满足过程加工、测量、检验、试验控制要求。

3.2.9.5 大型试验的计量保证

产品各项试验所用计量器具和测试设备符合试验大纲要求,并在合格有效期内。

3.2.9.6 不合格处理

计量检验严格按照规范进行,无不合格项。

3.2.10 试验质量控制

3.2.10.1 试验质量策划

产品在研制过程中经历了×××试验。各试验均编制了相应的试验大纲,规定了受试产品的技术状态、各项试验的试验条件及专用、通用测试设备的精度要求,明确了质量控制项目、质量控制点,规定了各项试验的负责单位、参试单位及各单位人员的职责。

工程研制阶段主要研制试验项目见表 17。设计定型阶段设计定型试验项目见表 18。

表 17 主要研制试验项目

序号	试验项目	承试单位	试验时间	试验结果	备注
1	电磁兼容性摸底试验				
2	环境试验				
3	可靠性研制试验				

表 18 设计定型试验项目

序号	试验项目	承试单位	试验时间	试验结果	备注
1	设计定型功能性能试验				
2	设计定型电磁兼容性试验				
3	设计定型环境鉴定试验				
4	设计定型可靠性鉴定试验				
5	设计定型试飞(试车、试航)				
6	设计定型部队试验				
7	软件定型测评				
8	设计定型复杂电磁环境试验				

3.2.10.2 试验风险分析

对试验过程中可能存在的风险进行了识别,制定了规避措施,作为试验大纲主要内容之一。

3.2.10.3 试验现场质量控制

试验现场质量控制执行 ZG××.×××《试验控制程序》。受试产品技术状态符合试验大纲要求,试验大纲、试验规程现行有效,测试设备、计量器具精度满足试验大纲要求,在合格的检定周期内,试验人员具备上岗资格,试验现场的温度、湿度等环境条件符合试验大纲要求。试验正式开始前,组织对人、机、料、法、环等各方面条件核查无误后,填写了"试验前准备状态检查表",经批准后,方可进行试验。试验过程中,试验人员按照试验规程要求操作,确保了测试精度和试验数据的准确性。出现故障时,立即停止试验,保护试验现场,填写"故障报告表",按照 ZG××.×××《产品故障处理控制程序》,分析故障原因,开展故障归零工作。

3.2.10.4 试验数据处理

试验人员按照职责分工和规定程序填写了试验记录单。产品各项试验记录正确、清晰、真实,签署有效。

3.2.10.5 试验报告

试验结束后,试验负责人员整理试验记录,按照 GJB/Z 170—2013 编制试验报告。试验报告经顾客代表认可后按规定归档。

3.2.10.6 持续改进

产品在×××试验中共出现××个故障,详见表19。按照×××要求,形成了相应的故障报告单和技术归零报告,故障定位准确,机理清楚,经试验验证,措施有效,进行了举一反三,并通过了主管机关主持的故障归零评审。

表 19 试验中的故障情况

序号	故障名称	归零情况

3.2.10.7 不合格项处理

产品各项试验程序、试验项目符合试验大纲要求,试验过程操作规范,无不合格项。

3.2.11 软件质量控制

3.2.11.1 软件质量策划

×××(承制单位)根据《××××软件工程管理规定》及 ZG××.×××

《×××软件设计与开发控制程序》的要求开展软件工程化管理工作。

软件研制贯彻执行了 GJB 2786A—2009、GJB 439A—2013 等标准的要求,软件文档按照 GJB 438B—2009 要求编制。

按照软件相关程序文件的要求,编制了软件质量保证计划,按规定建立了软件质量保证组,明确了质量保证人员组成、职责。

软件质量保证组成员,按照软件质量保证计划的要求,实施软件开发过程中的质量控制,对软件质量进行监督,对每个阶段活动选定的研发活动或输出工作产品进行了质量审核工作。

3.2.11.2 软件配置管理

产品软件的配置管理按照××要求进行。制定了软件配置管理计划,成立了配置管理组,建立了开发库、受控库和产品库,并按规定进行管理。

研制过程中,按要求对软件的更改级别、更改申请、更改的版本标识、更改流程和更改过程中三库管理等进行了有效控制。软件版本标识明确、软件更改及出入库手续规范、完整、可追溯。

研制过程中自××软件编制"软件更改申请单"及"软件更改单"各××份,均按××履行了审批手续,软件更改单经质量管理部会签、××认可,并存入相应的软件库。产品软件的最新版本见表20。

表20 产品软件配置项最新版本

序号	软件标识号	软件名称	软件版本号	软件等级	研制单位

产品软件各配置项的代码均在××入库管理。

3.2.11.3 软件基线管理

在开发过程中,按照×××(产品名称)软件配置管理计划的要求,创建了功能基线、分配基线和产品基线。产品基线首次建立时间为20××年××月××日,目前为止更改××次,具体记录见表21。

表21 软件产品基线记录

基线名称	最后版本发布日期	基线版本变更历史	基线变更次数	基线内容及其目前版本

3.2.11.4 软件成熟度评价

×××软件在其他已定型产品同类软件的基础上研制,技术成熟。×××

软件管理技术为首次在装机产品中应用,产品研制初期技术成熟度较低,在研制过程中通过加强内部测试和试验验证,逐步完善了设计,随产品经过各项设计定型试验考核,技术成熟度得到了较大提高,该技术已在后继多型产品中推广应用。

3.2.11.5 软件测试验证

×××软件研制过程进行了软件自测试、第三方测试及软件定型测评。

按要求编制了软件测试计划、软件测试说明,用于指导软件的自测试工作。

×××软件自测试测试内容包括文档审查、静态分析、软件代码审查、单元测试、配置项测试和系统测试,形成软件测试报告并通过了内部评审。

×××(承试单位)对×××软件进行了第三方测试,分别对×××软件V2、V3版本进行了文档审查、代码审查、静态分析、单元测试和动态测试。对提出的问题进行了修改,并对更改内容进行了回归测试,测试结果表明,软件修改正确,并且未引入新的软件缺陷,无遗留问题。

×××(承试单位)对×××软件进行了软件定型测评,开展了文档审查、静态分析、代码审查、动态测试及系统测试,对提出的问题进行了修改,并对更改内容进行了回归测试,软件定型测评结果通过了×××(二级定委办公室)组织的定型测评验收审查。

软件随产品通过了设计定型试验,验证了软件的适用性及可靠性。

3.2.11.6 软件持续改进

a) 软件自测试问题解决情况

软件自测试问题及解决情况见表22。

表22 软件自测试情况

序号	测试内容	测试结果	解决情况
1	文档审查	发现问题××个	更改后回归审查,没引入新的缺陷
2	静态分析	各模块结构清晰合理,代码可读性强,符合软件编程规范	—
3	代码审查	发现软件缺陷××个	更改后重新验证和回归走查,结果表明软件与文档文文一致,文实相符;程序结构清晰合理,实现正确
4	单元测试	对×××个函数进行了测试,发现问题××个	修改后的软件和文档更改内容经回归审查和回归测试,软件修改正确,未引入新的软件缺陷
5	系统测试	系统测试分×个测试类型,测试用例总数为×××个,测试过程发现问题×个	修改后进行了软件系统回归测试,未出现异常

b）第三方测试问题解决情况

20××年××月，×××（软件测试单位）对×××软件进行第三方测试工作，分别对 V2.00、V2.04、V2.05 版本进行了测试。共使用测试用例×××个，提出问题×××项，其中关键问题××项，重要问题××项，一般问题×××项，建议××项。

经软件设计人员确认，除××项问题无需修改外，对其余×××项问题全部进行了修改，并对更改内容进行了回归审查和回归测试，测试结果表明软件修改正确，并且未引入新的软件缺陷，无遗留问题。

c）定型测评问题解决情况

20××年×月，测试项目组对×××软件文档进行了文档审查，共确认 1 处文档问题。文档问题已更改，并通过回归审查。

20××年×月，测试项目组对×××软件进行静态分析，确认存在 4 条一般问题。进行更改确认后。经回归测试，所有问题全部归零，未发现新的问题。

20××年×月，测试项目组对×××软件所有代码进行了代码审查。代码审查中共确认软件存在××条一般问题。经回归测试，所有问题全部归零，未发现新的问题。

20××年×月，测试项目组×××软件进行配置项动态测试，共确认××条软件问题。对软件进行更改后，进行了回归测试。问题全部归零。

3.2.11.7 不合格项处理

无。

3.2.12 质量信息管理

利用 OA 网建立了质量信息管理系统，实现了质量信息管理电子化。研制过程中，质量信息按照 GJB 1686A—2006 要求进行收集、分析、传递、处置。质量信息记录完整、清晰，确保了×××（产品名称）质量信息的畅通、可追溯，研制生产过程中对质量信息实施了闭环管理。

在验收及试验过程中出现质量问题，由检验员填写"不合格品审理单"交由相关人员审理，在产品验收过程中，未出现检验不合格的情况。

产品在试验过程中，对出现的技术质量问题，由试验现场负责人填写"故障报告单"，进行了故障报告。质量师组织开展了 FRACAS 分析，并实施了 FRACAS 闭环工作。研制过程 FRACAS 系统运行正常、有效。

4 质量问题分析与处理

4.1 重大和严重质量问题分析处理

×××（产品名称）在研制试验和检验验收过程中暴露的技术质量问题，均按照故障报告、故障核实、原因分析、纠正措施、措施验证、故障归零等要求，进行了问题的跟踪、归零工作。

×××(产品名称)在设计定型试验过程中暴露的技术质量问题,均按要求完成了 FRACAS 闭环,各配套单位按×××(承制单位)总体要求进行了归零评审,技术质量问题已全部归零。

×××(产品名称)出现了××项重大和严重技术质量问题,处理情况说明如下:

a) ×××(问题 1 名称)

问题现象:×××。

原因分析:×××。

问题复现:×××。

纠正措施:×××。

举一反三:×××。

归零情况:×××。

b) ×××(问题×名称)

问题现象:×××。

原因分析:×××。

问题复现:×××。

纠正措施:×××。

举一反三:×××。

归零情况:×××。

4.2 质量数据分析

4.2.1 质量问题汇总

×××(产品名称)在研制期间暴露的技术质量问题共××项,质量问题汇总情况见表23。

表 23 质量问题汇总表

序号	产品名称	产品编号	所属(分)系统	故障日期	研制阶段	质量问题(故障)概述及定位	原因分析	原因分类1/原因分类2	是否批次性问题	纠正措施及举一反三情况	责任单位	归零结果	外协(外购)厂家	备注

4.2.2 质量数据统计

a) 按故障时机分类

产品研制过程中出现××项故障,其中××故障××项,××试验故障××

项,××故障××项,如图 2 所示。

图 2　故障时机分布图

b) 按故障产品分类

在××项故障中,×××(产品组成部分 1)××项,×××(产品组成部分 2)××项,×××(产品组成部分×)××项,如图 3 所示。

图 3　故障产品分布图

c) 按外购厂家分类

在××项故障中,涉及外购件共××项,占总故障的××%,其中××项为批次性问题:×××、×××,如图 4 所示。

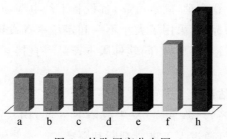

图 4　外购厂家分布图

d) 按故障原因分类

×××(承制单位)自身原因故障的共××项,按故障产生的原因分类:工艺××项,占总体比例的××%,设计××项,占总体比例的××%,操作××项,占总体比例的××%(有重叠项),软件××项,占总体比例的××%,如图 5 所示。

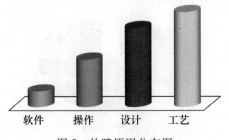

图 5　故障原因分布图

4.2.3 "五性"评估

依据《×××设计定型试飞大纲》中有关可靠性、维修性、测试性、保障性和安全性(以下简称"五性")的要求,对×××(产品名称)的"五性"情况进行了评估。五性评估情况如下:

4.2.3.1 可靠性评估结论

试飞期间,×××(产品名称)累计飞行×××起落/××h××min,发生责任故障××起,平均故障间隔时间的单侧置信下限为×××h。

×××(产品名称)在试飞考核期间,功能正常、性能稳定。

4.2.3.2 维修性评估结论

试飞期间,×××(产品名称)产生修复性维修样本××个,××次维修时间累计为××h××min。

×××(产品名称)在外场检查、调整和更换时,有适宜的操作空间,拆装方便,可达性好;安装位置合理,固定可靠,各设备上的电缆插头连接方便、快捷;设备电缆插头有清晰的标识,采用了大小不一和定位销等设计措施,能够防止在使用过程中发生操作差错;同型号、同软件版本产品可直接互换。维修性满足试飞期间外场维护需求。

4.2.3.3 测试性评估结论

试飞期间,×××(产品名称)发生故障××起,BIT 正确检测和隔离××起,其余××起故障可通过人工进行判断和隔离。

按照 GJB 2072—1994 要求对×××(产品名称)进行了故障模拟,模拟故障及依据见《×××(产品名称)测试性试验报告》,对模拟故障,BIT 均能够正确检测和隔离。

×××(产品名称)具备加电、周期、维护自检测功能,×××功能,×××功能。

×××(产品名称)测试性满足试飞期间使用需求。

4.2.3.4 保障性评估结论

×××(产品名称)试飞期间,配备了履历本;利用《×××(产品名称)维护手册》和通用工具可完成该产品的日常检查、拆装等外场维护工作。保障资源满足试飞阶段外场使用维护工作需要。在设计定型试飞期间,×××(产品名称)的保障资源满足试飞工作的需要。

4.2.3.5 安全性评估结论

×××(产品名称)设备安装、固定牢固可靠;为避免发生错装、错接和操作失误,影响使用及危及设备安全和人身安全,进行可防差错设计;×××(产品名称)具备保密通信能力,以保证通信信息安全传输;同时具有毁钥功能,紧急情况下确保安全。

4.2.4 使用方满意度分析

×××(产品名称)从20××年××月××日至20××年××月××日,开始在×××(承试部队)试飞使用。试飞过程中,累计飞行××个起落/×××h××min,能够实现预定功能,维修性较好,测试性基本满足外场使用维护工作要求,保障资源满足试飞阶段外场维护工作需要。试飞结果表明,该产品满足研制总要求和装机使用要求。

4.2.5 质量稳定性情况

依据×××设计文件,×××(承制单位)编制了相关工艺文件,明确了产品生产的流程和工艺方法,明确了制造过程中产品应开展工艺试验的试验条件、试验内容、试验方法及试验后试验数据合格与否的判定依据。根据工艺文件,检验人员进行了有效检验,确保了产品实物与文件资料的符合性。

电子元器件按筛选规范要求进行了二次筛选,重要器件进行了DPA破坏性物理分析,各部件严格按要求进行了100%工艺试运转试验及交付验收试验,确保了产品各项功能、性能指标处于稳定的状态,经检测,产品各项性能指标一致性好,均符合产品规范要求,产品性能的符合性和稳定性得到了有效保证。

×××(产品名称)在××联试、试验过程中,产品质量状态稳定,无影响任务完成的重要、重大问题发生,全部故障均已按要求完成了归零。在外场试飞过程中,×××(产品名称)总体情况质量稳定可靠。

4.3 遗留质量问题及解决情况

产品研制过程中出现的质量问题已全部归零,无遗留问题。

4.4 售后服务保证质量风险分析

4.4.1 技术培训质量保证风险

编制了《×××(产品名称)技术培训大纲》和《×××(产品名称)使用人员培训教材》、《×××(产品名称)维护人员培训教材》,对部队使用维护人员进行了使用、维修保障培训。承制单位具备培训能力,不存在技术培训质量保证风险。

4.4.2 技术资料提供质量保证风险

随产品交付了履历本和维修手册,能够指导用户正确使用、操作产品,不存在技术资料提供质量保证风险。

4.4.3 备件供应质量保证风险

根据产品的质量状况及使用情况,每年年初根据部队备品需求,生产相应的备品贮存,可根据实际需求将备品交付顾客,不存在备件供应质量保证风险。

4.4.4 现场技术支持质量保证风险

×××(承制单位)设有专职的外场服务机构。按照主机要求,配合完成了××有关问题的协调、处理,有力保障了产品的外场使用维护工作的顺利进行。顾客有要求时,可及时组织技术服务组赴现场指导产品的安装、调试、使用、维护或解决出现的问题,不存在现场技术支持质量保证风险。

4.4.5 质量问题处理质量保证风险

故障品返厂修复时,按照 ZG××.×××《产品故障处理控制程序》,进行原因分析,制定纠正措施,并纳入相应的技术文件或管理文件中,以防止同类故障的再次发生。返修周期内能够保证顾客财产的安全,不存在质量问题处理质量保证风险。

4.4.6 信息收集与处理质量保证风险

×××(承制单位)设立了专门机构,负责、监督质量信息的收集、分析、传递、处置情况,不存在信息收集与处理质量保证风险。

4.4.7 装备大修规划质量保证风险

产品大修需返厂进行。×××(承制单位)将视产品外场使用情况及主机要求,制定大修计划,储备相应的电子元器件及零组件,不存在大修规划质量保证风险。

5 质量改进措施及建议

通过产品研制中暴露出的技术质量问题及其解决情况,发现在体系运行、管理制度、技术改进、检验验收等方面都或多或少存在一些问题,特提出如下改进建议:

体系运行:对×××、×××进行改进。

管理制度:对×××、×××进行改进。

技术改进:对×××、×××进行改进。

检验验收:对×××、×××进行改进。

其他改进:对×××、×××进行改进。

6 结论

目前×××（产品名称）已完成全部研制工作，产品质量符合设计定型要求。

a) 产品研制过程符合军工产品研制程序，经过设计定型试验考核，产品各项指标满足研制总要求（含研制合同、研制任务书）；

b) 质量管理体系受控，研制过程中，严格贯彻落实《武器装备质量管理条例》和质量保证大纲要求，研制过程质量受控；

c) 设计文件完整、准确、协调、规范，与产品设计定型技术状态一致，符合定型标准要求；

d) 产品研制过程中暴露的设计和产品质量问题解决措施有效，均已归零，没有遗留问题；

e) 产品原材料、元器件、外购件及外协件具有稳定的供货渠道，满足小批量试生产和部队使用要求；

f) 全面贯彻了进口电子元器件控制要求，进口电子元器件具有稳定的供货渠道、替代计划及风险分析。

7 质量问题汇总表

研制过程中，产品质量问题汇总见表24。

表24 质量问题汇总表

序号	产品名称	产品编号	所属（分）系统	故障日期	研制阶段	质量问题（故障）概述及定位	原因分析	原因分类1/原因分类2	是否批次性问题	纠正措施及举一反三情况	责任单位	归零结果	外协（外购）厂家	备注

范例 7 标准化大纲

7.1 编写指南

1. 文件用途

产品标准化大纲是指导产品研制标准化工作的基本文件。新研制产品应按系统、分系统、设备等不同层次分别编制产品标准化大纲。上层次产品标准化大纲对下层次产品标准化大纲起指导和约束作用,下层次产品标准化大纲应贯彻和细化上层次产品标准化大纲的规定和要求。

2. 编制时机

产品标准化大纲应在方案阶段随产品研制方案同步协调编制,并按GJB/Z 113—1998《标准化评审》规定的程序和要求进行评审,按有关规定签署、批准后执行。

3. 编制依据

系统层次产品标准化大纲的编制依据主要包括订购方在"主要战术技术指标"、"初步总体方案"、系统研制总体方案及研制合同中提出的标准化要求等。

分系统层次产品标准化大纲的编制依据主要包括系统层次产品标准化大纲、分系统研制方案及合同(协议书)中提出的标准化要求等。

设备层次产品标准化大纲的编制依据主要包括上层次产品标准化大纲、设备研制方案及合同(协议书)中提出的标准化要求等。

4. 目次格式

按照GJB/Z 114A—2005《产品标准化大纲编制指南》编写。

7.2 编写说明

1 概述

概述部分应说明大纲编制依据、适用范围,概略描述研制产品的基本情况和特点,一般包括下列内容:

  a) 任务来源;

  b) 产品用途;

c) 产品主要性能；
d) 研制类型和特点；
e) 产品组成和特点；
f) 产品研制对标准化的要求；
g) 配套情况。

2 标准化目标

根据需要和可能,标准化目标可以选择下列适当形式进行表述：

a) 定量的直接目标；
b) 定量的间接目标；
c) 定性的直接目标；
d) 定性的间接目标。

示例1：(定量的直接目标)通过组织通用化设计或实施标准,节省研制经费××,缩短设计或研制周期××等。

示例2：(定量的间接目标)通过贯彻实施近500项标准,保证显像管的MTBF达到15000h,产品的直通率达到95％。

示例3：(定性的直接目标)通过贯彻实施规定的可靠性、维修性、环境适应性等标准提高装备的总体质量和效能。

示例4：(定性的间接目标)通过贯彻实施相关标准,保证产品质量达到进口元器件国内组装的水平。

3 标准实施要求

3.1 一般要求

应规定产品研制时实施标准的一般要求,主要包括下列内容：

a) 贯彻实施标准的原则,包括GJB/Z 69规定的标准选用和剪裁的有关要求；
b) 实施标准的程序、审批、会签和更改等要求；
c) 实施标准的时效性要求,例如实施标准的年限、版本界定、新旧版标准代替的规定和要求；
d) 对实施标准进行监督的要求；
e) 处理实施中各类问题的原则或程序等。

3.2 重大标准实施要求

应根据战术技术指标要求和贯彻实施标准一般要求,对产品研制有关的重大标准进行全面的综合分析,提出"重大标准贯彻实施方案"。

"重大标准"主要是指：

a) 涉及面宽、难度大的标准；

b) 经费投资大的标准;
c) 组织和协调复杂的标准;
d) 影响战术技术指标实现的标准;
e) 与安全关系密切的标准;
f) 对提高产品通用化、系列化、组合化程度及节约费用等有重大影响的标准。

"重大标准贯彻实施方案"主要包括下列内容:
a) 贯彻实施涉及的范围及效果分析;
b) 贯彻实施的重点内容及剪裁意见;
c) 贯彻实施的主要工作程序和内容;
d) 贯彻实施前的技术准备和物质准备;
e) 主要难点及解决途径;
f) 计划和经费安排的建议;
g) 有关问题的协调要求。

必要时,可单独编制若干份"重大标准贯彻实施方案"。

3.3 标准选用范围

"标准选用范围"是特定产品研制时对设计人员选用标准的推荐性规定。其中所列标准通过产品图样和技术文件的采用才能作为直接指导生产或验收的依据。

"标准选用范围"应列入下列标准:
a) 法律、法规和研制合同及其他相关文件规定执行的标准;
b) 与保证产品战术技术指标和性能有关的标准;
c) 产品研制全过程设计、制造、检验、试验和管理等各方面所需的标准。

列入的标准应是现行有效的。

"标准选用范围"视管理方便可作为产品标准化大纲的附录,也可作为独立文件。

"标准选用范围"应实施动态管理,随着研制进展,及时补充需要的或调整其中不合适的标准项目,保持其有效性。

3.4 标准件、元器件、原材料选用范围

标准件、元器件、原材料选用范围是特定产品研制时,对设计人员选用标准件、元器件、原材料的品种规格的推荐性规定,其目的是减少品种规格,提高产品"三化"水平。

编制标准件、元器件、原材料选用范围应根据产品研制要求和资源情况,遵循下列原则:
a) 推荐采用经鉴定合格、质量稳定、有供货来源、满足使用要求的品种规格;
b) 限制或有条件地采用正在研制或尚未定型的品种规格,必要时补充限制

要求；

  c) 在满足产品研制要求的前提下最大限度地压缩品种规格的数量。

标准件、元器件、原材料选用范围中所列各项目一般包括下列要素：

  a) 标准编号；

  b) 标准名称；

  c) 推荐或限制的品种规格；

  d) 生产工厂；

  e) 选用（限用）相应品种规格的说明和指导意见。

  标准件、元器件、原材料选用范围可综合编制，也可按标准件、元器件、原材料分别编制；视管理方便和习惯，标准件、元器件、原材料选用范围可作为产品标准化大纲的附录，也可作为独立文件。

  标准件、元器件、原材料选用范围实施动态管理，随着研制进展，要及时补充需要的或调整其中不合格的品种规格，保持其有效性。

4 产品通用化、系列化、组合化设计要求和接口、互换性要求

4.1 产品通用化、系列化、组合化设计要求

  "三化"设计要求既要体现国家关于标准化的方针政策，又要和产品研制条件相适应。主要包括下列内容：

  a) 贯彻订购方提出的"三化"要求及开展"三化"设计的一般要求；

  b) 论证并采用下一层次通用或现有设备、部组件要求；

  c) 论证并提出新研产品是否纳入系列型谱及修订系列型谱的意见；

  d) 对采用现有产品进行可行性分析及试验验证的要求；

  e) 应用"三化"产品数据库的要求；

  f) 对研制方案和设计进行"三化"评审的要求。

  应针对不同层次的产品提出不同重点的"三化"设计要求：

  a) 对系统、分系统层次产品应重点分析和提出采用下一层次现有分系统、设备的要求以及是否纳入系列型谱标准的方案；

  b) 对设备层次产品应重点分析和提出采用通用模块、通用零部件、通用结构形式和尺寸参数的要求以及是否纳入相应系列型谱的方案。

  产品"三化"设计要求一般由标准化工作系统和标准化机构会同设计部门讨论提出。

4.2 接口、互换性要求

4.2.1 接口标准及其要求

  应根据产品使用特性和订购方提出的要求，明确产品设计时应贯彻实施的接口标准及其要求。主要包括下列内容：

a) 机械接口标准;
b) 电气接口标准;
c) 软件接口标准;
d) 信息格式标准;
e) 人机界面接口标准等。

4.2.2 互换性标准及其要求

应根据产品研制生产和使用维修的需要及订购方的要求,明确产品设计时应贯彻实施的互换性标准及其要求,主要包括下列内容:
a) 计量单位制规定;
b) 零件尺寸公差等制造互换性标准;
c) 各类机械联接结构互换性标准;
d) 对单件配制等非互换性制造方法的限制要求等。

5 型号标准化文件体系要求

建立型号标准化文件体系要求一般包括下列内容:
a) 型号标准化文件体系表;
b) 型号标准化文件项目表。

5.1 型号标准化文件体系表

型号标准化文件体系表应符合下列要求:

a) 完整性,即型号标准化文件体系能满足型号标准化工作管理和技术的需要,满足研制各阶段、各方面标准化工作的需要;

b) 动态性,即型号标准化文件体系要随产品研制阶段适时形成新的文件;已形成的文件要随研制深入修改完善;

c) 协调性,即型号标准化文件体系中的文件在项目、内容和要求等方面要做到和相关文件协调一致。

型号标准化文件体系表的构建程序如下:

a) 在研制的方案阶段,根据产品复杂程度和研制生产需要,进行型号标准化文件的需求分析。需求分析包括管理和技术两个方面,覆盖从方案阶段到设计定型阶段对标准化文件的需求。还应根据现有资源条件分析直接采用现有文件或制定新文件的可能性、紧迫性;

b) 在需求分析的基础上编制初步的型号标准化文件体系表;

c) 初步的型号标准化文件体系表作为安排文件编制和组织实施的根据,随着研制进展,调整和补充编制需要的文件,逐步形成满足产品定型和生产需要的型号标准化文件体系;

d) 每一项需要新编制的型号标准化文件应作为研制各阶段标准化工作内

容(见第 7 章)纳入型号标准化文件制定计划。

型号标准化文件体系表的表述形式参见表 4.1。

表 4.1 型号标准化文件体系表

文件类别	序号	文件名称	方案阶段	工程研制阶段 初样机	工程研制阶段 正样机	设计定型阶段
管理文件	1	型号标准体系表	○	→	→	→
	2	型号标准化工作年度计划	○	○	○	○
	3	型号标准化研究课题计划	○	○	○	—
	4	型号标准化文件制定计划	○	○	○	○
	5	标准制(修)定建议	○	○	○	○
	6	型号标准化过程管理规定	○	○	○	○
	7	型号标准化公文、批复、函件	○	○	○	○
	8	型号标准化工作系统管理规定	○	—	—	—
技术文件	1	标准化方案论证报告	○			
	2	产品标准化大纲	●	→	→	→
	3	工艺标准化综合要求(工艺标准化大纲)	—	●	●	→
	4	大型试验标准化综合要求	—	○	→	→
	5	设计文件编制标准化要求	○	→	→	→
	6	设计定型标准化要求	—	—	—	○
	7	产品设计"三化"方案与要求	○	→	→	→
	8	标准选用范围	○	→	→	→
	9	标准件选用范围	○	→	→	→
	10	原材料选用范围	○	→	→	→
	11	元器件选用范围	○	→	→	→
	12	大型试验标准选用范围	—	○	→	→
	13	标准实施规定	○	○	○	○
	14	重大标准实施方案		○	○	○
	15	标准实施有关问题管理办法	○	○	○	○
	16	新旧标准对照表		○	○	○
	17	新旧标准过渡办法	—		○	○
	18	技术要素的统一化规定	○	○	—	—
	19	设计定型标准化审查报告	—	—	—	●

(续)

文件类别	序号	文件名称	方案阶段	工程研制阶段		设计定型阶段
				初样机	正样机	
评审文件	1	标准化评审申请报告	○	○	○	○
	2	标准化评审结论和报告	○	○	○	○
	3	图样和技术文件标准化检查记录	—	○	○	○
	4	标准化效果分析评估报告	—	—	—	○
信息资料	1	标准化工作报告(阶段小结)	○	○	○	●
	2	标准化问题处理记录	—	○	○	○
	3	标准实施信息	○	○	○	○
	4	标准化文件更改信息	○	○	○	○
	5	标准化声像资料	—	○	○	○

注：●表示应编制并单独成册；○表示根据需要编制，可单独成册，也可与其他文件合并编制；→表示需要进行动态管理；—表示不需编制

5.2 型号标准化文件项目表

根据确定的型号标准化文件体系表编制型号标准化文件项目表，型号标准化文件项目表一般包括下列内容：

a) 文件名称；
b) 文件作用；
c) 文件界面和适用范围；
d) 文件主要内容；
e) 与相关文件的协调说明等。

6 图样和技术文件要求

图样和技术文件要求一般包括下列内容：

a) 图样和技术文件的完整性、正确性、统一性要求；
b) 图样和技术文件的管理要求。

6.1 完整性、正确性、统一性要求

6.1.1 完整性要求

应按研制生产全过程和设计、试验、装配、验收、出厂包装、运输各方面的需要，对图样成套性有关标准进行合理剪裁，制定产品图样及技术文件成套性要求项目表。

6.1.2 正确性要求

要对图样和技术文件的正确性和协调性提出要求。

6.1.3 统一性要求

应提出图样和技术文件统一的编制要求。例如：

a）图样绘制标准和要求、CAD 文件交换格式要求；

b）图样统一的编号的方法（隶属编号还是分类编号）；

c）图样及技术文件内容构成及编写要求；

d）图样及技术编号的构成、格式和字符数字等。

当采用 CAD 和传统常规设计联用时，应提出使两者保持统一协调的要求，例如界面相关数据和符号、代号的统一协调要求。

6.2 管理要求
6.2.1 管理的协调性

要对在不同时间、用各种方法编制的各类图样和技术文件的管理提出协调性要求，例如要针对图样和技术文件的编制是采用计算机辅助设计（CAD）或传统常规设计，还是两者联用等实际情况提出相应的管理要求。

6.2.2 借用件管理要求

应对借用件作出管理规定。其主要内容包括：

a）被借用文件的最低要求；

b）借用的合法性程序和登记；

c）借用文件相关标识；

d）被借用文件更改时通知借用方的规定等。

6.2.3 更改管理要求

应按技术状态管理、图样及技术文件管理等标准规定的更改类别对下列相关要求作出规定：

a）更改程序；

b）审批权限；

c）更改方法和更改文件的格式与使用；

d）更改文件的传递；

e）更改实施和善后处理等。

6.2.4 审批会签要求

应根据文件的性质、涉及的范围和重要性设置不同的审签层次，明确逐级审签的要求。应规定设计部门内部及外部会签的项目、军代表会签项目、会签单位和会签顺序等。

对于推行计算机辅助设计和管理的单位，应对网上审签的授权、限制、签署方式等作出规定。

7 标准化工作范围和研制各阶段的主要工作
7.1 标准化工作范围

标准化工作范围主要是指涉及的工作领域（例如，标准化工作涉及的质量、计量、环境、可靠性等专业领域)及工作的广度和深度(例如为实施标准组织事先研究或攻关等)。在确定研制各阶段标准化工作的内容时应充分考虑涉及的工作范围。

7.2 产品研制各阶段的主要工作

产品研制各阶段标准化工作内容可结合产品的具体情况参照表4.2,进行适当剪裁和作必要的分解或综合后形成具体的工作项目,并落实到研制各阶段的工作计划中。

表4.2 产品研制各阶段标准化主要工作内容

研制阶段	主要工作内容
方案阶段	1. 编制方案阶段工作计划 　1) 研究课题计划 　2) 文件制定计划 　3) 年度工作计划等 2. 进行标准化目标分析,确定标准化目标和要求 3. 研究提出型号标准化文件体系表和标准体系表 4. 组织提出标准实施一般要求、管理办法和重大标准实施方案 5. 组织提出产品"三化"设计要求,评审研制方案中的"三化"方案 6. 编制标准选用范围,标准件、元器件、原材料选用范围 7. 组织标准化方案论证,编制产品标准化大纲 8. 提出缺项标准制(修)订建议 9. 起草标准化管理文件、技术文件 　1) 标准化过程管理规定 　2) 设计文件编制要求等 10. 组织标准化文件评审 11. 编写方案阶段标准化工作小结
工程研制阶段	1. 编制工程研制阶段工作计划 　1) 研究课题实施计划 　2) 文件制定计划 　3) 年度工作计划 2. 编制或补充完善各类型号标准化文件 　1) 各种大纲支持文件 　2) 工艺标准化综合要求 　3) 组织协调实施中有关问题 3. 组织"三化"方案实施,监督和检查 　检查"三化"要求的落实,推动、协调和检查"三化"方案的实施 4. 开展图样和技术文件的标准化检查,记实和反馈标准实施的信息 5. 组织标准实施和产品标准化大纲实施评审,参与组织"三化"方案实施的评审 6. 进行工程研制阶段标准化工作小结

(续)

研制阶段	主要工作内容
设计定型（鉴定）阶段	1. 制定设计定型阶段工作计划 2. 编制设计定型阶段相关文件 　1) 设计定型标准化要求 　2) 修订提出设计定型用标准选用范围，标准件、元器件、原材料选用范围 　3) 修订型号标准化文件（含工艺标准化大纲） 3. 全面检查型号标准化工作 　1) 全面检查标准实施情况 　2) 检查产品"三化"工作 　3) 督促"三化"设计试验验证 　4) 分析与评估标准化效果 4. 进行设计定型图样和技术文件标准化检查 5. 进行产品标准化大纲终结评审，编写"设计定型（鉴定）标准化审查报告"，参与设计定型 6. 对型号标准化工作进行全面总结

8 标准化工作协调管理要求

对复杂的系统、分系统，一般应编制标准化工作协调管理要求。

标准化工作协调管理一般应包括下列内容：

a) 标准化工作协调的原则要求；

b) 标准化文件协调程序和传递路线；

c) 标准化文件在系统内审批、会签或备案的范围和权限；

d) 标准化文件更改在系统内审批、会签或备案的范围和权限及传递要求等。

7.3 编写示例

1 概述

1.1 适用范围

本大纲规定了×××（产品名称）研制过程标准化工作的方针、政策和原则；明确了研制标准化的具体目标、要求和主要任务。

本大纲适用于×××（产品名称）研制阶段的标准化工作。

1.2 编制依据

GJB/Z 113—1998　标准化评审

GJB/Z 114A—2005　产品标准化大纲编制指南

装备全寿命标准化工作规定
武器装备研制生产标准化工作规定
研制总要求和/或技术协议书

1.3 任务来源

×××（产品名称）是"×××工程"重要装备，是我国自主研制的×××。20××年××月，总装备部装计〔××××〕×××号《关于×××（产品名称）研制立项事》批准研制立项。

1.4 产品用途

×××（产品名称）主要使命任务是×××，具有×种典型作战使用模式：
a) ×××使用模式，用于×××；
b) ×××使用模式，用于×××；
……

×××（产品名称）具有下列主要功能：
a) ×××；
b) ×××；
……

1.5 产品主要性能

×××（产品名称）主要战术技术指标：
a) ×××（参数名称1）：×××（指标要求）；
b) ×××（参数名称2）：×××（指标要求）；
……

1.6 研制类型和特点

×××（产品名称）是新研产品，具有×××、×××、×××等研制特点。

1.7 产品组成和特点

×××（产品名称）组成及研制分工见表1。

表1 ××（产品名称）组成及研制分工

序号	名称	型号	级别	新研/改型/选型	配套数量	研制单位	生产单位
1	×××	×××	二级	新研	×	×××	×××
2	×××	×××	二级	新研	×	×××	×××
3	×××	×××	二级	新研	×	×××	×××
…	……	……	……	……	…	……	……

×××（产品名称）软件由××个计算机软件配置项组成，源代码×××万行，软件定型状态见表2。

表2 ×××(产品名称)软件配置项一览表

序号	软件配置项名称	标识	等级	研制单位
1	×××	ABC	关键	×××
2	×××	×××	重要	×××
3	×××	×××	一般	×××
×	×××	×××	××	×××

×××(产品名称)具有下述特点:

a) ×××;

b) ×××;

……

1.8 产品研制对标准化的要求

×××(产品名称)研制的标准化工作应贯彻"军工产品,质量第一"的方针和以下政策法规:

a)《中华人民共和国标准化法》及《中华人民共和国标准化法实施条例》;

b)《军用标准化管理办法》;

c)《武器装备质量管理条例》;

d)《装备全寿命标准化工作规定》;

e)《武器装备研制生产标准化工作规定》;

f)《中华人民共和国法定计量单位》;

g)《采用国际标准管理办法》。

1.9 配套情况;

单机配套×套,×××。

2 标准化目标

2.1 水平目标

通过开展标准化工作,组织制定好×××(产品名称)工程规范和×××(产品名称)工艺总方案等顶层文件,产品水平力争达到同类产品先进水平。

通过"三化"工作,进行类似产品结构的通用化分析,提高借用(通用)零件和标准件比例;对产品的主要构件实行构型管理,为产品的系列化打好基础,提高产品的通用化、系列化、组合化水平。

标准化水平目标具体要求为:

a) 积极采用新标准,采用2000年后制定的标准占采标总数的70%以上;

b) 提高通用化、系列化、组合化程度,使产品标准化件数系数达到75%以上,品种系数达到60%以上;

c) 采用先进材料与工艺,使产品生产能力在×××产品基础上进一步提高。

2.2 效果目标

通过加强标准化的管理,全面、系统、有效地贯彻实施标准及标准化要求,以达到向用户交付满意的合格装备,实现预期的功能和性能指标。

不断提高研制效率、缩短研制周期、节省研制费用,以获得良好的军事效益、经济效益和社会效益。

标准化效果目标具体要求为:

a) 压缩品种规格,在×××产品基础上压缩15%;

b) 优选材料,在×××产品基础上压缩15%;

c) 贯彻实施可靠性维修性测试性保障性安全性标准,提高产品效能,获得良好的军事经济效益;

d) 通过采用 CAX/PDM、并行工程等新技术,提高研制效率、研制质量,缩短研制周期。

2.3 任务目标

按型号设计师系统要求,完成产品研制各阶段标准化工作任务,建立比较完备的型号标准化工作体系和标准化文件体系。认真组织实施用户要求和本大纲规定贯彻的各级各类标准。

标准化任务目标具体要求为:

a) 保证产品图样、技术文件和资料完整准确、协调规范,文实相符;

b) 实施有效的产品数据管理(PDM)和技术状态管理,形成批生产能力;

c) 开展标准化研究,制定急需标准,完善标准体系。

3 标准实施要求

3.1 一般要求

产品研制全过程中的标准化工作,必须认真贯彻《中华人民共和国标准化法》、《军用标准化管理办法》、《装备全寿命标准化工作规定》、《武器装备研制生产标准化工作规定》。

产品研制全过程中,应积极采用先进的技术和管理标准,充分发挥标准化的参谋、指导、服务、协调、监督和保障作用,保证实现产品研制总要求和节点目标要求,努力提高标准化的整体水平。以保证产品的使用效能,缩短研制周期、节省费用,获得良好的军事和经济效益。

产品设计过程中在采用标准时,应综合考虑标准的先进性、可行性和经济性,具体采用标准时应遵循以下原则:

a) 原则上应以采用国家军用标准为主;在满足研制总要求的前提下,国内标准的选用顺序为:国家军用标准、国家标准、行业标准和企业标准。

b) 现行的国家标准,凡能满足产品使用要求的应贯彻实施。现行的行业标准,凡能满足产品使用要求的可直接采用。

c) 若必须采用国外标准时,必须结合我国的国情及产品的战术技术性能指标和使用要求,采取有效措施贯彻实施。

d) 对尚无国家军用标准、行业标准和相关的国际、国外先进标准,或上述标准不能满足产品研制要求时,应报标准化部门统一协调编制企业标准,作为组织研制工作的依据。

e) 在标准、规范的应用中应贯彻剪裁原则,即根据产品研制的性能要求、进度、经费等,对标准、规范进行科学地选用和剪裁,标准的选用和剪裁应符合GJB/Z 69—1994《军用标准的选用和剪裁导则》规定。

f) 依据产品技术协议书编制×××(产品名称)产品规范,按规定程序审批后作为产品的验收和交付依据。

在实施中涉及技术性能和使用要求的偏离、剪裁项目,须经总体单位主任设计师审查,系统总设计师组织评审、批准。

本标准化大纲提出的应贯彻的标准项目,在实施标准过程中需偏离、剪裁的内容,由总设计师批准。

对技术协议书中规定贯彻的标准必须严格遵守并认真落实实施。对基础标准项目应按目前的基础标准体系贯彻实施。对选用标准应按照简化、优化的原则,在满足产品性能指标前提下,尽可能不增加新的品种规格。

产品研制过程中,标准的实施应按照产品图样、设计文件、工艺文件和标准化贯标通知规定进行。研制过程发生的标准的偏离,应履行相关审批手续。

产品研制过程中,标准的时效性应按照设计文件规定的版本执行。对有标准化部门颁发的标准贯彻实施通知单的,应按标准化规定执行。

产品研制过程中的标准实施监督,应结合产品图样、技术文件的审签、研制各阶段评审、定型工作同时进行,各级签署和专职标准化师共同负责把关,保证标准的贯彻实施准确、到位。

产品研制过程中标准贯彻条件不足时,对影响产品性能的标准,应采取积极措施,创造条件,购买必要的设备或检测工具;对一般标准应结合具体情况,采用其他方案解决。

3.2 重大标准实施要求

3.2.1 环境试验标准

环境试验标准应按照成品技术协议书的要求,根据产品结构、功能和安装部位,对环境条件和试验方法标准进行剪裁。凡成品协议书规定进行的环境试验项目,均应按协议书规定,纳入产品规范。

3.2.2 工程标准

工程标准应按照成品技术协议书的要求,根据产品结构、功能和安装部位,进行适当剪裁。

3.3 标准选用范围

产品研制标准选用范围见表3。

表3 选用标准目录

序号	标准号	标准名称	贯彻意见	备注
(一)技术协议书中提出的贯彻标准				
1	GJB 150—1986	军用设备环境试验方法	剪裁	
2	GJB 151A—1997	军用设备和分系统电磁发射和敏感度要求	剪裁	
3	GJB 152A—1997	军用设备和分系统电磁发射和敏感度测量	剪裁	
4	GJB 899A—2009	可靠性鉴定和验收试验	贯彻	
×	×××	×××	贯彻	
(二)通用标准				
1	GJB 145—1996	封存包装通则	贯彻	
2	GJB 368B—2009	装备维修性工作通用要求	剪裁	
3	GJB 450A—2004	装备可靠性工作通用要求	剪裁	
4	GJB 900A—2012	装备安全性工作通用要求	剪裁	
5	GJB 1181—1991	军用装备包装、装卸、贮存和运输通用大纲	贯彻	
6	GJB 1310A—2004	设计评审	贯彻	
7	GJB 1362A—2007	军工产品定型程序和要求	贯彻	
8	GJB 1371—1992	装备保障性分析	贯彻	
9	GJB 1378A—2007	装备以可靠性为中心的维修分析	贯彻	
10	GJB 1406A—2005	产品质量保证大纲要求	贯彻	
11	GJB 1443—1992	产品包装、装卸、运输、贮存质量管理要求	贯彻	
12	GJB 2547A—2012	装备测试性工作通用要求	剪裁	
13	GJB 2737—1996	武器装备系统接口控制要求	贯彻	
14	GJB 2742—1996	工作说明编写要求	贯彻	
15	GJB 2993—1997	武器装备研制项目管理	贯彻	
16	GJB 3206A—2010	技术状态管理	贯彻	
17	GJB 3273—1998	研制阶段技术审查	贯彻	
18	GJB 3872—1999	装备综合保障通用要求	剪裁	
19	GJB 9001B—2009	质量管理体系要求	贯彻	

(续)

序号	标准号	标准名称	贯彻意见	备注
20	GJB/Z 23—1991	可靠性和维修性工程报告编写一般要求	贯彻	
21	GJB/Z 35—1993	元器件降额准则	贯彻	
22	GJB/Z 69—1994	军用标准的选用和剪裁导则	贯彻	
23	GJB/Z 170—2013	军工产品设计定型文件编制指南	贯彻	
(三)设计标准				
1	GB 157—1989	锥度和锥角系列	贯彻	
2	GB 321—1980	优先数和优先数系	贯彻	
3	GB 2822—1981	标准尺寸	贯彻	
4	GB 4096—1983	棱体的角度与斜度系列	贯彻	
5	GB/T 4459.5—1999	机械制图 中心孔表示法	贯彻	
6	GB 5847—1986	尺寸链 计算方法	贯彻	
7	GB 8170—1987	数值修约规则	贯彻	
8	GJB 190—1986	特性分类	贯彻	
9	GJB 1172—1991	军用设备气候极值	贯彻	
10	GJB/Z 11—1990	尺寸链计算导则	贯彻	
×	×××	×××	贯彻	
(四)管理标准				
×	×××	×××	贯彻	
(五)基础标准				
1	GB/T 131—2006	产品几何技术规范(GPS) 技术产品文件中表面结构的表示法	贯彻	
2	GB/T 192—2003	普通螺纹 基本牙型	贯彻	
3	GB/T 193—2003	普通螺纹 直径与螺距系列	贯彻	
4	GB/T 196—2003	普通螺纹 基本尺寸	贯彻	
5	GB/T 197—2003	普通螺纹 公差	贯彻	
6	GB/T 1031—2009	表面粗糙度参数及其数值	贯彻	
7	GB/T 1182—1996	形状和位置公差 代号及其注法	贯彻	
8	GB/T 1800.1—1997	极限与配合 基础 第1部分	贯彻	
9	GB/T 1800.2—1998	极限与配合 基础 第2部分	贯彻	
10	GB/T 1800.3—1998	极限与配合 基础 第3部分	贯彻	
11	GB/T 1801—1999	公差带和配合的选择	贯彻	
12	GB/T 2516—2003	普通螺纹 极限偏差	贯彻	

(续)

序号	标 准 号	标 准 名 称	贯彻意见	备注
13	GB 3100—1993	国际单位制及其应用	贯彻	
14	GB 3101—1993	有关量、单位和符号的一般原则	贯彻	
15	GB 3102—1993	量和单位	贯彻	
16	GB 3505—1983	表面粗糙度　术语　表面及其参数	贯彻	
17	GB 4249—1996	公差原则	贯彻	
18	GB/T 4457	机械制图	贯彻	
19	GB/T 4458	机械制图	贯彻	
20	GB/T 4459	机械制图	贯彻	
21	GB/T 16671—1996	形状和位置公差　最大实体要求、最小实体要求和可逆要求	贯彻	
×	×××	×××	贯彻	
(六)标准件				
×	×××	×××	贯彻	
(七)材料标准				
×	×××	×××	贯彻	

3.4　标准件、元器件、原材料选用范围

3.4.1　选用原则

标准件、元器件、原材料的选用应遵循下列原则：

a) 必须采用经鉴定合格、质量稳定、有供货来源、有产品标准，满足产品使用要求的品种规格。

b) 限制或有条件采用正在研制或尚未定型的品种规格，必要时补充限制要求。对无标准的应签订专用技术协议书；对既无标准又无法签订技术协议书的元器件，应按规定编写相关技术要求。

c) 尽可能采用同类产品上已使用过的品种规格，在满足产品研制要求的前提下，最大限度压缩品种规格的数量。

3.4.2　标准件选用

标准件的选用应考虑满足产品强度、工作环境、密封性、耐蚀性等要求，应尽量选用不锈钢标准件，连接牢靠、拆装方便，满足使用维护要求。

标准件的选用应考虑继承性和经济性，积极采用已在成熟产品上使用过的、质量稳定、有供货来源、满足使用要求的标准件。

标准件的选用应在单位现行的×××、×××、×××等标准中选取。

3.4.3 元器件选用

元器件的技术指标(包括技术性能指标、质量等级)应满足产品技术性能的要求。

优先选用经中国军用电子元器件质量认证委员会认证合格的器件;优先选用质量等级高和可靠性水平高的元器件。

应最大限度地压缩元器件品种、规格和承制单位范围,因此选用时积极采用已在成熟产品上使用过的、质量稳定、有供货来源、满足使用要求的元器件。不允许选用淘汰品种和按规定禁用的元器件。

3.4.4 原材料选用

选用材料时,应合理地简化和压缩原材料的品种、规格,这不仅有利于设计,更重要的是便于原材料的采购和库房管理。

选用新材料时,必须保证型号产品的研制总进度要求;选用的新材料应生产稳定、有稳定可靠的供货来源。

研制中应优先选用国产材料。当国产材料无法满足要求时,可选用国外材料。选用时应在标准化人员指导下进行。

应积极采用已在成熟产品上使用过的、质量稳定、有可靠供货来源、满足使用要求的材料品种和规格。

金属材料的选用,应按公司现行的 ZG××.××××《金属材料新、旧标准代替手册》、ZG××.××××《金属材料选材规范》、ZG××.××××《预研及新研金属材料选材规范》及有关标准化通知进行选取,设计定型时应贯彻最新版本。

非金属材料的选用,应按单位现行的 ZG××.××××《产品非金属材料标准汇编》、ZG××.××××《产品用非金属材料有效标准目录汇编》及有关标准化通知进行,设计定型时应贯彻最新版本。

4 产品通用化、系列化、组合化设计要求和接口、互换性要求

4.1 通用化、系列化、组合化设计要求

应认真贯彻"通用化、系列化、组合化"的"三化"设计原则。在设计过程中,最大限度地采用标准件、通用件,提高零件的重复利用率和通用化程度。应尽量借鉴已定型的×××(类似产品名称)的结构、材料和热处理、表面处理等成熟经验,同时应考虑加工工艺性和制造的经济性,既安全可靠又简便可行,降低加工难度,缩短试制周期。

产品设计时应尽量考虑组合化要求,充分利用目前定型产品的功能组件,进行结构重组,满足主机要求,缩短研制周期,节省工艺装备。

4.2 接口、互换性要求

接口部位(包括机械接口、电气接口)的设计应严格按照协议书中规定的指标进行,机械接口、电气接口的形式、介质应与主机规定相一致。确保与主机接

口的可靠连接,并保证互通和互换。

为方便维修,各功能组件和产品应具有功能互换性和结构互换性。安装方式接口应统一,做到装拆方便。

各功能组件应具有互换性,对容易出现差错的电连接、机械连接等部位,结构型式的设计应采取防差错措施并有明显的标志。

5 型号标准化文件体系要求

5.1 一般要求

型号标准化文件体系应符合下列要求:

a) 完整性。即型号标准化文件体系能满足型号标准化工作管理和技术的需要,满足研制各阶段、各方面标准化工作的需要;

b) 动态性。即型号标准化文件体系要随产品研制阶段适时形成新的文件;已形成的文件随研制深入修改完善;

c) 协调性。即型号标准化文件体系中的文件,在项目、内容和要求等方面做到和相关文件协调一致。

5.2 产品标准化文件体系表

产品标准化文件体系表见表4。

表4 产品标准化文件体系表

文件类别	序号	文件名称	方案阶段	工程研制阶段		设计定型阶段
				初样机	正样机	
标准化管理文件	1	型号标准体系表	○	→	→	→
	2	型号标准化工作年度计划	○	○	○	○
	3	型号标准化公文、批复、函件	○	○	○	○
	4	型号标准化工作系统管理规定	○	—	—	—
标准化技术文件	1	产品标准化大纲	●	→	→	→
	2	工艺标准化综合要求	—	●	●	→
	3	设计文件编制标准化要求	○	→	→	→
	4	产品设计定型标准化要求				○
	5	标准选用范围	○	→	→	→
	6	标准件选用范围	○	→	→	→
	7	原材料选用范围	○	→	→	→
	8	元器件选用范围	○	→	→	→
	9	标准实施规定	○	○	○	○
	10	新旧标准对照	—	○	○	○
	11	新旧标准过渡办法	—	○	○	○
	12	设计定型标准化审查报告	—	—	—	●

(续)

文件类别	序号	文件名称	方案阶段	工程研制阶段		设计定型阶段
				初样机	正样机	
评审文件	1	标准化评审申请报告	○	○	○	○
	2	标准化评审结论和报告	○	○	○	○
	3	图样和技术文件标准化检查记录	—	○	○	○
信息资料	1	标准化工作报告	○	○	○	●
	2	标准化问题处理记录	—	○	○	○
	3	标准化文件更改信息	—	○	○	○

注：● 表示必须编制并单独成册；○ 表示根据需要编制，可单独成册，也可与其他文件合并编制；
→ 表示需要进行动态管理；— 表示不需编制。

6 图样和技术文件要求

6.1 完整性、正确性、统一性要求

产品图样和技术文件必须完整、协调，其完整性应符合以下要求：

工程研制阶段产品图样和技术文件完整性应符合《研制任务书》和《设计任务书》的有关规定；

向主机和用户提交的技术文件，其项目和节点应符合《成品协议书》的规定；

设计定型技术文件完整性应符合 GJB 1362A—2007 和 ZG××.×××标准规定；

产品设计图样的编制和编号应符合 ZG××.×××标准规定。产品设计文件的编号应符合 ZG××.×××标准规定。

产品规范的编制应符合 GJB 6387—2008 标准规定；产品试验大纲的编制应符合 GJB/Z 170.5—2013 标准规定。其他技术文件的内容、格式、幅面、字体等应符合 GJB/Z 170.1—2013 标准规定。

产品履历本的编制应符合 GJB 2489—1995 标准规定。

产品的技术说明书和使用维护说明书应分别单独编写，格式、内容符合 ZG××.×××标准规定。

其他各种设计文件的编制应符合相应企业标准规定。

设计文件编制时，应相互协调、统一，风格一致，文实相符。

研制过程中形成的图样和有关设计文件，均应经过标准化审查后方可发出，以保证标准的正确贯彻实施。

6.2 管理要求

6.2.1 管理的协调性要求

对在不同时间、采用各种方法编制的各类图样和技术文件,格式、内容应协调一致,符合公司有关设计管理标准的规定,充分应用CAD技术,研制过程形成的电子文件编制与管理应符合GJB 5159—2004标准规定。

6.2.2 借用件管理要求

产品设计时,应充分考虑借用同类产品的零组件,以提高产品的通用化程度,降低研制风险,提高产品标准化系数,节约研制经费,缩短研制周期。

借用件借用时,应事先与被借方沟通,履行相关手续。借用件的管理应符合ZG××.×××规定。借用件使用时,不允许对其技术状态进行更改。当借用件不能满足本产品要求时,应单独发专用件图样。

6.2.3 更改管理要求

产品图样的更改及更改单的编制应符合ZG××.×××标准规定。

技术文件的更改及更改单的编制应符合ZG××.×××标准规定。

更改单的签署应与原文件发出时的签署程序一致。应符合ZG××.×××标准规定。

技术文件的更改方法应符合ZG××.×××标准规定。

更改文件的传递、分发应覆盖文件发出时的所有范围。

技术状态的更改应作好实施记录,在制品应按设计文件规定做好相关善后处理工作。

6.2.4 审批会签要求

产品图样和技术文件的会签、审批应符合ZG××.×××标准规定。

6.3 基础标准的选用和贯彻要求

产品设计过程应认真贯彻国家、行业的各级各类标准,标准的选用一般应按照《标准选用目录》规定的范围进行,超范围选用时应提前与标准化部门协调。

基础标准(机械制图、极限与配合、形状和位置公差、普通螺纹、表面粗糙度、计量单位等)应按下列标准执行:

a) 机械制图:GB/T 4457~4459;GB/T 131;

b) 形状和位置公差:GB/T 1182、GB/T 1184;

c) 极限与配合:GB/T 1800.1~1800.4;

d) 一般公差:HB 5800—1999;

e) 普通螺纹:GB/T 192、193、196、197,GB/T 2516;

f) 普通螺纹收尾、肩距、退刀槽、引导及倒角:HB 5829;

g) 表面粗糙度:GB/T 1031;GB/T 3505;

h) 量和单位:GB 3100～3102;

i) 电气图用图形符号:GB 4728;

j) 印制板制图:GB 5489;

k) 电气制图:GB 6988。

贯彻基础标准时,应尽量选用优选系列,并合理压缩品种、规格。对极限与配合、普通螺纹应尽量采用 ZG××.×××中推荐的标准公差和配合,以减少工艺装备、加快研制进度,节省研制经费。

6.4 技术状态管理要求

研制过程中应加强产品和设计资料的技术状态管理,产品研制过程的技术状态管理按 GJB 3206A—2010 标准规定执行。加强设计、工艺、生产、试验的协调,保证及时更改到位,文实相符,技术状态一致。

研制过程中应加强各节点的评审和设计确认,设计评审按 GJB 1310A—2004 标准规定进行;工艺评审按 GJB 1269A—2000 标准规定进行;产品质量评审按 GJB 907A—2006 标准规定进行。

产品设计资料的更改控制及更改单的编写按照 ZG××.×××标准规定执行;技术单的编写、使用应按照 ZG××.×××标准规定执行;产品设计资料与文件的审查及签署应按照 ZG××.×××标准规定执行。

7 标准化工作范围和研制各阶段的主要工作

7.1 标准化工作范围

产品设计研制全过程是标准化的主要工作范围,包括质量、计量、环境、可靠性等专业领域。标准化大纲所规定的各项要求,应在方案设计及工程研制阶段予以落实。鉴于本产品的研制特点,本大纲所规定的标准化目标和要求应在方案设计阶段进行确定;在工程研制阶段组织实施;在设计定型阶段进行全面考核。

设计文件编制、生产及试验过程标准的实施,是标准化工作的重点。研制过程出现的共性技术管理问题,由标准化部门负责统一协调解决。

新产品小批量生产领域是标准化工作范围之一,对研制阶段标准化工作进行全面考核和落实工艺标准化综合要求。对生产加工阶段的设计文件更改应实施标准化管理和技术状态管理。

7.2 产品研制各阶段的主要工作

根据产品研制的具体情况,对 GJB/Z 114A—2005《产品标准化大纲编制指南》中规定的标准化工作内容进行适当剪裁,确定具体的工作项目,见表5,并落实到研制各阶段的工作计划中。

表 5 产品研制各阶段标准化主要工作内容

研制阶段	主要工作内容	剪裁结果	责任单位
方案阶段	a) 编制方案阶段工作计划 　1) 研究课题计划 　2) 文件制定计划 　3) 年度工作计划等	√	
	b) 进行标准化目标分析,确定标准化目标和要求	√	
	c) 研究提出型号标准化文件体系表和标准体系表	√	
	d) 组织提出标准实施一般要求、管理办法和重大标准实施方案	√	
	e) 组织提出产品"三化"设计要求,评审研制方案中的"三化"方案	√	
	f) 编制标准选用范围,标准件、元器件、原材料选用范围	√	
	g) 组织标准化方案论证,编制产品标准化大纲	√	
	h) 提出缺项标准制(修)订建议		
	i) 起草标准化管理文件、技术文件 　1) 标准化过程管理规定 　2) 设计文件编制要求等	√	
	j) 组织标准化文件评审	√	
	k) 编写方案阶段标准化工作小结		
工程研制阶段	a) 编制工程研制阶段工作计划 　1) 研究课题实施计划 　2) 文件制定计划 　3) 年度工作计划	√	
	b) 编制或补充完善各类型号标准化文件 　1) 各种大纲支持文件 　2) 工艺标准化综合要求 　3) 组织协调实施中有关问题	√	
	c) 组织"三化"方案实施,监督和检查 检查"三化"要求的落实,推动、协调和检查"三化"方案的实施	√	
	d) 开展图样和技术文件的标准化检查,记实和反馈标准实施的信息	√	
	e) 组织标准实施和产品标准化大纲实施评审,参与组织"三化"方案实施的评审	√	
	f) 进行工程研制阶段标准化工作小结	√	

(续)

研制阶段	主要工作内容	剪裁结果	责任单位
设计定型（鉴定）阶段	a) 制定设计定型阶段工作计划	√	
	b) 编制设计定型阶段相关文件 　1) 设计定型标准化要求 　2) 修订提出设计定型用标准选用范围，标准件、元器件、原材料选用范围 　3) 修订型号标准化文件	√	
	c) 全面检查型号标准化工作 　1) 全面检查标准实施情况 　2) 检查产品"三化"工作 　3) 督促"三化"设计试验验证 　4) 分析与评估标准化效果	√	
	d) 进行设计定型图样和技术文件标准化检查	√	
	e) 进行产品标准化大纲终结评审，编写"设计定型（鉴定）标准化审查报告"，参与设计定型	√	
	f) 对型号标准化工作进行全面总结	√	

7.2.1 方案设计阶段

根据成品技术协议书进行标准化目标分析，确定标准化目标和工作范围及具体贯彻实施标准和标准化大纲的要求。

　a) 对重要标准的实施或新标准的实施进行必要的论证；
　b) 建立×××（产品名称）标准化工作系统，确定主管标准化师；
　c) 编制《×××（产品名称）标准化大纲》；
　d) 编制标准选用范围、标准件、元器件、原材料选用范围，提出《×××（产品名称）选用标准目录》；
　e) 提出标准贯彻的措施与规定；
　f) 组织编制《×××（产品名称）产品规范》；
　g) 研究提出型号标准化文件体系和标准体系表；
　i) 组织提出标准实施一般要求、管理办法和重大标准实施方案；
　j) 组织提出产品三化设计要求；
　k) 提出缺项标准制修订建议；
　l) 起草标准化管理文件、技术文件；
　m) 组织标准化文件评审；
　n) 编写方案阶段标准化工作小结。

7.2.2 工程研制阶段

a) 落实成品协议书各项要求,组织标准的贯彻实施,并对实施情况进行监督检查;

b) 编制或补充完善各类型号标准化文件;

c) 组织编写工艺标准化综合要求;

d) 组织协调产品研制过程中的标准和标准化问题;

e) 组织标准实施和产品标准化大纲实施评审;

f) 完成不同层次的规范和型号专用文件的编制;

g) 设计师掌握标准化要求之后,将标准化要求落实到具体产品软硬件设计工作中;

h) 参与工程研制,宣传和实施标准化大纲并补充完善;

i) 组织编制《×××(产品名称)设计定型试验大纲》;

j) 组织产品设计、工艺部门全面、正式贯彻实施所选用标准;

k) 对标准和标准化要求的实施情况进行监督,并协调解决有关标准及标准化问题;

l) 对产品图样和技术文件进行标准化审查,记实和反馈标准实施的信息;

m) 按标准化要求建立起有关设计准则及设计方法,协助设计部门积极推进"三化"设计;

n) 做好原材料、标准件、成件等的统计汇总工作;

o) 参与设计研制中试验、试制、评审及有关管理文件的制定;

p) 参加试制各阶段中设计、工艺、产品质量评审会议,检查和评定贯彻标准的情况;

q) 进行工程研制阶段标准化工作小结。

7.2.3 设计定型阶段

设计定型阶段标准化工作的主要任务是对产品设计的标准化工作进行全面考核与评定。

a) 产品的设计定型应按照 GJB 1362A—2007 标准规定进行;

b) 对设计定型阶段的成套产品图样和技术文件进行全面标准化审查;

c) 实施标准化大纲,按标准化大纲要求评审贯彻标准和标准化要求的情况;

d) 解决前阶段遗留的标准化问题;

e) 编写设计定型标准化审查报告;

f) 编制设计定型需要的其他标准化文件;

g) 参加设计定型小组和公司定型委员会组织的定型工作会议,提出标准化审查结论意见;

h) 解决研制阶段遗留及设计定型过程中提出的标准化问题；

i) 对产品标准体系表实施动态管理,按本大纲纳入体系表的标准,在设计定型前予以冻结,提交设计定型审查。

7.2.4 生产阶段

生产阶段的标准化工作主要任务是对产品标准化工作进行全面验证,其主要内容包括：

a) 按定型成套设计文件进行工艺性、生产性和质量等方面的审查,确认是否达到批量生产的条件；

b) 解决试生产和设计定型的标准化工作的遗留问题；

c) 编制生产定型标准化审查报告；

d) 建立比较完备的×××(产品名称)标准体系。

8 标准化工作协调管理要求

8.1 研制单位内部之间的协调

本大纲要求统一贯彻实施的基础标准,必须严格控制,对贯彻中出现的重大问题,必须经过标准化工作系统协调解决；

凡本单位提出的应贯彻的标准项目,在实施过程中需偏离、剪裁的内容,由总工程师批准。

8.2 研制单位之间的协调

在实施中涉及技术性能和使用性能的偏离、剪裁项目,必须经过主机单位主任设计师审查,系统总设计师组织评审并批准。

范例 8　标准化工作报告

8.1　编 写 指 南

1. 文件用途

《标准化工作报告》是产品研制过程中各研制阶段执行《装备全寿命标准化工作规定》、《武器装备研制生产标准化工作规定》和实施产品标准化大纲情况的总结性报告,用于产品标准化评审(标准化方案评审、标准化实施评审和标准化最终评审)和设计定型。

装法〔2006〕4 号命令《装备全寿命标准化工作规定》明确规定:设计定型审查时,应当按照"项目标准化大纲"及其实施文件对研制单位提交的"设计定型标准化工作报告"进行审查,并给出结论,作为设计定型的依据之一。

GJB 1362A—2007《军工产品定型程序和要求》将《标准化工作报告》列为设计定型文件之一。

2. 编制时机

在各研制阶段标准化工作完成以后进行标准化评审(设计标准化方案评审、设计标准化实施评审和设计标准化最终评审)之前编制《×××(产品名称)××阶段标准化工作报告》。

在设计定型申请前,由承制单位编制《×××(产品名称)设计定型标准化工作报告》。

3. 编制依据

主要包括:研制总要求(或研制任务书、研制合同),上层次产品标准化大纲,产品标准化大纲,工艺标准化综合要求,研制方案,详细设计,产品规范,各阶段标准化工作报告,转阶段评审意见或标准化评审意见,相关标准与规范,GJB/Z 170.11—2013《军工产品设计定型文件编制指南　第 11 部分:标准化工作报告》等。

4. 目次格式

《×××(产品名称)设计定型标准化工作报告》按照 GJB/Z 170.11—2013《军工产品设计定型文件编制指南　第 11 部分:标准化工作报告》编写。《×××(产品名称)设计鉴定标准化工作报告》和《×××(产品名称)××阶段标准化工作报告》可参照执行。

GJB/Z 170.11—2013 规定了《标准化工作报告》的编制内容和要求。

8.2 编写说明

1 概述

简述产品基本情况和产品标准化目标,一般包括:

a) 产品研制任务来源;

b) 产品概况(含用途、组成、主要性能、研制情况和配套情况等);

c) 简要说明"产品标准化大纲"提出的标准化目标、工作原则和要求等。

2 型号标准化工作系统组建及工作情况

2.1 组建情况

简要说明型号标准化工作系统的组建情况,可包括组织架构、人员职责、管理制度及运行情况等。

2.2 工作情况

简要说明型号标准化工作系统的工作情况,主要包括:

a) 建立型号标准化文件体系情况,包括型号标准化技术文件、管理文件、评审文件和信息资料等,如产品标准化大纲、工艺标准化综合要求、设计文件编制要求、型号标准化文件体系表或型号标准化文件清单等;

b) 开展重要标准化问题协调工作情况;

c) 组织标准宣贯工作情况,包括宣贯的内容、次数、规模、对象、取得的效果等;

d) 标准化评审工作情况。根据 GJB/Z 113,对产品研制过程中,型号标准化工作系统或相应标准化机构开展标准化评审工作总体情况进行说明,如评审次数、评审内容、评审效果、评审后对遗留问题的处理等;

e) 图样和技术文件标准化检查工作情况。

3 型号标准体系建立情况

3.1 标准体系表编制情况

简述型号标准体系表的编制情况。可从需求分析、编制原则、结构框架、项目明细、动态管理以及在型号研制中的应用等方面进行描述。

3.2 标准选用情况

简述标准的选用情况,包括编制"标准选用范围"的原则要求和主要工作等。可对如可靠性、维修性、电磁兼容性、软件工程化、试验验证等重要方面标准的选用情况予以说明。

4 标准贯彻实施情况

4.1 重大标准贯彻实施情况

"重大标准"一般是指：

a) 影响战术技术指标实现的标准；
b) 影响互连、互通、互操作的标准；
c) 对提高产品通用化、系列化、组合化程度及节约费用有重大影响的标准；
d) 重要接口标准；
e) 与安全性关系密切的标准；
f) 关键性工艺的标准；
g) 贯彻实施涉及面宽、难度大的标准；
h) 贯彻实施经费投入大的标准；
i) 贯彻实施组织和协调复杂的标准。

应说明组织编制"重大标准实施方案"情况，贯彻实施这些重大标准的主要工作程序、内容和剪裁情况，以及贯彻实施这些标准所取得的效果等。

可举例说明标准贯彻实施过程中遇到的主要困难、采取的解决措施、有关问题协调处理的要求及情况等。

4.2 标准件、元器件、原材料选用情况

应说明编制"标准件、元器件、原材料选用范围"的原则、要求、主要工作和研制过程动态管理情况，以及标准件、元器件、原材料标准执行情况等。可举例描述开展进口标准件国产化研究情况，新材料、新型标准件攻关情况等。根据GJB/Z 114，可以附录形式给出"标准件、元器件、原材料选用范围"。

4.3 图样和技术文件的规范性和统一性评价情况

应说明图样和技术文件的规范性和统一性等情况及其质量保证情况。

5 产品"三化"设计与实现情况

应说明组织设计人员开展"三化"方案论证、"三化"设计及其试验验证的具体情况，进行"三化"检查和评审或必要时建立"三化"产品数据库的工作情况等。对"三化"设计的最终结果进行具体描述，如精简品种规格情况等。

6 产品标准化程度评估

可从以下几个方面评估产品标准化程度：

a) 采用的标准件、元器件、原材料合理简化产品品种、规格的数量；
b) 计算标准化系数，并说明计算公式和方法；
c) 产品"三化"设计水平评价。

7 存在的问题及解决措施

应说明产品设计定型时是否还存在标准化方面的问题，以及建议采取的解决措施。

8 结论

应对产品研制过程中的标准化工作做出总体性自我评价,包括:

a) 标准化工作是否实现了"产品标准化大纲"提出的各项要求;

b) 是否满足设计定型的要求等。

8.3 编写示例

1 概述

1.1 任务来源

20××年××月××日,总装备部以装计〔××××〕×××号《关于×××立项研制事》,批准研制×××(产品名称);

20××年××月××日,×××(订货方)与×××(承制单位)签订×××(产品名称)研制合同(或技术协议书),编号×××;

20××年××月××日,总装备部以××〔××××〕×××号《关于×××研制总要求事》,批复×××(产品名称)研制总要求。

1.2 产品概况

×××(产品名称)是为×××(上一层次产品名称)配套研制的机载电子(或其他)设备,首装×××平台,适用于×××、……、×××等平台,单机配套×套,属于×级定型产品。

×××(产品名称)主要使命任务是×××,具有×种典型作战使用模式:

a) ×××使用模式,用于×××;

b) ×××使用模式,用于×××;

……

产品具有下列主要功能:

a) ×××;

b) ×××;

……

×××(产品名称)由×××、……、×××和×××组成,产品分级及研制分工见表1。

表1 ×××(产品名称)及配套产品研制任务分工表

序号	产品名称	产品型号	级别	新研/改型/选型	研制单位	生产单位	备注
1	×××	×××	二级	新研	×××	×××	
2	×××	×××	三级	新研	×××	×××	

(续)

序号	产品名称	产品型号	级别	新研/改型/选型	研制单位	生产单位	备注
3	×××	×××	三级	新研	×××	×××	
…	……	……	……	……	……	……	

　　×××(产品名称)采用×××、……、×××和×××等关键技术,具有×××、……、×××和×××等技术特点。

1.3　标准化目标、工作原则和要求

　　×××(产品名称)研制技术难度大、复杂程度高、参与单位多,为充分发挥标准化工作对产品研制的支持、保障作用,在《×××(产品名称)标准化大纲》中,提出了如下标准化目标、工作原则和要求:

　　a) 标准化目标:×××、……、×××;
　　b) 标准化工作原则:×××、……、×××;
　　c) 标准化要求:×××、……、×××。

2　型号标准化工作系统组建及工作情况

2.1　组建情况

　　×××(承制单位)积极参加×××(总体单位)标准化工作系统各项工作,按《武器装备研制生产标准化工作规定》的要求,成立了由××个单位组成的×××(产品名称)标准化工作系统。工作系统由主管标准化工作的副总工程师、主任设计师、主管设计师、标准化主管工程师组成,组成人员及其职责如下:

　　a) 标准化工作主管:×××,对标准化工作负责;
　　b) 主任设计师:×××,对标准化工作的具体实施负责;
　　c) 主管设计师:×××,对结构标准化工作负责;
　　d) 标准化主管工程师:×××,对标准化工作的具体实施负责进行监督、协调和咨询,对设计文件进行标准化审查。

　　标准化工作系统依据有关标准化的法律法规、国家标准和国家军用标准,按照工作计划和工作规定,在型号总设计师的指导下积极开展了研制各阶段的标准化工作,如×××、×××,有效保障了标准化工作的顺利开展。

2.2　工作情况

2.2.1　建立标准化文件体系

　　根据研制工作实际,建立了完善、协调的标准化文件体系,包括型号标准化技术文件、管理文件、评审文件和信息资料等,如产品标准化大纲、工艺标准化综合要求、设计文件编制标准化要求、型号标准化文件体系表、型号标准化文件清单、技术文件编制要求、技术文件模板等,较好地满足了工程研制的需要。标准

化文件体系表见表2。

表2 产品标准化文件体系表

文件类别	序号	文件名称	方案阶段	工程研制阶段		设计定型阶段
				初样机	正样机	
标准化管理文件	1	型号标准体系表	●	→	→	→
	2	型号标准化工作年度计划	●	●	●	●
	3	型号标准化公文、批复、函件	○	○	○	○
	4	型号标准化工作系统管理规定	●	—	—	—
标准化技术文件	1	产品标准化大纲	●	→	→	→
	2	工艺标准化综合要求/工艺标准化大纲	—	○	●	→
	3	设计文件编制标准化要求	●	→	→	—
	4	产品设计定型标准化要求				○
	5	标准选用范围	●	→	→	→
	6	标准件选用范围	●	→	→	→
	7	原材料选用范围	●	→	→	→
	8	元器件选用范围	●	→	→	→
	9	标准实施规定	○	○	○	○
	10	新旧标准对照	—	—	—	○
	11	新旧标准过渡办法	—	—	—	○
	12	设计定型标准化审查报告				●
评审文件	1	标准化评审申请报告	○	○	○	○
	2	标准化评审结论和报告	○	○	○	○
	3	图样和技术文件标准化检查记录	—	●	●	●
信息资料	1	标准化工作报告	○	○	●	●
	2	标准化问题处理记录	○	○	○	○
	3	标准化文件更改信息	—	○	○	○

注：● 表示必须编制并单独成册；○ 表示根据需要编制，可单独成册，也可与其他文件合并编制；
→ 表示需要进行动态管理；— 表示不需编制

×××（产品名称）标准化大纲依据 GJB/Z 114A—2005《产品标准化大纲编制指南》的要求，并结合×××（产品名称）需求，明确了研制过程中的标准化工作原则、标准化目标和要求、标准的贯彻实施规定、标准化工作范围，制定了研制各阶段的工作任务和计划安排。对标准化大纲进行了动态管理,研制过程中标准化大纲进行了×次换版,当前版本为×版。

×××(产品名称)依据研制总要求、成品技术协议书的要求制定了标准选用目录,列出了工程研制中应采用的各级标准清单,相关标准在方案阶段、工程研制阶段、设计定型阶段都得到了认真贯彻执行。

2.2.2 重要标准化问题协调工作

×××(产品名称)研制过程中,标准化工作系统组织进行了××次接口标准化协调会,解决×××、×××等重要标准化问题。

2.2.3 标准宣贯

标准宣贯是标准化要求得到有效贯彻、落实的重要手段之一,×××(研制单位)完成的主要工作有:

a) 提高标准化工作主动性,加强标准化业务水平的学习,提高标准化人员的标准化业务水平;

b) 深入工程研制"现场",掌握设计师个性化的标准需求,有针对性地适时进行标准宣贯,通过和设计人员的沟通交流,提高设计师的标准化意识和学习、贯彻标准的主动性;

c) 突出重点,以点带面,提高标准宣贯的实效:

1) 对新员工进行图样和技术文件编制基础标准的宣贯;

2) 软件开发邀请软件编制者进行了 GJB 438B—2009 和 GJB 2786A—2009 培训;

3) 对标准化审查意见进行整理和分析,按部门进行技术文件和设计图样标准化专题培训;

4) 由于×××(产品名称)技术状态管理难度大,为加强产品技术状态管理,由主管标准化工作的副总工程师进行了 GJB 3206A—2010《技术状态管理》专题培训等。

×××(产品名称)研制过程中,进行 GJB 9001B—2009《质量管理体系要求》、GJB 3206A—2010《技术状态管理》、GJB 2786A—2009《军用软件开发通用要求》、GJB 438B—2009《军用软件开发文档通用要求》、GJB 1362A—2007《军工产品定型程序和要求》和 GJB/Z 170—2013《军工产品设计定型文件编制指南》等标准化培训共计××次,参加人员××人次,并通过考核,技术文件标准化水平有了明显提升。

2.2.4 标准化评审

在产品研制过程中,标准化工作系统依据 GJB/Z 113—1998《标准化评审》的相关规定,与方案评审、初样评审、正样评审等同步开展了标准化方案评审和标准化实施评审,在设计定型审查前进行了标准化最终评审。对评审中提出的

×××、×××、×××等××个标准化问题进行了整改,现已全部归零。通过标准化评审,完善了标准化目标,细化了各研制阶段的标准化工作内容。

2.2.5 图样和技术文件的标准化审查

图样和技术文件的标准化审查是研制过程日常的标准化工作,并有完整的审查记录。通过标准化审查保证了×××(产品名称)图样和技术文件内容、格式、图样画法等符合有关国家标准、国家军用标准、行业标准的规定。对于标准化审查中发现的问题,通过分析汇总和归纳,通过多种形式进行完善:

a) 将标准化审查的意见作为后续宣贯的内容,多次针对不同部门进行专题培训;

b) 通过标准化通报的形式及时发布相关要求;

c) 及时补充、修改技术文件模板,完善相关要求等。

20××年××月××日,驻×××(研制单位)军事代表室和×××(研制单位)联合组织对图样和技术文件(×××张图样合×××标准页,×××份技术文件×××标准页)进行了标准化检查,检查结果表明,图样符合《机械制图》、《电气设备用图形符号》、《技术制图》等国家标准要求,技术文件符合GJB 1362A—2007《军工产品定型程序和要求》和GJB/Z 170—2013《军工产品设计定型文件编制指南》要求,图样和技术文件完整、准确、协调、规范,图、文与实物一致。

2.2.6 标准制/修订情况

×××(产品名称)研制期间,根据研制工作需要,完成了×××、×××等×项国家军用标准,×××、×××等×项工程标准的编制。

3 型号标准体系建立情况

3.1 标准体系表编制情况

编制了×××(产品名称)标准体系及标准明细表(见图1)。研制过程中,按标准体系的缺项标准编制计划要求,共完成工程所需的企业标准、工程规范、×××等××项标准编制。

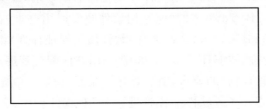

图1 ×××(产品名称)标准体系框架

3.2 标准选用情况

×××(产品名称)研制过程中,按《×××(产品名称)研制总要求》和《×××(产品名称)标准化大纲》的要求,编制了"标准选用范围",贯彻执行了相关国家标准××项、国家军用标准××项、行业标准××项、国外先进标准××项,包括质量、可靠性、维修性、测试性、保障性、安全性、电磁兼容性、环境适应性、软件工程化、试验验证等重要方面的标准。贯彻的主要标准见附录。

在保证×××(产品名称)性能指标要求的前提下对采用的标准进行了认真分析、评估,确定其对产品的适用程度。对部分标准的要求进行了修改、删减或补充,并通过工程规范进行确认。拟制的工程规范主要有可靠性、维修性、测试性、保障性工作计划及电磁兼容性大纲、设计准则、接口控制文件等。

标准的贯彻和剪裁充分考虑了以下要求:
a) 以国家军用标准为主,紧密结合×××(产品名称)战术技术指标要求;
b) 按 GJB/Z 69—1994《军用标准的选用和剪裁导则》的要求执行;
c) 对暂无国家军用标准的内容,编制型号规范,以指导工程研制。

相关技术指标的剪裁通过成品技术协议的方式落实到配套成品研制单位。

4 标准贯彻实施情况
4.1 重大标准贯彻实施情况
4.1.1 接口标准

×××(产品名称)研制中积极贯彻执行了硬件、软件接口设计相关标准要求,编制了×××(产品名称)×××、×××、×××接口控制文件,规定了 GJB 289A—1997 总线、CAN 总线、RS422、以太网等接口要求。

接口设计是×××(产品名称)详细设计中面临的突出问题,为保障系统的互连、互通、互操作,按相关标准的要求,通过和总体、配套成品研制单位充分协商,对×××(产品名称)接口控制文件认真研究、积极采用先进技术标准,补充、完善接口设计需求,并根据产品研制接口需求进行了合理剪裁。

4.1.2 软件工程化

×××(产品名称)按 GJB 2786A—2009《军用软件开发通用要求》进行软件开发,按 GJB 438B—2009《军用软件开发文档通用要求》编制软件文档。

项目组按照 GJB 2786A—2009《军用软件开发通用要求》、《×××(产品名称)软件开发计划》和《×××(产品名称)软件质量保证计划》相关标准的要求进行了软件工程化管理,按 GJB 5235—2004《军用软件配置管理》和《×××(产品名称)软件配置管理计划》的要求,对软件进行配置管理,并制定了详细的实施过程管理文件。使用"×××软件配置管理系统"对软件程序、文档的变更、版本、产品发布进行了管理,建立了软件"三库"的管理体系。软件的开发、运行、调试、维护等过程受控,保证了×××(产品名称)软件的研制质量。

4.1.3 技术状态管理

由于×××(产品名称)配套设备多,技术状态复杂,采用 PDM 系统进行产品数据管理。×××(产品名称)按照 GJB 3206A—2010《技术状态管理》要求进行了技术状态标识、技术状态控制、技术状态记实和技术状态审核,建立了功能基线、分配基线和产品基线,并按变更流程的规定进行更改管理;按照 GJB 5235—2004《军用软件配置管理》要求进行软件配置标识、软件配置控制、软件配置状态记实、软件配置评价、软件的发行管理和交付。

目前×××(产品名称)技术状态标识清楚、状态受控、研制过程产生的技术状态文件真实反映产品的技术状态,产品数据可用、可追溯,按 GJB 3273—1998《研制阶段技术审查》要求开展了研制过程中的技术状态审查,符合 GJB 3206A—2010 和 GJB 5235—2004 的规定。

4.2 标准件、元器件、原材料选用情况

研制过程中,按装法〔2011〕2 号文《武器装备研制生产使用国产军用电子元器件暂行管理办法》和型号研制总要求开展了型号电子元器件的管理和控制工作,制定了电子元器件大纲、元器件优选目录等顶层文件,对选用安全可靠的电子元器件进行了全过程的控制和管理。×××(产品名称)元器件选用中合理控制元器件、零部件、原材料的品种规格。元器件在使用前都进行了二次筛选,选用的元器件、原材料是定型产品且供货稳定、质量可靠。

研制总要求明确,使用进口电子元器件的规格比例不超过××%,数量比例不超过××%,费用比例不超过××%,其中禁止使用确定有安全隐患的进口电子元器件(红色)、可能存在安全隐患但因检测能力限制而不能鉴别的(紫色)、曾经遭到禁运和可能遭到禁运的(橙色)、已停产和可能停产的(黄色)进口电子元器件的总和不得超过××%。经统计,使用国产电子元器件的规格比例为××%,数量比例为××%,费用比例为××%,无红色安全等级的进口电子元器件,紫、橙、黄色安全等级进口电子元器件的总和为规格比为××%、数量比为××%,满足研制总要求,符合军定〔2011〕70 号等文件中对全军装备研制五年计划确定的主要(或一般)装备的要求和研制总要求的规定。电子元器件统计分析表见表 3。

表 3 电子元器件统计分析表

电子元器件规格、数量、费用统计	国产			进口			总计		
	规格	数量	费用	规格	数量	费用	规格	数量	费用
统计结果	A	B	C	D	E	F	X	Y	Z
电子元器件国产比例	规格国产比例			数量国产比例			费用国产比例		数费国产比例
国产比例(%)	A/X			B/Y(=BY)			C/Z(=CZ)		(BY)/(CZ)

(续)

进口电子元器件安全等级分析	红色		紫色		橙色		黄色		绿色		总计	
	规格	数量	规格	数量	规格	数量	规格	数量	规格	数量	规格	数量
统计结果	G	H	I	J	K	L	M	N	O	P	D	E
使用比例(%)	G/X	H/Y	I/X	J/Y	K/X	L/Y	M/X	N/Y	O/X	P/Y	D/X	E/Y
说明事项:												

4.3 图样和技术文件的规范性和统一性评价情况

承制单位已按研制生产全过程和设计、试验、装配、验收、出厂包装、运输各方面的需要,对图样成套性有关标准进行了合理剪裁,制定了产品图样及技术文件成套性要求项目表。

产品图样和技术文件完整、准确、协调、规范;图、文与产品实物一致,贯彻标准正确。

5 产品"三化"设计与实现情况

×××(产品名称)"三化"设计中,积极应用×××的"三化"成果,沿用×××(同类产品名称)×××模块、×××模块、×××模块等多个配套成品。

×××(产品名称)积极贯彻模块设计标准,从方案阶段开始制定了模块的硬件、软件接口设计要求等,规定了接口控制文件、外形尺寸系列、接插件的选用、防插错等要求,并明确了模块的产品标识和技术状态标识规定,有效保障了×××(产品名称)研制工作的顺利开展。

×××(产品名称)采用模块化设计,提高了综合化水平,减少了全寿命周期成本,可提高产品可靠性、维修性、扩展性,其成果已推广应用于其他平台。

5.1 模块通用化

×××(产品名称)按实现系统功能的最优化需求,合理、科学划分模块,设计中尽可能考虑实现了外场可更换单元的资源共享和可重构,功能模块在软件控制下进行实时组合,完成×××(产品名称)各项功能。

×××(产品名称)模块由通用模块和专用模块组成,××种模块组成不同的分机,×××、××为通用模块,详细内容见表4。

5.2 结构件通用化

×××(产品名称)设计中统一考虑结构要素的通用化,统一设计了起拔器、锁紧条、导销及前面板组件等,可以适用于通用模块和专用模块,极大地减少了结构零部件的品种和规格。

5.3 模块系列化

×××(产品名称)设计中"三化"中,从产品使用要求和发展规律出发,主要完成了以下系列化设计：

a) 简化产品型式；

b) 统一模块接口要求；

c) 规定模块设计尺寸规格型谱。

在×××(产品名称)中，分机模块组成及尺寸见表4。

表4 分机模块组成及尺寸

序号	分机	模块组成	模块简号	模块尺寸(高×宽×深)/mm×mm×mm	模块数量

×××(产品名称)的×××、×××、×××模块外形实现了系列化设计，各分机模块截面尺寸相同，厚度按表5所述系列设计。

表5 模块主要尺寸型谱

序号	模块高度、宽度尺寸/mm	厚度系列/mm

5.4 模块组合化

×××(产品名称)采用了模块化设计，模块分为通用模块和专用模块，不同的功能由通用模块和专用模块通过不同的组合实现，并通过软件实现了模块功能重构。

在×××(产品名称)中，×××功能的实现跨越了多个分机，包括×××、×××等，主要包括其组成框图见图2。

图 2 ×××(产品名称)功能框图

5.5 软件

×××(产品名称)软件开发中积极贯彻"三化"设计要求,实现了下列软件的复用:

a) ×××;
b) ×××;
×××。

6 产品标准化程度评估

6.1 合理简化标准件、元器件和原材料的品种规格数量

经统计,产品采用标准件×××个品种×××件,通用件(含借用件)×××个品种×××件,外购件×××个品种×××件,自制件×××个品种××
×件。

产品研制过程中,合理简化了标准件、元器件和原材料的品种和规格,节约了科研经费,降低了制造成本。经统计,共简化标准件×××个品种×××件,通用件×××个品种×××件,外购件×××个品种×××件,自制件×××个品种×××件。

6.2 标准化系数

产品标准化件数系数、标准化品种系数和重复系数按照下述方法计算:

a) 标准化件数系数 K_j 的计算

$$K_j = \frac{\sum b_j + \sum t_j + \sum w_j}{\sum j} \times 100\%$$

式中 $\sum b_j$ ——产品标准零件、部件、整(组)件总件数;

$\sum t_j$ ——产品中通用(借用)零件、部件、整(组)件总件数;

$\sum w_j$ ——产品中外购零件、部件、整(组)件总件数;

$\sum j$ ——产品中全部零件、部件、整(组)件总件数。

b) 标准化品种系数 K_z 的计算

$$K_z = \frac{\sum b_z + \sum t_z + \sum w_z}{\sum z} \times 100\%$$

式中 $\sum b_z$ ——产品标准零件、部件、整(组)件总品种数;

$\sum t_z$ ——产品中通用(借用)零件、部件、整(组)件总品种数;

$\sum w_z$ ——产品中外购零件、部件、整(组)件总品种数;

$\sum z$ ——产品中全部零件、部件、整(组)件总品种数。

c) 重复系数 K_c 的计算

$$K_c = \frac{\sum j}{\sum z}$$

×××(产品名称)各类零部件数量及标准化系数计算结果见表6。

表6 产品零部件数量及标准化系数计算结果

	标准件	通用件	外购件	自制件	总计
品种数					
件 数					
标准化系数计算:					
标准化件数系数 K_j					
标准化品种系数 K_z					
重复系数 K_c					

6.3 三化设计水平评价

×××(产品名称)研制过程中认真贯彻执行"三化"设计要求,实现了模块的综合化、通用化,实现了资源共享和功能重构。统一设计结构通用件,并尽量选用了标准件、通用件,提高了研制效率,取得了较好的标准化经济效果。

在×××(产品名称)研制中按标准要求统一规范硬件、软件接口设计,提高了设备的互换性,保证了系统、设备、模块间的互连、互通和互操作。

软件严格按软件工程化管理的要求进行管理。软件模块的复用提高了软件的可靠性和研制质量。

标准化工作系统认真开展标准化工作,积极贯彻执行先进标准,提高了×××(产品名称)的可靠性、维修性、测试性和保障性,缩短了研制周期。

7 存在的问题及解决措施

产品设计定型时,不存在标准化方面的遗留问题。

8 结论

×××(产品名称)研制过程中建立了标准化工作系统,制定了标准化文件体系,编制了《标准选用范围》、《标准件、元器件、原材料选用范围》等采标目录,对××项重大标准选用准确,剪裁合理,贯彻得力,效果显著。

×××(产品名称)符合全军装备体系、装备技术体制和通用化、系列化、组合化要求,标准化件数系数××.×%、标准化品种系数××.×%、重复系数×.×,实现了标准化大纲规定的标准化目标和要求;使用国产电子元器件的规格比××%,数量比××%,费用比××%,未使用红色安全等级的进口电子元器件,紫、橙、黄色安全等级进口电子元器件的总和为规格比××%、数量比××%,满足研制总要求的规定。

×××(产品名称)全套设计定型图样×××张合×××标准页,技术文件×××份合×××标准页,完整、准确、协调、规范,签署齐备,符合标准化要求。

综上所述,×××(产品名称)研制过程中贯彻了《装备全寿命标准化工作规定》和《武器装备研制生产标准化工作规定》,严格执行了国家标准、国家军用标准、行业标准和总体要求的有关规定,充分发挥了标准化工作的监督和保障作用,保障了工程研制的顺利完成,满足《军工产品定型工作规定》和 GJB 1362A—2007 中的标准化要求,可提交设计定型审查。

附录

a) 标准化文件体系表;
b) 标准选用范围;
c) 标准件、元器件、原材料选用范围;
d) 采用标准清单;
e) 非研制项目清单。

范例9 标准化审查报告

9.1 编写指南

1. 文件用途

《标准化审查报告》是对军工产品研制过程中承制单位开展的标准化工作进行全面审查后给出的结论性报告,用于客观评价产品研制过程中对规定标准化要求的落实情况及达到的标准化程度与水平。

装法〔2006〕4号命令《装备全寿命标准化工作规定》明确规定:设计定型审查时,应当按照"项目标准化大纲"及其实施文件对研制单位提交的"设计定型标准化工作报告"进行审查,并给出结论,作为设计定型的依据之一。

GJB 1362A—2007《军工产品定型程序和要求》将《标准化审查报告》列为设计定型文件之一。

2. 编制时机

GJB/Z 170.1—2013明确,在设计定型审查会上由审查组提出。

3. 编制依据

主要包括:上层次产品和本产品标准化大纲,相关标准与规范,研制方案,详细设计,产品规范,标准化工作报告,GJB/Z 170.12—2013《军工产品设计定型文件编制指南 第12部分:标准化审查报告》等。

4. 目次格式

按照 GJB/Z 170.12—2013《军工产品设计定型文件编制指南 第12部分:标准化审查报告》编写。

GJB/Z 170.12—2013规定了《标准化审查报告》的编制内容和要求,并给出了示例。根据军工产品复杂程度和重要性的不同,可采取下列两种方式之一给出审查结论:对于系统、分系统和重要的设备,应编制《标准化审查报告》;对于相对简单的产品,可仅形成简要的"标准化审查意见与结论"。

9.2 编写说明

1 审查工作概况

应说明审查的项目,简要描述审查的组织、方式和概况等。

2 审查意见

根据产品标准化大纲以及标准化工作报告的具体内容,重点审查型号标准化工作系统履职情况,型号标准体系建立情况,标准贯彻实施情况,产品通用化、系列化、组合化(以下简称"三化")工作情况和水平,标准化程度评估结果等,并给出评价意见。一般包括:

a) 是否按要求建立了型号标准化工作系统,工作系统的组成是否合理,工作是否全面有效;

b) 标准化文件体系是否完备配套,包括型号标准化技术文件、型号标准化管理文件、型号标准化评审文件和型号标准化信息资料等;

c) 是否编制了《标准选用范围》和《标准件、元器件、原材料选用范围》,采标目录的正确性、充分性、协调性等;

d) 是否建立了合理实用的型号标准体系;

e) 重大标准剪裁的合理性以及实施的有效性等;

f) 评价产品"三化"设计方案及实施效果等;

g) 设计定型图样和技术文件是否规范、统一,以及是否满足设计定型要求等;

h) 确认标准化系数,给出产品标准化程度评估。

3 审查建议

对存在的主要问题提出改进的措施和建议等。

4 审查结论

主要应说明以下两方面内容:

a) "产品标准化大纲"中规定的标准化目标和标准化要求是否实现;

b) 从标准化方面论述研制工作是否具备了设计定型的条件。

说明:对于相对简单的产品,仅需形成"标准化审查意见与结论"。应对设计定型图样及技术文件完整性、准确性、协调性,型号标准体系建设情况,标准贯彻实施情况,"三化"水平,以及产品标准化程度等方面做出简要的总体性评价,并对《产品标准化大纲》中规定的标准化目标和标准化要求是否实现给出结论性意见。相关内容可纳入《设计定型审查意见书》。示例:

a) 全套设计定型图样和技术文件完整、准确、协调、规范,签署完备;

b) 制定了××项急需标准,建立的标准体系基本满足项目需求;

c) 有效开展了产品"三化"设计,符合产品"三化"要求;

d) 标准化系数达到××%,标准化程度较高;

e) 标准选用合理,重大标准实施正确有效;

f) 严格贯彻执行了《×××(产品名称)标准化大纲》,实现了规定的标准化目标和各项标准化要求。

9.3 编写示例

1 审查工作概况

20××年××月××日,×××(组织审查单位)在××(会议地点)组织召开了×××(产品名称)标准化审查会。×××、……、×××、(军事代表机构)、×××(承制单位)等××个单位的××名代表(附件1)参加了会议。会议成立了审查组(附件2),听取了×××(承制单位)对×××(产品名称)标准化工作的报告,抽查了×××(产品名称)研制总结、标准化工作报告、质量分析报告、产品规范、软件产品规格说明、……、设计定型试验报告等××份技术文件,形成了一致的审查结论和意见。

2 审查意见

审查组重点核查了型号标准化工作系统工作情况,型号标准体系建立情况,标准贯彻实施情况,产品"三化"工作情况和水平,标准化程度评估结果等,经质询和讨论,提出以下主要意见:

a) 建立的由×××、……、×××和×××等××个单位共同组成的×××(产品名称)标准化工作系统,组织健全,运行有效;

b) ×××(产品名称)标准化文件体系全面配套,共编制了《×××(产品名称)标准化工作规定》、《×××(产品名称)标准化大纲》、《×××(产品名称)工艺标准化综合要求》、《×××(产品名称)标准选用目录》、《×××(产品名称)材料标准》等××份文件,正确指导和规范了型号标准化工作;

c) 编制的《×××(产品名称)标准选用范围》、《×××(产品名称)标准件、元器件、原材料选用范围》等采标目录正确、充分、协调;

d) 制定了×××、……、×××和×××等××项急需标准(包括国家标准、国家军用标准、行业标准、企业标准或型号专用规范),建立的标准体系基本满足×××(产品名称)全寿命过程对标准的需求;

e) 对 GJB 150—1986、GJB 151A—1997、GJB 152A—1997、GJB 368B—2009、GJB 438B—2009、GJB 450A—2004、GJB 900A—2012、GJB 2547A—2012、GJB 2786A—2009、GJB 3872—1999、GJB 6387—2008、……、GJB/Z 170—2013 等重大标准选用准确,剪裁合理,贯彻得力,效果显著;

f) 在×××(产品名称)研制过程中,认真贯彻了产品"三化"设计要求。开展了×××、……、×××(产品组成部分)的通用化设计;×××、……、×××

(产品组成部分)的系列化设计；×××、……、×××(产品组成部分)的组合化设计。有效利用了×××、……、×××等成熟技术和产品,精简了×××、……、×××等××个品种规格,基本实现了产品"三化"设计目标；

g) 全套设计定型图样和技术文件规范、统一,签署齐备,符合标准化管理规定；

h) ×××(产品名称)研制项目得出的标准化件数系数为××%,标准化品种系数为××%,重复系数为××,表明标准化程度较高。

3 审查建议

×××(产品名称)标准化工作在×××、……、×××和×××等方面还存在一定的问题。审查组建议：

a) ×××；

b) ×××；

c) ×××。

4 审查结论

×××(产品名称)研制项目严格贯彻执行了《×××(产品名称)标准化大纲》,实现了规定的标准化目标和各项标准化要求；符合GJB 1362A—2007的规定,满足设计定型的要求。

审查组一致同意×××(产品名称)研制项目通过标准化审查。

建议按照审查组专家提出的标准化改进意见汇总清单(附件3)进一步完善标准化工作。

组长：

副组长：

二○××年××月××日

附件1

×××(产品名称)标准化审查会代表名单

序号	姓　名	工作单位	职务/职称	签　字

附件2

×××(产品名称)标准化审查组专家名单

序号	组内职务	姓　名	工作单位	职称	签　字
1	组　长				
2	副组长				
…	组　员				

附件 3

××× (产品名称) 标准化改进意见汇总清单

序号	改进意见或建议	提出单位或个人	处理意见

说明：对于相对简单的产品，仅需形成"标准化审查意见与结论"，相关内容纳入设计定型审查意见书。示例如下：

a) 全套设计定型图样和技术文件完整、准确、协调、规范，签署完备；

b) 制定了××项急需标准，建立的标准体系基本满足项目需求；

c) 有效开展了产品"三化"设计，符合产品"三化"要求；

d) 标准化系数达到××%，标准化程度较高；

e) 标准选用合理，重大标准实施正确有效；

f) ×××(产品名称)研制项目严格贯彻执行了《×××(产品名称)标准化大纲》，实现了规定的标准化目标和各项标准化要求。

范例10 可靠性工作计划（可靠性大纲）

10.1 编写指南

1. 文件用途

承制方制定可靠性工作计划（可靠性大纲），是为了有计划地组织、指挥、协调、检查和控制全部可靠性工作，以确保产品满足合同规定的可靠性要求。

2. 编制时机

承制方应从方案阶段开始就制定可靠性工作计划，随着研制的进展不断完善。当订购方的要求变更时，计划应做相应的更改。

3. 编制依据

主要包括：研制总要求，研制合同，研制计划，可靠性要求，可靠性工作项目要求，可靠性计划，GJB 450A—2004《装备可靠性工作通用要求》等。

4. 目次格式

按照 GJB 450A—2004《装备可靠性工作通用要求》编写。

10.2 编写说明

1 范围
2 引用文件
3 可靠性要求
　　说明订购方提出的产品可靠性定量、定性要求。
4 可靠性工作项目
　　明确产品的可靠性工作项目的要求，至少应包含合同规定的全部可靠性工作项目。
5 实施细则
　　明确各个可靠性工作项目的实施细则，如工作项目的目的、内容、范围、实施程序、完成形式和对完成结果检查评价的方式。
6 可靠性工作管理机构及职责
　　明确可靠性工作管理机构及其职责。

7 可靠性工作实施机构及职责

明确可靠性工作实施机构及其职责。

8 可靠性工作与其他工作协调的说明

说明可靠性工作与其他相关工作的协调要求，主要包括：

a) 可靠性工作应与综合保障、维修性、测试性、安全性、质量管理等相关的工作相协调，并尽可能结合进行，减少重复；

b) 承制方从可靠性工作获得的信息应能满足有关保障性、维修性、安全性等分析工作的输入要求，应明确这些接口关系，例如与保障性分析计划（见 GJB 1371）中规定的各项分析工作的输入与输出关系等。

9 实施计划所需相关数据资料

9.1 数据资料种类及来源

明确进行可靠性工作所需数据资料种类、获取途径。

9.2 数据资料应用程序

明确进行可靠性工作所需数据资料的收集、传递、分析、处理、反馈的程序。

10 可靠性评审安排

明确需要进行的可靠性评审，提出对评审工作的要求和安排，即在制定可靠性评审计划，提供有关评审的文件和资料，与作战性能、安全性、维修性、综合保障等评审的协调情况，形成文件的评审结果等方面的要求。

11 关键问题

11.1 关键问题种类及其对可靠性工作的影响

确定关键问题，分析关键问题对可靠性要求实现的影响。

11.2 关键问题的解决方法或途径

针对关键问题，提出解决方法或技术途径。

12 可靠性工作进度安排

明确可靠性工作进度安排，使其与研制阶段决策点保持一致。

13 相应的保证条件与资源

说明保证计划得以实施所需的组织、人员和经费等资源的配备。

10.3 编写示例

1 范围

×××（产品名称）可靠性工作计划（以下简称"工作计划"），是承制方为有计划地组织、协调、实施及检查×××（产品名称）研制的可靠性工作，实现订购方提出的可靠性要求而编写的指令性文件。

本工作计划规定了×××(产品名称)研制各阶段应进行的可靠性管理、可靠性设计与分析、可靠性试验与评价、使用可靠性评估与改进等方面的工作项目及其工作内容、完成形式和责任人,制定了各工作项目的实施细则,明确了各项可靠性工作的计划进度安排。

本工作计划适用于×××(产品名称)的方案、工程研制、设计定型阶段。

2 引用文件

下列文件中的有关条款通过引用而成为本工作计划的条款。所有文件均应注明日期或版本,其后的任何修改单(不包括勘误的内容)或修订版本都不适用于本工作计划。

GJB 450A—2004 装备可靠性工作通用要求

GJB 451A—2005 可靠性维修性保障性术语

GJB 813—1990 可靠性模型的建立与可靠性预计

GJB 841—1990 故障报告、分析与纠正措施系统

GJB 899—1990 可靠性鉴定和验收试验

GJB 1032—1990 电子产品环境应力筛选方法

GJB 1407—1992 可靠性增长试验

GJB 3404—1998 电子元器件选用管理要求

GJB/Z 27—1992 电子产品可靠性热设计手册

GJB/Z 35—1993 元器件降额准则

GJB/Z 77—1995 可靠性增长管理手册

GJB/Z 299C—2006 电子设备可靠性预计手册

GJB/Z 768A—1998 故障树分析指南

GJB/Z 1391—2006 故障模式、影响及危害性分析指南

MIL—HDBK—217F 电子设备可靠性预计手册

×××—××× 《×××可靠性工作要求》

×××—××× 《×××元器件质量和可靠性管理》

×××—××× 《×××电子元器件优选目录》

×××—××× 《×××元器件二次筛选规范》

……

3 可靠性要求

3.1 定性要求

×××(产品名称)可靠性工作要求应符合《×××(产品名称)成品技术协议书》的规定,严格按照成品协议规定的时间节点安排工作计划,依据订购方下发的可靠性工作要求和相关国军标规定,并结合产品实际情况有针对性地制定

各项可靠性工作的细节要点,以保证产品持续改进,可靠性水平不断提高,最终达到协议中规定的指标要求。

3.2 定量要求

订购方提出的×××(产品名称)可靠性定量要求:

a) 基本可靠性指标:
1) MTBF 最低可接受值:×××h。
2) MTBF 规定值:×××h。

b) 任务可靠性指标:
1) MTBCF 最低可接受值:×××h。
2) MTBCF 规定值:×××h。

4 可靠性工作项目

×××(产品名称)研制各阶段应开展的可靠性工作项目见表1(说明:表1给出的是推荐的工作项目,实际工程中应根据产品级别和技术特点选择工作项目),其中包含了研制合同规定的全部可靠性工作项目。

表1 可靠性工作项目汇总表

GJB 450A 条款编号	工作项目编号	工作项目名称	论证阶段	方案阶段	工程研制与定型阶段	生产与使用阶段
可靠性及其工作项目要求的确定(工作项目100系列)						
5.1	101	确定可靠性要求				
5.2	102	确定可靠性工作项目要求				
可靠性管理(工作项目200系列)						
6.1	201	制定可靠性计划				
6.2	202	制定可靠性工作计划	△	√	√	√
6.3	203	对承制方、转承制方和供应方的监督和控制	△	√	√	√
6.4	204	可靠性评审	√	√	√	√
6.5	205	建立故障报告、分析和纠正措施系统	×	△	√	√
6.6	206	建立故障审查组织	×	△	√	√
6.7	207	可靠性增长管理	×	√	√	○
可靠性设计与分析(工作项目300系列)						
7.1	301	建立可靠性模型	△	√	√	○
7.2	302	可靠性分配	△	√	√	○

(续)

GJB 450A 条款编号	工作项目编号	工作项目名称	论证阶段	方案阶段	工程研制与定型阶段	生产与使用阶段
7.3	303	可靠性预计	△	√	√	○
7.4	304	故障模式、影响及危害性分析	△	√	√	△
7.5	305	故障树分析	×	△	√	△
7.6	306	潜在通路分析	×	×	√	○
7.7	307	电路容差分析	×	×	√	○
7.8	308	制定可靠性设计准则	△	√	√	○
7.9	309	元器件、零部件和原材料的选择与控制	×	△	√	√
7.10	310	确定可靠性关键产品	×	△	√	○
7.11	311	确定功能测试、包装、贮存、装卸、运输和维修对产品可靠性的影响	×	△	√	○
7.12	312	有限元分析	×	△	√	○
7.13	313	耐久性分析	×	△	√	○
可靠性试验与评价(工作项目400系列)						
8.1	401	环境应力筛选	×	△	√	√
8.2	402	可靠性研制试验	×	△	√	○
8.3	403	可靠性增长试验	×	△	√	○
8.4	404	可靠性鉴定试验	×	×	√	○
8.5	405	可靠性验收试验	×	×	△	√
8.6	406	可靠性分析评价	×	√	√	√
8.7	407	寿命试验	×	×	√	△
使用可靠性评估与改进(工作项目500系列)						
9.1	501	使用可靠性信息收集	×	×	×	√
9.2	502	使用可靠性评估	×	×	×	√
9.3	503	使用可靠性改进	×	×	×	√

注:√表示适用;△表示可选用;○表示仅设计更改时适用;×表示不适用。

4.2.1 方案阶段

×××(产品名称)研制方案阶段可靠性工作项目、类型、工作内容、完成形式和责任人等见表2。

表 2 方案阶段可靠性工作项目

序号	工作项目	类型	工作内容	完成形式	组织者	参与者
1	建立故障报告、分析和纠正措施系统（FRACAS）	管理	建立故障记录报告、分析和纠正措施程序	建立FRACAS系统		
2	建立故障审查组织	管理	确定故障审查小组成员及其职责，制定故障纠正程序，建立针对重大故障的应急反应机制	故障审查小组		
3	对转承制方/供应方的监督和控制	管理	明确承制方和转承制方/供应方的职责及承制方对转承制方/供应方的监督控制的方式	合同（如技术协议书或任务书）		
4	制定产品可靠性设计准则	设计分析	制定可靠性设计准则，以指导设计人员进行产品可靠性定性设计	可靠性设计准则		
5	可靠性建模	设计分析	初步建立产品可靠性模型，用于定量分配、预计和评价产品的可靠性	初步的基本可靠性模型；初步的任务可靠性模型		
6	可靠性分配	设计分析	基于产品可靠性模型将产品的可靠性定量指标分配到各子系统，将子系统的可靠性定量指标分配到规定的产品层次	初步可靠性分配报告（含产品系统可靠性模型）		
7	可靠性预计	设计分析	预计产品的基本可靠性和任务可靠性，评价产品的设计方案是否能满足规定的可靠性定量要求	初步可靠性预计报告		

（续）

序号	工作项目	类型	工作内容	完成形式	组织者	参与者
8	故障模式、影响及危害性分析（FMECA）	设计分析	初步确定产品各功能模块可能的故障模式，分析每一故障模式的原因及影响，以便找产品设计中潜在的薄弱环节，为产品设计改进提供依据	初步FMECA报告		
9	电子产品热设计、热分析、热试验	设计分析	初步确定发热器件、单元、电路的热分布图，并在此基础上完成初步的产品热设计方案，以控制产品内部电子元器件的最高温度不超过规定的最高允许温度，从而保证电子产品正常、可靠的工作	初步热分析报告		
10	可靠性工作计划评审	管理	对产品可靠性工作计划进行评审，评价计划是否可以满足订购方对产品可靠性的要求，计划是否规范、科学、可行	评审结论报告		

4.2.2 工程研制阶段

×××（产品名称）工程研制阶段计划开展的可靠性工作项目、类型、工作内容、完成形式和责任人等见表3。

表3 工程研制阶段可靠性工作项目

序号	工作项目	类型	工作内容	完成形式	组织者	参与者
1	运行故障报告、分析和纠正措施系统（FRACAS）	管理	执行故障记录报告、分析和纠正措施程序，掌握产品可靠性总体状况，督促故障归零，防止故障的重复出现，从而使产品的可靠性得到增长	FRACAS运行情况报告		

（续）

序号	工作项目	类型	工作内容	完成形式	组织者	参与者
2	故障审查组织对产品研制过程的监控	管理	落实故障纠正程序，并监督、检查纠正措施的实施结果；对重大故障能及时捕获并在最短时间内组织相关人员赴现场排查，在确认已采取了有效纠正措施之前控制产品的研制进度	故障审查小组工作报告		
3	对转承制方/供应方的监督与控制	管理	对转承制方/供应方的可靠性工作进行监督与控制，以确保交付的产品符合规定的可靠性要求	转承制方/供应方的可靠性工作总结报告；承制方对转承制方/供应方可靠性工作的评审报告		
4	贯彻产品可靠性设计准则	设计分析	在设计过程中认真贯彻产品的可靠性设计准则，使产品达到可靠性要求，并进行可靠性设计准则符合性检查，以说明准则的落实情况	可靠性设计准则符合性说明		
5	电子元器件选择与控制	设计分析	按型号电子元器件优选目录进行元器件的选用；按电子元器件选用、降额设计与热设计要求进行元器件选用，按照元器件二次筛选规范所规定的方法和程序，对产品所用元器件进行二次筛选	电子元器件清单、超目录元器件清单、关键元器件清单、元器件检测筛选与DPA工作报告		

(续)

序号	工作项目	类型	工作内容	完成形式	组织者	参与者
6	可靠性建模	设计分析	针对产品设计方案的改进,逐步修改和完善产品可靠性模型,并用于修正可靠性分配、预计和评价的结果	基本可靠性模型;任务可靠性模型		
7	可靠性分配	设计分析	针对产品可靠性模型的完善,进一步调整修正可靠性分配值	可靠性分配报告		
8	可靠性预计	设计分析	针对产品设计方案的改进,充分利用已明确的产品使用环境温度、电应力等信息对产品进行更精确的可靠性预计	可靠性预计报告		
9	故障模式、影响及危害性分析(FMECA)	设计分析	随着产品设计的深入和完善,逐步明确产品各功能模块所有可能的故障模式,细化每一故障模式的原因及影响,为产品设计改进提供依据	FMECA 报告		
10	故障树分析(FTA)	设计分析	分析产品Ⅰ、Ⅱ类故障事件(顶事件)的各种可能原因,逐层深入直到规定层次,通过分析发现潜在的风险和风险组合,以便采取针对性的改进措施	FTA 报告		

(续)

序号	工作项目	类型	工作内容	完成形式	组织者	参与者
11	寿命分析	设计分析	针对失效模式主要为疲劳耗损的产品,通过分析产品在预期的寿命周期内的载荷与应力、结构、材料特性、故障模式和故障机理等来确定与损耗故障有关的设计问题并预计产品使用寿命	寿命分析报告		
12	可靠性分析	试验评价	初步利用产品研制阶段特定试验的试验信息(含外场信息),或综合利用产品方案、研制阶段的试验信息、低层次单元的试验信息,用统计推断的方法评估产品的可靠性是否达到了合同指标,为产品的质量控制提供支持	产品试验信息数据库、产品可靠性评估报告		
13	电子产品热设计、热分析、热试验	设计分析	建立发热器件、单元、电路的热分布图,并在此基础上完成产品热设计方案,以控制产品内部电子元器件的最高温度不超过规定的最高允许温度,从而保证电子产品正常、可靠地工作	电子设备热鉴定试验报告		
14	环境应力筛选(ESS)	试验评价	通过向电子产品施加合理的环境应力和电应力,将其内部的潜在缺陷加速成为故障,并通过检验发现和排除	ESS试验大纲、ESS试验报告		

187

(续)

序号	工作项目	类型	工作内容	完成形式	组织者	参与者
15	可靠性研制试验	试验评价	通过对产品施加适当的环境应力、工作载荷,寻找产品中的设计缺陷,以改进设计、提高产品的固有可靠性水平	可靠性研制试验大纲、可靠性研制试验报告		
16	可靠性增长试验	试验评价	在研制阶段后期可靠性鉴定试验之前进行的,对产品进行模拟实际使用环境的、有确定增长模型规划的可靠性试验,以确认产品可靠性达到规定的要求	可靠性增长试验大纲、可靠性增长试验报告		
17	可靠性评审	管理	根据产品研制过程实际情况,选择适合的评审方式评价产品设计是否满足合同要求,以及设计是否符合相关规范、标准、准则,以监督可靠性工作计划的全面落实,尽早发现和确定产品可靠性薄弱环节并加以改进,使产品可靠性水平获得提高	阶段可靠性评审结论报告		

4.2.3 设计定型阶段

×××(产品名称)设计定型阶段计划开展的可靠性工作项目、类型、工作内容、完成形式和责任人等见表4。

表 4 设计定型阶段可靠性工作项目

序号	工作项目	类型	工作内容	完成形式	组织者	参与者
1	运行故障报告、分析和纠正措施系统（FRACAS）	管理	执行故障记录报告、分析和纠正措施程序，掌握产品可靠性总体状况，督促故障归零，防止故障的重复出现，从而使产品的可靠性得到增长	FRACAS 运行情况报告或填写 FRACAS 过程表		
2	故障审查组织对产品研制过程的监控	管理	落实故障纠正程序，并监督、检查纠正措施的实施结果；对重大故障能及时捕获并在最短时间内组织相关人员赴现场排查，在确认已采取了有效纠正措施之前控制产品的研制进度	故障审查小组工作报告		
3	对转承制方/供应方的监督与控制	管理	对转承制方/供应方的可靠性工作进行监督与控制，以确保交付的产品符合规定的可靠性要求	转承制方/供应方的可靠性工作总结报告；承制方对转承制方/供应方可靠性工作的评审报告		
4	电子元器件选择与控制	设计分析	按型号电子元器件优选目录进行元器件的选用；按电子器件选用、降额设计与热设计要求进行元器件选用，按照元器件二次筛选规范所规定的方法和程序，对产品所用元器件进行二次筛选	电子元器件清单、超目录元器件清单、关键元器件清单、元器件检测筛选与 DPA 工作报告		

（续）

序号	工作项目	类型	工作内容	完成形式	组织者	参与者
5	环境应力筛选（ESS）	试验评价	通过向电子产品施加合理的环境应力和电应力，发现和排除产品内部潜在的设计、器件、工艺缺陷造成的整机早期故障	ESS试验大纲、ESS试验报告		
6	可靠性鉴定试验	试验评价	在产品设计定型阶段验证产品的设计是否达到了规定的可靠性要求	可靠性鉴定试验大纲、可靠性鉴定试验报告、可靠性鉴定试验报告评审结果		
7	可靠性分析	试验评价	综合利用产品研制阶段试验信息、实际使用信息，或综合利用产品方案、研制阶段的试验信息、低层次单元的试验信息、实际使用信息，用统计推断的方法评估产品的实际可靠性指标，为产品改进新品研制提供支持	产品试验信息数据库、产品可靠性评估报告		
8	可靠性评审	管理	根据产品研制过程实际情况，选择适合的评审方式评价产品设计是否满足合同要求，以及设计是否符合相关规范、标准、准则	阶段可靠性评审结论报告		

5 实施细则
5.1 建立故障报告、分析和纠正措施系统（FRACAS）
5.1.1 依据

GJB 450A—2004　装备可靠性工作通用要求；
GJB 841—1990　故障报告、分析和纠正措施系统；
×××—×××　×××可靠性工作要求。

5.1.2 工作输入

订购方下发的可靠性工作要求。

5.1.3 工作要点

a) 制定FRACAS工作细则；
b) 建立支持故障状态监控的数据库系统；
c) 维持故障报告、分析、纠正流程的规范执行；
d) 依据FRACAS工作细则对设计过程中产品出现的故障进行规范处理。

5.1.4 完成形式

建立FRACAS系统。

5.1.5 检查评价方式

由型号总师审查并批准。

5.2 建立故障审查组织

5.2.1 依据

GJB 450A—2004 装备可靠性工作通用要求；

GJB 841—1990 故障报告、分析和纠正措施系统；

×××—××× ×××可靠性工作要求。

5.2.2 工作输入

订购方下发的可靠性工作要求。

5.2.3 工作要点

a) 组织对重大故障的及时处理行动；
b) 督促重大故障的及时纠正；
c) 审查重大故障原因分析的正确性及纠正措施的有效性。

5.2.4 完成形式

建立故障审查小组。

5.2.5 检查评价方式

由型号总师审查并批准。

5.3 对转承制方/供应方的监督和控制

5.3.1 依据

GJB 450A—2004 装备可靠性工作通用要求；

×××—××× ×××可靠性工作要求。

5.3.2 工作输入

订购方下发的可靠性工作要求。

5.3.3 工作要点

a) 与转承制方和供应方签订技术协议或订货合同，提出相应的可靠性、寿命定性定量及设计分析要求以及对可靠性工作进行审查和评价的条款；

b) 向转承制方下发《×××可靠性工作要求》，以明确和规范转承制方的可靠性相关工作；

c) 评审转承制方的可靠性工作计划，保证同研制单位的计划和全部要求相协调；

d) 通过参加设计评审、技术协调会、可靠性评审、试验（状态与结果）评审等工作，保证对转承制方可靠性工作开展落实情况的监督和控制。

5.3.4 完成形式

合同、技术协议书或任务书。

5.3.5 检查评价方式

由型号总师审查并批准。

5.4 可靠性评审

5.4.1 依据

GJB 450A—2004　装备可靠性工作通用要求；

×××—×××　×××可靠性工作要求。

5.4.2 工作输入

订购方下发的可靠性工作要求。

5.4.3 工作要点

a) 制定可靠性评审计划，并得到订购方及军方认可；

b) 组织可靠性评审，正式的转阶段设计评审应包含可靠性评审；

c) 依据评审类型、所处阶段制定评审提纲；

d) 评审前将有关评审资料提供给评委，以保证足够的审查时间；

e) 协调可靠性评审与产品设计评审的关系；

f) 提供评审报告。

5.4.4 完成形式

设计评审报告。

5.4.5 检查评价方式

订购方审查。

5.5 制定并贯彻产品可靠性设计准则

5.5.1 依据

GJB 450A—2004　装备可靠性工作通用要求；

×××—×××　×××可靠性工作要求。

5.5.2 工作输入

a) 订购方下发的可靠性工作要求；

b) 产品研制方案。

5.5.3 工作要点
a) 根据产品的技术特点、研制经验、外场使用经验制定有针对性的可靠性设计准则；
b) 依据产品可靠性设计准则进行设计；
c) 提交可靠性设计准则符合性说明。

5.5.4 完成形式
a) 可靠性设计准则；
b) 可靠性设计准则符合性说明。

5.5.5 检查评价方式
C、S阶段进行正式评审。

5.6 可靠性建模

5.6.1 依据
GJB 450A—2004　装备可靠性工作通用要求；
GJB 813—1990　可靠性模型的建立和可靠性预计；
×××—×××　×××可靠性工作要求。

5.6.2 工作输入
产品研制方案。

5.6.3 工作要点
a) 依据产品组成结构建立产品基本可靠性框图及其可靠性函数；
b) 依据产品组成结构、功能划分和工作逻辑以及产品功能框图建立产品任务可靠性框图，并在系统运行比基础上建立对应的系统任务可靠性函数。

5.6.4 完成形式
a) 基本可靠性模型；
b) 任务可靠性模型。

5.6.5 检查评价方式
由型号总师审查并批准。

5.7 可靠性分配

5.7.1 依据
GJB 450A—2004　装备可靠性工作通用要求；
GJB 813—1990　可靠性模型的建立和可靠性预计；
×××—×××　×××可靠性工作要求。

5.7.2 工作输入
a) 订购方下发的可靠性要求；

b) 产品可靠性建模结果。
5.7.3　工作要求
　　a) 依据产品任务剖面、功能框图将产品的可靠性定量要求分配到指定的级别；
　　b) 验证分配指标是否满足要求；
　　c) 完成可靠性分配报告。
5.7.4　完成形式
　　可靠性分配报告。
5.7.5　检查评价方式
　　由型号总师审查并批准。
5.8　可靠性预计
5.8.1　依据
　　GJB 450A—2004　装备可靠性工作通用要求；
　　GJB 813—1990　可靠性模型的建立和可靠性预计；
　　×××—×××　×××可靠性工作要求。
5.8.2　工作输入
　　产品研制方案。
5.8.3　工作要点
　　a) 依据产品各模块的组成及其工作应力环境,进行各模块的基本可靠性预计；
　　b) 对于部分无法获得组成结构的模块要求其供应方提供基本可靠性预计结果及方法；
　　c) 对缺乏可靠性数据的非电成品通过有依据的方法进行指标论证分析；
　　d) 依据产品组成结构、功能划分、工作逻辑及其功能框图,针对给定的任务剖面(含任务各阶段启用功能、启用时间)建立任务可靠性模型；
　　e) 在基本可靠性预计结果的基础上进行任务可靠性预计；
　　f) 完成可靠性预计报告。
5.8.4　完成形式
　　a) 初步可靠性预计报告；
　　b) 可靠性预计报告。
5.8.5　检查评价方式
　　C阶段进行正式评审,S阶段订购方审查。
5.9　电子元器件选择与控制
5.9.1　依据
　　GJB 450A—2004　装备可靠性工作通用要求；

GJB 3404—1998　电子元器件选用管理要求；
×××—×××　×××可靠性工作要求；
×××—×××　元器件质量和可靠性管理；
×××—×××　电子元器件优选目录；
×××—×××　元器件二次筛选规范。

5.9.2　工作输入

a) 型号元器件优选目录；
b) 订购方元器件管理要求；
c) 模块元器件清单。

5.9.3　工作要点

a) 限制新型和非标准元器件的选用，拒绝对国外进口军品已经"断档"或即将"断档"元器件的使用；
b) 编制元器件选用清单和超优目录元器件清单；
c) 依据订购方元器件质量和可靠性管理要求对元器件进行控制；
d) 依据订购方元器件二次筛选规范进行元器件的二次筛选；
e) 对关键重要元器件开展破坏性物理分析(DPA)。

5.9.4　完成形式

a) 电子元器件清单；
b) 超目录元器件清单；
c) 关键元器件清单；
d) 元器检测筛选报告；
e) DPA分析报告。

5.9.5　检查评价方式

C、S阶段进行正式评审。

5.10　故障模式、影响及危害性分析(FMECA)

5.10.1　依据

GJB 450A—2004　装备可靠性工作通用要求；
GJB/Z 1391—2006　故障模式、影响及危害性分析指南；
×××—×××　×××可靠性工作要求。

5.10.2　工作输入

a) 产品研制方案；
b) 模块研制方案。

5.10.3　工作要点

a) 编制FMEA表格，特别注意根据产品功能特点划分合理的约定层次；

b) 向总体设计师和电路设计师下发 FMEA 表格及填表详细说明；

c) 依据产品组成结构、功能划分和工作逻辑填写 FMEA 表格；

d) 完善、统一、修正 FMEA 表格内容；

e) 基于基本可靠性预计结果进行危害性分析(CA)；

f) 完成 FMECA 报告(含Ⅰ类、Ⅱ类故障模式清单,单点故障模式清单,危害性矩阵)。

5.10.4 完成形式

a) 初步 FMECA 报告；

b) FMECA 报告。

5.10.5 检查评价方式

C、S 阶段进行正式评审。

5.11 故障树分析(FTA)

5.11.1 依据

GJB 450A—2004　装备可靠性工作通用要求；

GJB/Z 768A—1998　故障树分析指南；

×××—×××　×××可靠性工作要求。

5.11.2 工作输入

a) 产品 FMECA 报告；

b) 产品可靠性预计报告。

5.11.3 工作要点

a) 根据故障模式的严酷度类别和产品功能的优先级确定需要分析的顶事件；

b) 参考 FMECA 报告绘制故障树；

c) 求解每棵故障树的最小割集；

d) 求解每棵故障树的顶事件概率；

e) 对每棵故障树进行底事件重要度分析；

f) 完成 FTA 报告。

5.11.4 完成形式

FTA 报告。

5.11.5 检查评价方式

C 阶段由订购方审查,S 阶段进行正式评审。

5.12 寿命分析

5.12.1 依据

GJB 450A—2004　装备可靠性工作通用要求；

×××—×××　×××可靠性工作要求。

5.12.2　工作输入

a) 产品研制方案；

b) 模块研制方案。

5.12.3　工作要点

a) 确定寿命剖面；

b) 依据产品工作和非工作寿命要求确定产品寿命薄弱环节和部位；

c) 分析规定的贮存条件及使用方选择的封存方式对材料、元器件、产品性能的影响,确定产品的贮存期限；

d) 完成寿命分析报告。

5.12.4　完成形式

寿命分析报告。

5.12.5　检查评价方式

C、S阶段订购方审查。

5.13　可靠性分析

5.13.1　依据

GJB 450A—2004　装备可靠性工作通用要求。

5.13.2　工作输入

产品研制过程中有记录的所有试验信息。

5.13.3　工作要点

a) 建立产品试验信息数据库系统；

b) 收集整理产品的所有试验信息并录入数据库；

c) 计算评估各阶段产品的可靠性单侧下限；

d) 完成可靠性评估报告。

5.13.4　完成形式

产品可靠性评估报告。

5.13.5　检查评价方式

C阶段订购方审查。

5.14　电子产品热设计、热分析、热试验

5.14.1　依据

GJB 450A—2004　装备可靠性工作通用要求；

GJB/Z 27—1992　电子设备可靠性热设计手册。

5.14.2　工作输入

a) 产品研制方案；

b）模块研制方案。

5.14.3　工作要点

　　a）确定各模块和元器件的温度、功耗界限；
　　b）计算（或仿真）产品各部件表面温度分布；
　　c）完成初步热分析报告；
　　d）机架应采用液冷散热方案，并制定合适的产品电路布局；
　　e）进行样机热性能检测；
　　f）完成电子设备热鉴定试验报告。

5.14.4　完成形式

　　a）初步热分析报告；
　　b）电子设备热鉴定试验报告。

5.14.5　检查评价方式

　　初步热分析报告 F 阶段订购方审查，电子设备热鉴定试验报告 C、S 阶段订购方审查。

5.15　环境应力筛选(ESS)

5.15.1　依据

　　GJB 450A—2004　装备可靠性工作通用要求；
　　GJB 1032—1990　电子产品环境应力筛选方法；
　　×××—×××　×××可靠性工作要求。

5.15.2　工作输入

　　a）系统或模块的试验件。

5.15.3　工作要点

　　a）设计环境应力筛选试验方案；
　　b）确定测试项目、故障判据，编制试验记录表；
　　c）确定施加的应力类型、量值和循环数；
　　d）编写 ESS 试验大纲；
　　e）完成 ESS 试验并记录试验数据；
　　f）完成 ESS 试验报告。

5.15.4　完成形式

　　a）ESS 试验大纲；
　　b）ESS 试验报告。

5.15.5　检查评价方式

　　ESS 试验大纲 C 阶段订购方审查，ESS 试验报告 S 阶段订购方审查。

5.16 可靠性研制试验

5.16.1 依据

GJB 450A—2004 装备可靠性工作通用要求；

×××—××× ×××可靠性工作要求。

5.16.2 工作输入

a）产品研制方案；

b）模块研制方案；

c）系统或模块试验件。

5.16.3 工作要点

a）设计可靠性研制试验方案；

b）确定测试项目、故障判据，编制试验记录表；

c）编写可靠性摸底试验大纲；

d）编写可靠性强化试验大纲；

e）建立可靠性仿真试验模型；

f）完成可靠性摸底、强化试验并记录试验数据；

g）完成可靠性摸底/强化/仿真试验报告；

h）对产品缺陷采取改进措施。

5.16.4 完成形式

a）可靠性摸底/强化试验大纲；

b）可靠性摸底/强化/仿真试验报告。

5.16.5 检查评价方式

C、S阶段订购方审查。

5.17 可靠性增长试验

5.17.1 依据

GJB 450A—2004 装备可靠性工作通用要求；

GJB 1407—1992 可靠性增长试验；

GJB/Z 77—1995 可靠性增长管理手册；

×××—××× ×××可靠性工作要求。

5.17.2 工作输入

系统试验件。

5.17.3 工作要点

a）设计可靠性增长试验方案（含可靠性增长模型）；

b）确定测试项目、故障判据，编制试验记录表；

c）编写可靠性增长试验大纲；

d) 完成各次可靠性增长试验并记录试验数据；

　　e) 完成可靠性增长试验报告；

　　f) 对产品缺陷采取改进措施。

5.17.4　完成形式

　　a) 可靠性增长试验大纲；

　　b) 可靠性增长试验报告。

5.17.5　检查评价方式

　　可靠性增长试验报告 S 阶段订购方审查。

5.18　可靠性鉴定试验

5.18.1　依据

　　GJB 450A—2004　装备可靠性工作通用要求；

　　GJB 899—1990　可靠性鉴定和验收试验；

　　×××—×××　×××可靠性工作要求。

5.18.2　工作输入

　　系统试验件。

5.18.3　工作要点

　　a) 设计可靠性鉴定试验方案；

　　b) 确定测试项目、故障判据，编制试验记录表；

　　c) 编写可靠性鉴定试验大纲；

　　d) 组织可靠性鉴定试验大纲评审；

　　e) 完成可靠性鉴定试验并记录试验数据；

　　f) 完成可靠性鉴定试验报告；

　　g) 组织可靠性鉴定试验结果评审。

5.18.4　完成形式

　　a) 可靠性鉴定试验大纲；

　　b) 可靠性鉴定试验报告；

　　c) 可靠性鉴定试验报告评审结果。

5.18.5　检查评价方式

　　D 阶段正式评审。

6　可靠性工作管理机构及职责

6.1　可靠性工作组

　　×××（产品名称）承研单位作为研制成员单位参加总体可靠性工作组，按照订购方综合保障工作组的相关要求开展综合保障工作。

6.2 各研制成员单位职责

×××（产品名称）各研制成员单位应指定本单位的可靠性工作负责人，按照研制的统一部署和规划，协调、落实和开展有关可靠性设计工作。

×××（产品名称）各研制单位主要职责是：

a）认真贯彻执行上级部门有关可靠性的法规和文件；

b）按照成品研制要求制定可靠性工作计划；

c）组织落实可靠性工作计划，开展承研成品的可靠性设计分析工作；

d）对下一级配套研制单位和供应单位提出可靠性要求，并及时、有效地监控、检查和验收。

e）按照技术协调单和文件传输要求和规定，将承研成品各阶段的可靠性设计分析数据、信息及时传递给上级设计单位；

f）接受上级机关和总师单位对×××（产品名称）可靠性设计工作的评估和鉴定；

g）开展有关的可靠性评审工作。

6.3 对下级配套研制单位和供应方的监督与控制

6.3.1 工作目的

通过对×××（产品名称）下一级配套研制单位和供应单位可靠性工作进行监督和控制，及时采取相应措施，确保下一级配套单位和供应方交付的产品符合规定的可靠性要求，并确保承研成品可靠性工作计划的有效实施。

6.3.2 工作时机

对下一级配套研制单位和供应单位可靠性工作的监控应从产品研制阶段贯穿至生产、使用阶段全过程。

6.3.3 工作要点

工作要点包括：

a）向下一级配套研制单位和供应单位明确提出相关的可靠性要求及其审查要求，并纳入技术协议、SOW 或订货合同；

b）通过设计评审、工作检查等形式审查下一级产品的可靠性工作计划，保证其与本单位成品的可靠性工作计划和要求协调一致；

c）通过设计评审、技术协调、工作检查、文件提交等形式审查下一级产品的可靠性分析文件，并作为本单位成品可靠性设计分析的输入。

6.3.4 工作结果

工作结果主要包括：

a）产品技术协议或订货合同中的可靠性要求；

b）根据监控情况提出的各项措施。

7 可靠性工作实施机构及职责

可靠性工作实施机构及其职责如下：

×××。

8 可靠性工作与其他工作协调的说明

可靠性工作应与维修性、测试性、安全性、综合保障、质量管理等工作相互协调，并尽可能结合进行，减少重复工作。

承制方从可靠性工作获得的相关信息应能满足维修性、测试性、保障性、安全性等工作的输入要求，其内外接口关系如图1所示。

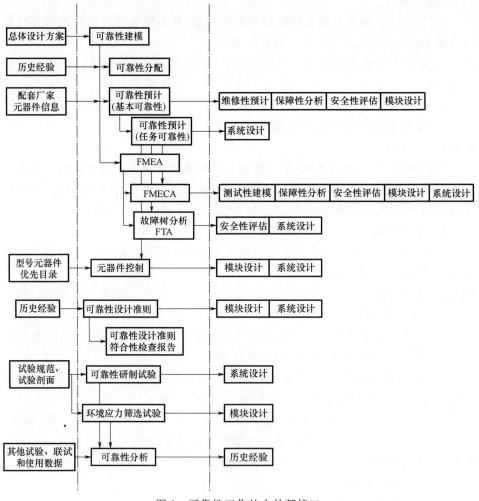

图1 可靠性工作的内外部接口

9 实施计划所需相关数据资料

9.1 数据资料种类及来源

进行可靠性工作所需数据资料种类、获取途径见表5。

表5 数据资料种类及来源

序号	数据资料种类	来源
1	可靠性国家军用标准	计算机数据库
2	电子设备设计手册	档案室
3	研制总要求	装备主管机关
4	《设计定型可靠性鉴定试验报告》	承试单位
5	《设计定型试验可靠性维修性测试性保障性安全性评估报告》	承试单位
6	《设计定型部队试验报告》关于可靠性评估结论	承试部队
...	......	......

9.2 数据资料应用程序

按照技术协调单和总体文件传输要求和规定,将承研成品各阶段的可靠性设计分析数据、信息及时传递给上级设计单位。

10 可靠性评审安排

可靠性评审与设计评审、工艺评审、产品质量评审同时进行,按 ZG××.×××《设计评审制度》要求进行。在可靠性工作计划评审时,承制方必须通知订购方,必要时还应通知供应方参加评审,并制定可靠性工作计划评审内容。

可靠性评审要求见表6。

表6 可靠性评审安排

序号	工作项目	阶段	文件和资料	评审时间	备注
1	制定并贯彻产品可靠性设计准则	C	可靠性设计准则; 可靠性设计准则符合性检查报告		C转S前评审
2	电子元器件选择与控制	C	电子元器件清单; 超目录清单; 关键元器件清单; 元器件检测筛选与DPA工作报告		C转S前评审
3	可靠性预计	C	可靠性预计报告		C转S前评审
4	故障模式、影响及危害性分析(FMECA)	C	初步故障模式、影响及危害性分析(FMECA)报告		C转S前评审

(续)

序号	工作项目	阶段	文件和资料	评审时间	备注
5	修正并贯彻产品可靠性设计准则	S	可靠性设计准则;可靠性设计准则符合性检查报告		S 转 D 前评审
6	电子元器件选择与控制	S	电子元器件清单;超目录清单;关键元器件清单;元器件检测筛选与 DPA 工作报告		S 转 D 前评审
7	故障模式、影响及危害性分析(FMECA)	S	故障模式、影响及危害性分析(FMECA)报告		S 转 D 前评审
8	故障树分析(FTA)	S	故障树分析(FTA)报告		S 转 D 前评审

11 关键问题

11.1 关键问题种类及其对可靠性工作的影响

×××(产品名称)研制需要解决如下几个关键问题,这些关键问题对可靠性要求的实现具有一定的影响:

a) ×××(关键问题 1):该问题对可靠性要求的实现具有×××影响;
b) ×××(关键问题 2):该问题对可靠性要求的实现具有×××影响。
×××

11.2 关键问题的解决方法或途径

针对上述关键问题,提出相应解决措施和/或技术途径如下:

a) ×××(关键问题 1):采取×××、×××、×××解决措施;
b) ×××(关键问题 2):采取×××、×××、×××解决措施。
×××

12 可靠性工作进度安排

根据×××(产品名称)研制计划的进度安排,为与研制阶段决策点保持一致,确定可靠性工作进度安排,见表 7。

表 7 可靠性工作进度安排

工作项目编号	工作项目名称	阶段	完成形式	完成时间	提交时间	责任人/责任单位	接收方
101	确定可靠性要求						
102	确定可靠性工作项目要求						
201	制定可靠性计划						

(续)

工作项目编号	工作项目名称	阶段	完成形式	完成时间	提交时间	责任人/责任单位	接收方
202	制定可靠性工作计划	方案阶段					
203	对承制方、转承制方和供应方的监督和控制						
204	可靠性评审						
205	建立故障报告、分析和纠正措施系统						
206	建立故障审查组织						
207	可靠性增长管理						
301	建立可靠性模型						
302	可靠性分配						
303	可靠性预计						
304	故障模式、影响及危害性分析						
305	故障树分析						
306	潜在通路分析						
307	电路容差分析						
308	制定可靠性设计准则						
309	元器件、零部件和原材料的选择与控制						
310	确定可靠性关键产品						
311	确定功能测试、包装、贮存、装卸、运输和维修对产品可靠性的影响						
312	有限元分析						
313	耐久性分析						
401	环境应力筛选						
402	可靠性研制试验						
403	可靠性增长试验						
404	可靠性鉴定试验						
405	可靠性验收试验						

(续)

工作项目编号	工作项目名称	阶段	完成形式	完成时间	提交时间	责任人/责任单位	接收方
406	可靠性分析评价						
407	寿命试验						
501	使用可靠性信息收集						
502	使用可靠性评估						
503	使用可靠性改进						

13 相应的保证条件与资源

为确保可靠性工作计划得以顺利实施,成立综合保障工作组,由×××、×××、×××等人员组成,预计需要可靠性工作经费×××万元。

范例 11　软件开发计划

11.1　编写指南

1. 文件用途

《软件开发计划》(SDP)描述实施软件开发工作的计划。软件开发活动包含新开发、修改、重用、再工程、维护和由软件产品引起的其他所有活动。根据实际需要,可将 SDP 中的某些部分编制成单独的计划,如《软件配置管理计划》、《软件质量保证计划》和《软件测试计划》等。

2. 编制时机

对于嵌入式软件产品,在方案阶段编制。

对于纯软件产品,在软件需求分析阶段编制。

《软件开发计划》是动态的,随着项目的进展,在出现重大偏差或者在里程碑处应进行分析,必要时重新策划并修订 SDP。

3. 编制依据

主要包括:研制立项综合论证报告,研制总要求,研制合同,工作说明,研制计划,研制方案,运行方案说明,系统/子系统规格说明,GJB 438B—2009《军用软件开发文档通用要求》等。

4. 目次格式

按照 GJB 438B—2009《军用软件开发文档通用要求》编写。

11.2　编写说明

1　范围

1.1　标识

本条应描述本文档所适用的系统和软件的完整标识,适用时,包括其标识号、名称、缩略名、版本号和发布号。

1.2　系统概述

本条应概述本文档所适用的系统和软件的用途。它还应描述系统与软件的一般特性;概述系统开发、运行和维护的历史;标识项目的需方、用户、开发方和保障机构等;标识当前和计划的运行现场;列出其他有关文档。

1.3 文档概述

本条应概述本文档的用途和内容,并描述与它的使用有关的保密性方面的要求。

1.4 与其他计划之间的关系

本条应描述本计划和其他项目管理计划的关系。

2 引用文档

本章应列出引用文档的编号、标题、编写单位、修订版及日期,还应标识不能通过正常采购活动得到的文档的来源。

3 策划背景概述

本章按需要可分为若干条,并应对后续章条描述的策划提供背景信息,主要包括如下方面的概述:

 a) 所要开发系统、软件的需求和约束;
 b) 项目文档的需求和约束;
 c) 项目在系统寿命周期中的位置;
 d) 所选用的工程项目/获取策略或其他方面对它的需求或约束;
 e) 项目进度安排及资源的需求与约束;
 f) 其他需求和约束,例如项目的保密性、方法、标准、硬件和软件开发的相互依赖关系等。

4 软件开发活动的总体实施计划

如果项目的不同构建版或不同软件要求不同的策划,就应在下述相应条中注明这些区别。除下面规定的内容外,每条应标识适用的风险/不确定性和它们的处理计划。

4.1 软件开发过程

本条应描述要采用的软件开发过程,软件生存周期模型的定义和选择。计划的内容应覆盖合同(或软件研制任务书)中涉及该方面要求的所有条款,应包括已标识的计划的构建版,合适时,包括各构建版的目标以及每个构建版要执行的软件开发活动。

4.2 软件开发总体计划

4.2.1 软件开发方法

本条应描述或引用所使用的软件开发方法,包括为支持这些方法所使用的手工的和自动的工具以及规程的描述。该方法应覆盖合同(或软件研制任务书)中涉及该方面要求的所有条款。如果在本文档方法所适用的活动中,对软件开发方法有更好的描述,则可直接引用。

4.2.2 软件产品标准

本条应描述或引用在表达需求、设计、编码、测试用例、测试过程和测试结果方面要遵循的标准。这些标准应覆盖合同(或软件研制任务书)中涉及该方面要求的所有条款。如果这些标准在本文档标准所适用的活动中有更好的描述,则可直接引用。

4.2.3 可重用的软件产品

4.2.3.1 采用可重用软件产品

本条应描述标识、评价和采用可重用软件产品所遵循的方法,包括查找这些产品的范围和进行评价的准则,并应覆盖合同(或软件研制任务书)中涉及该方面要求的所有条款。在制定或更新计划时对已选定的或候选的可重用的软件产品应加以标识和说明,适用时还应给出与使用有关的优缺点和限制。

4.2.3.2 开发可重用软件产品

本条应描述开发可重用软件产品的可能性及所遵循的方法,并应覆盖合同(或软件研制任务书)中涉及该方面要求的所有条款。

4.2.4 关键需求的处理

本条描述安全性保证、保密性保证和其他关键需求保证的处理所遵循的方法,并应覆盖合同(或软件研制任务书)中涉及该方面要求的所有条款。

4.2.5 计算机硬件资源的利用

本条应描述分配计算机硬件资源和监控其使用情况所遵循的方法,应覆盖合同(或软件研制任务书)中涉及该方面要求的所有条款。

4.2.6 决策理由的记录

本条应描述记录决策理由所遵循的方法。在保障机构对项目作出关键决策时,这些决策理由有用。在记录决策理由的地方应对"关键决策"进行解释,并应覆盖合同(或软件研制任务书)中涉及该方面要求的所有条款。

4.2.7 需方评审所需访问

本条应描述为评审软件产品和活动,让需方或授权代表访问开发方和分承制方设施所遵循的方法,并应覆盖合同(或软件研制任务书)中涉及该方面要求的所有条款。

5 详细的软件开发活动实施计划

如果项目的不同构建版或不同软件需要不同的计划,则在相应小条应说明这些差异。每项活动的论述应包括应用于以下方面的途径(方法/规程/工具):

a) 所涉及的分析性任务或其他技术性任务;
b) 结果的记录;
c) 适用时与交付有关的准备。

该论述还应标识存在(适用)的风险和不确定因素,以及处理它们的计划。

本章中的各小条都应覆盖合同(或软件研制任务书)中涉及的该方面要求的所有条款。

5.1 项目策划和监控

本条应描述软件开发策划、CSCI 测试策划、系统测试策划、软件安装策划、软件移交策划、计划的跟踪和修订应遵循的途径。策划(包括重新策划)工作宜基于估计,包括规模、工作量、关键计算机资源等估计。本条也包括进度的导出方法等。

5.2 软件开发环境建立

本条应描述在建立、控制、维护软件开发环境所遵循的途径,包括软件工程环境(含软件测试环境)、软件开发库、软件开发文件和非交付软件。

5.3 系统需求分析

本条应描述参与用户要求分析、运行方案和系统需求所遵循的途径。

5.4 系统设计

本条应描述参与系统级设计决策、系统体系结构设计所遵循的途径。

5.5 软件需求分析

本条应描述软件需求分析所遵循的途径。

5.6 软件设计

本条应描述 CSCI 级设计决策、CSCI 体系结构设计和 CSCI 详细设计所遵循的途径。

5.7 软件实现和单元测试

本条应描述软件实现、单元测试的准备、单元测试的执行、修改和回归测试,以及分析和记录单元测试的结果所遵循的途径。

5.8 单元集成和测试

本条应描述单元集成与测试的准备、单元集成与测试的执行、修改与回归测试,以及分析和记录单元集成与测试的结果所遵循的途径。

5.9 CSCI 合格性测试

本条应描述 CSCI 合格性测试的独立性、在目标计算机系统上进行的测试、CSCI 合格性测试的准备、CSCI 合格性测试的预演、CSCI 合格性测试的执行、修改与回归测试、分析并记录 CSCI 合格性测试的结果所遵循的途径。

5.10 CSCI/HWCI 集成与测试

本条应描述参与 CSCI/HWCI 集成和测试的准备、CSCI/HWCI 集成和测试的执行、修改和回归测试,以及分析与记录 CSCI/HWCI 集成和测试结果所遵循的途径。

5.11 系统合格性测试

本条应描述在系统合格性测试的独立性、在目标计算机系统上进行测试、系统合格性测试准备、系统合格性测试的预演、系统合格性测试的执行、修改和回归测试、分析与记录系统合格性测试结果等方面参与系统合格性测试所遵循的途径。

5.12 软件使用准备

本条应描述可执行软件的准备、为用户现场准备版本说明、用户手册的准备、在用户现场的安装所遵循的途径。

5.13 软件移交准备

本条应描述可执行软件的准备、源文件的准备、为保障现场准备版本说明、已建成的 CSCI 设计和有关信息的准备、系统或子系统设计说明的更新、保障手册的准备以及移交到指定的保障现场所遵循的途径。

5.14 软件验收支持

本条应描述支持需方进行软件验收测试和评审、交付软件产品以及提供培训和支持所遵循的途径。

5.15 软件配置管理

本条应描述软件配置管理所遵循的途径,可引用《软件配置管理计划》。

5.16 软件产品评价

本条应描述过程中的和最终的软件产品的评价、软件产品评价记录(包括所记录的具体条目)、软件产品评价的独立性所遵循的途径。

5.17 软件质量保证

本条应描述软件质量保证所遵循的途径,可引用《软件质量保证计划》。

5.18 纠正措施

本条应从问题报告/更改报告以及纠正措施系统两方面来描述纠正措施所遵循的途径。其中问题报告/更改报告应包括要记录的具体条目。

5.19 联合评审

本条应分别描述联合技术评审和联合管理评审所遵循的途径。

5.20 风险管理

本条应描述风险管理,包括已知风险和相应对策所遵循的途径。

5.21 测量与分析

本条应描述软件测量和分析所遵循的途径及使用的测度。

5.22 保密性

本条应描述保密性活动所遵循的途径。

5.23 分承制方管理

本条应描述分承制方管理所遵循的途径。

5.24 与软件独立验证和确认(IV&V)机构的联系

本条应描述与软件独立验证和确认(IV&V)机构的联系所遵循的途径。

5.25 与相关开发方的协调

本条应描述与相关开发方的协调所遵循的途径。

5.26 项目过程的改进

本条应描述项目过程的改进所遵循的途径。

5.27 未提及的其他活动

本条应描述以上条中未提及的其他活动所遵循的途径。

6 进度表和活动网络图

本章应给出：

a) 进度表。该表应标识每个构建版的活动,给出每个活动的开始时间、草稿和最终交付产品就绪的时间,其他里程碑及每个活动的完成时间;

b) 活动网络图。该图应描述活动之间的顺序关系和依赖关系,标识对项目施加最大时间限制的活动。

7 项目组织和资源

7.1 项目组织

本条应描述本项目要采用的组织结构,包括涉及的组织机构、机构之间的关系、每个机构执行所需活动的权限和职责。

7.2 项目资源

本条应描述适用于本项目的资源,可包括：

a) 人力资源,应包括:1)估计此项目应投入的人力(人时数);2)按职责(如:管理,软件工程,软件测试,软件配置管理,软件产品评估,软件质量保证等)分解所投入的人力;3)每个人员的技术级别、地理位置和涉密程度;

b) 为适应合同(或软件研制任务书)中的工作,开发人员工作的地理位置、要使用的设施、保密区域和设施的其他特征;

c) 合同(或软件研制任务书)中工作需要的,且由需方提供的设备、软件、服务、文档、数据及设施,并给出何时需要上述各项的进度表;

d) 其他所需的资源,包括获得资源的计划、需要的日期、每个资源项的可用性(就绪的时间)。

8 注释

本章应包括有助于了解文档的所有信息(例如背景、术语、缩略语或公式)。

11.3 编写示例

1 范围
1.1 标识
本文档适用的系统和软件完整标识见表1。

表1 本文档适用的系统和软件完整标识

类别	名　称	标识号	缩略名	版本号	发布号
系统	××× (上一层次产品名称)	×××	×××	×××	×××
软件1	×××软件	×××	×××	×××	×××
软件2	×××软件	×××	×××	×××	×××
软件3	×××软件	×××	×××	×××	×××

1.2 系统概述
×××(产品名称)是×××(上一层次产品名称)的配套成品,主要完成×××、×××、×××功能。

依据×××(产品名称)研制方案和×××(上一层次产品名称)研制需求,×××(产品名称)软件包括如下CSCI：

a) 软件1：×××(产品名称)的××软件,实现×××功能；

b) 软件2：×××(产品名称)的××软件,实现×××功能；

c) 软件3：×××(产品名称)的××软件,实现×××功能。

×××(产品名称)软件的研制过程与×××(产品名称)研制周期保持同步,随产品交付用户。×××(产品名称)软件运行硬件平台为×××,运行现场分别是×××(产品名称)集成测试环境、×××(上一层次产品名称)综合联试环境以及交付使用环境。

项目的需方：×××。

项目的用户：×××。

项目的开发方：×××。

项目保障机构：×××软件由×××团队负责开发,×××负责软件测试,×××负责软件质量保证,×××负责软件的配置管理,用户代表全程监控软件研制全过程。

1.3 文档概述
本文档主要对×××(软件名称)的开发活动进行策划,规划了软件主要开发过程,对软件开发活动进行了详细分解,根据软件研制任务书规定的交付要求制定了软件开发进度计划,明确了软件开发活动所需资源,制定了软件开发过程中应遵循的准则和方法,以保证软件项目开发活动规范、有序。

本文档作为×××(软件名称)软件开发的顶层文件,是×××(产品名称)研制计划的重要组成部分,具有与其相当的保密性和安全性要求,对本文档的使用应遵循与此相应的相关保密性和安全性规定。

1.4 与其他计划的关系

本文档是×××(软件名称)的开发计划,应遵循有关软件研制过程规范及相关规定,在内容上应与×××(产品名称)研制计划、××计划协调、一致。

2 引用文档

GJB 5000A—2008　军用软件研制能力成熟度模型
　×××—×××　软件工程化体系文件
　×××—×××　软件配置管理规定
　×××—×××　软件研制过程规范
　×××—×××　软件测试细则
　×××—×××　软件质量保证大纲
　×××—×××　软件评审细则
　×××—×××　软件文档编制规定
　×××—×××　×××(产品名称)软件研制任务书
　×××—×××　×××(产品名称)软件需求标准
　×××—×××　×××(产品名称)软件设计标准
　×××—×××　×××(产品名称)软件编码标准
　×××—×××　×××(产品名称)软件配置管理计划
　×××—×××　×××(产品名称)软件质量保证计划

3 策划背景概述

3.1 ×××(产品名称)及软件的需求和约束

×××(产品名称)主要实现×××(主要功能)。因此,×××(软件名称)从分析和设计上需要考虑×××(约束条件),×××(设计重点),需要从软件实现角度考虑遵循×××标准要求,考虑×××对软件设计的影响。

3.2 ×××软件文档的需求和约束

根据×××(软件名称)规范和 GJB 2786A—2009 和 GJB 438B—2009 等标准要求,软件开发阶段应同步编制相关软件文档,并组织对软件文档的评审,软件文档变更时,应符合设计变更程序的要求,并纳入软件配置管理。软件开发方应保证提交的文档"文文一致,文实相符"。在软件验收移交时,应按要求提交全套文档。

本项目软件等级为 C 级,依据×××(软件工程化体系文件)规定和本项目软件的实际情况,本项目需要编制的软件文档清单见表2。

表2 ×××(产品名称)软件文档

序号	文档类别	责任人

3.3 ×××软件与系统寿命周期的关系

本文档主要针对×××(产品名称)研制过程中×××(软件名称)软件开发过程进行策划。该过程覆盖从软件项目策划到验收交付的生命周期过程,是×××(产品名称)研制周期的重要组成部分。

3.4 所选用的工程项目/获取策略及其所有需求或约束

本项目采用的软件工程工具,应尽可能选用业界主流且近年来在本行业获得成功应用案例的商用货架产品,以帮助提高软件开发效率同时尽可能降低本项目的风险。

3.5 项目进度安排及资源的需求与约束

项目进度安排应综合考虑里程碑与实际可用资源,并根据项目估算结果权衡确定。同时在项目实施过程中,应考虑实际可用资源的变化与里程碑的要求,及时对项目进度进行调整,使项目进度计划与实际情况相符。

3.6 其他需求和约束

×××(软件名称)为特定用户需求、和特定运行平台定制的嵌入式软件,其设计实现与×××(产品名称)硬件设计密切相关,因此要考虑可用的硬件平台交付时间对软件集成阶段的影响,并制定相应的风险应对计划。

由于本软件用户和用途的特殊性,其存储、移交、移植和重用都必须遵守×××的规定,不得擅自处理。

4 软件开发活动的总体实施计划

4.1 软件开发过程

根据×××(技术总体单位)下发的×××—×××《×××(上一层次产品名称)软件开发规范》、GJB 5000A、×××(GJB 5000A 体系文件),×××(软件名称)的开发过程分为如下几个阶段:

a) 项目策划阶段;

b) 软件需求阶段;

c) 概要设计阶段;

d) 详细设计阶段；
e) 编码实现阶段；
f) 软件集成阶段；
g) 软件配置项测试阶段；
h) 软件系统测试阶段；
i) 软件维护阶段。

根据×××(上一层次产品名称)研制生命周期和×××(产品名称)研制过程特点，软件验证应贯穿项目研发全过程。本软件作为×××(产品名称)的嵌入式系统软件，采用"V"型生命周期模型，其开发过程各阶段的关系体现为：

a) 编码实现阶段开展单元测试；验证软件详细设计说明；
b) 软件集成阶段验证软件概要设计说明；
c) 软件配置项测试阶段验证软件需求规格说明；
d) 软件系统测试阶段验证软件研制任务书。

4.2 软件开发总体计划
4.2.1 软件开发方法

本软件采用自顶向下、逐层分解的结构化分析与设计方法，在进行功能模块分解时，借鉴面向对象方法。主要分为如下几个步骤：

a) ×××；
b) ×××；
c) 以增量方式开发软件。

软件开发过程中使用到的计算机辅助软件工程(CASE)工具在本文档相应开发活动描述章节中具体阐述。

4.2.2 软件产品标准

本软件开发过程中所遵循的标准见表3。

表3 ×××(软件名称)产品标准清单

序号	标准类型	文号	标准名称	来源
1	需求			
2	设计			
3	编码			
4	测试			

4.2.3 可重用的软件产品
4.2.3.1 采用可重用软件产品
4.2.3.1.1 重用软件评估准则

可重用软件的选择应满足规定要求的能力，并在系统生命期内有较好的效费比。

在×××(软件名称)项目中选择重用软件时,应至少从以下各方面分析其可重用性,记录分析结果,生成重用评估报告:

a) 提供所需功能并满足所需约束的能力;
b) 提供所需安全性、保密性及私密性的能力;
c) 由已建立的跟踪记录所证实的可靠性/成熟度;
d) 可测试性;
e) 与其他系统及系统外部元素的互操作性;
f) 对复制/分发软件或文档的限制,适用于每份拷贝的许可或其他费用等现场部署问题;
g) 软件可维护性,主要包括:
 1) 该软件产品修改的可能性;
 2) 实现修改的可行性;
 3) 文档和源文件的可用性与质量;
 4) 供方继续支持当前版本的可能性;
 5) 在当前版本得不到支持时,对系统的影响;
 6) 需方对软件产品的资料权限;
 7) 可得到的担保情况。
h) 使用该软件产品的短期及长期费用影响;
i) 使用该软件产品的技术、成本及进度风险,以及所作的权衡。

4.2.3.1.2 重用软件确认程序

重用软件产品由开发方提出并提交评估报告,经×××审查,并报×××审批确定。

4.2.3.1.3 现已确定的重用软件

根据本项目实际情况,已确定无重用软件。

4.2.3.2 开发可重用软件产品

×××(软件名称)开发方应根据应用情况论证、开发可重用软件产品的可能性,评价其效益和成本,并向需方说明效费比情况及与工程项目目标相一致的情况。

4.2.4 关键需求的处理

本软件的安全性保证、保密性保证、私密性保证及其他关键需求保证应能被《×××(产品名称)软件需求规格说明》所覆盖,并通过需求跟踪矩阵实现追踪。

4.2.5 计算机硬件资源的利用

项目资源使用计划应明确计算机硬件资源可用的时间,且能与本软件开发的进度相匹配。通过项目开发过程中的监控环节,随时掌握计算机硬件资源的使用情况,并根据实际情况向供方提出新的需求或进行合理分配。

4.2.6 记录原理

应对项目过程数据进行记录与分析,以支持对项目过程的监控、跟踪和决策,因此需对项目过程进行测量与分析,主要内容如下:

a) 制定项目测量计划,确定测量与分析的目标,规定测量项和分析技术;

b) 在项目过程中执行数据的采集、存储、分析和报告,根据测量数据提供的客观结果,及时发现问题,做出有根据的决策,并采取适当的纠正措施。

通过对项目过程数据进行测量、记录和分析,可以帮助对项目过程进行客观评估,跟踪项目的实际绩效,为其他项目的策划与估计提供帮助。

4.2.7 需方评审所需访问

应按进度计划安排邀请需方和用户方参加项目过程中的评审,同时需要将评审后的问题修改跟踪情况告知需方和用户方。需方和用户方在必要时有权到开发方现场检查符合当前开发阶段要求的软件文档、产物及项目过程管理控制数据等,开发方应配合检查。详细的评审计划见表17。

5 详细的软件开发活动实施计划

5.1 项目策划和监控

5.1.1 软件开发策划

软件开发策划的基础是对软件项目进行合理的估计,包括软件的规模、工作量、关键计算机资源等。应按×××《软件工程化体系文件》中的"项目策划"的要求,结合本软件项目的实际情况,采用合适的方法来进行项目估计。

首先对本项目活动进行工作分解,然后在此基础上进行项目规模估计。由于本软件需求不够清晰,并缺乏历史数据积累,所在选择采用专家估计法进行规模估算,估算本项目的文档规模和代码规模,文档规模为×××页,代码规模为×××行,项目总工作量为×××人日。由于本软件为嵌入式系统软件,硬件运行平台是否可用对本软件测试进度具有非常重要的影响,因此在进行关键计算机资源估计时要充分考虑该因素。详细内容见附件《×××(软件名称)估计报告》。

5.1.2 CSCI测试策划

基于本软件项目估计结果制定的项目进度计划,应考虑给软件测试各阶段安排合理的进度和考虑测试所需资源,包括人力资源、工具、环境等,能否按期得到保证。

根据软件的关键性等级,以及预期可使用的资源条件限制,本软件在编码实现阶段,重点针对关键组件进行单元测试,由开发人员负责实施;在软件集成阶段,由测试人员负责对本软件进行集成测试,重点针对软件组件之间的接口进行测试,开发人员予以积极配合;在软件配置项测试阶段,由测试人员负责组织对本软件进行完全的配置项测试,验证本软件实现是否满足软件需求规格说明的要求。测试人员在实施软件测试时,需要保持与开发人员的密切沟通,及时就相关问题进行确认、更改、验证,共同提高测试质量。测试人员要及时对测试需求进行分析,尽早提出测试环境需求,按进度做好测试准备工作。测试完成后,及时整理出具测试报告,以便对软件产品进行评估与分析。

5.1.3 系统测试策划

软件系统测试的环境是真实的硬件平台和运行环境。软件系统测试验证的是软件产品是否满足系统设计/软件研制任务书的要求,重点关注软件产品在真实的运行环境中是否能正常工作,功能是否符合要求。由测试人员负责实施系统测试,软件开发人员和系统设计人员予以配合。测试结果作为软件验收交付的基础。

5.1.4 软件安装策划

由于本软件是嵌入式系统软件,是×××(产品名称)的重要组成部分,软件在进行系统测试之前直接安装在硬件平台上,经系统测试和验收测试后随同设备一起交付需方。在需方和用户方运行现场,以整机方式进行安装。当软件发生版本变更,需要对运行现场的软件产品进行升级时,应遵循相关的软件版本升级管理规定,并记录清楚。

5.1.5 软件移交策划

开发方应指明保障机构为完成合同/任务书规定的保障工作所需要的全部软件开发资源,包括可执行文件、配套的软件文档等。开发方向保障机构移交上述软件开发资源时应遵守合同/任务书相关条款和本单位相关规定,按程序实施,并留有相应的记录,不得随意变更。

5.1.6 计划的跟踪和修订

制定开发计划的目的是规范整个软件开发过程,为软件开发工作的有序展开提供现实的指导和帮助。开发计划关键在落实。通过对项目过程实施监控,收集、分析过程测量数据,及时响应外界需求和环境的变化,并能根据实际执行情况,对计划进行及时调整和修订,确保开发计划与实际情况相符。

当出现较大的进度偏差时,应能及时采取措施予以纠正。计划的修订要遵循相应的程序,要对计划变更的影响进行仔细分析、权衡,如果涉及里程碑的变更,要获得需方及用户方的承诺。开发计划及相应基线的变更管理遵循配置管理相关程序。

5.2 软件开发环境建立

5.2.1 软件工程环境

5.2.1.1 软件工具

本软件开发过程中拟采用的软件工具见表4。

表 4　软件工具清单

序号	工具名	用途

5.2.1.2　开发环境和语言要求

本项目开发环境如下：

a) 硬件平台：×××；

b) 软件运行平台：×××；

c) 配套的开发环境：×××；

d) 开发语言：×××。

5.2.1.3　其他支持环境及工具

本软件开发过程中还需要一些硬件支持工具及测试所需的仿真环境软件等，见表5。

表 5　其他支持环境软件及工具

序号	名称	用途

5.2.1.4　来源识别

本软件开发所需的软件工程环境主要资源见表6。

表 6　软件工程环境主要资源

序号	名称	来源	厂家

5.2.2　软件开发库

本软件开发过程使用×××（软件名称）配置管理系统进行配置管理。并按《×××（产品名称）软件配置管理计划》的要求进行软件配置管理规定。

5.3　系统需求分析

由于×××（产品名称）是×××（上一层次产品名称）的核心设备，担负着×××（产品主要功能）的作用。因此，必须对×××（上一层次产品名称）的系统需求进行分析，并在此基础上进行设计决策和方案选择。

通过不断地与用户方进行沟通、协调，充分挖掘用户需求。逐步明确×××（上一层次产品名称）的主要用途，对×××（上一层次产品名称）操作需求、任务需求进行分析,从而形成系统功能需求。对系统进行功能危害度分析和安全性分析,得出系统的安全余度和设备配置情况,进一步分析可获得对系统设备的性能指标要求。采用自顶向下,逐层分解,把对系统的可靠性和安全性指标逐层分解到主要功能设备。

×××(上一层次产品名称)的架构设计遵循的基本原则是:
a) 高可靠度,确保安全;
b) 开放设计,易于升级;
c) 立足国内,自主创新;
d) 军民兼顾,降低风险。

基于上述系统需求,并对系统高安全性和高可靠性进行仔细权衡,选择×××(软件架构)架构形式,并对系统内外接口、工作模式、余度配置、互换性及可扩展性进行深入设计,进一步明确设计约束和系统需求。

软件系统需求分析过程形成的文档应包括用户操作需求说明、系统/子系统规格说明(SSS)、系统/子系统设计说明(SSDD)、系统功能危害度分析(FHA)、系统安全性分析以及方案设计报告。

在×××(上一层次产品名称)需求和设计方案的基础上,通过与系统总体设计人员及用户方的沟通、协调,对×××(产品名称)的需求进行分析。×××(产品名称)需求来源于×××(上一层次产品名称)需求和设计方案的分解,且须与其保持协调、一致。因此可明确×××(产品名称)的主要功能和性能要求、外部接口、可靠性指标、环境技术要求、电源特性要求×××等需求和设计约束。

×××(软件名称)开发方应从软件可行性角度参与上述系统需求分析和设计,帮助系统设计人员从系统需求分解出合理的软件需求。

5.4 系统设计

在×××(上一层次产品名称)架构约束下,根据×××(产品名称)系统需求,对×××(产品名称)进行体系结构设计和决策,同时还应考虑软件的可行性和效率。设计的指导思想遵循×××(上一层次产品名称)的整体设计思路,将可靠性和安全性设计置于首位,采用开放式的软、硬件体系结构,基于模块化进行设计。

通过安全性分析,并综合考虑现实可行性和研制成本,×××(产品名称)采用×××(软件架构)架构,对×××、……×××等重要模块采取双余度备份设计机制,并认真研究模块故障的影响,对模块故障引起的各种失效模式和正常工作模式进行分析和评估,分析各类工作模式对硬件和软件设计方案的影响,在硬件和软件实现策略上进行权衡、比较,最终得出可确保满足任务的高可靠性要求设计的方案。设计过程还考虑对关键技术和风险的识别,并采取相应的应对措施。

×××（软件名称）开发方应重点参与×××（产品名称）的方案设计，协助评估各种设计方案对软件实现的影响，保证软、硬件功能的协调、统一。

5.5 软件需求分析

依据软件研制任务书、×××（上一层次产品名称）详细设计说明和接口设计说明，对软件的功能、性能、数据和接口等要求逐项细化，形成软件需求规格说明。必要时，可就软件需求与需方和用户方进行不断沟通、协调，从而获取尽可能完整、准确的用户需求。

5.6 软件设计

依据软件需求规格说明，考虑到可扩展性和可维护性需要，进行开放式软件架构设计，在此基础上对软件模块和接口进行详细设计。软件架构采用分层处理原则，整体框架开放，基于各功能模块进行独立设计，为后续并发实现工作和交付后的易维护奠定良好基础。

5.7 软件实现和单元测试

依据软件详细设计说明，在×××（软件编译环境）编译环境的支持下进行编码实现。采用×××（分析工具）进行代码静态分析。对关键模块，如×××模块、×××模块，利用×××实施单元测试，以尽早发现和解决软件缺陷。

5.8 单元集成和测试

依据软件概要设计说明，对软件模块进行集成，并对模块之间的接口进行测试。根据测试计划，采用×××（测试工具）帮助进行集成测试，分析和记录集成测试中发现的问题，及时修改问题并进行回归测试。

5.9 CSCI 合格性测试

依据软件需求规格说明，对完成集成的软件执行 CSCI 合格性测试。应制定测试计划、测试说明，及早提出测试环境需求，对测试过程中发现的问题和缺陷进行跟踪管理。

5.10 CSCI/HWCI 集成与测试

依据设备软、硬件集成方案，对设备软件与硬件平台进行集成和测试，验证软件与硬件之间的接口，软件与硬件是否能协调工作，软、硬件功能是否正常。应制定相应的测试计划、测试说明，准备测试环境。应对测试中发现的问题和缺陷进行记录和分析，及时修改，执行回归测试，跟踪直至问题或缺陷关闭。

采用×××帮助进行 CSCI/HWCI 集成测试。

5.11 系统合格性测试

依据软件研制任务书，对本软件在真实的运行环境下进行系统合格性测试。应制定测试计划、测试说明，准备测试环境。要对测试中发现的问题和缺陷进行记录和分析，及时修改，执行回归测试，跟踪直至问题或缺陷关闭。

采用×××(测试工具)帮助进行系统合格性测试。

5.12 软件使用准备

软件开发方将经过验收的软件产品按配置管理规定入××库,做好可执行软件交付使用的准备。

验收合格准备提交的软件版本说明应文档化,版本说明文档内容应包含软件的使用限制约束、目标运行环境、模块部件名、烧写工具、操作步骤及检查方法等。

本软件随同设备一起交付。对用户运行现场的软件进行版本升级时,应严格遵守软件版本升级管理规定,履行必要的手续,并有相应的记录。

5.13 软件移交准备

移交的软件产品应来源于软件××库(一般为软件产品库),有明确软件版本和状态标识,移交的软件文档应齐全,必要时,可对接收方进行培训。

5.14 软件验收支持

由需方执行的软件验收测试,若需方不具备或不完全具备验收测试环境,可使用开发方的环境进行。开发方负责软件安装,并提供测试环境使用培训,在执行测试前需获得需方的认可。验收测试通过后要组织进行评审,并作为软件交付的依据。

5.15 软件配置管理

软件配置标识、配置控制、配置状态纪实、配置审核等策划应符合《×××(产品名称)软件配置管理计划》的要求。

5.16 软件产品评价

本软件产品评价由需方、用户或第三方组织进行独立评价。

5.17 软件质量保证

软件质量保证应符合《×××(产品名称)软件质量保证计划》的要求。

5.18 纠正措施

应采用软件问题报告、更改及纠正措施系统进行问题跟踪管理;在软件交付后遵循配置管理的规定,对软件变更实施严格控制,执行问题报告、影响分析、更改报告、变更评审通过后再实施的程序,采用软件配置管理系统进行配置状态控制。

5.19 联合评审

联合技术评审和联合管理评审应符合×××《软件工程化体系文件》"评审过程"的规定。

里程碑和计划进行的评审见表7。用户或用户代表可根据实际情况参加本表所列的其他评审。

表 7 评审计划

序号	项目阶段	评审对象	时间点	评审方式与级别	参会人员

5.20 风险管理

项目主要的风险主要包括：用户方需求的变化，开发方及硬件开发方自身。

风险管理的策略：在软件各个阶段对风险进行识别、分析和评估，对于风险评估值较大即风险级别较高的风险应制定相应的应对计划；每周对风险进行监控，在风险可能发生的阶段进行风险跟踪，对于风险级别较高的风险应采取相应的应对措施，保持对其他风险的关注，一旦风险级别升高，应立即采取相应的应对措施。

表 8 列出风险级别较高的风险管理计划。

表 8 风险管理计划

编号	风险描述	提出人	可能发生阶段	风险值	风险排序	缓解方式	缓解措施	应急措施	责任人

5.21 测量与分析

本软件测量与分析应符合《×××软件测量分析计划》的要求。

5.22 保密性和私密性

×××（软件名称）是×××（产品类别，如军用）产品，应严格遵守和执行国家及本单位的所有有关保密规定和制度。

×××（软件名称）为嵌入式软件，随整机交付。软件文档在进行传递时，所采用的方式、手段及工具等都应符合有关保密规定。

5.23 分承制方管理

无分承制方。

5.24 与软件独立验证与确认（IV&V）机构的联系

应选择通过资质认证的软件独立验证与确认（IV&V）机构。

5.25 与相关开发方的协调

需方以研制任务书或合同形式给相关开发方明确软件开发任务，若过程中发生需求变更，则通过沟通、协调，并遵循有关需求变更程序，以双方签署纪要的形式予以确认。作为需方和开发方，有责任共同控制需求变更次数，尽可能减少项目开发后期发生的需求变更。

用户代表应参与本项目的计划(含软件开发计划、软件配置管理计划和软件质量保证计划)评审、需求阶段产物(含软件需求规格说明和软件测试计划)评审、概要设计阶段产物(软件概要设计说明)评审以及软件交付评审,并可根据其自身意愿,参加本项目开发阶段的任何评审,以及监督检查本项目开发过程中的文档、资料。

5.26 项目过程的改进

遵循GJB 5000A进行软件过程改进。

5.27 未提及的其他活动

5.27.1 数据管理

本项目开发过程中需要正式交付的产物文档、源代码及可执行代码,以及项目管理类文档等,作为本项目需要管理的数据资料,均纳入配置管理,经过评审的纸质文档及外来输入文档(如技术协调单等)需根据项目数据管理的要求进行归档。

具体的数据管理计划见表9。

表9 数据管理计划

分类	名称	格式和介质形式	获得时机及方式	获取来源	管理方式及责任人

5.27.2 软件维护

按×××—×××《软件维护细则》的要求进行软件维护。

5.27.3 其他

本条无内容。

6 进度表和活动网络图

6.1 进度表

本项目主要活动进度见表10。当汇总记录的进度偏差或里程碑进度偏差超过××%时,应当执行计划变更。

表10 ×××(软件名称)进度表

活动/任务	开始时间	结束时间	是否里程碑	备注

基于软件状态变更的考虑,在软件维护阶段开展测试工作的补充和迭代,主要活动进度见表11。

表 11 补充软件测试进度表

活动/任务	开始时间	结束时间	是否里程碑	备注

6.2 活动网络图

软件开发活动网络图见×××—×××《×××(软件名称)进度计划》。

7 项目组织和资源

7.1 项目组织

本项目组织机构分为高层领导层、软件项目层和软件过程改进层,如图1所示。

图 1 ×××(软件名称)项目组织结构

其中:

高层领导层负责×××。

软件过程改进层包括×××、×××,其主要职责见表12。

表 12 软件过程改进层职责

角色	职责	备注

软件项目层是本项目的主要执行机构,负责项目的开发活动的具体实施,其主要职责见表13。

表 13 软件项目层职责

角色	人员构成	职责	备注

根据上述组织的职责,利益相关方参与本项目过程活动计划见表14。其中有关利益相关方参与评审活动的计划见5.19。

表 14　利益相关方参与计划

序号	相关方角色	参与目的	参与内容	参与方式	参与时机	沟通责任	监督责任

7.2　项目资源

7.2.1　人力资源

根据项目估算结果本项目应投入总人力约为××人日,其中工程工作量为××人日,管理工作量为××人日。详细内容见《××××(软件名称)估计报告》。

根据项目进度,拟投入的人力为:项目管理×人,软件工程师××人,软件测试××人,软件配置管理××人,软件质量保证××人。

7.2.2　成本计划

本项目成本主要是人力成本,成本计划见表 15。

表 15　成本计划

软件开发阶段	项目策划阶段	软件需求阶段	概要设计阶段	详细设计阶段	编码实现阶段	软件集成阶段	配置项测试阶段	系统测试阶段	软件维护阶段	合计
计划工作量/人日										
日人均成本/元										
人力成本小计										
其他费用/元										
研发费用总计/万元										

7.2.3　人员培训计划

为满足正常实施项目开发活动的需要,本项目组成员所需具备的基本技能见表 16。

表 16　项目组成员所需基本技能

序号	项目组成员	所需的基本技能	是否具备

据此安排的人员培训计划见表 17。

表 17　人员培训计划

时间	培训内容	培训讲师	参加人员

7.2.4　其他资源计划

需方应在软件集成阶段开始以前,组织为软件集成提供硬件运行平台,并提供配套的控制台、线缆等硬件设施。

8　注释
……

9　附件
×××(软件名称)测量分析计划

×××(软件名称)估计报告

×××(软件名称)进度计划

范例 12　软件配置管理计划

12.1　编写指南

1. 文件用途

《软件配置管理计划》(SCMP)描述在项目中如何实施软件配置管理。SCMP既可作为《软件开发计划》的一部分，也可单独成文。

2. 编制时机

对于嵌入式软件产品，在方案阶段编制。

对于纯软件产品，在软件需求分析阶段编制。

3. 编制依据

主要包括：研制立项综合论证报告，研制总要求，研制合同，工作说明，研制计划，研制方案，运行方案说明，系统/子系统规格说明，GJB 438B—2009《军用软件开发文档通用要求》，GJB 2255—1994《军用软件产品》等。

4. 目次格式

按照 GJB 438B—2009《军用软件开发文档通用要求》编写。

12.2　编写说明

1　范围

1.1　标识

本条应描述本文档所适用的系统和软件的完整标识，适用时，包括其标识号、名称、缩略名、版本号和发布号。

1.2　系统概述

本条应概述本文档所适用的系统和软件的用途。它还应描述系统与软件的一般特性；概述系统开发、运行和维护的历史；标识项目的需方、用户、开发方和保障机构；标识当前和计划的运行现场；列出其他有关文档。

1.3　文档概述

本条应概括本文档的用途和内容，并描述与它的使用有关的保密性方面的要求。

1.4 与其他计划之间的关系

本条应描述本计划和其他项目管理计划的关系。

2 引用文档

本章应列出引用文档的编号、标题、编写单位、修订版及日期,还应标识不能通过正常采购活动得到的文档的来源。

3 组织和职责

本条应描述软件配置管理机构的组成及各级软件配置管理机构的职责和权限;说明与软件配置管理相关的人员(如项目经理、部门软件配置管理组组长)在软件配置管理中的职责;描述上述人员之间的关系。适用时,本条还应描述需方及用户等与软件配置管理机构之间的关系。

4 软件配置管理活动

本章应描述配置标识、配置控制、配置状态记实、配置审核以及软件发行管理和交付等方面的软件配置管理活动的需求。

4.1 配置标识

本条应描述基线与配置项的标识方案;详细描述本项目的每一基线,包括基线的名称、基线的项目唯一的标识符、基线的内容和基线预期的建立时间等。本条还应详细描述本项目的每一软件配置项,包括配置项名称、配置项的项目唯一的标识符及其受控时间等,若为基线软件配置项,则还应列出其所属的基线名称。

4.2 配置控制

本条应描述如下内容:

a) 在本计划所描述的软件生存周期各个阶段使用的更改批准权限的级别;

b) 对已有配置项的更改申请进行处理的方法,其中包括:1)详细说明在本计划描述的软件生存周期各个阶段提出更改申请的规程;2)描述实现已批准的更改申请(如源代码、目标代码和文档等的修改)的方法;3)描述软件配置管理库控制的规程,其中包括例如库存软件控制、对于使用基线的读写保护、成员保护、成员标识、档案维护、修改历史以及故障恢复等规程;4)描述配置项和基线变更、发布的规程以及相应的批准权限;

c) 当与不属于本软件配置管理计划适用范围的软件和项目存在接口时,本条应描述对其进行配置控制的方法。如果这些软件的更改需要其他机构在配置管理组评审之前或之后进行评审,则本条应描述这些机构的组成、它们与配置管理组的关系以及它们相互之间的关系;

d) 与特殊产品(如非交付的软件、现有软件、用户提供的软件和内部支持软件)有关的配置控制规程。

4.3 配置状态记实

本条应：

a) 描述对配置项状态信息收集、验证、存储、处理和报告等方法；

b) 描述应定期提供的报告及其分发方法；

c) 适用时，描述所提供的动态查询的能力；

d) 适用时，记录用户说明的特殊状态，同时描述其实现手段。

4.4 配置审核

本条应描述：

a) 在本项目软件生存周期的特定点上要进行的软件配置审核；

b) 每次审核所包含的软件配置项；

c) 标识和解决在配置审核期间发现的问题的规程。

4.5 软件发行管理和交付

本条应描述：

a) 控制有关软件发行管理和交付的规程和方法；

b) 确保软件配置项完整性的规程和方法；

c) 确保一致且完整地复制软件产品的规程和方法；

d) 按规定要求进行交付的规程和方法。

5 工具、技术和方法

本章应描述为支持特定项目的软件配置管理所使用的软件工具、技术和方法，指明它们的用途，并在开发者权限的范围内描述其用法。

6 对供货单位的控制

供货单位包括软件销售单位或软件分承制方。本章应描述对这些供货单位将提供软件的配置进行控制的管理规程，从而保证所获取的软件(包括可重用软件)能满足规定的软件配置管理需求。管理规程应该规定在本计划的执行范围内控制供货单位的方法；还应解释用于确定供货单位的软件配置管理能力的方法以及监督他们遵循本软件配置管理计划需求的方法。

7 进度表

本章应描述软件配置管理活动日程，应保证与本项目的开发计划和质量保证计划一致。

8 注释

本章应包括有助于了解文档的所有信息(例如背景、术语、缩略语或公式)。

12.3 编写示例

1 范围
1.1 标识
本文档适用的产品和软件见表1。

表1 本文档适用的产品和软件

类别	名称	标识号	缩略名	版本号	发布号
产品	×××	×××	×××	×××	×××
软件1	×××软件	×××	×××	×××	×××
软件2	×××软件	×××	×××	×××	×××
软件3	×××软件	×××	×××	×××	×××

1.2 系统概述
×××(产品名称)是×××(上一层次产品名称)的配套产品,主要完成×××、×××功能。

依据×××(产品名称)研制方案和×××(上一层次产品名称)研制需求,×××(产品名称)软件包括下述CSCI:

a) 软件1:×××(产品组成部分)的×××软件,实现×××功能;
b) 软件2:×××(产品组成部分)的×××软件,实现×××功能;
c) 软件3:×××(产品组成部分)的×××软件,实现×××功能。

×××(软件名称)软件的研制过程与产品研制周期保持同步,随产品交付用户。

×××(软件名称)软件运行硬件平台为×××,运行现场分别是产品集成测试环境、系统综合联试环境以及交付后的使用环境。

项目的需方:×××。

项目的用户:×××。

项目的开发方:×××。

项目保障机构:×××(软件名称)由×××(软件开发团队)负责开发,×××(软件测试团队)负责软件测试,×××(软件质量保证组织)负责软件质量保证,×××(软件配置管理组织)负责软件的配置管理,×××(软件开发监控组织)全程监控软件研制全过程。

1.3 文档概述
本文档是×××(软件名称)软件的配置管理计划,规定了×××(软件名称)开发过程中的配置管理组织结构、职责及活动要求,配置管理库的维护安排,明确了软件开发过程输出版本控制以及变更要求,是实施配置管理活动的依据。

对本文档的使用应遵循与此相应的相关保密性和安全性规定。

1.4 与其他计划之间的关系

《×××(软件名称)软件开发计划》是《×××(软件名称)软件配置管理计划》的编制依据,《×××(软件名称)软件配置管理计划》规定的开发进度应与《×××(软件名称)软件开发计划》的要求一致。

2 引用文档

GJB 5881—2006 技术文件版本标识及管理要求;

××× ×××;

××× ×××。

3 组织和职责

3.1 组织

本项目配置管理组织结构如图1所示,由配置管理控制委员会(Configuration Control Board,简称CCB)和项目配置管理小组等组成,CCB由管理专家和技术专家组成,对配置及其管理具有决策权。

图1 ×××(软件名称)配置管理组织机构

3.2 职责

组织机构的组成和职责见表2。

表2 软件项目层职责

序号	角色	人员构成	职责	备注

4 软件配置管理活动

4.1 配置标识

配置项的标识要求如图2所示。

图2 配置项标识要求

4.1.1 配置管理资源

软件配置管理资源包括软件资源和硬件资源,配置管理资源计划见表3。

表3 配置管理资源计划

序号	资源项	供应单位	最迟获得时间	备注

4.1.2 配置子项目

×××(软件名称)软件配置项包含文档、工具、源代码和运行体等子项目,子项目管理员具有创建、检入、检出、导出、删除的权限;子项目用户、文档项目用户、工具项目用户、源代码项目用户和运行体项目用户只具有查看的权限。所有CCB成员只具有查看的权限。×××(软件名称)软件在开发库、受控库和产品库中建立的配置计划见表4。

表4 配置建立计划

序号	配置项名称	建立时间	配置项内容	权限分配

×××(软件名称)项目管理类文档和相关沟通记录等配置计划见表5。

表5 仅开发库中存在的配置建立计划

序号	配置项名称	建立时间	配置项内容	权限分配
1	工作周报			
2	质量保证			
3	项目策划			
4	项目监控			
5	测量与分析			
6	需求管理			
7	配置管理			
8	沟通记录			

4.1.3 配置项标识
4.1.3.1 文档配置项

×××(软件名称)软件文档配置项计划及其标识见表6。

表6 文档配置项计划及其标识

序号	配置项名称	配置项标识	所属基线名称	执行人	受控时间

4.1.3.2 源代码配置项

×××(软件名称)软件源代码配置项计划及其标识见表7。

表7 源代码配置项计划及其标识

序号	配置项名称	配置项标识	所属基线名称	执行人	入库时间

4.1.3.3 运行体配置项

×××(软件名称)软件运行体配置项计划及其标识见表8。

表8 运行体配置项计划及其标识

序号	配置项名称	配置项标识	所属基线名称	执行人	入库时间

4.1.4 基线标识

×××(软件名称)软件定义以下3类基线：

a) 功能基线:批准的×××(软件名称)软件系统规格说明类文档；
b) 分配基线:批准的×××(软件名称)软件需求阶段文件类文档；
c) 产品基线:批准的×××(软件名称)软件产品规格说明类文档。

×××(软件名称)软件基线以"软件名称_基线类型名称"命名,基线标识格式为"×××(基线标识)_×××(配置项标识)_×××(基线类型缩略语)_×××(流水号)"。

×××(软件名称)软件基线建立计划及其标识见表9。

表9 基线建立计划及其标识

序号	基线名称	基线标识	基线所包含的配置项	建立时间	目标库

4.1.5 版本/版次标识

4.1.5.1 软件文档版次

软件文档版本的标识应符合GJB 5881—2006的规定,文档版本由大版本和小版本组成。大版本用大写字母 A～Z 标识,表示文档每一次发布或换版,即文档的变更或升级。小版本为文档临时修改,即进行一次"检出"再"检入"后的记录,小版本采用在字母后面增加数字来表示,如 A.1、A.2、B.2 等。

4.1.5.2 软件版本

软件版本号的标识格式为:××.YY,其中××代表主版本标志,为 0～9 的数字,YY 代表小版本标识,为 0～9 的数字。软件初始版本为 1.0,版本升级要求如下:

a) 受控配置项进行重大变更时,对主版本号进行升级;

b) 受控配置项进行一般变更时,对小版本号进行升级。

4.2 配置控制

4.2.1 配置库管理

4.2.1.1 开发库的控制

×××(软件名称)软件开发库用于项目开发阶段的记实,存放项目组开发阶段的技术文档、源代码、目标码、测试程序、管理类文档和相关沟通记录等。由配置管理员依据《×××(软件名称)软件配置管理计划》在配置管理系统的开发库中建立配置项。项目组成员根据操作权限及要求,在开发库中进行操作。

4.2.1.2 受控库的控制

×××(软件名称)软件配置项从开发库提交到受控库由配置项责任人进行,提交到产品库由配置管理员以基线的形式进行提交受控制软件工作产品。

配置项和基线所对应的内容提交到受控库后通过变更流程才能进行升级。

4.2.2 入库管理

4.2.2.1 配置项入库

a) 建立配置项

由配置管理员根据配置管理计划在部门开发库中建立配置项。

b) 配置项提升

由配置项负责人提交配置项入受控库申请,配置管理员审批入库。

4.2.2.2 基线入库

a) 建立配置

由配置管理员在受控库中建立配置。

b) 建立基线

由配置管理员在受控库中建立基线。

c) 基线提升

由配置管理员提出申请,项目经理审核,产品库档案管理员批准。

4.2.3 变更管理
4.2.3.1 配置项变更管理
×××(软件名称)软件配置项变更流程如下：

a) ×××；
b) ×××；
c) ×××。

4.2.3.2 基线变更管理
×××(软件名称)软件基线变更流程如下：

a) ×××；
b) ×××；
c) ×××。

4.2.4 软件维护管理
4.2.4.1 联试与试验

a) 软件项目经理根据系统联试或试验要求，对软件项目组参与联试或试验工作进行策划，明确投入的资源、所需的保障条件；

b) 软件项目组人员在联试或试验期间应在"软件维护记录"中详细记录发现的问题、源代码更改范围和更改前后的产品规模；

c) 联试或试验结束时，软件项目经理应根据批准的"软件维护记录"，组织对发生的软件变更进行回归测试；

d) 软件项目经理应组织收集项目监控、需求管理和测试等活动相关的数据，并填入"项目数据统计"；

e) 软件质量师应对软件维护过程和涉及到的需求管理、配置管理等过程进行检查。

4.2.4.2 维护与保障

a) 软件项目经理应组织对软件维护工作进行策划，明确负责软件具体维护实施的人员和所需资源保障等；

b) 需要维护时，软件项目经理应组织进行分析评估，获取维护所需的信息，包括故障现象、发生条件等，收集维护所用工时，确定维护类型，并记录在"软件维护记录"；

c) 软件项目经理根据批准的"软件维护记录"，组织进行软件变更分析，并按相关规定进行变更及回归测试；

d) 软件项目经理应组织收集维护与保障过程中项目监控、需求管理和测试等活动的数据，并填写"项目数据统计"；

e) 软件质量师应对软件维护过程和涉及到的需求管理、配置管理等过程进行监督检查。

4.3 配置状态记实

配置状态记实的主要活动包括：

a) 软件升级前应填写《软件版本记录》，完成升级后由配置管理员将升级后的软件版本由开发库提交到受控库，完成版本记录归档；

b) 软件出/入库时，配置管理员应根据受控库情况及时更新配置状态报告，并通知利益相关方；

c) 配置更改记录由相应配置库管理组负责；

d) 软件完成安装后，填写《软件安装记录》，并同相关软件版本一起提交到软件配置管理系统；

e) 配置管理员在里程碑结束时编写《软件配置管理报告》，并通知利益相关方。

4.4 配置审核

软件配置审核包括功能配置审核（FCA）、物理配置审核（PAC）、配置管理审核（CMA），软件配置审核计划见表10。

表 10 软件配置审核计划

序号	审核类别	审核对象	审核内容	审核人	审核时机	输出
1	功能配置审核（FCA）	分配基线 产品基线				
2	物理配置审核（PCA）	功能基线 分配基线 产品基线				
3	配置管理审核（CMA）	功能基线 分配基线 产品基线				

4.5 软件发行管理和交付

软件产品的发布应实施统一管理，以确保发布软件版本正确性，产品发布管理和交付控制流程如下：

a) 填写《软件出库申请》后提交审批；

b) 根据《软件出库申请》完成对应软件基线的发布；

c) 签字领用相关软件产品，安装后填写《软件安装记录》。

产品发布计划安排见表11。

表 11 产品发布计划

序号	配置项名称	配置项标识	阶段名称	发布时间	发布人

5 工具、技术和方法

×××(软件名称)软件开发过程中选用×××(软件配置管理系统名称),可实现对各种软件资源(包括项目文档、软件源代码、软件运行代码、项目工具等)的历史状态和变更过程的管理和控制,确保软件配置项在整个软件生命周期的完整性和可跟踪性。

6 对供货单位的控制

×××。

7 进度表

×××(软件名称)软件配置管理活动日程见表12。

表 12 软件配置管理活动日程

序号	配置管理活动	配置管理活动时间

8 注释

××× ×××。

范例 13 软件质量保证计划

13.1 编写指南

1. 文件用途

《软件质量保证计划》(SQAP)描述在项目中采用的软件质量保证的措施、方法和步骤。SQAP 既可作为《软件开发计划》的一部分,也可单独成文。

2. 编制时机

对于嵌入式软件产品,在方案阶段编制。

对于纯软件产品,在软件需求分析阶段编制。

3. 编制依据

主要包括:研制立项综合论证报告,研制总要求,研制合同,工作说明,研制计划,研制方案,运行方案说明,系统/子系统规格说明,GJB 438B—2009《军用软件开发文档通用要求》,GJB 439—1988《军用软件质量保证规范》,GJB 2255—1994《军用软件产品》等。

4. 目次格式

按照 GJB 438B—2009《军用软件开发文档通用要求》编写。

13.2 编写说明

1 范围

1.1 标识

本条应描述本文档所适用的系统和软件的完整标识,适用时,包括其标识号、标题、缩略名、版本号和发行号。

1.2 系统概述

本条应概述本文档所适用的系统和软件的用途。它还应描述系统与软件的一般特性;概述系统开发、运行和维护的历史;标识项目的需方、用户、开发方和保障机构等;标识当前和计划的运行现场;列出其他有关文档。

1.3 文档概述

本条应概述本文档的用途和内容,并描述与它使用有关的保密性方面的要求。

1.4 与其他计划之间的关系

本条应描述本计划和其他项目管理计划的关系。

2 引用文档

本章应列出引用文档的编号、标题、编写单位、修订版及日期,还应标识不能通过正常采购活动得到的文档的来源。

3 组织和职责

本章应描述本项目软件质量保证负责人在项目中的职责和权限;相应的高层经理与软件质量保证紧密配合的项目经理的职责;部门内部软件质量保证组的职责;部门内部软件质量保证组与项目软件质量保证组的关系。

4 标准、条例和约定

本章应列出软件开发过程中要用到的标准、条例和约定,并描述监督和保证其实施的措施。

5 活动审核

本章应描述对项目活动进行审核的方法和依据,列出项目定义的活动以及相应的活动审核,包括被审核的项目活动、该活动的工作产品、审核方法和依据、责任人、计划的审核时间、审核记录的名称等。

6 工作产品审核

本章应描述进行工作产品审核的方法和依据,列出项目过程应产生的工作产品和质量记录,以及需要由软件质量保证人员负责审核的工作产品和相应的产品审核活动,包括被审核的工作产品、审核方法和依据、责任人、计划的审核时间、审核记录的名称等。

7 不符合问题的解决

本章应描述过程评审和产品审核的结果的记录以及形成记录的方法,并描述处理在评审和审核中出现的不符合问题的规程。

8 工具、技术和方法

本章应描述用以支持特定软件项目质量保证工作的工具、技术和方法,描述它们的用途和用法。

9 对供货单位的控制

供货单位包括软件销售单位或软件分承制方。本章应描述对这些供货单位进行控制的规程,从而保证所获取的软件(包括可重用软件产品)能满足规定的需求。

10 记录的收集、维护和保存

本章应描述要保存的软件质量保证活动的记录,并指出用于汇总、保存和维护这些记录的方法和设施,并指明要保存的期限。

11 注释

本章应包括有助于了解文档的所有信息(例如背景、术语、缩略语或公式)。

13.3 编写示例

1 范围

1.1 标识

本文档适用的产品和软件见表1。

表1 本文档适用的产品和软件

类别	名称	标识号	缩略名	版本号	发布号
产品	×××	×××	×××	×××	×××
软件1	×××软件	×××	×××	×××	×××
软件2	×××软件	×××	×××	×××	×××
软件3	×××软件	×××	×××	×××	×××

1.2 系统概述

×××(产品名称)是×××(上一层次产品名称)的配套产品,主要完成×××、×××功能。

依据×××(产品名称)研制方案和×××(上一层次产品名称)研制需求,×××(产品名称)软件包括下述CSCI:

a) 软件1:×××(产品组成部分)的×××软件,实现×××功能;
b) 软件2:×××(产品组成部分)的×××软件,实现×××功能;
c) 软件3:×××(产品组成部分)的×××软件,实现×××功能。

×××(软件名称)软件的研制过程与产品研制周期保持同步,随产品交付用户。

×××(软件名称)软件运行硬件平台为×××,运行现场分别是产品集成测试环境、系统综合联试环境以及交付后的使用环境。

项目的需方:×××。

项目的用户:×××。

项目的开发方:×××。

项目保障机构:×××(软件名称)由×××(软件开发团队)负责开发,×××(软件测试团队)负责软件测试,×××(软件质量保证组织)负责软件质量保证,×××(软件配置管理组织)负责软件的配置管理,×××(软件开发监控组织)全程监控软件研制全过程。

1.3 文档概述
1.3.1 文档用途

本文档规定了×××(软件名称)开发过程中必要的质量保证措施,以保证交付的×××(软件名称)能够满足×××(设计输入,如研制总要求、成品技术协议书)规定的各项需求,能够满足系统需求规格说明中规定的各项具体需求。×××(软件开发团队)在开发×××(软件名称)的各个子模块软件时,应执行本计划中的有关规定,但允许根据各自的情况对本计划进行适当的剪裁,以满足特定的质量保证要求,剪裁后的计划须经×××批准。

本文档属于×××(软件名称)研制过程的规范文件,对本文档的使用应遵循与此相应的相关保密性和安全性规定。

1.3.2 文档内容

本文档描述的内容主要包括：

a) 本文档的标识、用途、内容、与其他计划之间的关系及本文档所适用的系统功能；

b) 引用文档的编号、标题、修订版及编制单位；

c) 软件质量保证负责人和与质量保证紧密配合的管理者在项目中的职责和权限；

d) 软件开发过程中要用到的标准、条例和约定；

e) 对项目活动进行审核的方法和依据；

f) 进行产品审核的方法和依据；

g) 过程评审和产品审核的结果怎样形成记录,应形成哪些记录,描述处理在评审中出现的不符合问题的流程；

h) 用于项目质量保证工作的工具、技术和方法；

i) 对供货单位进行控制的流程；

j) 需保存的软件质量保证活动的记录,并指出了用于汇总、保存和维护这些记录的方法和设施及保存的期限。

1.4 与其他计划之间的关系

本计划应随着《×××(软件名称)软件开发计划》的修改进行必要的修改,以保证使用的都是当前有效的软件质量保证计划。

软件质量保证对软件配置管理既有监督作用,也有依赖关系,要依靠软件配置管理(详见《×××(软件名称)软件配置管理计划》)来保证对产品的审核和对软件基线变更的控制。

本计划与《×××(软件名称)软件测试计划》相协调。

2 引用文档

×××　×××。
×××　×××。
×××　×××。
×××　×××。

3 组织和职责

3.1 组织

本项目组织机构为分层结构如图1所示,分为高层领导层、软件项目层和软件过程改进层。

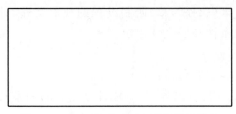

图1　×××(软件名称)项目组织结构

3.2 职责

a) 高层领导层负责协调解决本项目实施过程中出现的底层无法解决的问题;

b) 软件项目层是本项目的主要执行机构,负责项目开发活动的具体实施,主要职责见表2;

表2　软件项目层职责

序号	角色	人员构成	职责	备注

c) 软件过程改进层包括工程过程组(EPG)、实施推广组(IPG)、质量保证组(QAG)和配置管理组(CMG),在本项目中的主要职责见表3。

表3　软件过程改进层职责

序号	角色	人员构成	职责	备注
1	工程过程组(EPG)			
2	实施推广组(IPG)			
3	质量保证组(QAG)			
4	配置管理组(CMG)			

4 标准、条例和约定

×××(软件名称)在开发过程执行下述标准、条例和约定:
a) 软件文档编制的格式和内容:×××;
b) 软件配置管理:×××;
c) 软件测试:×××;
d) ×××:×××。

5 活动审核

×××(软件名称)生命周期为 V 模型。除生命周期本身包含的活动外,还应有配置管理活动、测量与分析活动、项目监控活动、项目策划活动、需求管理活动、测试活动、评审活动。生命周期各阶段活动审核计划与开发计划要求一致,软件质量师可不定期对项目各阶段活动进行抽查,审核结果应通知项目相关人员,并定期以《SQA 审核报告》的形式向×××(软件开发相关组织)汇报审核情况。

按照×××(软件名称)软件质量保证计划要求,软件研制任务书、软件开发计划、软件需求规格说明、软件设计说明应进行外部评审,软件质量师应根据外部评审安排进行检查。

5.1 项目策划阶段

软件项目策划阶段审核计划见表4。

表 4 软件项目策划阶段审核计划

序号	项目活动	工作产品	方法和依据	责任人	审核时间	记录名称

5.2 软件需求分析阶段

软件需求分析阶段审核计划见表5。

表 5 软件需求分析阶段审核计划

序号	项目活动	工作产品	方法和依据	责任人	审核时间	记录名称

5.3 软件概要设计阶段

软件概要设计阶段审核计划见表6。

表 6 软件概要设计阶段审核计划

序号	项目活动	工作产品	方法和依据	责任人	审核时间	记录名称

5.4 软件详细设计阶段

软件详细设计阶段审核计划见表7。

表 7　软件详细设计阶段审核计划

序号	项目活动	工作产品	方法和依据	责任人	审核时间	记录名称

5.5 软件编码实现阶段

软件编码实现阶段审核计划见表8。

表 8　软件编码实现阶段审核计划

序号	项目活动	工作产品	方法和依据	责任人	审核时间	记录名称

5.6 软件集成阶段

软件集成阶段审核计划见表9。

表 9　软件集成阶段审核计划

序号	项目活动	工作产品	方法和依据	责任人	审核时间	记录名称

5.7 软件配置项测试阶段

软件配置项测试阶段审核计划见表10。

表 10　软件配置项测试阶段审核计划

序号	项目活动	工作产品	方法和依据	责任人	审核时间	记录名称

5.8 软件系统测试阶段

软件系统测试阶段审核计划见表11。

表 11　软件系统测试阶段审核计划

序号	项目活动	工作产品	方法和依据	责任人	审核时间	记录名称

5.9 软件维护阶段

20××年××月××日至20××年××月××日为软件维护阶段,本阶段软件质量师应在每周进行项目监控过程的审核,以确保风险及项目管理类问题得到跟踪与解决,并重点监控软件需求管理和配置管理情况,确保各次需求变更和软件技术状态受控。

软件维护阶段活动审核计划见表12。

表12 软件维护阶段阶段审核计划

序号	项目活动	工作产品	方法和依据	责任人	审核时间	记录名称

5.10 SQA阶段工作总结

项目里程碑处或项目结题时,软件质量师应进行阶段工作总结,形成SQA工作总结报告,SQA阶段工作总结计划见表13。

表13 SQA阶段工作总结计划

序号	项目里程碑	计划总结时间	责任人

6 工作产品审核

×××(软件名称)在研制过程中,软件质量师应不定期对项目各阶段产生的工作产品进行抽查审核,审核结果应通知项目相关人员,并以《SQA审核报告》的形式向软件质量经理汇报审核情况。工作产品审核主要针对×××(软件名称)文档进行。工作产品审核计划见表14。

表14 工作产品审核

序号	研制阶段	工作产品	方法和依据	责任人	审核时间	记录名称

7 不符合问题的解决

7.1 内部评审

7.1.1 不符合问题的记录

a) 根据"评审要素检查表"认真查找并识别工作产品的缺陷,并对每个缺陷尽可能达成共识;

b) 记录评审实施情况和结果,填写"软件评审原始记录表";

c) 形成"软件评审报告",给出评审结论和意见,并填写"设计评审意见跟踪检查表"。

7.1.2 不符合问题的处理规程

a) 根据评审结果,软件项目经理明确责任人,组织修正软件评审工作产品,提出解决措施,消除已发现的缺陷;

b) 软件质量师根据"软件评审意见跟踪检查表"跟踪每一个问题,直到被解决;

c) 相关人员解决"软件评审意见跟踪检查表"中记录的所有问题后,提交软件质量师审核并组织验证,验证通过后,软件质量师填写"验证结果"和"完成修正时间",最后签字确认。

7.2 软件质量师审核

7.2.1 不符合项的记录

a) 软件质量师实施对过程和服务、指定工作产品评价时,发现问题应及时记录在"检查表"中;

b) 完成审核后,软件质量师应与相关人员交流并确定过程、工作产品及服务的不符合项;

c) 标识并文档化审核中发现的所有不符合项,填写"《审核不符合项报告》",并明确纠正完成时间和要求。

7.2.2 不符合项的处理规程

7.2.2.1 确定不符合项的分类

不符合项的分类见表15。

表15 不符合项的分类

序号	处理类别	分类依据	备注

7.2.2.2 不符合项的处理方法

不符合项处理方法如下:

a) Ⅰ类不符合项:软件质量师在"审核不符合项跟踪表"中记录相关事项,并直接"关闭"不符合项;

b) Ⅱ类不符合项:

1) 软件质量师在"审核不符合项跟踪表"中记录相关事项,并与相关责任人确定纠正计划;

2) 不符合项责任人按计划纠正不符合项,软件质量师跟踪维护"审核不符

合项跟踪表"相关信息,直到不符合项得到纠正;

　　3) 若不符合项在规定时间内得不到纠正,不符合项状态应置为"延期",软件质量师应将此不符合项纳入"审核不符合项报告",并进行跟踪管理,逐级向上报告直到不符合项得到纠正;

　　c) Ⅲ类不符合项:软件质量师将此类不符合项在"审核不符合项跟踪表"中进行记录,同时纳入"审核不符合项报告"进行跟踪管理,逐级向上报告直到不符合项得到纠正。

　　软件质量师应将质量保证活动中与不符合项相关数据填入"SQA 数据统计表"中,并及时将不符合项跟踪处理过程相关信息通报利益相关方。

7.3　外部评审

　　外部评审发现的问题,应根据相应的问题意见单进行更改并归零。

7.4　软件测试

　　软件测试发现的问题,按如下方式进行处理:

　　a) 提交缺陷:按照"缺陷定义",将发现的缺陷提交给软件项目经理;

　　b) 分配缺陷:项目组指定人员组织缺陷评审,决定缺陷计划解决的版本、时间和负责人;如果不是缺陷,该缺陷被强行关闭;

　　c) 解决缺陷:缺陷解决责任人对缺陷进行更改,填写缺陷修改完成时间和缺陷处理结果描述;

　　d) 验证缺陷:测试人员对解决后的缺陷进行验证,如果验证失败,该缺陷被再次打开、提交;

　　e) 关闭缺陷:对通过验证的缺陷关闭;

　　f) 报告缺陷:阶段性的测试完成后,测试经理将该阶段发现的缺陷进行统计分析,形成《缺陷报告》,发送利益相关方;

　　g) 遗留缺陷跟踪:项目组对遗留缺陷进行跟踪,分析其影响范围,督促完成修改。

8　工具、技术和方法

　　在×××(软件名称)的研制与开发过程中,应该在软件质量保证活动中合理地使用软件质量活动的支持工具、技术和方法。

　　a) 软件测试工具×××;

　　b) 软件配置管理工具×××;

　　c) 文档辅助生成工具与图形编辑工具×××;

　　d) ×××。

9　对供货单位的控制

　　×××(软件名称)供货单位:×××。

10 记录的收集、维护和保存

在×××(软件名称)的研制与开发期间,要进行各种软件质量保证活动,准确记录、及时分析并妥善保存这些活动的有关记录,是确保软件质量的重要条件。在软件质量保证小组中,软件质量师负责收集汇总有关软件质量保证活动的记录并入配置库管理。软件验收测试记录由×××(承制单位)技术质量及售后服务部门汇总后,统一归档。

范例14　软件测试计划

14.1　编写指南

1. 文件用途

《软件测试计划》(STP)描述对计算机软件配置项(CSCI)和软件系统或子系统进行合格性测试的计划。

2. 编制时机

对于嵌入式软件产品,在工程研制阶段编制。

对于纯软件产品,在软件需求分析阶段和软件设计阶段编制。软件系统测试计划在软件需求分析阶段编制;软件集成测试计划在软件设计阶段(概要设计)编制;软件单元测试计划在软件设计阶段(详细设计)编制。

3. 编制依据

主要包括:研制立项综合论证报告,研制总要求,研制合同,工作说明,研制计划,研制方案,运行方案说明,系统/子系统规格说明,系统/子系统设计说明,软件需求规格说明,接口需求规格说明,软件产品规格说明,软件版本说明,GJB 438B—2009《军用软件开发文档通用要求》等。

4. 目次格式

按照GJB 438B—2009《军用软件开发文档通用要求》编写。

14.2　编写说明

1　范围

1.1　标识

本条应描述本文档所适用的系统和软件的完整标识,适用时,包括其标识号、名称、缩略名、版本号和发布号。

1.2　系统概述

本条应概述本文档所适用的系统和软件的用途。它还应描述系统与软件的一般特性;概述系统开发、运行和维护的历史;标识项目的需方、用户、开发方和保障机构等;标识当前和计划的运行现场;列出其他有关文档。

1.3 文档概述

本条应概述本文档的用途和内容,描述与它的使用有关的保密性方面的要求。

1.4 与其他计划的关系

本条应描述本计划(STP)与其他项目管理计划之间的关系(若有)。

2 引用文档

本章应列出引用文档的编号、标题、编写单位、修订版及日期,还应标识不能通过正常采购活动得到的文档的来源。

3 测试依据

本章应列出软件测试应遵循的依据。

4 软件测试环境

本章应分为如下小条描述每个预期测试现场的软件测试环境,也可引用软件开发计划中有关资源方面的描述。

4.X （测试现场名称）

4.X.1 软件项

(若适用)本条应按名称、编号和版本,描述在测试现场的测试活动所需的软件项(如操作系统、编译程序、通信软件、有关的应用软件、数据库、输入文件、代码检查程序、动态路径分析程序、测试驱动程序、预处理程序、测试数据产生程序、测试控制软件、其他专用测试软件、后处理器程序)。本条还应描述每个软件项的用途,说明它的介质(磁带、磁盘等),标识那些期望现场提供的软件项,标识与软件项有关的保密处理或其他保密性问题。

4.X.2 硬件和固件项

(若适用)本条应按名称、编号和版本,描述在测试现场的软件测试环境中使用的计算机硬件、接口设备、通信设备、测试数据整理设备、另外的外围设备(磁带机、打印机、绘图议)、测试消息生成器、测试计时设备、测试事件记录仪等装置和固件项。本条应描述每项的用途,陈述所需每项的使用时间与数量,标识那些期望现场提供的项,标识与这些硬件及固件项有关的保密处理或其他保密性问题。

4.X.3 其他项

(若适用)本条应描述网络拓扑图,或4.X.1和4.X.2中未包含的其他项。

4.X.4 其他材料

本条应描述在测试现场执行测试所需的任何其他材料。这些材料可包括手册、软件清单、被测试软件的介质、测试用数据的介质、输出的样本清单和其他表格或说明。本条应标识需交付给现场的项和期望现场提供的项。(若适用)本描述应包括材料的类型、布局和数量。本条还应标识与这些材料有关的保密处理或其他保密性问题。

4.X.5 所有者的特性、需方权利和许可证

本条应描述与软件测试环境中每个元素有关的所有者的特性、需方权利与许可证等问题。

4.X.6 安装、测试和控制

本条应描述开发方为执行以下各项工作的计划,可能需要测试现场人员共同合作:

a) 获取和开发软件测试环境中的每个元素;
b) 使用前,安装与测试软件测试环境中的每个项;
c) 控制与维护软件测试环境中的每个项。

4.X.7 测试环境的差异性分析和有效性说明

本条应描述拟建立的测试环境与需求环境之间的差异。如果存在环境差异,应说明在该测试环境下测试结果的有效性。

4.X.8 参与组织

本条应描述参与现场测试的组织以及他们的角色与职责。

4.X.9 人员及分工

本条应描述在测试期间测试现场所需人员的姓名、技术水平和职责分工,需要他们的日期与时间以及特殊需要,例如为保证大规模测试工作的连续性与一致性,需要轮班操作以及关键技能的保持能力。

4.X.10 人员培训

本条应描述测试前和测试期间要进行的人员培训。此信息应与4.X.9所给出的人员需求有关。培训可包括用户使用说明、操作员使用说明、维护和控制组使用说明和对全体人员定向培训的简述。如果培训量大,可单独制定一个计划,而在此引用。

4.X.11 要执行的测试

本条应通过引用第5章来标识测试现场要执行的测试。

5 测试标识

5.1 一般信息

5.1.1 测试级

本条应描述要执行的测试的级别,例如CSCI级或系统级。

5.1.2 测试类别

本条应描述要执行的测试的类型或类别(例如功能测试、性能测试、容量测试)。

5.1.3 一般测试条件

本条应描述适用于所有测试或一组测试的条件,例如:"每个测试应包括额定值、最大值和最小值";"每个类型的测试应使用真实数据";"应测量每个CSCI执行的规模与时间"。并陈述要执行的测试程度和对所选测试程度的原理。测试程度应表示为占某个已妥善定义总量的百分比或其他抽样方法(如离散操作条件或取值,或者样本的数量),还应包括再测试/回归测试所遵循的途径。

5.1.4 测试进展

本条应阐明在渐进测试或累积测试情况下,计划的测试顺序或进展。

5.1.5 数据记录、整理和分析

本条应标识并描述在本STP中标识的测试期间和测试之后要使用的数据的记录、整理和分析规程。(若适用)这些规程包括记录测试结果、将原始结果处理为适合评价的形式,以及保留数据整理与分析结果等可能用到的手工、自动和半自动技术。

5.2 计划执行的测试

5.2.X （测试项）

5.2.X.Y （测试项的项目唯一的标识符）

本条应使用项目唯一的标识符标识一个测试项,并为该测试提供下述测试信息。根据需要可引用4.1中的一般信息:

a) 测试对象;

b) 测试级;

c) 测试类型或类别;

d) 需求规格说明中所规定的合格性方法;

e) 本测试涉及的CSCI需求的标识符和(若适用)软件系统需求标识符(此信息亦可在第6章中提供);

f) 特殊需求(例如设备连续工作48h、武器模拟、测试程度、特殊输入或数据库的使用);

g) 要记录的数据的类型;

h) 要采用的数据记录/整理/分析的类型;

i) 假设与约束,例如由于系统或测试条件诸如时间、接口、设备、人员、数据库等原因而对测试产生的预期限制;

j) 与测试有关的安全性和保密性考虑。

6 测试进度

本章应包含或引用实施本计划中所标识测试的进度表。包括:

a) 描述已安排测试的现场和将执行测试的时间框架的图表;

b) 每个测试现场的进度表,(若适用)它可按时间顺序描述以下所列活动与事件,根据需要可增加支持性说明:1)现场测试的时间和分配给测试主要部分的时间;2)现场测试前,用于建立软件测试环境和其他设备、进行系统调试、定向培训和熟悉工作所需的时间;3)测试所需的数据库/数据文件值、输入值和其他运行数据等的收集;4)实施测试,包括计划中的再测试;5)软件测试报告(STR)的准备、评审和批准。

7 测试终止条件

本章应描述被测软件的评价准则和方法,以及可以结束测试的条件。

8 需求的可追踪性

本章应描述:

a) 从本计划所标识的每个测试到它所涉及的 CSCI 需求和(若适用)软件系统需求的可追踪性(此可追踪性亦可在 5.2.X.Y 中提供,而在此引用);

b) 从本测试计划所覆盖的每个 CSCI 需求和(若适用)软件系统需求到涉及它的测试的可追踪性。这种可追踪性应覆盖所有适用的软件需求规格说明(SRS)和相关接口需求规格说明(IRS)中的 CSCI 需求;对于软件系统,还应覆盖所有适用的系统/子系统规格说明(SSS)及相关系统级 IRS 中的系统需求。

9 注释

本章应包括有助于了解文档的所有信息(例如背景、术语、缩略语或公式)。

14.3 编写示例

1 范围

1.1 标识

本文档适用的产品和软件见表1。

表1 本文档适用的产品和软件

类别	名 称	标识号	缩略名	版本号	发布号
产品	×××	×××	×××	×××	×××
软件1	×××软件	×××	×××	×××	×××
软件2	×××软件	×××	×××	×××	×××
软件3	×××软件	×××	×××	×××	×××

1.2 系统概述

1.2.1 ×××(产品名称)

×××(产品名称)是×××(上一层次产品名称)的配套产品,主要完成×

××、×××功能。

依据×××(产品名称)研制方案和×××(上一层次产品名称)研制需求，×××(产品名称)软件包括如下 CSCI：

a) 软件1:×××设备的×××软件，主要实现×××功能；
b) 软件2:×××设备的×××软件，主要实现×××功能；
c) 软件3:×××设备的×××软件，主要实现×××功能。

1.2.2　×××(软件名称)

×××(软件名称)是×××(软件类别)软件，由×××和×××等模块构成，完成×××(上一层次产品名称)×××、×××功能。

1.2.3　CSCI 关键等级

×××(软件名称)为××级(软件等级)软件。

1.2.4　项目的需方、用户、开发方和保障机构

项目的需方：×××。

项目的用户：×××。

项目的开发方：×××。

项目保障机构：×××(软件名称)由×××(软件开发团队)负责开发，×××(软件测试团队)负责软件测试，×××(软件质量保证组织)负责软件质量保证，×××(软件配置管理组织)负责软件的配置管理，×××(软件开发监控组织)全程监控软件研制全过程。

1.2.5　当前和计划的运行现场

×××(软件名称)软件的研制过程与产品研制周期保持同步，随产品交付用户。

×××(软件名称)软件运行硬件平台为×××，运行现场分别是产品集成测试环境、系统综合联试环境以及交付后的使用环境。

1.2.6　被测软件的测试范围

×××(软件名称)软件测试范围见表2。

表2　被测软件概述

序号	软件名称	用途	开发语言	运行平台	软件规模	软件等级

1.2.7　被测软件接口

×××(软件名称)软件接口关系如图1所示。

图1 ×××(软件名称)软件接口示意图

1.2.8 主要技术指标要求

×××(软件名称)软件主要技术指标见表3。

表3 ×××(软件名称)软件技术指标要求

序号	指标项	指标描述	备注

1.3 文档概述

本文档依据《×××(软件名称)软件研制任务书》《×××(软件名称)软件需求规格说明》《×××(软件名称)软件开发计划》编制,主要描述测试计划、组织和管理的方法和步骤。本文档不描述测试用例的执行细节,也不描述产品特征运行的技术细节。

本文档描述了×××(软件名称)软件测试的各项工作要求,是编写测试用例和软件测试工作的依据。本计划主要规定了:

a) 测试对象;
b) 测试环境,选择测试工具;
c) 测试策略;
d) 测试进度计划(包括时间和人员安排等)。

对本文档的使用应遵循与此相应的相关保密性和安全性规定。

1.4 与其他计划的关系

本计划符合软件开发计划的要求,在工作内容、日程和资源使用上与软件开发计划的要求一致。

本计划符合软件质量保证计划的要求,与软件质量保证计划相协调,符合软件质量保证计划对软件测试工作的要求。

本计划符合软件配置管理计划的要求,软件测试缺陷的提交和对程序的修改应符合软件配置管理计划的规定。

本计划符合测试项目质量保证计划、测试项目配置管理计划的要求,测试工作与测试项目管理、质量保证、配置管理工作同步、协调开展。

2 引用文档

×××　×××。

×××　×××。

×××　×××。

3 软件测试环境

3.1 单元测试环境

3.1.1 软、硬件项

单元测试软、硬件项见表4。

表4　单元测试软、硬件项

序号	硬件或固件项		软件项		用途	备注
	名称	数量	名称	版本		

3.1.2 测试环境差异性分析

×××(软件名称)软件单元测试是在×××(软件开发环境)的开发环境上进行,使用×××(软件测试工具)进行×××(软件名称)单元测试用例设计,在×××(软件测试工具)执行测试用例。

3.1.3 参与组织

×××(软件名称)测试参与组织及其角色、职责见表5。

表5　单元测试参与组织

序号	组织	角色	职责

3.1.4 人员及分工

单元测试期间所需人员情况见表6。

表6　单元测试所需人员情况

序号	角色	姓名	技术水平	部门

3.1.5 要执行的测试

×××(软件名称)软件要执行的测试见×.×.×。

3.2 集成测试环境
3.2.1 软、硬件项
集成测试软、硬件项见表7。

表7 集成测试软、硬件项

序号	硬件或固件项		软件项		用途	备注
	名称	数量	名称	版本		

3.2.2 测试环境差异性分析
×××（软件名称）软件单元测试是在×××（软件开发环境）的开发环境上进行,使用×××（软件测试工具）进行×××（软件名称）单元测试用例设计,在×××（软件测试工具）执行测试用例。

3.2.3 参与组织
×××（软件名称）测试参与组织及其角色、职责见表8。

表8 集成测试参与组织

序号	组织	角色	职责

3.2.4 人员及分工
集成测试期间所需人员情况见表9。

表9 集成测试所需人员情况

序号	角色	姓名	技术水平	部门

3.2.5 要执行的测试
×××（软件名称）软件要执行的测试见×.×.×。

3.3 配置项测试环境
3.3.1 首轮测试环境
3.3.1.1 测试框图
×××（软件名称）软件配置项测试环境如图2所示。

图 2 ×××（软件名称）软件配置项测试环境图

3.3.1.2 软件项

×××（软件名称）软件配置项测试软件项见表 10。

表 10 软件项列表

序号	软件项名称	用途	保密处理	安全性问题

3.3.1.3 硬件和固件项

×××（软件名称）软件配置项测试硬件固件项见表 11。

表 11 硬件和固件项列表

序号	硬件项名称	用途	保密处理	安全性问题

3.3.1.4 测试环境差异性分析

测试环境差异性分析见表 12。

表 12 测试环境差异性分析

序号	测试环境	实装环境	影响分析	解决措施

3.3.2 第二轮测试环境

3.3.2.1 测试框图

第二轮测试环境如图 3 所示。

图 3 第二轮配置项测试环境图

3.3.2.2 软、硬件项

第二轮测试软件项、硬件项见表13。

表13 ×××（软件名称）软件配置项测试软硬件项

序号	硬件或固件项		软件项		用途	备注
	名称	数量	名称	版本变更历程		

3.3.2.3 环境差异性分析

测试环境差异性分析见表14。

表14 测试环境差异性分析

序号	测试环境	实装环境	影响分析	解决措施

3.3.3 第三轮测试环境

×××。

3.3.4 第×轮测试环境

×××。

3.3.5 参与组织

测试参与组织及其角色和职责见表15。

表15 配置项测试参与组织

序号	组织	角色	职责

3.3.6 人员及分工

测试期间人员及分工见表16。

表16 配置项测试所需人员情况

序号	角色	姓名	技术水平	部门

3.3.7 要执行的测试

×××（软件名称）要执行的测试见×.×.×。

3.4 系统测试环境
3.4.1 首轮测试环境
3.4.1.1 测试框图
系统测试环境如图4所示。

图4 系统测试环境图

3.4.1.2 软件项
×××（软件名称）软件系统测试软件项见表17。

表17 软件项列表

序号	软件项名称	用途	保密处理	安全性问题

3.4.1.3 硬件和固件项
×××（软件名称）软件系统测试硬件和固件项见表18。

表18 硬件和固件项列表

序号	硬件项名称	用途	保密处理	安全性问题

3.4.1.4 测试环境偏差
测试环境差异性分析见表19。

表19 测试环境差异性分析

序号	测试环境	实装环境	影响分析	解决措施

3.4.1.5 参与组织
测试参与组织及其角色和职责见表20。

表20 系统测试参与组织

序号	组织	角色	职责

3.4.1.6 人员及分工

测试期间所需人员情况见表21。

表21 系统测试所需人员情况

序号	角色	姓名	技术水平	部门

3.4.1.7 要执行的测试

×××(软件名称)软件要执行的测试见×.×.×。

3.4.2 第二轮测试环境

×××。

3.4.3 第×轮测试环境

×××。

4 测试标识

4.1 一般信息

4.1.1 测试级别

×××(软件名称)软件测试的级别见表22。

表22 测试级别

测试对象	测试级别			
	单元测试	集成测试	配置项测试	系统测试

4.1.2 测试类别

×××(软件名称)软件系统测试涉及的测试类型见表23。

表23 系统测试类型

被测件名称	测试类型								
	文档审查	功能测试	边界测试	性能测试	接口测试	安全性测试	恢复性测试	强度测试	余量测试

×××(软件名称)软件配置项测试涉及的测试类型见表24。

表24 配置项测试类型

被测件名称	测试类型								
	文档审查	功能测试	边界测试	性能测试	接口测试	安全性测试	恢复性测试	强度测试	余量测试

×××(软件名称)软件集成测试涉及的测试类型见表25。

表25 集成测试类型

被测件名称	测试类型					
	文档审查	功能测试	边界测试	性能测试	接口测试	覆盖测试

×××(软件名称)软件单元测试涉及的测试类型见表26。

表26 单元测试类型

被测件名称	测试类型					
	文档审查	功能测试	边界测试	性能测试	接口测试	覆盖测试

4.1.3 一般测试条件

×××(软件名称)软件测试的一般测试条件见表27。

表27 一般测试条件

测试级别	一般测试条件
单元测试	
集成测试	
配置项测试	
系统测试	

4.1.4 测试进展

4.1.4.1 测试执行顺序

测试执行顺序为文档审查、代码审查和静态分析、单元测试、集成测试、配置项测试和系统测试。

4.1.4.2 测试过程风险

软件测试的主要风险及采取措施见表28。

表28 测试风险及采取措施

序号	风险	措施

4.1.5 数据记录、简约和分析

数据记录、整理和分析表见表29。

表29 数据记录、整理和分析表

测试级别	测试要求	数据记录和整理	分析结果
单元测试			
集成测试			
配置项测试			
系统测试			

4.2 计划执行的测试

4.2.1 系统测试

4.2.1.1 功能测试

4.2.1.2 接口测试

4.2.1.3 性能测试

4.2.1.4 余量测试

4.2.1.5 安全性测试

4.2.1.6 可恢复性测试

4.2.2 配置项测试

4.2.2.1 文档审查

4.2.2.2 功能测试

4.2.2.3 接口测试

4.2.2.4 性能测试

4.2.2.5 余量测试

4.2.2.6 安全性测试

4.2.2.7 可恢复性测试

4.2.3 集成测试

4.2.3.1 功能测试

4.2.3.2 覆盖测试

4.2.4 单元测试

4.2.4.1 功能测试

4.2.4.2 覆盖测试

4.2.5 静态分析和代码审查

4.2.6 文档审查

5 测试进度表

5.1 测试进度安排

×××(软件名称)软件测试进度安排见表30。

表30 软件的测试进度表

序号	测试活动	起始时间	完成时间

5.2 测试工作产品

应提交的测试工作产品见表31。

表31 测试工作产品

序号	测试阶段	提交的测试工作产品	备注

6 测试终止条件

6.1 软件质量评价方法

6.1.1 文档评价

a) 软件文档是否齐套；

b) 软件文档编制格式的规范性是否符合×××(标准编号和名称)的规定；

c) 软件文档是否文文一致,文实相符。

6.1.2 代码质量评价

a) 满足软件研制总要求或软件研制任务书、软件需求规格说明和软件设计文档中规定的全部需求,即软件质量的功能性评价；

b) 软件的缺陷率满足规定要求,每千行代码(KLOC)中程序中的缺陷(D)个数。

6.2 测试结束条件

6.2.1 测试通过标准

a) 被测软件满足软件研制任务书、软件需求规格说明、软件概要设计说明

和软件详细设计说明规定的功能和性能要求;

  b) 被测软件按照软件测试计划中规定的内容完成了测试;

  c) 所有已发现的问题均已归零。

6.2.2 测试结束条件

6.2.2.1 正常结束

测试正常结束条件如下:

a) 测试用例正常结束:测试用例按测试步骤完成了测试过程;

b) 测试项正常结束:测试项的所有测试用例都正常结束;

c) 测试项目正常结束:所有测试项都正常结束。

6.2.2.2 异常结束

测试异常结束条件如下:

a) 测试用例异常结束条件:

  1) 条件不具备,如包括测试环境故障、测试前提条件不具备等;

  2) 故障率太高,如发现重大问题,不能继续开展测试工作;执行测试用例的测试环境条件不满足等;

b) 测试项异常结束条件,除正常结束的测试用例外,未执行的测试用例都满足异常结束条件;

c) 测试项目异常结束条件是,除正常结束的测试项外,未完成的测试项都满足测试项异常结束条件。

6.2.3 中止及重启动

a) 软件测试的中止:

  1) 被测软件无法满足规定的战术技术指标,或存在重大技术缺陷时应中止软件测试;

  2) 被测软件在测试过程中发现的问题影响后续测试工作,导致测试工作无法继续进行时应中止软件测试。

b) 软件测试的重启:

测试中止后,如果有新版软件或者造成影响的问题得到妥善解决,经批准后可重启测试执行活动。

7 需求的可追踪性

7.1 软件研制任务书的可追踪性

软件研制任务书和软件测试计划的可追踪性见表32,应对软件研制任务书所描述软件所有功能点、性能指标进行全面分析,实现任务书的功能点全覆盖、性能全覆盖。

表 32　测试可追踪性

序号	软件研制任务书		软件测试计划		
	章节号	需求项	章节号	测试项名称	测试项标识

7.2　软件需求规格说明的可追踪性

软件需求规格说明和软件测试计划的可追踪性见表33,应对软件需求规格说明所描述软件所有功能点、性能指标进行全面分析,实现任务书的功能点全覆盖、性能全覆盖。

表 33　首轮配置项测试可追踪性表

序号	软件需求规格说明(H版)		软件测试计划(A版)		
	章节号	需求项	章节号	测试项名称	测试项标识

8　注释

×××。

范例 15　软件测试报告

15.1　编写指南

1. 文件用途

《软件测试报告》(STR)是对计算机软件配置项(CSCI)、软件系统或子系统进行合格性测试的记录。需方根据 STR 可评估测试及其结果。为纠正软件缺陷提供依据,为软件进一步优化和软件能力评估提供依据,使用户对系统运行建立信心。

2. 编制时机

对于嵌入式软件产品,在工程研制阶段和设计定型阶段编制。

对于纯软件产品,在软件测试结束后 30 天内完成编制。

3. 编制依据

主要包括:研制立项综合论证报告,研制总要求,研制合同,工作说明,研制计划,研制方案,运行方案说明,系统/子系统规格说明,系统/子系统设计说明,软件需求规格说明,接口控制文件,接口需求规格说明,软件产品规格说明,软件版本说明,软件测试计划,软件测试说明,GJB 438B—2009《军用软件开发文档通用要求》等。

4. 目次格式

按照 GJB 438B—2009《军用软件开发文档通用要求》编写。

15.2　编写说明

1　范围

1.1　标识

本条应描述本文档所适用系统和软件的完整标识,适用时,包括其标识号、名称、缩略名、版本号和发布号。

1.2　系统概述

本条应概述本文档适用系统和软件的用途。它还应描述系统与软件的一般特性;概述系统开发、运行和维护的历史;标识项目的需方、用户、开发方和保障机构等；标识当前和计划的运行现场；列出其他有关文档。

1.3 文档概述

本条应概述本文档的用途与内容，并描述与它的使用有关的保密性方面的要求。

2 引用文档

本章应列出引用文档的编号、标题、编写单位、修订版及日期，还应标识不能通过正常采购活动得到的文档的来源。

3 测试结果概述

3.1 对被测试软件的总体评估

本条应：

a) 根据本报告中的测试结果，给出该软件的总体评估；

b) 描述测试中发现的所有遗留的缺陷、限制或约束。可用问题/更改报告形式，给出缺陷信息；

c) 对每个遗留的缺陷、限制或约束，应描述：1)对软件和系统性能的影响，包括对未得到满足的需求的标识；2)对其进行纠正时，软件和系统设计受到的影响；3)推荐的纠正方案/方法。

3.2 测试环境的影响

本条应给出测试环境与操作环境的差异及这种差异对测试结果的影响进行的评估。

3.3 改进建议

本条应对被测试软件的设计、操作或测试提供改进建议，并描述每个建议及其对软件的影响。

4 详细测试结果

注："测试"一词是指一组相关测试用例的集合。

4.X （测试的项目唯一的标识符）

4.X.1 测试结果总结

本条应描述对测试结果进行的总结，并应描述与该测试相关联的每个测试用例的完成状态(例如"所有结果都如预期的那样"，"遇到的问题"，"与要求有偏差"等)，可用表格的形式给出。当完成状态不是"所预期的"时，本条应引用4.X.2 或 4.X.3 提供详细信息。

4.X.2 遇到的问题

4.X.2.Y （测试用例的项目唯一的标识符）

本条应用项目唯一的标识符标识遇到问题的测试用例，并提供以下内容：

a) 简述所遇到的问题；

b) 标识所遇到问题的测试规程步骤；

c)（若适用）对相关问题/更改报告和备份数据的引用；

d) 改正这些问题所重复的规程或步骤的次数及每次得到的结果；

e) 再测试时,是从哪些回退点或测试步骤恢复测试的。

4.X.3 与测试用例/规程的不一致

4.X.3.Y （测试用例的项目唯一的标识符）

本条应用项目唯一的标识符标识出现一个或多个偏差的测试用例,并提供：

a) 偏差说明(例如出现偏差的测试用例的运行情况和偏差性质,如替换了所要求的设备、未能遵循规定的步骤等)；

b) 偏差理由；

c) 偏差对测试用例有效性影响的评估。

5 注释

本章应包括有助于了解文档的所有信息(例如背景、术语、缩略语或公式)。

15.3 编写示例

下面以系统级测试为例,给出测试报告的编写示例。

1 范围

1.1 标识

本文档适用的产品和软件见表1。

表1 本文档适用的产品和软件

类别	名称	标识号	缩略名	版本号	发布号
产品	×××	×××	×××	×××	×××
软件1	×××软件	×××	×××	×××	×××
软件2	×××软件	×××	×××	×××	×××
软件3	×××软件	×××	×××	×××	×××

1.2 系统概述

1.2.1 ×××(产品名称)概述

×××(产品名称)是×××(上一层次产品名称)的配套产品,主要完成下述功能：

a) ×××；

b) ×××；

c) ×××。

1.2.2 ×××(软件名称)概述

依据×××(产品名称)研制方案和×××(上一层次产品名称)研制需求，×××(产品名称)软件包括下述CSCI：

a) 软件1：×××(产品组成部分)的×××软件，实现×××功能；
b) 软件2：×××(产品组成部分)的×××软件，实现×××功能；
c) 软件3：×××(产品组成部分)的×××软件，实现×××功能。

1.2.3 CSCI关键等级

×××(软件名称)软件关键等级为×级。

1.2.4 项目的需方、用户、开发方和保障机构

项目的需方：×××。

项目的用户：×××。

项目的开发方：×××。

项目保障机构：×××(软件名称)由×××(软件开发团队)负责开发，×××(软件测试团队)负责软件测试，×××(软件质量保证组织)负责软件质量保证，×××(软件配置管理组织)负责软件的配置管理，×××(软件开发监控组织)全程监控软件研制全过程。

1.2.5 当前和计划的运行现场

×××(软件名称)软件的研制过程与产品研制周期保持同步，随产品交付用户。

×××(软件名称)软件运行硬件平台为×××，运行现场分别是产品集成测试环境、系统综合联试环境以及交付后的使用环境。

被测软件情况见表2。

表2 被测软件概述

序号	软件名称	用途	开发语言	运行平台	软件规模	软件等级

1.3 文档概述

本文档依据×××《×××(软件名称)软件研制任务书》、×××《×××(软件名称)软件测试计划》、×××《×××(软件名称)软件测试说明》、×××《×××(软件名称)软件测试问题报告》，对×××(软件名称)软件系统测试工作进行总结。

本文档的使用、编辑、查看应符合相关保密要求。

2 引用文档

×××《×××(软件名称)软件研制任务书》；

×××《×××(软件名称)软件测试计划》；
×××《×××(软件名称)软件测试说明》；
×××《×××(软件名称)软件测试问题报告》。

3 测试结果概述
3.1 对被测软件评估
3.1.1 被测软件信息
被测软件的基本信息见表3。

表3 软件基本信息表

序号	软件名称	软件版本	软件规模(万行)	版本说明

被测软件文档信息见表4。

表4 依据文档清单

测试轮次	软件研制任务书	测试计划	测试说明	测试记录	软件问题报告单
首轮测试					
首轮回归测试					
第二轮测试					
第二轮回归测试					
×××					

注："√"表示测试中适用的依据文档

3.1.2 测试过程
3.1.2.1 首轮测试
3.1.2.1.1 测试需求分析和策划
20××年××月××日至20××年××月××日,依据《×××(软件名称)软件研制任务书》对被测软件进行了需求分析,确定了软件测试范围、测试策略和测试方法,编制了《×××(软件名称)软件测试计划》。

3.1.2.1.2 测试设计和实现
20××年××月××日至20××年××月××日,××人次进行测试用例的设计,共设计用例××个。

3.1.2.1.3 测试执行
20××年××月××日至20××年××月××日,在×××(测试地点)完成了对×××(软件名称)(V×.××.××)系统测试的首轮测试。

20××年××月××日至20××年××月××日,在×××(测试地点)完成了对×××(软件名称)(V×.××.××)系统测试的首轮回归测试。首轮回归测试使用×××个测试用例,未发现新问题。

3.1.2.1.4 测试总结

20××年××月××日,对首轮测试过程进行了总结,并完成《×××(软件名称)软件系统测试报告》(A版)的编制。

3.1.2.2 第×轮测试

×××。

3.1.3 软件质量评价

被测软件每千行代码(KLOC)中程序的缺陷(D)情况如下:

a) 首轮测试×××(软件名称)(V×.××.××)每千行代码(KLOC)中程序的缺陷(D)个数为:D/KLOC=×××。

b) 第×轮测试×××(软件名称)软件(V×.××.××)每千行代码(KLOC)中程序的缺陷(D)个数为:D/KLOC=×××。

3.1.4 被测软件结论

被测软件实现了《×××(软件名称)软件研制任务书》中规定的功能和性能要求。

3.2 测试环境的影响

3.2.1 首轮测试环境

首轮系统测试环境如图1所示。

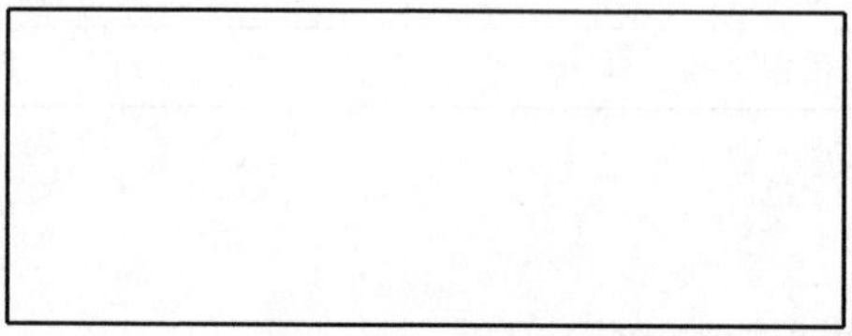

图1 测试环境图

3.2.1.1 软件项

×××(软件名称)软件系统测试软件项见表5。

表5 软件项列表

序号	软件项名称	用途	保密处理	安全性问题

3.2.1.2 硬件和固件项

×××(软件名称)软件系统测试硬件和固件项列表见表6。

表6 硬件和固件项列表

序号	硬件和固件项名称	用途	保密处理	安全性问题

3.2.1.3 测试环境影响评估

测试环境影响情况见表7。

表7 测试环境影响评估

序号	测试环境	差异及影响分析	备注
1	测试环境使用了部分模拟器代替实装设备	测试环境使用了部分模拟器代替实装设备,模拟器软件能够提供测试所需的规定的接口数据,数据内容与实装设备一致,使用模拟器软件代替实装设备不影响对×××(软件名称)软件功能的验证	
×	×××	×××	

3.2.2 第×轮测试环境

×××。

3.3 改进建议

无。

4 详细测试结果

4.1 测试结果概述

×××(软件名称)共××轮系统测试,各类缺陷情况见表8。

表8 前×轮系统测试发现的缺陷统计

测试轮次	缺陷级别				合计
	致命缺陷	严重缺陷	一般缺陷	建议改进	
首轮					
第二轮					
……					
第×轮					
合计					

4.2 首轮测试结果
4.2.1 动态测试
4.2.1.1 测试用例执行情况

首轮测试过程中,针对×××(软件名称)软件版本执行了全部×××个测试用例,测试用例通过率为××%,测试用例执行情况见表9。

表9 首轮测试用例执行情况统计表

测试类型	用例数目	执行用例	未执行用例	通过用例	未通过用例
安全性测试					
功能测试					
接口测试					
可恢复性测试					
性能测试					
余量测试					
合计					
所占比例					

4.2.1.2 问题处理情况

系统测试过程中对发现的问题进行了详细记录,填写了系统测试问题报告单,并根据问题对任务完成的影响及可能造成的危害程度将其分级,提交开发方进行确认和处理。

首轮系统测试缺陷情况见表10。

表10 首轮系统测试提交缺陷统计表

被测软件	缺陷总数	缺陷等级				缺陷类型			
		致命缺陷	严重缺陷	一般缺陷	建议改进	设计	编码	文档	其他
合计									
所占比例									

4.2.2 回归测试

首轮回归测试软件版本从V×.××.××变更到V×.××.××,回归测试选取的用例数以及测试用例的执行情况统计见表11。系统测试问题已归零,未发现新问题。

表11 首轮回归测试用例执行情况统计表

被测软件	复用用例	新增用例	执行/未执行	通过/未通过

4.3 第×轮测试结果

×××

4.4 典型缺陷

4.4.1 典型缺陷1

a) 缺陷描述：×××；

b) 缺陷分析：×××。

4.4.2 典型缺陷2

a) 缺陷描述：×××；

b) 缺陷分析：×××。

5 注释

×××。

×××。

附录A 软件缺陷分类

表A.1 系统测试问题分类

缺陷类型		缺陷数量	所占比例
文档缺陷	文档描述缺失		
	文档描述错误		
程序缺陷	功能实现错误		
	缺少容错处理		
	功能未实现		
	接口实现错误		
	接口未实现		
	性能问题		
	余量问题		
设计缺陷	存在设计缺陷		
其他缺陷	人机界面和安装性问题等		
合计			

范例 16　软件定型测评大纲

16.1　编写指南

1. 文件用途

用于规范软件定型测评的项目、内容和方法等,以全面考核产品软件是否符合研制总要求,暴露并解决产品存在的设计缺陷。

2. 编制时机

在设计定型阶段编制。

3. 编制依据

主要包括:研制立项综合论证报告,研制总要求,研制合同,工作说明,研制计划,软件开发计划,软件配置管理计划,软件质量保证计划,研制方案,运行方案说明,系统/子系统规格说明,系统/子系统设计说明,软件需求规格说明,接口需求规格说明,软件产品规格说明,软件版本说明,GJB 438B—2009《军用软件开发文档通用要求》,GJB 1268A—2004《军用软件验收要求》,GJB 2434A—2004《军用软件产品评价》,GJB 5234—2004《军用软件验证和确认》,GJB 5235—2004《军用软件配置管理》,GJB 5236—2004《军用软件质量度量》,GJB 6921—2009《军用软件定型测评大纲编制要求》等。

4. 目次格式

按照 GJB 6921—2009《军用软件定型测评大纲编制要求》编写。

16.2　编写说明

1　范围

1.1　标识

列出文档的标识、标题、所适用的被测软件的名称与版本,以及文档中采用的术语和缩略语。

1.2　文档概述

概述文档的主要内容和用途。

1.3 委托方的名称与联系方式
描述此次定型测评任务委托方的名称、地址、联系人及联系电话。
1.4 承研单位的名称与联系方式
描述被测软件承研单位的名称、地址、联系人及联系电话。
1.5 定型测评机构的名称与联系方式
描述完成此次定型测评任务的测评机构的名称、地址、联系人及联系电话。
1.6 被测软件概述
概述被测软件的等级、使命任务、结构组成、信息流程、使用环境、安装部署、主要战术技术指标、软件规模与开发语言等。

2 引用文件
列出编制文档所引用的相关法规、标准以及被测软件研制总要求或系统研制总要求、软件需求规格说明等技术文档,包括各引用文件的标识、标题、版本、日期、颁布/来源单位等信息。

3 测试内容与方法
3.1 测试总体要求
遵循《军用软件产品定型管理办法》及二级定委的有关规定,根据被测软件研制总要求或系统研制总要求、软件需求规格说明及其他等效文档,结合被测软件的级别及其质量要求,提出此次定型测评的范围、测试级别、测试类型、测试策略等总体要求。

定型测评的测试级别一般为配置项测试和系统测试,必要时可增加单元测试、部件测试;测试类型一般包括文档审查、功能测试、性能测试、安装测试、接口测试、人机交互界面测试,必要时可增加代码审查、逻辑测试、可靠性测试、安全性测试、强度测试、恢复性测试等测试类型。如果此次定型测评不能进行个别要求的测试类型,应对不能进行测试的原因给予说明。

3.2 测试项及测试方法
根据测试总体要求设计测试项,一般按测试级别、测试对象、测试类型、测试项顺序分节进行描述。测试对象应列出与测试级别对应的被测软件对象(如软件系统、软件配置项、软件部件或软件单元)名称。若测试只包含一个测试级别、一个测试对象或一个测试类型,则相应条标题可剪裁。

测试项可进一步分解为多级子测试项,每个测试项或子测试项均应进行命名和标识。针对每个测试项或子测试项,一般应描述其测试内容、测试方法、测试充分性要求、测试约束条件、评判标准等。

示例:按测试级别、测试对象、测试类型、测试项、测试子项顺序描述测试项结构如下。

3.2.U 配置项测试

3.2.U.V 文字处理软件

3.2.U.V.W 功能测试

3.2.U.V.W.X 编辑文字/WORD_FUN_Edit

3.2.U.V.W.X.Y 输入字符/WORD_FUN_Edit_InputChar

3.2.U.V.W.X.Y.Z 输入 ASCII 码字符/WORD_FUN_Edit_InputChar_ASCII

3.3 测试内容充分性及测试方法有效性分析

对每个测试项或子测试项，应建立其与软件研制总要求或系统研制总要求、软件需求规格说明及其他等效文档之间的追踪关系，建议采用表格的形式进行描述。

对设计的测试项进行充分性分析，对采用的测试方法进行有效性分析，并就测试内容是否满足《军用软件产品定型管理办法》及二级定委相关规定要求，是否覆盖被测软件研制总要求或系统研制总要求、软件需求规格说明及其他等效文档规定的书面和隐含要求作出说明。

3.4 软件问题类型及严重性等级

对此次定型测评采用的软件问题分类方法作简要描述，宜按文档问题、程序问题、设计问题、其他问题等进行分类，并加以说明。

对此次定型测评采用的软件问题严重性等级划分方法作简要描述，宜按照 GJB 2786 中的规定进行分类，并加以说明。

4 测评环境

4.1 软硬件环境

对此次定型测评所需的软硬件环境进行描述。

a) 整体结构。描述测评工作所需的软硬件环境的整体结构，如需建立网络环境，还需描述网络的拓扑结构和配置；

b) 软硬件资源。描述测评工作所需的系统软件、支撑软件以及测评工具等，包括每个软件项的名称、版本、用途等信息；描述测评工作所需的计算机硬件、接口设备和固件项等，包括每个硬件设备的名称、配置、用途等信息。如果测评工作需用非测评机构的软硬件资源，应加以说明。

4.2 测评场所

描述执行测评工作所需场所的地点、面积以及安全保密措施等，如果测评工作需在非测评机构进行，应加以说明。

4.3 测评数据

描述测评工作所需的真实或模拟数据，包括数据的规格、数量、密级等。

4.4 环境差异影响分析

描述 4.1、4.2、4.3 中的软硬件环境及其结构、场所、数据与被测软件研制总要求或系统研制总要求、软件需求规格说明及其他等效文档要求的软硬件环境、使用场所、数据之间的差异，并分析环境差异可能对测评结果产生的影响。

5 测评进度

描述主要测评活动的时间节点、提交的工作产品。

6 测评结束条件

描述此次定型测评进行的最多测试轮次和结束条件。

7 软件质量评价内容与方法

描述此次定型测评的软件质量评价内容和评价方法。

8 定型测评通过准则

描述被测软件通过此次定型测评的准则。

9 配置管理

描述此次定型测评过程中的配置管理范围、活动、措施和资源。

10 质量保证

描述此次定型测评过程中的质量保证范围、活动、措施和资源。

11 测评分包

此部分为可选要素。描述分包的测评内容、测评环境、质量与进度要求，分包单位承担军用软件定型测评的资质、相关人员的技术资历，测评总承包单位对分包单位测评过程的质量监督、指导措施等。

12 测评项目组成员构成

描述测评项目组的岗位构成，各岗位的职责，以及各岗位的人员与分工。

13 安全保密与知识产权保护

描述此次定型测评的安全保密和知识产权保护措施。

14 测评风险分析

从时间、技术、人员、环境、分包、项目管理等方面对完成此次定型测评任务的风险进行分析，并提出应对措施。

15 其他

此部分为可选要素，描述其他需要说明的内容。

16.3 编写示例

1 范围

1.1 标识

本文档的：

a) 文档标识号：×××。

b) 标题：×××（软件名称）软件定型测评大纲。

c) 本文档适用的计算机软件：×××软件(代码初始版本 V×.××)。
d) 术语和缩略语：
×××　×××。

1.2 文档概述

本大纲适用于×××(软件名称)软件定型测评。文档描述了被测软件的基本情况、总体测试要求、测试策略和方法、测试内容、测试内容充分性分析、问题类型及严重性等级定义、测试发现问题处理原则、测试条件和环境、软件质量评价准则、进度安排、中止原则和重新启动的条件、配置管理、质量保证等内容，是×××(软件名称)软件定型测评工作的依据。

1.3 委托方的名称与联系方式

委托方：×××；
所在地址：×××；
联系人：×××；
联系电话：×××。

1.4 承研单位的名称与联系方式

承研单位：×××；
所在地址：×××；
联系人：×××；
联系电话：×××。

1.5 定型测评机构的名称与联系方式

定型测评机构：×××；
所在地址：×××。
联系人：×××。
联系电话：×××。

1.6 被测软件概述

1.6.1 功能概述

×××(软件名称)是关键(或重要、一般)软件,主要功能是×××、×××、×××。

×××(软件名称)外部交联关系图如图1所示。

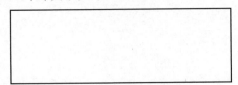

图1　×××(软件名称)外部交联关系图

1.6.2 性能指标

×××(软件名称)主要性能指标如下：

a) 软件每周期最大运行时间应小于××ms；
b) ×××。

1.6.3 接口说明

×××(软件名称)的外部接口如图2所示。

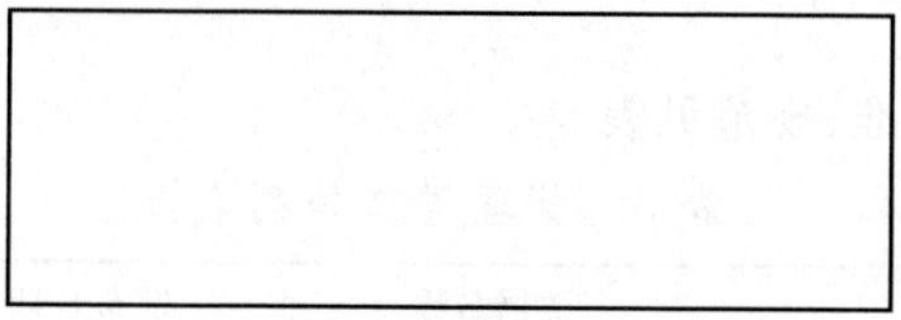

图2 ×××(软件名称)外部接口图

×××(软件名称)外部接口信息见表1。

表1 ×××(软件名称)外部接口信息表

序号	接口名称	接口方式	来源	目的地	接口内容

1.6.4 测试范围

本次软件测试程序清单见表2。

表2 被测软件程序清单

被测软件名称	版本	规模	开发环境/语言	运行平台	重要度	研制单位

2 引用文档

2.1 顶层技术文档

依据的顶层技术文档见表3。

表3 顶层技术文档列表

序号	标识	文档名称	版本	发布日期	来源
1	×××	研制总要求			
2	×××	软件研制任务书			

2.2 被测软件文档

依据的被测软件文档见表4。

表 4 被测软件文档列表

序号	标识	文档名称	版本	发布日期	来源
1	×××	软件需求规格说明			
2	×××	软件设计文档			
3	×××	软件接口控制文件			

2.3 管理类文档

依据的管理类标准、规范见表5。

表 5 管理类文档列表

序号	标识	文档名称	发布日期	来源
1	〔2005〕装字第 4 号	军用软件质量管理规定	2005	总装备部
2	〔2005〕军定字第 62 号	军用软件产品定型管理办法	2005	国务院、中央军委军工产品定型委员会
3	〔2005〕装电字第 324 号	军用软件测评实验室测评过程和技术能力要求	2005	总装备部电子信息基础部
4	航定〔2007〕31 号	航空军工产品配套软件定型管理工作细则	2007	航空军工产品定型委员会
5	GJB 2725A—2001	测试实验室和校准实验室通用要求	2001	总装备部
6	GJB/Z 141—2004	军用软件测试指南	2004	总装备部
7	GJB 2434A—2004	军用软件产品评价	2004	总装备部
8	GJB 438B—2009	军用软件开发文档通用要求	2009	总装备部
9	GJB 6921—2009	军用软件定型测评大纲编制要求	2009	总装备部

2.4 其他引用文档

依据的其他引用文档见表6。

表 6 其他引用文档列表

序号	标识	文档名称	版本	发布日期	来源
1		×××测评中心实验室体系文件			
2		×××软件测试协议			

3 测试内容与方法

3.1 测试总体要求

根据《军用软件产品定型管理办法》、《航空军工产品配套软件定型管理工作细则》、系统研制总要求、软件研制任务书、软件需求规格说明及其他等效文档,本次定型测评的测试级别为配置项测试和系统测试。按照要求,测试类型包括文档审查、静态分析、代码审查、功能测试、性能测试、接口测试、边界测试、强度测试、余量测试、容量测试、安全性测试、恢复性测试、安装性测试、数据处理测试和人机交互界面测试,软件的测试类型详见表7。

表7 测试类型一览表

分 类	文档审查	静态分析	代码审查	功能测试	性能测试	接口测试	边界测试	强度测试	余量测试	容量测试	安全性测试	恢复性测试	安装性测试	数据处理测试	人机交互界面测试
软件配置项1测试	√	√	√	√	√	√	√	√	√	√	—	—	—	—	—
软件配置项×测试	√	√	√	√	√	√	√	√	√	√	—	—	—	—	—
系统测试	√	—	—	√	√	√	√	√	√	√	—	—	—	—	—

注:表格中划"√"表示需要进行此项测试,划"—"表示不进行此项测试

说明:本软件为嵌入式软件,不需用户自行安装,没有人机界面,故不做安装性测试和人机交互界面测试。本软件无安全性、恢复性、数据处理要求,故不做安全性测试、恢复性测试和数据处理测试。(注:应针对表7中不能开展的测试类型,说明不能开展的原因。)

依据《军用软件产品定型管理办法》、《航空军工产品配套软件定型管理工作细则》以及相关国军标的要求,测试组分析了系统研制总要求、软件研制任务书、软件需求规格说明等文档,结合×××(软件名称)特点和承研单位提供的测试环境,制定以下定型测评策略:

a) 对×××(软件名称)开展文档审查工作,文档审查范围和内容应满足《航空军工产品配套软件定型管理工作细则》第三十条的要求;

b) 由于×××(软件名称)为关键软件,需对全部程序开展代码审查;

c) 承研单位对文档审查和代码审查中发现的问题全部归零处理后,测试组才能进行动态测试;

d) 对无法动态测试的软件需求,经总体单位、软件研制单位、驻研制单位军事代表室及定型测评机构确认后,可通过代码审查或其他有效方式进行验证;

e) 对测试中承研单位不修改的软件问题(建议改进的问题除外),承研单位

应给出分析报告,由总体单位、软件研制单位、驻研制单位军事代表室及定型测评机构共同确认。

3.2 测试项及测试方法

3.2.1 测试类型和测试方法

主要测试类型和测试方法要求见表8。

表 8 测试类型及测试方法

测试类型名称	测试类型标识	测试内容描述
文档审查	WD	依据通过评审的文档审查单,对委托方提交的文档的完整性、一致性和准确性进行检查
静态分析	JT	使用TestBed(V×.××)对全部代码进行代码分析,从可测试性、清晰性和可维护性三个质量特性及编码标准违反情况方面对系统进行评析,进而发现系统可能的程序欠缺,找到潜在的问题根源及提供间接涉及程序欠缺的信息
代码审查	DM	代码审查包括工具审查和人工审查,审查范围为×××软件的全部代码 工具审查采用TestBed工具对代码进行编程规则的检查。 人工审查根据审查项目和技术要求以及被测试软件特性,依据代码审查单进行检查,检查的主要内容一般包括控制流与逻辑检查、数据流检查、内存检查、函数接口检查、测试和转移检查、错误处理检查、寄存器使用、软件多余物等方面
功能测试	GN	功能测试是根据软件需求规格说明文档运行软件系统的所有功能逐项进行测试,以验证该软件系统是否满足软件需求规格说明要求,从以下几方面进行: a) 用正常值的等价类输入数据值测试; b) 用非正常值的等价类输入数据值测试; c) 进行每个功能的合法边界值和非法边界值输入的测试; d) 对控制流程的正确性、合理性等进行验证
性能测试	XN	性能测试是检查被测软件系统是否满足需求说明书中规定的性能指标。主要测试×××软件在各种情况下完成消息处理功能的时间,以及×××软件实现40ms数据中断处理及200ms电子对抗滤波处理的时间
接口测试	JK	接口测试是对软件需求规格说明中的接口需求逐项进行的测试。主要根据需求规格说明中对软件接口的要求,分别设置正常的422接口数据和异常的422接口数据,在地面、空中多状态下对软件进行测试

(续)

测试类型名称	测试类型标识	测试内容描述
边界测试	BJ	边界测试是对参数保护条件的边界点进行考察,边界测试包括边界值、内边界、外边界的测试
强度测试	QD	时间强度测试,对软件各个功能进行频繁的按键操作,降低负载系统功能是否恢复正常的强度测试
余量测试	YL	余量测试主要是验证对×××存储器的存储空间等是否达到20%的余量要求,以及×××时间是否满足20%的余量要求
容量测试	RL	容量测试是检验软件的能力最高能达到什么程度的测试。 具体测试要求如下: 测试到在正常情况下软件的最高能力
安全性测试	AQ	安全性测试是检验软件中已存在的安全性、安全保密性措施是否有效的测试。 具体测试要求如下: a) 对软件处于标准配置下其处理和保护能力的测试; b) 应进行对异常条件下系统/软件的处理和保护能力的测试(以表明不会因为可能的单个或多个输入错误而导致不安全状态); c) 必须包含边界、界外及边界结合部的测试; e) 对安全关键的操作错误的测试
恢复性测试	HF	恢复性测试是对软件的每一类导致恢复或重置的情况,逐一进行的测试,以验证其恢复或重置功能。恢复性测试是要证实在克服硬件故障后,系统能否正常地继续进行工作,且不对系统造成任何损害。 具体测试要求如下: a) 探测错误功能的测试; b) 能否切换或自动启动备用硬件的测试; c) 在故障发生时能否保护正在运行的作业和系统状态的测试; d) 在系统恢复后,能否从最后记录下来的无错误状态开始继续执行作业的测试
安装性测试	AZ	安装性测试是对×××软件在不同操作系统和配置情况下的安装和卸载,以验证软件能否满足用户手册中的安装和卸载操作
数据处理测试	SJ	数据处理测试是对完成专门数据处理功能所进行的测试。具体测试要求如下: 对×××软件的数据采集功能的测试、数据融合功能的测试、数据转换功能的测试、剔除坏数据功能的测试;对×××软件的数据采集功能、数据转换功能、数据解释功能、剔除坏数据功能的测试

(续)

测试类型名称	测试类型标识	测试内容描述
人机交互界面测试	RJ	人机交互界面测试是对×××软件提供的操作和显示界面进行的测试,以检验是否满足用户的要求。 具体测试要求如下: a) 测试操作和显示界面及界面风格与画面设计要求中要求的一致性和符合性; b) 以非常规操作、误操作、快速操作来检验人机界面的健壮性; c) 测试对错误操作流程的检测与提示; d) 对照用户手册或操作手册逐条进行操作和观察

3.2.2 测试内容

3.2.2.1 文档审查

软件承研单位按照测评要求按期移交相关资料后,测试组按照测试要求对软件研制任务书、需求规格说明、详细设计说明等进行文档审查。对于文档审查存在的问题,软件研制单位应按照测评单位的要求及时修改、完善,保证测试工作顺利开展。

文档审查工作内容包括:

a) 文档种类齐全性;

b) 文档标识和签署的完整性;

c) 文档编制内容的完备性、准确性、一致性;

d) 重点文档内容的详细性;

e) 文档编制格式的规范性。

本次定型测评文档审查包括的内容详见表9。

表9 文档审查内容一览表

序号	文档名称	文档标识	版本
1	×××软件研制任务书		V×.××
2	×××软件需求规格说明		V×.××
3	×××软件详细设计说明		V×.××
4	×××软件系统测试计划		V×.××
5	×××软件系统测试说明		V×.××
6	×××软件系统测试报告		V×.××
7	×××软件开发计划		V×.××

(续)

序号	文档名称	文档标识	版本
8	×××软件质量保证计划		V×.××
9	×××软件配置管理计划		V×.××
10	×××软件用户手册		V×.××

3.2.2.2 静态分析

利用静态分析工具 TestBed(V×.××)辅助进行控制流分析、数据流分析、接口特性分析和表达式分析,给出软件编程准则的检查结果。静态分析的方法和过程如下:

a) 根据被测软件的特点,选择和配置软件静态分析工具;
b) 通过工具对程序进行检查,对检查结果作进一步分析确认,并加以记录。

3.2.2.3 代码审查

承研单位按照测评要求按期向测评机构提交相关文档后,定型测评机构按照测评要求对与承研单位共同确定的软件所有模块进行代码审查。注:如不是审查全部代码则要进行范围说明。

代码审查主要考查以下几个方面:

a) 检查代码和设计的一致性;
b) 检查代码的规范性、可读性;
c) 检查代码的逻辑表达的正确性;
d) 检查代码实现和结构的合理性。

代码审查是指对被测软件代码进行逐行代码审查。审查组人员仔细阅读相关文档,对软件设计充分熟悉,然后对照代码审查单,逐行认真阅读代码进行人工审查。人工审查中,重点关注无法通过工具自动分析发现的各种问题,如算法实现的问题、编码与设计不符的问题等。对人工审查中发现的问题,审查人员应及时记录。

代码审查模块见表10。

表 10 代码审查模块

软件名称	模块列表	规模	承研单位

3.2.2.4 ×××软件配置项测试
3.2.2.4.1 点火器单检
点火器单检测试内容见表11。

表11 点火器单检

测试项名称			点火器单检	测试项标识	DHQ
追踪关系			需求规格说明×××节 任务书×××节		
测试项描述			对点火器1、点火器2进行单检。"点火器1"工作3s,间隔3s,"点火器2"工作3s,向×××发出"准备好"信号 (注:测试项描述要完全覆盖需求规格说明中的需求内容。)		
软件设计约束			无		
测试类型	功能测试	DHQ—GN01	×××设备置开车方式为"点火单检"模式,发送启动命令,观测点火器信号灯是否在3s时亮,再过3s后观察点火器2信号灯是否亮,以及准备好指示灯是否在3s时给出灯亮信号;以检测点火器正常工作时,"点火器1"工作3s,间隔3s,"点火器2"工作3s,向×××发出"准备好"信号这一功能		
		DHQ—GN02	×××		

3.2.2.4.× ×××
×××。

3.2.2.5 ×××软件配置项测试
×××。

3.2.2.6 ×××系统测试
×××。

3.3 测试内容充分性分析

在测试需求分析阶段,对软件需求规格说明中的×××软件×××项功能需求进行了全面分析,经分析将 RS－422 通信模块和 I/O 输入输出 2 个需求交叉引用到其他测试需求中,整理出×××软件共×××个测试需求(含 3 个隐含测试需求:安全性需求、强度需求和余量需求),经分解得到×××个测试项(注:测试项数的是表格数)和×××个测试子项(注:测试子项数的是测试类型表格数),实现测试项对软件需求 100% 覆盖,具体覆盖情况见表13,同时所有测试项均有需求或隐含需求来源,具体覆盖情况见表14(注:如有多个软件可分多个表写)。

根据《军用软件产品定型管理办法》、《航空军工产品配套软件定型管理工作细则》的要求,软件定型测评一般应开展文档审查、功能测试、性能测试、可靠性测试、安全性测试、安装测试、接口与交互界面测试等内容,必要时可包括代码审查、覆盖率测试、强度测试、可恢复性测试等内容。本次测试包含了文档审查、静态分析、代码审查、功能测试、性能测试、接口测试、强度测试、余量测试、安全性测试、恢复性测试、数据处理测试、边界测试。由于该软件为嵌入式软件,没有人机交互界面和安装要求,因此无需开展人机交互界面测试和安装测试。软件研制任务书和需求规格说明中没有容量的功能要求,经分析并与承研单位确认,也不存在隐含的容量要求,因此不开展容量测试。由于本次测试没有可靠性测试和覆盖率要求,因此无需开展相关测试。经过软件需求测试充分性分析,见表12和表13,本次测试的测试类型选择符合《军用软件产品定型管理办法》、《航空军工产品配套软件定型管理工作细则》的要求。

表12 ×××软件需求测试充分性分析(正向追踪)

序号	需求来源		测试项标识	测试项名称
	研制总要求 (或软件研制任务书)	软件需求规格说明		
1		3.2.1 点火器单检	DHQ	点火器单检
2		3.2.2 冷转	LZ	冷转
3		3.2.3 ×××		
4		3.3.1 ×××		
5		3.6 时间和容量要求 3.8 安全性需求	ZHCS	综合项测试
6				
7				

表13 ×××软件需求测试充分性分析(逆向追踪)

序号	测试项标识	测试项名称	需求来源	
			研制总要求 (或软件研制任务书)	软件需求规格说明
1		点火器单检		3.2.1 点火器单检
2		冷转		3.2.2 冷转
3				3.2.3
4				3.3.1
5		×××安全性测试		隐含需求
6		综合项测试		3.6 时间和容量要求 3.8 安全性需求

3.4 软件问题类型及严重性等级

3.4.1 问题类型

本次测试对软件问题类型作如下分类：

a) 文档问题：软件不按照保障文档运行，但程序运行是正确的。指文档编写过程中引入的错误；

b) 程序问题：软件不按照保障文档运行，但文档是正确的。指程序编制过程中引入的错误；

c) 设计问题：软件按照保障文档运行，但存在着设计缺陷。指软件设计过程中引入的错误；

d) 其他问题：所有的其他问题。

3.4.2 问题严重性等级

软件问题按照重要度等级划分为 4 类，分别为关键问题、重要问题、一般问题和建议改进，具体说明如下：

a) 关键问题

1) 对代码问题：关键问题是指该缺陷若被激发，导致系统/设备任务完全失败，系统/设备安全性和安全保密性丧失。

2) 对文档问题：关键问题是指可能引起主要功能实现错误或缺失、主要功能操作错误等后果的文档问题，例如，需求文档中主要功能遗漏、主要公式错误、重要数据错误或遗漏、设计文档中主要功能设计流程错误或遗漏，用户手册中能引起关键功能的操作错误等问题。

b) 重要问题

1) 对代码问题：重要问题是指该缺陷若被激发，会影响/潜在影响设计文档/需求文档中所规定的主要功能的完成或没有实现设计文档/需求文档中规定的功能的代码问题。

2) 对文档问题：重要问题是指可能引起部分功能实现错误或缺失，例如需求文档中部分功能遗漏或表述相互冲突、部分公式错误、部分数据错误或遗漏、设计文档中部分功能设计流程错误或遗漏，用户手册中能引起重要功能的操作错误等问题。

c) 一般问题

1) 对代码问题：一般问题是指该缺陷若被激发，会对设计文档中所规定的主要功能的完成产生不利/潜在不利的影响，从而导致功能障碍的代码问题。

2) 对文档问题：一般问题是指能引起对主要功能/主要操作的理解不明确的文档问题，包括文档内容的错误或遗漏。

d) 建议改进

1) 对代码问题：建议改进是指该缺陷若被激发，不会影响设计文档/需求文档中规定的主要功能的完成,但对运行或操作会产生轻微影响/潜在影响的代码问题,注释错误通常列为建议改进。

2) 对文档问题:建议改进是指上面3类文档问题之外的其他文档问题。例如:笔误、重复表述等。

关键问题、重要问题必须修改;一般问题原则上要改,确有不改的经总体单位、软件研制单位、驻研制单位军事代表室及定型测评机构共同确认,必要时组织专家评审确认;建议改进可采用列表形式给出,不计入软件缺陷,不填写软件问题报告单,承研单位研究分析后给出处理意见。

动态测试中发现的软件问题如经过更改需求文档归零则也需要总体单位、软件研制单位、驻研制单位军事代表室及定型测评机构经分析研究后共同确认。

4 测评环境

4.1 代码审查及静态分析测试环境

4.1.1 软件项

静态测试环境软件项见表14。

表14 静态测试环境软件项

序号	软件项名称	版本	用途
1	Windows×p Sp2	—	操作系统
2	MicroSoft Office Word	V×.××	编写记录及测试文档
3	SourceInsight	V×.××	代码审查
4	TestBed	V×.××	静态分析
5	C++test	V×.××	静态分析

4.1.2 硬件和固件项

静态测试环境硬件和固件项见表15。

表15 静态测试环境硬件和固件项

序号	硬件和固件项名称	设备编号	用途
1	便携机		
2	台式机		

4.1.3 测评场地

测评场地由×××(承研单位)提供,在×××(承研单位)搭建独立测试运行环境。

4.2 ×××(软件名称)配置项测试环境

4.2.1 软件项

配置项测试环境软件项见表16。

表16 ×××（软件名称）配置项测试环境软件项

序号	软件项名称	版本	用途
1	×××软件	代码审查后版本	被测软件
2	MCS96集成开发软件	V×.××	应用软件编译器、代码连接器、代码生成器

4.2.2 硬件和固件项

配置项测试环境硬件和固件项见表17。

表17 ×××（软件名称）配置项测试环境硬件和固件项

序号	硬件和固件项名称	设备编号	用途
1	×××（内含被测软件）		被测对象
2	×××综合测试设备		模拟发送RS－422接口数据（×××），发送×××指令
3	TDS5104示波器		测量定时器中断周期和采样周期
4	台式机		运行串口调试软件模拟发送RS－422接口数据

4.2.3 测评场地

测评场地由×××（承研单位）提供，在×××（承研单位）搭建独立测试运行环境。

4.2.4 测评运行环境

根据测试要求，建立×××（软件名称）配置项测试环境，测试环境示意图如图3所示。

注：图中应该出现软件项和硬件项表格中的所有软硬件内容。

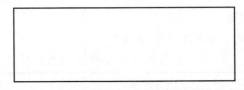

图3 ×××（软件名称）配置项测试环境示意图

4.3 系统测试环境

4.3.1 软件项

系统测试环境软件项见表18。

表18 ×××软件系统测试环境软件项

序号	软件项名称	版本	用途
1	×××软件	配置项测试后版本	被测软件
2	MCS96集成开发软件	V×.××	应用软件编译器、代码连接器、代码生成器

4.3.2 硬件和固件项

系统测试环境硬件和固件项见表19。

表19 ×××软件系统测试环境硬件和固件项

序号	硬件和固件项名称	设备编号	用途
1	×××（内含被测软件）		被测对象
2	×××综合测试设备		模拟发送RS－422接口数据（×××），发送×××指令
3	TDS5104示波器		测量定时器中断周期和采样周期
4	台式机		运行串口调试软件模拟发送422接口数据

4.3.3 测评场地

测评场地由×××（承研单位）提供，在×××（承研单位）搭建独立测试运行环境。

4.3.4 测评运行环境

根据测试要求，建立系统测试环境，测试环境示意图见图4：

注：图中应该出现软件项和硬件项表格中的所有软硬件内容。

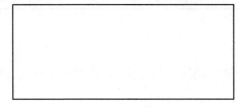

图4 系统测试环境示意图

4.4 环境差异影响分析

该测试环境中所采用的软硬件可以有效地支持测试输入与输出，能够保障测试真实有效，具体环境差异影响分析见表20。

表20 环境差异影响分析表

实装设备	测试设备	差异分析
GPS天线	GPS天线	真实设备，无差异
惯导设备	惯导仿真设备（内含串口调试程序和BUSTOOLS）	惯导仿真设备可以仿真惯导设备与×××软件交联的全部接口（包括Rs－422和ARINC 429接口），其中串口调试程序和BUSTOOLS可以完全按照接口协议仿真惯导发送给×××软件的所有数据，并可如实接收×××软件发送的所有数据

5 测评工作安排

测评工作安排见表 21。

表 21 测试进度表

工作任务	所需人日	内容
文档审查	5	对承研单位提交的文档的完整性、一致性和准确性进行检查,提交文档审查问题单,总结文档审查工作
代码审查	25	检查代码和设计的一致性、代码执行标准的情况、代码逻辑表达的正确性、代码结构的合理性以及代码的可读性,提交代码审查问题单,总结代码审查工作
测试需求分析及测试策划	15	根据软件需求规格说明,确定测试需求,编制定型测评大纲和测试需求规格说明,制定测试计划
测试设计与实现	25	根据测试需求规格说明进行测试用例设计,产生测试说明,并建立测试环境
测试执行	15	根据测试计划和测试说明,执行测试用例,记录测试结果
回归测试	15	对修改后的软件进行回归测试
测试总结	10	编制测评报告及所有附件

6 测评结束条件

6.1 正常终止

正常终止条件分测试用例正常终止、测试项正常终止、测试工作正常终止三种情况。

a) 测试用例正常终止条件是:该测试用例按正常测试步骤完成测试过程,若该用例因测试环境不具备而未能执行,可采用其他方法进行验证;

b) 测试项正常终止条件是该测试项的所有测试用例都正常终止;

c) 测试工作正常终止条件是所有测试项都正常终止。

6.2 异常中止

测试用例、测试项、被测软件异常中止含义如下:

a) 测试用例异常中止:

1) 测试前提条件不具备,包括:软件技术状态不稳定,故障率太高;发现重大问题,无继续开展测试工作的必要;测试中间步骤就不正确后续无法进行;测试环境故障。经总体单位、软件研制单位、驻研制单位军事代表室及定型测评机构确认后中止测试,按 6.3 节进行中止及重新启动流程;

2) 所设计的测试步骤无法实施,需要重新进行设计,评审后重新开始测试;

3) 执行该用例的测试环境条件不满足且没有其他验证手段验证相关需求

实现的正确性。

b) 测试项异常中止:该测试项除正常终止的测试用例外,其他测试用例满足测试用例异常中止条件;

c) 被测软件异常中止:除正常终止的测试项外,其他测试项满足测试项异常中止条件。

6.3 中止及重新启动

满足下列三个条件中的任意一个条件,中止被测软件的测评工作:

a) 被测软件大量存在不满足规定的战术技术指标,或存在重大技术缺陷时;

b) 被测软件在测试过程中发现的缺陷影响后续测试工作,导致测试工作无法继续进行;

c) 测试环境故障不能有效支持测试工作。

对于 a)和 b)在测试中止后,如果有新版本的软件提供给测试组或者造成影响的问题得到妥善解决时,及时向机关报告,批准后将重启测试执行活动。

对于 c),待测试环境修改完善后,需确认测试环境的正确性,并重启测试执行活动。

7 软件质量评价内容与方法

7.1 文档质量评价

文档质量从以下方面作出评价:

a) 软件文档是否齐套;

b) 软件文档编制格式的规范性是否符合 GJB 438B—2009;

c) 软件文档是否文文一致,具有可追溯性;

d) 文档标识和签署的完备性;

e) 需求规格说明中需求的可验证性。

7.2 程序质量评价

程序质量从以下方面作出评价:

a) 是否实现了软件研制任务书、软件需求规格说明和软件设计文档中规定的全部需求,即软件质量的功能性评价

$$F = \frac{经测试合格的软件产品能提供的功能数\ n}{用户在需求规格说明中要求的功能数\ N}$$

注:这里的功能是广义的功能,含功能、性能、接口、安全性要求。

b) 软件测试发现的缺陷率。

每千行代码(KLOC)程序中发现的缺陷(D)个数:D/KLOC。

c) 对软件提出的所有性能、余量等指标逐项进行评价,例如:

1) Es = 软件实际利用的存储空间/软件存储空间;

2) Et ＝ 软件实际处理时间/规定的软件工作周期。

　　d) 软件程序的注释行应大于等于 20％ 。

8　定型测评通过准则

软件通过定型测评的标准如下：

　　a) 被测软件按照定型测评大纲中规定的内容完成了测试；

　　b) 被测软件满足系统研制总要求、ICD等顶层文件，任务书、需求、接口等技术文件，用户使用手册等支持文件的相关要求；

　　c) 所有已发现的问题均已解决，或未解决的一般和建议改进问题，不影响软件正常使用，并按照3.5.2节的要求进行确认；

　　d) 相应的文档资料齐套。

9　配置管理

在定型测评整个生存期内实施配置管理，保证工作产品的完整性。配置管理应保证：所选定的工作产品及其描述、测试工具和测试环境等是已标识的、受控的和可用的；已标识的工作产品的更改和发布是受控的；基线的状态和内容通知到各相关人员。

10　质量保证

在定型测评整个生存期内实施质量管理，保证测评项目正在运行的过程和正在形成的工作产品，符合相应的技术文件要求。质量保证内容包括：质量保证人员应客观地验证工作产品及其活动遵循所用标准、规程和需求的情况；质量保证人员应将测评项目质量保证活动的结果通知到相关人员；最高领导层应负责处理在测评项目组内无法解决的问题。

11　测评分包

无。

12　测评项目组成员构成

测评项目组的岗位构成，各岗位的职责，以及各岗位的人员与分工见表22。

表22　测评项目组成员构成、职责及分工

序号	岗位	职责	人员	单位

13　安全保密与知识产权保护

13.1　安全保密

13.1.1　测评过程保密要求

在测评过程中，测评人员应遵守保密规定对测评活动、测评场所、测评设备等进行保密。
13.1.2 测评记录保密要求
测评人员在测评过程中、资料管理员在记录保存期内,都应遵守保密规定对测评记录进行保密。
13.2 知识产权保护
自接收承研单位提供的被测软件以后,在被测软件(包括所有组成部分)的流转、传递、使用和保管过程中,所有接触被测软件的人员都应遵守有关保密规定进行保密。任何人不得在未经承研单位同意的情况下将承研单位提供的技术文档及相关信息透露给第三方,也不得将被测软件和技术文档带离测评现场。

14 测评风险分析
对此次定型测评任务的风险进行了分析,并提出了应对措施,见表23。

表23 测评任务风险及其应对措施

序号	风险	应对措施
1	由于技术和项目保密的原因,给测试工作造成不便,可能会影响到测试工作的质量	由测评单位和承研单位协商解决
2	测试执行所需的测试环境比较专业复杂,测评人员无法独立准备	由承研单位协助准备测试环境,以保证测试的有效性

15 其他
测试中应产生的测试工作产品清单见表24。

表24 测试工作产品

序号	工作产品	备注
1	软件定型测评大纲	上报航定委(二级定委)批复
2	软件测试需求规格说明	—
3	软件测试计划	—
4	软件测试说明	—
5	软件测试报告	提交研制单位
6	软件定型测评报告	上报航定委(二级定委),提交研制单位

范例17　软件定型测评报告

17.1　编写指南

1. 文件用途

报告软件定型测评情况和测评结果，作为产品设计定型的依据。

2. 编制时机

对于嵌入式软件产品，在设计定型阶段编制。

对于纯软件产品，在软件定型测评结束后30天内编制。

3. 编制依据

主要包括：研制立项综合论证报告，研制总要求，研制合同，工作说明，研制计划，软件开发计划，软件配置管理计划，软件质量保证计划，研制方案，运行方案说明，系统/子系统规格说明，系统/子系统设计说明，软件需求规格说明，接口需求规格说明，软件产品规格说明，软件版本说明，软件定型测评大纲，GJB 438B—2009《军用软件开发文档通用要求》，GJB 1268A—2004《军用软件验收要求》，GJB 2434A—2004《军用软件产品评价》，GJB 5234—2004《军用软件验证和确认》，GJB 5235—2004《军用软件配置管理》，GJB 5236—2004《军用软件质量度量》，GJB 6921—2009《军用软件定型测评大纲编制要求》，GJB 6922—2009《军用软件定型测评报告编制要求》等。

4. 目次格式

按照GJB 6922—2009《军用软件定型测评报告编制要求》编写。

17.2　编写说明

1　范围

1.1　标识

列出文档的标识、标题、所适用的被测软件的名称与版本，以及文档中采用的术语和缩略语。

1.2　文档概述

概述文档的主要内容和用途。

1.3 委托方的名称与联系方式

描述此次定型测评任务委托方的名称、地址、联系人及联系电话。

1.4 承研单位的名称与联系方式

描述被测软件承研单位的名称、地址、联系人及联系电话。

1.5 定型测评机构的名称与联系方式

描述完成此次定型测评任务的测评机构的名称、地址、联系人及联系电话。

1.6 被测软件概述

概述被测软件的等级、使命任务、结构组成、信息流程、使用环境、安装部署、主要战术技术指标、软件规模与开发语言等。

2 引用文件

列出编制此文档依据的相关法规、标准以及被测软件研制总要求或系统研制总要求、定型测评大纲等技术文档,包括各引用文件的标识、标题、版本、日期、颁布/来源单位等信息。

3 测评概述

3.1 测评过程概述

按时间顺序,从接受测评任务、测试需求分析、测试策划、编制测评大纲、测试设计与实现、测试执行、回归测试、质量评价、编写测评报告、测评总结以及各阶段评审等方面,对此次定型测评的实际过程作简要说明。如果存在分包情况,应简要说明分包单位的资质及其承担的测评工作情况。

3.2 测评环境说明

3.2.1 软硬件环境

对此次定型测评实际采用的软硬件环境进行描述。

a) 整体结构。描述测评工作实际采用的软硬件环境的整体结构,如果建立了网络环境,还需描述网络的拓扑结构和配置;

b) 软硬件资源。描述测评工作实际采用的系统软件、支撑软件以及测评工具等,包括每个软件项的名称、版本、用途等信息;描述测评工作实际采用的计算机硬件、接口设备和固件项等,包括每个硬件设备的名称、配置、用途等信息。如果测评工作实际采用了非测评机构的软硬件资源,应加以说明。

如果存在分包情况,应说明分包单位实际采用的软硬件环境。

3.2.2 测评场所

描述测评工作实际采用场所的地点、面积以及安全保密情况等,如果测评工作在非测评机构进行,应加以说明。

如果存在分包情况,应说明分包单位实际采用的测评场所。

3.2.3 测评数据

描述测评工作实际采用的真实或模拟数据,包括数据的规格、数量、密级、提供单位及提供时间等。

如果存在分包情况,应说明分包单位实际采用的测评数据。

3.2.4 环境差异影响分析

描述 3.2.1、3.2.2 和 3.2.3 中实际采用的软硬件环境及其结构、场所、数据与定型测评大纲、被测软件研制总要求或系统研制总要求、软件需求规格说明及其他等效文档要求的软硬件环境、使用场所、数据之间的差异,并分析环境差异对测评结果的影响。

3.3 测评方法说明

对此次定型测评实际采用的测评方法、测评工具等作简要描述。如果存在分包情况,应简要说明分包单位实际采用的测评方法、测评工具等。

4 测试结果

4.1 测试执行情况

按测试轮次顺序,对每轮测试的被测对象、版本、测试级别、测试类型、测试项数量、设计的测试用例数量、实际执行的测试用例数量、通过的测试用例数量、未通过的测试用例数量、未执行的测试用例数量等信息作详细统计。

对于未执行的测试用例,应说明:

a) 未执行测试用例的原因;

b) 未执行的测试用例涉及的测试内容;

c) 在何处用何种方法已验证或可验证这些测试用例。

将实际执行的测试范围、测试级别、测试类型、测试项与定型测评大纲中规定的相应内容作对比,如有差异,应说明原因。

4.2 软件问题

对此次定型测评中实际发现软件问题的数量、类型、严重性等级、纠正情况在各测试轮次、被测对象版本、测试级别、测试类型中的分布情况作详细统计。

如果测评工作正常结束后被测软件中仍有问题遗留,应对遗留问题的数量、状况、严重程度、影响、风险、处理结果等作具体说明。

4.3 测试的有效性、充分性说明

对照定型测评大纲,根据测试需求分析、测试策划、测试设计与实现、测试执行、测评总结等阶段的实施情况以及发现的软件问题,对测试的有效性、充分性进行分析说明。

5 评价结论与改进建议
5.1 评价结论
根据定型测评大纲中的相关规定,对照被测软件研制总要求或系统研制总要求、软件需求规格说明及其他等效文档规定的书面要求和隐含要求,结合测试结果,对被测软件的质量作全面评价。对被测软件满足研制总要求的情况、是否通过定型测评给出明确的结论。
5.2 改进建议
结合测评的具体情况,提出对被测软件质量的改进建议。
6 其他
此部分为可选要素,描述其他需要说明的内容。

17.3 编写示例

1 范围
1.1 标识
本文档的:

a) 标识:×××。

b) 标题:×××(软件名称)软件定型测评报告。

c) 本文档适用的计算机软件:×××软件(代码最终版本 V×.××)。

d) 术语和缩略语:

××× ×××。

1.2 文档概述
本文档是对×××(软件名称)软件定型测评工作的概括和总结。文档描述了测试组在本次测试过程中的主要活动的执行情况,以及测试结果的统计与分析。通过测试结果分析,对×××(软件名称)进行评估,并提出改进建议。

1.3 委托方的名称与联系方式
委托方:×××。

所在地址:×××。

联系人:×××。

联系电话:×××。

1.4 承研单位的名称与联系方式
承研单位:×××。

所在地址:×××。

联系人:×××。

联系电话：×××。

1.5 定型测评机构的名称与联系方式

定型测评机构：×××。

所在地址：×××。

联系人：×××。

联系电话：×××。

1.6 被测软件概述

1.6.1 功能概述

×××(软件名称)是关键(或重要、一般)软件，主要功能是×××、×××、×××。

×××(软件名称)外部交联关系图如图1所示。

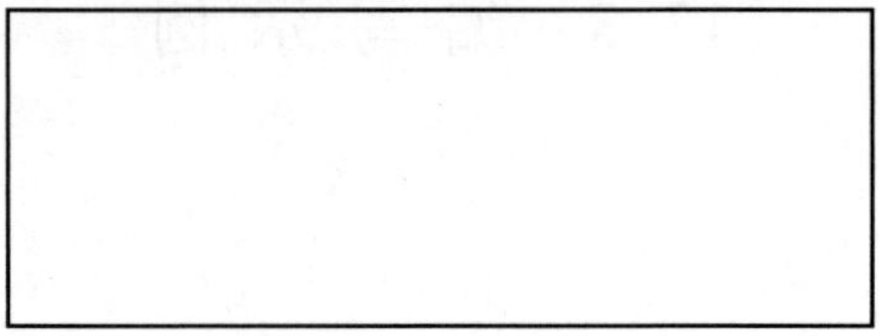

图1 ×××(软件名称)外部交联关系图

1.6.2 性能指标

×××(软件名称)主要性能指标如下：

a) 软件每周期最大运行时间应小于××ms；

b) ×××。

1.6.3 接口说明

×××(软件名称)的外部接口如图2所示。

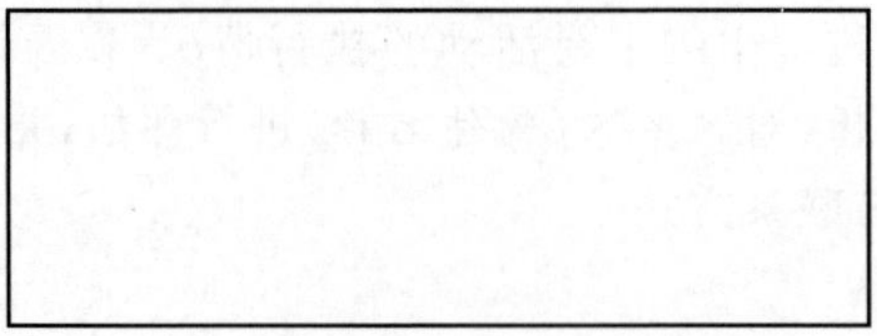

图2 ×××(软件名称)外部接口图

×××(软件名称)外部接口信息见表1。

表1 ×××(软件名称)外部接口信息表

序号	接口名称	接口方式	来源	目的地	接口内容

1.6.4 测试范围

本次软件测试程序清单见表2。

表2 被测软件程序清单

被测软件名称	版本	规模	开发环境/语言	运行平台	重要度	研制单位

2 引用文档

2.1 顶层技术文档

依据的顶层技术文档见表3。

表3 顶层技术文档列表

序号	标识	文档名称	版本	发布日期	来源
1	×××	研制总要求			
2	×××	软件研制任务书			
3	×××	批复《×××软件定型测评大纲》			

2.2 被测软件文档

依据的被测软件文档详见表4。

表4 被测软件文档列表

序号	标识	文档名称	版本	发布日期	来源
1	×××	软件需求规格说明			
2	×××	软件设计文档			
3	×××	软件接口控制文件			

2.3 管理类文档

依据的管理类标准、规范见表5。

表5 管理类文档列表

序号	标识	文档名称	发布日期	来源
1	〔2005〕装字第4号	军用软件质量管理规定	2005	总装备部
2	〔2005〕军定字第62号	军用软件产品定型管理办法	2005	国务院、中央军委军工产品定型委员会
3	〔2005〕装电字第324号	军用软件测评实验室测评过程和技术能力要求	2005	总装备部电子信息基础部
4	航定〔2007〕31号	航空军工产品配套软件定型管理工作细则	2007	航空军工产品定型委员会

(续)

序号	标识	文档名称	发布日期	来源
5	GJB 2725A—2001	测试实验室和校准实验室通用要求	2001	总装备部
6	GJB/Z 141—2004	军用软件测试指南	2004	总装备部
7	GJB 2434A—2004	军用软件产品评价	2004	总装备部
8	GJB 438B—2009	军用软件开发文档通用要求	2009	总装备部
9	GJB 6922—2009	军用软件定型测评报告编制要求	2009	总装备部

2.4 其他引用文档

依据的其他引用文档见表6。

表6 其他引用文档列表

序号	标识	文档名称	版本	发布日期	来源
1		×××测评中心实验室体系文件			
2		×××软件测试协议			

3 测评概述

3.1 测评过程概述

3.1.1 定型测评大纲审查

20××年××月,测试组开始编写×××(软件名称)软件测试需求规格说明、测试计划和定型测评大纲,编写过程如下:

a) 20××年××月至××月,测试组依据《×××(软件名称)软件研制任务书》和《×××(软件名称)软件需求规格说明》,开展测试需求分析,并编写《×××(软件名称)软件定型测评大纲》;

b) 20××年××月××日,通过×××(二级定委办公室)在北京组织召开的×××(软件名称)软件定型测评大纲审查,测试组根据审查意见进行了修改完善。

3.1.2 文档审查

20××年××月××日,测试组开始对×××(软件名称)进行文档审查,工作过程简述如下:

a) 20××年××月至20××年××月,对开发方提交的×××、×××和×××等文档进行了文档审查,主要审查了文档格式的规范性、文档内容的一致性等方面,经审查发现文档问题×××个;

b) 20××年××月,开发方针对文档审查中发现的问题进行了修改,并填写了文档审查问题更改确认表;

c) 20××年××月,测试组针对修改后的文档进行了回归审查,经审查,所有文档审查问题均已修改且未引入新的问题。

文档审查软件文档版本变更情况见表7。

表7 软件文档版本变更一览表

文档名称	文档审查前的版本	文档审查后的版本
×××软件研制任务书	V×.××	V×.××
×××软件需求规格说明	V×.××	V×.××
×××软件详细设计说明	V×.××	V×.××
×××软件测试报告	V×.××	V×.××
×××软件开发计划	V×.××	V×.××
×××软件配置管理计划	V×.××	V×.××
×××软件质量保证计划	V×.××	V×.××
×××软件版本说明	V×.××	V×.××
×××软件产品规格说明	V×.××	V×.××

3.1.3 代码审查

20××年××月至××月,测试组开始对×××(软件名称)代码进行审查,工作过程简述如下:

a) 20××年××月××日至××月××日,对×××(软件名称)(版本V×.××)全部代码(×××行)(如只审查部分代码则在此说清楚)进行了个人审查,审查内容包括代码与设计的一致性,代码的可读性、规范性,代码实现和结构的合理性,代码逻辑表达的正确性;

b) 20××年××月××日至××月××日,对×××(软件名称)代码进行了会议审查,审查过程中,对所发现的软件缺陷填写了软件代码审查问题报告单,共确认问题××个;

c) 20××年××月,开发方针对代码审查中发现的××个缺陷全部进行了修改,并填写了更改报告单,软件版本升级为V×.××;

d) 20××年××月××日至××月××日,测试组针对×××(软件名称)(版本V×.××)全部代码(×××行)进行了回归审查,经审查软件更改正确,并且未引入新的问题。

3.1.4 动态测试

20××年××月至××月,测试组开始对×××(软件名称)进行动态测试,工作过程简述如下：

a) 20××年××月××日至××月××日,根据对×××(软件名称)(版本V×.××)进行了测试用例设计,共设计测试用例×××个,其中,×××软件配置项测试用例×××个,×××软件配置项测试用例×××个,系统测试用例×××个,构建了测试环境,编写了《×××(软件名称)软件测试说明》,并于20××年××月××日通过了测试方案内部评审;

b) 20××年××月至××月,针对×××(软件配置项1名称)(版本V×.××)、×××(软件配置项×名称)(版本V×.××)进行了测试执行,测试用例全部实施,测试过程中发现确认问题×××个;

c) 20××年××月至××月,针对测试中发现的×××个问题,开发方进行了修改,并填写了问题更改报告单,软件版本升级为V×.××;

d) 20××年××月××日至××月××日,测试组对×××(软件名称)(版本V×.××)进行了回归测试,经测试软件更改正确,并且未引入新的问题;

e) 20××年××月××日,根据×××(软件名称)软件定型测评验收审查意见、×××软件定型测评性能测试意见以及关于×××修正的软件技术协调单(注意与实际一致,如无则不要写),承研单位对软件进行了修改,形成了×××(软件名称)V×.××版本,测试组针对V×.××版本进行了回归测试,经测试软件更改正确,并且未引入新的问题。

3.1.5 测试总结

20××年××月,测试组对测试工作进行总结,编写了《×××(软件名称)软件测试报告》和《×××(软件名称)软件定型测评报告》。

3.2 测试环境说明
3.2.1 代码审查及静态分析测试环境
3.2.1.1 软件项

静态测试环境软件项见表8。

表8 静态测试环境软件项

序号	软件项名称	版本	用途
1	×××软件	V×.××(注:代码审查前的版本)	被测软件
2	Windows×p Sp2	—	操作系统
3	MicroSoft Office Word	V×.××	编写记录及测试文档
4	SourceInsight	V×.××	代码审查
5	TestBed	V×.××	静态分析
6	C++test	V×.××	静态分析

3.2.1.2 硬件和固件项
静态测试环境硬件和固件项见表9。

表9 静态测试环境硬件和固件项

序号	硬件和固件项名称	设备编号	用途
1	便携机		
2	台式机		

3.2.1.3 测评场地
测评场地由×××提供,在×××搭建独立测试运行环境(代码审查和静态分析环境不需要环境图)。

3.2.2 ×××软件配置项测试环境
3.2.2.1 软件项
×××软件配置项测试环境软件项见表10。

表10 ×××软件配置项测试环境软件项

序号	软件项名称	版本	用途
1	×××软件	V×.××(注:代码审查后的版本)	被测软件
2	MCS96集成开发软件	V×.××	应用软件编译器、代码连接器、代码生成器

3.2.2.2 硬件和固件项
×××软件配置项测试环境硬件和固件项见表11。

表11 ×××软件配置项测试环境硬件和固件项

序号	硬件和固件项名称	设备编号	用途
1	×××(内含被测软件)		被测对象
2	×××综合测试设备		模拟发送422接口数据(×××),发送×××指令
3	TDS5104示波器		测量定时器中断周期和采样周期
4	台式机		运行串口调试软件模拟发送422接口数据

3.2.2.3 测评场地
测评场地由×××提供,在×××搭建独立测试运行环境。
3.2.2.4 测评运行环境
根据测试要求,建立×××软件配置项测试环境,测试环境示意图如图3所示。

注:图中应该出现软件项和硬件项表格中的所有软硬件内容。

图 3　×××软件配置项测试环境示意图

3.2.3　系统测试环境
3.2.3.1　软件项
×××软件系统测试环境软件项见表 12。

表 12　×××软件系统测试环境软件项

序号	软件项名称	版本	用途
1	×××软件	V×.××(注:配置项测试后的版本)	被测软件
2	MCS96 集成开发软件	V×.××	应用软件编译器、代码连接器、代码生成器

3.2.3.2　硬件和固件项
×××软件系统测试环境硬件和固件项见表 13。

表 13　×××软件系统测试环境硬件和固件项

序号	硬件和固件项名称	设备编号	用途
1	×××(内含被测软件)		被测对象
2	×××综合测试设备		模拟发送 RS－422 接口数据(×××),发送×××指令
3	TDS5104 示波器		测量定时器中断周期和采样周期
4	台式机		运行串口调试软件模拟发送 RS－422 接口数据

3.2.3.3　测评场地
测评场地由×××提供,在×××搭建独立测试运行环境。

3.2.3.4　测评运行环境
根据测试要求,建立系统测试环境,测试环境示意图如图 4 所示。
注:图中应该出现软件项和硬件项表格中的所有软硬件内容。

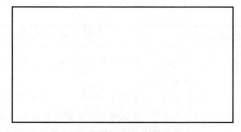

图 4 系统测试环境示意图

3.2.4 环境差异影响分析

测试环境采用的软硬件可以有效地支持测试输入与输出,能够保障测试真实有效,具体环境差异影响分析见表 14。

表 14 环境差异影响分析表

实装设备	测试设备	差异分析
GPS 天线	GPS 天线	真实设备,无差异
惯导设备	惯导仿真设备(内含串口调试程序和 BUSTOOLS)	惯导仿真设备可以仿真惯导设备与×××软件交联的全部接口(包括 RS－422 和 ARINC 429 接口),其中串口调试程序和 BUSTOOLS 可以完全按照接口协议仿真惯导发送给×××软件的所有数据,并可如实接收×××软件发送的所有数据
×××	×××	×××

3.3 测评方法说明

依据《军用软件产品定型管理办法》、《航空军工产品配套软件定型管理工作细则》以及相关国军标的要求,通过分析软件研制任务书、软件需求规格说明等文档,结合软件特点和研制单位提供的测试环境,采用的主要测试类型和测试方法要求见表 15。

表 15 测试类型及测试方法

测试类型名称	测试类型标识	测试内容描述
文档审查	WD	依据通过评审的文档审查单,对委托方提交的文档的完整性、一致性和准确性进行检查
静态分析	JT	使用 TestBed(V×.×××)对全部代码进行代码分析,从可测试性、清晰性和可维护性三个质量特性及编码标准违反情况方面对系统进行评析,进而发现系统可能的程序欠缺、找到潜在的问题根源及提供间接涉及程序欠缺的信息

(续)

测试类型名称	测试类型标识	测试内容描述
代码审查	DM	代码审查包括工具审查和人工审查,审查范围为×××软件的全部代码。 工具审查采用 TestBed(V×.××)对代码进行编程规则的检查。 人工审查根据审查项目和技术要求以及被测试软件特性,依据代码审查单进行检查,检查的主要内容一般包括控制流与逻辑检查、数据流检查、内存检查、函数接口检查、测试和转移检查、错误处理检查、寄存器使用、软件多余物等方面
功能测试	GN	功能测试是根据软件需求规格说明文档运行软件系统的所有功能逐项进行测试,以验证该软件系统是否满足软件需求规格说明要求,从以下几方面进行: a) 用正常值的等价类输入数据值测试; b) 用非正常值的等价类输入数据值测试; c) 进行每个功能的合法边界值和非法边界值输入的测试; d) 对控制流程的正确性、合理性等进行验证
性能测试	XN	性能测试是检查被测软件系统是否满足需求说明书中规定的性能指标。主要测试×××软件在各种情况下完成消息处理功能的时间,以及×××软件实现××ms 数据中断处理及×××ms滤波处理的时间
接口测试	JK	接口测试是对软件需求规格说明中的接口需求逐项进行的测试。主要根据需求规格说明中对软件接口的要求,分别设置正常的 RS-422 接口数据和异常的 RS-422 接口数据,在地面、空中多状态下对软件进行测试
边界测试	BJ	边界测试是对参数保护条件的边界点进行考察,边界测试包括边界值、内边界、外边界的测试
强度测试	QD	时间强度测试,以最大运行时间运行×××软件,在运行中对其做常用操作、关键操作
余量测试	YL	余量测试主要是验证对×××存储器的存储空间等是否达到××%的余量要求,以及×××时间是否满足××%的余量要求
容量测试	RL	容量测试是检验软件的能力最高能达到什么程度的测试。 具体测试要求如下: 测试到在正常情况下软件的最高能力

(续)

测试类型名称	测试类型标识	测试内容描述
安全性测试	AQ	安全性测试是检验软件中已存在的安全性、安全保密性措施是否有效的测试。 具体测试要求如下： a) 对软件处于标准配置下其处理和保护能力的测试； b) 应进行对异常条件下系统/软件的处理和保护能力的测试(以表明不会因为可能的单个或多个输入错误而导致不安全状态)； c) 必须包含边界、界外及边界结合部的测试； d) 对安全关键的操作错误的测试
恢复性测试	HF	恢复性测试是对软件的每一类导致恢复或重置的情况,逐一进行的测试,以验证其恢复或重置功能。恢复性测试是要证实在克服硬件故障后,系统能否正常地继续进行工作,且不对系统造成任何损害。 具体测试要求如下： a) 探测错误功能的测试； b) 能否切换或自动启动备用硬件的测试； c) 在故障发生时能否保护正在运行的作业和系统状态的测试； d) 在系统恢复后,能否从最后记录下来的无错误状态开始继续执行作业的测试
安装性测试	AZ	安装性测试是对×××软件在不同操作系统和配置情况下的安装和卸载,以验证软件能否满足用户手册中的安装和卸载操作
数据处理测试	SJ	数据处理测试是对完成专门数据处理功能所进行的测试。具体测试要求如下： 对×××软件的数据采集功能的测试、数据融合功能的测试、数据转换功能的测试、剔除坏数据功能的测试；对×××软件的数据采集功能、数据转换功能、数据解释功能、剔除坏数据功能的测试
人机交互界面测试	RJ	人机交互界面测试是对×××软件提供的操作和显示界面进行的测试,以检验是否满足用户的要求。 具体测试要求如下： a) 测试操作和显示界面及界面风格与画面设计要求中要求的一致性和符合性； b) 以非常规操作、误操作、快速操作来检验人机界面的健壮性； c) 测试对错误操作流程的检测与提示； d) 对照用户手册或操作手册逐条进行操作和观察

4 测试结果
4.1 测试执行情况
4.1.1 文档审查结果

文档审查共确认问题××个。文档审查问题统计见表16，文档审查问题描述及更改情况见附录A。

表16 文档审查问题统计

问题类型	严重性等级			小计	已修改	未修改	异议问题
	关键	重要	一般				
文档问题	0	0	5	5	5	0	0
程序问题	0	0	0	0	0	0	0
设计问题	0	0	0	0	0	0	0
其他问题	0	0	0	0	0	0	0
合计	0	0	5	5	5	0	0
百分比/%	0%	0%	100%	100%	100%	0%	0%

承研单位针对确认的××个问题全部进行了修改，经回归验证，所有文档审查问题均已归零处理，文档的质量得到了提高。

4.1.2 代码审查结果

在代码审查过程中，根据定型测评大纲的要求，审查了×××软件的全部代码(如审查部分代码，要在此处说明情况)，代码审查共确认问题××个，代码审查确认问题统计见表17，代码审查问题描述及更改情况见附录B。

承研单位针对确认的××个问题全部进行了修改，经测试组回归审查，均得以正确修改，未发现引入新的软件问题。

表17 代码审查问题统计

问题类型	严重性等级			小计	已修改	未修改	异议问题
	关键	重要	一般				
文档问题	0	0	5	5	5	0	0
程序问题	0	0	0	0	0	0	0
设计问题	0	0	0	0	0	0	0
其他问题	0	0	0	0	0	0	0
合计	0	0	5	5	5	0	0
百分比/%	0%	0%	100%	100%	100%	0%	0%

4.1.3 动态测试结果
4.1.3.1 动态测试用例执行情况

依据定型测评大纲的要求,第一轮动态测试共设计测试用例××个,动态测试类型包括功能测试、性能测试、接口测试、强度测试、余量测试和边界测试等测试类型,覆盖《×××软件定型测评大纲》的所有测试内容,各测试类型的测试用例及执行情况见表18。

表18 各测试类型的测试用例执行情况一览表

测试级别	测试类型	测试用例总数	执行用例数	未执行用例数	通过用例数	未通过用例数
×××软件配置项测试	功能测试					
	性能测试					
	接口测试					
	边界测试					
	强度测试					
	余量测试					
	容量测试					
	安全性测试					
	恢复性测试					
	安装性测试					
	数据处理测试					
	人机交互界面测试					
小计	—					
×××软件配置项测试						
小计	—					
系统测试						
小计						
合计	—					

测试组针对×××软件(V×.×××)进行了第一轮动态测试,未通过测试用例情况见表19。

表 19 第一轮动态测试未通过测试用例一览表

测试级别	测试项	测试类型	测试用例标识	软件问题标识
×××软件配置项测试				
×××软件系统测试				

第一轮动态测试共确认问题××个,承研单位对全部问题进行了修改。通过动态回归测试验证更改正确。第一轮动态测试确认问题统计见表20。第一轮动态测试问题描述及更改情况见附录C。

表 20 第一轮动态测试问题统计

问题类型	严重性等级			小计	已修改	未修改	异议问题
	关键	重要	一般				
文档问题	0	1	2	3	3	0	0
程序问题	0	0	5	5	5	0	0
设计问题	0	8	4	12	12	0	0
其他问题	0	0	0	0	0	0	0
合计	0	9	11	20	20	0	0
百分比/%	0%	45%	55%	100%	100%	0%	0%

4.1.3.2 动态回归测试用例执行情况

a）第一轮动态回归测试

动态测试中发现的问题,承研单位进行修改后,形成了×××软件V×.×××版本,测试组针对V×.×××版本进行了回归测试,针对新版需求,修改用例××个,新增用例××个,重用用例××个,并进行了第一轮动态回归测试,第一轮动态回归测试用例实施情况见表21。

表 21 第一轮动态回归测试用例实施情况

回归设计用例数			执行用例数	未通过用例数	未执行用例数
修改	新增	重用			
33	12	27	72	1	0

第一轮动态回归测试未通过测试用例情况见表22。

表22 第一轮动态回归测试未通过测试用例一览表

测试级别	测试项	测试类型	测试用例标识	软件问题标识	问题等级

第一轮动态回归测试共确认问题××个,承研单位对××个问题进行了修改。通过第二轮动态回归测试验证软件更改正确。

b) 第二轮动态回归测试

第一轮动态回归测试中发现的××个问题,承研单位进行修改后,形成了×××软件V×.××版本,测试组针对V×.××版本进行了回归测试,针对新版需求,选用用例××个,并进行了第二轮动态回归测试,通过第二轮动态回归测试验证软件更改正确,第二轮动态回归测试用例实施情况见表23。

表23 第二轮动态回归测试用例实施情况

序号	回归设计用例数			执行用例数	未通过用例数	未执行用例数
	修改	新增	重用			
1	0	0	4	4	0	0

c) 第三轮动态回归测试

针对20××年××月××日,×××软件定型测评验收审查意见、×××软件定型测评性能测试意见以及关于×××修正的软件技术协调单(注意与实际一致),承研单位进行修改后,形成了×××软件V×.××版本,测试组针对V×.××版本进行了回归测试。针对新版需求,选用用例××个,并进行了第三轮动态测试,通过第三轮动态回归测试验证软件更改正确。第三轮动态回归测试用例实施情况见表24。

表24 第三轮动态回归测试用例实施情况

序号	回归设计用例数			执行用例数	未通过用例数	未执行用例数
	修改	新增	重用			
1	0	0	10	10	0	0

4.2 软件问题

软件问题及整改情况统计表见表25。

表 25 软件问题及整改情况统计表

—	问题类型	确认缺陷	缺陷等级			已修改	未修改
			关键	重要	一般		
文档审查	文档问题						
	程序问题						
	设计问题						
	其他问题						
小计	—						
代码审查	文档问题						
	程序问题						
	设计问题						
	其他问题						
小计	—						
动态测试	文档问题						
	程序问题						
	设计问题						
	其他问题						
小计							
合计							

4.3 测试的有效性、充分性说明

本次测试严格按照《军用软件测评实验室测评过程和技术能力要求》开展，测试工作满足×××(二级定委)批复的《×××(软件名称)软件定型测评大纲》的要求，测试充分有效，具体说明如下：

a) 在测试需求分析阶段,对软件研制任务书和软件需求规格说明中的××
×软件功能需求、性能指标等进行了全面分析,整理出××项测试需求,实现测
试需求对软件需求 100% 覆盖；

b) 在测试设计阶段,共设计测试用例×××个,包含××种测试类型,满足
《×××软件定型测评大纲》中的相关要求；

c) 测试环境经承研单位、驻承研单位军代表及测评机构共同确认,认为测
试环境有效；

d) 定型测评大纲通过评审,且按照评审意见进行了修改完善;

e) 本次测试中所有测试用例均得到执行;

f) 本次测试发现××个问题,开发方针对全部问题进行了修改,并通过了回归审查,全部问题均已归零。

5 评价结论与改进建议

5.1 评价结论

5.1.1 软件质量评价

5.1.1.1 文档质量评价

承研单位对本次测试中发现的文档问题进行了修改,目前的文档情况如下:

a) 软件文档齐套;

b) 软件文档编制格式的规范性符合 GJB 438B—2009;

c) 软件文档文文一致,具有可追溯性;

d) 文档标识和签署完备;

e) 软件文档与相应的源程序一致。

5.1.1.2 代码质量评价

a) 软件质量的功能性评价

$$F = \frac{经测试合格的软件产品能提供的功能数\ n}{用户在需求规格说明中要求的功能数\ N} \times 100\% = \times\times\%$$

(注:功能数 N 按软件需求规格说明功能要求章条的最小标题项统计)

b) 软件的缺陷率

每千行代码(KLOC)中的问题(D)个数:

$$代码有效行数 = AA\ 行$$

$$问题数(全部非文档审查问题数) = B(代码审查) + C(动态测试) = DD\ 个$$

$$D/KLOC = DD/AA \times 1000 = \times.\times$$

c) 软件的效率(软件实际利用的资源/分配给软件的可利用资源)评价:

1) Es=软件代码占用的存储空间/软件程序存储器空间=43.572K/128K=34.0%,满足××%的余量指标要求;

2) Et=软件采样程序执行时间/规定的软件采样周期=2.33ms/10ms=23.3%,满足××%的余量指标要求。

d) 软件程序的注释率

$$代码注释行数 = EE\ 行$$

$$代码总行数 = FF\ 行$$

因此,代码注释率=EE/FF=31.0%,满足×××%的注释率要求。

5.1.1.3 软件性能指标满足情况

×××(软件名称)性能指标满足情况见表26。

表 26　软件性能指标满足情况

序号	性能指标	实际测试结果	结论
1	软件每周期最大运行时间要小于××ms	使用示波器测量5次,每周期运行时间分别为××.××ms、××.××ms、××.××ms、××.××ms、××.××ms	满足
2	软件的定时器周期为×××ms±1ms	使用示波器测量5次,定时器周期测量值分别为×××.××ms、×××.××ms、×××.××ms、×××.××ms、×××.××ms	满足
3			

5.1.2　总体评价结论

经软件定型测评,形成评价结论如下:

a) ×××(软件名称)(V×.××)实现了软件研制任务书和软件需求规格说明中规定的要求;

b) 测试中发现的软件问题均已采取了相应的纠正措施,经回归测试,所有问题均已归零;

c) ×××(软件名称)文档经过文档审查和回归审查,软件文档种类齐全、编写规范、文文一致,符合国军标及相关规定的要求。

综上所述,×××(软件名称)(V×.××)通过软件定型测评。

5.2　改进建议

结合测评的具体情况,提出对被测软件质量的改进建议如下:

a) ×××;

b) ×××;

c) ×××。

6　其他

×××(其他需要说明的内容)。

附录 A

文档审查问题及修改情况说明

问题单编号	问题描述	问题处理更改	问题类型	问题等级	归零情况

附录 B

代码审查问题及修改情况说明

问题单编号	问题描述	问题处理更改	问题类型	问题等级	归零情况

附录 C

动态测试问题及修改情况说明

问题单编号	问题描述	问题处理更改	问题类型	问题等级	归零情况

范例 18 软件配置管理报告

18.1 编写指南

1. 文件用途

《软件配置管理报告》(SCMR)描述软件整个研制/开发过程中软件配置管理情况。

2. 编制时机

在设计定型阶段编制。

3. 编制依据

主要包括：研制立项综合论证报告，研制总要求，研制方案，运行方案说明，软件研制任务书，系统/子系统规格说明，系统/子系统设计说明，软件需求规格说明，软件设计说明，接口控制文件，接口需求规格说明，接口设计说明，软件定型测评大纲，软件定型测评报告，GJB 438B—2009《军用软件开发文档通用要求》等。

4. 目次格式

按照 GJB 438B—2009《军用软件开发文档通用要求》编写。

18.2 编写说明

1 范围

1.1 标识

本条应描述本文档所适用的系统和软件的完整标识，适用时，包括其标识号、名称、缩略名、版本号和发布号。

1.2 系统概述

本条应概述本文档所适用的系统和软件的用途。它还应描述系统与软件的一般特性；概述系统开发、运行和维护的历史；标识项目的需方、用户、开发方和保障机构等；标识当前和计划的运行现场；列出其他有关文档。

1.3 文档概述

本条应概括本文档的用途和内容，并描述与其使用有关的保密性考虑。

2 引用文档

本章应列出引用文档的编号、标题、编写单位、修订版及日期,还应标识不能通过正常采购活动得到的文档的来源。

3 软件配置管理情况综述

本章应描述软件配置管理活动进展,与软件配置管理计划的偏差;软件配置管理活动与规程是否相符;对不符合项所采取的措施;完成软件配置管理工作的工作量等。

4 软件配置管理基本信息

本章应概述软件配置管理的基本信息,包括项目负责人、各级软件配置管理机构组成人员和负责人、软件配置管理所用的资源(如计算机、软件和工具)等。

5 专业组划分及权限分配

本章应列出项目专业组的划分、各专业组的成员以及各成员的权限分配,如专业组可分为项目负责人、开发组、测试组、质量保证组、配置管理组等,权限可分为读出、增加、替换、删除等。

6 配置项记录

本章应列出项目的所有配置项,包括配置项目名称、配置项最后发布日期、配置项控制力度(控制力度可分为基线管理、非基线管理(受到管理和控制))、配置项版本变更历史、配置项变更累计次数等内容。

7 变更记录

本章应列出软件研制过程中的所有变更,包括变更申请单号、变更时间、变更内容、变更申请人、批准人、变更实施人等内容。

8 基线记录

本章应列出项目的所有基线,包括基线名称、基线最后一版发布日期、基线版本变更历史、基线变更累计次数、最后一版基线的内容及版本号等内容。

9 入库记录

本章应列出配置项的入库记录,包括入库时间、入库单号、入库原因、入库申请人和批准人等。

10 出库记录

本章应列出配置项的出库记录,包括出库时间、出库单号、出库原因、批准人和接受人等。

11 审核记录

本章应列出软件研制过程中所进行的软件配置审核,包括配置审核记录单、审核时间、审核人、发现的不合格项数量、已关闭的不合格项数量、其他审核说明等。

12 备份记录

本章应列出软件研制过程中所做的配置库备份,包括备份时间、备份人、备份目的地、内容和方式等。

13 测量

本章应列出软件配置管理计划的版次数、配置状态记录份数、软件入库单份数、软件出库单份数、变更申请单份数、被批准的变更申请单份数、配置管理报告份数、配置审核记录份数、配置管理员工作量等。

14 注释

本章应包括有助于了解文档的所有信息(例如背景、术语、缩略语或公式)。

18.3 编写示例

1 范围

1.1 标识

本文档适用的产品和软件见表1。

表1 本文档适用的产品和软件

类别	名 称	标识号	缩略名	版本号	发布号
产品	×××	×××	×××	×××	×××
软件1	×××软件	×××	×××	×××	×××
软件2	×××软件	×××	×××	×××	×××
软件3	×××软件	×××	×××	×××	×××

1.2 系统概述

×××(产品名称)是×××(上一层次产品名称)的配套产品,主要完成×××、×××功能。

依据×××(产品名称)研制方案和×××(上一层次产品名称)研制需求,×××(产品名称)软件包括下述CSCI:

a) 软件1:×××(产品组成部分)的×××软件,实现×××功能;
b) 软件2:×××(产品组成部分)的×××软件,实现×××功能;
c) 软件3:×××(产品组成部分)的×××软件,实现×××功能。

×××(软件名称)软件的研制过程与产品研制周期保持同步,随产品交付用户。

×××(软件名称)软件运行硬件平台为×××,运行现场分别是产品集成测试环境、系统综合联试环境以及交付后的使用环境。

项目的需方:×××。

项目的用户：×××。

项目的开发方：×××。

项目保障机构：×××（软件名称）由×××（软件开发团队）负责开发，×××（软件测试团队）负责软件测试，×××（软件质量保证组织）负责软件质量保证，×××（软件配置管理组织）负责软件的配置管理，×××（软件开发监控组织）全程监控软件研制全过程。

1.3 文档概述

本文档描述了×××（软件名称）研制开发过程中软件配置管理情况，包括软件配置管理基本信息、权限分配、配置项记录、变更记录、基线记录、入库记录、出库记录、审核记录、备份记录和测量等。

2 引用文档

×××　×××。

×××　×××。

×××　×××。

3 软件配置管理情况综述

×××（软件名称）的配置管理工作以《×××（软件名称）软件配置管理计划》为依据，并按配置管理计划的要求开展了软件开发过程配置管理活动，软件配置标识、配置控制、配置状态记实、配置审核等与计划要求相符。

4 软件配置管理基本信息

本项目配置管理组织结构如图1所示，由配置管理控制委员会（CCB）和项目配置管理小组等组成，CCB由管理专家和技术专家组成，对配置及其管理具有决策权。

图1　×××（软件名称）配置管理组织机构

软件配置管理的基本信息，包括项目负责人、各级软件配置管理机构组成人员和负责人、软件配置管理所用的资源（如计算机、软件和工具）等见表2。

表2　软件配置管理基本信息

序号	项目负责人	配置管理机构负责人	配置管理机构组成人员	配置管理资源

5 专业组划分及权限分配

项目专业组的划分、各专业组的成员以及各成员的权限分配见表3。专业组分为项目负责人、开发组、测试组、质量保证组、配置管理组、三库管理员等,权限分为读出、增加、替换、删除等。

表3 专业组划分及权限分配表

序号	专业组	专业组成员	权限分配	备注
1	项目负责人			
2	开发组			
3	测试组			
4	质量保证组			
5	配置管理组			
6	三库管理员			

6 配置项记录

项目的所有配置项,包括配置项目名称、配置项最后发布日期、配置项控制力度(控制力度可分为基线管理、非基线管理(受到管理和控制))、配置项版本变更历史、配置项变更累计次数等内容见表4。

表4 配置项记录

序号	名称	最后发布日期	控制力度	版本变更历史	变更累计次数
			基线管理		
			非基线管理		

7 变更记录

软件研制过程中的所有变更,包括变更申请单号、变更时间、变更内容、变更申请人、批准人、变更实施人等内容见表5。

表5 变更记录

序号	变更申请单号	变更时间	变更内容	变更申请人	批准人	变更实施人

8 基线记录

项目的所有基线,包括基线名称、基线最后一版发布日期、基线版本变更历史、基线变更累计次数、最后一版基线的内容及版本号等内容见表6。

表6 基线记录

序号	名称	最后一版发布日期	版本变更历史	变更累计次数	内容	版本号

9 入库记录

配置项的入库记录,包括入库时间、入库单号、入库原因、入库申请人和批准人等情况见表7。

表7 配置项入库记录

序号	配置项	标识	入库时间	入库单号	入库原因	入库申请人	批准人

10 出库记录

配置项的出库记录,包括出库时间、出库单号、出库原因、批准人和接受人等情况见表8。

表8 配置项出库记录

序号	配置项	标识	出库时间	出库单号	出库原因	出库批准人	接受人

11 审核记录

软件研制过程中所进行的软件配置审核,包括配置审核记录单、审核时间、审核人、发现的不合格项数量、已关闭的不合格项数量、其他审核说明等情况见表9。

表9 软件配置审核记录

序号	配置审核记录单	审核时间	审核人	不合格项数量	已关闭的不合格项数量	其他审核说明

12 备份记录

软件研制过程中所做的配置库备份,包括备份时间、备份人、备份目的地、备份内容和备份方式等备份记录见表10。

表 10 配置库备份记录

序号	配置库	备份时间	备份人	备份目的地	备份内容	备份方式

13 测量

软件配置管理计划的版次数、配置状态记录份数、软件入库单份数、软件出库单份数、变更申请单份数、被批准的变更申请单份数、配置管理报告份数、配置审核记录份数、配置管理员工作量等测量结果记录见表11。

表 11 测量记录

序号	测量项目	测量参数	测量结果	备注
1	软件配置管理计划	版次数	×××	
2	配置状态记录	份数	×××	
3	软件入库单	份数	×××	
4	软件出库单	份数	×××	
5	变更申请单	份数	×××	
6	批准的变更申请单	份数	×××	
7	配置管理报告	份数	×××	
8	配置审核记录	份数	×××	
9	配置管理员工作量	人日	×××	

14 注释

××× ×××。

范例 19 软件质量保证报告

19.1 编写指南

1. 文件用途

《软件质量保证报告》(SQAR)描述软件整个研制/开发过程中软件质量保证情况。

2. 编制时机

在设计定型阶段编制。

3. 编制依据

主要包括:研制立项综合论证报告,研制总要求,研制合同,研制计划,软件开发计划,软件配置管理计划,软件质量保证计划,研制方案,运行方案说明,软件研制任务书,系统/子系统规格说明,系统/子系统设计说明,软件需求规格说明,软件设计说明,接口控制文件,接口需求规格说明,接口设计说明,软件定型测评大纲,软件定型测评报告,GJB 438B—2009《军用软件开发文档通用要求》等。

4. 目次格式

按照 GJB 438B—2009《军用软件开发文档通用要求》编写。

19.2 编写说明

1 范围

1.1 标识

本条应描述系统和软件的完整标识,适用时,包括其标识号、标题、缩略名、版本号和发行号。

1.2 系统概述

本条应概述本文档适用的系统和软件的用途。它还应描述系统与软件的一般特性;概述系统开发、运行和维护的历史;标识项目的需方、用户、开发方和保障机构等;标识当前和计划的运行现场;列出其他有关文档。

1.3 文档概述

本条应概括本文档的用途和内容,并描述与其使用有关的保密性考虑。

2 引用文档

本章应列出引用文档的编号、标题、编写单位、修订版及日期,还应标识不能通过正常采购活动得到的文档的来源。

3 软件研制概述

本章应逐项说明软件研制所经历的各项活动及其完成情况,包括软件需求分析、软件设计、软件实现和软件测试等。

4 软件质量保证情况

本章应逐项说明在保证软件质量方面所开展的各项工作及其完成情况,包括分析、评审、审查、测试、试验、软件质量保证、质量归零等。

5 软件配置管理情况

本章应描述软件配置管理活动的情况,包括与软件配置管理计划的偏差、配置管理活动与规程是否相符、对不符合项所采取的措施以及软件配置状态变化等。

6 第三方评测情况

适用时,本章应描述第三方评测工作情况和质量评价结论。

7 注释

本章应包括有助于了解文档的所有信息(例如背景、术语、缩略语或公式)。

19.3 编写示例

1 范围

1.1 标识

本文档适用的产品和软件见表1。

表 1 本文档适用的产品和软件

类别	名 称	标识号	缩略名	版本号	发布号
产品	×××	×××	×××	×××	×××
软件1	×××软件	×××	×××	×××	×××
软件2	×××软件	×××	×××	×××	×××
软件3	×××软件	×××	×××	×××	×××

1.2 系统概述

×××(产品名称)是×××(上一层次产品名称)的配套产品,主要完成×××、×××功能。

依据×××(产品名称)研制方案和×××(上一层次产品名称)研制需求,×××(产品名称)软件包括下述CSCI:

a) 软件1:×××(产品组成部分)的×××软件,实现×××功能;
b) 软件2:×××(产品组成部分)的×××软件,实现×××功能;
c) 软件3:×××(产品组成部分)的×××软件,实现×××功能。

×××(软件名称)软件的研制过程与产品研制周期保持同步,随产品交付用户。

×××(软件名称)软件运行硬件平台为×××,运行现场分别是产品集成测试环境、系统综合联试环境以及交付后的使用环境。

项目的需方:×××。

项目的用户:×××。

项目的开发方:×××。

项目保障机构:×××(软件名称)由×××(软件开发团队)负责开发,×××(软件测试团队)负责软件测试,×××(软件质量保证组织)负责软件质量保证,×××(软件配置管理组织)负责软件的配置管理,×××(软件开发监控组织)全程监控软件研制全过程。

1.3 文档概述

本文档主要描述了×××(软件名称)研制过程中的质量管理情况。

本文档的使用、编辑、查看应符合相关保密要求。

2 引用文档

××× ×××。

××× ×××。

××× ×××。

××× ×××。

3 软件研制概述

×××(软件名称)软件过程分为下述几个阶段:

a) 项目策划阶段;
b) 软件需求阶段;
c) 概要设计阶段;
d) 详细设计阶段;
e) 编码实现阶段;
f) 软件集成阶段;
g) 软件配置项测试阶段;
h) 软件系统测试阶段;
i) 软件维护阶段。

×××(软件名称)软件为嵌入式系统软件,采用"V"型生命周期模型。开发过程编码实现阶段同步开展单元测试验证软件详细设计说明,软件集成阶段验证软件概要设计说明,软件配置项测试阶段验证软件需求规格说明,软件系统测试阶段验证软件研制任务书相关需求符合情况。

20××年××月,完成项目策划评审,编制软件开发计划、软件配置管理计划、软件质量保证计划,并完成评审;

20××年××月,完成软件需求规格说明评审;

20××年××月,完成软件×××。

4 软件质量保证情况

4.1 专职软件质量保证

×××(软件名称)软件开发设立质量保证组,由软件质量经理和软件质量师组成,在项目策划阶段参与策划活动,参与制定和评审项目开发计划、开发规范等,并对软件开发过程和产品质量进行客观评价。

软件质量师按 GJB 438B—2009《军用软件开发文档通用要求》编制《×××(软件名称)软件质量保证计划》,确定项目实施过程中对过程活动、工作产品及服务的审核、检查的内容、方式和时间等,其主要的审核活动包括:

a) 项目策划、项目监控、配置管理、需求管理、测量与分析、测试、评审过程以及软件研发流程中的软件需求分析、设计、编码、测试等各工程活动;

b) 软件研制任务书、软件开发计划、软件配置管理计划、软件测试计划、软件需求规格说明、软件设计说明、源代码、各类测试说明和测试报告等各类工作产品。

4.1.1 项目策划阶段

4.1.1.1 产品质量

本阶段各项工作产品检查符合性情况见表2。

表2 项目策划阶段工作产品检查情况

本阶段工作产品	检查项数	问题数	检查项通过率	工作产品总体评价
软件开发计划				
软件质量保证计划				
软件配置管理计划				
软件验证计划				
软件合格审查计划				
软件需求标准				
软件设计标准				
软件编码标准				
合计				

4.1.1.2 过程质量

本阶段过程检查符合性情况见表3。

表 3　项目策划阶段过程检查情况

本阶段工作产品	检查项数	问题数	过程通过率	过程总体评价
项目策划过程				
项目监控过程				
配置管理过程				
测量与分析过程				
计划类文档评审过程				
合计				

4.1.2　软件需求阶段
4.1.2.1　产品质量

本阶段各项工作产品检查符合性情况见表4。

表 4　软件需求阶段工作产品检查情况

本阶段工作产品	检查项数	问题数	检查项通过率	工作产品总体评价
软件需求规格说明				
软件测试计划				
合计				

4.1.2.2　过程质量

本阶段过程检查符合性情况见表5。

表 5　软件需求阶段过程检查情况

本阶段工作产品	检查项数	问题数	过程通过率	过程总体评价
需求规格说明及测试计划评审过程				
项目监控过程				
需求管理过程				
配置管理过程				
测量与分析过程				
合计				

4.1.3　概要设计阶段
4.1.3.1　产品质量

本阶段各项工作产品检查符合性情况见表6。

表6 概要设计阶段工作产品检查情况

本阶段工作产品	检查项数	问题数	检查项通过率	工作产品总体评价
软件概要设计说明				
合计				

4.1.3.2 过程质量

本阶段过程检查符合性情况见表7。

表7 概要设计阶段过程检查情况

本阶段工作产品	检查项数	问题数	过程通过率	过程总体评价
概要设计说明评审过程				
项目监控过程				
需求管理过程				
配置管理过程				
测量与分析过程				
合计				

4.1.4 详细设计阶段

4.1.4.1 产品质量

本阶段各项工作产品检查符合性情况见表8。

表8 详细设计阶段工作产品检查情况

本阶段工作产品	检查项数	问题数	检查项通过率	工作产品总体评价
软件详细设计说明				
软件测试说明				
合计				

4.1.4.2 过程质量

本阶段过程检查符合性情况见表9。

表9 详细设计阶段过程检查情况

本阶段工作产品	检查项数	问题数	过程通过率	过程总体评价
详细设计说明评审过程				
项目监控过程				
需求管理过程				
配置管理过程				
测量与分析过程				
合计				

4.1.5 编码实现阶段
4.1.5.1 产品质量
本阶段各项工作产品检查符合性情况见表10。

表10 编码实现阶段工作产品检查情况

本阶段工作产品	检查项数	问题数	检查项通过率	工作产品总体评价
软件源代码				
合计				

4.1.5.2 过程质量
本阶段过程检查符合性情况见表11。

表11 编码实现阶段过程检查情况

本阶段工作产品	检查项数	问题数	过程通过率	过程总体评价
代码审查报告及单元测试报告评审过程				
项目监控过程				
需求管理过程				
配置管理过程				
测量与分析过程				
合计				

4.1.6 软件集成阶段
4.1.6.1 产品质量
本阶段各项工作产品检查符合性情况见表12。

表12 软件集成阶段工作产品检查情况

本阶段工作产品	检查项数	问题数	检查项通过率	工作产品总体评价
软件集成测试说明				
软件集成测试报告				
合计				

4.1.6.2 过程质量
本阶段过程检查符合性情况见表13。

表13 软件集成阶段过程检查情况

本阶段工作产品	检查项数	问题数	过程通过率	过程总体评价
评审过程				
项目监控过程				
需求管理过程				
配置管理过程				
测量与分析过程				
合计				

4.1.7 软件配置项测试阶段
4.1.7.1 产品质量
本阶段各项工作产品检查符合性情况见表14。

表14 软件配置项测试阶段工作产品检查情况

本阶段工作产品	检查项数	问题数	检查项通过率	工作产品总体评价
软件配置项测试报告				
合计				

4.1.7.2 过程质量
本阶段过程检查符合性情况见表15。

表15 软件配置项测试阶段过程检查情况

本阶段工作产品	检查项数	问题数	过程通过率	过程总体评价
评审过程				
项目监控过程				
需求管理过程				
配置管理过程				
测量与分析过程				
合计				

4.1.8 软件系统测试阶段
4.1.8.1 产品质量
本阶段各项工作产品检查符合性情况见表16。

表 16 软件系统测试阶段工作产品检查情况

本阶段工作产品	检查项数	问题数	检查项通过率	工作产品总体评价
软件系统测试报告				
合计				

4.1.8.2 过程质量

本阶段过程检查符合性情况见表 17。

表 17 软件系统测试阶段过程检查情况

本阶段工作产品	检查项数	问题数	过程通过率	过程总体评价
评审过程				
项目监控过程				
需求管理过程				
配置管理过程				
测量与分析过程				
合计				

4.1.9 软件维护阶段

×××(软件名称)软件本阶段重点监控软件需求管理和配置管理情况,确保需求变更和软件技术状态受控。

经检查,本软件需求管理措施有效,技术状态受控,未发现不符合项。

4.2 分岗制

×××(软件名称)软件需求分析、软件设计、编码、测试、配置管理由不同岗位的人员完成,保证了软件开发、测试和配置管理组的独立性。

4.3 联合评审

本项目里程碑和计划进行的评审情况见表 18。

表 18 评审计划

序号	项目阶段	评审对象	时间	评审方式、级别	参会人员

4.4 软件测试

×××(软件名称)开展了文档审查、代码审查、单元测试、部件测试、配置项测试和系统测试,测试数据统计见表 19。

×××(软件名称)测试过程中发现的问题,均进行了回归测试,全部确认的问题都已经关闭。

表 19 内部测试数据

序号	测试要求	轮次	阶段	缺陷总数	备注

4.5 中层验证

×××（软件名称）软件在概要设计阶段、编码实现阶段、软件集成阶段和软件系统测试阶段共实施了×次中层验证，中层验证见表 20。

表 20 中层验证情况

序号	验证阶段	验证时间	参与人员	备注

5 软件配置管理情况

×××（软件名称）软件按软件配置管理计划要求，实施了软件全生命周期的配置管理活动。建立了相应的配置管理组织机构，明确软件研制过程中各个角色的职责。

×××（软件名称）软件采用"三库"管理并通过×××（配置管理系统名称）配置管理工具进行软件产品完整性管理。从受控库开始，对软件基线的建立、提交和发布实施有效管理和监督，确保软件更改过程受控，并进行了相关配置审核。

软件配置管理情况详见《×××（软件名称）软件配置管理报告》。

6 第三方评测情况

6.1 单元测试情况

20××年××月××日至 20××年××月××日，依据×××（依据文件名称），对×××（软件名称）开展了文档审查工作，发现并确认了×××个问题。

20××年××月××日至 20××年××月××日，依据×××（依据文件名称），对×××（软件名称）开展了静态分析，发现并确认了×××个问题。

20××年××月××日至 20××年××月××日，依据×××（依据文件名称），对×××（软件名称）开展了代码审查，发现并确认了×××个问题。

20××年××月××日至 20××年××月××日，依据×××（依据文件名称），对×××（软件名称）开展了动态测试，共执行用例×××个，发现并确认了×××个问题，回归测试中确认所有的问题均已归零，且未引入新的问题。

×××。

6.2 部件测试情况

20××年××月××日至20××年××月××日,依据×××(依据文件名称),对×××(软件名称)开展了文档审查工作,发现并确认了×××个问题。

20××年××月××日至20××年××月××日,依据×××(依据文件名称),对×××(软件名称)开展了静态分析,发现并确认了×××个问题。

20××年××月××日至20××年××月××日,依据×××(依据文件名称),对×××(软件名称)开展了代码审查,发现并确认了×××个问题。

20××年××月××日至20××年××月××日,依据×××(依据文件名称),对×××(软件名称)开展了动态测试,共执行用例×××个,发现并确认了×××个问题,回归测试中确认所有的问题均已归零,且未引入新的问题。

×××。

6.3 配置项测试情况

20××年××月××日至20××年××月××日,依据×××(依据文件名称),对×××(软件名称)开展了文档审查工作,发现并确认了×××个问题。

20××年××月××日至20××年××月××日,依据×××(依据文件名称),对×××(软件名称)开展了静态分析,发现并确认了×××个问题。

20××年××月××日至20××年××月××日,依据×××(依据文件名称),对×××(软件名称)开展了代码审查,发现并确认了×××个问题。

20××年××月××日至20××年××月××日,依据×××(依据文件名称),对×××(软件名称)开展了动态测试,共执行用例×××个,发现并确认了×××个问题,回归测试中确认所有的问题均已归零,且未引入新的问题。

×××。

6.4 系统测试情况

20××年××月××日至20××年××月××日,依据×××(依据文件名称),对×××(软件名称)开展了文档审查工作,发现并确认了×××个问题。

20××年××月××日至20××年××月××日,依据×××(依据文件名称),对×××(软件名称)开展了静态分析,发现并确认了×××个问题。

20××年××月××日至20××年××月××日,依据×××(依据文件名称),对×××(软件名称)开展了代码审查,发现并确认了×××个问题。

20××年××月××日至20××年××月××日,依据×××(依据文件名称),对×××(软件名称)开展了动态测试,共执行用例×××个,发现并确认了×××个问题,回归测试中确认所有的问题均已归零,且未引入新的问题。

×××。

7 注释

××× ×××。

××× ×××。

××× ×××。

范例 20　软件研制总结报告

20.1　编写指南

1. 文件用途

《软件研制总结报告》(SDSR)描述软件整个研制/开发情况,是产品设计定型的依据之一。

2. 编制时机

在设计定型阶段编制。

3. 编制依据

主要包括:研制立项综合论证报告,研制总要求,研制合同,研制计划,研制方案,运行方案说明,软件研制任务书,系统/子系统规格说明,系统/子系统设计说明,软件需求规格说明,软件设计说明,接口控制文件,接口需求规格说明,接口设计说明,软件定型测评大纲,软件定型测评报告,GJB 438B—2009《军用软件开发文档通用要求》等。

4. 目次格式

按照 GJB 438B—2009《军用软件开发文档通用要求》编写。

20.2　编写说明

1　范围

1.1　标识

本条应描述本文档所适用系统和软件的完整标识,适用时,包括其标识号、名称、缩略名、版本号和发布号。

1.2　系统概述

本条应概述本文档所适用系统和软件的用途。它还应描述系统与软件的一般特性;概述系统开发、运行和维护的历史;标识项目的需方、用户、开发方和保障机构等;标识当前和计划的运行现场;列出其他有关文档。

1.3 文档概述

本条应概括本文档的用途和内容,并描述与它的使用有关的保密性方面的要求。

2 任务来源与研制依据

本章应描述任务的来源情况,描述该任务的研制依据。

3 软件概述

本章应说明软件用途,主要功能、性能要求,软件运行依附的设备的外部逻辑关系,软件系统内部多个计算机软件配置项之间的构成关系,及其开发语言、开发平台、运行平台、代码规模、软件版本、软件关键性等级等信息。

4 软件研制过程

4.1 软件研制过程概述

本条应概述软件研制过程开展情况,描述软件参加系统联试、试验考核等情况,以及功能和性能指标、软件需求(含接口需求)、软件设计、软件代码等的重大变更情况。

4.2 系统要求分析和设计

应描述系统要求分析和设计采用的设计、验证方法,工作产品的主要内容。

4.3 软件需求分析

应描述软件需求分析采用的分析、验证方法,工作产品的主要内容。

4.4 软件设计

应描述软件设计采用的设计、验证方法,工作产品的主要内容。

4.5 软件实现和单元测试

应描述软件实现和单元测试采用的方法、测试结论。

4.6 软件集成与测试

应描述软件集成与测试采用的方法、测试结论。

4.7 CSCI 合格性测试

应描述 CSCI 合格性测试采用的方法、测试结论。

4.8 CSCI/HWCI 集成和测试

应描述 CSCI/HWCI 集成和测试采用的方法、测试结论。

4.9 其他

应描述需方试验试用、随所属设备或系统参加考核试验等阶段工作过程的主要活动。

5 软件满足任务指标情况

本条应说明软件任务所要求的功能和性能指标,并根据软件测评和软件试验的结果,逐项说明指标的满足情况。

6 质量保证情况

6.1 质量保证措施实施情况

本条应描述质量保证措施实施情况,包括质量保证组织的成立、质量保证制度的建立以及软件研制各个阶段中的各项质量保证活动等。

6.2 软件重大技术质量问题和解决情况

本条应描述软件重大技术质量问题和解决情况,包括联试、考核试验、需方试用、软件测评过程中暴露出的主要问题,说明故障现象、故障产生的机理、解决措施、验证情况等。

7 配置管理情况

7.1 软件配置管理要求

本条应说明需方对软件配置管理的要求以及分承制对软件配置管理的要求。

7.2 软件配置管理实施情况

本条应说明需方、分承制方在研制过程中的软件配置管理制度和措施的落实情况。特别是系统集成和测试、需方试验试用、随所属设备或系统参加考核试验阶段的配置管理工作落实情况。

7.3 软件配置状态变更情况

本条应说明软件、文档、数据等配置项版本变更历程,说明每条基线配置情况和适用条件,并标明软件研制工作结束时,软件各配置项的状态或产品基线的状态。

8 测量和分析

本条可使用图表给出对开发期间产生的数据汇总和分析,包括:
a) 进度执行情况的数据,如按时、提前或延迟,以及原因;
b) 费用使用情况,如计划费用与实际费用;
c) 工作量情况,如计划工作量和实际工作量(开发、配置管理、质量保证或按阶段统计);
d) 生产效率,如程序的平均生产率,文档的平均生产率;
e) 产品质量,如设计、编码、测试等阶段的错误率,或缺陷分布情况、原因分析。

9 结论

本条应评述软件工程化实施情况,说明软件功能和性能指标是否满足软件任务的要求,给出软件是否可以交付需方使用的结论。

10 注释

本章应包括有助于了解文档的所有信息(如背景、术语、缩略语或公式)。

20.3 编写示例

1 范围
1.1 标识
本文档适用的产品和软件见表1。

表1 本文档适用的产品和软件

类别	名称	标识号	缩略名	版本号	发布号
产品	×××	×××	×××	×××	×××
软件1	×××软件	×××	×××	×××	×××
软件2	×××软件	×××	×××	×××	×××
软件3	×××软件	×××	×××	×××	×××

1.2 系统概述

×××(产品名称)是×××(上一层次产品名称)的配套产品,主要完成×××、×××功能。

依据×××(产品名称)研制方案和×××(上一层次产品名称)研制需求,×××(产品名称)软件包括下述CSCI:

a) 软件1:×××(产品组成部分)的×××软件,实现×××功能;
b) 软件2:×××(产品组成部分)的×××软件,实现×××功能;
c) 软件3:×××(产品组成部分)的×××软件,实现×××功能。

×××(软件名称)软件的研制过程与产品研制周期保持同步,随产品交付用户。

×××(软件名称)软件运行硬件平台为×××,运行现场分别是产品集成测试环境、系统综合联试环境以及交付后的使用环境。

项目的需方:×××。

项目的用户:×××。

项目的开发方:×××。

项目保障机构:×××(软件名称)由×××(软件开发团队)负责开发,×××(软件测试团队)负责软件测试,×××(软件质量保证组织)负责软件质量保证,×××(软件配置管理组织)负责软件的配置管理,×××(软件开发监控组织)全程监控软件研制全过程。

1.3 文档概述

本文档对×××(软件名称)软件开发策划、需求、设计、测试、维护及配置管理等过程进行总结,对本文档的使用应符合保密性和安全性规定。

2 任务来源与研制依据

2.1 任务来源

根据×××(总体单位)与×××(承研单位)签订的×××《×××协议》(技术协议书编号、名称),开展×××(产品名称)×××(软件名称)的研制工作。

2.2 研制依据

×××《×××协议》(技术协议书编号、名称)

×××《×××任务书》(软件编号、名称)

3 软件概述

×××(软件名称)为嵌入式多任务处理软件,软件程序固化于×××(如FLASH)中,主要完成×××(产品名称)×××(功能名称)数据的接收和处理。

本软件采用嵌入式操作系统×××作为开发平台,运行平台为×××。

×××(软件名称)采用标准×××(开发语言)语言开发,软件的测试工具为×××,安装环境要求为×××。

×××(软件名称)主要情况如下:

a) 软件关键等级为×级;

b) 软件可执行程序的大小为:××byte;

c) 软件内存占用率:＜×%。

4 软件研制过程

4.1 软件研制过程概述

×××(软件名称)软件研制自20××年××月开始,历时××年,依据GJB 2786A—2009《军用软件开发通用要求》,按照软件工程化要求开展了相关研制活动。主要研制历程如下:

20××年××月,签订×××技术协议书(或×××软件研制任务书),正式启动软件研制工作;

20××年××月,完成软件需求分析,软件需求规格说明通过×××组织的评审;

20××年××月,完成软件开发计划、软件配置管理计划、软件质量保证计划等文件编写;

20××年××月,完成软件系统分析和设计;

20××年××月,完成软件系统内部测试和C型样件功能性能调试;

20××年××月,完成S型样件交付和软件装机系统联试;

20××年××月,完成软件需求外部评审;

20××年××月，完成软件第三方测试；

20××年××月，完成软件定型测评；

20××年××月，随所属产品完成设计定型基地试验考核；

20××年××月，随所属产品完成设计定型部队试验考核；

20××年××月，通过软件定型测评验收审查。

4.2 系统要求分析和设计

本阶段以×××(产品名称)成品协议为基础，通过不断与用户方进行协调、沟通，充分挖掘用户需求，进一步明确×××(上一层次产品名称)的任务需求和功能需求。

a) 对×××(上一层次产品名称)内外接口、工作模式及可扩展性等进行深入分析，确定×××(软件名称)设计约束和系统需求；

b) 综合考虑、权衡系统安全性和可靠性要求，确定软件架构×××；

c) ×××。

在系统分析与设计的基础上，合理划分应由软件实现的系统需求，并完成软件研制任务书的编制。

4.3 软件需求分析

依据×××(软件名称)研制任务书、×××(产品名称)详细设计说明和接口控制文件，对软件开发需求进行分析。并和用户方反复进行沟通和交流，对软件的功能、性能、数据和接口等要求逐项细化。在此基础上，完成×××(软件名称)需求规格说明编制。

4.4 软件设计

依据软件需求规格说明，并考虑到可扩展性和可维护性需要，对软件模块和接口进行详细设计，×××。

4.5 软件实现和单元测试

软件实现的单元测试依据软件详细说明进行。在×××(软件测试环境)中进行代码静态分析和单元测试，以尽早发现和解决软件缺陷。针对测试中发现的问题及时对软件代码进行了修改，并进行了回归测试，所有问题已关闭。

4.6 软件集成与测试

软件集成与测试依据软件概述设计说明进行，并制定了软件测试计划。软件集成测试采用×××(软件测试环境)帮助进行，同步完成了模块接口测试。针对测试中发现的问题及时对软件代码进行了修改，并进行了回归测试，所有问题已关闭。

4.7 CSCI 合格性测试

软件 CSCI 合格性测试依据软件需求规格说明，对完成集成的软件执行 CS-

CI 合格性测试。测试前编制了软件测试计划和测试说明,并按要求完成了测试环境的准备。

对软件 CSCI 合格性测试中发现的问题和缺陷进行了跟踪管理,已完成了软件代码进行了修改回归测试,所有问题已关闭。

4.8 CSCI/HWCI 集成和测试

CSCI/HWCI 集成和测试依据×××(产品名称)软硬件集成方案进行,通过软件和硬件之间的接口验证,确认了软件与硬件的功能是否正常,能否协调工作。测试前编制了软件测试计划和测试说明,并按要求完成了测试环境的准备。

对 CSCI/HWCI 集成和测试中发现的问题和缺陷进行了记录和分析,及时修改了软件代码进行了修改回归测试,所有问题和缺陷已关闭。

4.9 其他

4.9.1 软件定型测评情况

20××年××月××日,《×××(软件名称)软件定型测评大纲》通过由×××(二级定委办公室,如航定办)组织的审查。

20××年××月××日至20××年××月××日,依据《×××(软件名称)软件定型测评大纲》,由×××、……、×××等××家软件测评单位对××项关键软件,××项重要软件开展定型测评工作。

测试级别包括配置项级和系统级两个级别,配置项级测试类型包括文档审查、静态分析、代码审查、动态测试等×种,系统级测试类型包括功能测试、性能测试、接口测试、强度测试、余量测试、安全性测试、边界测试和安装性测试等×种。共设计并执行测试用例×××例(其中配置项测试×××例、系统测试×××例),发现软件问题×××个(其中,设计问题××个、程序问题×××个、文档问题×××个、其他问题××个)。针对测试中发现的所有问题,软件承研单位都完成了整改,定型测评机构也全部进行了回归测试,并随产品完成了设计定型试验验证。测评过程中发现的问题及最终确定的软件定型版本见表3。软件定型测评结果表明,软件满足产品研制总要求和软件研制任务书。

20××年××月××日,通过了由×××(二级定委办公室)组织的软件定型测评验收审查,软件质量综合评价为 A 级。

4.9.2 随产品参加设计定型试飞情况

20××年××月××日至20××年××月××日,×××(软件名称)软件随产品完成了设计定型试飞,累计飞行×××架次×××h××min,试飞过程中出现的×××、……、×××等×个软件故障均已整改归零(或未出现因软件原因引起的技术质量问题),试飞结果表明,产品功能性能满足研制总要求和使用要求。

4.9.3 随产品参加设计定型部队试验情况

20××年××月××日至20××年××月××日,×××(软件名称)软件随产品完成了设计定型部队试验,累计飞行×××架次×××h××min,试验过程中,未出现因软件原因引起的技术质量问题,部队试验结果表明,产品满足作战使用性能和部队适用性要求。

5 软件满足任务指标情况

×××(软件名称)软件经第三方测试、定型测评和设计定型试验考核,结果表明满足研制总要求、技术协议书、软件研制任务书、软件需求规格说明中规定的各项功能性能要求。软件主要功能性能指标达标情况见表2。

表 2 ×××(软件名称)主要战术技术指标符合性对照表

序号	指标章条号	要 求	实测值	数据来源	考核方式	符合情况

注:1. 指标章条号沿用研制总要求(或研制任务书、研制合同)原章条号;
  2. 要求是指战术技术指标及使用性能要求;
  3. 数据来源栏填写实测值引自的相关报告、文件,如基地试验报告、仿真试验报告等;
  4. 考核方式栏可填试验验证、理论分析、数学仿真/半实物仿真、综合评估等

6 质量保证情况

6.1 质量保证措施实施情况

(本条引用软件质量保证报告相关内容)

6.1.1 项目策划阶段
6.1.2 软件需求阶段
6.1.3 概要设计阶段
6.1.4 详细设计阶段
6.1.5 编码实现阶段
6.1.6 软件集成阶段
6.1.7 软件配置项测试阶段
6.1.8 软件系统测试阶段
6.1.9 软件维护阶段

6.2 软件重大技术质量问题和解决情况

在定型测评过程中出现的××个问题,均为一般问题。在随产品设计定型试飞和部队试验过程中未出现因软件原因引起的技术质量问题。

如软件存在重大技术质量问题,则按照如下描述:

×××（产品名称）在研制试验和检验验收过程中暴露了××个与软件有关的技术质量问题，均按照故障报告、故障核实、原因分析、纠正措施、措施验证、故障归零等要求，进行了问题的跟踪、归零工作。

×××（产品名称）在设计定型试验过程中暴露了××个与软件有关的技术质量问题，均按要求完成了 FRACAS 闭环，各配套单位按×××（承制单位）总体要求进行了归零评审，技术质量问题已全部归零。20××年××月××日，通过了由×××（二级定委办公室）组织的归零评审。

×××（产品名称）出现了××个与软件有关的重大和严重技术质量问题，处理情况说明如下：

a) 问题 1

问题现象：×××；

原因分析：×××；

问题复现：×××；

纠正措施：×××；

举一反三：×××；

归零情况：×××。

b) 问题×

问题现象：×××；

原因分析：×××；

问题复现：×××；

纠正措施：×××；

举一反三：×××；

归零情况：×××。

7 配置管理情况

7.1 软件配置管理要求

研制总要求提出的软件配置管理要求如下：

×××。

软件研制任务书提出的软件配置管理要求如下：

×××。

7.2 软件配置管理实施情况

×××（承制单位）按照 GJB 5235—2004《军用软件配置管理》要求，成立了软件配置管理小组，建立了软件开发库、受控库和产品库；按照软件配置管理计划开展软件配置管理活动，对软件文档、代码进行了版本管理与控制，并设置软件履历书；软件更改出入库手续符合配置管理要求，配置管理有效，软件状态受控。

软件配置管理计划的版次数、配置状态记录份数、软件入库单份数、软件出库单份数、变更申请单份数、被批准的变更申请单份数、配置管理报告份数、配置审核记录份数、配置管理员工作量等测量结果记录见表3。

表3 测量记录

序号	测量项目	测量参数	测量结果	备注
1	软件配置管理计划	版次数	×××	
2	配置状态记录	份数	×××	
3	软件入库单	份数	×××	
4	软件出库单	份数	×××	
5	变更申请单	份数	×××	
6	批准的变更申请单	份数	×××	
7	配置管理报告	份数	×××	
8	配置审核记录	份数	×××	
9	配置管理员工作量	人日	×××	

7.3 软件配置状态变更情况

7.3.1 配置项记录

项目的所有配置项,包括配置项目名称、配置项最后发布日期、配置项控制力度(控制力度可分为基线管理、非基线管理(受到管理和控制))、配置项版本变更历史、配置项变更累计次数等内容见表4。

表4 配置项记录

序号	配置项名称	最后发布日期	控制力度	版本变更历史	变更累计次数
			基线管理		
			非基线管理		

7.3.2 变更记录

软件研制过程中的所有变更,包括变更申请单号、变更时间、变更内容、变更申请人、批准人、变更实施人等内容见表5。

表5 变更记录

序号	变更申请单号	变更时间	变更内容	变更申请人	批准人	变更实施人

7.3.3 基线记录

项目的所有基线,包括基线名称、基线最后一版发布日期、基线版本变更历史、基线变更累计次数、最后一版基线的内容及版本号等内容见表6。

表6 基线记录

序号	基线名称	最后一版发布日期	基线版本变更历史	基线变更累计次数	基线内容	版本号

7.3.4 入库记录

配置项的入库记录,包括入库时间、入库单号、入库原因、入库申请人和批准人等情况见表7。

表7 配置项入库记录

序号	配置项	标识	入库时间	入库单号	入库原因	入库申请人	批准人

7.3.5 出库记录

配置项的出库记录,包括出库时间、出库单号、出库原因、批准人和接受人等情况见表8。

表8 配置项出库记录

序号	配置项	标识	出库时间	出库单号	出库原因	出库批准人	接受人

7.3.6 审核记录

软件研制过程中所进行的软件配置审核,包括配置审核记录单、审核时间、审核人、发现的不合格项数量、已关闭的不合格项数量、其他审核说明等情况见表9。

表9 软件配置审核记录

序号	配置审核记录单	审核时间	审核人	不合格项数量	已关闭的不合格项数量	其他审核说明

7.3.7 备份记录

软件研制过程中所做的配置库备份,包括备份时间、备份人、备份目的地、内容和方式等备份记录见表10。

表 10 配置库备份记录

序号	配置库	备份时间	备份人	备份目的地	备份内容	备份方式

8 测量和分析

8.× ×××阶段

8.×.1 进度偏差分析

本阶段工作按时(或提前、延迟)完成,进度未发生偏差(或进度偏差为××%,具体原因为×××)。

8.×.2 工作量偏差分析

项目策划阶段(或软件需求阶段、概要设计阶段、详细设计阶段、编码实现阶段、软件集成阶段、软件配置项测试阶段、软件系统测试阶段、软件维护阶段)主要开展了×××工作,出现的×××、×××、×××等××个问题均已关闭。

本阶段计划工作量×××人日,实际工作量×××人日,工作量偏差为××%,具体原因为×××。

8.×.3 成本偏差分析

本阶段计划费用×××万元,实际费用×××万元,成本偏差为××%,具体原因为×××(如需求发生变化、实际工作量比计划值大)。

8.×.4 生产效率分析

本阶段共编写×××万行程序,程序的平均生产率为×××行/人日。

本阶段共编写×××、×××、×××等××份文档,文档的平均生产率为×××页/人日。

本阶段共进行了×次评审,评审文档共××页,用时××h,评审效率为×××页/h。被评审方与评审专家就评审中提出的问题进行了充分沟通并达成一致。

8.10 项目数据总结

8.10.1 内部测试数据

本项目开展的内部测试数据见表11。

表 11 内部测试数据

测试要求	轮次	项目阶段	缺陷等级统计					缺陷总数	备注
			1级	2级	3级	4级	5级		
文档审查		软件研制							
代码审查		软件研制							
单元测试		软件研制							
部件测试		软件研制							
配置项测试		软件研制							
配置项测试		软件维护							
系统测试		软件研制							
系统测试		软件维护							

8.10.2 项目数据汇总

项目数据汇总情况如下：

a) 总工作量×××人日；

b) 实际软件代码规模×××万行；

c) 实际文档规模×××页,其中开发类文档×××页,测试类文档×××页；

d) 软件代码平均生产率约为××行/人日；

e) 软件文档平均生产率约为××页/人日。

9 结论

×××(软件名称)软件已完成全部研制工作,经定型测评和设计定型试验表明,软件功能性能满足研制总要求、软件研制任务书、软件需求规格说明的要求以及使用要求,无遗留问题；软件源程序、相关文件资料和数据完整、准确、协调、规范,文实相符,满足 GJB 438B—2009《军用软件开发文档通用要求》；软件研制工作符合软件工程化要求,软件配置管理有效,能独立考核的配套软件产品已完成逐级考核。

软件符合军用软件产品定型标准和要求,具备定型条件,提交软件定型审查。

10 注释

××× ×××。

××× ×××。

范例 21　产 品 规 范

21.1　编 写 指 南

1. 文件用途

用于规定系统级以下任何项目主要的功能要求、性能要求、制造要求和验收要求,指导产品采购。

2. 编制时机

在工程研制阶段编写产品规范草案,在定型阶段应最终确定产品规范的正式版本。

产品规范一般从工程研制阶段早期开始编制,随着研制工作的进展逐步完善,到产品正式生产前批准定稿。批准的产品规范体现武器装备研制项目的产品基线,是技术状态控制的依据,未经原批准机关批准,不得更改。

3. 编制依据

主要包括:研制总要求,研制方案,通用规范,GJB 0.2—2001《军用标准文件编制工作导则　第 2 部分:军用规范编写规定》,GJB 6387—2008《武器装备研制项目专用规范编写规定》等。

4. 目次格式

按照 GJB 6387—2008《武器装备研制项目专用规范编写规定》编写。

21.2　编 写 说 明

系统规范描述系统的功能特性、接口要求和验证要求等;属系统规范范畴的软件规范(系统规格说明)描述软件系统的需求及合格性规定等。它们需与其装备研制项目的"主要作战使用性能"的技术内容协调一致。系统规范一般从论证阶段开始编制,随着研制工作的进展逐步完善,到方案阶段结束前批准定稿。批准的系统规范体现武器装备研制项目的功能基线,是技术状态控制的依据,未经原批准机关批准,不得更改。

研制规范描述系统级之下技术状态项的功能特性、接口要求和验证要求等;属研制规范范畴的软件规范(软件需求规格说明)描述软件配置项的需求及合格性规定等。它们需与其装备研制项目的"研制总要求"的技术内容协调一致。研制规范一般从方案阶段开始编制,随着研制工作的进展逐步完善,到工程研制阶段详细设计开始前批准定稿。批准的研制规范体现武器装备研制项目的分配基线,是技术状态控制的依据,未经原批准机关批准,不得更改。

产品规范描述产品的功能特性、物理特性和验证要求等;属产品规范范畴的软件规范(软件产品规格说明)描述软件产品(含用于产品中的软件)的可执行软件、源文件、包装需求和合格性规定及软件支持信息等。它们需与其装备研制项目的"研制总要求"的技术内容协调一致。产品规范一般从工程研制阶段早期开始编制,随着研制工作的进展逐步完善,到产品正式生产前批准定稿。批准的产品规范体现武器装备研制项目的产品基线,是技术状态控制的依据,未经原批准机关批准,不得更改。

在 GJB 6387—2008 中,系统规范、研制规范和产品规范的编写说明是一样的,区别在于系统规范、研制规范和产品规范的各章要素有些差别,见表 21.1。

表 21.1 系统规范、研制规范和产品规范的各章要素示例表

建议的章条标题	系统规范	研制规范	产品规范
1 范围	○	○	○
主题内容	●	●	●
实体说明	●	●	●
2 引用文件	○	○	○
3 要求	○	○	○
作战能力/功能	●	—	—
性能	●	●	●
作战适用性	●	●	●
环境适应性	●	●	●
可靠性	●	●	●
维修性	●	●	●
保障性	●	●	●
测试性	●	●	●
耐久性	●	●	●
安全性	●	●	●
信息安全	●	●	●
隐蔽性	●	●	●
兼容性	●	●	●

(续)

建议的章条标题	系统规范	研制规范	产品规范
运输性	●	●	●
人机工程	●	●	●
互换性	●	●	●
稳定性	—	●	●
综合保障	●	●	●
接口	●	●	●
经济可承受性	●	●	●
计算机硬件与软件	●	●	●
尺寸和体积	●	●	●
重量	●	●	●
颜色	●	●	●
抗核加固	●	●	—
理化性能	—	—	●
能耗	●	●	●
材料	—	●	●
非研制项目	●	●	●
外观质量	—	—	●
标志和代号	●	●	●
主要组成部分特性	—	—	●
图样和技术文件	—	—	●
标准样件	—	—	●
4 验证	○	○	○
检验分类	●	●	●
检验条件	●	●	●
设计验证	●	●	—
定型(鉴定)试验	●	●	●
首件检验	—	—	●
质量一致性检验	—	—	●
包装检验	—	—	●
抽样	—	—	●
缺陷分类	—	—	●

(续)

建议的章条标题	系统规范	研制规范	产品规范
检验方法	●	●	●
5 包装、运输与贮存	—	—	○
防护包装	—	—	●
装箱	—	—	●
运输和贮存	—	—	●
标志	—	—	●
6 说明事项	○	○	○
预定用途	●	●	●
分类	●	●	●
订购文件中应明确的内容	●	●	●
术语和定义	●	●	●
符号、代号和缩略语	●	●	●
其他	●	●	●

注：1. ●表示可能需要包含的要素；○表示章的规定标题；—表示不需包含的要素或标题。
　　2. 本表仅是一个示例，并没有包括系统规范、研制规范和产品规范各章中的所有要素，也不要求每项系统规范、研制规范和产品规范都必须包括本表中列出的各章的所有要素。每项系统规范、研制规范和产品规范可根据其规定实体的具体情况剪裁本表列出的各章的要素。
　　3. 第6章无条文时，该章应省略；第5章和第6章均无条文时，两章均应省略。

1 范围

1.1 主题内容

针对专用规范的实体，明确其主题内容。主题内容的典型表述形式为"本规范规定了××〔标明实体的代号和（或）名称〕的要求。"

1.2 实体说明

根据需要，简要描述专用规范所针对的实体在武器装备研制项目工作分解结构中的层次。必要时，可列出组成该实体的各个下一层次组成部分的代号和名称。

2 引用文件

a) 专用规范的第2章"引用文件"为可选要素，视专用规范有无引用文件而定。专用规范有引用文件时，应采用下述引导语，并在其下汇总列出引用文件一览表：

"下列文件中的有关条款通过引用而成为本规范的条款。所有文件均应注明日期或版本，其后的任何修改单（不包括勘误的内容）或修订版本都不适用于本规范。"

专用规范无引用文件时,应在"2 引用文件"下另起一行空两字起排"本章无条文。"字样。

b) 专用规范下列要求性内容中引用了其他文件时,则专用规范有引用文件,否则无引用文件:1)要求(第 3 章),验证(第 4 章),包装、运输与贮存(第 5 章);2)规范性附录;3)表和图中包含要求的段与脚注。

c) 专用规范下列资料性内容中提及的文件不属于引用文件,而应属于参考文献:1)专用规范的前言、引言、范围(第 1 章)、说明事项(第 6 章);2)资料性附录;3)条文的注、脚注和示例,表和图中的注与不包含要求的脚注。

引用文件的排列顺序一般为:国家标准,国家军用标准,行业标准,部门军用标准,企业标准,国家和军队的法规、条例、条令和规章,ISO 标准,IEC 标准,其他国际标准。国家标准、国家军用标准、ISO 标准和 IEC 标准按标准顺序号排列;行业标准、部门军用标准、企业标准、其他国际标准先按标准代号的拉丁字母顺序排列,再按标准顺序号排列。

每项引用文件均左起空两个字起排,回行时顶格排,结尾不加标点符号。

所引用的标准应依次列出其编号和名称。标准编号和标准名称之间空一个字的间隙。标准的批准年号一律用四位阿拉伯数字表示。标准的名称不加书名号。

所引用的国家和军队的法规性文件应依次列出其名称(加书名号)、发布日期、发布机关及发布文号,每项内容之间空一个字的间隙。

3 要求

3.1 作战能力/功能

作战能力是系统在一定条件下完成作战使命任务能力的综合反映和(或)度量,不涉及作战背景、作战应用、人员素质和心理状态等可变因素。作战能力的通用要素主要为:

a) 打击和拦截能力,包括攻击范围和拦截区域、电子干扰能力、武器通道数、反应时间、作战持续力(含载弹量)、单发命中概率等;

b) 作战保障能力,包括警戒、情报、指挥、控制、通信、导航、抗电子干扰能力、对核生化武器的防护能力等;

c) 特种保障能力,包括运输、补给、救生、侦察、测量、登陆与训练等;

d) 一体化联合作战能力,包括作战区域、作战方式与作战协同等。

功能是分系统(或设备)在一定条件下能够完成系统(或分系统)内与作战使用相关的某项或数项任务能力的反映和(或)度量,其组成要素由分系统(或设备)与系统(或分系统)作战使用的相关性确定。

本条规定:1)作战使命任务。根据作战需求,规定实体预期完成的任务、行动或活动。2)作战使用方式。根据作战使命任务,规定实体作战使用的指挥关系、协同方式、人员编成及各种状态与方式等。需要实体以一个以上的状态或方式运行时,还宜明确相应状态与方式,诸如空载、准备、战斗(工作)、训练、紧急备用、平时与战时等。宜采用表格描述状态与方式同各项要求间的关系。

注:产品规范中,本条为不需包含的要素。

3.2 性能

本条规定有关表征实体能力的指标要求,包括相应的参数值及其使用条件下的允许偏差,以表征实体应具备的能力。例如,飞机的作战半径,雷达的射频工作频率,通信装备的地域覆盖能力,导弹的射程、命中精度和突防能力,舰船的稳性、航速和续航能力,火炮的口径与射程,坦克的装甲防护能力等。

适用时,还要规定实体在意外条件下所需具备的运行特征、防误操作措施,以及在紧急情况下保证连续运行所需要的各种预防措施。

3.3 作战适用性

本条规定实体投入战场使用的满意程度。它与可靠性、维修性、保障性、测试性、耐久性、安全性、兼容性、环境适应性及综合保障等因素有关,可从下列三大类参数中选择适用的参数。

a) 战备完好性,规定实体在平时和战时使用条件下,能随时开始执行预定任务的能力。这类参数通常有:1)可用度,规定实体在任一时刻需要和开始执行任务时,处于可工作或可使用状态的程度,例如,固有可用度 A_i 与使用可用度 A_o;2)装备完好率,规定实体能够遂行作战或训练任务的完好装备数与实有装备数之比,例如,资源准备完好率、技术准备完好率、待机准备完好率等;3)装备利用率,规定实体在规定的日历期间内所使用的平均寿命单位数或执行的平均任务次数,例如,飞机的出动架次率、舰船的在航率、坦克的年使用小时数等;

b) 任务成功性,规定实体在开始时处于可用状态的情况下,在规定的任务剖面中的任一(随机)时刻,能够使用且能完成规定功能的能力。这类参数通常有:1)任务可靠度,即实体在规定的任务剖面条件下和规定的一个时间周期内完成基本任务功能的概率,诸如行驶可靠度、发射可靠度、飞行可靠度、运载可靠度、待命可靠度、贮存可靠度等;2)任务成功度,即实体在规定的任务剖面内完成规定任务的概率;

c) 服役期限,规定实体在规定条件下,从开始使用到退役的寿命单位数。这类参数通常有时间长度或循环次数等。

3.4 环境适应性

本条规定实体在其寿命周期预计可能遇到的各种环境作用下能实现其所有

预定功能和性能和(或)不被破坏的能力。环境条件主要包括如下几种。

a) 自然环境,包括:1)气象条件,诸如温度、湿度、盐雾、砂尘、霉菌、雨、雷电、风、压力、雪、冰、霜等;2)水文条件,诸如水深、海流、潮汐、温度与密度、盐度、风浪、波高与周期、表层流速及流向等;3)地理条件,诸如经纬度、江河、湖泊、地形、森林、沼泽、桥梁、道路、海拔高度等;

b) 特殊环境,包括实体在未来战争中可能经受的由于使用核、化学、生物、电磁、光波与激光等武器所造成的环境效应;

c) 诱发环境,包括实体在作战、训练、试验、运输、贮存等过程中可能经受的冲击、振动、倾斜、摇摆、噪声、高温等。

3.5 可靠性

本条规定实体在无故障、无退化或不要求保障系统保障的情况下执行其功能的能力。实体的可靠性定量要求用相应的可靠性参数指标表示。可靠性参数宜按 GJB 1909 的规定选取。

确定可靠性指标时,应明确:

a) 寿命剖面;

b) 任务剖面;

c) 故障判别准则;

d) 维修方案;

e) 验证方法,如采用试验验证或使用验证,应包括置信水平、接收和拒收判据;

f) 达到指标的时间或阶段;

g) 其他假设或约束条件。

规定可靠性定量要求时,可用目标值和(或)门限值表示。

3.6 维修性

本条规定实体在规定的维修条件下和规定的维修时间内,按规定的程序和方法进行维修时,保持和恢复到规定状态的能力。实体的维修性定量要求用相应的维修性参数指标表示。维修性参数宜按 GJB 1909 的规定选取。

确定维修性指标时,应明确 3.5 中 a)至 g)的各项内容。

规定维修性定量要求时,可用目标值和(或)门限值表示。

3.7 保障性

本条规定实体的设计特性和计划的保障资源满足平时战备完好性和战时利用率要求的能力,并以相应的保障性设计参数与保障资源参数指标表示。

保障性设计参数及保障资源参数宜按 GJB 3872 的规定选取,指标从战备完好性要求导出。

规定保障性定量要求时,可用目标值和(或)门限值表示。
3.8 测试性
本条规定实体及时而准确地确定其状态(可工作、不可工作或性能下降),并隔离其内部故障的能力。实体的测试性参数宜按 GJB 1909 的规定选取。

确定测试性指标时,应明确与检测、隔离和报告故障等有关的诊断能力,其主要包括:

a) 机内测试;
b) 自动测试;
c) 手工测试;
d) 维修辅助手段和技术信息;
e) 技术资料;
f) 人员和培训;
g) 其他。

规定测试性定量要求时,可以单个产品为对象确定相关的参数指标;条件具备时,可以系统为对象综合确定相关的参数指标,以满足系统的任务要求。

3.9 耐久性
本条规定实体在规定的使用、贮存与维修条件下,达到极限状态之前,完成规定功能的能力。实体的耐久性定量要求可视情采用下述多个适用的参数指标表示:有用寿命、经济寿命、贮存寿命、总寿命、首翻期与翻修间隔期限等。

确定耐久性指标时,应明确:

a) 实体的类别及使用特点(例如,具有耗损失效特征);
b) 实体所采取的维修方案或贮存方案。

规定耐久性寿命参数的定量要求时,还应综合权衡实体的极限状态和经济性。

3.10 安全性
本条规定下述内容。

a) 实体在规定条件下和规定时间内,以可接受的风险执行规定功能的能力。实体的安全性定量要求可用总事故风险参数指标表示。总事故风险参数指标由实体各类事故风险参数指标之和统计确定。风险参数指标不能量化时,采用风险分析方法对灾难、严重、轻度、轻微等四个危险严重性等级的事故发生概率作出预估;

b) 实体防止危害性事故发生的设计约束条件,主要包括:1)实体在保护自然环境、人员、设备及信息安全方面所应固有的安全性特征;2)"失效保险"和紧急操作的约束条件;3)健康与安全准则,包括考虑有害物质、废料与副产品的毒害效应、离子化辐射与非离子化辐射及其对环境造成的影响;4)软件预防无意识动作或非动作的措施;5)机械、电气设备所采用的探测报警、事故预防和化解措施等;6)核安全等特定的安全规则。

3.11 信息安全

本条规定下述内容。

a) 实体在警戒、情报、指挥、控制、通信和对抗等重要系统中,以可接受的风险执行规定功能的能力。实体信息的定量要求和定性要求可分别用信息泄露率参数指标和数据完整性(表明数据未遭受以非授权方式所做的篡改或破坏)要求表示;

b) 实体为确保信息安全的设计要求和措施,主要包括:1)密码保护,根据实体所涉信息的密级,采取相应级别的密码保护措施及密钥管理措施;2)安全保护,根据实体所涉信息的密级,采取加扰、屏蔽等安全防护措施,防止明信息流或纯密钥流输出;3)计算机安全,根据实体所涉信息的密级,对实体中配置的计算机机内软件和信息进行安全隔离,并采用存储管理、容错、防病毒、防入侵、防复制等保护措施;4)访问控制,限定数据系统的访问权和被访问权,采取必要的访问控制手段;5)信息交换控制,根据交换信息的密级,制定相应的加密协议和数据验收协议;6)人员控制,对涉密人员进行必要审查,确保人员可信。

3.12 隐蔽性

本条规定实体的物理场不易被敌方发现、跟踪、识别的能力。实体的隐蔽性定量要求可视实体的具体情况,以下述一个或数个物理场强度的参数指标表示:雷达波反射、电磁辐射、声辐射、光辐射、红外辐射、放射性辐射、磁特性、声目标强度、压痕、流场、暴露率等。

确定隐蔽性要求时,应明确:

a) 实体与其相关物理场的技术状态;

b) 实体与其相关物理场的隐蔽或伪装措施。

3.13 兼容性

本条规定下述内容。

a) 实体与其处于同一系统或同一环境中的一个或多个其他实体互不干扰的能力,包括以下列相应参数指标表示的电磁兼容性定量要求、声兼容性定量要求和火力兼容性定量要求:1)根据实体的使用环境和 GJB 151、GJB 1389 等标准的要求,确定实体在规定频率范围内的电磁发射和敏感度的电磁兼容性定量要求;2)根据实体的使用环境和有关的噪声检验标准的要求,确定实体在规定频率范围内的噪声限值和抗背景噪声能力的声兼容性定量要求;3)根据实体的使用环境和武器、弹药的变动特性与空间状态,确定实体在规定的作战战术原则下所需的时间安全域和空间安全域的火力兼容性定量要求。

b) 实体与其所在系统内的其他实体同时存在或同时工作时，不对其他实体发生干扰的能力或能防止危害性事故发生的能力，以及实现这一能力所需的下列设计限制条件：1）实体在不同状态与方式下开启的时间特性及频率工作范围；2）实体对其周围人员、装备、燃油、电子器件危害的界限；3）实体对其天线布置、电缆敷设、线路排列、信号处理等方面的限制；4）实体在其布置、屏蔽、隔振、阻尼、隔声、消声、吸声等方面需要采取的措施；5）实体对各类报警装置选用的限制；6）实体对其周围武器的使用优先级别的确定；7）实体软硬件需要有效采取的安全控制措施等。

3.14 运输性

本条规定实体自行或借助牵引、运载工具，利用铁路、公路、水路、海上、空中和空间等任何方式有效转移的能力。实体的运输性要求可用实体为实施其有效输送而需要的运输方式、运输工具、流动路线、部署地点和装卸能力表示。

确定运输性要求时，应明确：

a) 采用的运输设施；

b) 实体要素和保障项目的限定条件。

3.15 人机工程

本条规定实体和与之相关的人与环境的要求，以及三者之间的相互关系、相互作用与相互协调的方式，以最优组合方案获取最佳综合效能。实体的人机工程要求，包括通用要求和专用要求。

根据实体的使用状况和 GJB 2873 等标准的要求，确定人机接口要求、人员工作环境（含照明、颜色、温度、湿度、噪声、冲击、振动等）要求和人员工作强度要求等人机工程通用要求。

对于可能引起特别严重后果的特定区域或特定实体的下述因素提出人机工程专用要求：

a) 操作十分灵敏或功效十分关键之处对操作者的约束，对操作者的信息处理能力与极限要求；

b) 正常和极端条件下可预见错误（例如关键信息的输入、显示、控制、维护与管理）的预防与纠正要求；

c) 实体处在特定环境（包括保障环境、训练环境和作战环境）下所需的特殊要求。

3.16 互换性

本条规定实体在尺寸和功能上与其他一个或多个产品（包括零部件）能够彼此互相替换的能力。实体的互换性要求可用实体实行产品（包括零部件）互换或代替的组装层次表示。

确定互换性要求时,应明确:
a) 实体的设计条件;
b) 完成实体规定层次的替换所需的时间。

3.17 稳定性

本条规定实体控制理化性能变化以满足其预定用途及预定寿命所必需的能力。实体的稳定性定量要求可用实体的抗老化、抗腐蚀、抗倾覆等参数指标表示。

确定稳定性定量要求时,应明确:
a) 实体的各种稳定性所对应的该实体的理化性能;
b) 实体的环境适应性;
c) 实体的贮存寿命与使用寿命。

3.18 综合保障

a) 本条规定在实体的寿命周期内,综合考虑装备的保障问题,确定保障性要求,影响装备设计,规划保障并研制保障资源,进行保障性试验与评价,建立保障系统等,以最低费用提供所需保障而反复进行的一系列管理和技术活动。实体的保障要求包括规划保障(含规划使用保障与规划维修)和设计接口;保障系统包括实体在其寿命周期内使用和维修所需的所有保障资源;

b) 规定实体的规划使用保障时,应明确:1)实体的使用保障方案,包括实体动用准备方案、运输方案、贮存方案、诊断方案、加注充填方案等,并应说明已知的或预计的保障资源约束条件;2)实体的使用保障计划,包括针对每项使用保障工作,说明所需的使用保障步骤以及资源;

c) 规定实体的规划维修时,应明确:1)实体的维修方案,包括维修级别的划分、维修原则、各威胁级别的维修范围,并应说明已知的或预计的保障资源约束条件;2)实体的维修计划,包括针对每项维修工作给出维修详细步骤,确定各维修级别上完成的维修工作以及所需的保障;

d) 规定实体的设计接口时,应依据实体的保障性设计参数和保障资源参数,提出实体的保障性设计和保障系统设计两者间的设计接口要求;

e) 规定实体的保障资源要求时,应明确:1)保障设备要求,提出保障实体的使用和维修所需通用保障设备和专用保障设备的类型、功能、性能、数量和编配关系等要求;2)供应保障要求,针对初始供应保障和后续供应保障,提出供应品的供应方法、贮存地点及分布,备品、备件和专用工具的提交要求等;3)包装、装卸、贮存和运输要求,参照 GJB 1181 的规定,提出关于实体及其保障设备、备品、供应品等的包装、装卸、贮存和运输的所需资源、过程、方法及设计等要求;4)计算机资源保障要求,提出保障实体中计算机系统的使用和维修所需的设施、硬件、软件、人力和人员等方面的约束条件,例如采用的计算机语言、软件开发环境等;5)技术资料要求,提出保障实体的使用和维修所需的技术资料的要求及有关约束条件;6)保障设施要求,提出与实体的研制方案和使用方式相适应的各类必需的建筑物与配套装置的要求及其相关约束条件;7)人力和人员要求,提出平时和战时保障实体的使用、维修与管理所需人员的数量及其文化程度、专业及技能等要求;8)训练和训练保障要求,提出训练要求、训练器材的种类及其数量要求、训练方式与训练计划等。

3.19 接口

a) 本条规定下述内容。规定实体的外部接口和内部接口,即规定本实体与其他一个或数个实体之间,以及本实体内部各组成部分之间的共同边界上需要具备的诸多特性,诸如功能特性、电气电子特性、机械特性、介质特性、光学特性、信息特性、软件特性等。

规定接口时,应尽量采用标准接口或通用接口,必要时可采用专用接口。

规定接口时,应说明接口规格及要求,明确其作用或用途。可能时,量化地规定各个接口的要求。若不同的工作状态有不同的接口要求,则应对不同的工作状态提出相应的接口要求。每一外部、内部接口应以名称标明,且宜引用相应的标识文件(例如接口控制文件),并可采用外部、内部接口图作出说明。

接口要求也可制定为单独的文件,供本条引用。

b) 实体外部接口的主要内容包括:1)确定实体接口优先顺序;2)有关接口型式实现的要求;3)与实体相互配合所需要的各种接口特性。

c) 对由设计确定的内部接口,应说明设计确定所考虑的各种主要因素及接口型式;对由强制确定的内部接口,包括下列主要内容:1)需要执行的标准或文件的名称、版次及主要相关内容;2)有关接口型式实现的要求;3)与实体内部各组成部分相互配合所需要的各种接口特性。

3.20 经济可承受性

本条规定实体的寿命周期费用(包括论证费用、研制费用、采购费用、使用与保障费用和退役与处置费用)应在用户的经济承受能力之内,以影响设计权衡。

3.21 计算机硬件与软件

本条规定下述内容。

a) 实体对计算机硬件的要求,主要包括:1)处理器的最大许用能力;2)主存储器的能力;3)输入/输出设备的能力;4)辅助存储器的能力;5)通信/网络能力;6)故障检测、定位、隔离以及必要的冗余能力;

b) 实体对计算机软件的要求,主要包括:1)软件运行能力,包括响应时间、目标处理批数、数据处理精度、目标指示精度等;2)综合显示能力,以数据或标准图形符号的形式显示各种目标特性;3)运行周期时间,软件全功能、满负荷运行周期所需的时间;4)灵活性,当实体功能降级重组或某组成部分发生故障时,软件仍能支持实体降功能或全功能运行;5)实时性,不可重入的任务执行时间;6)可重用性,软件可在多种应用中加以利用的程度;7)可移植性,软件从一个计算机系统或环境转移到另一个计算机系统或环境的容易程度;8)可测试性,测试准则的建立及按准则对软件进行评价的程度;9)人机界面,用户与计算机之间的接口状态;

c) 实体对与计算机配套使用的相关设备的选择要求,例如服务器、适配器、控制器和路由器等。

3.22 尺寸和体积

本条规定实体在外形尺寸和体积上的限制性定量要求、允许偏差与配合要求。必要时还应规定实体的体积中心位置要求。

3.23 重量

本条规定实体在重量上的限制性定量要求与允许偏差要求。必要时还应规定实体的重心位置要求以及实体各组成部分的重量要求。

3.24 颜色

本条从安全性、警示性、隐蔽性、耐脏性、协调性、舒适性和美观性等方面的要求出发,规定实体颜色的限制性要求。可能时,规定对应的定量要求,例如孟塞尔明度。

3.25 抗核加固

本条规定可能在受核攻击的情况下执行关键任务的实体的抗核加固要求。

注:产品规范中,本条为不需包含的要素。

3.26 理化性能

本条规定实体的理化性能要求,诸如成分、浓度、硬度、强度、延伸率、热膨胀系数、电阻率以及其他类似性能等。

3.27 能耗

本条规定实体直接消耗能源的品种、参数及能耗指标。必要时还规定实体重要组成部分的能耗指标。

3.28 材料

本条依据实体的预定用途与性能,以及人体健康与环境保护的要求,规定实体所用材料的下列限制性要求或预防性措施要求:

a) 性能要求,例如抗拉强度、硬度、冲击值、疲劳强度、工艺性等;

b) 防腐性要求;

c) 阻燃性要求;

d) 防电化学腐蚀要求；

e) 无毒或低毒要求；

f) 时效性要求。

3.29 非研制项目

本条规定实体采用非研制项目(含标准零部件、组件)的要求。

3.30 外观质量

本条规定实体的表面粗糙度、波纹度、防护涂镀层、缺陷、锈蚀、毛刺、机械伤痕、裂纹、表面加工的均匀性、一致性等外观质量以及感官方面的要求。提出的要求应能确切反映对实体外观质量的需要，并能作为判断实体外观质量是否合格的依据。

3.31 标志和代号

本条规定实体的标志和代号的要求，包括：

a) 标志的位置、内容及其顺序和制作方面的要求。标志的位置应明显。标志的内容主要包括：1)实体的型号或标记；2)制造日期或生产批号；

b) 代号的编号方法、含义及印制要求。代号应简短，一般不超过15个字符；

c) 适用时，功能或标识码专用代号(例如有颜色的文字、线条、圆点)的含义以及实体上打印或压印字符(例如标准合金牌号或条形码)的含义。

3.32 主要组成部分特性

必要时，本条下设若干下一层次的条，分别规定实体各主要组成部分的性能特性要求和物理特性要求，并明确说明构成各主要组成部分的零部件、组件在其交付和安装之后可能需要进行的检验。

3.33 图样和技术文件

本条包括类似于下述的说明性内容："应对××(实体名称)提供下列生产(含加工和装配)用的生产图样和技术文件(含编号及名称)。"

3.34 标准样件

适用时，本条规定标准样件，说明标准样件所应展示的具体特性以及从该标准样件上能观察到这些特性的程度。标准样件应尽量少用，应只用来描述或补充描述下述品质和特性：由于没有详细的试验程序或设计数据而难以描述的；或难以用其他方式描述或准确表述的，例如皮毛的纹理、织物的颜色或木材的细度等。

4 验证

4.1 检验分类

a) 确定检验分类的基本原则

应根据实体的特点、约束条件、以往检验类似实体的实践经验等选择合适的检验类别及其组合。确定检验分类时应遵循以下原则:1)具有代表性,能反映实际的质量水平;2)具有经济性,有良好的效费比;3)具有快速性,能及时得出检验结果;4)具有再现性,在相同条件下能重现检验结果。

b) 检验分类的表述

确定的检验类别及其组合应采用下述表述形式:

"**4.1 检验分类**

本规范规定的检验分类如下:

  a) ……(见 4.X);

  b) ……(见 4.X);

  c) ……(见 4.X)。"

4.2 检验条件

本条规定进行各种检验的环境条件。当环境条件等对检验结果有明显的影响时,应规定检验条件,以保证检验结果的可靠程度和可比性,否则,可不作规定。

检验条件应采用下列表述形式:

"**4.X 检验条件**

除另有规定外,应按××(标明相应试验方法标准编号与章条号或本规范相应的章条号)规定的条件进行所有检验。"

或:

"**4.X 检验条件**

除另有规定外,应在下列条件下进行所有检验:

  a) ……;

  b) ……;

  c) ……。"

4.3 设计验证

若需通过设计验证来验证设计方案是否满足实体技术要求,可采用模型和仿真验证、演示验证和系统联调试验等,本条则规定检验项目、检验顺序、受检样品数及合格判据。宜用表格列出检验项目、相应的规范第 3 章要求和第 4 章中检验方法的章条号。

注:产品规范中,本条为不需包含的要素。

4.4 定型(鉴定)试验

若选择了定型(或鉴定)试验,本条则规定检验项目、检验顺序、受检样品数及合格判据。宜用表列出定型(或鉴定)检验项目、相应的规范第 3 章要求和第 4 章中检验方法的章条号。

4.5 首件检验

若选择了首件检验,本条则规定检验项目、检验顺序、受检样品数及合格判据。宜用表列出首件检验项目、相应的规范第 3 章要求和第 4 章中检验方法的章条号。

4.6 质量一致性检验

若选择了质量一致性检验,本条则规定检验项目、检验顺序、受检样品数及合格判据。宜用表列出质量一致性检验项目、相应的规范第 3 章要求和第 4 章中检验方法的章条号。

质量一致性检验是否分组,分几个组,应视情确定。质量一致性检验组别划分的一般原则见 GJB 0.2—2001 的附录 C。

4.7 包装检验

若需要对包装件进行检验,本条则规定检验项目、检验顺序、抽样方案、检验方法及合格判据。

4.8 抽样

若检验采用抽样,本条则确定:

a) 组批规则,包括组批条件、方法和批量;

b) 抽样方案,包括检查水平(IL)、可接受质量水平(AQL)或其他类型的质量水平,以及缺陷分类等;若采用非标准抽样方案,应包括置信度、质量水平和缺陷分类等;

c) 抽样条件(必要时),诸如过筛、筛选、磨合、时效条件等;

d) 抽样或取样方法(必要时)。

所规定的组批规则、抽样方案、抽样条件、抽样或取样方法应能保证样本与总体的一致性。

确定组批规则和抽样方案时应考虑实体的特点、风险的危害程度和成本。

4.9 缺陷分类

适用时,本条可包含缺陷分类,并按下述规定对分类的缺陷进行编码,以便在报告检验结果时引用:

a) 1～99 致命缺陷;

b) 101～199 严重缺陷;

c) 201～299 轻缺陷。

如需分更多的类,可用 301、401、501 等数列进行编码。若某一类的缺陷数量大于 99,则对超出部分用字母为后缀从头开始编码,如 101a、102a、103a 等。

4.10 检验方法

本条规定用于检验的方法,包括分析法、演示法、检查法、模拟法和试验法。若所用方法为分析法、演示法,本条标题也可改为"验证方法"。

若所用的检验方法已有适用的现行标准,则应直接引用或剪裁使用。若无标准可供引用,则应规定相应的检验方法。

检验方法的主要构成要素及其编排顺序一般如下:
a) 原理;
b) 检验用设备、仪器仪表或模型及其要求;
c) 被试实体状态,包括技术状态、配套要求及安装调试要求;
d) 检验程序;
e) 故障处理;
f) 结果的说明,包括计算方法、处理方法等;
g) 报告,如试验报告等。

5 包装、运输与贮存

专用规范的第 5 章"包装、运输与贮存"为可选要素,规定防护包装、装箱、运输、贮存和标志要求。若有适用的现行标准,则应直接引用或剪裁使用。若无标准可供引用,则应根据需要规定下述要求。

5.1 防护包装

规定防护包装要求,包括清洗、干燥、涂覆防护剂、裹包、单元包装、中间包装等。

5.2 装箱

规定装箱要求,包括包装箱,箱内内装物的缓冲、支撑、固定、防水、封箱等。

5.3 运输和贮存

规定运输和贮存要求,包括运输和贮存方式、条件,装卸注意事项等。

5.4 标志

规定标志要求,包括防护标志、识别标志、收发货标志、储运标志、有效期标志和其他标志,以及标志的内容、位置等。有关危险品的标志要求应符合国家有关标准或条例的规定。

6 说明事项

专用规范的第 6 章"说明事项"为可选要素,不应规定要求,只应提供说明性信息,其构成及编排顺序说明如下。

6.1 预定用途

提供与订购对象用途有关的信息。如果不能适用于某些特定的场合,应作相应说明。

6.2 分类

提供与订购对象分类有关的信息。只有当规范的技术要求随订购对象的型式、类别或等级的不同而不同时,才应设置"分类"。分类应简要说明依据和类别名称。

分类一般采用型式、类别或等级来表示,例如颜色、形状、重量、装载平台、品种规格、动力供给形式、温度等级、条件、组分、封装形式、额定值、工作方式、绝缘等级等。若规范包括多种等级的可靠性要求,则应注明其所包括的等级。

分类在所有版次的文本中宜保持不变,必须改用新的分类时,应列出新、旧类别名称对照表,并说明代替关系和代替程度。

6.3 订购文件中应明确的内容

当招标书、合同或其他订购文件中引用该规范时,该条应说明订购方在订购文件中选定该规范中需要选择的项目。选定的项目宜按其在规范中出现的顺序列出。

示例:

6.3 订购文件中应明确的内容

订购文件应规定下列内容:

a) 本规范的编号、名称;

b) 本规范中引用文件的版次(必要时);

c) 型式、类型或等级;

d) 包装等级。

6.4 术语和定义

规范中有需要定义的术语时,可使用下述适合的引导语:

"下列术语和定义适用于本规范。"或"GJB ×××确立的以及下列术语和定义适用于本规范。"

除引用其他标准的术语外,每条术语作为一个单独的条文予以编号,当只有一条术语时,不编号。每条术语的条文应包括:

a) 术语的编号;

b) 术语;

c) 外文对应词(一般为英文,除专有名词外,均为小写);

d) 许用的同义词(必要时);

e) 拒用和被取代的术语(必要时);

f) 定义。

每条术语的编号、术语、外文对应词依次排列,编号顶格排,编号、术语、外文对应词之间各空一个字的间隙。外文对应词后面无标点符号,一行书写不完需回行时,应顶格排。有许用的同义词或拒用和被取代的术语时,每个词另起一行空两个字起排。术语的定义另起一行空两个字起排,回行时顶格排。

示例:

6.4.1 串行器 serializer

  并串联变换器 parallel—serial converter

  动态转换器 dynamicizer

功能装置,将一组同步信号变换为一个相应的时间序列信号。

6.5 符号、代号和缩略语

符号、代号和缩略语可单独设一节,也可与"术语和定义"合为一节,在适当的标题下列出理解标准所必要的符号、代号和缩略语清单或表。清单按符号、代号和缩略语的第一个字母顺序编排,不编号。每条空两个字起排,符号、代号或缩略语后跟一个破折号"——",之后标明符号、代号的名称或缩略语的全称,必要时给出适当的说明。回行时顶格排。

6.6 其他

若有其他需要说明的事项或信息,则可根据具体内容确定相应标题,说明有关内容。

注:第5章和第6章均无条文时,两章均应省略。

21.3 编写示例

1 范围

1.1 主题内容

本规范规定了×××(产品名称)的成套性、外部接口以及技术要求、试验方法、验收规则、标识、包装、运输和贮存。

本规范适用于×××(产品名称)研制、生产和技术服务,是编制检验规程、检验验收规程、试验大纲和试验规程的规范性依据。

1.2 实体说明

×××(产品名称)是×××(产品类别),型号为×××,采用×××、……、×××(关键技术、体制等)。配装在×××飞机上,是飞机×××系统的重要组成部分,为飞机提供×××(作用),并与×××、……、×××等分系统一起,使×××飞机具备×××能力(功能)。

×××(产品名称)由×××、……和×××等××个LRU组成,产品组成见表1。

表1 产品组成

序号	LRU名称	代号	数量
1	×××	LRU01	×件
2	×××	LRU02	×件
3	×××	LRU03	×件
×	×××	×××	×套

×××（产品名称）主要工作方式有：
a) ×××；
b) ×××；
……

2 引用文件

下列文件中的有关条款通过引用而成为本规范的条款。所有文件均应注明日期或版本，其后的任何修改单（不包括勘误的内容）或修订版本都不适用于本规范。

GB/T 191—2008　包装储运图示标志
GB/T 5465.1—2008　电气设备用图形符号　第1部分：概述与分类
GB/T 5465.2—2008　电气设备用图形符号　第2部分：图形符号
GJB 0.2—2001　军用标准文件编制工作导则　第2部分：军用规范编写规定
GJB 150—1986　军用设备环境试验方法
GJB 151A—1997　军用设备和分系统电磁发射和敏感度要求
GJB 152A—1997　军用设备和分系统电磁发射和敏感度测量
GJB 179A—1996　计数抽样检验程序及表
GJB 181—1986　飞机供电特性及对用电设备的要求
GJB 289A—1997　数字式时分制指令/响应型多路传输数据总线
GJB 368B—2009　装备维修性工作通用要求
GJB 450A—2004　装备可靠性工作通用要求
GJB 899A—2009　可靠性鉴定和验收试验
GJB 1181—1991　军用装备包装、装卸、贮存和运输通用大纲
GJB 1909A—2004　装备可靠性维修性保障性要求论证
GJB 2072—1994　维修性试验与评定
GJB 2547A—2012　装备测试性工作通用要求
GJB 2711—1996　军用运输包装件试验方法
GJB 2873—1997　军事装备和设施的人机工程设计准则
GJB 3207—1998　军事装备和设施的人机工程要求
GJB 3872—1999　装备综合保障通用要求
GJB 6387—2008　武器装备研制项目专用规范编写规定
GJB 7686—2012　装备保障性试验与评价要求
GJB/Z 594A—2000　金属镀覆层和化学覆盖层选择原则与厚度系列
（专业军标，如GJB 2137—1994　机载雷达通用要求）
（部标或行业标准）

×××(产品名称、类别)研制合同

×××(产品名称、类别)研制总要求(和/或技术协议书)

3 要求
3.1 功能
×××(产品名称)应具有下列功能：

a) ×××;

b) ×××;

……

3.2 性能
3.2.1 电源
应满足 GJB 181—1986 中对×类用电设备电源适应性的各项要求,包括稳态、50ms 断电试验、耐尖峰电压、耐电压浪涌、对飞机上电力系统的影响。

3.2.2 ×××(其他性能)
×××。

3.3 作战适用性
×××。

3.4 环境适应性
3.4.1 低温
低温贮存:—55℃,保温 24h 后,恢复常温,能开机工作。

低温工作:—45℃,保温 2h 后测试,能正常工作。

3.4.2 高温
高温贮存:+70℃,保温 48h 后,能开机工作。

高温工作:+60℃,保温 2h 测试,能正常工作。

3.4.3 温度—高度
温度:××℃,××℃。

高度:×××m~×××m。

时间:××min。

3.4.4 温度冲击
温度:—55℃~+70℃。

温度保持时间:1h。

温度转换时间:≤5min。

循环次数:3次。

3.4.5 加速度
在承受表 2 给出的工作加速度之后,产品工作应符合规范要求。各组件在结构上应能承受住表2给出的结构加速度。

表2 在×××(产品名称)安装处的加速度值

方向	前	后	上	下	左—右
轴	X	X	Z	Z	Y
工作加速度	2.1g	4.64g	8.1g	5.25g	3.28g
结构加速度	3.15g	6.69g	12.15g	7.88g	4.92g

3.4.6 冲击

冲击脉冲波形及容差见 GJB 150.18—1986 中试验五的图1。

峰值加速度：15g。

持续时间：$t=11$ms。

两次冲击时间间隔应大于6s。

冲击次数为 X 轴、Y 轴、Z 轴正负方向各3次。

冲击试验后，结构应完好，通电工作应满足本规范要求。

3.4.7 随机振动

按照 GJB 150.16—1986 中用于第5类设备(喷气式飞机)的试验方法和图1的加速度功率谱密度进行随机振动功能试验，X、Y 和 Z 三个轴向，每个轴向试验时间 1h。耐久试验量值是功能振动的1.6倍，时间为2.5h，试验完后，样机结构上不应出现变形、裂纹和其他的机械损伤。

整机做振动试验时，应按 GJB 150.16 中第 2.3.5.1 条和图 27 的要求选取重量衰减因子。

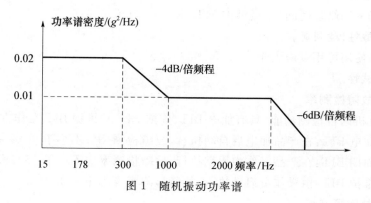

图1 随机振动功率谱

3.4.8 湿热

低温：+30℃。

高温：+50℃。

相对湿度:95%。

试验周期:10个周期,每个周期为24h。

3.4.9 霉菌

温度:+30℃～+25℃之间交变。

相对湿度:90%±5%。

交变周期:24h,其中前20h保持温度+30℃±1℃,后4h保持温度+25℃±1℃,相对湿度90%±5%至少2h,用于温湿度变化的时间不超过2h。

试验菌种:黑曲菌、黄曲菌、杂色曲菌、绳状青霉、球毛壳霉。

试验周期:28天。

试验后,产品材料和工艺应满足GJB 150.10—1986的要求。

3.4.10 盐雾

盐液氯化钠含量:(5±1)%。

盐液pH值:6.5~7.2。

试验温度:+35℃。

试验时间:48h。

在按GJB 150.11—1986的规定进行持续时间48h的盐雾试验过程中,产品的构件材料、处理、喷漆和最终涂层应无损害。

3.5 可靠性

平均故障间隔时间(MTBF):设计定型最低可接受值×××h,成熟期规定值×××h。

3.6 维修性

外场平均修复时间(一级维护MTTR):××min。

3.7 保障性(适用时)

产品使用可用度应大于××%。

3.8 测试性

3.8.1 故障检测率

具有机内自检测功能,具有加电BIT、周期BIT和维护BIT工作方式:

a) 加电BIT:在产品加电后自动执行,故障检测率应不小于90%;

b) 周期BIT:在产品工作中周期执行,故障检测率应不小于85%;

c) 维护BIT:由操作员启动执行,故障检测率应不小于95%。

3.8.2 故障隔离率

通过机内自检测,隔离到LRU的概率应符合下列要求:

a) 隔离到1个LRU的概率应不小于85%;

b) 隔离到2个LRU的概率应不小于90%;

c) 隔离到 3 个 LRU 的概率应为 100％。

通过专用测试设备进行检测,隔离到 SRU 的概率应符合下列要求:

a) 隔离到 1 个 SRU 的概率应不小于 90％;

b) 隔离到 2 个 SRU 的概率应不小于 95％;

c) 隔离到 3 个 SRU 的概率应为 100％。

3.8.3 虚警率

虚警率不大于 2％。

3.9 耐久性(适用时)

贮存期限:×年。

保证期:×年或×××小时(自交付使用部队之日起计算)。

总寿命:30 年,或×××飞行小时。

首翻期:10 年,或×××飞行小时。

3.10 安全性

产品应采取下述安全性设计措施:

a) 各种控制旋钮、按键、供电插座和产品的外部接口处,应有明确、清晰、牢靠的文字标识或符合 GB/T 5465.1～GB/T 5465.2 规定的图形符号;

b) 外接软线、电缆线的连接应无破损、露铜等;

c) 操作、调整和维修中可能接近的零件无高压、毛刺和尖锐部分,不会对操作人员造成伤害;

d) 各分机装有保险丝。

3.11 信息安全

采取战术级加密措施,具有毁钥能力,毁钥时间×s。

3.12 隐蔽性

具有无线电静默功能。

3.13 电磁兼容性

应满足 GJB 151A—1997 规定的下述电磁兼容性要求:

a) CE102 10kHz～10MHz 电源线传导发射;

b) CE107 电源线尖峰信号(时域)传导发射;

c) CS101 25Hz～50kHz 电源线传导敏感度;

d) CS106 电源线尖峰信号传导敏感度;

e) CS114 10kHz～400MHz 电缆束注入传导敏感度;

f) CS115 电缆束注入脉冲激励传导敏感度;

g) CS116 10kHz～100MHz 电缆和电源线阻尼正弦瞬变传导敏感度;

h) RE102 10kHz～18GHz 电场辐射发射;

i）RS103 10kHz～40GHz 电场辐射敏感度。

3.14 运输性
应适应于铁路、公路、空运和水路运输,运输后不得出现弯曲、断裂或任何永久性变形。

3.15 人机工程
产品控制盒和显示器应满足 GJB 3207—1998《军事装备和设施的人机工程要求》和 GJB 2873—1997《军事装备和设施的人机工程设计准则》的要求。

3.16 互换性
各组成部分(LRU 和/或 SRU)能与其他成套合格产品的对应组成部分互换。互换后功能性能应满足要求。

完成规定层次的替换所需的时间为××min。

3.17 稳定性
本条无条文。

3.18 综合保障
产品随机工具见表3。

表3 随机工具清单

序号	名称	型号	数量	备注
1	×××		×	
2	×××		×	

产品随机备件见表4。

表4 随机备件清单

序号	名称	型号	数量	备注
1	保险管		2	
2	×××		×	

产品随机设备见表5。

表5 随机设备清单

序号	名称	型号	数量	备注
1	外场检查仪		1	
2	内场检测设备		1	
3	×××		×	

产品随机资料见表6。

表6 随机资料清单

序号	文件名称	文件代号	幅面	页数	份数	备注
1	履历本		×	××	1	
2	技术说明书		A4	××	1	
3	使用维护说明书		A4	××	1	
×	×××		A4	××	×	

3.19 接口

具有下述电气接口：

a) GJB 289A 接口，××路；

b) 1394B 接口，××路；

c) RS422 接口，××路；

d) 离散接口，××路。

产品接口详细要求见附件1《×××（产品名称）接口控制文件》。

3.20 经济可承受性

产品应具有较低的寿命周期费用（包括论证费用、研制费用、采购费用、使用与保障费用、退役与处置费用），在用户的经济承受能力之内。

3.21 计算机硬件与软件

a) 计算机硬件：×××；

b) 计算机软件：读取软件版本信息，应与最新的软件升级通知单要求的软件版本相符合。

3.22 尺寸和体积

LRU01 宽×高×深　190mm×126mm×280mm（含凸出物）；

LRU02 宽×高×深　75mm×64mm×170mm（含凸出物）；

LRU03 宽×高×深　140mm×74mm×313mm（含凸出物）；

LRU× 宽×高×深　×××

3.23 重量

总重量不大于××kg；其中各组成部分的重量要求见表7。

表7 各组成部分的重量要求

序号	LRU名称	代号	重量/kg
1	×××	LRU01	××
2	×××	LRU02	××
3	×××	LRU03	××
×	×××	×××	××

3.24 颜色

外壳表面颜色应为黑色（无光泽）。

3.25 抗核加固

本条无条文。

3.26 理化性能

本条无条文。

3.27 能耗

直流 28V：不大于×××W。

单相交流 115V/400Hz：不大于×××VA。

3.28 材料

3.28.1 元器件

元器件应优先选用符合国家军用标准的国产元器件，国产元器件规格比不小于××％，数量比不小于××％，数费比不小于××％。不应使用红色等级进口电子元器件，使用紫色、橙色、黄色等级进口电子元器件比例应小于×％。

3.28.2 原材料

产品所用材料应符合相应的国家标准、国家军用标准、行业标准和企业标准。所用金属材料应耐腐蚀或经过耐腐蚀处理，不同金属材料的接触部分应按GJB/Z 594A—2000 作防电蚀处理；所用非金属材料应无毒、防霉、不助燃；整个产品都应采用耐高温材料。

3.29 非研制项目

产品采用×××、×××、×××等×个非研制项目，应符合各非研制项目产品规范的要求。

3.30 外观质量

外表面质量良好，无划痕、碰伤、裂缝、变形等缺陷；涂镀层不应起泡、堆积、龟裂和脱落，颜色协调；金属零件不应有锈蚀和其他机械损伤；所有紧固件齐全，连接牢固，并具有可靠的防松措施。

3.31 标志和代号

产品具有下述标识：

a）名称；

b）型号；

c）代号；

d）批次号；

e）生产单位；

f）制造日期。

3.32 主要组成部分特性

3.32.1 ×××(组成部分1)特性

×××(特性名称1) ×××;

×××(特性名称2) ×××;

……

3.32.× ×××(组成部分×)特性

×××(特性名称1) ×××;

×××(特性名称2) ×××;

……

3.33 图样和技术文件

应提供表8所列生产(含加工和装配)用的生产图样和技术文件。

表8 生产图样和技术文件

序号	文件名称	文件代号	幅面	页数	份数	备注
1						
2						
×						

3.34 标准样件

×××。

4 验证

4.1 检验分类

本规范规定的检验分类如下:

a) 鉴定检验;

b) 质量一致性检验。

4.2 检验条件

除另有规定外,应按 GJB 150.1—1986 第3.1条规定的环境条件进行所有检验。

4.3 鉴定检验

4.3.1 检验时机

×××(产品名称)设计、生产、制造工艺有较大改变或停产后恢复生产以及转厂生产时,应进行鉴定检验。

4.3.2 检验样本

鉴定检验的样本按 GJB 179A—1996 抽取。除另有规定外,一般不少于×台(套)。

4.3.3 检验项目和顺序

除另有规定外,鉴定检验应按表9所列项目进行。

表 9 检验项目

序号	检验项目		技术要求条号	检验方法条号	鉴定检验	质量一致性检验			
						A组	B组	C组	D组
1	功能				●	●			
2	性能				●	●			
					●	●			
					●	●			
					●	●			
3	作战适用性				●				
4	环境适应性	低气压(高度)			●			●	
		低温贮存			●			●	
		低温工作			●	●			
		高温贮存			●			●	
		高温工作			●	●			
		×××			●			●	
		温度冲击			●			●	
		加速度			●			●	
		湿热			●			●	
		霉菌			●			○	
		盐雾			●			○	
		冲击			●			●	
		功能振动			●	●			
		耐久振动			●			●	
5	可靠性				●				●
6	维修性				●				
7	保障性				●				
8	测试性				●				
9	耐久性				●				
10	安全性				●				
11	信息安全				●				
12	隐蔽性				●				

(续)

序号	检验项目	技术要求条号	检验方法条号	鉴定检验	质量一致性检验 A组	B组	C组	D组
13	电磁兼容性			●				
14	运输性			●			●	
15	人机工程			●	○			
16	互换性			●		●		
17	稳定性			●				
18	综合保障			●	○			
19	接口			●	●			
20	经济可承受性			●				
21	计算机硬件与软件			●				
22	尺寸和体积			●	●			
23	重量			●	●			
24	颜色			●				
25	抗核加固			●				
26	理化性能			●				
27	能耗			●	●			
28	材料							
29	非研制项目			●	●			
30	外观质量			●	●			
31	标志和代号			●	●			
32	主要组成部分特性			●	●			
33	图样和技术文件			●	●			
34	标准样件			●				
35	包装			●	●			

4.4 质量一致性检验

质量一致性检验是对批生产产品质量的符合性检验。

质量一致性检验分为 A 组检验、B 组检验、C 组检验、D 组检验。A 组检验为验收检验、B 组检验为互换性检验、C 组检验为环境例行试验、D 组检验为可靠性验收试验。

4.4.1　A 组检验
4.4.1.1　检验方式
一般采用全数检验。
4.4.1.2　检验步骤
按产品规范或合同规定的要求,编制检验规程进行检验。A 组检验项目见表 9。
4.4.1.3　合格判据
只有当全部被检项目合格后,才能判定该产品 A 组检验合格。否则,判定该产品 A 组检验不合格。
4.4.1.4　重新检验
对 A 组检验不合格的产品,承制方应进行分析,查明原因,采取措施,且证明措施有效可行,可重新提交检验。重新提交时应将重新提交的检查批与其他初次检查批分开,并标明重新检查批标识。

若重新检验合格,判定该批产品 A 组检验合格。若重新检验仍不合格,则判定该批产品 A 组检验不合格,作拒收处理。在问题解决之前,订购方可以停止下批产品的检验。

4.4.2　B 组检验
4.4.2.1　检验周期
小批量生产时,每批做一次 B 组检验,当一批不足 10 台(套)时,每累计 10 台(套)产品做一次 B 组检验;大批量生产时,每批次抽取 2 台(套)进行 B 组检验。
4.4.2.2　抽样方案
从 A 组检验合格的批中随机抽取 2 台(套),进行 B 组检验。
4.4.2.3　合格判据
B 组检验项目见表 9。

检验项目满足技术要求,则判定该批产品 B 组检验合格。否则,判定该批产品 B 组检验不合格。
4.4.2.4　重新检验
对 B 组检验不合格的产品,承制方应进行分析,查明原因,采取措施,且证明措施有效可行后,并对 B 组检验所代表的全部产品采取纠正措施,再经 A 组检验合格,可重新进行 B 组检验。重新进行 B 组检验的项目、顺序与第一次相同,重新进行检验时要采取加严方案。若仍不合格,则判定该批产品 B 组检验不合格,作拒收处理。在问题解决之前,订购方可以停止下批产品的 A 组检验。

4.4.2.5 样品处理

经 B 组检验合格批中发现的有缺陷样品,承制方负责修理,并经检验合格后可按合格品交付。

4.4.3 C 组检验

4.4.3.1 检验周期

小批量生产时,每批做一次 C 组检验,当一批不足 20 台(套)时,每累计 20 台(套)产品做一次 C 组检验;大批量生产时,每批次抽取 1 台(套)进行 C 组检验。

4.4.3.2 抽样方案

从 A 组检验合格的批中随机抽取,进行 C 组检验。

4.4.3.3 合格判据

C 组检验项目及顺序见表9。

所有检验项目均满足技术要求,则判定该批产品 C 组检验合格。

4.4.3.4 重新检验

如果 C 组检验不合格,则应停止产品的验收和交付,承制方应将不合格情况通告订购方或合格鉴定单位,在查明原因及采取措施后,可重新提交检验。重新检验应采取加严方案,并根据订购方或合格鉴定单位的意见进行全部试验或检验,或只对不合格项目进行试验或检验。若重新检验仍不合格,则应将不合格情况通告合格鉴定单位;若重新检验合格,则判定该批产品 C 组检验合格,恢复产品的验收和交付。

4.4.3.5 样品处理

经受 C 组检验的样品,承制方应将发现的和潜在的缺陷修复或更换,再次经 A 组检验合格后,可按合同规定交付。

4.4.4 D 组检验

4.4.4.1 检验周期

按照合同执行。

4.4.4.2 样品抽取

D 组检验的样品应从 A 组检验合格的批产品中随机抽取。

4.4.4.3 实施检验

按照承制方与订购方联合编制的并经上级主管部门批复的可靠性鉴定(验收)试验大纲和试验程序进行。

4.4.4.4 合格判据

D 组检验项目见表9。

只有当被检验的产品通过 D 组检验后,才判定该批产品 D 组检验合格。否则,判定该批产品D组检验不合格。

4.4.4.5 重新检验

如果D组检验不合格,承制方应将不合格的情况通告订购方或订购单位,在查明原因采取纠正措施后,经过试验证明设计、制造工艺缺陷已经消除,并将纠正措施落实到D组检验所代表的批产品上后可重新提交D组检验。若重新检验仍不合格,应将不合格情况通告订购方或合格鉴定单位。并由订购方与承制方对存在问题进行协商处理,如不能取得一致意见,则报请上级主管部门裁决。

若重新检验合格,则判定D组检验合格,恢复产品的验收和交付。

订购方与承制方对质量问题处理如有异议,报上级主管部门裁决。

4.4.4.6 样品处理

D组检验的样品做完试验后,不能直接交付,应同使用方协商恢复处理合格后,方可交付使用。

4.5 检验方法

对产品进行测试时,所用的仪器参考附录A试验仪器清单,设备连接参见附录B试验框图,测试内容参见附录C测试项目表。

4.5.1 功能

×××。

4.5.2 性能

4.5.2.1 电源

按照GJB 181—1986中相应类别用电设备的要求,编制试验规程进行试验。

4.5.2.X ×××

×××。

4.5.3 作战适用性

通过设计定型部队试验进行验证。

4.5.4 环境适应性

4.5.4.1 低温工作及低温贮存

按照GJB 150.4—1986编制试验规程进行试验。

低温工作试验方法:

将试验箱温度降温至-45℃,温度变化率-5 ℃/min,保温2h后,试验样机通电工作。试验中和试验后,按规定项目进行性能检测,应符合本规范要求。

低温贮存试验方法:

将试验箱降温至-55℃,温度变化率-5 ℃/min,保温贮存24h。能通电工作,即为符合要求。

4.5.4.2 高温工作及高温贮存

按照 GJB 150.3—1986 编制试验规程进行试验。

高温工作试验方法：

将试验箱温度升至+60℃,温度变化率 5 ℃/min,保温 2h 后,试验样机通电工作。试验中和试验后,按规定项目进行性能检测,应符合本规范要求。

高温贮存试验方法：

将试验箱升温至+70℃,温度变化率 5 ℃/min,保温贮存 48h。能通电工作,即为符合要求。

4.5.4.3 温度—高度

按照 GJB 150.6—1986 编制试验规程进行试验。

将试验样机按要求装入温度压力试验箱内,进行性能检测后,关闭试验箱门,降温至+10 ℃(−40 ℃),保温 1h。开启真空泵抽气,使箱内的气压降至×××m 高度,保持×××min 后,试验样机通电,产品准备状态约×××min,工作约×××min,在工作时间内,按规定项目进行性能检测,应符合本规范要求。

4.5.4.4 温度冲击

将试验样机装入低温试验箱内,降温至−55℃,保温 1h,在 5min 内将试验样机转入+70℃的高温试验箱,保温 1h。如此反复冲击三个周期。然后将试验箱再恢复到标准大气压条件,待试验样机达到温度稳定后,通电检测,应符合本规范要求。

4.5.4.5 加速度

随飞机考核,或按照 GJB 150.15—1986 编制试验规程进行试验。

4.5.4.6 冲击

按照 GJB 150.18—1986 中试验五的图 1 编制试验规程进行试验。

4.5.4.7 随机振动

按照 GJB 150.16—1986 编制试验规程进行试验。

启动振动试验台,按规定的功率谱密度进行功能试验,在每个轴向的测试时间为 1h,试验前、中(振动 30min 后)、后各加电一次,通电检测,时间为完成检测所需时间,测试结果应符合本规范要求。

耐久试验前、后各加电一次,通电检测,测试结果应符合本规范要求。

4.5.4.8 湿热

按照 GJB 150.9—1986 要求,编制试验规程进行试验。

在试验前、中(第 5 个周期和第 10 个周期接近结束前)、后进行性能检测,应符合本规范要求。

4.5.4.9 霉菌
按照 GJB 150.10—1986 要求,编制试验规程进行试验。
试验后,产品的材料和工艺应满足 GJB 150.10 的要求。

4.5.4.10 盐雾
按照 GJB 150.11—1986 要求,编制试验规程进行试验。
在按 GJB 150.11—1986 的规定进行持续时间 48h 的盐雾试验过程中,产品的构件材料、处理、喷漆和最终涂层应无损害。

4.5.5 可靠性
按照 GJB 899A—2009 的规定,制定《×××(产品名称)可靠性鉴定(验收)试验大纲》,并按可靠性鉴定(验收)试验程序进行试验。

4.5.6 维修性
按 GJB 2072—1994《维修性试验与评定》规定的方法进行维修性试验,并结合外场使用的信息统计等方法验证,其结果应符合 3.6 的要求。

4.5.7 保障性
按 GJB 7686—2012《装备保障性试验与评价要求》规定的方法进行保障性试验,并结合外场使用的信息统计等方法验证,其结果应符合 3.7 的要求。

4.5.8 测试性
按 GJB 2072—1994《维修性试验与评定》规定的方法进行测试性试验,并结合外场使用的信息统计等方法验证,其结果应符合 3.8 的要求。

4.5.9 耐久性(适用时)
按照 GJB ××××—×××× 进行耐久性试验,其结果应符合 3.9 的要求。

4.5.10 安全性
目视检查产品控制旋钮、按键、供电插座和产品的外部接口、外接软线、电缆线、保险丝,以及操作、调整和维修中可能接近的零件,其结果应符合 3.10 的要求。

4.5.11 信息安全
操作产品进入加密模式,测试产品功能性能。按压毁钥按钮,记录毁钥所需时间。其结果应符合 3.11 的要求。

4.5.12 隐蔽性
按压无线电静默按钮(进入静默),测试输出功率;再次按压无线电静默按钮(解除静默),测试输出功率。其结果应符合 3.12 的要求。

4.5.13 兼容性
按照 GJB 152A—1997 制定《×××(产品名称)电磁兼容性试验大纲》,并按试验规程规定进行试验,其结果应符合3.13的要求。

4.5.14 运输性

按GJB 150.16A—2009规定的方法进行试验,其结果应符合3.14的要求。

4.5.15 人机工程

按操作规程操作控制盒,观察显示器画面,其结果应符合3.15的要求。

4.5.16 互换性

在标准环境条件下,用2台(套)A组合格产品,按规定的产品层次(设备、组件、部件、零件等)进行互换,记录完成规定层次的替换所需的时间,互换后进行功能性能测试,其结果应符合3.16的要求。

4.5.17 稳定性

本条无条文。

4.5.18 综合保障

目视检查随机工具、随机备件、随机设备、随机资料,其结果应符合3.18的要求。通电检查随机设备,其功能性能符合随机设备产品规范要求。

4.5.19 接口

按照如图××所示接口交联关系图连接,通电检查接口信号,其结果应符合3.19的要求。

4.5.20 经济可承受性

本条无条文。

4.5.21 计算机硬件与软件

检查计算机硬件技术状态,其结果应符合3.21的要求。

读取软件版本信息,软件版本应符合3.21的要求。

4.5.22 尺寸和体积

采用相应精度的量具测量各LRU及附件的外形尺寸,其结果应符合3.22的要求。

4.5.23 重量

采用相应准确度的衡器对各LRU及附件进行称重,其结果应符合3.23的要求。

4.5.24 颜色

采用目视方法检查产品颜色,其结果应符合3.24的要求。

4.5.25 抗核加固

本条无条文。

4.5.26 理化性能

本条无条文。

4.5.27 能耗

产品按图 B 连接,产品处于×××工作方式,将产品用单相交流 115V/400Hz 和直流 28V 电源分别串入电流表或用钳形表读出电流值。

4.5.28 材料

统计分析产品使用国产元器件规格比、数量比、费用比和使用红色等级进口电子元器件,使用紫色、橙色、黄色等级进口电子元器件的比例,其结果应符合 3.28.1 的要求。

统计分析产品所用材料,其结果应符合 3.28.2 的要求。

4.5.29 非研制项目

按照非研制项目×××、×××、×××产品规范规定的检验方法分别进行检验,其结果应符合非研制项目产品规范规定的要求。

4.5.30 外观质量

采用目视和手感方法检查外观、涂层及标识,其结果应符合 3.30 的要求。

4.5.31 标志和代号

采用目视方法检查产品铭牌,其结果应符合 3.31 的要求。

4.5.32 主要组成部分特性

4.5.32.1 ×××(组成部分 1)特性

×××。

4.5.32.× ×××(组成部分×)特性

×××。

4.5.33 图样和技术文件

目视检查提交的生产图样和技术文件,其结果应符合 3.33 的要求。

4.5.34 标准样件

本条无条文。

4.5.35 包装

目视检查产品包装,其结果应符合 5.1 和 5.2 的要求。包装箱按照GJB 2711—1996《军用运输包装件试验方法》进行试验,其结果应符合要求。

5 包装、运输与贮存

5.1 防护包装

应根据结构、外形尺寸、重量、运输、贮存条件设计包装箱,在符合保护产品的前提下,尽量做到包装紧凑和成本低廉。

5.1.1 防潮

产品用厚型塑料袋封装(且袋内装干燥剂后放入包装箱内作为防潮措施)。

5.1.2 防振

根据产品外形尺寸,采用塑料作为产品固定、支撑和隔离措施,将产品固定在包装箱内。

5.2 装箱

5.2.1 装箱环境条件

包装间应清洁、干燥、具有良好的光线和通风条件,不允许有腐蚀性物质存在,环境条件为:

a) 温度:5℃~35℃;
b) 相对湿度:45%~75%。

5.2.2 包装前对产品表面处理

根据产品不同情况在包装前应对产品表面清洁、干燥及防腐蚀处理。

5.2.3 随箱文件

随箱文件应包括如下内容:

a) 随机文件;
b) 装箱清单。

随箱文件应装入防水袋中封装,放在包装箱内的明显且易取部位。

5.2.4 包装箱

a) 包装箱采用防水胶合板制作;
b) 箱体应结构合理,有足够强度,开启方便,外表面应涂绿色保护漆;
c) 包装箱应附有把手;
d) 包装箱应按重量和箱体大小用包角等进行加固。

5.3 运输和贮存

5.3.1 运输

a) 产品应可通过火车、汽车、飞机等运输工具运输。产品包装件最大外形尺寸和重量应符合运输部门的承运要求;
b) 产品的运输条件要求防雨,防曝晒,避免靠近强磁场、电场;
c) 产品在装、卸、运方面,包装箱不得倒置,不得摔放。

5.3.2 贮存

5.3.2.1 贮存时间

贮存期3年,从军事代表装箱铅封之日算起。

5.3.2.2 贮存前检查

根据装箱清单检查产品的数量、外观。

若发现外包装受损或订购方认为有必要可对内装物进行机械和电气性能检查,若有问题应及时报告处理。

5.3.2.3 贮存规则

长期贮存的产品,不允许去掉塑料包装袋。

产品不应与有腐蚀性、易燃、易爆品混放。

包装箱应堆放在高于库房地面 30cm 的枕木上,离墙壁 40cm 以上,以便空气流通。

5.3.3 对仓库的要求

库房的大气条件为:

a) 温度:15℃～35℃;

b) 相对湿度:20％～80％。

5.4 标识

标识应符合 GB 191—1990 的规定,文字应正确、清晰、整齐美观,字母和字体应符合机械制图字体要求。颜色应色泽鲜明,不应因运输和贮存的变化而褪色或脱落。

5.4.1 标识制作

标识应采用直接喷刷印字(或图)的方法制作。

5.4.2 箱面标识

包装箱箱面标识,包括收发货标识、贮运指示标识和箱号标识。

5.4.2.1 收发货标识

收发货标识应包括(仅适用于批量生产时):

a) 产品箱号;

b) 货号;

c) 数量;

d) 箱体外形尺寸:长(m)×宽(m)×高(m);

e) 总重量:××kg;

f) 发货日期:20××年××月;

g) 到站(港)及收货单位;

h) 发站(港)及发货单位。

5.4.2.2 贮运指示标识

箱面上应有"向上"、"怕湿"、"小心轻放"等标识。

5.4.2.3 箱号标识

成批生产时,产品应有箱号标识。

6 说明事项

6.1 预定用途

产品预定用于×××。

6.2 订购文件中应明确的内容

订购文件应规定但不限于下列内容：

a) 本规范的编号、名称；
b) 类型；
c) 产品型号；
d) 数量；
e) 封存、包装和装箱级别；
f) 其他特殊要求。

6.3 术语和定义

下列术语和定义适用于本规范。

6.3.× （术语和定义×）

×××。

6.4 缩略语

下列缩略语适用于本规范。

BIT　　机内自检测

LRU　　外场可更换单元

MTBF　　平均故障间隔时间

MTTR　　平均修复时间

SRU　　内场可更换单元

附录A　试验仪器清单

附录A　×××（产品名称）试验仪器清单

序号	名称	型号	数量	备注
1	×××	×××	×	或性能相当的仪器
2	×××	×××	×	或性能相当的仪器
3	×××	×××	×	或性能相当的仪器
4	×××	×××	×	或性能相当的仪器

附录B　试验框图

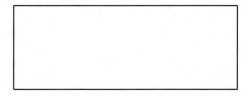

附图B　×××（产品名称）试验框图

附录 C 测试项目表

附录 C ×××(产品名称)测试项目表

序号	验收项目	技术要求条号	检验方法条号	技术指标	检验结果			备注
					调试	检验	军检	
1								
2								

附件 1 《×××(产品名称)接口控制文件》

范例 22　设计定型基地试验大纲

22.1　编写指南

1. 文件用途

设计定型试验包括基地试验和部队试验。《设计定型基地试验大纲》用于规范设计定型基地试验的项目、内容和方法等,以全面考核产品战术技术指标、作战使用要求和维修保障要求,作为开展设计定型基地试验的依据。

GJB 1362A—2007《军工产品定型程序和要求》将《设计定型试验大纲》列为设计定型文件之一。

2. 编制时机

在二级定委批准转入设计定型试验阶段并确定承试单位后,由承试单位拟制,并征求总部分管有关装备的部门、军兵种装备部、研制总要求论证单位、军事代表机构或军队其他有关单位、承研承制单位的意见。

3. 编制依据

主要包括:研制总要求,通用规范,产品规范,有关试验规范等。

4. 格式要求

按照 GJB/Z 170.5—2013《军工产品设计定型文件编制指南　第 5 部分:设计定型基地试验大纲》编写。

GJB/Z 170.5—2013 规定了《设计定型基地试验大纲》的编制内容和要求。

22.2　编写说明

1　任务依据

定型试验年度计划或上级下达的试验任务等有关文件。通常应列出相关文件下达的机关、文号、文件名称等。

2　试验性质

设计定型试验。

3　试验目的

考核军工产品的主要战术技术指标是否满足研制总要求的相关规定,为军工产品能否设计定型提供依据。

4 试验时间和地点

明确试验的时间和地点(地域、空域、海域)。

5 被试品、陪试品数量及技术状态

5.1 被试品

主要包括：

a) 被试品的名称、种类、数量、提供单位；

b) 被试品的技术状态。

5.2 陪试品

主要包括：

a) 陪试品的名称、种类、数量、提供单位；

b) 陪试品的技术状态。

6 试验项目、方法及要求

设计定型基地试验大纲应按照试验项目逐项描述，每项试验一般包括试验名称、试验目的、试验条件、试验方法、数据处理方法、试验结果评定准则等。当某项试验方案所占篇幅较长时，可增加附录进行补充和说明。

6.1 试验名称

试验项目的名称。

6.2 试验目的

综合性试验项目一般应描述试验目的。

6.3 试验环境与条件要求

主要包括：

a) 试验环境要求(如地理、气象、水文、电磁环境等)；

b) 试验条件要求(如战术应用条件、试验保障条件等)；

c) 被试品和陪试品技术要求和数量要求；

d) 其他试验条件要求。

6.4 试验方法

设计定型基地试验大纲对试验方法要求如下：

a) 明确获取军工产品性能(或效能)的定量或定性数据采用的技术途径，对实现过程提出技术要求；

b) 规定抽样方法(样本量)、信息获取方法和信息处理方法，对影响试验结果的因素给出明确要求；

c) 对于相关定型试验标准中已有试验方法的，按标准中方法执行；

d) 对于相关定型试验标准中无试验方法的，需制定新的试验方法，或虽有

试验方法但根据实际情况需要调整的,应在"有关问题说明"一节中对新的试验方法或调整的内容作出简要技术说明;

　　e) 对于不具备试验条件或无法开展实装试验的项目,可通过建立试验覆盖性模型或采用其他方法进行验证,并说明采用的方法和依据;

　　f) 试验方法表述应清晰明确,文字准确精炼,内容简明扼要。能用文字表述清楚的,尽量使用文字表述,必要时也可使用简略图表。

6.5　数据处理方法

给出数据处理所采用的主要数学模型和统计评估方法。当数学模型和处理过程比较复杂时,可增加附录进行补充说明,也可根据需要对数据处理方法汇总描述。

6.6　试验结果评定准则

给出试验结果评定的准则,要求如下:

　　a) 对于定量考核的试验项目,依据研制总要求制定合格判据;

　　b) 对于定性考核的试验项目,依据研制总要求或产品使用要求制定合格判据,判据应具有可操作性;

　　c) 对于可靠性维修性测试性保障性安全性试验项目,应依据有关标准和要求制定故障判据。

7　测试测量要求

明确试验测试参数的类型和精度要求。根据需要可汇总描述。

8　试验的中断处理与恢复

8.1　试验中断处理

试验过程中出现下列情形之一时,承试单位应中断试验并及时报告二级定委,同时通知有关单位:

　　a) 出现安全、保密事故征兆;

　　b) 试验结果已判定关键战术技术指标达不到要求;

　　c) 出现影响性能和使用的重大技术问题;

　　d) 出现短期内难以排除的故障。

8.2　试验恢复处理

承研承制单位对试验中暴露的问题采取改进措施,经试验验证和军事代表机构或军队其他有关单位确认问题已解决,承试单位应向二级定委提出恢复或重新试验的申请,经批准后,由原承试单位实施试验。

9　试验组织及任务分工

列出试验组织单位和参试单位,明确试验组织形式、任务分工。参试单位一般包括试验保障单位、被试品和陪试品研制生产单位、其他参试装备的研制生产单位以及军内相关单位等。

10　试验保障

主要包括试验保障单位、试验保障内容和要求等。通常,试验相关的软件、技术文件、资料等应配套齐全。应规定试验场地及主要设施、仪器设备的保障;规定相关技术保障和人员培训等。

11　试验安全

一般包括对人员、装备、设施、信息及周边环境等的安全要求。

12　有关问题说明

对试验大纲中需要得到确认的技术问题、试验实施中需要有关机关协调解决或研制单位配合解决的问题,以及其他需要说明的问题进行说明。一般包括:

a) 试验方法与定型试验标准差异的说明;

b) 采信其他试验项目数据的说明;

c) 其他需要说明的问题。

13　试验实施网络图

以网络图形式表现相关试验项目的实施和完成周期。试验实施网络图一般在附录中给出。

14　附录

附录主要是对试验大纲正文内容的补充和说明,可根据试验要求的不同进行增减。

22.3　编　写　示　例

22.3.1　设计定型基地试验大纲

1　任务依据

1.1　任务来源

××〔××××〕×××号《20××年定型试验年度计划》;

××〔××××〕×××号《关于×××(产品名称)设计定型工作安排》;

××〔××××〕×××号《关于×××(产品名称)设计定型试验总体规划》。

1.2　依据文件

GJB ××××—××××　×××

GJB ××××—××××　×××

GJB 1362A—2007　军工产品定型程序和要求

GJB/Z 170.5—2013　军工产品设计定型文件编制指南　第 5 部分:设计

定型基地试验大纲

×××（产品名称）研制总要求（和/或技术协议书）

×××（产品名称）试验规划

2 试验性质

设计定型试验。

3 试验目的

本次试验的目的是：

a) 考核被试品主要战术技术指标是否满足研制总要求（和/或技术协议书）的规定；

b) 评估被试品可靠性、维修性、测试性、保障性、安全性；

c) 暴露产品研制中存在的技术质量问题，为设计更改提供依据；

d) 为产品设计定型提供依据；

e) 为编写技术说明书和使用维护说明书提供依据。

4 试验时间和地点

试验时间：20××年××月～20××年××月。

试验地点：×××。

5 被试品、陪试品数量及技术状态

5.1 被试品

5.1.1 被试品数量

被试品×××（产品名称）1套，由×××、……、×××组成，由×××（承制单位）提供。

5.1.2 被试品技术状态

被试品与备件应满足以下要求：

a) 通过规定的试验，软件通过测试，证明产品的关键技术问题已经解决，主要战术技术指标能够达到研制总要求（和/或技术协议书）的要求；

b) 具有设计定型的技术状态和工艺状态；

c) 软件版本基本固定，且为设计定型基地试验前最新版本；

d) 通过质检并经军事代表机构检验合格。

被试品主要战术技术指标见表1。

表1 被试品主要战术技术指标

序号	章条号	要求	来源	试验项目	备注

5.2 陪试品
5.2.1 陪试品数量
陪试品×××（产品名称）1套，由×××、……、×××组成，由×××（承制单位）提供。
5.2.2 陪试品技术状态
陪试品应满足以下要求：
a) 具有设计定型的技术状态和工艺状态；
b) 经军事代表机构检验合格。

6 试验项目、方法及要求
6.× 超短波空地话音通信距离
6.×.1 试验目的
验证机载超短波电台空地话音通信距离是否满足研制总要求（和/或技术协议书）的规定。
6.×.2 试验环境与条件要求
地 面 台：满足指标的地面对空台，50W，天线高度15m。
机 载 台：技术状态（含硬件、软件）达到设计定型状态。
飞机构形：无特殊要求（外挂或无外挂）。
重量重心：正常起飞重量，正常重心。
飞行状态：高度 $H_p=10km$，速度 M0.6～M0.9。
气象条件：垂直能见度大于或等于飞行高度。
航　　线：选择平坦开阔地区，飞机在航线上与地面台天线之间的视线不受阻挡，距离大于等于350km。
6.×.3 试验方法
装有被试品（机载超短波电台）的飞机在规定航线、规定高度作水平直线背台飞行，定时或定点与地面台通话，报告并记录所到达的预定地标，在接近视距时不间断通话，在地面和空中同步记录通话内容，直到通信中断。及时准确地报告并记下地标点，然后飞机转弯180°作向地面台飞行，不断通话联络，直到恢复通信再次报告并记下地标点。在报告并记录所到达预定地标前后，尽量保持飞机平飞。

如此反复向/背台拉距飞行，××架次。
6.×.4 数据处理方法
数据处理方法如下：
a) 由地面事后数据处理系统将机载测试设备同步记录的通信系统的相关信息进行处理；

b) 用航电专业专用数据处理软件,对机载测试设备同步记录的总线数据、差分 GPS 数据等进行二次处理,给出通信距离计算结果。

6.×.5 试验结果评定准则

依据研制总要求(和/或技术协议书)的相关规定,并结合试飞员评述,对试验结果进行评定。

空地话音通信距离大于等于 350km,则判定为合格;空地话音通信距离小于 350km,则判定为不合格。

7 测试测量要求

设计定型基地试验过程中,需要试验测试的参数类型和精度要求见表 2。

表 2 试验测试参数的类型和精度

序号	参数名称	参数类型	参数范围和精度	备注

主要试验设备和测试测量仪器见表 3,由×××、×××等单位提供。试验设备和测试测量仪器均应校验合格,并在有效期内,符合试验测试要求和试验环境要求,精度应能保证被测参数精度要求。

表 3 主要试验设备和测试测量仪器

序号	名称	型号/规格	精度	提供单位	数量

8 试验的中断处理与恢复

8.1 试验中断处理

试验过程中出现下列情形之一时,承试单位应中断试验并及时报告×××(二级定委),同时通知有关单位:

a) 出现安全、保密事故征兆;
b) 试验结果已判定关键战术技术指标达不到要求;
c) 出现影响性能和使用的重大技术问题;
d) 出现短期内难以排除的故障。

8.2 试验恢复处理

承研承制单位对试验中暴露的问题采取改进措施,经试验验证和军事代表机构或军队其他有关单位确认问题已解决,承试单位应向×××(二级定委)提出恢复或重新试验的申请,经批准后,由原承试单位实施试验。

9 试验组织及任务分工

9.1 试验的组织

9.1.1 行政指挥系统

在试验期间,成立试验现场指挥部。×××任总指挥,×××、×××任副总指挥。

9.1.2 技术管理系统

在试验期间,成立试验技术管理系统。×××任技术总师,×××、×××任副总师,×××任试验质量副总师。

9.1.3 联合试验小组

在试验期间,成立联合试验小组。×××任组长,×××任副组长,成员分别来自×××(试验保障单位)、×××(承研单位)、×××(承制单位)、×××(军内相关单位)等参试单位。

9.2 试验任务分工

×××(承试单位)作为设计定型基地试验总体责任单位,负责试验总体方案制定,试验大纲制定,试验技术管理,综合计划管理,组织试验实施,给出试验结论。

×××(驻研制单位军事代表机构)担任设计定型基地试验副组长单位,负责试验实施监督。

×××(承研单位)作为设计单位,负责被试品技术状态控制,试验技术支持,参与试验,解决试验中出现的技术质量问题。

×××(承制单位)作为生产单位,负责被试品保障、备件供应、各类更改,参与试验,解决试验中出现的技术质量问题。

×××(配套产品研制单位)作为配套产品研制单位,负责配套产品保障、备件供应、各类更改,参与试验,解决试验中配套产品出现的技术质量问题。

×××(试验保障单位)负责设计定型基地试验场务保障。

10 试验保障

10.1 试验技术保障

×××(承试单位)负责试验技术保障。主要负责装机平台技术状态管理、装机平台技术状态更改方案制定、技术问题归口处理、试验中出现的技术质量问题的归零处理。

10.2 产品技术状态更改与备件保障

×××(承制单位)负责产品技术状态更改与备件保障。主要负责产品技术状态更改在装机平台上的落实、产品维修和备件保障等工作。

10.3 配套产品技术保障

×××(配套产品研制单位)负责配套产品技术保障。主要负责配套产品技术问题的处理和落实,配合总体单位的现场试验保障等工作。

10.4 试验现场保障

×××(试验保障单位)负责试验现场的场务保障。主要负责试验组织保障,试验场地及主要设施、仪器设备的保障,安全警戒保障等工作。

11 试验安全

11.1 试验安全风险分析

分析本次试验任务的特点,识别出×个危险源,对其存在的安全风险进行了风险分析和等级评估,评估结果见表4,表中,P为可能性,S为严重性。

表4 危险源及其安全风险等级

序号	危险源	$R=P\times S$			风险等级
		P	S	R	

11.2 试验安全控制措施

在试验过程中,认真贯彻执行《武器装备质量管理条例》及总装备部和国防科工委的《关于进一步加强高新武器装备质量工作的若干要求》,将确保装备试验安全放在首位,在试验过程中强化试验安全与试验质量管理。提出对人员、装备、设施、信息及周边环境等的安全要求如下。

a) 严格遵守试验质量保证体系的各项规章制度,确保各项试验技术工作的质量和安全;试验单位参试人员要经过严格的理论和实际操作培训,考核上岗;

b) 按照规定编制指导性的试验技术文件,保证试验方法的正确性和可操作性,严格技术文件审批程序,按程序文件要求组织技术、质量、安全评审;

c) 对测试测量设备必须按规定校准,给出校准值和误差值,应符合测试系统定期校验的要求;

d) 试验项目顺序安排,本着"先易后难、先过渡后边界,先安全后风险"循序渐进的原则;

e) 对风险和复杂科目,必须进行专题试验,并按照风险科目试验的规定,对试验方案的可行性和安全措施进行评审,各项保安、救护、抢险措施必须到位;

f) 应关注装备本身以外的各项安全保障措施。

11.3 特情处置预案

试验期间,特情处置预案见表5。

表 5　特情处置预案

序号	特情现象	处置预案	备注
1	被试品或陪试品发生故障	立即中止试验,并及时通报情况	
2	通信联络不畅	按相关限制条件执行	
3	气象条件变差	立即中止试验,……	

12　有关问题说明

无(或×××)。

13　试验实施网络图

试验项目的实施和完成周期以网络图形式表示,见表 6。

表 6　试验实施网络图

	20××年												20××年											
	1	2	3	4	5	6	7	8	9	10	11	12	1	2	3	4	5	6	7	8	9	10	11	12
里程碑节点																								
试验项目 1																								
试验项目 2																								
试验项目 3																								
试验项目 4																								

14　附录

无。

22.3.2　设计定型功能性能试验大纲

1　任务依据

1.1　任务来源

按照型号定型工作安排,×××(驻承制单位军事代表室)和×××(承制单位)承担×××(产品名称)设计定型功能性能试验,依据相关文件和标准编制了《×××(产品名称)设计定型功能性能试验大纲》。

1.2　编制依据和引用文件

GJB 150—1986　军用设备环境试验方法

GJB 841—1990　故障报告、分析和纠正措施系统

GJB 1362A—2007　军工产品定型程序和要求

GJB/Z 170—2013　军工产品设计定型文件编制指南

×××(产品名称)研制总要求(和/或技术协议书)

×××(产品名称)产品规范

2 试验性质
设计定型试验。

3 试验目的
考核×××(产品名称)在标准大气条件下的功能性能是否满足《×××(产品名称)研制总要求》(和/或技术协议书)的相关规定,为其设计定型提供依据。

4 试验时间和地点
试验时间:20××年××月至20××年××月(暂定)。
试验地点:×××(承制单位)、×××(其他承试单位)。

5 被试品、陪试品数量及技术状态
5.1 被试品
5.1.1 产品组成及安装位置
×××(产品名称)由×××、×××、×××组成,其外形尺寸、重量和安装位置见表1。

表1 ×××(产品名称)组成

序号	LRU名称	型号	数量/件	外形尺寸,长×宽×高/mm×mm×mm	重量/kg	安装位置

注:

×××(产品名称)软件由××个计算机软件配置项组成,源代码×××万行,软件配置项情况见表2。

表2 ×××(产品名称)软件配置项

序号	配置项名称	标识	等级	版本号	软件规模	驻留位置
1		×××	关键			
2		×××	重要			
3		×××	一般			
×		×××	一般			

注:

5.1.2 产品功能性能
×××(产品名称)用于×××、×××、×××。
×××(产品名称)主要功能如下:

a) ×××；
b) ×××；
c) ×××；
……

×××（产品名称）主要性能要求如下：
a) ×××；
b) ×××；
c) ×××；
……

×××（产品名称）的结构示意图如图1所示，交联框图如图2所示。

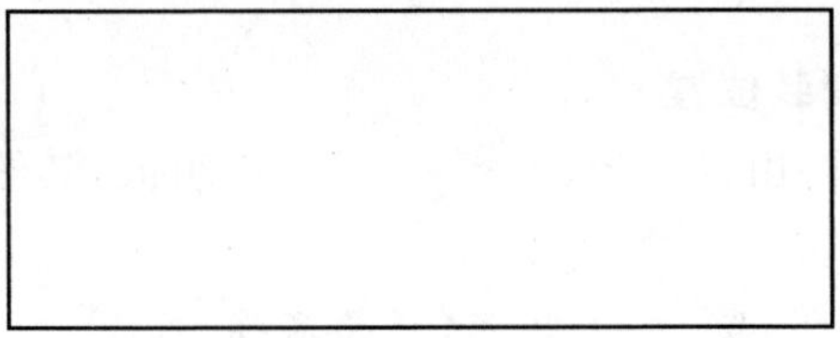

图1　×××（产品名称）结构示意图

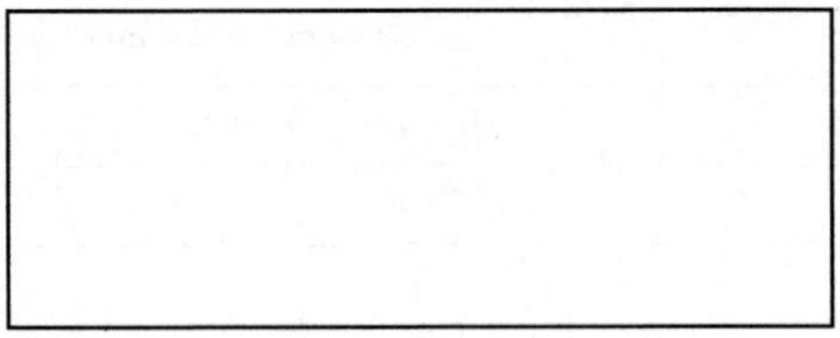

图2　×××（产品名称）交联框图

5.1.3　被试品数量

本次设计定型功能性能试验的被试品数量见表3。

表3　×××（产品名称）被试品组成

序号	LRU名称	型号	数量/件	参与试验项目说明
注：				

5.1.4　被试品技术状态

被试品与备件应满足以下要求：

a) 通过规定的试验，软件通过测试，证明产品的关键技术问题已经解决，主要战术技术指标能够达到研制总要求（和/或技术协议书）的要求；

b) 具有设计定型的技术状态和工艺状态；

c) 软件版本基本固定,且为设计定型功能性能试验前最新版本；

d) 通过质检并经军事代表机构检验合格。

5.2 陪试品

陪试品组成、数量、尺寸和重量见表4。

表 4　陪试品组成、数量、尺寸和重量

序号	陪试品名称	型号	数量/件	外形尺寸,长×宽×高 /mm×mm×mm	重量/kg	备注

6　试验项目、方法及要求

6.1　试验项目

设计定型功能性能试验项目见表5。

表 5　设计定型功能性能试验项目

序号	检验项目		技术要求条号	功能性能试验	备注
1	功能			6.3.1	
2	性能	电源		6.3.2	
		×××			
		×××			
		×××			
3	测试性			6.3.3	
4	耐久性			6.3.4	
5	安全性			6.3.5	
6	信息安全			6.3.6	
7	隐蔽性			6.3.7	
8	人机工程			6.3.8	
9	互换性			6.3.9	
10	接口			6.3.10	
11	计算机硬件与软件			6.3.11	
12	尺寸和体积			6.3.12	
13	重量			6.3.13	

（续）

序号	检验项目	技术要求条号	功能性能试验	备注
14	颜色		6.3.14	
15	能耗		6.3.15	
16	材料		6.3.16	
17	非研制项目		6.3.17	
18	外观质量		6.3.18	
19	标志和代号		6.3.19	
20	主要组成部分特性		6.3.20	

（说明：在《研制总要求》（和/或《技术协议书》）以及《产品规范》中规定的要求，除另有设计定型试验大纲考核的项目外，其他要求通常应在设计定型功能性能试验大纲中进行考核。）

6.2 试验环境与条件要求

本项试验环境条件要求如下：

a）温度：15℃～35℃；

b）相对湿度（RH）：20％～80％；

c）大气压力：试验场所气压。

被试品的安装应能反映产品在×××（装机平台）上的安装特性。

6.3 试验方法及要求

6.3.1 功能

6.3.1.1 试验目的

验证被试品的功能是否满足研制总要求（和/或技术协议书）的规定。

6.3.1.2 试验方法

结合性能试验项目验证被试品的功能。

6.3.1.3 数据处理方法

无。

6.3.1.4 试验结果评定准则

在性能试验过程中，如被试品功能满足《研制总要求》和/或《技术协议书》规定的×××、×××、×××等所有功能要求，则判定为合格；否则，判定为不合格。

6.3.2 性能

6.3.2.X ×××（性能要求名称）

6.3.2.X.1 试验目的

验证被试品的×××（性能要求名称）是否满足研制总要求（和/或技术协议

书)的规定。

6.3.2.X.2 试验方法

按照下述步骤进行试验：

a) ×××；
b) ×××；
c) ×××。

6.3.2.X.3 数据处理方法

对得到的××个试验数据采取×××处理方法(如平均值、CEP、RMS等处理方法)。

6.3.2.X.4 试验结果评定准则

如试验结果满足×××(《研制总要求》和/或《技术协议书》规定的要求)，则判定为合格；否则，判定为不合格。

6.3.3 测试性

6.3.3.1 试验目的

验证被试品的测试性是否满足研制总要求(和/或技术协议书)的规定。

6.3.3.2 试验方法

按 GJB 2072—1994《维修性试验与评定》规定的方法进行测试性试验，分别注入至少 31 个彼此独立的故障，见表 6。必要时，结合外场使用的信息统计等方法验证。

表 6 测试性试验样本

序号	LRU	故障模式	故障原因	故障代码	注入方法	备注

6.3.3.3 数据处理方法

根据试验结果，计算故障检测率、故障隔离率和虚警率的点估计值：

故障检测率：

$$r_{FD} = \frac{N_{FD}}{N} \times 100\%$$

式中 N_{FD}——检测出的故障总数；

N——模拟的故障总数。

故障隔离率：

$$r_{FIL} = \frac{N_{FIL}}{N_{FD}}$$

式中 N_{FIL}——隔离组内可更换单元数；

N_{FD}——检测出的故障总数。

虚警率：

$$r_{FA} = \frac{N_{FA}}{N_F + N_{FA}}$$

式中 N_{FA}——虚警次数；

N_F——真实故障指示次数。

6.3.3.4 试验结果评定准则

试验结果满足下述要求,则判定为合格；否则,判定为不合格。

a) 故障检测率。具有机内自检测功能,具有加电 BIT、周期 BIT 和维护 BIT 工作方式：

1) 加电 BIT：在产品加电后自动执行,故障检测率应不小于 90％。
2) 周期 BIT：在产品工作中周期执行,故障检测率应不小于 85％。
3) 维护 BIT：由操作员启动执行,故障检测率应不小于 95％。

b) 故障隔离率。通过机内自检测,隔离到 LRU 的概率应符合下列要求：

1) 隔离到 1 个 LRU 的概率应不小于 85％；
2) 隔离到 2 个 LRU 的概率应不小于 90％；
3) 隔离到 3 个 LRU 的概率应为 100％。

c) 虚警率。虚警率不大于 2％。

6.3.4 耐久性

6.3.4.1 试验目的

验证被试品的耐久性是否满足研制总要求(和/或技术协议书)的规定。

6.3.4.2 试验方法

×××

6.3.4.3 数据处理方法

×××

6.3.4.4 试验结果评定准则

×××

6.3.5 安全性

6.3.5.1 试验目的

验证被试品的安全性是否满足研制总要求(和/或技术协议书)的规定。

6.3.5.2 试验方法

目视检查产品控制旋钮、按键、供电插座和产品的外部接口、外接软线、电缆线、保险丝,以及操作、调整和维修中可能接近的零件。

6.3.5.3 数据处理方法
无。

6.3.5.4 试验结果评定准则
如试验结果满足《研制总要求》(和/或《技术协议书》)规定的下述要求,则判定为合格;否则,判定为不合格:

a) 各种控制旋钮、按键、供电插座和产品的外部接口处,应有明确、清晰、牢靠的文字标识或符合 GB/T 5465.1～GB/T 5465.2 规定的图形符号;

b) 外接软线、电缆线的连接应无破损、露铜等;

c) 操作、调整和维修中可能接近的零件无高压、毛刺和尖锐部分,不会对操作人员造成伤害;

d) 各分机装有保险丝。

6.3.6 信息安全

6.3.6.1 试验目的
验证被试品的信息安全是否满足研制总要求(和/或技术协议书)的规定。

6.3.6.2 试验方法
操作产品进入加密模式,测试产品功能性能;按压毁钥按钮,记录毁钥所需时间。

6.3.6.3 数据处理方法
无。

6.3.6.4 试验结果评定准则
如试验结果满足《研制总要求》(和/或《技术协议书》)规定的下述要求,则判定为合格;否则,判定为不合格:

"采取战术级加密措施,具有毁钥能力,毁钥时间×s"。

6.3.7 隐蔽性

6.3.7.1 试验目的
验证被试品的隐蔽性是否满足研制总要求(和/或技术协议书)的规定。

6.3.7.2 试验方法
按压无线电静默按钮(进入静默),测试输出功率;再次按压无线电静默按钮(解除静默),测试输出功率。

6.3.7.3 数据处理方法
无。

6.3.7.4 试验结果评定准则
如产品具有无线电静默功能,则判定为合格;否则,判定为不合格。

6.3.8 人机工程
6.3.8.1 试验目的
验证被试品的人机工程是否满足研制总要求(和/或技术协议书)的规定。
6.3.8.2 试验方法
按操作规程操作控制盒,并观察显示器画面。
6.3.8.3 数据处理方法
无。
6.3.8.4 试验结果评定准则
如试验结果满足《研制总要求》(和/或《技术协议书》)规定的下述要求,则判定为合格;否则,判定为不合格:
"产品控制盒和显示器应满足 GJB 3207—1998《军事装备和设施的人机工程要求》和 GJB 2873—1997《军事装备和设施的人机工程设计准则》的要求"。

6.3.9 互换性
6.3.9.1 试验目的
验证被试品的互换性是否满足研制总要求(和/或技术协议书)的规定。
6.3.9.2 试验方法
在标准环境条件下,用 2 台(套)产品按规定的产品层次(设备、组件、部件、零件等)进行互换,记录完成规定层次的替换所需的时间;互换后进行通电测试。
6.3.9.3 数据处理方法
无。
6.3.9.4 试验结果评定准则
若各产品组成部分能与另一套产品的对应组成部分互换,互换后通电工作正常,完成规定层次的替换所需的时间小于等于××min,则判定为合格;否则,判定为不合格。

6.3.10 接口
6.3.10.1 试验目的
验证被试品的接口是否满足研制总要求(和/或技术协议书)的规定。
6.3.10.2 试验方法
按照如图××所示接口交联关系图连接,通电检查接口信号。
6.3.10.3 数据处理方法
无。
6.3.10.4 试验结果评定准则
如试验结果满足《研制总要求》(和/或《技术协议书》)规定的要求,则判定为合格;否则,判定为不合格。

6.3.11 计算机硬件与软件
6.3.11.1 试验目的
验证被试品的计算机硬件与软件是否满足研制总要求(和/或技术协议书)的规定。
6.3.11.2 试验方法
检查计算机硬件技术状态,记录检查结果。

检查计算机软件配置,记录检查结果。
6.3.11.3 数据处理方法
无。
6.3.11.4 试验结果评定准则
如试验结果满足《研制总要求》(和/或《技术协议书》)规定的要求,则判定为合格;否则,判定为不合格。

6.3.12 尺寸和体积
6.3.12.1 试验目的
验证被试品的外形尺寸是否满足研制总要求(和/或技术协议书)的规定。
6.3.12.2 试验方法
采用相应精度的量具测量各LRU及附件的外形尺寸,记录测量结果。
6.3.12.3 数据处理方法
一次测量。
6.3.12.4 试验结果评定准则
若试验结果满足《研制总要求》(和/或《技术协议书》)规定的要求,则判定为合格;否则,判定为不合格。

6.3.13 重量
6.3.13.1 试验目的
验证被试品的重量是否满足研制总要求(和/或技术协议书)的规定。
6.3.13.2 试验方法
采用相应准确度的衡器对各LRU及附件进行称重,记录称重结果。
6.3.13.3 数据处理方法
一次称重。
6.3.13.4 试验结果评定准则
若试验结果(总重量)不大于××kg,则判定为合格;否则,判定为不合格。

6.3.14 颜色
6.3.14.1 试验目的
验证被试品的颜色是否满足研制总要求(和/或技术协议书)的规定。

6.3.14.2 试验方法
采用目视方法检查产品颜色,记录检查结果。

6.3.14.3 数据处理方法
多人观察,结果一致。

6.3.14.4 试验结果评定准则
若试验结果(颜色)为××色,则判定为合格;否则,判定为不合格。

6.3.15 能耗
6.3.15.1 试验目的
验证被试品的能耗是否满足研制总要求(和/或技术协议书)的规定。

6.3.15.2 试验方法
产品处于×××工作方式,将产品交流115V/400Hz和直流28V电源分别串入电流表或用钳形表读出电流值。

6.3.15.3 数据处理方法
电压值与电流值相乘,得到产品能耗功率值。

6.3.15.4 试验结果评定准则
若直流28V能耗小于等于×××W,交流115V/400Hz能耗小于等于×××VA,则判定为合格;否则,判定为不合格。

6.3.16 材料
6.3.16.1 试验目的
验证被试品的材料是否满足研制总要求(和/或技术协议书)的规定。

6.3.16.2 试验方法
×××。

6.3.16.3 数据处理方法
×××。

6.3.16.4 试验结果评定准则
若材料性能满足×××要求,则判定为合格;否则,判定为不合格。

6.3.17 非研制项目
6.3.17.1 试验目的
验证被试品的非研制项目是否满足研制总要求(和/或技术协议书)的规定。

6.3.17.2 试验方法
按照各非研制项目《产品规范》规定的检验方法进行试验。

6.3.17.3 数据处理方法
按照各非研制项目《产品规范》规定的数据处理方法进行处理。

6.3.17.4 试验结果评定准则

若产品的×××、×××、×××等×个非研制项目满足各非研制项目《产品规范》的要求,则判定为合格;否则,判定为不合格。

6.3.18 外观质量

6.3.18.1 试验目的

验证被试品的外观质量是否满足研制总要求(和/或技术协议书)的规定。

6.3.18.2 试验方法

采用目视和手感方法检查外观、涂层及标识,记录检查结果。

6.3.18.3 数据处理方法

无。

6.3.18.4 试验结果评定准则

若产品外表面质量良好,无划痕、碰伤、裂缝、变形等缺陷;涂镀层不应起泡、堆积、龟裂和脱落,颜色协调;金属零件不应有锈蚀和其他机械损伤;所有紧固件齐全,连接牢固,并具有可靠的防松措施,则判定为合格;否则,判定为不合格。

6.3.19 标志和代号

6.3.19.1 试验目的

验证被试品的标志和代号是否满足研制总要求(和/或技术协议书)的规定。

6.3.19.2 试验方法

采用目视方法检查产品铭牌,记录检查结果。

6.3.19.3 数据处理方法

无。

6.3.19.4 试验结果评定准则

如产品具有下述标识,则判定为合格;否则,判定为不合格。

a) 名称:×××;

b) 型号:×××;

c) 代号:×××;

d) 批次号:×××;

e) 生产单位:×××;

f) 制造日期:×××。

6.3.20 主要组成部分特性

6.3.20.× ×××(组成部分×)

6.3.20.×.1 试验目的

验证被试品的×××(组成部分×)是否满足研制总要求(和/或技术协议书)的规定。

6.3.20.×.2 试验方法
×××。

6.3.20.×.3 数据处理方法
×××。

6.3.20.×.4 试验结果评定准则
若试验结果满足《研制总要求》(和/或《技术协议书》)规定的×××(组成部分×)要求,则判定为合格;否则,判定为不合格。

7 测试测量要求
7.1 精度要求
试验设备和检测仪器仪表均应经过计量检定,且应在有效期内。专用测试设备应通过军厂双方的鉴定或军代表认可。

所有试验设备和检测仪器仪表应满足以下要求:
a) 其精确度至少应为被测参数容差的三分之一;
b) 其标定应能追溯到国家最高计量标准;
c) 能够适应所测量的试验条件。

7.2 试验设备
本次试验使用的试验设备见表7。

表7 试验设备

序号	名　称	型　号	数量	备注
1	28V 直流电源		1	
2	115V/400Hz 交流电源		1	
3	×××		1	
×	×××		×	

7.3 检测仪器仪表
本次试验使用的检测仪器仪表见表8。

表8 检测仪器仪表

序号	名　称	型　号	数量	备注
1	×××检测仪		1	专用测试设备
2	×××模拟器		1	专用测试设备
3	×××示波器		1	
4	×××万用表		1	
×	×××		×	
注:可用满足精度要求的检测仪器仪表替换				

8 试验的中断处理与恢复
8.1 试验中断处理

试验过程中出现下列情形之一时,承试单位应中断试验并及时报告×××(二级定委),同时通知有关单位:

a) 出现安全、保密事故征兆;
b) 试验结果已判定关键战术技术指标达不到要求;
c) 出现影响性能和使用的重大技术问题;
d) 出现短期内难以排除的故障。

试验中断判定由试验工作组共同确认。

当被试品发生故障时,应按相关规定将故障信息及时记入"故障报告表"、"故障分析报告表"和"故障纠正措施报告表"。

若经分析认为针对发生的故障采取的纠正措施不影响前期试验结果,发生故障的试验项目应重做;若采取的纠正措施影响到前期试验结果,则发生故障的试验项目和受影响的试验项目均应重做。

8.2 试验恢复处理

承研承制单位对试验中暴露的问题采取改进措施,经试验验证和军事代表机构或军队其他有关单位确认问题已解决,试验工作组应向×××(二级定委)提出恢复或重新试验的申请,经批准后实施试验。

9 试验组织及任务分工

为确保试验顺利实施,应成立试验工作组,对试验过程进行管理和监控。

组长单位:×××(驻承制单位军事代表室)。

成员单位:×××(承制单位)。

根据功能性能试验工作组结构,本次试验任务分工如下:

×××(驻承制单位军事代表室)负责试验工作,对试验过程进行监控,包括产品性能检测和功能检查的监控,检查并签署各种试验记录。

×××(承制单位)负责功能性能试验项目实施,包括制定有关规章制度,落实试验的实施、故障处理及紧急情况的处置等,提供对被试品的技术支持。

10 试验保障

在试验前,由×××(承制单位)依据设计定型功能性能试验大纲制定试验程序,具体规定试验实施细则。

试验前按大纲规定的安装方式将被试品安装在试验场地。对参加试验的被试品、试验设备和检测仪器等进行状态检查,确认是否具备开始试验的条件。

×××(承制单位)应连接好各种监测设备、检测仪器,连接、密封好有关电缆和引线。

11 试验安全

试验安全保证措施如下：

a) 对参试人员的要求

1) 所有参加试验的人员必须经过登记,按职责分工开展试验工作;

2) 操作被试品、陪试品和试验设备的人员应具有必要的资质,由试验工作组指定;

3) 严格按照试验程序进行试验,严密监视被试品状况,如发生异常情况,应立即停止试验。

b) 对试验设备的要求

1) 所有试验设备和检测仪器仪表必须经过检查和登记;

2) 试验前,严格按照试验配置图进行配置并检查确认;

3) 试验前,对供电电源进行检测,确保满足试验要求。

c) 对试验场地的要求

1) 试验现场应规范、整洁,特别是用电设备及电缆使用、放置合理,不出现拉扯、绞缠的现象;

2) 试验现场应划定识别区域,防止无关人员进入;

3) 试验现场应有安全防护措施。

12 有关问题的说明

必要时,试验顺序可根据实际情况进行适当调整,但需经过试验工作组认可。

允许根据试验实际情况对试验时间进行适当调整。

13 试验实施网络图

本次试验周期计划××天,试验实施网络图见表9。

表9 试验实施网络图

序号	试验项目	条 目	开始时间	结束时间

22.3.3 设计定型电磁兼容性试验大纲

1 任务依据

1.1 任务来源

按照型号定型工作安排,×××(承试单位)承担×××(承制单位)研制的×××(产品名称)设计定型电磁兼容性试验,依据相关文件和标准编制了

《×××(产品名称)设计定型电磁兼容性试验大纲》。

1.2 编制依据和引用文件

GJB 151A—1997　军用设备和分系统电磁发射和敏感度要求
GJB 152A—1997　军用设备和分系统电磁发射和敏感度测量
GJB 841—1990　故障报告、分析和纠正措施系统
GJB 1362A—2007　军工产品定型程序和要求
GJB/Z 170—2013　军工产品设计定型文件编制指南
×××(产品名称)研制总要求(和/或技术协议书)
×××(产品名称)产品规范

2 试验性质

设计定型试验。

3 试验目的

考核×××(产品名称)的电磁兼容性是否满足《×××(产品名称)研制总要求》和《×××(产品名称)技术协议书》的相关规定,为其设计定型提供依据。

4 试验时间和地点

试验时间:20××年××月至20××年××月。
试验地点:×××(承试单位)。

5 被试品、陪试品数量及技术状态

5.1 被试品

5.1.1 产品组成及安装位置

×××(产品名称)由×××、×××、×××组成,其外形尺寸、重量和安装位置见表1。

表1　×××(产品名称)组成

序号	LRU名称	型号	数量/件	外形尺寸,长×宽×高/mm×mm×mm	重量/kg	安装位置
注:						

5.1.2 产品功能性能

×××(产品名称)用于×××、×××、×××。
×××(产品名称)主要功能如下:
a) ×××;
b) ×××;

c) ×××；

……

×××(产品名称)主要性能要求如下：

a) ×××；
b) ×××；
c) ×××；

……

×××(产品名称)的交联关系图如图1所示。

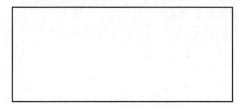

图1 ×××(产品名称)交联关系图

5.1.3 被试品数量

本次设计定型电磁兼容性试验的被试品数量见表2。

表2 ×××(产品名称)被试品组成

序号	LRU名称	型号	数量/件	参与试验项目说明
注：				

5.1.4 被试品技术状态

被试品与备件应满足以下要求：

a) 通过规定的试验，软件通过测试，证明产品的关键技术问题已经解决，主要战术技术指标能够达到研制总要求（和/或技术协议书）的要求；
b) 具有设计定型的技术状态和工艺状态，试验电缆应与装机电缆一致（包括电缆束的导线型号规格、电缆长度、屏蔽状态、制作工艺等）；
c) 软件版本基本固定，且为设计定型电磁兼容性试验前最新版本；
d) 通过质检并经军事代表机构检验合格。

5.1.5 被试品工作状态

被试品共有××种工作状态：×××；×××；×××。

5.2 陪试品

陪试品组成、数量、尺寸和重量见表3。

表3 陪试品组成、数量、尺寸和重量

序号	陪试品名称	型号	数量/件	外形尺寸,长×宽×高 /mm×mm×mm	重量/kg	备注

5.3 试验连接图

按图2保持试验基本配置,试验涉及被试品的外部端口定义见表4。

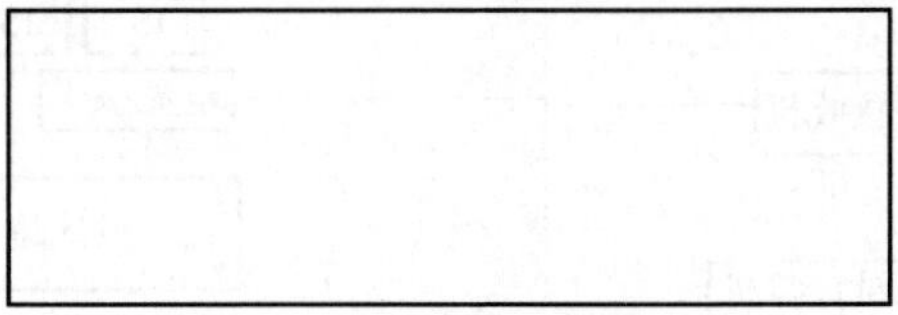

图2 被试品试验连接图

表4 被试品外部线缆及端口描述

序号	名　称	线缆特征	功能
1		屏　蔽	
2		非屏蔽	
×		×××	

6 试验项目、方法及要求

6.1 试验项目

依据《×××(产品名称)研制总要求》和《×××(产品名称)技术协议书》,本次设计定型电磁兼容性试验项目包括CE×××、……、CE×××、RE×××、……、RE×××、CS×××、……、CS×××、RS×××、……、RS×××等××项。

6.2 试验环境与条件要求

本项试验环境条件要求如下：

a) 温度:5℃～35℃;

b) 相对湿度:小于90%;

c) 电磁环境:被试品断电和所有辅助设备通电时测得的电磁环境电平应低于规定试验极限值6dB。

6.3 试验方法及要求

6.3.1 CE101试验

6.3.1.1 试验目的

考核被试品输入电源线(包括回线)上的传导发射是否符合国军标规定。

6.3.1.2 试验状态及测试位置

a) 工作状态：×××工作状态；

b) 测试位置：×组电源线端口正线和回线。

6.3.1.3 试验方法

按照图 3 保持试验基本配置，按照 GJB 152A—1997 方法 CE101 开展试验。

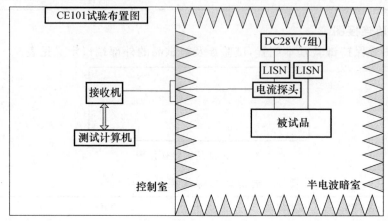

图 3　CE101 试验布置图

6.3.1.4 数据处理方法

待记录数据为×××被试品电源线传导发射幅度和频率的数据，该数据通过测试软件自动记录得出，并已完成所有线缆衰减、天线系数、放大器增益等回路设备系数的补偿，软件记录结果即为最终实测值。

6.3.1.5 试验结果评定准则

被试品在 25Hz～10kHz 频段范围内传导发射实测值不超出 GJB 151A—1997 图 CE101—4 中曲线 2(图 4)规定的极限值，判定为合格，否则判定为不合格。

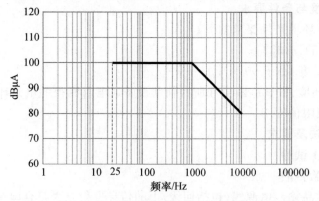

图 4　CE101—4 适用于海军反潜飞机的 CE101 极限

6.3.2 CE102 试验

6.3.2.1 试验目的

考核被试品输入电源线(包括回线)上的传导发射是否符合国军标规定。

6.3.2.2 试验状态及测试位置

a) 工作状态:×××工作状态;

b) 测试位置:×组电源线端口正线和回线。

6.3.2.3 试验方法

按照图 5 保持试验基本配置,按照 GJB 152A—1997 方法 CE102 开展试验。

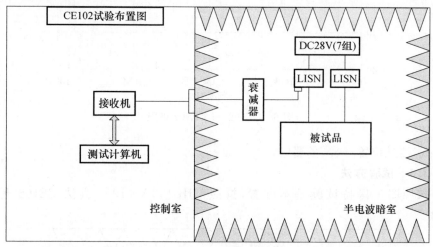

图 5　CE102 试验布置图

6.3.2.4 数据处理方法

待记录数据为被试品电源线传导发射幅度和频率的数据,该数据通过测试软件自动记录得出,并已完成所有线缆衰减、天线系数、放大器增益等回路设备系数的补偿,软件记录结果即为最终实测值。

6.3.2.5 试验结果评定准则

被试品在 10kHz~10MHz 频段范围内传导发射实测值不超出 GJB 151A—1997 图 CE102—1 中 28V 基准曲线(图 6)规定的极限值,判定为合格,否则判定为不合格。

6.3.3 CE106 试验

6.3.3.1 试验目的

考核来自被试品天线端子的传导发射是否符合国军标规定。

6.3.3.2 试验状态及测试位置

a) 工作状态:×××工作状态;

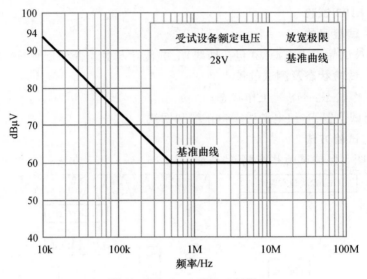

图 6　CE102—1 CE102 极限

b) 测试位置：×××端口。

6.3.3.3　试验方法

按照图 7 保持试验基本配置，按照 GJB 152A—1997 方法 CE106 开展试验。

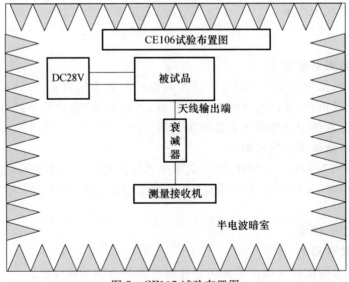

图 7　CE107 试验布置图

6.3.3.4 数据处理方法

待记录数据为被试品天线端子传导发射幅度和频率的数据,该数据通过测试软件自动记录得出,并已完成所有线缆衰减、天线系数、放大器增益等回路设备系数的补偿,软件记录结果即为最终实测值。

6.3.3.5 试验结果评定准则

被试品在×××MHz~×××MHz频段范围内天线端子传导发射实测值不超出 GJB 151A—1997 中规定的极限值,即二次、三次谐波抑制度大于等于 80dB、其余谐波和乱真发射抑制度大于等于 80dB 判定为合格,否则判定为不合格。

6.3.4 CE107 试验

6.3.4.1 试验目的

考核被试品通断电瞬间在输入电源线(包括回线)上产生的尖峰信号是否符合国军标规定。

6.3.4.2 试验状态及测试位置

a) 工作状态:被试品开关通断电瞬间;
b) 测试位置:电源线端口正线和回线。

6.3.4.3 试验方法

按照图 8 保持试验基本配置,按照 GJB 152A—1997 方法 CE107 开展试验。

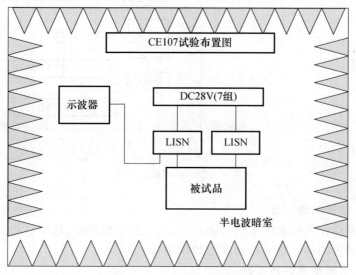

图 8 CE107 试验布置图

425

6.3.4.4 数据处理方法

通过操作被试品电源开关并记录开关动作瞬间产生的尖峰电压幅度。

6.3.4.5 试验结果评定准则

被试品 28V 输入电源线随手动操作开关而产生的开关瞬态传导发射不应超过额定电压的+50%和-150%,判定为合格,否则判定为不合格。

6.3.5 CS101 试验

6.3.5.1 试验目的

考核被试品承受耦合到输入电源线上干扰信号的能力是否符合国军标规定。

6.3.5.2 试验状态及测试位置

a) 工作状态:×××工作状态;

b) 测试位置:×组电源线端口正线。

6.3.5.3 试验方法

按照图 9 保持试验基本配置,按照 GJB 152A—1997 方法 CS101 开展试验。

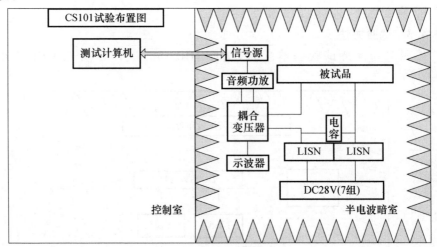

图 9 CS101 试验布置图

6.3.5.4 数据处理方法

通过操作计算机软件来进行测试,人员监测敏感现象,软件自动记录被试品电源线上测得的表示频率和幅度的数据曲线。

6.3.5.5 试验结果评定准则

被试品在 25Hz～50kHz 频段范围内按照 GJB 151A—1997 图 CS101—1 中曲线 2(图 10)规定的试验电平进行试验时,不出现敏感现象(合格判据见表 5),

判定为合格,否则判定为不合格。

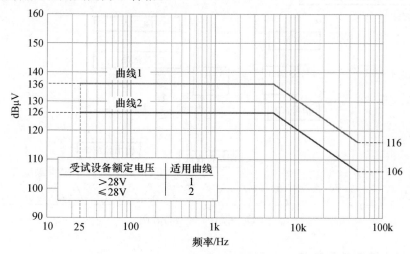

图 10 CS101—1 CS101 极限(AC 和 DC)

表 5 试验合格判据

试验项目	检测项目	监测内容	监测方法	合格判据

6.3.6 CS103 试验

6.3.6.1 试验目的

考核被试品(通信接收机、射频放大器、无线电收发信机、雷达接收机、声学接收机以及电子对抗装备接收机等)天线输入端不希望引起的互调产物是否符合国军标规定。

6.3.6.2 试验状态及测试位置

a) 工作状态：×××工作状态；

b) 测试位置：×××天线输入端口。

6.3.6.3 试验方法

按照图 11 保持试验基本配置,按照 GJB 152A—1997 方法 CS103 开展试验。

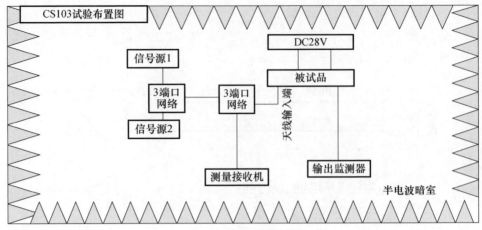

图 11　CS103 试验布置图

6.3.6.4　数据处理方法

通过操作计算机软件来进行测试,人员监测互调产物,软件记录被试品接收机的工作频率以及任何与响应有关的频率和门限电平。

6.3.6.5　试验结果评定准则

当按订购方提供的极限要求和试验方法进行试验时,被试品不出现超过规定容限的任何互调产物,判定为合格,否则判定为不合格。

6.3.7　CS104 试验

6.3.7.1　试验目的

考核被试品天线输入端无用信号引起的乱真响应是否符合国军标规定。

6.3.7.2　试验状态及测试位置

a) 工作状态:×××工作状态;

b) 测试位置:×××天线输入端口。

6.3.7.3　试验方法

按照图 12 保持试验基本配置,按照 GJB 152A—1997 方法 CS104 开展试验。

6.3.7.4　数据处理方法

通过操作计算机软件来进行测试,人员监测乱真响应,软件记录被试品接收机的工作频率、抑制度以及任何与乱真响应有关的频率和门限电平。

6.3.7.5　试验结果评定准则

当按订购方提供的极限要求和试验方法进行试验时,被试品不出现超过规定容限的任何不希望有的响应,判定为合格,否则判定为不合格。

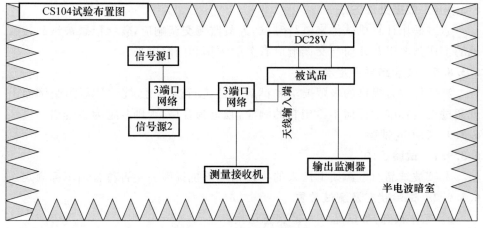

图 12　CS104 试验布置图

6.3.8　CS105 试验
6.3.8.1　试验目的
考核被试品天线输入端不希望引起的交调产物是否符合国军标规定。
6.3.8.2　试验状态及测试位置
a）工作状态：×××工作状态；
b）测试位置：×××天线输入端口。
6.3.8.3　试验方法
按照图 13 保持试验基本配置，按照 GJB 152A—1997 方法 CS105 开展试验。

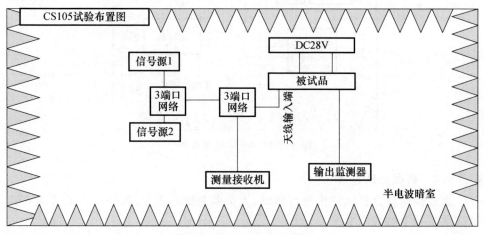

图 13　CS105 试验布置图

429

6.3.8.4 数据处理方法

通过操作计算机软件来进行测试,人员监测交调响应,软件记录被试品接收机的工作频率以及任何与交调响应有关的频率和门限电平。

6.3.8.5 试验结果评定准则

当按订购方提供的极限要求和试验方法进行试验时,被试品不因交调而出现超过规定容限的任何不希望有的响应,判定为合格,否则判定为不合格。

6.3.9 CS106 试验

6.3.9.1 试验目的

考核被试品对电源线上注入的尖峰信号的抗扰能力是否符合国军标规定。

6.3.9.2 试验状态及测试位置

a) 工作状态:被试品×××状态切换;
b) 测试位置:×××电源线正线。

6.3.9.3 试验方法

按照图 14 保持试验基本配置,按照 GJB 152A—1997 方法 CS106 开展试验。

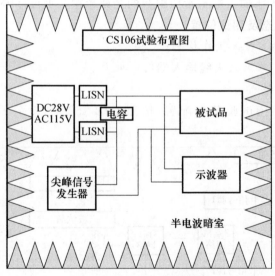

图 14 CS106 试验布置图

6.3.9.4 数据处理方法

通过操作计算机软件来进行测试,人员监测敏感现象,软件自动记录注入被试品电源线上的校准电平。

6.3.9.5 试验结果评定准则

对被试品输入电源线施加 GJB 151A—1997 中的表 3 海军飞机(军种、平台)规定的极限值($E=200\text{V}, t\leqslant 0.15\mu\text{s}$)进行试验时,不出现任何故障、性能降低或偏离规定的指标值等敏感现象(合格判据见表 5),判定为合格,否则判定为不合格。

6.3.10 CS109 试验

6.3.10.1 试验目的

考核被试品承受壳体电流的能力是否超过国军标规定。

6.3.10.2 试验状态及测试位置

a) 工作状态:×××工作状态;
b) 测试位置:×××壳体×××对角线位置点。

6.3.10.3 试验方法

按照图 15 保持试验基本配置,按照 GJB 152A—1997 方法 CS109 开展试验。

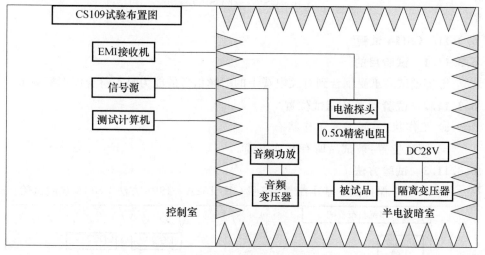

图 15 CS109 试验布置图

6.3.10.4 数据处理方法

通过操作计算机软件来进行测试,人员监测敏感现象,软件自动记录被试品壳体上测得的表示频率和幅度的数据曲线。

6.3.10.5 试验结果评定准则

被试品按照 GJB 151A—1997 图 CS109—1(图 16)所示数值进行试验时,被试品不出现任何故障、性能降低或偏离规定的指标值等敏感现象(合格判据见表 5),判定为合格,否则判定为不合格。

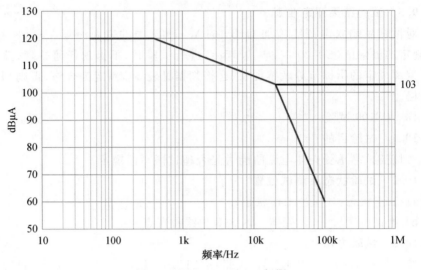

图 16　CS109—1 CS109 极限

6.3.11　CS114 试验

6.3.11.1　试验目的

考核被试品承受耦合到有关电缆上的射频信号的能力是否符合国军标规定。

6.3.11.2　试验状态及测试位置

a）工作状态：×××工作状态；

b）测试位置：被试品所有互连电缆。

6.3.11.3　试验方法

按照图 17 保持试验基本配置，按照 GJB 152A—1997 方法 CS114 开展试验。

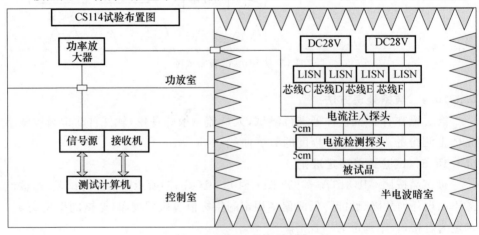

图 17　CS114 试验布置图

6.3.11.4 数据处理方法

通过操作计算机软件来进行测试,人员监测敏感现象,软件自动记录被试品互连电缆上测得的表示频率和幅度的数据曲线。

6.3.11.5 试验结果评定准则

被试品在 10kHz～2MHz 频段范围内按照 GJB 151A—1997 图 CS114—1 中曲线 3(图 18)规定的试验电平进行试验时,不出现敏感现象(合格判据见表 5),判定为合格,否则判定为不合格。若被试品感应出 95dBμA 的电流而不出现敏感时,也判定为合格。

被试品在 2MHz～30MHz 频段范围内按照 GJB 151A—1997 图 CS114—1 中曲线 5(图 18)规定的试验电平进行试验时,不出现敏感现象(合格判据见表 5),判定为合格,否则判定为不合格。若被试品感应出 115dBμA 的电流而不出现敏感时,也判定为合格。

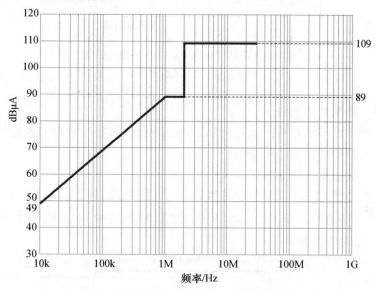

图 18　CS114—1 CS114 极限值

6.3.12　CS115 试验

6.3.12.1　试验目的

考核被试品承受耦合到有关电缆上的脉冲信号的能力是否符合国军标规定。

6.3.12.2　试验状态及测试位置

a) 工作状态:×××工作状态;
b) 测试位置:被试品所有互连电缆。

6.3.12.3 试验方法

按照图 19 保持试验基本配置,按照 GJB 152A—1997 方法 CS115 开展试验。

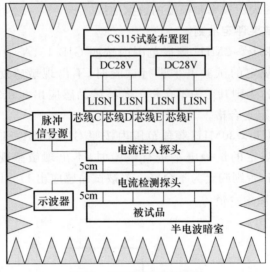

图 19 CS115 试验布置图

6.3.12.4 数据处理方法

通过操作计算机软件来进行测试,人员监测敏感现象,软件自动记录被试品互连电缆上测得的注入波形曲线。

6.3.12.5 试验结果评定准则

被试品按照 GJB 151A—1997 图 CS115—1(图 20)规定的校准试验信号,以 30Hz 重复频率进行试验 1min 时,不出现敏感现象(合格判据见表 5),判定为合格,否则判定为不合格。

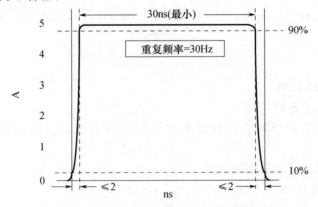

图 20 CS115—1 已校准的信号源特性

6.3.13 CS116 试验
6.3.13.1 试验目的
考核被试品承受耦合到电缆和电源线上的阻尼正弦信号的能力是否符合国军标规定。

6.3.13.2 试验状态及测试位置
a) 工作状态:×××工作状态;
b) 测试位置:所有互连电缆。

6.3.13.3 试验方法
按照图 21 保持试验基本配置,按照 GJB 152A—1997 方法 CS116 开展试验。

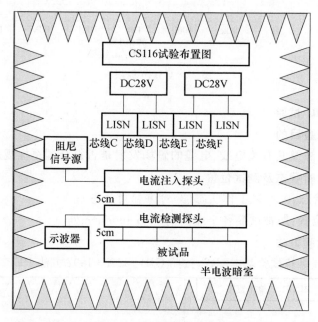

图 21 CS116 试验布置图

6.3.13.4 数据处理方法
通过操作计算机软件来进行测试,人员监测敏感现象,软件自动记录被试品互连电缆上测得的注入波形曲线。

6.3.13.5 试验结果评定准则
被试品按照 GJB 151A—1997 图 CS116—2(图 22)规定的最大电流(I_{max} = 10A)在 10kHz、100kHz、1MHz、10MHz、30MHz、100MHz 频率上进行试验时,不出现敏感现象(合格判据见表5),判定为合格,否则判定为不合格。

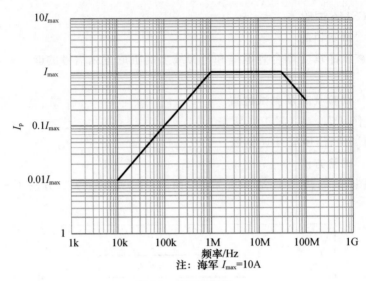

注：海军 I_{max}=10A

图 22　CS116 极限

6.3.14　RE101 试验
6.3.14.1　试验目的
考核被试品及其有关电线、电缆的磁场发射是否符合国军标规定。
6.3.14.2　试验状态及测试位置
a) 工作状态：×××工作状态(如对海辐射状态)；

b) 测试位置：距被试品各个端面前 7cm 和 50cm 处。
6.3.14.3　试验方法
按照图 23 保持试验基本配置，按照 GJB 152A—1997 方法 RE101 开展试验。

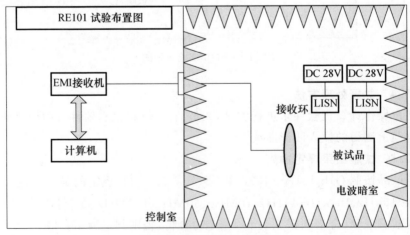

图 23　RE101 试验布置图

6.3.14.4 数据处理方法

待记录数据为×××被试品磁场辐射发射幅度和频率的数据,该数据通过测试软件自动记录得出,并已完成所有线缆衰减、天线系数、放大器增益等回路设备系数的补偿,软件记录结果即为最终实测值。

6.3.14.5 试验结果评定准则

被试品在 25Hz～100kHz 频段范围内磁场辐射发射实测值不超出 GJB 151A—1997 图 RE101—1 规定的极限值(图 24),判定为合格,否则判定为不合格。

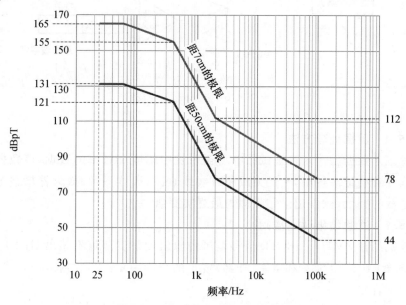

图 24 适用于海军的 RE101 极限

6.3.15 RE102 试验

6.3.15.1 试验目的

考核被试品及其有关电线、电缆的电场发射是否符合国军标规定。

6.3.15.2 试验状态及测试位置

a) 工作状态:×××工作状态;

b) 测试位置:被试品×××前方 1m 处。

6.3.15.3 试验方法

按照图 25 保持试验基本配置,按照 GJB 152A—1997 方法 RE102 开展试验。

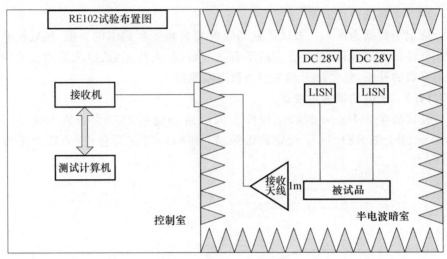

图 25　RE102试验布置图

6.3.15.4　数据处理方法

待记录数据为×××被试品电场辐射发射幅度和频率的数据,该数据通过测试软件自动记录得出,并已完成所有线缆衰减、天线系数、放大器增益等回路设备系数的补偿,软件记录结果即为最终实测值。

6.3.15.5　试验结果评定准则

被试品在2MHz～18GHz频段范围内辐射发射实测值不超出 GJB 151A—1997 图 RE102—2 海军和空军(外部)规定的极限值(图26),判定为合格,否则判定为不合格。

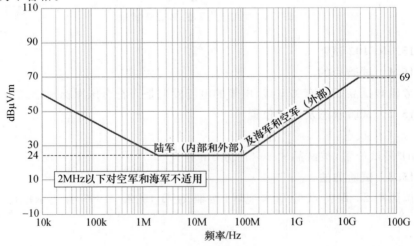

图 26　RE102要求的极限

6.3.16 RE103 试验

6.3.16.1 试验目的

考核被试品发射机从天线辐射的谐波和乱真发射是否超过国军标规定。

6.3.16.2 试验状态及测试位置

a) 工作状态：×××工作状态；

b) 测试位置：被试品×××前方×××处。

6.3.16.3 试验方法

按照图 27 保持试验基本配置，按照 GJB 152A—1997 方法 RE103 开展试验。

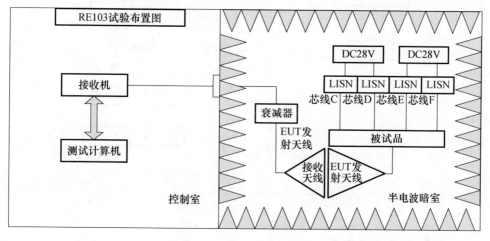

图 27 RE103 试验布置图

6.3.16.4 数据处理方法

待记录数据为×××被试品电场辐射发射幅度和频率的数据，该数据通过测试软件自动记录得出，并已完成所有线缆衰减、天线系数、放大器增益等回路设备系数的补偿，软件记录结果即为最终实测值。

6.3.16.5 试验结果评定准则

被试品除二次和三次谐波以外，所有谐波发射和乱真发射至少比基波电平低 80dB；二次和三次谐波应抑制 $50+10\lg P$（P 为基波峰值输出功率，W）或 80dB，取抑制要求较小者，判定为合格，否则判定为不合格。

6.3.17 RS101 试验

6.3.17.1 试验目的

考核被试品承受磁场辐射的能力是否符合国军标规定。

6.3.17.2 试验状态及测试位置

a) 工作状态:×××工作状态;

b) 测试位置:距被试品各个端面 50mm 处。

6.3.17.3 试验方法

按照图 28 保持试验基本配置,按照 GJB 152A—1997 方法 RS101 开展试验。

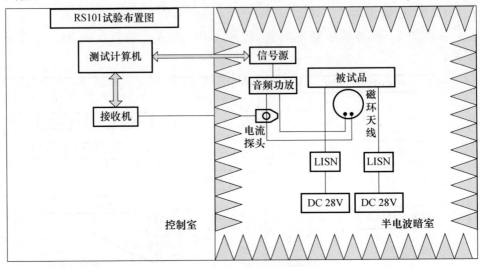

图 28 RS101 试验布置图

6.3.17.4 数据处理方法

通过操作计算机软件来进行测试,人员监测敏感现象,软件自动记录施加被试品电平及频率范围。

6.3.17.5 试验结果评定准则

被试品在 25Hz~100kHz 频段范围内按照 GJB 151A—1997 图 RS101—1 规定的磁场极限值(图 29)进行试验时,不出现敏感现象(合格判据见表 5),判定为合格,否则判定为不合格。

6.3.18 RS103 试验

6.3.18.1 试验目的

考核被试品承受辐射电场的能力是否符合国军标规定。

6.3.18.2 试验状态及测试位置

a) 工作状态:×××工作状态;

b) 测试位置:被试品×××前方 1m 处。

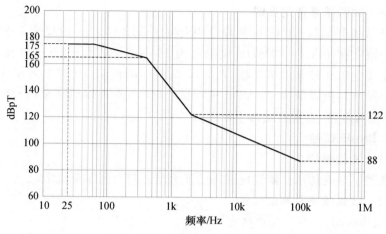

图 29 适用于海军的 RS101 极限

6.3.18.3 试验方法

按照图 30 保持试验基本配置,按照 GJB 152A—1997 方法 RS103 开展试验。

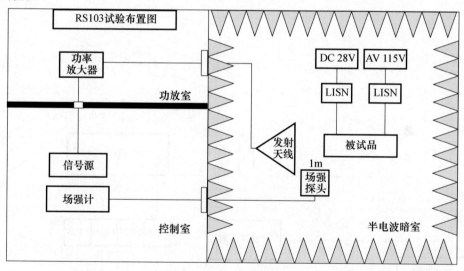

图 30 RS103 试验布置图

6.3.18.4 数据处理方法

通过操作计算机软件来进行测试,人员监测敏感现象,软件自动记录施加被试品场强电平及频率范围。

6.3.18.5 试验结果评定准则

被试品在 10kHz～18GHz 频段范围内按照 GJB 151A—1997 表5中海军飞机(内部)规定在 10kHz～2MHz,极限值为 20V/m;2MHz～18GHz(在雷达接收设备必要的工作带宽内不考核:$f_0-\times\times\times\times$MHz～$f_0+\times\times\times$MHz,其中 f_0 为中心频率),极限值为 200V/m 进行试验时,不出现敏感现象(合格判据见表5),判定为合格,否则判定为不合格。

6.3.19 RS105 试验

6.3.19.1 试验目的

考核被试品壳体承受瞬变电磁场的能力是否符合国军标规定。

6.3.19.2 试验状态及测试位置

a) 工作状态:×××工作状态;
b) 测试位置:被试品三个正交方向。

6.3.19.3 试验方法

按照图 31 保持试验基本配置,按照 GJB 152A—1997 方法 RS105 开展试验。

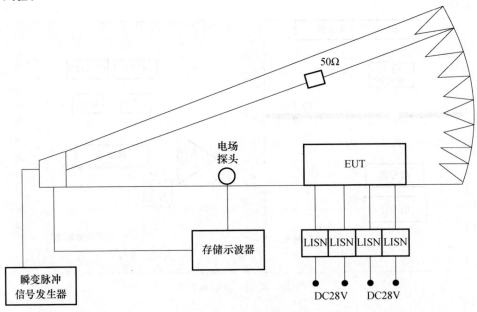

图 31 RS105 试验布置图

6.3.19.4 数据处理方法

通过操作计算机软件来进行测试,人员监测敏感现象,软件自动记录施加的瞬变波形图。

6.3.19.5 试验结果评定准则

被试品按照 GJB 151A—1997 图 RS105—1 所示试验信号的波形和幅度(图32)进行试验时,不出现敏感现象(合格判据见表5),判定为合格,否则判定为不合格。

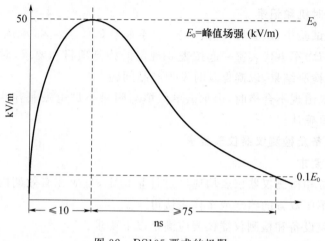

图 32 RS105 要求的极限

7 测试测量要求

7.1 试验检测要求

7.1.1 检测项目和要求

试验依据《×××(产品名称)产品规范》的有关要求对被试品进行功能和性能检测,检测连接框图如图33所示,具体检测项目和要求见表6。

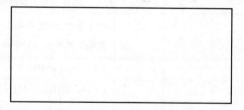

图 33 被试品检测连接框图

表 6 检测项目和要求

序号	研制总要求中的功能性能指标	试验前	试验中	试验后	说明
注:×××					

7.1.2 检测方法和步骤

×××(产品名称)功能性能检测方法和步骤见×××(承制单位)和驻×××(承制单位)军事代表室会签的《×××(产品名称)设计定型电磁兼容性试验检测细则》。

7.1.3 检测时机和记录

试验前、试验中、试验后,应由×××(承制单位)、×××(承试单位)和驻×××(承制单位)军事代表室一起按表6规定的检测项目和要求,对被试品进行检测,并记录检测结果,以确保及时发现产品问题。

试验结果出现不合格时,由承试单位填写附录A1"电磁兼容性试验问题记录单",并签署确认。

7.2 试验设备及检测仪器仪表要求

7.2.1 精度要求

试验设备和检测仪器仪表均应经过计量检定,且应在有效期内。专用测试设备应通过军厂双方的鉴定或军代表认可。

所有试验设备和检测仪器仪表应满足以下要求:
a) 其精确度至少应为被测参数容差的三分之一;
b) 其标定应能追溯到国家最高计量标准;
c) 能够适应所测量的试验条件。

7.2.2 试验设备

本次试验使用的试验设备见表7。

表7 试验设备

序号	名 称	型号	数量	试验设备主要性能指标	提供单位
1	EMI接收机			频率范围:20Hz~40GHz,最高灵敏度:—145dBm	
2	示波器			10GS/s,500MHz	
3	有源单极振子天线			104cm,30Hz~50MHz	
4	双锥天线			137cm,30MHz~300MHz	
5	对数周期天线			69cm×94.5cm,200MHz~1GHz	
6	双脊喇叭天线			24cm*15.9cm,1GHz~18GHz	
7	电流探头			10kHz~450MHz	
8	衰减器			20dB/200W	
9	电流注入探头			10kHz~150MHz,100W	
10	电流注入探头			2MHz~450MHz,200W	

(续)

序号	名 称	型 号	数量	试验设备主要性能指标	提供单位
11	电流监测探头			10kHz～450MHz	
12	场探头			10kHz～1GHz	
13	场探头			10MHz～18GHz	
14	场强计			10kHz～18GHz	
15	信号源			1Hz～40GHz	
16	功率放大器			10kHz～220MHz,2500W	
17	功率放大器			80MHz～1GHz,1000W	
18	功率放大器			1GHz～2.5GHz,250W	
19	功率放大器			2.5GHz～7.5GHz,250W	
20	功率放大器			7.5GHz～18GHz,250W	
21	辐射天线			10kHz～220MHz,2000W	
22	辐射天线			80MHz～1000MHz,2000W	
23	辐射天线			1GHz～4.2GHz	
24	辐射天线			2.5GHz～7.5GHz	
25	辐射天线			7.5GHz～18GHz	
26	功率计(含探头)			10kHz～18GHz	
27	28V电源				
28	115V/400Hz电源				
29	×××				

7.2.3 检测仪器仪表

本次试验使用的检测仪器仪表见表8。

表8 检测仪器仪表

序号	名 称	型 号	数量	仪器仪表主要性能指标	备注
1	×××检测仪		1		专用测试设备
2	×××模拟器		1		专用测试设备
3	×××示波器		1		
4	×××万用表		1		
×	×××		×		
注:可用满足精度要求的检测仪器仪表替换					

8 试验的中断处理与恢复
8.1 试验中断处理
试验过程中出现下列情形之一时,承试单位应中断试验并及时报告×××(二级定委),同时通知有关单位:
  a) 出现安全、保密事故征兆;
  b) 试验结果已判定关键战术技术指标达不到要求;
  c) 出现影响性能和使用的重大技术问题;
  d) 出现短期内难以排除的故障。

试验中断判定由试验工作组共同确认。

试验期间,被试品发生故障时,试验值班人员应按 FRACAS 的要求,立即填写附录 A1"电磁兼容性试验问题记录单";问题确认后,×××(承制单位)进行故障分析,按 FRACAS 要求,填写附录 A2"故障分析报告表";并按 FRACAS 的要求,将推荐的纠正措施填写在附录 A3"故障纠正措施报告表"中。

8.2 试验恢复处理
承研承制单位对试验中暴露的问题采取改进措施,经试验验证和军事代表机构或军队其他有关单位确认问题已解决,承试单位应向×××(二级定委)提出恢复或重新试验的申请,经批准后,由原承试单位实施试验。

9 试验组织及任务分工
为确保试验顺利实施,应成立试验工作组,对试验过程进行管理和监控。

试验工作组由×××(承试单位)任组长单位,全面负责试验工作,包括制定有关规章制度,安排试验的实施、故障处理及紧急情况的处置等;×××(驻承制单位军事代表室)任副组长单位,负责对试验全过程实施监控,包括产品性能检测和功能检查的监控,检查并签署各种试验记录;×××(承制单位)作为成员单位参加试验工作组,提供对被试品的技术支持。

10 试验保障
为确保试验顺利有效地实施,参试人员必须具备相应的资格。在试验前,由×××(承试单位)负责制定试验程序,具体规定试验条件施加方法。

试验前按大纲规定的安装方式将被试品安装在试验场地。对参加试验的被试品、试验设备和检测仪器等进行状态检查,确认是否具备开始试验的条件。

×××(承制单位)应连接好各种监测设备、检测仪器,连接、密封好有关电缆和引线,并提供试验中被试品功能性能检测和故障分析、改进工作等技术支持。

11 试验安全
所有参加试验的人员必须经过登记;试验过程中,试验设备由承试单位持证上岗人员负责操作,被试品和陪试品由承制单位指定人员负责操作;试验值班人员必须坚守岗位,遵守规定,按照试验分工要求,依据操作规范执行相应操作,并及时准确地做好各种试验记录。试验中划定识别区域,防止无关人员进入,严格按试验程序要求执行以保证人员与设备的安全。

所有参加试验的被试品、试验设备、检测仪器和检测记录必须经过检查和登记,在试验过程中未经试验工作组同意不得撤离试验场地。试验过程中严密监视被试品状况,如发生异常情况,应立即停止试验,并上报相关单位负责人。

12 有关问题的说明

12.1 关于被试品工作状态和试验监测参数的选取说明

×××

12.2 关于试验频段、极限值等的调整说明

×××

12.3 关于试验方法的调整说明

×××

13 试验实施网络图

本次试验周期计划10天,试验实施网络图见图34(仅作为示例,实际试验项目应与第6章一致)。

试验项目	天数									
	1	2	3	4	5	6	7	8	9	10
CE101	■									
CE102	■									
CE107		■								
CS101		■								
CS106			■							
CS114				■						
CS115					■					
CS116					■					
RE101						■				
RE102							■			
RS101								■		
RS103									■	

图34 试验实施网络图

14 附录

附录A1 电磁兼容性试验问题记录单

附录A2 故障分析报告表

附录A3 故障纠正措施报告表

22.3.4 设计定型环境鉴定试验大纲

1 任务依据
1.1 任务来源
按照型号定型工作安排,×××(承试单位)承担×××(承制单位)研制的×××(产品名称)设计定型环境鉴定试验,依据相关文件和标准编制了《×××(产品名称)设计定型环境鉴定试验大纲》。

1.2 编制依据和引用文件
GJB 150—1986　军用设备环境试验方法

GJB 841—1990　故障报告、分析和纠正措施系统

GJB 1362A—2007　军工产品定型程序和要求

GJB/Z 170—2013　军工产品设计定型文件编制指南

〔2001〕航定字第 29 号　《航空军工产品设计定型环境鉴定试验和可靠性鉴定试验管理工作细则(试行)》

×××(产品名称)研制总要求(和/或技术协议书)

×××(产品名称)产品规范

2 试验性质
设计定型试验。

3 试验目的
考核×××(产品名称)的环境适应性是否满足《×××(产品名称)研制总要求》(和/或技术协议书)的相关规定,为其设计定型提供依据。

4 试验时间和地点
试验时间:20××年××月~20××年××月(暂定)。

试验地点:×××(承试单位)。

5 被试品、陪试品数量及技术状态
5.1 被试品
5.1.1 产品组成及安装位置
×××(产品名称)由×××、×××、×××组成,其外形尺寸、重量和安装位置见表1。

表 1　×××(产品名称)组 成

序号	LRU 名称	型号	数量(件)	外形尺寸,长×宽×高 /mm×mm×mm	重量/kg	安装位置
注:						

5.1.2 产品功能性能

×××(产品名称)用于×××、×××、×××。

×××(产品名称)主要功能如下:

a) ×××;

b) ×××;

c) ×××;

……

×××(产品名称)主要性能要求如下:

a) ×××;

b) ×××;

c) ×××;

……

×××(产品名称)的结构示意图如图1所示,交联框图如图2所示。

图1 ×××(产品名称)结构示意图

图2 ×××(产品名称)交联框图

5.1.3 被试品数量

本次设计定型环境鉴定试验的被试品数量见表2。

表2 ×××(产品名称)被试品组成

序号	LRU名称	型号	数量(件)	参与试验项目说明
注:				

5.1.4 被试品技术状态

被试品与备件应满足以下要求：

a) 通过规定的试验，软件通过测试，证明产品的关键技术问题已经解决，主要战术技术指标能够达到研制总要求（和/或技术协议书）的要求；

b) 具有设计定型的技术状态和工艺状态；

c) 软件版本基本固定，且为设计定型环境鉴定试验前最新版本；

d) 通过质检并经军事代表机构检验合格。

5.2 陪试品

陪试品组成、数量、尺寸和重量见表3。

表3 陪试品组成、数量、尺寸和重量

序号	陪试品名称	型号	数量/件	外形尺寸，长×宽×高 /mm×mm×mm	重量/kg	备注

6 试验项目、方法及要求

6.1 试验项目及顺序说明

本次设计定型环境鉴定试验项目共12项，具体试验项目、顺序及被试品说明见表4，霉菌试验样件材料清单见表5。

表4 试验项目、顺序及被试品说明

序号	试验项目及顺序		被试品	备注
1	高温试验	高温贮存试验		
		高温工作试验		
2	低温试验	低温贮存试验		
		低温工作试验		
3	温度冲击试验			
4	低气压试验	低气压贮存试验		
		低气压工作试验		
5	加速度(性能/结构)试验			
6	冲击试验	基本设计冲击试验		
		坠撞安全冲击试验		
7	振动试验	振动功能试验		
		振动耐久试验		

(续)

序号	试验项目及顺序		被试品	备注
8	淋雨(有风源的淋雨)试验			
9	湿热试验			
10	霉菌试验			
11	盐雾试验			
12	砂尘试验	吹尘试验		
		吹砂试验		

注:霉菌试验在上述试验期间采用典型工艺样件同步进行。

表 5 霉菌试验样件材料清单

序号	LRU组成名称	样件材料及表面处理
1	LRU1	机箱材料为硬铝LY12,表面处理为导电氧化处理加油漆;
2	LRU2	连接器材料为铝合金,表面镀铬;
3	LRU3	螺钉等紧固件材料为1Cr18Ni9Ti;
4	LRU4	电路板材料为FR4—7U752,表面喷涂三防漆
5	LRU5	机箱材料为防锈铝,表面处理为导电氧化处理加油漆;
6	LRU6	连接器材料为铝合金,表面镀铬;
7	LRU7	螺钉等紧固件材料为1Cr18Ni9Ti;
8	LRU8	电路板材料为FR4—7U752,表面喷涂三防漆
9	LRU9	天线罩材料为玻璃钢,表面磁漆

6.2 试验条件、方法及试验结果评定准则

6.2.1 高温试验

6.2.1.1 试验目的

考核被试品在高温条件下贮存和工作的适应性。

6.2.1.2 试验条件

6.2.1.2.1 高温贮存试验条件

温度:70℃。

保持时间:48h。

相对湿度:不大于15%。

温度变化速率:≤10℃/min。

6.2.1.2.2 高温工作试验条件

温度:70℃。

试验时间:在非工作状态下保持4h使被试品达到温度稳定后,启动被试品工作1h后再进行测试所需的时间。

温度变化速率:≤10℃/min。

6.2.1.3 试验方法

试验按GJB 150.3—1986《军用设备环境试验方法 高温试验》规定的试验方法进行。

6.2.1.3.1 高温贮存试验方法

a) 试验前检测

试验前,在试验的标准大气条件下对被试品进行外观和功能/性能检测,检测结果分别记录在表A.1和表B.1中。

b) 被试品的安装

将被试品水平放置在试验箱内搁物架上,并处于试验箱的有效容积内,被试品之间以及被试品任一表面距箱壁、箱底和箱顶之间最小间隔距离均应不小于150mm,保证箱内空气能自由流动。

c) 试验运行

按6.2.1.2.1条规定的试验条件对被试品进行高温贮存试验,以不大于10℃/min温度变化速率将试验箱内温度升至70℃后再保持48h。试验期间,被试品不通电工作。

d) 恢复处理

保温结束后,以不大于10℃/min温度变化速率将试验箱内温度降至25℃,然后打开箱门并使被试品在试验的标准大气条件下恢复4h。

e) 试验后检测

恢复处理结束后,在试验的标准大气条件下对被试品进行外观和功能/性能检测,检测结果分别记录在表A.1和表B.1中。

6.2.1.3.2 高温工作试验方法

a) 被试品的安装

将被试品水平放置在试验箱内搁物架上,并处于试验箱的有效容积内,被试品之间以及被试品任一表面距箱壁、箱底和箱顶之间最小间隔距离均应不小于150mm,保证箱内空气能自由流动。试验期间,测试电缆通过箱壁上的测试孔将被试品与箱外的测试设备连接起来。

b) 试验前检测

将被试品高温贮存试验后检测结果作为此项试验前检测结果。

c) 试验运行

按6.2.1.2.2条规定的条件对被试品进行高温工作试验,以不大于10℃/min

温度变化速率将试验箱内温度升至70℃后再保持4h,使被试品达到温度稳定,然后启动被试品工作1h,之后进行功能/性能检测,检测结果记录在表B.2中。

　　d) 恢复处理

　　检测结束后,给被试品断电,以不大于10℃/min的温度变化速率将试验箱内温度降至25℃,然后打开箱门并使被试品在试验的标准大气条件下恢复4h。

　　e) 试验后检测

　　恢复处理结束后,在试验的标准大气条件下对被试品进行外观和功能/性能检测,检测结果分别记录在表A.1和表B.1中。

6.2.1.4　试验结果评定准则

　　在试验期间,被试品若满足以下要求则判为合格:

　　a) 被试品功能/性能检测结果满足表B.1和表B.2中"合格判据"的要求;

　　b) 标识清晰;

　　c) 被试品结构未出现损坏、变形和裂纹;

　　d) 表面涂层未出现裂纹、起泡、起皱和脱落;

　　e) 紧固件无松动或脱落;

　　f) 活动部件未卡住。

6.2.2　低温试验

6.2.2.1　试验目的

　　考核被试品在低温条件下贮存和工作的适应性。

6.2.2.2　试验条件

6.2.2.2.1　低温贮存试验条件

　　温度:-55℃。

　　试验时间:保持4h使被试品达到温度稳定,然后再保持24h。

　　温度变化速率:≤10℃/min。

6.2.2.2.2　低温工作试验条件

　　温度:-55℃。

　　试验时间:在非工作状态下保持4h使被试品达到温度稳定,然后启动被试品工作并进行测试所需的时间。

　　温度变化速率:≤10℃/min。

6.2.2.3　试验方法

　　试验按GJB 150.4—1986《军用设备环境试验方法　低温试验》规定的试验方法进行。

6.2.2.3.1　低温贮存试验方法

　　a) 被试品的安装

将被试品水平放置在试验箱内搁物架上,并处于试验箱的有效容积内,被试品之间以及被试品任一表面距箱壁、箱底和箱顶之间最小间隔距离均应不小于150mm,保证箱内空气能自由流动。

b) 试验前检测

将被试品高温工作试验后检测结果作为此项试验前检测结果。

c) 试验运行

按 6.2.2.2.1 条规定的条件对被试品进行低温贮存试验,以不大于 10℃/min 温度变化速率将试验箱内温度降至—55℃并保持 4h 使被试品达到温度稳定,然后再保持 24h。

d) 恢复处理

保温结束后,以不大于 10℃/min 温度变化速率将试验箱内温度升至 30℃并保持 4h 对被试品进行恢复处理。

e) 试验后检测

恢复处理结束后,在试验的标准大气条件下对被试品进行外观和功能/性能检测,检测结果分别记录在表 A.1 和表 B.1 中。

6.2.2.3.2 低温工作试验方法

a) 被试品的安装

将被试品水平放置在试验箱内搁物架上,并处于试验箱的有效容积内,被试品之间以及被试品任一表面距箱壁、箱底和箱顶之间最小间隔距离均应不小于150mm,保证箱内空气能自由流动。试验期间,测试电缆通过箱壁上的测试孔将被试品与箱外的测试设备连接起来。

b) 试验前检测

将被试品低温贮存试验后检测结果作为此项试验前检测结果。

c) 试验运行

按 6.2.2.2.2 条规定的条件对被试品进行低温工作试验,以不大于 10℃/min 的温度变化速率将试验箱内温度降至—55℃并保持 4h 使被试品达到温度稳定,然后启动被试品工作并对其进行功能/性能检测,检测结果记录在表 B.1 中。

d) 恢复处理

检测结束后,给被试品断电,以不大于 10℃/min 的温度变化速率将试验箱内温度升至 30℃并保持 4h 对被试品进行恢复处理。

e) 试验后检测

恢复处理结束后,在试验的标准大气条件下对被试品进行外观和功能/性能检测,检测结果分别记录在表 A.1 和表 B.1 中。

6.2.2.4 试验结果评定准则

在试验期间,被试品若满足以下要求则判为合格:
a) 被试品功能/性能检测结果满足 B.1 中"合格判据"的要求;
b) 标识清晰;
c) 被试品结构未出现损坏、变形和裂纹;
d) 表面涂层未出现裂纹、起泡、起皱和脱落;
e) 紧固件无松动或脱落;
f) 活动部件未卡住。

6.2.3 温度冲击试验

6.2.3.1 试验目的

考核被试品在周围大气温度急剧变化时的适应性。

6.2.3.2 试验条件

高温:70℃。

低温:-55℃。

保持时间:高温段和低温段各保持2h。

转换时间:不大于5min。

循环次数:3次。

6.2.3.3 试验方法

试验按 GJB 150.5—1986《军用设备环境试验方法 温度冲击试验》规定的试验方法进行。具体如下:

a) 被试品的安装

将被试品水平放置在试验箱内搁物架上,并处于试验箱的有效容积内,被试品之间以及被试品任一表面距箱壁、箱底和箱顶之间最小间隔距离均不小于150mm,保证箱内空气能自由流动。

b) 试验前检测

将被试品低温工作试验后检测结果作为此项试验前检测结果。

c) 试验运行

按 6.2.3.2 条规定的试验条件对被试品进行试验。试验从低温段开始,试验过程中,高温为70℃,低温为-55℃,高、低温保持时间均为 2h,高、低温间的转换时间不大于5min,共进行 3 个循环。

d) 恢复处理

试验结束时被试品处于70℃高温状态,打开箱门使被试品在试验的标准大气条件下恢复2h。

e) 试验后检测

恢复处理结束后,在试验的标准大气条件下对被试品进行外观和功能/性能检测,检测结果分别记录在表 A.1 和表 B.1 中。

6.2.3.4 试验结果评定准则

在试验期间,被试品若满足以下要求则判为合格:

a) 被试品功能/性能检测结果满足表 B.1 中"合格判据"的要求;

b) 标识清晰;

c) 被试品结构未出现损坏、变形和裂纹;

d) 表面涂层未出现裂纹、起泡、起皱和脱落;

e) 紧固件无松动或脱落;

f) 活动部件未卡住。

6.2.4 低气压试验

6.2.4.1 试验目的

考核被试品在贮存、运输和使用中对低气压环境的适应性。

6.2.4.2 试验条件

6.2.4.2.1 贮存试验条件

温度:常温(25℃)。

试验压力:11000m(22.7kPa)。

持续时间:将试验箱内压力降至 22.7kPa 后保持 1h。

压力变化速度:不大于 10kPa/min。

6.2.4.2.2 工作试验条件

温度:常温(25℃)。

试验压力:11000m(22.7kPa)。

持续时间:将试验箱内压力降至 22.7kPa 后启动产品工作并进行完功能/性能检测所需时间。

压力变化速度:不大于 10kPa/min。

6.2.4.3 试验方法

试验按 GJB 150.2—1986《军用设备环境试验方法 低气压(高度)试验》规定的试验方法进行。具体如下:

6.2.4.3.1 贮存试验方法

a) 被试品的安装

将被试品水平放置在试验箱内搁物架上,并处于试验箱的有效容积内,被试品任一表面距箱壁、箱底和箱顶之间最小间隔距离均应不小于 150mm,保证箱内空气能自由流动。

b) 试验前检测

试验前,在试验的标准大气条件下对被试品进行外观和功能/性能检测,检测结果记录分别记录在表 A.1 和表 B.1 中。

c) 试验运行

将试验箱内温度保持在实验室环境温度 25℃不变,然后以不大于 10kPa/min 压力变化速率将箱内压力降至 11000m(22.7kPa)后保持 1h,试验期间被试品不工作。

d) 恢复处理

以不大于 10kPa/min 压力变化速率将试验箱内压力恢复至常压(101.1kPa)后打开箱门。

e) 试验后检测

恢复处理结束后,在试验的标准大气条件下对被试品进行外观和功能/性能检测,检测结果分别记录在表 A.1 和表 B.1 中。

6.2.4.3.2 工作试验方法

a) 被试品的安装

将被试品置入试验箱内搁物架上,并处于试验箱的有效容积内,被试品任一表面距箱壁、箱底和箱顶之间最小间隔距离均不应小于 150mm,保证箱内空气能自由流动,试验期间,测试电缆通过箱壁上的测试孔将被试品与箱外的测试设备连接起来。

b) 试验前检测

将低气压贮存试验后检测结果作为此项试验前检测结果。

c) 试验运行

将试验箱内温度保持在实验室环境温度 25℃不变,以不大于 10kPa/min 压力变化速率将箱内压力降至 11000m(22.7kPa),保持此压力,给被试品通电并进行功能/性能检测,检测结果记录在表 B.2 中。

d) 恢复处理

检测结束后,给被试品断电。以不大于 10kPa/min 压力变化速率将试验箱内压力恢复至常压(101.1kPa)后打开箱门。

e) 试验后检测

恢复处理结束后,在试验的标准大气条件下对被试品进行外观和功能/性能检测,检测结果分别记录在表 A.1 和表 B.1 中。

6.2.4.4 试验结果评定准则

在试验期间,被试品若满足以下要求则判为合格:

a) 被试品功能/性能检测结果满足表 B.1 中"合格判据"的要求;

b) 标识清晰;

c) 被试品结构未出现损坏、变形和裂纹；
d) 表面涂层未出现裂纹、起泡、起皱和脱落；
e) 紧固件无松动或脱落；
f) 活动部件未卡住。

6.2.5 加速度试验

6.2.5.1 试验目的

考核被试品承受预计的加速度环境的能力，以确保在此环境下设备结构和性能不发生失效。

6.2.5.2 试验条件

加速度试验条件见表6。

表6 加速度试验条件

试验方向	加速度值（性能/结构）	试验时间
$+X$	1.0g/1.5g	达到规定值后完成检测所需时间，至少保持1min
$-X$	3.0g/4.5g	
$+Y$	4.5g/6.75g	
$-Y$	1.5g/2.25g	
$+Z$	2.0g/3.0g	
$-Z$	2.0g/3.0g	

6.2.5.3 试验方法

试验按GJB 150.15—1986《军用设备环境试验方法 加速度试验》中规定的试验方法进行，具体如下：

a) 被试品的安装

将专用夹具刚性安装在加速度试验机工作面上，然后将被试品按规定方向安装在专用夹具上。

b) 试验前检测

将被试品低气压试验后检测结果作为此项试验前检测结果。

c) 试验运行

步骤1 按6.2.5.2条中规定的试验条件对被试品规定方向进行加速度性能试验，加速度量值达到规定试验量值后至少保持1min，保持期间给被试品通电并对其进行检测，检测结果记录在检测结果记录在表B.2中。

步骤2 性能加速度试验结束后，给被试品断电，然后进行该方向的加速度结构试验。

步骤 3　转换被试品方向,重复步骤 1～步骤 2,依次考核被试品其他方向。

d) 试验后检测

试验结束后,在试验的标准大气条件下对被试品进行外观和功能/性能检测,检测结果分别记录在表 A.1 和表 B.1 中。

6.2.5.4　试验结果评定准则

在试验期间,被试品若满足以下要求则判为合格:

a) 被试品功能/性能检测结果满足表 B.1 和表 B.3 中"合格判据"的要求;
b) 标识清晰;
c) 被试品结构未出现损坏、变形和裂纹;
d) 表面涂层未出现裂纹、起泡、起皱和脱落;
e) 紧固件无松动或脱落;
f) 活动部件未卡住。

6.2.6　冲击试验

6.2.6.1　试验目的

考核被试品在冲击作用下的电性能、机械性能及结构强度是否达到设计要求;被试品及其支架、紧固件、连接件承受冲击作用的能力。

6.2.6.2　试验条件

冲击试验条件见表 7。

表 7　冲击试验条件

试验项目	波形	峰值加速度 A/g	持续时间 D /ms	冲击轴向	冲击次数	备注
基本设计冲击	后峰锯齿波	20	11	$\pm X、\pm Y、\pm Z$	每方向3次,共18次	
坠撞安全冲击	后峰锯齿波	40	11	$\pm X、\pm Y、\pm Z$	每方向2次,共12次	

6.2.6.3　试验方法

试验按 GJB 150.18—1986《军用设备环境试验方法　冲击试验》中规定的试验方法进行,具体如下:

a) 被试品的安装

将专用夹具刚性固定在振动台附加台面上,然后将被试品按规定轴向安装在专用夹具上。在夹具与被试品连接位置附近选取一点并安装一个控制用传感器,采用单点控制方式。

b) 试验前检测

将被试品加速度试验后检测结果作为此项试验前检测结果。

c) 试验运行

步骤1 按6.2.6.2条规定的试验条件对被试品规定方向进行基本设计冲击试验。试验期间,给被试品通电并对其进行检测,检测结果记录在表B.4中。

步骤2 转换被试品方向,重复步骤1,依次考核被试品其余方向进行冲击试验。

步骤3 试验结束后,在试验的标准大气条件下对被试品进行外观和功能/性能检测,检测结果分别记录在表A.1和表B.1中。

步骤4 基本设计冲击试验结束后,按6.2.6.2条规定的试验条件依次对被试品进行$\pm Y$、$\pm X$和$\pm Z$方向的坠撞安全冲击试验,被试品实际安装状态与其基本设计冲击试验相同。

步骤5 试验结束后,在试验的标准大气条件下对被试品进行外观和功能/性能检测,检测结果分别记录在表A.1和表B.1中。

6.2.6.4 试验结果评定准则

在试验期间,被试品若满足以下要求则判为合格:

a) 被试品功能/性能检测结果满足表A.1和表B.1、表B.4中的"合格判据"的要求;

b) 标识清晰;

c) 被试品结构未出现损坏、变形和裂纹;

d) 表面涂层未出现裂纹、起泡、起皱和脱落;

e) 紧固件、连接件无松动或脱落,结构保持完好;

f) 活动部件未卡住。

6.2.7 振动试验

6.2.7.1 试验目的

考核被试品在预期的使用环境中的抗振能力。

6.2.7.2 试验条件

振动试验包括振动功能试验和振动耐久试验两部分,振动功能试验谱图及功率谱密度见图3;振动耐久试验谱图与功能试验相同,功率谱密度是功能试验的1.6倍,具体振动试验条件见表8。

试验轴向:X、Y、Z三个轴向。

试验时间:功能试验每轴向1h,耐久试验每轴向3h。

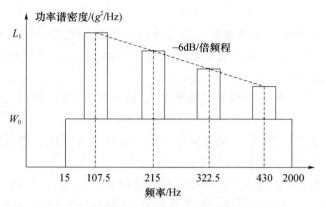

图 3 振动功能、振动耐久试验功率谱密度谱图

表 8 振动试验量级表

序号	设备名称	振动功能试验量值/(g^2/Hz)		振动耐久试验量值/(g^2/Hz)	
		W_0	L_1	W_0	L_1
1					
2					
3					
4		0.01	0.3	0.016	0.48
5					
6					
7					
8					
9		0.01	0.6	0.016	0.96
10					

6.2.7.3 试验方法

试验按 GJB 150.16—1986《军用设备环境试验方法 振动试验》中规定的试验方法进行,具体如下:

a) 被试品的安装

将专用夹具刚性固定在振动台附加台面上,然后将被试品按规定轴向安装在专用夹具上。在夹具与被试品连接位置附近对角选取两点,安装两个控制用传感器,采用两点平均控制方式。

b) 试验前检测

将被试品冲击试验后检测结果作为此项试验前检测结果。

c）试验运行

步骤1 按6.2.7.2条规定的试验条件对被试品规定轴向进行前0.5h振动功能试验。试验过程中被试品处于通电工作状态,并对其功能/性能进行检测,检测结果记录在表B.1中。

步骤2 前0.5h振动功能试验结束后,给被试品断电,然后进行该轴向3h振动耐久试验。

步骤3 试验结束后,在试验的标准大气条件下对被试品进行外观和功能/性能检测,检测结果记录在表B.1中。

步骤4 检测结束后,对被试品进行该轴向后0.5h振动功能试验。试验过程中被试品处于通电工作状态,并对其功能/性能进行检测,检测结果记录在表B.1中。

步骤5 该轴向试验结束后,在试验的标准大气条件下对被试品进行外观和功能/性能检测,检测结果分别记录在表A.1和表B.1中。

步骤6 重复步骤1～步骤5,依次考核被试品其余轴向。

6.2.7.4 试验结果评定准则

在试验期间,被试品若满足以下要求则判为合格：

a）被试品功能/性能检测结果满足表A.1和表B.1中"合格判据"的要求；

b）标识清晰；

c）被试品结构未出现损坏、变形和裂纹；

d）表面涂层未出现裂纹、起泡、起皱和脱落；

e）紧固件无松动或脱落；

f）活动部件未卡住。

6.2.8 淋雨试验

6.2.8.1 试验目的

考核被试品在淋雨条件下,其外壳防止雨水渗透的能力和遭到淋雨时或之后的工作效能。

6.2.8.2 试验条件(有风源淋雨)

淋雨试验条件见表9。

表9 淋雨(有风源的淋雨)试验条件

降雨强度	100mm/h
雨滴直径	0.5mm～4.5mm
风速	不小于18m/s

(续)

试验时间	30min
试验用水	自来水
受试面	×××的侧面

6.2.8.3 试验方法

试验按 GJB 150.8—1986《军用设备环境试验方法 淋雨试验》中规定的试验方法进行。

a) 被试品的安装

将被试品安装到淋雨试验箱中,并处于试验箱有效容积内,被试品侧面朝向雨水喷淋方向且与雨水喷淋方向成45°角。

b) 试验前检测

将被试品振动试验后检测结果作为此项试验前检测结果。

c) 试验运行

采用淋雨试验箱中有风源的淋雨试验装置对被试品的表面进行试验。保持箱内降雨强度为100mm/h,风速不小于18m/s,雨滴直径为0.5mm～4.5mm,喷淋时间为30min。试验过程中产品不通电。

d) 恢复处理

试验结束后,从试验箱中取出被试品,用干纱布擦除其表面上的水滴。

e) 试验后检测

恢复处理结束后,在试验的标准大气条件下对被试品进行外观和功能/性能检测,检测结果分别记录在表 A.1 和表 B.1 中。

6.2.8.4 试验结果评定准则

在试验期间,被试品若满足以下要求则判为合格:
a) 被试品功能/性能检测结果满足表 B.1 中"合格判据"的要求;
b) 标识清晰;
c) 被试品结构未出现损坏、变形和裂纹;
d) 表面涂层未出现裂纹、起泡、起皱和脱落;
e) 紧固件无松动或脱落;
f) 活动部件未卡住。

6.2.9 湿热试验

6.2.9.1 试验目的

考核被试品在高温及高湿环境条件下的适应性。

6.2.9.2 试验条件

湿热试验条件见表10。

表 10　湿热试验条件

试验阶段	温度/℃	相对湿度/%	时间/h	试验周期/d
升温阶段	30→60	升至95	2	10
高温高湿阶段	60	95	6	
降温阶段	60→30	>85	8	
低温高湿阶段	30	95	8	

6.2.9.3　试验方法

试验按 GJB 150.10—1986《军用设备环境试验方法　湿热试验》中规定的试验方法进行,具体如下:

a) 被试品的安装

将被试品水平放置在试验箱内搁物架上,并处于试验箱的有效容积内,被试品任一表面距箱壁、箱底和箱顶之间最小间隔距离均应不小于150mm,保证箱内空气能自由流动。试验期间,测试电缆通过箱壁上的测试孔将被试品与箱外的测试设备连接起来。

b) 试验前检测

在试验的标准大气条件下对被试品进行外观和功能/性能检测,检测结果记录在表 A.2 和表 B.1 中。

c) 试验运行

按 6.2.9.2 条规定的试验条件对被试品进行试验,其具体过程如下:

步骤 1　在 2h 内将试验箱内温度从 30℃ 升至 60℃,箱内相对湿度升至 95%。

步骤 2　在 60℃ 及相对湿度 95% 条件下保持 6h。

步骤 3　在 8h 内将试验箱内温度降至 30℃,降温过程中,保持箱内相对湿度为 95%。

步骤 4　在 30℃ 及相对湿度 95% 条件下保持 8h。

步骤 5 重复步骤 1～步骤 4,共进行 10 个周期试验。

在第 5 和第 10 周期低温段(温度:30℃,相对湿度:95%)接近结束前 4h 内对被试品进行功能/性能检测,检测结果记录在表 B.1 中。

d) 恢复处理

检测结束后,给被试品断电,之后将试验箱内温度调至 30℃,打开箱门使被试品恢复 4h。

e) 试验后检测

试验结束后,在试验的标准大气条件下对被试品进行外观和功能/性能检测,检测结果记录在表 A.2 和表 B.1 中。

6.2.9.4 试验结果评定准则

对湿热试验,被试品外观满足符合下列要求,同时功能/性能符合表 B.1 中的"合格判据"的要求为合格。

a) 构件金属允许有轻度变暗和变黑,但不得腐蚀;
b) 金属接触处无腐蚀;
c) 金属防护层除边缘及棱角处外腐蚀面积不超过该零件防护层面积的 20%,主金属除边缘及棱角处外不得腐蚀;
d) 允许涂漆层光泽颜色减褪或有少量直径不大于 0.5mm 的起泡,但不应有起皱,桔皮及漆层脱落现象,且底金属不得出现腐蚀;
e) 非金属材料无明显泛白、膨胀、起泡、皱裂、脱落及麻坑等。

6.2.10 霉菌试验

6.2.10.1 试验目的

考核被试品的抗霉能力。

6.2.10.2 试验条件

霉菌试验条件见表 11。

表 11 霉菌试验条件

试验阶段	温度 /℃	温度容差 /℃	相对湿度 /%	相对湿度容差/%	每周期时间 /h	试验周期 /d	试验菌种
高温阶段	30	±1	95	±5	20	24	28	黑曲霉、黄曲霉、杂色曲霉、绳状青霉、球毛壳霉
降温阶段	30→25		>90		≤1			
低温阶段	25	±1	95		≥2			
升温阶段	25→30		>90		≤1			

6.2.10.3 试验方法

试验按 GJB 150.10—1986《军用设备环境试验方法 霉菌试验》中规定的试验方法进行,具体如下:

a) 试验准备

试验前,按 GJB 150.10—1986 制备无机盐溶液、孢子悬浮液和对照样品,并进行了孢子活力检验。所用化学药剂不低于国家标准规定的化学纯试剂的纯度。

b) 试验前检查

在试验的标准大气条件下对已擦拭过的被试品外观进行检查,其检查结果记录在表 A.3 中。

c) 被试品放置和预处理

试验前将被试品平放在试验箱内的试品架上,被试品之间以及与试验箱壁、箱底及箱顶之间保持距离应不小于150mm,空气能自由循环,对照样件挂放在试验箱的有效容积内。被试品和对照样品在温度30℃,相对湿度95% 条件下预处理4h。

d) 喷菌

用喷雾器将混合孢子悬浮液以雾状喷在被试品及对照样品的表面上,使其和对照样品在霉菌箱中同时接种。

e) 试验运行

霉菌试验箱按6.2.10.2条规定的试验条件运行7天后,对照样品及孢子活力检查的各单一孢子在培养基表面长霉面积需达95% 以上,符合标准规定的长霉面积大于90% 的要求,本次试验才有效。试验从接种之日起计算试验时间。

霉菌箱内风速应控制在(0.5~2)m/s,每7天换气一次,换气时间为30min。换气期间,箱内指示点温度为26℃、相对湿度大于90% 。试验运行28d。

f) 试验后检查

试验结束后,在试验的标准大气条件下对被试品表面霉菌生长情况进行检查,并按表12的规定评定霉菌试验结果。被试品的外观检查结果记录在表A.3中。

表12 长霉程度评定表

等级	长霉程度	霉菌生长情况
0	不长霉	未见霉菌生长
1	微量生长	霉菌生长和繁殖稀少或局限,生长范围小于试验样品总面积10%
2	轻微生长	霉菌的菌落断续蔓延或松散分布于基质表面,霉菌生长占总面积30% 以下,中等程度繁殖
3	中量生长	霉菌较大量生长和繁殖,占总面积70% 以下,基层表面呈化学、物理与结构的变化
4	严重生长	霉菌大量生长繁殖,占总面积70% 以上,基质被分解或迅速劣化变质

6.2.10.4 试验结果评定准则

对被试品进行霉菌试验,试验后被试品长霉等级优于2级为合格。

6.2.11 盐雾试验

6.2.11.1 试验目的

考核被试品抗盐雾大气影响的能力。

6.2.11.2 试验条件

盐雾试验条件见表13。

表 13 盐雾试验条件

试验温度	盐溶液			pH 值	盐雾沉降率 /(ml/80cm² · h)	喷雾方式	试验时间 /h
温度/℃	成分	浓度 /%	允差 /%				
35	NaCl	5	±1	6.5～7.2	1～2	连续喷雾	96

6.2.11.3 试验方法

试验按 GJB 150.11—1986《军用设备环境试验方法 盐雾试验》中规定的试验方法进行,具体如下:

a) 被试品的安装

将被试品水平放置在盐雾试验箱内搁物架上,并处于试验箱的有效容积内。放置时保证各被试品距试验箱壁距离不小于 150mm,彼此之间间隔距离不小于 150mm,同时未与其他金属和吸水性材料接触,盐雾能自由地沉降在其受试表面上。

b) 试验前检测

在试验的标准大气条件下对被试品进行外观及功能/性能检测,检测结果记录在表 A.4 和表 B.1。

c) 试验运行

将试验箱内温度调至 35℃,使被试品在该温度下保持 4h,然后按 6.2.11.1 条规定的试验条件连续喷雾 96h。

d) 恢复处理

试验结束后,从试验箱中取出被试品,让其在试验的标准大气条件下放置 48h。

e) 试验后检测

恢复处理结束后,之后用湿纱布去除被试品表面积盐,然后在试验的标准大气条件下对被试品进行外观检查及功能/性能检测在试验的标准大气条件下对被试品进行外观和功能/性能检测,检测结果记录在表 A.4 和表 B.1 中。

6.2.11.4 试验结果评定准则

对盐雾试验,试验后符合下列要求,同时功能/性能满足表 B.1 中的"合格判据"的要求为合格:

a) 构件金属无发暗变黑;
b) 金属接合处无腐蚀;
c) 金属防护层腐蚀面积占金属防护层面积的 30% 以下;
d) 涂漆层除局部边棱处外,无起泡、起皱、开裂或脱落,且底金属未出现腐蚀;

e）非金属材料无明显的泛白、膨胀、起泡、皲裂以及麻坑等。

6.2.12 砂尘试验

6.2.12.1 试验目的

考核被试品对飞散砂尘环境的适应能力。

6.2.12.2 试验条件

6.2.12.2.1 吹尘试验条件

试验所用尘的组成成份和尺寸符合 GJB 150.12—1986《军用设备环境试验方法 砂尘试验》中有关要求，试验条件见表 14。

表 14 吹尘试验条件

序号	温度/℃	相对湿度/%	风速/(m/s)	吹尘浓度/(g/m³)	持续时间/h	被试品及受试面
1	23	<30	8.9±1.2	10.6±7	6	×××的侧面
2	60	—	1.5±1	—	16	
3	60	—	8.9±1.2	10.6±7	6	

6.2.12.2.2 吹砂试验条件

试验所用砂的组成成份和尺寸符合 GJB 150.12—1986《军用设备环境试验方法 砂尘试验》中有关要求，具体试验条件见表 15。

表 15 吹砂试验条件

温度/℃	相对湿度/%	风速/(m/s)	砂浓度/(g/m³)	时间/h	被试品及受试面
60	<30	18~29	0.177	1.5/方向	×××的侧面

6.2.12.3 试验方法

试验按 GJB 150.12—1986《军用设备环境试验方法 砂尘试验》中规定的试验方法进行。

6.2.12.3.1 吹尘试验方法

a）被试品的安装

将被试品固定到安装架上，然后将装有被试品的安装架固定到吹尘试验箱中，并处于试验箱的有效容积内。被试品的侧面朝向吹尘气流方向。

b）试验前检测

在试验的标准大气条件下对被试品进行外观和功能/性能检测，检测结果分别记录在表 A.1 和表 B.1 中。．

c）试验运行

首先将试验箱内温度调至 23℃，相对湿度控制在 30% 以下，然后将箱内风速调至 8.9m/s,尘浓度调至 10.6g/m³,保持此条件 6h。

停止吹尘,将试验箱内温度升至 60℃,风速调至 1.5m/s,相对湿度控制在 30% 以下,保持此条件 16h。

保持箱内温度 60℃,相对湿度小于 30% 不变,将箱内风速调至 8.9m/s,尘浓度调至 10.6g/m³,保持此条件 6h,试验过程中被试品不工作。

d) 恢复处理

试验结束后,以试验箱最大的温度变化速率将箱内温度降至 25℃后打开箱门,让被试品在试验的标准大气条件下恢复 2h。

e) 试验后检测

恢复结束后,取出被试品,用毛刷刷掉被试品上的积尘。然后在试验的标准大气条件下对被试品进行外观和功能/性能检测,检测结果分别记录在表 A.1 和表 B.1 中。

6.2.12.3.2 吹砂试验方法

a) 被试品的安装

将被试品固定到安装架上,然后将装有被试品的安装架固定到吹砂试验箱中,并处于试验箱的有效容积内。被试品的侧面朝向吹砂气流方向。

b) 试验前检测

在试验的标准大气条件下对被试品进行外观和功能/性能检测,检测结果分别记录在表 A.1 和表 B.1 中。

c) 试验运行

将试验箱内温度升至 60℃,将箱内风速调至 18m/s,砂浓度调至 0.177g/m³,相对湿度控制在 30% 以下,保持此条件 1.5h。

d) 恢复处理

试验结束后,以试验箱最大的温度变化速率将箱内温度降至 25℃后打开箱门,让被试品在试验的标准大气条件下恢复 2h。

e) 试验后检测

恢复结束后,取出被试品,用毛刷刷掉被试品上的积砂。然后在试验的标准大气条件下对被试品进行外观和功能/性能检测,检测结果分别记录在表 A.1 和表 B.1 中。

6.2.12.4 试验结果评定准则

在试验期间,被试品若满足以下要求则判为合格:

a) 被试品功能/性能检测结果满足表 A.1 和表 B.1 中"合格判据"的要求;

b) 标识清晰;

c) 被试品结构未出现损坏、变形和裂纹;

d) 表面涂层未出现裂纹、起泡、起皱、脱落和磨蚀；

e) 紧固件无松动或脱落；

f) 活动部件未卡住或阻塞。

6.3 试验要求

6.3.1 试验的标准大气条件

温度:15℃~35℃。

相对湿度:20%~80%。

大气压力:试验场所的当地气压。

6.3.2 试验条件允许误差

本次试验条件的允许误差应遵循GJB 150.1—1986《军用设备环境试验方法 总则》中第3.2条有关规定。

6.3.3 试验报告要求

试验结束后,承试单位应按GJB/Z 170.6—2013《军工产品设计定型文件编制指南 第6部分:设计定型基地试验报告》的要求编写×××(产品名称)设计定型可靠性鉴定试验报告。

7 测试测量要求

7.1 试验检测要求

7.1.1 检测项目和要求

7.1.1.1 被试品外观检查

被试品外观检查内容包括:标识是否清晰、表面涂层是否起泡、起皱和脱落；金属和金属镀层是否有腐蚀；非金属材料是否有明显泛白、膨胀、起泡、皱裂、脱落及麻坑现象；紧固件是否松动；结构是否损伤、变形和出现裂纹等,其检查结果分别记录在表A.1~表A.4中。

7.1.1.2 被试品功能/性能检测

被试品功能/性能检测连接框图见图4,检测内容分别见表B.1中。

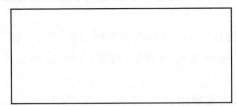

图4 被试品功能/性能检测连接框图

7.1.2 检测方法和步骤

×××(产品名称)功能性能检测方法和步骤见×××(承制单位)和驻×××(承制单位)军事代表室会签的《×××(产品名称)设计定型环境鉴定试验检

测细则》。

7.1.3 检测时机和记录

7.1.3.1 试验前检查和检测

在进行各项试验前,均应在试验的标准大气条件下,对被试品外观和功能/性能进行检测,外观检查结果记录在表 A.1～表 A.4 中,功能/性能检测结果记录在表 B.1 中。

7.1.3.2 中间检测

低温工作试验被试品在非工作状态下保持 4h 温度达到稳定,然后给被试品通电工作并进行功能/性能检测,检测结果记录在表 B.1 中;

高温工作试验被试品在非工作状态下保持 4h 温度达到稳定,然后启动被试品工作 1h 后对其进行功能/性能检测,检测结果记录在表 B.1 中;

低气压试验压力达到稳定后进行功能/性能检测,检测结果记录在表 B.1 中;

加速度试验中通电工作并进行性能检测,检测结果记录在表 B.1 中;

冲击试验中通电工作并进行性能检测,检测结果记录在表 B.1 中;

振动功能试验中给被试品通电并进行功能/性能检测,检测结果记录在表 B.1 中;

湿热试验在第 5 周期和第 10 周期低温段结束前 4h 期间给被试品通电并进行功能/性能检测,检测结果记录在表 B.1。

7.1.3.3 试验后检查和检测

将进行完每项试验的被试品均应在试验的标准大气条件下进行外观和功能/性能检测,外观检查结果记录在表 A.1～表 A.4 中,功能/性能检测结果记录在表 B.1 中。

7.2 试验设备及检测仪器仪表要求

7.2.1 精度要求

试验设备和检测仪器仪表应能保证产生和保持试验剖面要求的综合环境条件,温度、振动和相对湿度应力容差应符合 GJB 899A—2009 中第 4.4 条的规定。

试验设备和检测仪器仪表均应经过计量检定,且应在有效期内。专用测试设备应通过军厂双方的鉴定或经军代表认可。

所有试验设备和检测仪器仪表应满足以下要求:
a) 其精确度至少应为被测参数容差的三分之一;
b) 其标定应能追溯到国家最高计量标准;
c) 能够适应所测量的环境条件。

7.2.2 试验设备

本次试验使用的试验设备见表16。

表16 试验设备

序号	名 称	型 号	数量	备注
1	综合环境试验系统		1	
2	28V 直流电源		1	能进行电压调整
3	115V/400Hz 交流电源		1	能进行电压和频率调整
4				

7.2.3 检测仪器仪表

本次试验使用的检测仪器仪表见表17。

表17 检测仪器仪表

序号	名 称	型 号	数量	备注
1	×××检测仪		1	专用测试设备
2	×××模拟器		1	专用测试设备
3	×××示波器		1	
4	×××万用表		1	
5				

注：可用满足精度要求的检测仪器仪表替换

8 试验的中断处理与恢复

8.1 试验的中断处理

8.1.1 一般问题中断处理

8.1.1.1 试验设备异常引起的中断

8.1.1.1.1 霉菌试验

对于霉菌试验，因试验设备故障中断于试验期的前 7d，应重新进行。

若试验因试验设备故障中断于试验期 7d 以后，则应按下列规定进行处理：

a) 试验箱内温度升高时，有下列情况之一，试验应重新进行：
1) 温度升高达 40℃ 以上；
2) 温度超过 31℃ 达 4h 以上；
3) 对照样品上的霉菌因超温影响有衰退现象；
4) 温度升高期间相对湿度降低到 50% 以下。

除上述情况外，应及时恢复试验条件，并从中断点起继续试验。

b) 试验箱内试验温度降低，相对湿度仍符合标准时，对照样品上生长的霉菌未有衰退迹象,可恢复试验条件,并从温度降低到低于规定的容差点起继续试验。

c) 试验箱内相对湿度降低时,有下列情况之一,试验应重新进行。

1) 相对湿度降低到50%;
2) 相对湿度降低到70%以下达到4h之久;
3) 对照样品上的霉菌因相对湿度降低而产生了衰退现象。

除上述情况外,相对湿度稍有偏低,应及时恢复试验条件,并从中断点起继续试验。

8.1.1.1.2 盐雾试验

a) 欠试验中断

当出现试验条件低于容差下限时,应对试验情况做出判断。经对被试品进行全面直观检查,认为能继续试验时,再在试验条件符合规定要求的情况下,继续试验。试验时间由低于试验条件容差下限的中断点之前符合试验条件要求的最后一个测试点继续算起。

b) 过试验中断

当出现试验条件超过容差上限时,应中断试验。经对被试品进行全面直观检查,认为不会对最终试验结果有不利影响或能及时修复时,再在试验条件符合规定要求的情况下,继续试验。高于试验条件上限的中断点之前的试验时间有效,试验时间由中断点继续算起。如果无法对最终试验结果做出判断,则需用新的被试品重做试验。

8.1.1.1.3 其他试验

a) 欠试验条件中断

当高温、低温、温度冲击、低气压、加速度、冲击、振动、淋雨、湿热、砂尘试验等试验条件低于允许容差下限时,应从低于试验条件的点重新达到预先规定的试验条件,恢复试验,一直进行到完成预定的试验周期。

b) 过试验条件中断

当高温、低温、温度冲击、低气压、加速度、冲击、振动、淋雨、湿热、砂尘试验等出现过度的试验条件时,停止试验,用新的被试品重做。如果过试验条件不会直接造成影响被试品特性的损坏,或者被试品可以修复,则可按a)条处理。如果以后试验中出现被试品失效,则应认为此试验结果无效。

8.1.1.2 被试品故障引起的中断

试验过程中,因被试品故障而中断时,按下述程序进行故障处理:

当被试品发生故障时,×××(承试单位)填写表18"故障报告表";×××(承制单位)进行故障分析,并按FRACAS要求填写表19"故障分析报告表";对故障进行处理时,填写表20"故障纠正措施报告表"。

若发生的故障,经分析认为采取的措施不影响前期试验结果,经试验工作组同意可继续试验,发生故障的试验项目应重做;若采取的纠正措施影响前期试验结果,则受影响的试验项目应重做。

8.1.2 重大问题中断处理

试验过程中出现下列情形之一时,×××(承试单位)应中断试验并及时报告×××(二级定委),同时通知有关单位:
a) 出现安全、保密事故征兆;
b) 试验结果已判定关键战术技术指标达不到要求;
c) 出现影响性能和使用的重大技术问题;
d) 出现短期内难以排除的故障。

8.2 试验恢复处理

8.2.1 一般问题中断试验的恢复

对于试验设备异常引起中断的情况,试验设备故障已经排除并经验证确认问题已解决,×××(承试单位)完成了试验中断对试验有效性影响的分析,可恢复试验。

对于被试品故障引起中断的情况,×××(承制单位)对试验中暴露的问题采取了改进措施,经试验验证确认问题已解决,×××(承试单位)恢复试验。

8.2.2 重大问题中断试验的恢复

对于重大问题引起中断的情况,×××(承制单位)对试验中暴露的问题采取了改进措施,经试验验证确认问题已解决,×××(承试单位)应向×××(二级定委)提出恢复或重新试验的申请,经批准后,实施试验。

9 试验组织及任务分工

为确保试验顺利实施,应按〔2001〕航定字第29号文的要求,成立试验工作组,对试验过程进行管理和监控。

试验工作组由×××(承试单位)任组长单位,全面负责试验工作,包括制定有关规章制度,安排试验的实施、故障处理及紧急情况的处置等;×××(驻承制单位军事代表室)任副组长单位,负责对试验全过程实施监控,包括产品性能检测和功能检查的监控,检查并签署各种试验记录;×××(承制单位)作为成员单位参加试验工作组,提供对被试品的技术支持。

10 试验保障

为确保试验顺利有效地实施,参试人员必须具备相应的资格。在试验前,由×××(承试单位)负责制定试验程序,具体规定试验条件施加方法。

试验前按大纲规定的安装方式将被试品安装在试验箱内。对参加试验的被试品、试验设备和检测仪器等进行状态检查,确认是否具备开始试验的条件。

×××(承制单位)应连接好各种监测设备、检测仪器,连接、密封好有关电缆和引线,并提供试验中被试品功能性能检测和故障分析、改进工作等技术支持。

11 试验安全

所有参加试验的人员必须经过登记;试验过程中,试验值班人员必须坚守岗位,遵守规定,按照试验分工要求,依据操作规范执行相应操作,保证试验应力与试验剖面一致,并及时准确地做好各种试验记录。试验中划定识别区域,防止无关人员进入,严格按试验程序要求执行以保证人员与设备的安全。

所有参加试验的被试品、试验设备、检测仪器和检测记录必须经过检查和登记,在试验过程中未经试验工作组同意不得撤离试验场地。为避免对被试品施加超出规范的环境条件,试验设备必须具备超限保护能力并在试验前进行正确设置和验证。

12 有关问题的说明

前一项试验的最终检测可作为后一项试验的初始检测。

必要时,试验顺序可根据实际情况进行适当调整,但需经过试验工作组认可。

13 试验实施网络图

本次环境鉴定试验共 12 项试验,其试验实施网络图见图 5。

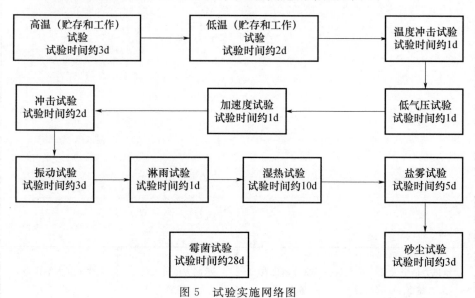

图 5 试验实施网络图

14 附录

无。

表 18　故 障 报 告 表

故障报告表编号		故障日期	
故障产品名称、型号		故障发现时间	
承制单位		前次检测时间	
被试品故障检测与隔离方式		(1)BIT　(2)测试设备　(3)其他方式	

故障时间＿＿＿＿＿＿

故障时试验应力	

故障现象描述

承试方值班人员签字	驻承试方军代表签字	承制方值班人员签字	驻承制方军代表签字

表 19　故障分析报告表

故障分析报告表编号		填表日期	
故障件名称、型号		故障报告表编号	
承制单位		故障分析单位	
故障模式			
故障原因			
分析说明			
分析人员签字	技术负责人签字	质量负责人签字	驻承制单位军代表签字

表 20 故障纠正措施报告表

故障纠正措施报告表编号		填表日期	
故障报告表编号		故障分析报告表编号	
故障件名称、型号		实施技术文件号	
实施单位		实施日期	
纠正措施			
验证方法及纠正效果			
遗留问题及处理意见			
实施人签字	技术负责人签字	质量负责人签字	驻承制单位军代表签字

表 A.1 被试品外观检查结果记录表（除湿热、霉菌和盐雾试验）

检查项目	合格判据	检查结果
产品标识	应清晰	
表面涂层	不应出现裂纹、起泡、起皱和脱落	
金属和金属镀层	不应有腐蚀	
非金属材料	不应有明显泛白、膨胀、起泡、皱裂、脱落及麻坑现象	
紧固件	不应出现松动或脱落	
产品结构	不应出现损坏、变形和裂纹现象	
活动部件	不应卡住	

表 A.2 被试品外观检查结果记录表（湿热试验）

检查项目	合格判据	检查结果
构件金属	允许有轻度变暗和变黑,但不得腐蚀	
金属接触处	无腐蚀	
金属防护层	除边缘及棱角处外腐蚀面积不超过该零件防护层面积的20%,主金属除边缘及棱角处外不得腐蚀	
漆层	允许涂漆层光泽颜色减褪或有少量直径不大于0.5mm的起泡,但不应有起皱桔皮及漆层脱落现象,且底金属不得出现腐蚀	
非金属材料	无明显泛白、膨胀、起泡、皱裂、脱落及麻坑等	

表 A.3 被试品外观检查结果记录表（霉菌试验）

被试品	零部件	材料及工艺	合格判据	试验前外观检查结果	试验后外观检查结果	长霉等级	结论
			长霉等级0级~2级为合格				
	……	……	……	……	……	……	……

表 A.4 被试品外观检查结果记录表(盐雾试验)

被试品	零部件	材料及工艺	合格判据	试验前外观检查结果	试验后外观检查结果	结论
			a)构件金属无明显发暗变黑; b)金属接合处无严重腐蚀; c)金属防护层腐蚀面积占金属防护层面积30%以下; d)涂漆层除局部边棱处外,无起泡、起皱、开裂或脱落,且底金属未出现腐蚀; e)非金属材料无明显的泛白、膨胀、起泡、皲裂以及麻坑等			
……	……			……	……	……

表 B.1 功能性能检测结果记录表(标准大气条件下)

序号	检测项目	检测内容	检测要求及合格判据	检测结果
1				
2				
3				
4				
5				
6				
注:				

表 B.2 功能性能检测结果记录表（环境应力条件下）

序号	检测项目	检测内容	检测要求及合格判据	检测结果
1				
2				
3				
4				
注：				

22.3.5 设计定型可靠性鉴定试验大纲

1 任务依据

1.1 任务来源

按照型号定型工作安排，×××（承试单位）承担×××（承制单位）研制的×××（产品名称）设计定型可靠性鉴定试验，依据相关文件和标准编制了《×××（产品名称）设计定型可靠性鉴定试验大纲》。

1.2 编制依据和引用文件

GJB 150—1986　军用设备环境试验方法

GJB 841—1990　故障报告、分析和纠正措施系统

GJB 899A—2009　可靠性鉴定和验收试验

GJB 1032—1990　电子产品环境应力筛选方法

GJB 1362A—2007　军工产品定型程序和要求

GJB/Z 170—2013　军工产品设计定型文件编制指南

〔2001〕航定字第 29 号　《航空军工产品设计定型环境鉴定试验和可靠性鉴定试验管理工作细则（试行）》

×××（产品名称）研制总要求（和/或技术协议书）

×××（产品名称）产品规范

2 试验性质

设计定型试验。

3 试验目的

验证×××(产品名称)的平均故障间隔时间(MTBF)是否达到了《×××(产品名称)研制总要求》(和/或技术协议书)所规定的设计定型最低可接受值100h,为其设计定型提供依据。

4 试验时间和地点

试验时间:20××年××月至20××年××月(暂定)。

试验地点:×××(承试单位)。

5 被试品、陪试品数量及技术状态

5.1 被试品

5.1.1 产品组成及安装位置

×××(产品名称)由×××、×××、×××组成,其外形尺寸、重量和安装位置见表1。

表1 ×××(产品名称)组成

序号	LRU 名称	型号	数量/件	外形尺寸,长×宽×高/mm×mm×mm	重量/kg	安装位置
1			1			
2			2			
3			1			
×			×			
注:						

5.1.2 产品功能性能

×××(产品名称)用于×××、×××、×××。

×××(产品名称)主要功能如下:

a) ×××;

b) ×××;

c) ×××;

……

×××(产品名称)主要性能要求如下:

a) ×××;

b) ×××;

c) ×××;

……

×××(产品名称)的结构示意图如图1所示,交联框图如图2所示。

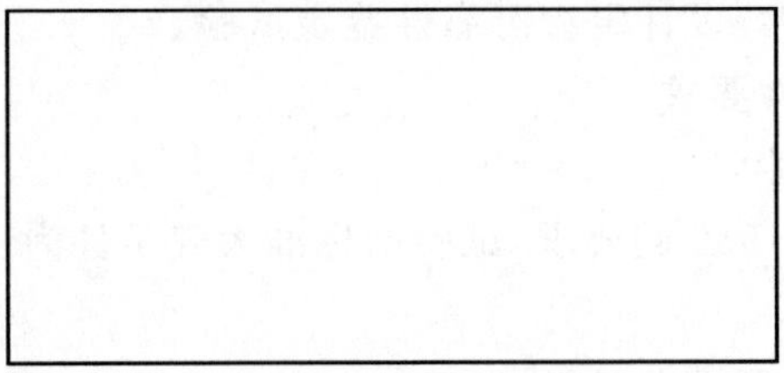

图1 ×××(产品名称)结构示意图

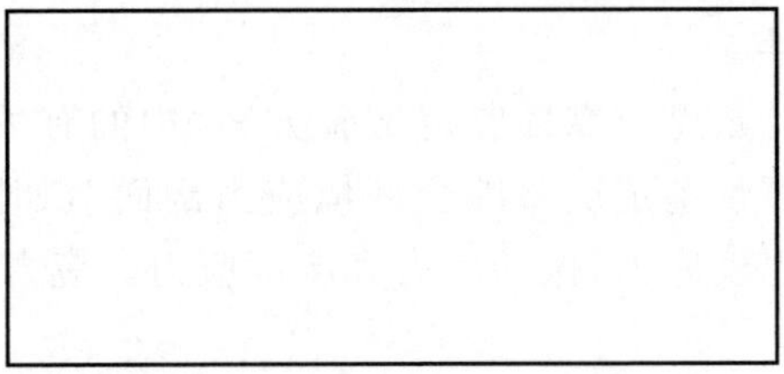

图2 ×××(产品名称)交联框图

5.1.3 被试品数量
进行设计定型可靠性鉴定试验的被试品数量为1套。

5.1.4 被试品技术状态
被试品与备件应满足以下要求:

a) 应完成环境应力筛选,同批产品应完成必要的环境鉴定试验和电磁兼容性试验,软件通过测试,证明产品的关键技术问题已经解决,主要战术技术指标能够达到研制总要求(和/或技术协议书)的要求;

b) 具有设计定型的技术状态和工艺状态;

c) 软件版本基本固定,且为设计定型可靠性鉴定试验前最新版本;

d) 通过质检并经军事代表机构检验合格。

5.2 陪试品
陪试品组成、数量、尺寸和重量见表2。

表2 陪试品组成、尺寸和重量

序号	陪试品名称	型号	数量/件	外形尺寸,长×宽×高 /mm×mm×mm	重量/kg	备注
1			1			
2			1			
×			×			

6 试验项目、方法及要求

6.1 试验项目

×××(产品名称)设计定型可靠性鉴定试验。

6.2 试验环境与条件要求

6.2.1 标准大气条件

根据 GJB 150—1986 的要求,试验的标准大气条件为:

温度:15℃~35℃。

相对湿度(RH):20% ~80%。

大气压力:试验场所气压。

6.2.2 综合环境条件

根据《×××设计定型可靠性鉴定试验方案》中的有关要求,本次试验采用"×××舱内设备可靠性鉴定试验综合环境应力剖面",如图 3 所示。其综合环境条件包括电应力、温度应力、振动应力和湿度应力。应力量值和持续时间按剖面规定选取。

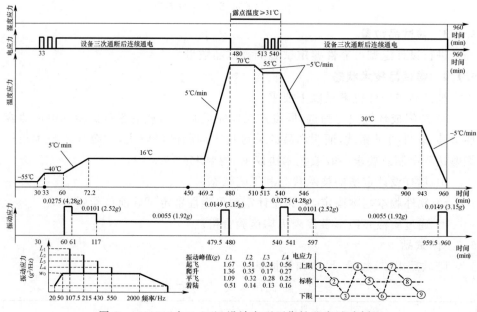

图 3 ×××(产品名称)设计定型可靠性鉴定试验剖面

6.2.2.1 电应力(直流)

试验过程中,电应力按 GJB 181—1986 中规定的变化范围进行拉偏。第 1 试验循环的电应力为上限值,第 2 试验循环的电应力为标称值,第 3 试验循环的电应力为下限值。3个试验循环电应力的变化构成一个完整的循环。整个试验期间,重复这一电应力循环,电应力变化范围见表3,变化顺序如图4所示。

表3 电应力变化范围

电源类型	上限值	标称值	下限值
28V 直流	30V	28V	25V
115V/400Hz 交流	116.5V/420Hz	115V/400Hz	109.5V/380Hz

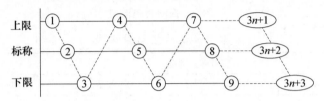

图4 电应力循环

在试验的每个循环中,被试品在冷天、热天地面阶段各有30min的不工作时间(冷浸和热浸),其余阶段被试品都应处于工作状态。被试品在冷浸和热浸结束后,在每一循环第33min和513min时,开始通断电3次之后连续通电,以考核被试品在极端温度下的启动能力。

6.2.2.2 温度应力

温度应力按图2所示试验剖面要求并与其他应力同步施加。温度稳定后控制容差不得超过±2℃。整个温度循环为16h。

模拟载机地面停留阶段:

冷天贮存温度:-55℃。

热天贮存温度:+70℃。

冷天地面工作温度:-40℃。

热天地面工作温度:+55℃。

模拟载机空中阶段,温度应力随载机飞行高度而变化,升降温速率为5℃/min。

6.2.2.3 湿度应力

湿度应力按图2所示试验剖面要求并与其他应力同步施加。湿度稳定后控制容差不得超过±5%RH。

在每一循环中的热天地面阶段注入湿气,从热天地面不工作阶段开始即保持露点温度大于等于31℃,直到热天地面工作阶段结束。在试验循环的其他阶段不注入湿气,不控制湿度,且试验箱的空气不应烘干。

6.2.2.4 振动应力

振动功率谱型如图5所示。具体振动量级见表4。

图 5 振动功率谱型

表 4 试验振动量级表

名称	宽带随机部分			周期分量	
	频率/Hz	功率谱密/(g²/Hz)	均方根值/g$_{rms}$	频率/Hz	幅值/g
起飞振动量级					
爬升振动量级					
巡航振动量级					
着陆振动量级					

6.2.2.5 试验条件允许误差

本次试验条件的允许误差应遵循GJB 899A—2009第4.4条的有关规定。

6.2.3 试验前有关工作要求

6.2.3.1 可靠性预计

应对被试品按应力法进行可靠性预计,并给出可靠性预计报告。

6.2.3.2 故障模式影响及危害度分析(FMECA)

承制单位应对被试品进行 FMECA,并给出分析报告,指出产品的薄弱环节,确定纠正措施或补偿措施。

6.2.3.3 环境试验

被试品的同状态产品应完成必要的环境鉴定试验,并给出相应的试验报告。

6.2.3.4 环境应力筛选

应按 GJB 1032—1990 对被试品进行环境应力筛选。

6.2.3.5 军检

被试品应通过军检,并给出相应的检验报告。

6.2.3.6 建立故障报告、分析和纠正措施系统(FRACAS)

应按 GJB 841—1990 的要求,在试验现场建立 FRACAS,负责试验过程中的信息收集和故障处理工作。

6.2.3.7 试验装置能力调查

承试单位应按试验剖面的要求,对试验所要用到的试验装置的能力进行调查,并给出相应的调查结果,以保证试验装置满足试验要求。

6.2.3.8 被试品的安装和测试

6.2.3.8.1 安装前被试品的测试

被试品安装前,应在试验现场,在标准大气条件下按第 7 章的检测要求对被试品进行检测,以检查被试品到达试验现场的状态是否满足产品规范中规定的要求,并记录检测结果。

6.2.3.8.2 夹具的测试

被试品安装前,承试单位应对试验所用的夹具进行振动测试,以检查夹具是否满足规定的要求,并记录。

6.2.3.8.3 被试品的安装

被试品的安装方式应能反映其典型的现场安装特征,并满足 GJB 150—1986 中的有关规定。

6.2.3.8.4 安装后被试品的测试

被试品通过专用试验夹具安装于试验装置中后,应在标准大气条件下按第 7 章的检测要求对被试品进行检测,以检查安装过程中是否造成被试品故障,记录检测结果,并作为整个试验过程中检测到的性能和功能比较的基准。

6.2.3.9 编制试验程序

根据大纲要求和试验设备实际情况编制《×××(产品名称)设计定型可靠性鉴定试验程序》。

6.2.4 试验报告要求

试验结束后,承试单位应按 GJB/Z 170.6—2013《军工产品设计定型文件编制指南 第 6 部分:设计定型基地试验报告》的要求编制《×××(产品名称)设计定型可靠性鉴定试验报告》。

6.3 试验方法

本次试验按照 GJB 899A—2009 中规定的试验方法进行。

6.4 试验方案

根据《×××设计定型可靠性鉴定试验方案》中的有关要求,本次试验选用 GJB 899A—2009 中的定时截尾试验方案 17,即生产方风险 α 为 20%,使用方风险 β 为 20%,累积试验时间为 4.3 倍 θ_1 的统计试验方案。

根据《×××(产品名称)研制总要求》(和/或技术协议书),×××(产品名称)MTBF 设计定型最低可接受值为 100h,因此,本次试验中 θ_1 为 100h,累积试验时间为 430h。

被试品数量为 1 套,每一试验循环为 16h,因此,本次试验总循环数为
$$430 \div 16 = 26.875$$

试验过程中,被试品若发生 2 个或 2 个以下责任故障,则被试品通过本次设计定型可靠性鉴定试验,作出接收判决;若发生 3 个或 3 个以上责任故障,则被试品未通过本次设计定型可靠性鉴定试验,作出拒收判决。

×××(产品名称)设计定型可靠性鉴定试验方案参数见表 5。

表 5 ×××(产品名称)设计定型可靠性鉴定试验方案参数表

试验方案	决策风险		鉴别比	检验下限	检验上限	试验时间	判决故障数	
	α	β	d	θ_1	θ_0	T	接收	拒收
17	20%	20%	3.0	100h	300h	430h	≤2	≥3

6.5 试验结果评定准则

6.5.1 故障判据

在试验过程中,出现下列任何一种状态时,应判定被试品出现故障:

a) 被试品不能工作或部分功能丧失;
b) 被试品参数检测结果超出规范允许范围;
c) 被试品(包括安装架)的机械、结构部件或元器件发生松动、破裂、断裂或损坏。

6.5.2 故障分类

试验过程中出现的故障可分为关联故障和非关联故障,关联故障应进一步分为责任故障和非责任故障。

6.5.2.1 非责任故障

试验过程中,下列情况可判为非责任故障:

a) 误操作引起的被试品故障;

b) 试验设备及检测仪器仪表故障引起的被试品故障;

c) 超出设备工作极限的环境条件和工作条件引起的被试品故障;

d) 修复过程中引入的故障;

e)(将有寿器件超期使用,使得该器件产生故障及其引发的从属故障)。

6.5.2.2 责任故障

除可判定为非责任的故障外,其他所有故障均判定为责任故障,如:

a) 由于设计缺陷或制造工艺不良而造成的故障;

b) 由于元器件潜在缺陷致使元器件失效而造成的故障;

c) 由于软件引起的故障;

d) 间歇故障;

e) 超出规范正常范围的调整;

f) 试验期间所有非从属性故障原因引起的出现故障征兆(未超出性能极限)而引起的更换;

g) 无法证实原因的异常。

6.5.3 故障统计原则

试验过程中,只有责任故障才能作为判定被试品合格与否的根据。责任故障可参照下述原则进行统计:

a) 当可证实多种故障模式由同一原因引起时,整个事件计为一次故障;

b) 有多个元器件在试验过程中同时失效时,在不能证明是一个元器件失效引起了另一些失效时,每个元器件的失效计为一次独立的故障;若可证明是一个元器件的失效引起的另一些失效时,则所有元器件的失效合计为一次故障;

c) 可证实是由于同一原因引起的间歇故障,若经分析确认采取纠正措施经验证有效后将不再发生,则多次故障合计为一次故障;

d) 多次发生在相同部位、相同性质、相同原因的故障,若经分析确认采取纠正措施经验证有效后将不再发生,则多次故障合计为一次故障;

e) 已经报告过的由同一故障原因引起的故障,由于未能真正排除而再次出现时,应和原来报告过的故障合计为一次故障;

f) 在故障检测和修理期间,若发现被试品中还存在其他故障而不能确定为是由原有故障引起的,则应将其视为单独的责任故障进行统计。

6.5.4 试验合格判据

试验过程中,当被试品出现第3次责任故障时,即可做出拒收判决。

当累积试验时间达到430h时,应按本大纲第7章中的要求对被试品进行最终常温检测,被试品在整个试验过程中发生的关联责任故障数小于3个时,即可做出接收判决。

6.6 数据处理方法

试验结束后,应根据试验结果对被试品按照GJB 899A—2009附录A中A5.4.4条规定对被试品的MTBF进行评估。

7 测试测量要求

7.1 试验检测要求

7.1.1 检测项目和要求

试验依据《×××(产品名称)产品规范》的有关要求对被试品进行功能和性能检测,检测连接框图如图6所示,具体检测项目和要求见表6。

图6 被试品检测连接框图

表6 检测项目和要求

序号	研制总要求中的功能性能指标	是否检测	说明
注:×××			

7.1.2 检测方法和步骤

×××(产品名称)功能性能检测方法和步骤见×××(承制单位)和驻×××(承制单位)军事代表室会签的《×××(产品名称)设计定型可靠性鉴定试验检测细则》。

7.1.3 检测时机和记录

试验前和试验后,在试验的标准大气条件下,应由×××(承制单位)、×××(承试单位)和驻×××(承制单位)军事代表室共同按表4的检测项目和要求,对被试品各进行一次功能和性能检测,并记录检测结果。

试验过程中,在每个循环的第33min、450min、513min和900min时,应由×××(承制单位)、×××(承试单位)和驻×××(承制单位)军事代表室共同按

表 6 的检测项目和要求,对被试品进行检测,并记录检测结果,以确保及时发现产品问题。在检测过程中,若此次检测发现故障而无法判断故障发生的具体时间,则认为故障发生的时间为上一次的检测时间。

7.2 试验设备及检测仪器仪表要求

7.2.1 精度要求

试验设备和检测仪器仪表应能保证产生和保持试验剖面要求的综合环境条件,温度、振动和相对湿度应力容差应符合 GJB 899A—2009 中第 4.4 条的规定。

试验设备和检测仪器仪表均应经过计量检定,且应在有效期内。专用测试设备应通过军厂双方的鉴定或军代表认可。

所有试验设备和检测仪器仪表应满足以下要求:
a) 其精确度至少应为被测参数容差的三分之一;
b) 其标定应能追溯到国家最高计量标准;
c) 能够适应所测量的环境条件。

7.2.2 试验设备

本次试验使用的试验设备见表 7。

表 7 试验设备

序号	名 称	型 号	数量	备注
1	综合环境试验系统		1	
2	28V 直流电源		1	能进行电压调整
3	115V/400Hz 交流电源		1	能进行电压和频率调整
×	×××		×	

7.2.3 检测仪器仪表

本次试验使用的检测仪器仪表见表 8。

表 8 检测仪器仪表

序号	名 称	型 号	数量	备注
1	×××检测仪		1	专用测试设备
2	×××模拟器		1	专用测试设备
3	×××示波器		1	
4	×××万用表		1	
×	×××		×	
注:可用满足精度要求的检测仪器仪表替换					

8 试验的中断处理与恢复

8.1 试验中断处理

8.1.1 一般问题中断处理

试验期间,被试品发生故障时,试验值班人员应按FRACAS的要求,立即填写表9"故障报告表"。故障确认后,应按下面的程序进行故障处理:

a) 暂停试验,将试验箱中的温度恢复到标准大气条件后,取出故障产品;

b) ×××(承制单位)对故障产品进行故障分析,并按FRACAS要求,填写表10"故障分析报告表";

c) 当需要对故障进行再现或调查时,×××(承试单位)应协助×××(承制单位)进行故障再现或故障调查;

d) 当故障原因确定后,×××(承制单位)应立即对故障产品进行修复,修复时,可以更换由于其他元器件失效引起应力超出允许额定值的元器件,但不能更换性能虽已恶化但未超出允许容限的元器件;当更换元器件确有困难时,可更换模块;若故障原因为元器件失效,应对失效元器件进行失效分析;

e) 在故障检测和修理期间,除经试验工作组同意可临时更换插件外,不应随意更换未出故障的模块或部件;

f) 经修理恢复到可工作状态的产品,在证实其修理有效后,根据6.5.2条规定的故障分类原则对所发生的故障进行分类,当累积的责任故障数超过2个时,则停止试验,提前做出拒收判决;否则重新将被试品投入试验,但其累积试验时间应从发生故障的温度段的零时开始记录;

g) ×××(承制单位)应按FRACAS的要求,将推荐的纠正措施填写在表11"故障纠正措施报告表"中。

8.1.2 重大问题中断处理

按照GJB 1362A—2007中规定,试验过程中出现下列情形之一时,×××(承试单位)应中断试验并及时报告×××(二级定委),同时通知有关单位:

a) 出现安全、保密事故征兆;

b) 试验结果已判定关键战术技术指标达不到要求;

c) 出现影响性能和使用的重大技术问题;

d) 出现短期内难以排除的故障。

8.2 试验恢复处理

8.2.1 一般问题中断试验的恢复

对于一般问题引起中断的情况,×××(承制单位)对试验中暴露的问题采取了改进措施,经试验验证和军事代表确认问题已解决,×××(承试单位)恢复试验。

8.2.2 重大问题中断试验的恢复

对于重大问题引起中断的情况，×××（承制单位）对试验中暴露的问题采取了改进措施，经试验验证和军事代表确认问题已解决，×××（承试单位）应向×××（二级定委）提出恢复或重新试验的申请，经批准后，实施试验。

9 试验组织与任务分工

为确保试验顺利实施，应按〔2001〕航定字第29号文的要求，成立试验工作组，对试验过程进行管理和监控。

试验工作组由×××（承试单位）任组长单位，全面负责试验工作，包括制定有关规章制度，安排试验的实施、故障处理及紧急情况的处置等；×××（驻承制单位军事代表室）任副组长单位，负责对试验全过程实施监控，包括产品性能检测和功能检查的监控，检查并签署各种试验记录；×××（承制单位）作为成员单位参加试验工作组，提供对被试品的技术支持。

10 试验保障

为确保试验顺利有效地实施，参试人员必须具备相应的资格。在试验前，由×××（承试单位）负责制定试验程序，具体规定试验条件施加方法。

试验前按大纲规定的安装方式将被试品安装在综合试验箱内。被试品及夹具的重心应调整到与振动台的中心重合，为了解试验夹具的动态特性，×××（承试单位）应完成对夹具的测定工作，并制定质量控制和保证措施；对参加试验的被试品、试验设备和检测仪器等进行状态检查，确认是否具备开始试验的条件。

×××（承制单位）应连接好各种监测设备、检测仪器，连接、密封好有关电缆和引线，并提供试验中被试品功能性能检测和故障分析、改进工作等技术支持。

11 试验安全

所有参加试验的人员必须经过登记，试验中的操作按照试验分工要求由相应人员依据操作规范执行。所有参加试验的被试品、试验设备、检测仪器和检测记录必须经过检查和登记，在试验过程中未经试验工作组同意不得撤离试验场地。为避免对被试品施加超出规范的环境条件，试验设备必须具备超限保护能力并在试验前进行正确设置和验证。

试验过程中，试验值班人员必须坚守岗位，遵守规定，保证试验应力与试验剖面一致，及时准确地做好各种试验记录。试验中划定识别区域，防止无关人员进入，严格按试验程序要求执行以保证人员与设备的安全。

12 有关问题的说明

a) 对于已判定的责任故障，不应因采取推荐的纠正措施进行了纠正而列入非责任故障；

b) 本大纲未涉及的有关要求参照GJB 899A—2009中的有关内容执行。

13 试验实施网络图

本次设计定型可靠性鉴定试验的试验实施流程图如图 7 所示,分为试验准备、试验执行和试验结束三个阶段,所需时间分别约为××天、××天和××天。

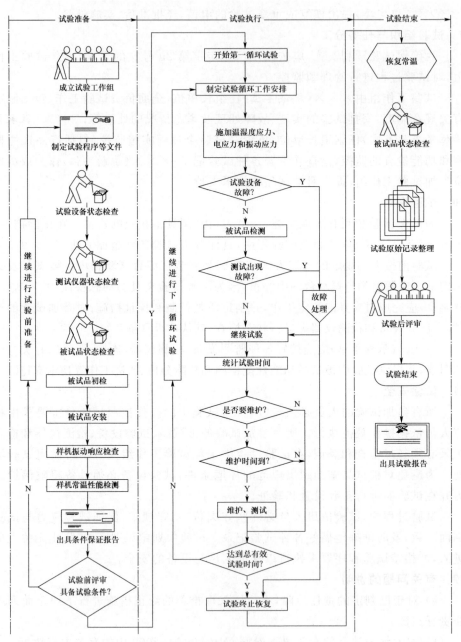

图 7 试验实施流程图

表 9 故 障 报 告 表

故障报告表编号		故障日期	
故障产品名称、型号		故障发现时间	第_____循环 第_____小时_____分
承制单位		前次检测时间	第_____循环 第_____小时_____分
被试品故障检测与隔离方式		(1)BIT　(2)测试设备(3)其他方式	
故障产品累计试验时间_____；被试品总累计试验时间_____ 故障产品累计通电时间_____；被试品总累计通电时间_____			
故障时试验应力	温度_____℃；湿度_____%；振动_____g^2/Hz； 电应力：直流_____V；交流_____V。		
故障现象描述 			
承试单位值班人员签字	驻承试单位军代表签字	承制单位值班人员签字	驻承制单位军代表签字

表 10 故障分析报告表

故障分析报告表编号		填表日期	
故障件名称、型号		故障报告表编号	
承制单位		故障分析单位	

故障模式

故障原因

分析说明

分析人员签字	技术负责人签字	质量负责人签字	驻承制单位军代表签字

表 11 故障纠正措施报告表

故障纠正措施报告表编号		填表日期	
故障报告表编号		故障分析报告表编号	
故障件名称、型号		实施技术文件号	
实施单位		实施日期	

纠正措施

验证方法及纠正效果

遗留问题及处理意见

实施人签字	技术负责人签字	质量负责人签字	驻承制单位军代表签字

范例 23 设计定型基地试验报告

23.1 编写指南

1. 文件用途

报告设计定型基地试验情况和试验结果,作为产品设计定型的依据。

设计定型试验包括基地试验和部队试验。GJB 1362A—2007《军工产品定型程序和要求》将《设计定型试验报告》列为设计定型文件之一。

2. 编制时机

试验结束后,承试单位在 30 个工作日内完成设计定型试验报告。

3. 编制依据

主要包括:研制总要求,设计定型试验大纲,有关国家军用标准等。

4. 格式要求

按照 GJB/Z 170.6—2013《军工产品设计定型文件编制指南 第 6 部分:设计定型基地试验报告》编写。

GJB/Z 170.6—2013 规定了《设计定型基地试验报告》的编制内容和要求。

23.2 编写说明

1 被试品全貌照片

照片应能够反映出被试品的全貌、外形特点,背景应简洁。

2 试验概况

主要包括:

a) 编制依据(任务下达的机关和任务编号,批复的试验大纲,相关国家标准、国家军用标准、试验数据等);

b) 试验起止时间和地点(整个试验或某个试验段的起止时间和地点);

c) 被试品名称、代号、数量、批号(编号)及承研承制单位;

d) 陪试品名称、数量;

e) 试验目的和性质;

f) 试验环境与条件;

g) 试验大纲规定项目的完成情况；
h) 试验中动用和消耗的装备情况；
i) 参试单位和人员情况；
j) 其他需要说明的事项。

3 试验内容和结果

应包含试验大纲规定的全部试验项目，并给出试验结果。要求如下：

a) 对每个试验项目都应简述其试验的目的、试验条件、试验方法和试验结果。必要时，可给出数据处理过程；
b) 对试验项目中被试品出现的问题进行统计；
c) 对可靠性维修性测试性保障性安全性试验项目，依据有关故障判据进行故障统计。

4 试验中出现的主要问题及处理情况

主要包括：

a) 问题现象；
b) 问题处理情况；
c) 试验验证情况。

5 结论

主要包括：

a) 指标综合分析。依据研制总要求对被试品的试验结果进行综合对比评定，并附战术技术指标符合性对照表，示例见表23.1。

表23.1 产品主要战术技术指标符合性对照表

序号	指标章条号	要 求	实测值	数据来源	考核方式	符合情况

注：1. 指标章条号沿用研制总要求（或研制任务书、研制合同）原章条号；
　　2. 要求是指战术技术指标及使用性能要求；
　　3. 数据来源栏填写实测值引自的相关报告、文件，如基地试验报告、仿真试验报告等；
　　4. 考核方式栏可填试验验证、理论分析、数学仿真/半实物仿真、综合评估等

b) 总体评价。对被试品是否可以通过设计定型基地试验给出结论性意见。

6 存在问题与建议

根据试验中发现的问题，进行综合分析与评价，并给出产品存在的主要问题及改进建议。

7 附件

一般包括：

a) 战术技术指标符合性对照表;
b) 试验中出现的问题汇总表;
c) 必要的试验数据图表;
d) 典型试验场景(如主要毁伤效果、主要故障特写等)照片等。

23.3 编写示例

23.3.1 设计定型基地试验报告

1 被试品全貌照片

被试品为×××(产品名称),包括×××、……、×××和×××等××个组成部分,全貌照片如图1所示。

图1 被试品全貌照片

2 试验概况

2.1 编制依据

GJB ××××—××××　×××

GJB ××××—××××　×××

GJB 1362A—2007　军工产品定型程序和要求

GJB/Z 170.6—2013　军工产品设计定型文件编制指南　第6部分:设计定型基地试验报告

×××(产品名称)研制总要求(和/或技术协议书)

×××(产品名称)设计定型基地试验大纲

2.2 试验起止时间和地点

从20××年××月××日开始,至20××年××月××日结束,在×××、……、×××(试验地点)进行了设计定型基地试验(试飞、试车、试航)。

2.3 被试品名称、代号、数量、批号(编号)及承研承制单位

被试品名称为×××,代号×××,数量××台(套),批号(编号)分别为×××、……、×××,承研承制单位为×××。

2.4 陪试品名称、数量

陪试品名称为×××,数量××台(套),技术状态符合规定要求。

2.5 试验目的和性质

本次试验性质为设计定型试验,其试验目的是:

a) 考核被试品主要战术技术指标是否满足研制总要求(和/或技术协议书)的规定;

b) 评估被试品可靠性、维修性、测试性、保障性、安全性;

c) 暴露产品研制中存在的技术质量问题,为设计更改提供依据;

d) 为产品设计定型提供依据;

e) 为编写技术说明书和使用维护说明书提供依据。

2.6 试验环境与条件

本次设计定型基地试验环境为×××、……、×××(试验地点)当地自然环境(地理、气象、水文、电磁环境等)。

本次设计定型基地试验根据各试验项目的具体要求,提供战术应用条件和试验保障条件等试验条件,具体内容在第 3 章描述。

2.7 试验大纲规定项目的完成情况

本次设计定型基地试验共计试飞(试车、试航)×××架次(车次、航次)×××h××min,完成了试验大纲规定的全部×××项试验。规定项目的完成情况见表 1,试验内容和结果详见第 3 章。

表 1 试验大纲规定项目的完成情况对照表

序号	试验项目	试验要求	试验起止时间	完成情况	备 注

2.8 试验中动用和消耗的装备情况

本次设计定型基地试验动用了×××、……、×××(陪试品名称、数量)等装备,消耗了×××、……、×××(陪试品名称、数量)等装备(如弹药)。

2.9 参试单位和人员情况

本次设计定型基地试验由×××(承试单位)组织,×××、……、×××(参试单位)等单位参加。

承试单位参试人员×××、……、×××。

参试单位参试人员×××、……、×××。

2.10 其他需要说明的事项

2.10.1 试验项目分配

被试品共××套,出厂编号为×××(被试品1)、×××(被试品2)、×××

(被试品×),基地编号为×××(被试品1)、×××(被试品2)、×××(被试品×)。×××(被试品1)用于完成×××、……、×××等试验项目,累计试验时间×××;×××(被试品2)用于完成×××、……、×××等试验项目,累计试验时间×××;×××(被试品×)用于完成×××、……、×××等试验项目,累计试验时间×××。

2.10.2 试验报告

通过设计定型基地试验,形成试验报告共××份,包括:
a) ×××(产品名称)设计定型基地试验报告;
b) ×××(配套产品名称)设计定型基地试验报告;
c) ×××(随机保障设备)设计鉴定基地试验报告;
d) 技术支持报告。

3 试验内容和结果

3.1 超短波空地话音通信距离

3.1.1 试验目的

考核机载超短波电台空地话音通信距离是否满足研制总要求(和/或技术协议书)的规定。

3.1.2 试验环境与条件要求

地 面 台:×××地面对空台,50W,天线高度15m。
机 载 台:技术状态(含硬件、软件)为设计定型状态。
飞机构形:无外挂。
重量重心:正常起飞重量,正常重心。
飞行状态:高度 $H_p = \times\times$ km~10km,速度 M 数为 0.6~0.9。
气象条件:垂直能见度××km。
航　　线:×××。

3.1.3 试验方法

1架装有被试品(机载超短波电台)的飞机在规定航线、规定高度作水平直线背台飞行,以不同工作模式(调幅、调频、直扩、跳频、扩跳),定时或定点与地面台通话,报告并记录所到达的预定地标,在接近视距时不间断通话,在地面和空中同步记录通话内容,直到通信中断。及时准确地报告并记下地标点,然后飞机转弯180°作向地面台飞行,不断通话联络,直到恢复通信再次报告并记下地标点。在报告并记录所到达预定地标前后,尽量保持飞机平飞。

如此反复向/背台拉距飞行,××架次。

3.1.4 数据处理方法

数据处理方法如下:

a) 由地面事后数据处理系统将机载测试设备同步记录的通信系统的相关信息进行处理;

b) 用航电专业专用数据处理软件,对机载测试设备同步记录的总线数据、差分 GPS 数据等进行二次处理,给出通信距离计算结果。

3.1.5 试验结果

飞机按照规定的试验方法进行飞行试验,经对试飞数据进行处理,结果表明:被试品工作稳定,话音通信功能正常,空地话音通信距离见表2,满足研制总要求规定的 350km,判定为合格。

表2 空地话音通信距离试验结果

序号	工作模式	作用距离		指标要求 /km	试验结论
		背台/km	向台/km		
1	调频				
2	调幅				
3	直扩				
4	跳频				
5	扩跳				

3.× ×××(试验项目×)

3.×.1 试验目的

×××。

3.×.2 试验环境与条件要求

×××。

3.×.3 试验方法

×××。

3.×.4 数据处理方法

×××。

3.×.5 试验结果

×××。

4 试验中出现的主要问题及处理情况

4.1 概况

×××(产品名称)在设计定型基地试验(试飞、试车、试航)过程中出现了×××、……、×××等×个主要技术质量问题。经机理分析和试验复现,查明问题原因是×××、……、×××;通过采取×××、……、×××等解决措施,经验证措施有效。出现的技术质量问题及解决情况见表3(或附件2)。

表 3 出现的技术质量问题及解决情况汇总表

序号	问题描述	原因分析	解决措施	试验验证情况	备注

对影响安全、主要战术技术指标、部队使用以及其他对研制工作产生重大影响的技术质量问题逐项详细说明如下。

4.2 主要问题及处理情况

4.2.×××(技术问题×)

a) 问题现象

20××年××月××日,在进行×××(试验项目)试验过程中,出现×××现象,导致×××。

b) 问题处理情况

×××(承制单位)对故障现象和试验数据进行了分析,确认出现×××问题的原因主要是×××、……、×××,采取了×××、……、×××等解决措施。

c) 试验验证情况

20××年××月××日,改进后的被试品×××(产品名称)在×××(试验地点)进行了×××(试验项目)试验验证,试验过程中产品工作正常,且在后续试验过程中未再发生问题,结果表明,解决措施正确,合理有效。

5 结论

5.1 指标综合分析

依据研制总要求对被试品×××(产品名称)的试验结果进行综合对比评定,主要战术技术指标符合性对照表见表4(或附件1)。

表 4 产品主要战术技术指标符合性对照表

序号	指标章条号	要　　求	实测值	数据来源	考核方式	符合情况
×	3.×.×	×××	×××	附件3	试验验证	合格

注:1. 指标章条号沿用研制总要求(或研制任务书、研制合同)原章条号;
　　2. 要求是指战术技术指标及使用性能要求;
　　3. 数据来源栏填写实测值引自的试验数据图表;
　　4. 考核方式栏填写"试验验证";
　　5. 含可靠性维修性测试性保障性安全性评估结果

5.2 总体评价
5.2.1 使用人员评述意见
×××（摘录附件5内容）。
5.2.2 维护人员评述意见
×××（摘录附件6内容）。
5.2.3 总体评价结论
20××年××月××日至20××年××月××日，×××（承试单位）组织，×××、……、×××等单位参加，依据×××、……和《×××（产品名称）设计定型基地试验大纲》（任务下达的机关和任务编号，批复的试验大纲，相关国家标准、国家军用标准等），在×××（试验地点）对×××（承制单位）研制的××台套×××（产品名称），在规定的试验环境与条件下，完成了设计定型试飞（试车、试航）全部试验项目，包括×××、……、×××等××项，累计试飞（试车、试航）×××架次（车次、航次）×××h××min，试验过程中，出现了×××、……、×××等×个故障，均已完成整改，试飞（试车、试航）结果表明，产品功能性能满足研制总要求和使用要求，具备设计定型的条件。具体结论如下：

a) 功能正确，工作稳定可靠，×××；
b) 性能达到研制总要求；
c) 结构设计合理，强度满足要求；
d) 可靠性维修性测试性保障性安全性设计合理，×××；
e) 人机界面友好，×××。

6 存在问题与建议
6.1 存在问题
试验过程中出现的技术质量问题已全部解决并通过试验验证，主要战术技术指标符合研制总要求的规定，无遗留问题。
6.2 改进建议
×××（产品名称）在下述几个方面宜进行适当改进：

a) ×××；
b) ×××；
……

7 附件
附件1 主要战术技术指标符合性对照表
附件2 试验中出现的问题汇总表
附件3 试验数据图表
附件4 典型试验场景照片

附件5　使用人员评述意见(签字件)

附件6　维护人员评述意见(签字件)

23.3.2　设计定型环境鉴定试验报告

1　被试品概述

1.1　被试品照片

被试品为×××(产品名称)，包括×××、……、×××和×××等××个组成部分，全貌照片如图1所示。

图1　×××(被试品名称)全貌照片

1.2　被试品功能

×××(被试品名称)具有下列主要功能：

a) ×××;

b) ×××;

……

×××(被试品名称)功能交联框图如图2所示。

图2　×××(被试品名称)功能交联框图

1.3　被试品组成

本次设计定型环境鉴定试验被试品的组成见表1。

1.4　被试品数量

本次设计定型环境鉴定试验被试品的数量及编号见表1。霉菌试验采用典型工艺样件进行试验，其样件清单见表2。

表1　被试品组成、简称、数量及编号情况说明

序号	组成部分	型号	数量	编号	提供单位

表2 霉菌试验典型工艺样件清单

被试品名称	零部件名称	材料及工艺	提供单位

1.5 被试品技术状态

被试品的技术状态满足设计定型技术状态要求,通过质检,并经军事代表机构检验合格,软件为试验前的最新有效版本。被试品配套软件配置项见表3。

表3 被试品配套软件配置项

序号	软件名称	标识	设计定型试验版本

2 试验概述

2.1 编制依据

〔2001〕航定字第29号　　航空军工产品设计定型环境鉴定试验和可靠性鉴定试验管理工作细则(试行)

航定〔20××〕×××号　　批准《×××(产品名称)设计定型环境鉴定试验大纲》

GJB 150—1986　　军用设备环境试验方法

GJB/Z 170—2013　　军工产品设计定型文件编制指南

2.2 试验起止时间和地点

2.2.1 试验时间

从20××年××月××日开始,至20××年××月××日结束。

2.2.2 试验地点

试验地点为×××、……、×××(试验地点)。

各项试验的具体试验地点见表4。

表4 被试品试验项目、试验时间、地点及被试品说明

序号	试验项目		被试品名称	试验时间	试验地点
1	高温试验	高温贮存			
		高温工作			
2	低温试验	低温贮存			
		低温工作			

(续)

序号	试验项目		被试品名称	试验时间	试验地点
3	湿度冲击试验				
4	温度—高度试验				
5	加速度试验	性能加速度试验			
		结构加速度试验			
6	冲击试验	基本设计冲击			
		坠撞安全冲击			
7	振动试验	振动功能			
		振动耐久			
8	湿热试验				
9	霉菌试验				
10	盐雾试验				
11	炮振试验				

2.3 被试品名称、代号、数量、批号(编号)及承研承制单位

本次试验的被试品为×××(产品名称),承研承制单位、数量和编号见表1。

2.4 陪试品名称、数量

无。

2.5 试验目的和性质

2.5.1 试验目的

考核×××(产品名称)的环境适应性是否满足×××(产品名称)研制总要求的相关规定,为其设计定型提供依据。

2.5.2 试验性质

设计定型试验。

2.6 试验环境与条件

根据试验大纲要求,试验的标准大气条件为:

温度:15℃~35℃。

相对湿度:20%~80%。

气压:试验场所的气压。

2.7 试验大纲规定项目的完成情况

试验大纲中规定项目均已完成,没有发生偏离。

2.8 试验中动用和消耗的装备情况
2.8.1 试验设备
试验使用的试验设备见表5。

表5 试验设备

序号	试验项目	试验设备	编号	检定有效截止日期	被试品
1	高温贮存试验				
2	高温工作试验				
3	低温贮存试验				
4	低温工作试验				
5	温度冲击试验				
6	温度—高度试验				
7	加速度试验				
8	冲击试验				
9	振动试验				
10	湿热试验				
11	炮振试验				
12	太阳辐射试验				
13	盐雾试验				
14	霉菌试验				

2.8.2 测试设备

试验使用的测试设备由承研承制单位自备,具体情况见表6。

表6 测试设备

序号	设备型号名称	数量	检定有效截止日期	提供单位

2.9 参试单位和人员情况

参加设计定型环境鉴定试验的人员有：

×××(承试单位)：×××、……、×××等×人。

×××(驻承制单位军事代表室)：×××、……、×××等×人。

×××(承制单位)：×××、……、×××等×人。

2.10 其他需要说明的事项

无。

3 试验内容和结果

3.1 高温试验

3.1.1 试验目的

考核被试品在高温条件下贮存和工作的适应性。

3.1.2 试验条件

3.1.2.1 高温贮存试验条件

温度：70℃。

保持时间：48h。

相对湿度：不大于15%。

温度变化速率：≤10℃/min。

3.1.2.2 高温工作试验条件

温度：70℃。

试验时间：在非工作状态下保持4h使被试品达到温度稳定后,启动被试品工作1h后再进行测试所需的时间。

温度变化速率：≤10℃/min。

3.1.3 试验方法

3.1.3.1 高温贮存试验方法

a）试验前检测

试验前,在试验的标准大气条件下(实验室环境条件：温度25℃、相对湿度

24％)对被试品进行外观和功能/性能检测,检测结果见附件1。

b) 被试品的安装

将被试品水平放置在×××试验箱内搁物架上,并处于试验箱的有效容积内;被试品之间以及被试品任一表面距箱壁、箱底和箱顶之间最小间隔距离均不小于150mm,保证箱内空气能自由流动。被试品安装状态如图3所示。

c) 试验运行

按3.1.2.1条规定的试验条件对被试品进行高温贮存试验,以1.5℃/min温度变化速率将试验箱内温度升至70℃后再保持48h。试验期间,被试品不通电工作。

d) 恢复处理

以3℃/min温度变化速率将试验箱内温度降至25℃,然后打开箱门并使被试品在试验的标准大气条件下(实验室环境条件:温度24℃、相对湿度26％)恢复4h。

e) 试验后检测

恢复处理结束后,在试验的标准大气条件下(实验室环境条件:温度24℃、相对湿度26％)对被试品进行外观和功能/性能检测,检测结果见附件1。

试验过程中,试验设备运行正常,满足3.1.2.1条规定的试验条件,试验箱内温度控制曲线如图4所示。

3.1.3.2 高温工作试验方法

a) 被试品的安装

将被试品水平放置在试验箱内搁物架上,并处于试验箱的有效容积内;被试品之间以及被试品任一表面距箱壁、箱底和箱顶之间最小间隔距离均不小于150mm,保证箱内空气能自由流动。试验期间,测试电缆通过箱壁上的测试孔将被试品与箱外的测试设备连接起来。被试品安装状态分别如图5所示。

b) 试验前检测

将被试品高温贮存试验后检测结果作为此项试验前检测结果。

c) 试验运行

按3.1.2.2条规定的条件对被试品进行高温工作试验,以1℃/min温度变化速率将试验箱内温度升至70℃后再保持4h,使被试品达到温度稳定,然后启动被试品工作1h,之后进行功能/性能检测,检测结果见附件1。

d) 恢复处理

检测结束后,给被试品断电,以1℃/min的温度变化速率将试验箱内温度降至25℃,然后打开箱门并使被试品在试验的标准大气条件下(实验室环境条件:温度20℃、相对湿度21％)恢复4h。

e) 试验后检测

恢复处理结束后,在试验的标准大气条件下(实验室环境条件:温度20℃、相对湿度21%)对被试品进行外观和功能/性能检测,检测结果见附件1。

试验过程中,试验设备运行正常,满足 3.1.2.2 条规定的试验条件,试验箱内温度控制曲线如图6所示。

3.1.4 试验结果

高温试验结果如下:

a) 根据高温(贮存和工作)试验实施过程和试验参数控制曲线,高温试验应力施加满足试验大纲中规定的试验条件,试验应力施加正确;

b) 高温(贮存和工作)试验被试品外观和功能/性能检测结果见附件1。由附件1可知,被试品外观和功能/性能检测结果满足试验大纲中规定的"合格判据"要求,检测结果合格。

综上所述,被试品高温(贮存和工作)试验结果合格。

3.2 低温试验

3.2.1 试验目的

考核被试品在低温条件下贮存和工作的适应性。

3.2.2 试验条件

3.2.2.1 低温贮存试验条件

温度:−55℃。

试验时间:保持4h使被试品达到温度稳定,然后再保持24h。

温度变化速率:≤10℃/min。

3.2.2.2 低温工作试验条件

温度:−55℃。

试验时间:在非工作状态下保持4h使被试品达到温度稳定,然后启动被试品工作并进行测试所需的时间。

温度变化速率:≤10℃/min。

3.2.3 试验方法

3.2.3.1 低温贮存试验方法

a) 被试品的安装

被试品安装状态与高温贮存试验相似。

b) 试验前检测

将被试品高温工作试验后检测结果作为此项试验前检测结果。

c) 试验运行

按 3.2.2.1 条规定的试验条件对被试品进行低温贮存试验,以 2℃/min 温度变化速率将试验箱内温度降至－55℃并保持4h使被试品达到温度稳定,然后再保持24h。试验期间,被试品不工作。

d) 恢复处理

保温结束后,以3℃/min温度变化速率将试验箱内温度升至30℃并保持4h对被试品进行恢复处理。

e) 试验后检测

恢复处理结束后,在试验的标准大气条件下(实验室环境条件:温度20℃、相对湿度21％)对被试品进行外观和功能/性能检测,检测结果见附件1。

试验过程中,试验设备运行正常,满足3.2.2.1条规定的试验条件,试验箱内温度控制曲线如图7所示。

3.2.3.2 低温工作试验方法

a) 被试品的安装

将被试品水平放置在试验箱内搁物架上,并处于试验箱的有效容积内;被试品之间以及被试品任一表面距箱壁、箱底和箱顶之间最小间隔距离均不小于150mm,保证箱内空气能自由流动。试验期间,测试电缆通过箱壁上的测试孔将被试品与箱外的测试设备连接起来。被试品安装状态如图8所示。

b) 试验前检测

将被试品低温贮存试验后检测结果作为此项试验前检测结果。

c) 试验运行

按3.2.2.2条规定的条件对被试品进行低温工作试验,以3℃/min温度变化速率将试验箱内温度降至－55℃并保持4h使被试品达到温度稳定,然后启动被试品工作并对其进行功能/性能检测,检测结果见附件1。

d) 恢复处理

检测结束后,给被试品断电,以3℃/min的温度变化速率将试验箱内温度升至30℃并保持4h对被试品进行恢复处理。

e) 试验后检测

恢复处理结束后,在试验的标准大气条件下(实验室环境条件:温度22℃、相对湿度25％)对被试品进行外观和功能/性能检测,检测结果见附件1。

试验过程中,试验设备运行正常,满足3.2.2.2条规定的试验条件,试验箱内温度控制曲线如图9所示。

3.2.4 试验结果

低温试验结果如下:

a) 根据低温(贮存和工作)试验实施过程和试验参数控制曲线,低温试验应力施加满足试验大纲中规定的试验条件,试验应力施加正确;

b) 低温(贮存和工作)试验被试品外观和功能/性能检测结果见附件1。由附件1可知,被试品外观和功能/性能检测结果满足试验大纲中规定的"合格判据"要求,检测结果合格。

综上所述,被试品低温(贮存和工作)试验结果合格。

3.3 温度冲击试验

3.3.1 试验目的

考核被试品在周围大气温度急剧变化时的适应性。

3.3.2 试验条件

高温:70℃。

低温:-55℃。

保持时间:高温段和低温段各保持2h。

转换时间:不大于5min。

循环次数:3次。

3.3.3 试验方法

试验按GJB 150.5—1986《军用设备环境试验方法 温度冲击试验》规定的试验方法进行。具体如下:

a) 被试品的安装

将被试品水平放置在×××温度冲击箱内搁物架上,并处于试验箱的有效容积内,被试品之间以及被试品任一表面距箱壁、箱底和箱顶之间最小间隔距离均不小于150mm,保证箱内空气能自由流动。被试品安装状态如图10所示。

b) 试验前检测

将低温工作试验后检测结果作为此项试验前检测结果。

c) 试验运行

按3.3.2条规定的试验条件对被试品进行试验。试验从低温段开始,试验过程中,高温为70℃,低温为-55℃,高、低温保持时间均为2h,高、低温间的转换时间约1min,共进行3个循环。

d) 恢复处理

试验结束时被试品处于70℃高温状态,打开箱门使被试品在试验的标准大气条件下恢复2h。

e) 试验后检测

恢复处理结束后,在试验的标准大气条件下(实验室环境条件:温度21℃、相对湿度19%)对被试品进行外观和功能/性能检测,检测结果见附件1。

试验过程中,试验设备运行正常,满足3.3.2条规定的试验条件,试验箱内温度控制曲线如图11所示。

3.3.4 试验结果

温度冲击试验结果如下：

a) 根据温度冲击试验实施过程，试验应力施加满足试验大纲中规定的试验条件，试验应力施加正确；

b) 温度冲击试验被试品外观和功能/性能检测结果见附件1和附件5。由附件1和附件5可知，被试品外观和功能/性能检测结果满足试验大纲中规定的"合格判据"要求，检测结果合格。

综上所述，被试品温度冲击试验结果合格。

3.4 温度—高度试验

3.4.1 试验目的

考核被试品对高温、低温和低气压环境条件的单独或综合作用的适应性。

3.4.2 试验条件

温度—高度试验条件见表7。

表7 温度—高度试验条件

被试品	参数			
	温度/℃	高度/m	时间	电应力
			温度、压力达到稳定后被试品工作4h，结束时进行功能/性能检测	最高电应力：直流30V
			温度、压力达到稳定后被试品工作30min，结束时进行功能/性能检测	
			温度、压力达到稳定后被试品工作30min，结束时进行功能/性能检测	
			温度、压力达到稳定后被试品工作4h，结束时进行功能/性能检测	最高电应力：交流118V/三相420Hz
			温度达到稳定后打开箱门结霜化霜并进行功能/性能检测所需时间	
			温度、压力达到稳定后被试品工作4次，每次30min，前3次工作后停止15min。（每次工作均进行功能/性能检测）	
			温度、压力达到稳定后被试品工作4次，每次5min，前3次工作后停止15min。（每次工作均进行功能/性能检测）	

(续)

被试品	参数			
	温度/℃	高度/m	时间	电应力
			温度、压力达到稳定后被试品工作 4 次,每次 30min,前 3 次工作后停止 15min。(每次工作均进行功能/性能检测)	最高电应力:交流 118V/三相 420Hz
			温度、压力达到稳定后被试品工作 4 次,每次 120min,前 3 次工作后停止 15min。(每次工作均进行功能/性能检测)	
			温度、压力达到稳定后被试品工作 4 次,每次 30min,前 3 次工作后停止 15min。(每次工作均进行功能/性能检测)	
			温度、压力稳定后工作 1min	

注:1. 被试品温度稳定时间为 4h;
　　2. 温度变化速率≤10℃/min,压力变化速率≤1.7kPa/s。

3.4.3　试验方法

a) 被试品的安装

将被试品水平放置在×××温度—湿度—高度试验箱内搁物架上,并处于试验箱的有效容积内,被试品之间以及被试品任一表面距箱壁、箱底和箱顶之间最小间隔距离均不小于 150mm,保证箱内空气能自由流动。试验期间,测试电缆通过箱壁上的测试孔将被试品与箱外的测试设备连接起来。被试品的安装状态如图 12 所示。

b) 试验前检测

将温度冲击试验后检测结果作为此项试验前检测结果。

c) 试验运行

步骤 1　以 1.5℃/min 的温度变化速率将箱内温度降至−55℃并保持 4h,然后给被试品通电、通风(温度 5℃、风量 20kg/h)并以 4kPa/min 压力变化速率将箱内压力降至 11.65kPa(15250m),在箱内温度、压力达到稳定后保持 4h,并在快结束时对被试品进行功能/性能检测,检测结果见附件 1。

步骤 2　检测结束后,给被试品断电。首先以 4kPa/min 压力变化速率将箱内压力恢复至常压(101.1kPa),然后以 1.5℃/min 温度变化速率将箱内温度升至−10℃并保持 4h,然后打开箱门,让被试品表面结霜。箱门开到霜已融化,但潮气未消失时关闭箱门给被试品通电(通、断 3 次)并进行功能/性能检测,其检测结果见附件 1。

步骤 3 检测结束后,给被试品断电。首先以 4kPa/min 压力变化速率将箱内压力恢复至常压(101.1kPa),然后以 1.5℃/min 温度变化速率将箱内温度升至 85℃并保持 4h,之后给被试品通电、通风(温度 25℃、风量 30kg/h)并让被试品工作 4 次,每次工作 30min,每次工作均对其进行功能/性能检测,第 3 次工作结束后,让被试品断电 15min,检测结果见附件 1。

步骤 4 检测结束后,继续保持箱温 85℃和通电、通风不变,以 4kPa/min 压力变化速率将箱内压力降至 11.65kPa(15250m),在箱内温度、压力达到稳定后让被试品工作 4 次,每次工作 5min,每次工作均对其进行功能/性能检测,第 3 次工作结束后,让被试品断电 15min,检测结果见附件 1。

步骤 5 检测结束后,给被试品断电断风。首先以 4kPa/min 压力变化速率将箱内压力恢复至常压(101.1kPa),然后以 1℃/min 温度变化速率将箱内温度降至 70℃并保持 4h,之后给被试品通电、通风(温度 25℃、风量 30kg/h)并以 4kPa/min 压力变化速率将箱内压力降至 11.65kPa(15250m),在箱内温度、压力达到稳定后让被试品工作 4 次,每次工作 30min,每次工作均对其进行功能/性能检测,第 3 次工作结束后,让被试品断电 15min,检测结果见附件 1。

步骤 6 检测结束后,给被试品断电断风。首先以 4kPa/min 压力变化速率将箱内压力恢复至常压(101.1kPa),然后以 1℃/min 温度变化速率将箱内温度降至 60℃并保持 4h,之后给被试品通电、通风(温度 25℃、风量 30kg/h)并以 4kPa/min 压力变化速率将箱内压力降至 11.65kPa(15250m),在箱内温度、压力达到稳定后让被试品工作 4 次,每次工作 120min,每次工作均对其进行功能/性能检测,第 3 次工作结束后,让被试品断电 15min,检测结果见附件 1。

步骤 7 检测结束后,给被试品断电断风。首先以 4kPa/min 压力变化速率将箱内压力恢复至常压(101.1kPa),然后以 1℃/min 温度变化速率将箱内温度降至 35℃并保持 4h,之后给被试品通电、通风(温度 25℃、风量 30kg/h)并以 4kPa/min 压力变化速率将箱内压力降至 11.65kPa(15250m),在箱内温度、压力达到稳定后让被试品工作 4 次,每次工作 30min,每次工作均对其进行功能/性能检测,第 3 次工作结束后,让被试品断电 15min,检测结果见附件 1。

步骤 8 检测结束后,给被试品断电断风。首先以 4kPa/min 压力变化速率将箱内压力恢复至常压(101.1kPa),然后以 1℃/min 温度变化速率将箱内温度降至 25℃并保持 4h,之后给被试品通电、通风(温度 25℃、风量 30kg/h)并以 4kPa/min 压力变化速率将箱内压力降至 2.55kPa(25000m),在箱内温度、压力达到稳定后让被试品工作 1min,并进行功能/性能检测,检测结果见附件1。

    d) 试验后检测

检测结束后,给被试品断电断风,并以4kPa/min压力变化速率将试验箱内压力恢复至常压。然后在试验的标准大气条件下(实验室环境条件:温度20℃、相对湿度22%)对被试品进行外观和功能/性能检测,检测结果见附件1。

试验过程中,试验设备运行正常,满足3.4.2条规定的试验条件,试验箱内温度、压力控制曲线如图13所示。

3.4.4 试验结果

温度—高度试验结果如下:

a) 根据温度—高度试验实施过程,试验应力施加满足试验大纲中规定的试验条件,试验应力施加正确;

b) 温度—高度试验被试品外观和功能/性能检测结果见附件1、附件3、附件5和附件6。由附件1、附件3、附件5和附件6可知被试品外观和功能/性能检测结果满足试验大纲中规定的"合格判据"要求,检测结果合格。

综上所述,被试品温度—高度试验结果合格。

3.5 加速度试验

3.5.1 试验目的

考核被试品承受预计的使用加速度环境的能力,以确保在此环境下被试品结构和性能不发生失效。

3.5.2 试验条件

加速度试验条件见表8。

表8 加速度试验条件

试验方向	加速度值(性能/结构)	试验时间
$+X$	2.5g/3.75g	
$-X$	5.0g/7.5g	
$+Y$	8.5g/12.75g	达到规定值后至少保持1min
$-Y$	3.0g/4.5g	
$+Z$	2.0g/3.0g	
$-Z$	2.0g/3.0g	

注:受试验设备限制,加速度量值不足3g按3g进行

3.5.3 试验方法

试验按GJB 150.15—1986《军用设备环境试验方法 加速度试验》中规定的试验方法进行,具体如下:

a）试验前检测

将被试品温度—高度试验后检测结果作为此项试验前检测结果。

b）被试品的安装

将专用夹具刚性安装在 Y53100—3/ZF 离心式恒加速度试验机工作面上，然后将被试品按规定方向安装在专用夹具上。首先考核被试品的＋X 方向，实际安装状态如图 14 所示。

c）试验运行

步骤 1　按第 3.5.2 条中规定的试验条件对被试品的＋X 方向进行加速度性能试验，加速度量值达到规定试验量值($3g$)后保持 1min。保持期间对被试品通电并进行监测，监测结果见附件 1；

步骤 2　性能加速度试验结束后，给被试品断电，然后进行该方向的结构加速度试验，加速度量值达到规定量值($3.75g$)后保持 1min。保持期间，被试品不通电工作；

步骤 3　试验结束后，在试验的标准大气条件下（实验室环境条件：温度 21℃、相对湿度 23％）对被试品进行外观和功能/性能检测，检测结果见附件 1；

步骤 4　转换被试品方向，重复步骤 1～步骤 3，依次考核被试品的－Z、－X、＋Z、－Y 和＋Y 方向。被试品＋Z 和＋Y 方向实际安装状态分别如图 30 和图 31 所示，－Z、－X 和－Y 安装方向分别为＋X、＋Y 和＋Z 安装方向的反方向。

试验过程中，试验设备运行正常，满足 3.5.2 条规定的试验条件，其加速度试验控制曲线见附件 2。

3.5.4　试验结果

加速度试验结果如下：

a）根据加速度试验实施过程和试验参数控制曲线，试验应力施加满足试验大纲中规定的试验条件及其容差要求，试验应力施加正确；

b）加速度试验被试品外观和功能/性能检测结果见附件 1、附件 3、附件 5 和附件 6。由附件 1、附件 3、附件 5 和附件 6 可知，被试品外观和功能/性能检测结果满足试验大纲中规定的"合格判据"要求，检测结果合格。

综上所述，被试品加速度试验结果合格。

3.6　冲击试验

3.6.1　试验目的

基本设计冲击试验的目的是：考核被试品在冲击作用下的电性能、机械性能及结构强度是否达到设计要求。

坠撞安全冲击试验的目的是：考核被试品及其支架、紧固件、连接件承受冲击作用的能力。

3.6.2 试验条件

冲击试验包括基本设计冲击试验和坠撞安全冲击试验两部分。冲击试验条件见表9。

表9 冲击试验条件

试验项目	波形	峰值加速度 A/g	持续时间 D/ms	冲击轴向	冲击次数
基本设计冲击	后峰锯齿波	20	11	$\pm X、\pm Y、\pm Z$	每方向3次，共18次
坠撞安全冲击	后峰锯齿波	40	11	$\pm X、\pm Y、\pm Z$	每方向2次，共12次

3.6.3 试验方法

试验按GJB 150.18—1986《军用设备环境试验方法 冲击试验》中规定的试验方法进行，具体如下：

a) 被试品的安装

将专用夹具刚性固定在×××振动台附加台面上，然后将被试品按规定轴向安装在专用夹具上。在夹具与被试品连接位置附近选取一点并安装一个控制用传感器，采用单点控制方式。首先考核±Y方向，其实际安装状态如图15所示。

b) 试验前检测

将被试品加速度试验后检测结果作为此项试验前检测结果。

c) 试验运行

步骤1 按3.6.2条规定的试验条件对被试品的±Y方向进行基本设计冲击试验(先+Y向，后−Y向)。试验期间，给被试品通电并对其进行监测，监测结果见附件1。

步骤2 转换被试品方向，重复步骤1，依次考核其±X方向和±Z方向，被试品的实际安装状态如图16和图17所示。

步骤3 基本设计冲击试验结束后，在试验的标准大气条件下(实验室环境条件：温度23℃、相对湿度36%)对被试品进行外观和功能/性能检测，检测结果见附件1。

步骤4 转换被试品方向，重复步骤1～步骤2，按3.6.2条规定的试验条件依次对其进行±Y、±X和±Z方向的坠撞安全冲击试验，被试品的实际安装状态与基本设计冲击试验相同。

步骤5 坠撞安全冲击试验结束后，在试验的标准大气条件下(实验室环境条件：温度22℃、相对湿度27%)对被试品进行外观和功能/性能检测，检测结果见附件1。

3.6.4 试验结果

冲击试验结果如下：

a）根据冲击试验实施过程和试验参数控制曲线，试验应力施加满足试验大纲中规定的试验条件及其容差要求，试验应力施加正确；

b）冲击试验被试品外观和功能/性能检测结果见附件1、附件3、附件5和附件6。由附件1、附件3、附件5和附件6可知，被试品外观和功能/性能检测结果满足试验大纲中规定的"合格判据"要求，检测结果合格。

综上所述，被试品冲击试验结果合格。

3.7 振动试验

3.7.1 试验目的

考核被试品在预期的使用环境中的抗振能力。

3.7.2 试验条件

振动试验包括振动功能试验和振动耐久试验两部分。具体试验条件如下：

a）振动谱图及功率谱密度：如图18、图19所示；

b）振动轴向：X、Y、Z 三个轴向；

c）振动时间：5h/轴向。

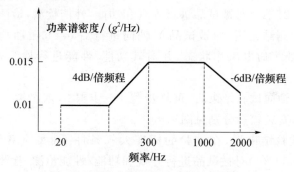

图18　振动功能试验功率谱密度谱图

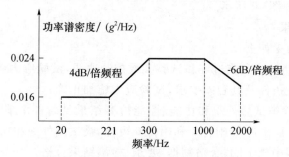

图19　振动耐久试验功率谱密度谱图

3.7.3 试验方法

试验按 GJB 150.16—1986《军用设备环境试验方法 振动试验》中规定的试验方法进行,具体如下:

a) 被试品的安装

被试品的安装状态与冲击试验相同,在夹具与被试品连接位置附近安装控制用传感器,采用两点平均控制方式。首先考核被试品的 Y 轴向,实际安装状态如图 20 所示。

b) 试验前检测

将被试品冲击试验后检测结果作为此试验前初始检测结果。

c) 试验运行

步骤 1 按 3.7.2 条规定的试验条件对被试品 Y 轴向进行振动试验,首先进行该轴向前 30min 的振动功能试验。试验过程中被试品通电工作并进行功能/性能检测,检测结果见附件 1。

步骤 2 前 0.5h 振动功能试验结束后,给被试品断电,然后进行该轴向 5h 振动耐久试验。

步骤 3 试验结束后,在试验的标准大气条件下(实验室环境条件:温度 22℃、相对湿度 27%)对被试品进行外观和功能/性能检测,检测结果见附件 1。

步骤 4 检测结束后,对被试品 Y 轴向进行后 0.5h 振动功能试验。试验过程中被试品处于通电工作状态,并对其功能/性能进行检测,检测结果见附件 1。

步骤 5 Y 轴向试验结束后,重复步骤 1～步骤 3,依次考核被试品 X 轴向和 Z 轴向,实际安装状态分别见图×××。

步骤 6 试验结束后,在试验的标准大气条件下(实验室环境条件:温度 25℃、相对湿度 30%)对被试品进行外观和功能/性能检测,检测结果见附件 1。

试验过程中,试验设备运行正常,满足 3.7.2 条规定的试验条件,其试验控制谱图如图 21～图 49 所示。

3.7.4 试验结果

振动试验结果如下:

a) 根据振动试验实施过程和试验参数控制曲线,试验应力施加满足试验大纲中规定的试验条件及其容差要求,试验应力施加正确;

b) 振动试验被试品外观和功能/性能检测结果见附件 1、附件 3、附件 5 和附件 6。由附件 1、附件 3、附件 5 和附件 6 可知,被试品外观和功能/性能检测结果满足试验大纲中规定的"合格判据"要求,检测结果合格。

综上所述,被试品振动试验结果合格。

3.8 湿热试验
3.8.1 试验目的
考核被试品在高温及高湿环境条件下的适应性。
3.8.2 试验条件
湿热试验条件见表10。

表 10 湿热试验条件

试验阶段	温度/℃	温度容差/℃	相对湿度/%	相对湿度容差/%	时间/h	周期/d
升温阶段	30→60		95	—	2	
高温高湿阶段	60	±2	95	±5	6	10
降温阶段	60→30		>85	—	8	
低温高湿阶段	30	±2	95	±5	8	

3.8.3 试验方法
试验按GJB 150.9—1986《军用设备环境试验方法 湿热试验》中规定的试验方法进行,具体如下:

a) 被试品的安装

将被试品放置在×××温湿度试验箱搁物架上,并处于试验箱的有效容积内,被试品任一表面距箱壁、箱底和箱顶之间最小间隔距离均不小于150mm,保证箱内空气能自由流通;试验期间,测试电缆通过箱壁上的测试孔将被试品与箱外的测试设备连接起来。被试品的安装状态见图×××。

b) 试验前检测

将被试品振动试验后的检测结果作为此试验前初始检测结果。

c) 试验运行

按3.8.2条规定的试验条件对被试品进行试验,其具体过程如下:

步骤1 在2h内将试验箱内温度从30℃升至60℃,箱内相对湿度升至95%。

步骤2 在60℃及相对湿度95%条件下保持6h。

步骤3 在8h内将试验箱内温度降至30℃,降温过程中,保持箱内相对湿度不低于85%。

步骤4 在30℃及相对湿度95%条件下保持8h。

步骤5 重复步骤1~步骤4,共进行10个周期试验。

在第5周期低温段(温度:30℃,相对湿度:95%)接近结束前对被试品进行功能/性能检测,检测结果见附件1。

d) 恢复处理

试验结束后,微开箱门使被试品在试验的标准大气条件下恢复2h。

e) 最后检测

恢复结束后,在试验的标准大气条件下(实验室环境条件:温度21℃、相对湿度23%)对被试品进行外观和功能/性能检测,检测结果见附件1。

试验过程中,试验设备运行正常,满足3.8.2条规定的试验条件,试验期间试验箱内温度、湿度控制曲线如图50所示。

3.8.4 试验结果

a) 根据湿热试验实施过程和试验参数控制曲线,试验应力施加满足试验大纲中规定的试验条件及其容差要求,试验应力施加正确;

b) 湿热试验被试品外观和功能/性能检测结果见附件1、见附件3、附件5和附件6,由附件1、见附件3、附件5和附件6可知被试品外观和功能/性能检测结果满足试验大纲中规定的"合格判据"要求,检测结果合格。

综上所述,被试品湿热试验结果合格。

3.9 炮振试验

3.9.1 试验目的

考核被试品在炮击振动环境下的抗振能力。

3.9.2 试验条件

具体试验条件如下:

试验量值:见表11。

试验谱型:如图51所示。

试验轴向:X、Y、Z三个轴向。

试验时间:4.5min/轴向。

表11 炮振试验条件

频率/Hz	30	300	600～700	2000	30	60	90	120
T/P	T_1	T_2	T_3	T_1	P_1	P_2	P_3	P_4
$P_i/(g^2/Hz)$	0.002	0.013	0.032	0.002	0.004	0.005	0.006	0.008

3.9.3 试验方法

a) 被试品的安装

将专用夹具刚性固定在×××吨振动台附加台面上,然后将被试品按规定轴向安装在专用夹具上。在夹具与被试品连接位置附近选取两点并安装一个控制用传感器,采用两点平均控制方式。首先考核被试品的Y轴向,其实际放置状态与其振动耐久试验相同。

b) 试验前检测

将被试品湿热试验后检测结果作为此试验前初始检测结果。

c) 试验运行

步骤1 按3.9.2条规定的试验条件对被试品对被试品 Y 轴向进行炮振试验，试验过程中被试品加电工作并进行功能/性能检测，检测结果见附件1。

步骤2 Y 轴向试验结束后，在试验的标准大气条件下（实验室环境条件：温度24℃、相对湿度27％）对被试品进行外观和功能/性能检测，检测结果见附件1。

步骤3 检测结束后，转换被试品方向，重复步骤1和步骤2，依次对被试品 X 轴向和 Z 轴向进行炮振试验，其实际放置状态与其振动耐久试验相同。

试验过程中设备运行正常，满足3.9.2条规定的试验条件，试验控制谱图如图51所示。

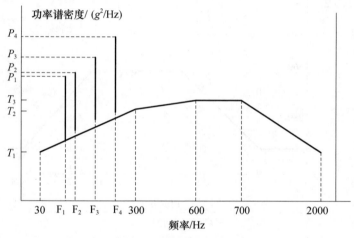

图51 炮振试验谱型

3.9.4 试验结果

炮振试验结果如下：

a) 根据炮振试验实施过程和试验参数控制曲线，试验应力施加满足试验大纲中规定的试验条件及其容差要求，试验应力施加正确；

b) 炮振试验被试品外观和功能/性能检测结果见附件1。由附件1可知被试品外观和功能/性能检测结果满足试验大纲中规定的"合格判据"要求，检测结果合格。

综上所述，被试品炮振试验结果合格。

3.10 太阳辐射试验

3.10.1 试验目的

考核被试品在经受太阳辐射热效应的能力。

3.10.2 试验条件

仅对×××件进行试验,按 GJB 150.7—1986 中循环热效应试验方法进行。试验期间施加温度和辐射强度综合环境条件,其试验剖面如图 52 所示,具体试验条件如下:

  a) 辐射强度:1120(1±10%)W/m²,其谱能分布及容差见表 12;
  b) 温度:30℃～44℃;
  c) 持续时间:3 个循环(24h 为一个循环);
  d) 受试面:产品上表面。

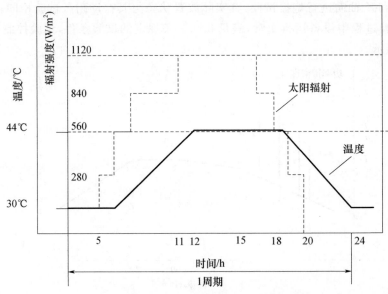

图 52 太阳辐射(循环热效应)试验剖面图

表 12 谱能分布及容差

参数	紫外线	可见光	红外线
波长/μm	0.28～0.32	0.32～0.40	0.40～0.78	0.78～3.00
辐射强度/(W/m²)	5	63	517～604	492
容差/%	35	25	10	20

3.10.3 试验方法

被试品太阳辐射试验方法见附件 5。

3.10.4 试验结果

太阳辐射试验结果如下:

a) 根据太阳辐射试验实施过程和试验参数控制曲线,试验应力施加满足试验大纲中规定的试验条件及其容差要求,试验应力施加正确;

b) 湿热试验被试品外观和功能/性能检测结果见附件5。由附件5可知,被试品外观和功能/性能检测结果满足试验大纲中规定的"合格判据"要求,检测结果合格。

综上所述,被试品太阳辐射试验结果合格。

3.11 盐雾试验

3.11.1 试验目的

考核被试品抗盐雾大气影响的能力。

3.11.2 试验条件

盐雾试验条件见表13。

表13 盐雾试验条件

试验温度	盐溶液				盐雾沉降率	喷雾方式	试验时间
温度/℃	成分	浓度/%	允差/%	pH值	/(mL/80cm²·h)		/h
35	NaCl	5	±1	6.5~7.2	1~2	连续喷雾	96

3.11.3 试验方法

试验按GJB 150.11—1986《军用设备环境试验方法 盐雾试验》中规定的试验方法进行,具体如下:

a) 被试品的安装

将被试品水平放置在在××试验箱样品架上,并处于试验箱的有效容积内。放置时各被试品距试验箱壁距离均不小于150mm,彼此之间间隔距离均不小于150mm,同时未与其他金属和吸水性材料接触,盐雾能自由地沉降在其受试表面上。被试品实际安装状态分别如图53所示。

b) 试验前检测

在试验的标准大气条件下被试品外观进行外观和功能/性能检测,外观检查结果详见表16,功能/性能检测结果见附件1。

c) 试验运行

将试验箱内温度调至35℃,使被试品在该温度下保持2h,然后按3.11.2条规定的试验条件连续喷雾96h。

d) 恢复处理

试验结束后,从试验箱中取出被试品,让其在试验的标准大气条件下放置48h。

e) 试验后检测

恢复结束后,在试验的标准大气条件(实验室环境条件:温度23℃、相对湿度 28%)下,对被试品进行外观和功能/性能检测,外观检查结果详见表14,功能/性能检测结果见附件1。

表14 盐雾试验外观检查结果及结论

序号	被试品名称	编号	零部件名称	材料及工艺	试验前外观检查结果	试验后外观检查结果	结论
						无明显变化	合格
						无明显变化	合格

试验期间,试验设备运行正常,满足3.11.2条规定的试验条件。

3.11.4 试验结果

盐雾试验结果如下:

a) 根据盐雾试验实施过程和试验参数控制曲线,试验应力施加满足试验大纲中规定的试验条件,试验应力施加正确;

b) 盐雾试验被试品外观检查结果见表16、附件1、附件3、附件5和附件6。由表16、附件1、附件3、附件5和附件6可知,被试品外观和功能/性能检测结果满足试验大纲中规定的"合格判据"要求,检测结果合格。

综上所述,被试品盐雾试验结果合格。

3.12 霉菌试验

3.12.1 试验目的

考核被试品的抗霉能力。

3.12.2 试验条件

霉菌试验条件见表15。

表15 霉菌试验条件

试验阶段	温度/℃	温度容差/℃	相对湿度/%	相对湿度容差/%	每周期时间/h	试验周期/d	试验菌种
高温阶段	30	±1	95	±5	20	24	黑曲霉、黄曲霉、杂色曲霉、绳状青霉、球毛壳霉
降温阶段	30→25		>90		≤1		
低温阶段	25	±1	95	±5	≥2		28
升温阶段	25→30		>90		≤1		

3.12.3 试验方法

试验按GJB 150.10—1986《军用设备环境试验方法 霉菌试验》中规定的试

验方法进行,具体如下:

a) 试验准备

试验前,按 GJB 150.10—1986 制备无机盐溶液、孢子悬浮液和对照样品,并进行了孢子活力检验。所用化学药剂不低于国家标准规定的化学纯试剂的纯度。

b) 被试品的清洁

用 75% 的酒精对被试品表面进行清洁处理,再放置 72h。

c) 试验前检查

在试验的标准大气条件下对已擦拭过的被试品外观进行检查,检查结果详见表 18。

c) 被试品放置和预处理

试验前将被试品平放在×××霉菌试验箱中试品架上,被试品之间以及与试验箱壁、箱底及箱顶之间保持距离不小于 150mm,空气能自由循环,对照样件挂放在试验箱的有效容积内,其实际安装状态如图 54 所示。被试品和对照样品在温度 30℃,相对湿度 95% 条件下预处理 4h。

d) 喷菌

用喷雾器将混合孢子悬浮液以雾状喷在被试品及对照样品的表面上,使其和对照样品在霉菌箱中同时接种。

e) 试验运行

霉菌箱按 3.12.2 条规定的试验条件运行 7 天后,对照样品的长霉面积达到 95% 以上,符合标准规定的长霉面积大于 90% 的要求,本次试验有效。试验从接种起计算试验时间。

霉菌箱内风速控制在(0.5~2)m/s,每 7 天换气一次,换气时间为 30min。换气期间,箱内指示点温度为 26℃,相对湿度大于 90%。试验运行 28d。

f) 试验后检查

试验结束后,在试验的标准大气条件下对被试品表面霉菌生长情况进行了检查,并按表 16 规定评定霉菌试验结果。被试品的外观检查结果见表 17。

试验期间试验设备运行正常,满足 3.12.2 条规定的试验条件,试验箱内温度、相对湿度控制曲线如图 55 所示。

表 16 长霉程度评定表

等级	长霉程度	霉菌生长情况
0	不长霉	未见霉菌生长
1	微量生长	霉菌生长和繁殖稀少或局限,生长范围小于试验样品总面积 10%。基质很少被利用或未被破坏。几乎未发现化学、物理与结构的变化

(续)

等级	长霉程度	霉菌生长情况
2	轻微生长	霉菌的菌落断续蔓延或松散分布于基质表面,霉菌生长占总面积30%以下,中量程度繁殖
3	中量生长	霉菌较大量生长和繁殖,占总面积70%以下,基质表面呈化学、物理与结构的变化

表17 霉菌试验外观检查结果及结论

被试品名称	零部件名称	材料及工艺	试验前外观检查结果	试验后外观检查结果	长霉等级	结论
					1级	合格
					2级	合格
					2级	合格
					2级	合格

3.12.4 试验结果

霉菌试验结果如下:

a) 根据霉菌试验实施过程和试验参数控制曲线,试验应力施加满足试验大纲中规定的试验条件及其容差要求,试验应力施加正确;

b) 霉菌试验被试品外观检查结果见表18和附件3、附件5和附件6,由表18和附件3、附件5和附件6可知,被试品外观检查结果合格。

综上所述,被试品霉菌试验结果合格。

4 试验中出现的主要问题及处理情况

试验期间,×××共发生×次故障,其故障现象及处理情况见表18,具体故障原因分析及纠正措施详见×××提供的故障归零报告。

表18 试验期间被试品故障及其处理情况

序号	被试品名称	故障时机	故障现象	故障原因	纠正措施	验证情况
		高温工作试验中				试验结果合格,纠正措施有效
		湿热试验后				试验结果合格,纠正措施有效

5 结论

a) 根据第 3 章试验实施过程和各项试验参数控制曲线,本次设计定型环境鉴定试验各项试验应力施加均满足×××号文批复的《×××(产品名称)设计定型环境鉴定试验大纲》规定的试验条件及其容差要求,试验应力施加正确;

b) 被试品高温(贮存和工作)、低温(贮存和工作)、温度冲击、太阳辐射、温度—高度、加速度(性能和结构)、冲击(基本设计冲击和坠撞安全冲击)、振动(功能和耐久)、炮振、湿热试验外观和功能/性能检测结果见附件 1、附件 3、附件 5 和附件 6。由附件 1、附件 3、附件 5 和附件 6 可知,上述各项试验结果均合格;

c) 被试品盐雾试验外观检查结果见表 14 和附件 3、附件 5、附件 6。由表 14 和附件 3、附件 5、附件 6 可知,被试品盐雾试验结果合格;

d) 被试品霉菌试验外观检查结果见表 17 和附件 3、附件 5、附件 6。由表 17 和附件 3、附件 5、附件 6 可知,被试品霉菌试验结果合格。

综上所述,×××(产品名称)通过了本次设计定型环境鉴定试验。

6 存在问题与建议

无。

7 附件

本报告包括××个附件:

a) ×××;

b) ×××;

c) ×××。

23.3.3 设计定型可靠性鉴定试验报告

1 被试品概述

1.1 被试品组成

被试品为×××(产品名称),由×××、……、×××组成,其外形尺寸、重量和安装位置见表 1。

表 1　×××(产品名称)组成

序号	LRU 名称	型号	数量/件	外形尺寸,长×宽×高 /mm×mm×mm	重量/kg	安装位置	编号
1			1				
2			2				
3			1				
×			×				
注:×××							

被试品配套软件由××个计算机软件配置项组成,源代码×××万行,软件配置项情况见表2。

表2 ×××(产品名称)软件配置项一览表

序号	软件配置项名称	标识	等级	产品版本	分机版本
1	×××	×××	关键		
2	×××	×××	重要		
3	×××	×××	一般		
×	×××	×××	××		

1.2 被试品全貌照片

被试品全貌照片如图1所示。

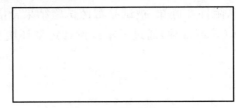

图1 被试品全貌照片

1.3 被试品功能

×××(产品名称)具有下列主要功能:

a) ×××;

b) ×××;

……

×××(产品名称)主要战术技术指标:

a) ×××(参数名称1):×××(指标要求)

b) ×××(参数名称2):×××(指标要求)

……

1.4 被试品数量

被试品数量为×套,产品编号分别为:×××、……、×××,详见表1。

1.5 被试品技术状态

被试品技术状态与设计定型时要求的技术状态相同;已经通过环境应力筛选,功能性能检测合格。本次试验前被试品完成了功能性能试验、环境应力筛选、×××试验,同批产品还完成了环境鉴定试验、电源特性试验、电磁兼容性试验、×××试验。被试品的软件版本号为×××(软件版本号)。试验前被试品完成的试验项目见表3。

表3 被试品试验前已完成试验项目明细表

序号	名称	被试品完成的试验项目	同状态产品完成的试验项目
		功能性能试验、环境应力筛选	功能性能试验,高温、低温、低气压、霉菌、盐雾、振动功能、振动耐久、冲击、加速度试验
		功能性能试验、环境应力筛选	功能性能试验,高温、低温、振动功能试验

2 试验概述

2.1 编制依据

GJB 899A—2009 可靠性鉴定和验收试验;

GJB/Z 170—2013 军工产品设计定型文件编制指南;

〔2001〕航定字第29号文 《航空军工产品设计定型环境鉴定试验和可靠性鉴定试验管理工作细则(试行)》;

×××(产品名称)设计定型可靠性鉴定试验大纲;

×××(产品名称)验收规范。

2.2 试验起止时间和地点

2.2.1 试验时间

试验于20××年××月××日开始,20××年××月××日结束。×套被试品累计试验时间为×××台时,其中,×××(产品编号)累计试验时间×××h,……,×××(产品编号)累计试验时间×××h。

2.2.2 试验地点

×××(试验地点)。

2.3 被试品名称、代号、数量、批号(编号)及承研承制单位

本次试验的被试品为×××(产品名称)×套,详细数量、编号见表1。

承研承制单位为×××(承研承制单位)。

2.4 陪试品名称、数量

陪试品组成、数量、尺寸和重量等见表4。

表4 陪试品组成、尺寸和重量

序号	LRU名称	型号	数量/件	外形尺寸,长×宽×高/mm×mm×mm	重量/kg	安装位置	编号
1			1				
2			2				
3			1				
×			×				

2.5 试验目的和性质
2.5.1 试验目的
验证×××(产品名称)的平均故障间隔时间(MTBF)是否达到了《×××(产品名称)研制总要求》规定的最低可接受值×××h。
2.5.2 试验性质
设计定型试验。

2.6 试验环境与条件
根据试验大纲要求,试验的标准大气条件为:
温度:15℃～35℃。
相对湿度:20%～80%。
气压:试验场所的气压。

2.7 试验大纲规定项目的完成情况
试验大纲中规定的设计定型可靠性鉴定试验项目均已完成,没有发生偏离。

2.8 试验中动用和消耗的装备情况
2.8.1 试验设备
试验使用的试验设备见表5和表6。

表 5　模拟后设备舱试验设备

序号	设备名称	设备型号	编号	检定有效期	备 注

表 6　模拟座舱试验设备

序号	设备名称	设备型号	编号	检定有效期	备 注

2.8.2 检测仪器仪表
本次试验使用的检测仪器仪表见表7,由产品承研承制单位自备。

表 7　检测仪器仪表

序号	名　称	型　号	数量	检定有效期	备　注
1	×××检测仪		1		专用测试设备
2	×××模拟器		1		专用测试设备

(续)

序号	名 称	型 号	数量	检定有效期	备 注
3	×××示波器		1		
4	×××万用表		1		
×	×××		×		
注:可用满足精度要求的检测仪器仪表替换					

2.9 参试单位和人员情况

参加设计定型可靠性鉴定试验的人员有:

×××(承试单位):×××、……、×××等×人。

×××(驻承制单位军事代表室):×××、……、×××等×人。

×××(承制单位):×××、……、×××等×人。

2.10 其他需要说明的事项

无。

3 试验内容和结果

3.1 试验目的

见 2.5.1。

3.2 试验方案

按照试验大纲要求,本次试验选用 GJB 899A—2009 中的方案 14,即生产方风险 α 为 20%,使用方风险 β 为 20%,鉴别比 d 为 2.0,试验时间为 7.8 倍 θ_1 的统计试验方案。根据《×××(产品名称)研制总要求》,×××(产品名称) MTBF 最低可接受值为 80h,因此,本次试验中 θ_1 为 80h,总试验时间为 624h。试验过程中,被试品若出现 5 个或 5 个以下责任故障,则被试品通过本次设计定型可靠性鉴定试验,作出接收判决;若发生 6 个或 6 个以上责任故障,则被试品未通过本次设计定型可靠性鉴定试验,作出拒收判决。本次×××(产品名称)设计定型可靠性鉴定试验方案参数见表 8。

表 8 ×××(产品名称)设计定型可靠性鉴定试验方案参数表

试验方案	决策风险		鉴别比	检验下限	检验上限	试验时间	判决故障数	
	α	β	d	θ_1	θ_0	T	接收	拒收
14	20%	20%	2.0	80h	162h	624h	≤5	≥6

3.3 试验条件

根据试验大纲要求,×××、×××、×××(产品组成部分名称)试验剖面(以下简称后设备舱剖面)如图 2 所示;其他产品试验剖面(以下简称座舱剖面)如图3所示。其综合环境试验条件的应力包括电应力、温度应力、振动应力和湿度应力。应力量值和持续时间按剖面规定选取。试验过程中除电应力由产品承制单位调节外,其他3项应力由试验设备按编制的程序自动施加。

3.3.1 电应力

试验过程中第1循环为电压上限,第2循环为标称电压,第3循环为电压下限,3个试验循环输入电压的变化构成一个完整的电应力循环,整个试验期间,重复这一电应力循环(见图3和图4)。在每一循环第32min和273min时,被试品通断2次后连续通电,每一循环冷天和热天阶段结束时断电。具体电压值如下:

直流:
标称电压:××.×V;
电压上限:××.×V;
电压下限:××.×V。

交流(三相、单相):
标称电压:×××.×V×××Hz;
电压上限:×××.×V×××Hz;
电压下限:×××.×V×××Hz。

3.3.2 温度应力

试验过程中后设备舱剖面的冷浸温度为××℃,冷天工作温度为××℃,热浸温度为××℃,热天工作温度为××℃,最大升温速率为××℃/min,最大降温速率为××℃/min。整个温度循环为××h,温度应力的施加时序如图3所示。

试验过程中座舱剖面的冷浸温度为××℃,冷天工作温度为××℃,热浸温度为××℃,热天工作温度为××℃,最大升温速率为××℃/min,最大降温速率为××℃/min。整个温度循环为××h,温度应力的施加时序如图4所示。

3.3.3 湿度应力

本次试验过程中仅在热天地面阶段对湿度进行控制,其他阶段湿度不加控制,但不能采取干燥措施。湿度应力的施加时序如图3和图4所示。

3.3.4 振动应力

试验过程中的振动谱型如图3和图4所示,具体振动量级见表9和表10,振动应力的施加时序如图3和图4所示。

表9 后设备舱剖面试验振动量级表

振动类型	加速度功率谱密度 g^2/Hz	加速度均方根值 g_{rms}
起飞振动量值 $W_{0起飞}$	0.0020	1.65
最大振动量值 $W_{0最大}$	0.0108	3.85

(续)

振动类型	加速度功率谱密度 g^2/Hz	加速度均方根值 g_{rms}
最小振动量值 $W_{0最小}$	0.0014	1.38
加权振动量值 $W_{0加权}$	0.0036	2.22
连续振动量值 $W_{0连续}$	0.0010	1.17

表10 座舱剖面试验振动量级表

振动类型	加速度功率谱密度 g^2/Hz	加速度均方根值 g_{rms}
起飞振动量值 $W_{0起飞}$	0.0020	1.65
最大振动量值 $W_{0最大}$	0.0108	3.85
最小振动量值 $W_{0最小}$	0.0012	1.28
加权振动量值 $W_{0加权}$	0.0022	1.74
连续振动量值 $W_{0连续}$	0.0010	1.17

3.3.5 通风

试验期间被试品通电工作时需用外部强迫通风冷却,冷天阶段通风温度为××℃,通风量单台××kg/h,热天阶段通风温度为××℃,通风量单台××kg/h。

3.4 试验方法

3.4.1 试验前准备工作

3.4.1.1 成立试验的组织机构

为保证试验的顺利进行,试验前按试验大纲要求成立了试验工作组。×××(承试单位)为组长单位,全面负责试验工作,包括制定有关规章制度,全面安排试验的实施、故障处理及紧急情况的处置等;×××(驻承制单位军事代表室)为副组长单位,负责对试验全过程实施监控,包括产品功能检查和性能检测,检查并签署各种试验记录;×××(承制单位)作为成员单位参加试验工作组,提供对被试品的技术支持。

3.4.1.2 被试品进场检查

20××年××月××日,被试品到达试验现场后,×××(承试单位)、×××(驻承制单位军事代表室)和×××(承制单位)试验人员共同对被试品进行了进场检查,并进行了登记,检查结果见表11"被试品进场检查登记表"。检查结果表明,被试品的技术状态满足设计定型可靠性鉴定试验要求。

表11 被试品进场检查登记表

送试方			产品名称	
产品数量			产品型号	
技术状态	□C □S □D □P		所属型号	
每台产品质量/kg		外观尺寸(长*宽*高)/mm³		夹具总质量/kg
被试品编号:		软件版本号:		元器件数量:
产品合格证与产品标识	□有 □无 □相符 □不相符		产品外观: □无缺陷 □有缺陷	
性能测试结果	□合格 □不合格		试验夹具: □无 □自带 □承试方提供	

此种产品已完成的试验项目	此台产品曾进行过的试验项目	提供的试验文件:共__份
□功能试验 □高温 □低温 □温度冲击 □低气压 □温度-高度 □湿热 □霉菌 □盐雾 □砂尘 □温度湿度高度 □淋雨 □太阳辐射 □浸渍 □噪声 □爆炸性大气 □炮振 □振动功能 □振动耐久 □振动冲击 □加速度 □可靠性增长(摸底)试验 □可靠性鉴定试验 □产品寿命试验 □其他_____	□功能试验 □高温 □低温 □温度冲击 □低气压 □温度-高度 □湿热 □霉菌 □盐雾 □砂尘 □温度湿度高度 □淋雨 □太阳辐射 □浸渍 □噪声 □爆炸性大气 □炮振 □振动功能 □振动耐久 □振动冲击 □加速度 □产品寿命试验 □环境应力筛选 □可靠性增长(摸底)试验 □其他_____	□试验大纲 □故障模式影响分析报告 □预计报告 □环境试验报告 □测试性分析报告 □功能试验报告 □产品可靠性工作总结报告 □其他_____
试验采用标准	□GJB 150 □GJB 1407 □GJB 899 □产品规范 □其他	试验采用标准	□GJB 150 □GJB 1407 □GJB 899 □GJB 1032 □产品规范 □其他	其他要说明的情况:
承试单位:		承制单位:		军代表:

3.4.1.3 试验设备参数设置和能力检测

被试品安装之前,×××(承试单位)按图 3 和图 4 中的参数和量值对试验设备进行了参数设置,设置完成后,按试验剖面的要求对综合试验系统进行了能力调查,调查结果见表 12"试验箱能力调查表"、表 13"振动系统能力调查表"。调查结果表明实验室设置的试验参数正确,试验设备运行正常。

表 12 试验箱能力调查表

名称型号			检定有效期		
调查方式	□完整剖面运行		□最严酷段(点)调查		
调查项	试验要求值	调查设定值	实际观测值	持续时间	
最高温度/℃					
最低温度/℃					
最大升温速率/(℃/min)					
最大降温速率/(℃/min)					
相对湿度/%					
通风流量/(kg/h)					
通风温度/℃					
实际记录曲线	□有 □无	调查结论	□符合要求 □基本符合要求 □不符合要求		
需要说明的事项:					
调查日期			调查人签字		
注:表中带□项在所选项目上打"√"					

表 13 振动系统能力调查表

名称型号	振动台			检定有效期	
	控制器				

调查方式	□按试验谱　　　　□按能力测定谱 □平均控制　　　　□极限控制　　　检测点数：			
调查项	试验要求值	调查设定值	实际观测值	备　注
最大量值 （g_{rms}）				
最小量值 （g_{rms}）				

推力计算： 产品质量_____夹具质量_____动圈质量_____ 其他有关辅助设备质量_____最大加速度_____ 振动台具有的推力_____计算需要的实际最大推力_____				
调查数据	□有　□无	调查结论	□符合要求　　　□基本符合要求 □不符合要求	

需要说明的事项：

调查日期		调查人签字	

注：表中带□项在所选项目上打"√"

3.4.1.4 被试品安装

将被试品通过专用夹具直接刚性固定在振动台附加台面上,其安装方式模拟实际安装状态,符合 GJB 150—1986《军用设备环境试验方法》的要求。被试品安装状态如图 5 和图 6 所示。被试品安装完成后,按试验大纲给定的振动试验条件,模拟座舱剖面试验采用 4 点平均控制方式,模拟后设备舱剖面采用 3 点平均控制,分别用各个振动量值各试振 30s,产品试振振动控制曲线见图 7~图 16。

3.4.1.5 试验前检测

20××年××月××日,试验前,按试验大纲规定的检测项目和要求,在试验的标准大气条件下(实验室温度为××℃,相对湿度为××‰,大气压力为当地大气压),对被试品进行了试验前功能和性能检测,检测内容见表 14,检测结果均正常,详细记录见附件 1"×××(产品名称)设计定型可靠性鉴定试验检测记录"。

表 14 ×××(产品名称)设计定型可靠性鉴定试验前检测记录表

序号	检测项目	检测内容	检测要求及合格判据	检测结果
1				
2				
3				
4				
5				
6				
注:				

3.4.1.6 试验前准备工作检查会

20××年××月××日,×××(承试单位)、×××(驻承制单位军事代表室)和×××(承制单位)在×××(会议地点)召开了×××(产品名称)设计定型可靠性鉴定试验前准备工作检查会。试验工作组一致同意×××(产品名称)设计定型可靠性鉴定试验前准备工作满足试验大纲要求,可以开始试验,详见附件2"×××(产品名称)设计定型可靠性鉴定试验前准备工作纪要"。

3.4.2 试验过程

3.4.2.1 试验过程中环境应力的施加与控制

此次设计定型可靠性鉴定试验是在2.8.1条所述的综合试验系统中进行的。该系统具有同时施加温度应力、振动应力、湿度应力的能力,且能根据综合环境试验剖面的要求,对综合环境试验系统的温度、振动、湿度的施加时间、量值和变化速率实施程序控制。另外,×××(承试单位)、×××(承制单位)和×××(驻承制单位军事代表室)人员对试验过程中各种应力的施加和变化情况进行了监控和记录。

3.4.2.1.1 温度、湿度应力

试验过程中,温度、湿度应力由快速温度变化试验箱按编制的程序自动施加并记录,试验箱运行的实测温度、湿度曲线见图17和图18"试验过程中温度、湿度运行曲线"。实测温度、湿度曲线表明,温度、湿度应力满足试验剖面规定的温度应力和湿度应力要求。

3.4.2.1.2 振动应力

试验过程中,模拟座舱剖面试验采用4点平均控制方式,模拟后设备舱剖面采用3点平均控制。振动应力由振动系统按编制的程序自动施加并记录,试验过程中实际振动控制谱见图19~图28。实际振动控制谱表明,振动应力满足试验剖面规定的振动应力要求。

3.4.2.1.3 电应力

试验过程中,由×××(承制单位)试验值班人员按3.3.1条要求手动施加,并记录在检测结果上。

3.4.2.2 试验过程中被试品的检测

根据大纲规定,在每个循环的第××min、××min、××min及××min时由产品承制单位、承试单位和驻承制单位军事代表室共同按表15检测项目和要求,对被试品进行性能检测。试验中被试品共发生×次故障,故障情况见表16。试验过程中被试品其他检测结果正常,详细记录见附件1"×××(产品名称)设计定型可靠性鉴定试验检测记录"。

表15 ×××(产品名称)设计定型可靠性鉴定试验过程中检测记录表

序号	检测项目	检测内容	检测要求及合格判据	检测结果
1				

(续)

序号	检测项目	检测内容	检测要求及合格判据	检测结果
2				
3				
4				
5				
6				
注:				

表 16 故障情况汇总表

序号	故障产品编号	故障发生时间	累计试验时间	故障发生时的环境条件	故障现象描述	故障原因	纠正措施

3.4.2.3 试验后常温检测

被试品完成×××h设计定型可靠性鉴定试验后,按试验大纲要求,在试验的标准大气条件下(实验室温度为22.5℃,相对湿度为19%,大气压力为当地大气压),对被试品进行试验后常温检测,检测内容见表17,检测结果均正常,详细记录见附件1"×××(产品名称)设计定型可靠性鉴定试验检测记录"。

表 17 ×××(产品名称)设计定型可靠性鉴定试验后检测记录表

序号	检测项目	检测内容	检测要求及合格判据	检测结果
1				
2				

(续)

序号	检测项目	检测内容	检测要求及合格判据	检测结果
3				
4				
5				
6				

注：

3.4.2.4 故障情况及处理
3.4.2.4.1 故障情况
试验过程中被试品发生×次故障，故障的具体情况见表16"故障情况汇总表"和附件3"×××（产品名称）设计定型可靠性鉴定试验故障报告、分析、纠正措施记录"。

3.4.2.4.2 故障分析和处理
20××年××月××日，当试验运行至第××循环××min时，××♯产品出现×××（故障名称）的故障，故障发生时××♯的累计试验时间为×××h。试验工作组对故障原因进行了认真分析，分析结果见附件3中的"可靠性试验故障分析报告表"。分析结果表明：该故障是由于×××（故障原因），采取×××（纠正措施）后故障消失。故障报告、分析及纠正措施详见附件3。根据试验大纲中有关规定，该故障判为责任故障。

20××年××月××日，当试验运行至第××循环××min时，××♯产品出现×××（故障名称）的故障，故障发生时××♯的累计试验时间为×××h。试验工作组对故障原因进行了认真分析，分析结果见附件3中的"可靠性试验故障分析报告表"。分析结果表明：该故障是由于×××（故障原因），采取×××（纠正措施）后故障消失。故障报告、分析及纠正措施详见附件3。根据试验大纲中有关规定，该故障判为责任故障。

……

3.4.2.5 试验的结束
20××年××月××日，×台被试品累计试验时间达到×××h，单台累计试验时间达到×××h，试验中共发生×次故障，满足试验大纲规定的试验结束要求。×××（承试单位）、×××（承制单位）和×××（驻承制单位军事代表室）三方一致同意结束试验，并形成"×××（产品名称）设计定型可靠性鉴定试验结束状态审查纪要",详见附件3。

3.5 数据处理过程

试验过程中被试品出现×个责任故障,按式(1)计算其MTBF的置信下限。

$$\theta \geq \frac{2T}{\chi^2_{(1-c),(2r+2)}} \quad (1)$$

式中 T——设计定型可靠性鉴定试验时间(本次试验为×××台时);

r——责任故障数(本次试验为×个);

c——置信度(本次试验为××%)。

当置信度 c 为××%时,由式(1)得

$$\theta \geq \times\times\times h$$

由此可知,在×××h设计定型可靠性鉴定试验结束时,在××%置信度下被试品MTBF置信下限值为×××h。

3.6 试验结果

a) 本次设计定型可靠性鉴定试验的试验应力施加均满足大纲规定的试验条件及其容差要求,试验应力施加正确;

b) 被试品的累积试验时间达到了大纲规定的×××h;

c) 被试品的检测结果均正常,在试验过程中发生×次故障,满足大纲统计方案规定的接收判决条件,通过了本次设计定型可靠性鉴定试验;

d) 在××%置信度下被试品平均故障间隔时间(MTBF)置信下限值为×××h,满足研制总要求(或技术协议书)规定的×××h的要求。

4 结论

20××年××月××日至20××年××月××日,×套×××(产品名称)(编号见表1)按照×××(二级定委)批复的《×××(产品名称)设计定型可靠性鉴定试验大纲》进行了×××h的设计定型可靠性鉴定试验。试验过程中被试品发生×次故障,已采取解决措施并通过归零评审,满足试验大纲统计方案规定的接收判决条件,通过了本次设计定型可靠性鉴定试验。在80%置信度下被试品平均故障间隔时间(MTBF)置信下限值为×××h,满足×××号《×××(产品名称)研制总要求》(或技术协议书)规定的最低可接受值×××h的要求。

5 存在问题与建议

无。

6 附件

本报告共包括3个附件,分别为:

附件1"×××(产品名称)设计定型可靠性鉴定试验检测记录",(包括封

面)共×××页；

附件2"×××(产品名称)设计定型可靠性鉴定试验结束状态审查纪要"，(包括封面)共×××页；

附件3"×××(产品名称)设计定型可靠性鉴定试验故障报告、分析、纠正措施记录"，(包括封面)共×××页。

范例 24 设计定型部队试验大纲

24.1 编写指南

1. 文件用途

用于规范设计定型部队试验的项目、内容和方法等,以全面地综合考核产品作战使用性能和部队适用性,是组织实施产品设计定型部队试验的基本依据。

设计定型试验包括基地试验和部队试验。GJB 1362A—2007《军工产品定型程序和要求》将《设计定型试验大纲》列为设计定型文件之一。

2. 编制时机

在设计定型阶段编制。

3. 编制依据

主要包括:部队试验试用年度计划或试验任务书,研制总要求,通用规范,产品规范,有关试验规范等。

4. 目次格式

按照 GJB/Z 170.7—2013《军工产品设计定型文件编制指南 第 7 部分:设计定型部队试验大纲》编写。

GJB/Z 170.7—2013 规定了《设计定型部队试验大纲》的编制内容和要求,并给出了示例。

24.2 编写说明

1 任务依据

一般包括:部队试验年度计划或下达部队试验任务的有关文件,以及被试品研制总要求。通常应列出相关文件的下达单位、文号和文件名称等。

示例:

××式坦克部队试验任务依据

a) 总参谋部、总装备部装计〔20××〕×××号《关于下达二〇××年科研产品新装备部队试验试用计划事》的通知;

b) 装陆〔20××〕×××号《××式坦克研制总要求》。

2 试验性质

设计定型试验。

3 试验目的

一般包括：

a）接近实战或实际使用条件下，考核被试品作战使用性能和部队适用性（含编配方案、训练要求等），为其能否设计定型提供依据；

b）为研究装备作战使用、编制、人员要求、后勤保障以及科研、生产等提供技术支撑。

示例：

×××地空导弹武器系统部队试验目的：

在接近实战或实际使用的条件下，考核×××地空导弹武器系统的作战使用性能和部队适用性（含编配方案、训练要求等），为其能否设计定型提供依据。同时为研究装备的作战使用、编制、人员要求、后勤保障以及为科研和生产等积累资料。在作战使用性能方面，重点考核×××地空导弹武器系统的工作性能及协调性，导弹的弹道特性、控制性能和武器系统的制导精度，武器系统的单发杀伤概率，武器系统的战术使用性能，武器系统的抗干扰性能；在部队适用性方面，重点考核×××地空导弹的可用性、可靠性、维修性、保障性、兼容性、机动性、安全性、人机适应性和生存性等。

4 被试品、陪试品及主要测试仪器设备

4.1 被试品

明确被试品及主要配套产品的全称、数量和技术状态要求，以及提供渠道、交接条件和交接方式等。

示例：

被试品：××式主战坦克××台、××式坦克抢救车××台，随车工具、备品、附件和随车技术文件齐全，配置到规定的技术状态。在部队试验开始前一周由承研单位与承试部队进行车辆交接。交接时由承试部队进行技术状况检查，清点随车技术文件、工具、备品、附件等，符合有关规定后办理交接手续。

4.2 陪试品

明确陪试品的全称、数量和质量要求，以及提供渠道、交接条件和交接方式等。

示例1：

陪试品：炮兵测地车××台、履带式炮兵侦察车××台、火炮声探测系统和气象雷达探测系统各××套，技术状况完好，由承试部队按计划保障。

示例2：

陪试品：×××侦查设备××套、×××制导设备××套、×××应答机×

×套,技术状况完好,由承研承制单位提供。

4.3 主要测试仪器设备

明确主要测试仪器设备的名称(代号)、数量、精度和计量检定要求,以及提供渠道、交接条件和交接方式等。当主要测试仪器设备种类较多时,可用表格列出。

示例:

参试的主要测试仪器和试验设备见表×,由承研单位提供。参加试验的测试仪器和试验设备均应校验合格,并在有效期内,符合试验测试要求和试验环境要求,精度应能保证被测参数精度要求。

表× 主要测试仪器和试验设备

序号	名称	型号/规格	精度	单位	数量
1	水银温度计	0℃～100℃	±0.5℃	支	5
2	气压计	500Pa～1200Pa	±1.0hPa	支	10
3	计时器(秒表)	100μs～1s	±1μs	块	20
…	……	……	……	……	……

5 试验条件与要求

一般包括:

a) 部队试验的起止时间以及试验地区(地域、海域、空域)。如试验分多个阶段或在多个地区进行,应分别列出;

b) 战术条件和要求。可参考同类装备军事训练大纲中关于战术技术训练的相关规定设置试验的战术条件。对战术条件有特殊要求时,应具体说明;

c) 环境条件和要求。一般为试验地区在试验期间的地理、气象、水文、电磁等条件。对环境条件有特殊要求时,应具体说明;

d) 人员条件和要求。一般为承试单位具有代表性的人员。对人员有特殊要求时,应具体说明;

e) 试验强度和弹药消耗。一般应规定试验期间被试品的工作时间及强度、弹药消耗等方面的要求。

示例:

×××两栖装甲突击车部队试验条件与要求:

a) 试验时间和地区:20××年××月至20××年××月,在陆军第××集团军机械化步兵第××师战术训练场(××地区)和××海训场进行;

b) 战术条件和要求:符合军事训练大纲中规定的战术技术训练条件,此外还应模拟×××野战条件下的×××进攻和防御,蓝方电磁环境为×××,电子干扰强度×××;红方电磁环境为×××,电子干扰强度×××等;

c) 环境条件和要求:试验地区的自然地理条件及其在试验期间的气象条件。在开展陆上机动性能试验时,应包括××个上坡和××个下坡、弯道数不少于××个;气温应在38℃上下,相对湿度在75%左右,气压应保持在×××Pa～×××Pa范围,能见度在××m以上,风速在××m/s以下。海上试验时海况条件应达到××级风××级浪;

d) 试验人员条件和要求:试验任务应当由具有代表性的人员承担,驾驶员应具备××级(含)以上驾驶员等级,车长应具备××级(含)以上无线电手等级,炮手应具备××级(含)以上射手等级,参与维修保障试验的修理工应具备××级(含)以上专业技术等级;

e) 试验消耗:单车试验不少于××摩托小时(海训时间不少于××摩托小时),消耗××mm穿甲弹××发、××mm机枪弹××发。

6 试验模式和试验项目

6.1 试验模式

部队试验通常采用先分系统、后全系统开展试验的模式进行。应明确被试品的作战、训练任务剖面及应力条件等。

示例1:

某型轮式步兵战车部队试验按照先单车试验、后组成基本作战单元试验的模式进行。单车先进行机动性能、指挥通信性能、火力性能试验,而后与×××抢救车和×××抢修车组成装备系统开展试验,最后与×××主战坦克、×××装甲输送车、装甲步兵等一起构成作战单元开展协同试验。

示例2:

某型发烟车部队试验按照先进行单车试验、后编队发烟试验的模式进行。单车先进行发烟车展开时间试验、撤收时间试验、起动时间试验、环境适应性试验、人机工程试验、烟幕尺寸测试试验、低温下雾油/红外干扰发烟量试验等。而后编队开展静止发烟和行进发烟试验。

6.2 试验项目

6.2.1 试验项目设置

试验项目设置一般应考虑研制总要求明确的作战使用性能、典型作战任务剖面、同类装备训练大纲、部队适用性以及承试部队可能达到的试验条件等因素。

6.2.2 试验项目规定的内容

当试验项目数量较多时,可分为若干试验项目大类,在各试验项目大类下分别列出具体的部队试验项目。当试验项目数量较少时,可对各项目逐一进行描述。对于各试验项目,一般应规定以下内容:

a) 试验目的;

b) 试验条件和要求;

c) 试验内容;

d) 试验记录;

e) 评判准则;

f) 其他。

示例1:

×××发烟车部队试验共进行展开撤收试验、人机工程试验、环境适应性试验、×××试验等××大类××个试验项目。其中展开撤收试验主要包括发烟车展开时间试验和发烟车撤收时间试验两个试验项目,人机工程试验主要包括×××试验、×××试验、×××试验等试验项目。

1. 发烟车展开撤收试验

a) 发烟车展开时间试验

1) 试验目的:检验被试发烟车展开的方便性、快捷性。

2) 试验条件和要求:试验人员提前就位,至少重复3次试验,计时器应提前进行校准。

3) 试验内容:将发烟车行驶至发烟地点,指挥员下达展开装备口令,计时员开始计时,操作人员对装备进行必要的检查和准备,使发烟车处于待机状态。试验人员按规定完成操作,向指挥员报告展开完毕,计时员停止计时,测得展开时间。

4) 试验记录:由资料收集人员记录展开时间情况,并按规定填写附表。

5) 评判准则:平均展开时间在××min内合格。

b) 发烟车撤收时间试验

……

示例2:

(××飞机)发现与跟踪目标试验

a) 试验目的:检验武器装备对典型目标的搜索发现、稳定跟踪、敌我识别能力及操作过程的方便性、适应性;

b) 试验条件和要求:按试验大纲要求,确定校飞飞行诸元、校飞架次、目标进入次数、应答机工作频率、制导设备工作状态及记录处理要求;按使用维护要求对被试装备进行维护调整,排除故障及隐患,使校飞前处于良好状态;录取设备与制导设备对接良好;按实际校飞状态组织进行校飞操作控制程序合练,确保试验操作准确无误;

c) 试验内容:校飞时地面导航点应与制导设备和校飞飞机保持联络;过程中录取设备提前和退后考核处理段××km～××km对校飞数据进行记录;每架次校飞过程中不得调整被试武器装备参数,如果不能满足飞行条件时,应中止

试验;校飞结果按该型号校飞大纲固定的统计处理方法进行处理;

　　d) 试验记录:由资料收集人员按要求记录并填写表格,内容包括:搜捕跟踪目标方式;目标(高度、速度、航向、机型);开始搜捕目标距离;发现目标距离;自动跟踪距离;丢失目标距离;气象资料(包括天气、能见度、气温、湿度、气压、风速、风向等)等;

　　e) 评判准则:搜索发现、稳定跟踪、敌我识别能力应达到规定的要求;操作应方便、适应性强。

7　试验流程

基本流程一般包括:

　　a) 场库保管及其相关勤务;
　　b) 技术检查与准备;
　　c) 机动(行军、运输、航行、行驶等及相关技术保障);
　　d) 展开与完成相关准备;
　　e) 基本指挥与操作,执行战斗、训练任务及相关技术保障;
　　f) 撤收。

针对被试品的特点和部队试验的具体目的,部队试验的总体流程可依具体试验项目有所不同。通常按先单机(单装或分系统),后全系统(或多件装备),再组成战斗结构(或作战单元)开展试验的流程进行。

对于比较复杂的试验项目,可进一步给出具体流程。示例:

×××步兵战车部队试验采用先单车试验、后组成基本作战单元试验、穿插进行装备保障试验的程序实施。试验总体流程见图24.1。

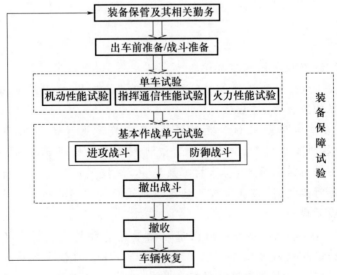

图24.1　××步兵战车部队试验总体流程

其中,机动性能试验流程见图24.2。

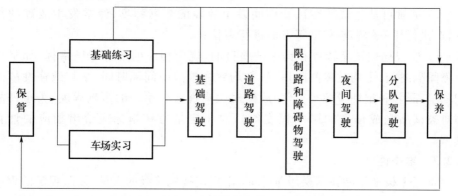

图24.2 ××步兵战车机动性能试验流程

8 考核内容

8.1 作战使用性能

重点考核被试品在接近实战或实际使用条件下,能否完成规定任务及完成规定任务的程度。根据具体装备特点和试验目的,规定相应的定量考核指标(如试验项目完成率和完成试验项目的满意度等)和定性考核要点(包括使用方便性、功能完备性和设计合理性等)。

示例:

对×××地空导弹作战使用性能的考核内容主要包括:武器装备各系统件的工作协调性及配套性;对典型目标的搜索发现、稳定跟踪、敌我识别能力;反应时间是否满足要求;射击指挥系统的显示功能及规程的合理性;各种抗干扰、电子对抗措施的有效性;对付多目标能力;行军与越野能力;夜战性能等。

8.2 部队适用性

8.2.1 可用性

重点考核被试品在受领任务的任意时间点上,处于能够使用并执行任务状态的程度,要求如下:

a) 通常可从被试品在需要时能否正常工作和使用,在预定环境下能否按照预定作战强度执行作战任务等方面进行考核;

b) 应根据被试品特点和具体试验目的,规定相应的定量考核指标(如使用可用度、可达可用度、完好率等)和定性考核要点,对于定量考核指标应给出相应的计算模型。

8.2.2 可靠性

重点考核被试品在规定条件下和规定时间内完成预定功能的概率,即被试

品无故障工作的能力,要求如下:

a) 通常可从被试品在试验期间发生故障的频繁程度、经常发生故障的部位,对执行任务的影响程度等方面进行考核;

b) 应根据被试品特点和具体试验目的,规定相应的定量考核指标(如平均故障间隔时间、平均故障间隔里程、平均致命性故障间隔时间、平均致命性故障间隔里程等)和定性考核要点(如故障对关重件或分系统的影响程度、关重件故障对被试品完成任务的影响程度等),对于定量考核指标应给出相应的计算模型。

8.2.3 维修性

重点考核被试品在基层级维修时,由规定技能等级的人员,按照规定的程序和方法,使用规定的资源进行维修时,恢复其规定状态的能力,要求如下:

a) 通常可从被试品故障修复时间,对修理人员数量和技能要求,维修的可达性、互换性,检测诊断的方便性、快速性,防差错措施与识别标记,维修安全性等方面进行考核;

b) 应根据被试品特点和具体试验目的,规定相应的定量考核指标(如平均修复时间、维修率、主要部件拆卸更换时间等)和定性考核要点(如维修可达性、维修人员要求、检测诊断方便性、安全性等),对于定量考核指标应给出相应的计算模型。

8.2.4 保障性

重点考核被试品设计特性和计划保障资源能够满足平时战备完好性和战时使用要求的能力,要求如下:

a) 通常可从被试品是否便于保障,保障时间、保障资源的适用性等方面进行考核;

b) 应根据被试品特点和具体试验目的,规定相应的定量考核指标(如战斗准备时间、再次出动准备时间、平均维护保养工时等)和定性考核要点(如保障设备的适用性、使用维护说明书等相关技术资料的适用性等),对于定量考核指标应给出相应的计算模型。

8.2.5 兼容性

重点考核被试品和相关装备(设备)同时使用或相互服务而互不干扰的能力,要求如下:

a) 通常可从被试品同平台多机协调工作、子系统之间协调工作时互不干扰的能力等方面进行考核;

b) 应根据被试品特点和具体试验目的,规定相应的定性考核要点(如电磁兼容性、计算机兼容性、物理兼容性和环境适应性等)。

8.2.6 机动性

重点考核被试品自行或借助牵引、运载工具,利用铁路、公路、水路、海上和空中等方式或途径,有效转移的能力,要求以下:

a) 通常可从被试品通过各种载体的运输能力、行军和战斗状态相互转换的速度和便捷性等方面进行考核;

b) 应根据被试品特点和具体试验目的,规定相应的定性考核要点(如陆路输送能力等)。

8.2.7 安全性

重点考核被试品不出现可能造成人员伤亡、职业病或引起设备损坏和财产损失,以及环境破坏等情况的能力,要求如下:

a) 通常可从被试品安全报警装置设置的合理性、使用和维修过程中造成装备或设备损坏、对人员造成伤害的可能性与危害程度等方面进行考核;

b) 应根据被试品特点和具体试验目的,规定相应的定性考核要点(如报警装置设置合理性、逃生装置设置合理性等)。

8.2.8 人机工程

重点考核被试品影响使用人员操作武器装备有效完成作战任务的程度,要求如下:

a) 通常可从被试品使用人员使用操作的方便性、工作的可靠性、工作环境的舒适性等方面,是否满足作战使用和勤务要求等方面进行考核;

b) 应根据被试品特点和具体试验目的,规定相应的定性考核要点(如装置设置合理性、布局合理性、工作舒适性等)。

8.2.9 生存性

重点考核被试品及其乘员回避或承受人为敌对环境,完成规定任务而不遭受破坏性损伤或人员伤亡的能力,要求如下:

a) 通常可从被试品主(被)动防御、规避、修复、自救、互救以及人员逃逸等方面进行考核;

b) 应根据被试品特点和具体试验目的,规定相应的定性考核要点(如主动防御装置设置合理性、自救装置设置合理性等)。

示例1:

应从如下方面对×××自行火炮部队适用性进行考核(节选):

维修性:根据试验日志和故障与维修记录表中的信息,统计计算主要部件(包括动力舱、炮塔、火炮身管、单块履带板与整条履带、负重轮等)的更换时间(精确到分),并定性评价维修的方便性,以及检测诊断的方便性等。

保障性:根据试验日志和保障活动记录表中的信息,统计单车战斗准备时间,并定性评价保障工作量大小和难易程度,以及所提供保障资源(随车工具、备品、附件及使用维护说明书等)的适用程度。单车战斗准备时间取单车从战备储存状态转为战斗状态过程中,完成规定使用保障活动所用时间的平均值。

示例2:

对×××地空导弹部队适用性的考核内容主要包括:对典型目标的搜索发现、稳定跟踪、敌我识别操作过程的方便性、适应性;火力转移操作的方便性、快捷性;展开与撤收时间;被试品工作运行、操作、维修、保障、控制和运输期间人员作业达到的安全、可靠、高效的程度;对人员的数量、技能、训练和保障要求;可靠性;维修性;保障性;环境适应性;生存性;安全性等。

9 试验数据采集、处理的原则和方法

9.1 试验数据采集

应针对具体试验目的和项目,规定试验过程中必须采集的数据、处理的原则和方法。

试验过程中,一般应采集试验基本信息(包括试验项目及内容、试验时间和地点、试验条件、参试人员情况、被试品状态、陪试品状态、试验过程及结果等)、被试品故障与维修信息、被试品保障信息、被试品缺陷信息等。

数据的采集与记录,通常采用使用仪器(设备)采集信息、填写数据表格、文字记录试验情况等方式进行。

应及时记录、填写各种数据,拍摄影像资料,确保数据记录真实可靠、内容全面、格式规范,符合存档要求。

各种数据应注明所属试验项目名称、条件、日期,由试验负责人和记录人员共同签署。

示例1:

×××雷达部队试验过程中,必须及时、准确、完整地采集、记录如下信息(必要时应采集视频和图像信息):

a) 装备试验过程基本信息。装备试验过程中,填写试验日志,记录试验过程的基本信息,作为考核被试品作战使用性能和部队适用性、计算各评价指标、撰写部队试验报告等的基本依据;

b) 装备故障与维修信息。装备发生故障时,及时、准确地记录故障与维修信息,填写故障与维修信息记录表。故障与维修信息可为考核评价被试品的维修性等提供基础数据;

c) 装备保障信息。装备试验过程中,在对被试品进行使用保障与维修保障活动时,及时、准确地记录保障活动有关信息,填写保障活动记录表。保障信息是考核评价被试品保障性和维修性等的基本依据;

d) 缺陷信息。装备试验过程中,发现装备在作战使用性能和部队适用性方面存在的缺陷时,填写缺陷报告表。缺陷信息是定性评价被试品作战使用性能和部队适用性的基本依据。

示例2：

×××军用小型无人机系统部队试验记录的内容主要包括：

a) 试验项目名称；
b) 试验时间、地点；
c) 试验地区的海拔高度；
d) 气象条件(包括天气、温度、相对湿度、气压、风向、风速等)；
e) 被试品的型号和技术状态,以及试验过程中发现的主要问题及处理方法；
f) 测量仪器名称、型号、检定日期和精度；
g) 主要参试人员姓名、职务(职称)；
h) 规定的试验数据。

示例3：

×××火箭炮部队试验在实施各项试验时应记录以下数据：

a) 各项试验参试人员的组成与分工；
b) 各项试验起止时间、持续时间、间隔时间等；
c) 各项试验的地点；
d) 各项试验时间的天气实况；
e) 各项试验的具体情况；
f) 各项试验中参试人员的体会、感受。

9.2 试验数据处理的原则和方法

应指定专人定期对所采集的数据进行分类、整理和存档,不得随意取舍。由承试部队组织有关人员对试验数据进行分析、计算,以便做出科学、公正、客观的评价。

10 试验评定标准

10.1 作战使用性能评定

一般包括：

a) 达到规定的定量指标要求；
b) 使用方便；
c) 功能完备；
d) 设计合理。

10.2 部队适用性评定

一般包括：

a) 可用性方面,被试品在试验期间经常处于完好状态；

b) 可靠性方面,被试品在试验期间发生的故障不影响试验任务的完成,可靠性达到规定的指标;

c) 维修性方面,被试品在试验期间发生的故障,能够由相应级别的维修机构在规定时间内修复;

d) 保障性方面,被试品随装设备、工具、备附件齐全、适用;随装技术资料内容完整、准确,能有效指导被试品使用与维护;作战准备、技术检查和维护保养方便、快捷;

e) 兼容性方面,被试品自扰、互扰程度符合规定要求,被试品之间及其与规定的作战体系内其他装备之间能够协调工作;

f) 机动性方面,被试品能通过规定的运输方式实施快速机动;装、卸载及固定方便、安全、可靠;对各种地形的适行能力强;行军和战斗状态相互转换速度快、方便便捷;

g) 安全性方面,被试品安全标识醒目,可有效避免使用与维修过程中的人员伤亡或设备损坏;对环境危害程度低;

h) 人机工程方面,被试品操作使用方便、空间布局合理、人机界面友好,工作环境满足作战使用要求;

i) 生存性方面,被试品主(被)动防御、规避、诱骗装置设置合理;自救、互救、修复能力强;人员逃逸装置设置合理;

j) 其他相关评定标准。

11 试验中断、中止与恢复

11.1 中断

规定试验中断的条件。通常,在试验中由于条件发生变化不能满足试验要求时,应中断试验。待条件满足时再继续试验。当某项试验中断前的试验条件没有超出规定的条件范围时,中断前的试验有效,否则应重新进行该项试验。

11.2 中止

规定试验中止的条件。通常,当出现下列情况之一时,按规定报批后,可中止试验:

a) 试验中被试品因技术状况或质量问题危及安全,或不能保证试验的安全进行;

b) 根据部分试验结果判定,被试品主要作战使用性能已达不到研制总要求规定的标准;

c) 被试品可靠性差,维修工作量大,使试验无法正常进行;

d) 因不可抗拒因素而丧失继续试验的条件。

11.3 恢复

规定试验恢复的条件。通常,承研单位对试验中暴露的问题采取改进措施,经试验验证和相关单位确认问题已解决,或不可抗拒因素已消失,按规定报批后可恢复试验。

12 试验组织与分工

规定试验组织与分工要求。部队试验由承试部队组织实施,承研承制单位配合。通常,承试部队应根据试验规模组成试验领导组和必要的职能小组(如计划协调组、装备保障组和后勤保障组等),具体负责试验的组织实施、政治思想、安全保密、技术和后勤保障等。承研承制单位负责提供试验所需技术资料、备件以及专用工具、仪器和设备等,并协助承试部队开展人员培训和提供技术保障。

示例:

×××指控系统部队试验由机械化步兵第××师组织实施,×××厂、×××研究所等相关单位配合。机械化步兵第××师成立专门的试验机构和试验分队,建立健全试验领导组、计划协调组、装备保障组和后勤保障组等,负责试验的组织实施、政治思想、安全保密、装备和后勤保障。由总师单位×××研究所负责协调××厂、×××研究所等承研承制单位提供试验所需技术资料、备件以及专用工具、仪器和设备等,并协助承试部队开展人员培训和提供技术保障。

13 试验报告要求

试验报告的编制内容和要求,参照 GJB/Z 170.8—2013。

14 试验保障

应提出部队试验所需的软件、技术文件等保障要求,并明确提供单位。

应提出相关陆地或海上试验场地、空域、航区及主要设施、仪器设备的保障要求,并明确责任单位。

应提出相关兵力、弹药、通信、气象、航空、航海、运输、机要及后勤等保障要求,并明确责任单位。

应提出相关装备保障要求及提供保障的单位。

应规定试验人员培训要求,包括培训的时机、内容、培训单位等。

示例:

a) 技术文件及资料保障。《××式坦克使用维护说明书》、《××式坦克保障方案》等技术文件和资料应配套齐全,由承研承制单位提供;

b) 技术保障。部队试验中,承研单位应提供试验用维修专用工具、备件、备品、野战维修保障设备,并提供必要的技术指导;

c) 人员培训。部队试验前,承研单位应根据部队试验实施计划,协助承试部队对参试人员进行培训。培训内容主要包括:被试品的构造与原理、使用操作、维护修理等。

15 安全要求

应根据被试品的特点和使用要求,结合试验条件,规定必要的安全措施和保密要求等。

示例:

a) 应在现场设置安全设施。观察(指挥)应在安全区或设置掩体。在炮位位置的掩体应能保障试验中出现最恶劣事故时人员安全。被试品、参试弹药、人员的掩体宜相互隔离。试验时,应根据具体情况在场区周围设置警戒,防止无关人员进入场区;

b) 执行射击指挥和阵地操作的规定和被试品说明书、维护保养说明书的规定。被试品附近宜少放弹药,分组射击时摆放数量不超过一组;

c) 应严格落实保密条例的有关规定,严防失、泄密事件的发生。

24.3 编写示例

1 任务依据

a) 总参谋部、总装备部装计〔××××〕×××号《关于下达20××年新型装备部队试验试用计划》的通知;

b) 总装备部装陆××号《×××研制总要求》。

2 试验性质

设计定型试验。

3 试验目的

在接近实战或实际使用的条件下,重点考核×××的机动性能、指挥通信性能、火力性能、作战协同性能,以及维修性、保障性、联通能力、陆路输送能力和人机适应性等,为其设计定型提供依据。

4 被试品、陪试品及主要测试仪器设备

4.1 被试品

×××2台、××抢救车1台,随车工具、备附件和随车技术文件齐全,配置到规定的技术状态。

在部队试验开始前一周由承研单位与承试部队进行车辆交接。交接时由承试部队进行技术状况检查,清点随车技术文件、工具、备品、附件等,符合有关规定后办理交接手续。

4.2 陪试品

试验所需陪试装备,由承试部队根据试验任务需求按计划调配。

4.3 主要测试仪器设备

参试的主要测试仪器和试验设备见表×,由承研单位提供。参加试验的测试仪器和试验设备均应校验合格,并在有效期内,符合试验测试要求和试验环境要求,精度应能保证被测参数精度要求。

表× 主要测试仪器和试验设备

序号	名称	型号/规格	精度	单位	数量
1	水银温度计	0℃～100℃	±0.5℃	支	5
2	气压计	500Pa～1200Pa	±1.0hPa	支	10
3	计时器(秒表)	100μs～1s	±1μs	块	20
…	……	……	……	……	……

5 试验条件与要求

5.1 试验起止时间和地点

20××年××月至20××年××月,在第××师战术训练场(××地区)进行;20××年××月至20××年××月,在××海训场(××地区)进行。

5.2 战术条件和要求

参照部队军事训练大纲中关于战术技术训练的相关规定和要求。

5.3 环境条件和要求

部队试验地区的自然环境条件和地理、地形条件,以及在规定试验地区和试验时间内的各种天候和气象条件。

5.4 人员条件和要求

试验任务应当由部队具有代表性的人员承担。驾驶员应具备××级(含)以上驾驶员等级;车长应具备××级(含)以上无线电手等级;炮手应具备××级(含)以上射手等级;参与维修保障试验的修理工应具备××级(含)以上专业技术等级。

5.5 试验摩托小时及弹药消耗

单车试验××摩托小时,共消耗××mm穿甲弹××发、破甲弹××发、……、××mm机枪弹××发。

6 试验项目

本次部队试验采用先单车试验、后组成基本作战单元试验的模式进行。根据该型装备的作战使命、特性和作战、训练的基本要求,针对试验地区的实际使用环境和条件,依据《×××研制总要求》、《使用维护说明书》和《装甲装备技术保障工作条例》,参照《××专业技术教范》和《××战术训练教程》,确定试验项目如下:

6.1 机动性能试验

机动性能试验主要包括基础驾驶、道路驾驶、限制路和障碍物驾驶、夜间驾驶、分队驾驶等试验项目。机动性能试验课目及时间分配见附表1。

6.2 指挥通信性能试验

指挥通信性能试验主要包括对通信系统、综合电子信息系统和定位导航系统的实习、基础训练、应用训练等试验项目。指挥通信性能试验课目及时间分配见附表1。

6.3 火力性能试验

火力性能试验主要包括实习、基础练习、单车射击等试验项目。火力性能试验课目及时间分配见附表1,其中战斗射击的弹药分配见附表2。

6.4 作战协同性能试验

作战协同性能试验主要包括协同动作和攻防战术试验项目。作战协同性能试验课目及时间分配见附表1。

6.5 装备保障试验

装备保障试验主要包括维护保养、使用保障、维修保障等试验项目。装备保障试验课目及要求见附表3,维护保养内容见《使用维护说明书》。

7 试验流程

试验总体流程见图1。其中,机动性能试验流程见图2,火力性能试验流程见图3,作战协同性能试验流程见图4。

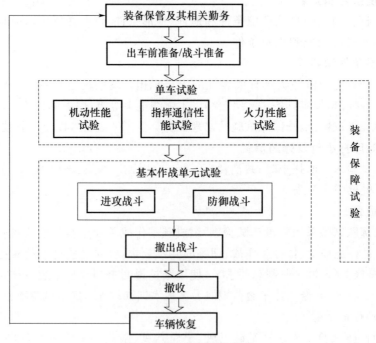

图1 试验总体流程框图

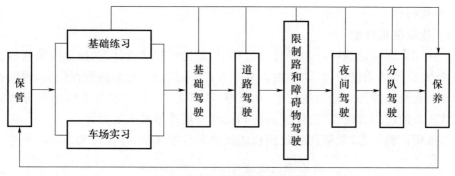

图 2 机动性能试验流程框图

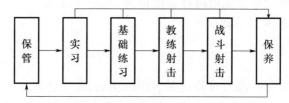

图 3 火力性能试验流程框图

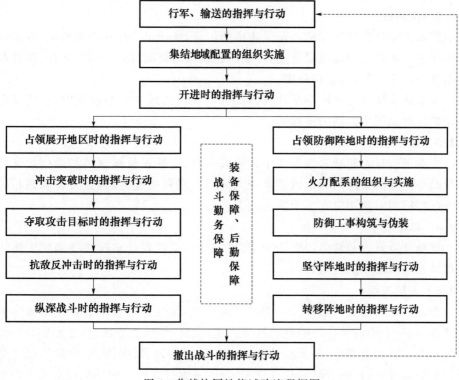

图 4 作战协同性能试验流程框图

8 考核内容

8.1 作战使用性能

在完成规定试验项目和课目的过程中,通过填写试验日志、故障与维修信息记录表、保障活动记录表、缺陷报告表等方式,采集记录相关的数据信息,根据试验日志和缺陷报告中记录的信息,从驾驶、指挥通信、射击和战术训练等方面对被试装备的使用方便性、功能完备性和设计合理性等做出定性评价。

根据试验日志,计算作战使用性能试验课目完成率,计算公式为:

$$试验课目完成率 = \frac{X}{Y} \times 100\%$$

式中 X——试验课目完成情况评价结论为"完成"的总数;
   Y——试验课目总数。

8.2 部队适用性

8.2.1 维修性

根据试验日志和故障与维修记录表中的信息,统计计算主要部件(包括动力舱、炮塔、火炮身管、单块履带板与整条履带、负重轮等)的更换时间(精确到 min),并定性评价维修的方便性,以及检测诊断的方便性等。

8.2.2 保障性

根据试验日志和保障活动记录表中的信息,统计单车战斗准备时间,并定性评价保障工作量大小和难易程度,以及所提供保障资源(随车工具、备品、附件及使用维护说明书等)的适用程度。

单车战斗准备时间取单车从战备储存状态转为战斗状态过程中,完成规定使用保障活动所用时间的平均值。

8.2.3 兼容性

根据试验日志和缺陷报告表中记录的信息,定性评价被试装备通信系统之间及其与作战体系内的其他通信系统之间的互联联通能力,被试装备和其相关装备(设备)同时使用时互不干扰的能力。

8.2.4 机动性

根据试验日志和缺陷报告表中记录的信息,定性评价被试装备满足实施快速机动和运输要求的能力。

8.2.5 人机工程

根据试验日志和缺陷报告表中记录的信息,定性评价被试装备使用操作的方便性、乘员工作的可靠性和舒适性等人机环适应性。主要评价:登车装置和舱门尺寸及形状的合理性;各类操控装置、仪表、观察装置、座椅、电台及信息终端等的布局合理性;振动、噪声、空气质量、通风及温湿度等车内环境对乘员工作的影响等。

9 试验数据采集、处理的原则和方法

9.1 试验数据采集

装备试验过程中,必须及时、准确、完整地采集、记录如下信息(必要时应采集视频和图像信息):

a) 装备试验过程基本信息

装备试验过程中,填写试验日志,记录试验过程的基本信息,作为考核被试装备作战使用性能和部队适用性、计算各评价指标、撰写部队试验报告等的基本依据。试验日志样表见附表4。

b) 装备故障与维修信息

装备发生故障时,及时、准确地记录故障与维修信息,填写故障与维修信息记录表。故障与维修信息可为考核评价被试装备的维修性等提供基础数据。故障与维修信息记录表样表见附表5。

c) 装备保障信息

装备试验过程中,在对被试装备进行使用保障与维修保障活动时,及时、准确地记录保障活动有关信息,填写保障活动记录表。保障信息是考核评价被试装备保障性和维修性等的基本依据。保障活动记录表样表见附表6。

d) 缺陷信息

装备试验过程中,发现装备在作战使用性能和部队适用性方面存在的缺陷时,填写缺陷报告表。缺陷信息是定性评价被试装备使用方便性、功能完备性、设计合理性、兼容性、机动性和人机工程等的基本依据。缺陷报告表样表见附表7。

9.2 试验数据处理的原则和方法

试验数据应当准确可靠,不得随意取舍。各种数据应及时采集,注明所属试验项目名称、条件、日期,由试验负责人和记录人员共同签署。

指定专人每周对所采集的数据进行收集、分类、整理和存档。由试验部队装备部门组织有关人员对试验数据进行分析、计算,以便做出科学、公正、客观的试验评价。

10 试验评定标准

10.1 作战使用性能的评定标准

应参照《××专业技术教范》、《××战术训练教程》和其他相关军事训练与考核大纲,结合如下标准对被试装备的作战使用性能进行评定:

a) 达到规定的定量指标要求;
b) 使用方便;

c) 功能完备；
d) 设计合理。

10.2 部队适用性的评定标准

维修性方面，被试品在试验期间发生的故障，能够由相应级别的维修机构在规定的时间内修复。

保障性方面，被试品随装设备、工具、备附件齐全、适用；随装技术资料内容完整、准确，能指导被试品的使用与维护；作战准备、技术检查和维护保养方便、快捷。

兼容性方面，被试品自扰、互扰程度符合要求，被试品之间及其与规定的作战体系内其他装备之间能够协调工作。

机动性方面，能通过规定的运输方式实施快速机动；装、卸载及固定方便、安全、可靠；行军和战斗状态相互转换的速度快、方便快捷。

人机工程方面，被试品人机工程适应性好。使用操作方便、空间布局合理、人机界面友好，工作环境满足作战要求。

11 试验中断、中止与恢复

11.1 中断

在试验中由于条件发生变化不能满足试验要求时，应中断试验。待条件满足时再继续试验。当某项试验中断前的试验条件没有超出规定的条件范围时，中断前的试验有效，否则应重新进行该项试验。

11.2 中止

当出现下列情况之一时，按规定报批后，可中止试验：

a) 试验中，被试装备由于技术状况或质量问题危及安全，不能保证试验安全进行；
b) 出现影响性能和使用的重大技术问题；
c) 出现短期内不能排除的故障；
d) 由于不可抗拒的因素丧失继续试验的条件。

11.3 恢复

承研单位对试验中暴露的问题采取改进措施，经试验验证和相关单位确认问题已解决，或不可抗拒因素已消失，按规定报批后方可恢复试验。

12 试验组织分工

本次部队试验由××军区××集团军××师组织实施，相关单位配合。应当成立专门的试验机构和试验分队，建立健全试验领导组、计划协调组、装备保障组和后勤保障组等，负责试验的组织实施、政治思想、安全保密、装备和后勤保障。

13　试验报告的编制

部队试验报告由××师负责组织编制,通常在试验结束后 30 个工作日内完成并上报。应主送二级定委,抄送总部分管有关装备的部门、军兵种装备部、研制总要求论证单位、军事代表机构、军队其他有关单位和承研承制单位。

试验报告中应给出被试装备作战使用性能和部队适用性评价的结论,重点评价被试装备完成作战与使用任务的能力、维修性、保障性、兼容性、机动性和人机工程等内容,对于试验中发现的主要问题应分析其原因并提出改进建议。

14　试验保障

14.1　技术文件及资料保障

《×××使用维护说明书》、《×××保障方案》等技术文件和资料应配套齐全,由承研单位提供。

14.2　人员培训

部队试验前,承研单位应根据部队试验实施计划,协助承试部队对参试人员进行培训。

14.3　技术保障

部队试验中,承研单位应提供试验用维修专用工具、备件、备品、野战维修保障设备,并提供技术保障。

15　安全要求

部队试验过程中,应加强安全保密工作的组织管理。由专人负责实施和检查。

开展实弹射击时试验中,观察(指挥)应在安全区或设置掩体,应根据具体情况在场区周围设置警戒,防止无关人员进入场区;弹药摆放应符合有关规定,尽可能远离被试品和试验人员。

试验资料管理应严格落实保密条例的有关规定,由专人采集、整理和存档,严防失、泄密。

附表 1 作战使用性能试验课目及时间分配表

项目	类别	课目	时间分配	项目	类别	课目	时间分配
机动性能试验	基础驾驶	换档模式转换、依次换档及各种速度驾驶	××/××	火力性能试验	实习	发射电路检查调整	
		指挥组兑进出多个车库驾驶	××/××			机枪使用与故障排除	
		上下模拟装载平台驾驶	××/××			自动装弹机使用	××/××
	道路驾驶	道路驾驶	××/××			车内装填炮弹	
	限制路和障碍物驾驶	分个通过限制路和障碍物驾驶	××/××			火控系统使用	
		连续通过限制路和障碍物驾驶	××/××			武器校正	
	夜间驾驶	夜间各种速度驾驶	××/××			压制观瞄装置校正与使用	
	分队驾驶	队形与队形变换	××/××			快速跟踪目标	
		分队百公里连续行军	××/××			平稳跟踪目标	××/××
	实习	电台、车内通信系统设备维护保养			基础练习	稳像工况下原地对不动和运动目标射击	
		单车指挥信息设备的使用及完好状态检查	××/××			超越射击工况下原地对不动和运动目标射击	
		收发指挥通话信号				装表工况下原地对不动和运动目标射击	
指挥通信性能试验	基础训练	专向通信对抗				应急射击工况下原地对不动和运动目标射击	
		停止间定位与导航电路的设置	××/××			辅助瞄准镜原地对不动和运动目标射击	
		指挥信息系统文件生成、接收与查阅	××/××		单车射击	行进间对运动和不动目标射击（教练射击）	××/××
		采集绘敌目标	××/××			行进间对运动和不动目标射击（战斗射击）	××/××
	应用训练	指挥信息系统音组网指挥通信	××/××		协练动作	车内协同	××/××
		全功能信道话音组网指挥信息系统综合练习	××/××			车际协同	××/××
		运动中指挥信息系统综合练习	××/××		攻防战术	进攻/防御战斗	××/××

注：1. 摩托小时分配：单车试验××摩托小时；单车试验××摩托小时；
2. 时间分配栏内的整数和"/"上方的数字表示天文小时，"/"下方的数字表示摩托小时；
3. 作战使用性能试验课目共占用×××天文小时，可在××个训练日内完成

附表2 战斗射击弹药分配表

课目	火控系统工况	车辆运动状态	弹种	练习次数	运动目标弹药数	不动目标弹药数
实弹校正	稳像	停止间	穿甲弹 破甲弹 杀爆弹	各1次		各××+××发
战斗射击	自动跟踪	行进间	穿甲弹	2次	××发	××发
战斗射击	自动跟踪	行进间	破甲弹	1次	××发	××发
战斗射击	自动跟踪	行进间	杀爆弹	1次	××发	××发
战斗射击	稳像	行进间	穿甲弹	2次	××发	××发
战斗射击	稳像	行进间	破甲弹	2次	××发	××发
战斗射击	稳像	行进间	杀爆弹	2次	××发	××发
战斗射击	超越射击	行进间	穿甲弹	1次	××发	××发
战斗射击	超越射击	行进间	破甲弹	1次	××发	××发
战斗射击	超越射击	行进间	杀爆弹	1次	××发	××发

注：1. 第××号车发射穿甲弹××发、破甲弹××发、杀爆弹××发、高射机枪弹××发、并列机枪弹××发、烟幕弹××发、榴霰弹××发；穿甲弹××发；
2. 自动跟踪、稳像、超越射击工况下分别使用热像仪进行射击各××次；
3. 练习条件设置参照《××专业技术教范》相关规定执行

附表3 装备保障试验课目及要求一览表

类别	试验课目	时机	要求
维护保养	出车前准备	每次试验前	参照《××专业技术教范》，根据被试装备使用维护说明书和维修保障方案规定确定内容
	行驶间隙检查	试验间隙	
	一级保养	每日试验后	
	二级保养	结合车场实习安排	
	三级保养	结合车场实习安排	
使用保障	单车战斗准备	实弹射击前	结合实弹射击的准备工作进行。如启封和安装武器,安装蓄电池,加注燃油和冷却液,装放弹药等
	使用前准备	每次试验前	每次试验前针对有关分系统进行,如加注燃油、装放弹药、检查测试、武器校正等
	使用后保障	在执行特定课目后	在执行教练射击、战斗射击等特定课目后,要求进行车辆恢复、武器封存等使用保障工作
维修保障	故障排除/修理	装备发生故障时	在试验过程中,当装备发生故障时,实施排除故障/修理工作
	视情维修	按维修保障方案规定	按维修保障方案规定,参照《××技术保障工作条例》进行
	野战条件下部件更换	结合故障排除/修理进行或单独安排	动力舱整体拆装,炮塔整体更换,拆卸与安装火炮身管,拆卸与安装单块履带板与整条履带,拆卸与安装负重轮等
	抢救与牵引	结合作战使用性能试验课目进行或单独安排	按被试装备使用维护说明书进行

注:在上述装备保障试验课目中,优先安排×××抢救车和配套保障资源实施所能完成的保障活动,作为评价该抢救车及配套保障资源的基本试验课目;同时要积极探讨依靠部队现有保障设施、设备等保障条件保障被试装备的可能性,作为评价被试装备保障性的基本依据

附表 4　试验日志样表

车辆编号				试验日期	年　月　日	
试验课目						
地形及天候条件						
试验前	摩托小时数		试验后	摩托小时数		
	行驶里程			行驶里程		
试验方法和试验过程						
试验中遇到的情况及处理过程						
试验课目完成情况			装备完成试验课目的满意度			
完成□　不能完成□			好□　较好□　中等□　差□			
试验人员						
负责人		记录人		审核人		

注：1. 试验日志用于记录装备试验过程的基本信息，每台被试装备指定专人在试验前后填写，要保证所填信息的及时、准确和完整性，并由记录人、负责人和审核人共同签署。

2. 每台被试装备每次试验填写一份试验日志，对一天内完成的两个以上试验课目分别填写试验日志。

3. 车辆编号按试验组统一编号填写。

4. "试验课目"栏填写示例："道路驾驶"。

5. "地形及天候条件"栏中填写试验课目实施的地点及地形条件，并记录试验课目实施时的天候条件。

6. 试验前后的摩托小时和公里数以摩托小时计和里程表显示数据为准。

7. 准确、详细地记录试验方法、试验过程、试验中遇到的情况及处理方法，对试验过程中发现的缺陷和问题，填写缺陷报告表。

8. "试验课目完成情况"和"装备完成试验课目的满意度"两栏在每个试验课目完成后填写。由试验人员对试验课目完成情况作出评价，评价结论为"完成"或"不能完成"（在对应的□内画"√"），并对被试装备完成试验课目的满意程度作出评价，评价结论为"好"、"较好"、"中等"、"差"（在对应的□内画"√"）。若某项试验课目不能完成，必须填写缺陷报告表，说明原因；若评价结论为"差"，则必须填写"缺陷报告表"（见附表 7）。

9. 页面不敷，可另加页。

附表5 故障与维修信息记录表样表

车辆编号			试验课目			
故障时间	年 月 日 时 分		摩托小时		行驶里程	
开始维修时间	年 月 日 时 分		故障件名称及部位			
修竣时间	年 月 日 时 分					
故障现象						
故障原因						
故障处理措施及结果						
维修方便性			好□ 较好□ 中等□ 差□			
负责人		记录人		审核人		

注:1. 故障与维修信息记录表用于记录装备试验过程中所发生的故障及处理情况等信息,每个故障填写一份记录表,指定专人负责填写,要保证所填信息的及时、准确和完整,必要时可在研制单位技术人员指导下填写有关信息,并由记录人、负责人和审核人共同签署;
 2. 应当准确填写故障件名称及故障部位;
 3. 摩托小时和公里数以被试装备发生故障时摩托小时计和里程表显示数据为准;
 4. 准确描述故障现象,分析故障发生原因并进行分类,故障原因分为"使用不当"、"维修质量"、"设计缺陷"和"产品质量"等;
 5. 如实记录故障处理措施及结果;
 6. 根据故障排除与维修过程,对故障件的维修方便性进行评价,评价结论为"好"、"较好"、"中等"、"差"(在对应的□内画"√"),若评价结论为"差",则必须填写"缺陷报告表"(见附表7);
 7. 页面不敷,可另加页

附表6 保障活动记录表样表

车体号		车辆编号	
保障活动名称			
保障活动类型		实施日期	年 月 日
保障活动实施过程及时间记录			
保障资源情况记录			
有无影响保障活动实施的问题,原因分析与改进建议			
责任人		记录人		审核人	

注:1. 页面不敷,可写背面;
 2. 此表记录的保障活动类型含二、三级保养和使用保障三类,保障活动名称如"安装蓄电池",其类型为"使用保障";
 3. 保障活动实施时间记录精确到 min;
 4. 对于在实施保障活动的过程中发现的问题和缺陷,分别填写缺陷报告表。

附表7 缺陷报告表样表

缺陷描述(必填)	
原因分析	
改进措施和建议	
缺陷报告人		报告日期	
审核人		审核日期	

注：1. 页面不敷，可写在背面；
    2. 在试验过程中，当发现装备存在影响作战与使用任务完成、不便于操作使用、不便于维修、不便于保障、人机环适应性差等方面的缺陷和问题时，填写本表；
    3. 应当在多次操作、体验的基础上，对所确认的缺陷进行描述，分析原因并提出改进措施和建议

范例 25　设计定型部队试验报告

25.1　编写指南

1. 文件用途

全面反映设计定型部队试验大纲的执行情况,实事求是地反映产品技术状态和试验的实施过程,从总体上对被试品作出科学、客观、公正、完整的评价。

设计定型试验包括基地试验和部队试验。GJB 1362A—2007《军工产品定型程序和要求》将《设计定型试验报告》列为设计定型文件之一。

2. 编制时机

在部队试验结束后 30 个工作日内完成。

3. 编制依据

主要包括:研制总要求,产品规范,技术说明书,使用维护说明书,设计定型试验大纲(部队试验),相关国家军用标准等。

4. 目次格式

按照 GJB/Z 170.8—2013《军工产品设计定型文件编制指南　第 8 部分:设计定型部队试验报告》编写。

GJB/Z 170.8—2013 规定了《设计定型部队试验报告》的编制内容和要求,并给出了示例。

25.2　编写说明

1　试验概况

简述部队试验的总体情况,一般包括:

a) 任务来源、依据及代号;

b) 被试品名称(代号);

c) 承试单位和参试单位;

d) 试验性质、目的和任务;

e) 试验地点(地区)、起止时间;

f) 试验组织机构及其职责;

g) 试验实施计划的制定和落实情况；
h) 试验阶段划分；
i) 试验大纲规定任务的完成情况等。

示例：

根据总参谋部、总装备部装计〔20××〕×××号《关于下达＜二○××年新型装备部队试验试用计划＞通知》，以及军区装计〔20××〕×××号文件、集团军装甲〔20××〕×××号文件、《×××轮式步兵战车部队试验大纲》，对×××轮式步兵战车开展部队试验。

本次部队试验任务由××军区第××军××师承担，目的是在接近实战或实际使用的条件下，考核×××轮式步兵战车的作战使用性能和部队适用性，为其设计定型提供依据。试验时间从20××年××月××日至20××年××月××日，在××地区开展。

××师成立试验领导小组，由师长任组长，参谋长和装备部部长任副组长，作训科长、装甲科长、军械科长、宣传科长、油料科长为组员。下设计划协调组、数据管理组、试验分队、装备及后勤保障组等职能小组。分别负责试验计划的拟制、组织实施、厂家协调、技术保障，数据的收集、分析、整理、存档等工作。

本次部队试验按照试验大纲要求和试验计划安排，于20××年××月××日至20××年××月××日在××水域进行了水上试验，共完成了××个试验项目；20××年××月××日至20××年××月××日在××地区海域进行了海上试验，共完成了××个试验项目；20××年××月××日至20××年××月××日在××地区进行了陆上试验，共完成了××个试验项目。

本次部队试验完成了试验大纲规定的全部任务。

2 试验条件说明

2.1 环境条件

a) 对试验期间经历的环境条件（主要包括地理、气象、水文、电磁条件等）进行客观描述；

b) 对不符合试验大纲要求的试验环境条件进行重点说明，并给出原因。

示例：

（×××步兵战车部队试验）环境条件：试验期间均在白天进行，天气主要为晴，道路多为碎石路和土路；在×××水域进行的×××试验项目，水深1.2m，为硬质地河床；试验地区海拔高度为3500m，气温低于－20℃，该条件比试验大纲所规定的"海拔不低于3000m以及气温不低于－10℃"要求更为苛刻；未模拟野战条件下的进攻和防御战术，其原因是×××等。

2.2 被试品、陪试品、测试仪器和设备

a) 对试验期间被试品、陪试品、测试仪器和设备的基本情况(主要包括名称、数量、技术状态、工作时间或消耗情况等)进行客观描述；

b) 对不符合试验大纲要求的被试品、陪试品、测试仪器和设备的情况进行重点说明，并给出原因。

示例：

(×××无人机部队试验)被试品、陪试品、测量仪器和设备：被试品××架，全为正样机；实际试验时间××飞行小时，维护保养时间××h；陪试品符合大纲要求；测试仪器和设备基本符合试验大纲的要求，但××气压计的精度略低。

2.3 承试部队

对承试部队的基本情况(主要包括部队番号,使用兵力和装备,参试人员数量、技术水平、培训及考核情况等)进行客观描述。内容较多时,可采用表格形式描述。

示例：

(×××雷达部队试验)承试部队：承试部队×××,使用兵力×××,装备×××;参试人员的类别×××,数量×××,专业×××,分工×××,编组××;承试人员的技术水平×××,培训与考核情况×××。

2.4 其他条件

对其他需要说明的条件(如试验大纲规定的技术文件、部队试验保障等)进行客观描述。对不符合试验大纲要求的其他条件进行重点说明，并给出原因。

示例：

(×××水面舰艇部队试验)其他条件：技术文件有×××,基本齐全配套,但所提供的保障方案中关于××部分有个别内容与被试品技术状态不完全一致;由×××承制单位提供的技术保障有×××,保障设备有×××,保障措施有×××,保障人员有×××,备品备件有×××。

3 试验项目、结果和必要的说明

3.1 试验项目概况

a) 从总体上归纳部队试验项目概况(包括试验项目大类、试验项目数量等),与"试验概况"部分内容应协调一致,避免重复描述;

b) 试验项目应当与试验大纲保持一致。当试验项目较多时,应采用表格形式描述。

示例：

(××式坦克部队试验)共开展驾驶、通信、射击、战术运用以及装备保障5大类××个试验项目。具体试验项目见表25.1。

表 25.1 部队试验项目表

项目大类	试验项目	项目大类	试验项目
驾驶试验	基础驾驶	通信试验	电台使用
	障碍物和限制路驾驶		网路通信对抗
	……		……

3.2 各项试验的过程简述、必要的说明及结果

试验过程简述一般包括试验步骤、试验条件、试验的主要内容、试验方法等。对于各项试验项目的实施过程及结果通常应逐一描述。

示例：

(×××自行高炮部队试验)系统反应时间试验

试验用×××炮。自行高炮处于停止状态，搜索雷达发射机置于寂静状态。目标机按高度××m、速度××m/s、捷径××m的航路单向进入，临近飞行。当目标飞行到航前约××km时，搜索雷达转入非寂静状态，进行自动截获和跟踪。记录从车长制定目标至可以射击的时间。系统反应时间平均值雷达工作方式为××s，红外工作方式××s。

各项试验项目的结果，应按照试验大纲规定的顺序编写，必要时采用图表形式表示。对试验结果描述应遵循以下要求：

a) 试验结果重点包括：使用效果，能够实现的功能或能够完成的任务及完成程度，未能实现的功能或未能完成的任务，出现的故障和存在的问题；

b) 当某项试验数据较多，不易采用文字形式表述时，可采用图表形式给出；

c) 试验中出现的故障与问题应在对应的试验项目中简要阐述，一般包括对故障和问题的描述及原因分析、采取的措施和建议等。

示例：

(×××步兵战车部队试验)基础驾驶试验

出现的故障及处理情况有：车辆易发生脱轨现象。当车辆履带一侧倾斜角达到××时，地面附着力较小时，车辆容易发生脱轨现象，平均修复时间平均需要××h～××h，同时当车辆发生脱轨现象时，诱导轮容易断裂。建议更改设计。

3.3 未完成试验项目的原因及处理情况

对于未按部队试验大纲完成的试验项目，应给出具体原因及处理情况。

示例：

(×××装甲指挥车部队试验)通信综合练习

由于被试品与其他装备的软件系统不兼容，除话音通信以外的指控系统试

验项目未能进行实际试验,大纲中规定的通信综合练习试验项目(全功能信道综合练习、专项通信对抗、战斗指挥车指挥信息系统综合联系等)均没有进行。由于没有合适的电子地图,现有电子地图比例尺太小,定位、导航试验项目没有进行。

4 对被试品的评价

4.1 作战使用性能评价

根据部队试验大纲给出的定量考核指标和评定标准,以试验数据为依据,评价被试品作战使用性能是否达到规定要求。

定性评价被试品(含分系统、配套产品等)的使用方便性、功能完备性和设计合理性。

4.2 部队适用性评价

针对部队试验大纲规定的考核内容、定量考核指标和定性评价要点,分别从可用性、可靠性、维修性、保障性、兼容性、机动性、安全性、人机工程和生存性等方面给出相应的评价结论。具体方面可根据被试品特点进行增减。

各项评价结论应以试验数据为基础,按照部队试验大纲提供的评定标准(或参考现役同类装备信息)进行评价。

各项评价内容应重点分析对被试品作战使用的影响程度。

4.2.1 可用性

重点评价被试品在试验期间处于能够执行任务状态的程度。可通过对使用可用度的计算,定量评价被试品可用性是否达到规定要求,无法定量评价时可进行定性评价。

示例:

(×××坦克部队试验)可用性评价:

此次部队试验的总天数为 101d,试验期间总时间为 $77\times24h\times5+24\times24h\times3=10968h$。发生脱轨时,需花费 2h~4h 进行修复;蓄压器损坏在有配件情况下,需花费 1h~3h 进行更换。根据试验日志和故障报告表中采集的数据,计算出试验期间不能工作时间总和为 2428h,依据试验大纲,有:

使用可用度 $=1-($试验期间不能工作时间总和/试验期间总时间$)\times100\%=1-(2428/10968)\times100\%=77.86\%$

4.2.2 可靠性

通过统计被试品在试验期间的故障时间和数量等信息,重点评价各分系统、重要部件等发生故障后对被试品完成任务的影响程度。

示例:

(×××坦克部队试验)可靠性评价:

采集故障报告表中记录的信息,剔除由于使用原因造成的故障,得出如下数据信息:

水上消耗摩托小时各单车总和为209.1h,水上故障总数为45个,根据计算公式:

平均故障间隔时间(水上)=装备试验期内水上工作摩托小时总数/水上故障总数=209.1h/45=4.646h;

陆上消耗摩托小时各单车总和为596.9h,陆上故障总数为68个,根据计算公式:

平均故障间隔时间(陆上)=装备试验期内陆上工作摩托小时总数/陆上故障总数=596.9h/68=8.777h;

水上致命性故障总数为16个,根据计算公式:

平均致命性故障间隔时间(水上)=装备试验期内水上工作摩托小时总数/水上致命性故障总数=209.1h/16=13.07h;

陆上致命性故障总数为24个,根据计算公式:

平均致命性故障间隔时间(陆上)=装备试验期内陆上工作摩托小时总数/陆上致命性故障总数=596.9h/24=24.87h。

平均故障间隔时间(综合传动装置)=装备试验期内摩托小时总数/综合传动装置故障总数=806h/40=20.15h。

总的来说,该型装备总体故障率较高,尤其是综合传动装置所发生的故障约占到了总故障数的35.4%,严重影响了装备正常使用。

4.2.3 维修性

通过统计被试品在试验期间的维修时间、维修次数、维修人员数量和技术等级以及维修难易程度等信息,重点评价维修可达性、检测诊断的方便性和快速性、零部件的标准化和互换性、防差错措施与识别标记、维修安全性、维修难易程度、维修人员要求等是否达到规定的要求。

示例:

(×××坦克部队试验)维修性评价:

试验期间修复性维修总时间为156h,试验期间故障总数为113个,根据计算公式:

试验中拆装动力舱、炮塔、轮胎、减振器和夜视仪各1次,所用时间分别为:××min、××min、××min、××min和××min;拆装球笼2次,平均时间××min;拆装收发信机,平均时间××min。维修或排除各类故障11次,平均排除时间××min。

总的来说,该型装备及配套保障装备检测诊断的方便性有明显提高,除个别部位外,装备维修的方便性好。

维修性方面出现的重要问题:综合传动装置拆卸时间过长,为××h。

4.2.4 保障性

通过统计被试品在试验期间的维护保养、使用保障和维修保障等信息,重点评价保障资源的适用性(主要包括保障设备、技术资料、保障设施等)、保障人员要求、保障工作量大小及难易程度等方面是否达到规定的要求。

示例:

(×××坦克部队试验)保障性评价:

该型装备出车前准备平均时间××min,回场后保养平均时间××min,战斗准备平均时间××min。

由于采用了具有自动检测功能的电气系统,工作量较××轮式装甲装备稍小,难易程度相当,工厂及随车装备提供的保障资源基本能满足训练要求,适用度较好。

保障性方面出现的重要问题:配备的吊具不匹配,无法承受起该型装备综合传动装置的重量。

4.2.5 兼容性

重点评价被试品和其相关装备(设备)同时使用或相互服务而互不干扰的能力,主要包括成系统试验时全系统的匹配性和协调性,在实际自然环境和电磁环境下正常使用的程度,与现役装备间的互连、互通和互操作程度等方面。

示例:

(×××坦克部队试验)兼容性评价:

该型装备话音功能部分能够满足与自身及其他作战体系的互通要求,但由于指挥车与其他3台装备的指挥软件不兼容,不能实现话音通信以外的其他通信功能,要满足设计要求还需要进一步改进指挥软件系统。

4.2.6 机动性

重点评价被试品进行兵力机动的能力,主要包括通过各种载体的运输能力、对各种地形的适行能力、行军和战斗状态间相互转换的速度和便捷性等方面。

示例:

(×××坦克部队试验)机动性评价:

从试验情况来看,该型装备及配套保障装备整体机动能力较强,底盘部分的越野性和适应能力较强。车体宽度与铁路平车宽度相当,适用于铁路机动输送。能满足实施陆路快速机动和运输要求的能力。

4.2.7 安全性

重点评价被试品实际使用的安全程度,主要包括有关注意事项和警示标志的设置情况、可能造成人员伤亡、设备损坏或财产损失的程度,以及危害环境程度等方面。

示例:

(×××坦克部队试验)安全性评价:

该型装备自身安全性能较好,根据试验日志和缺陷报告表中记录的信息,结合部队训练的实际情况,车辆发生故障,多数情况能自动报警,因此认为安全报警装置较为合理,在使用和维修过程中造成装备或设备损坏、对人员造成伤害的可能性较小、危害性程度较小。但是某些部位设计不合理,存在安全隐患。如蓄压器盖焊接不牢,在试验过程中,发生一起蓄压器盖冲开故障,存在安全隐患;滑板收放速度很慢,特别是在登陆过程中,容易影响驾驶员的观察和火力打击,不利于登陆作战。

4.2.8 人机工程

重点评价被试品在人机环境方面是否达到规定的要求,主要包括使用操作方便性、人机界面友好性、人机环境适应性和舒适性、工作可靠性、对操作使用人员工作能力要求等方面。

示例:

(×××坦克部队试验)人机工程评价:

通过试验发现,该型装备人机工程良好。较以往的同类装备,有了较大的改进和提高。主要表现在(节选):

a) 信息终端

被试品信息终端显示面板设计简单明了,便于操作,显示内容丰富,便于观察和及时了解全车基本信息,准确性和快捷性都有很大的提高。

b) 驾驶员舱

驾驶员舱空间较大,乘员舒适性提高。各控制面板设计布局较好,操作方便快捷。各操纵装置位置设计合理,人机适应性好,加油踏板与制动踏板操纵轻便灵活,舒适度较好。

4.2.9 生存性

重点评价被试品在不损失任务能力的前提下,避免或承受敌方打击或各种环境干扰的能力,主要包括主动防御、规避、诱骗、修复等的能力以及自救、互救及人员逃逸能力等方面。

示例:

(×××坦克部队试验)生存性评价:

该型装备的生存性能较好,而陆上较弱。根据装备缺陷报告中记录的信息,通过试验,有1辆车在濒海训练时在海上失去了动力,尔后由牵引车牵回;试验期间共发生 6 起履带脱轨故障；教练射击时出现 3 次并列机枪卡弹；履带脱轨后需要 2h～4h 进行修复,其余海上故障需要上陆时才能视情修理。

5　问题分析和改进建议

概括说明部队试验整个过程中暴露的问题。

示例：

×××飞机在整个部队试验过程中,发现较为突出的问题共××个,这些问题严重影响了××飞机作战性能的发挥。其中×××方面的问题××个,×××方面的问题××个,等等。

对出现的问题逐一进行分析,并提出改进建议,主要包括：

a) 问题描述。描述问题的基本情况,包括处于被试品的部位、主要现象、后果、发生时机、次数、有无规律等。可使用图表、照片等形式在报告中予以反映；

b) 产生原因。通常从使用(维修)操作、设计、产品质量等角度加以分析描述；

c) 问题处理。描述对问题采取的措施和效果；

d) 改进建议。对未解决的问题应阐明其对作战使用的影响,并提出改进建议。

示例：

问题：起落架及轮舱液压系统漏油

主要表现：经过一段时间的使用(50 次起降)之后,起落架及轮舱可见多处漏油点,漏油痕迹明显。

主要原因：一是管路与管路之间留有空隙过小,飞行过程中的振动会导致管路间相互刮磨,长时间的刮擦就会导致管路破损；二是部件上的密封圈的老化、失效导致泄漏。这主要与密封圈所处的恶劣环境有关。液压油本身就具有强腐蚀性,系统长期工作后油温会很高,这加速了油液的氧化变酸,同时液压系统高达×××的压力,这些不利因素都会缩短密封圈的寿命,使其老化、失效。

对部队使用造成的影响：由于漏油增加了起落架和轮舱维护保养的难度和频率,液压油的消耗需要及时的补充；另外,漏油可能增加起落架的故障概率,造成隐患。

问题处理情况和结果：重新规范管路的走向和布局,减少因为震动和摩擦造成的相互刮磨；改用质量更高、寿命更长的密封圈,延缓其老化的速度。

提出改进或补充试验的建议：建议在管路布局更改和更换密封圈后,进行相应试验,观察改进效果。

6　试验结论

根据试验结果给出是否通过设计定型部队试验的结论性意见。

示例：

本次试验过程完全符合《×××设计定型部队试验大纲》的要求，试验条件适当，试验过程规范，试验项目完整、有效；被试品的作战使用性能和部队适用性均基本达到相关指标的要求；在本次试验过程中没有发现被试品存在严重的设计缺陷，被试品存在的一些一般性问题，在承制方的配合下进行了改进，效果较好，遗留问题也已拟定了有效、可行的解决方案。通过试验过程、结果和存在问题的综合分析，认为：产品满足作战使用性能和部队适用性要求，通过部队试验。

7 关于部队编制、训练、作战使用和技术保障等方面的意见和建议

7.1 对列装部队的类型及编配的意见和建议

结合承试部队基本情况（如承担过的任务、具备的经验等）以及完成预定目标的情况，对被试品列装部队的类型、配发标准和编配方案等提出意见和建议。

示例：

一是建议改变目前的编制模式，由每个建制火箭炮营编制×个火箭炮连和×个指挥连调整为编制×个火箭炮连和×个指挥连，将每个火箭炮连由×门制改为×门制，保持火箭炮总数不变。这样，既减少了军官编制岗位，又便于部队平时组织训练和战时火力运用。二是建议将大纲提出的每门新型火箭炮武器系统编制×人，调整为编制×人。主要是出于减员操作的考虑，防止战场意外情况导致无法完成战斗任务。

7.2 对部队训练的意见和建议

针对被试品特点，从训练内容、方法、周期、考核、保障等方面对部队训练提出意见和建议。

示例1：

针对本次试验中出现的×××问题，建议承接部队应在装备列装前充分运用技术骨干的优势，根据技术资料中×××、×××、×××等内容，加强对新装备的×××训练，采用×××方法，充分发挥装备战术技术性能。

示例2：

针对本次试验中出现的×××问题，建议承接部队应在训练中以先单车后连排，先×××后×××等的顺序进行，在×××过程中加强人员的调控，必须严格管理，在防止人为因素造成装备的损坏和故障的发生。

7.3 对作战使用的意见和建议

根据被试品作战使用性能和试验情况，从使用条件和适用范围等方面对被试品作战使用提出意见和建议。

示例：

在本次试验过程中，我们发现，该型装备在×××条件下（范围内）×××能

力(性能)相对较差(表现得不够稳定),经分析是×××因素所致,建议加强×××部分配置(建议应该在×××条件下(范围内)使用,而不适宜在×××条件下(范围内)使用)。

7.4 对维修和保障人员编配的意见和建议

针对被试品特点,对被试品维修和保障人员的编配方案提出意见和建议。

示例:

建议改变目前的编制模式,由每个建制营编制××名××等级××专业的人员调整为编制××名××等级××专业的人员,既便于提高人员利用率,又提升了工作质量。

7.5 对训练装备、后勤和技术保障的意见和建议

针对技术文件资料、维修和保障设备的编配要求和数量,对训练装备、后勤和技术保障等方面提出意见和建议。

示例1:

在本次试验过程中,只具备×××,没有×××,导致训练难度比较大,严重影响了训练的进程。建议加强配备×××条件(设施,设备,装备),增加(减少)×××对×××的要求。

示例2:

在本次试验过程中,×××与部队实配的×××不相匹配,主要是×××。建议加强装备部件的匹配性、×××等,切实提高保障能力。

7.6 对装备使用管理的意见和建议

针对装备的启封、封存、保养、使用等管理方法和要求,提出意见和建议。

示例1:

在本次试验过程中,需要每××进行一次保养,与技术资料要求不一致。建议将保养间隔期由×××调整为×××,以确保与技术资料要求相吻合。

示例2:

在本次试验过程中,×××方法(要求)起到了重要的作用,避免了×××问题的发生。建议应该在完善×××方法(要求)的基础上,加强对×××的管理。

25.3 编写示例

1 部队试验概况

根据总参谋部、总装备部装计〔20××〕×××号《关于下达二〇××年新型装备部队试验试用计划》的通知,以及《×××设计定型部队试验大纲》,对×××开展部队试验。

本次部队试验任务由××军区第××军××师承担,目的是在接近实战或实际使用的条件下,重点从完成作战与训练任务的能力,以及可用性、可靠性、维修性、保障性、兼容性、机动性、安全性、人机环适应性和生存性等方面考核×××的作战使用性能和部队适用性,为其设计定型提供依据。

　　本次部队试验按照试验大纲要求和试验实施计划安排,于20××年××月中旬至××月底开展。主要分为两个阶段:××月中旬至××月底在××地区,主要开展了×××试验、×××试验和×××试验等××个试验项目;××月初至××月在××海域,主要开展了×××试验、×××试验和×××试验等××个试验项目;×××试验项目结合部队的训练和演习在整个试验过程进行安排。

　　在接到新装备试验任务后,成立了以单位军事主官任组长,×××和×××任副组长、机关相关人员和团、营主官为组员的试验活动领导小组,负责试验工作的筹划、组织与具体实施。下设计划协调组、数据管理组、试验分队、装备及后勤保障组等职能小组。分别负责试验计划的拟制、组织实施、厂家协调、技术保障,数据的收集、分析、整理、存档等工作。部队试验方案见附件1,车辆技术状况登记表见附件2。试验故障统计表见附件3。

　　本次部队试验完成了试验大纲规定的全部任务。

2　试验条件说明

2.1　环境条件

　　××地区:地形较为复杂,起伏地较多。气候条件较好,以晴朗天气为主,偶遇雨、雾天气。

　　××海域:岸滩条件较好,为沙质底。风浪较大,基本上达到××级风××级浪,有时达到××级风××级浪。

2.2　被试品、陪试品和主要测试仪器设备

　　参试的×××共×台。陪试装备有×××和×××各×台。试验期间共消耗××个摩托小时,总行程约××km;消耗弹药数分别为:××弹××发,××弹××发。大纲规定的主要测试仪器设备均于试验开始前到位,技术状态良好。

2.3　承试部队

　　本次部队试验共有××人参加,参试人员均经过严格培训,专业水平均达到××级(含)以上,各教练员专业水平均达到××级(含)以上(参试人员花名册见附件4)。参与维修保障的修理工均具备××级以上专业技术等级。

3　试验项目、结果和必要的说明

　　按照试验大纲要求和计划安排,试验项目分为×××试验、×××试验、×××试验和×××试验等××类××个试验项目。在试验期间总体较为顺利,

完成了全部试验项目。试验项目完成情况统计表见表1。

表1 试验项目完成情况统计表

类别	试验项目	完成情况	备注
×××试验	×××	√	
	×××	√	×××
	×××	√	×××
	×××	√	
×××试验	×××	√	
	×××	√	×××
	×××	√	
	×××	√	

4 对被试装备的评价

4.1 完成规定作战使用任务的程度

根据装备试验日志记录的信息，××个试验项目中完成情况评价结论为"完成"的共××个，根据公式得出：

$$试验项目完成率 = (\times\times/\times\times) \times 100\% = 100\%$$

4.2 可用性

$$使用可用度 = (1 - \times\times/\times\times) \times 100\% \approx \times\times\%$$

其中装备试验期间总时间的计算方法为：被试装备数×试验期间的总天数×24＝2×30×24＝1440h；不能工作时间指每次故障发生到修复以及每次进入预防性维修到修竣的时间，根据故障报告表和维修记录表中数据计算得出：装备试验期间不能工作时间总和＝修复性维修总时间＋预防性维修总时间＝××＋××＝××h。

4.3 可靠性

a) 平均故障间隔时间

$$平均故障间隔时间 = \times\times h/\times\times \approx \times\times h$$

根据部队试验大纲的要求，计算上述指标时不考虑操作使用不当所引起的故障，只考虑关联故障。关联故障是指由该装备或某一部分设计、加工、热处理、装配、材料缺陷等原因引起的故障(共××个)。

b) 致命性故障间的任务时间

$$致命性故障间的任务时间 = \times\times h/\times\times = \times\times h$$

其中致命性故障是指导致该装备不能完成规定任务，且在现场所允许的最大修复时间内不能修复的故障(共××个)(见附件3)。

4.4 维修性

a) 平均修复时间

$$平均修复时间 = \times\times h / \times\times \approx \times\times h$$

b) 主要部件更换时间测定

根据部队试验大纲的要求,对试验中出现故障的主要部件,在修理过程中对其安装与拆卸时间进行了测定,并通过计算取平均值,得出结果为:

发动机更换时间:约××h。

变速箱更换时间:约××h。

单块履带板更换时间:约××h。

整条履带更换时间:约××h。

负重轮更换时间:约××h。

该装备很多部件结构紧凑、装配要求高、液压电气等线路管路多,不便于拆卸安装,故应当增加相关配套保障设备,进一步提高维修性。

4.5 保障性

a) 单车战斗准备时间

根据试验内容要求,由单车乘员对该装备进行战斗准备时间的测定,从下达单车战斗准备的命令起开始计时,至完成全部内容时计时结束,测量了××台单车的战斗准备时间平均约××h××min。

其具体过程为:

第一步,加添油、水至标准,同时启封并机、高机,××min。

第二步,安装蓄电池××min。

第三步,启封火炮××min。

第四步,安装并机、高机××min。

第五步,启封炮弹××min。

第六步,装放一个基数弹药××min。

具体方法:三人配合装放炮弹××发××min,两人同时装填××弹××发,单人装填××发/min,共约××min,同时另一人装填××弹××发,单人装填××发/min,约××min,××弹和××弹装在弹链上并装入弹箱固定。然后××人配合进行装放××弹××枚,××枪××支,××弹××发约××min,一人装放步枪××支,步枪弹××发××min,一人启封、装放××弹××发,××弹××发共××min。

b) 百公里维护保养工时

$$百公里维护保养工时 = (\times\times h / \times\times km) \times 100 km \approx \times\times h$$

从计算结果可以看出,百公里维护保养消耗工时略高,主要原因是乘员少,车内设备多,尤其是战斗室和动力舱的空间小,结构复杂,保养难度大,耗费人力资源多,增加了维护保养工时。

c) 随车保障资源的充足性和适用性

通过试验,基本掌握了随车工具及备品附件的使用规律。总体上感到,随车保障资源能够满足单车保障的基本需要。一是专用工具比较配套,适用性强。二是大部分工具备品比较耐用,不易损坏。三是部分工具人性化设计比较好,便于在野战、复杂的条件下,高效完成检查维修、维护保养工作。但个别工具存在不足,如单车擦炮杆连接长度不够,药室底部擦不到;部分常用工具配备数量不足,如扳手、手钳、小撬扛、起子等工具,各专业乘员同时展开检查维修、维护保养工作时不够用。

4.6 兼容性

通过试验,陪试装备与该装备能够实现数据传输,建立指挥信息网络。该装备具有系统管理、文电处理、作战指挥、技术状况和战果汇报等功能,具有同车其他电子设备同时工作时互不干扰的能力。

4.7 机动性

该装备白天中等起伏丘陵地平均速度为××km/h,夜间中等起伏丘陵地平均速度约为××km/h。

该装备的铁路运输,主要使用××铁路平板输送,采用××固定装载方式,火炮向前仰角固定(第二位置),炮塔固定器闭锁,左、右操纵杆拉至第二位置,脚制动器制动,固定比较方便。但由于该型装备超宽、超高,属铁路输送超限装备,输送过程要求较高。公路运输使用××坦克运输车拖运,用××自备固定器材固定,基本实现安全运输,由于装备自重大(××t),对道路的坡度要求较高。

4.8 安全性

该装备安全性能总体良好,安全报警装置设置基本合理。在使用和维修过程中造成装备或设备损坏,对人员造成伤害的可能性与危害程度较小。但也存在一些不足:如空气滤报警装置无明确的报警值,若提高报警值,就增加了空气滤击穿的可能,若降低报警值,又会缩短空气滤清洗间隔期,给保养增加难度。

4.9 人机工程

通过本次试验发现,该装备在人机工程上主要有以下优点:

a) 安装了×××变速箱,配备了××装置,×××装置采用×××设计,操纵轻便、灵活,降低了使用人员的工作强度;

b) 装有××,使用人员工作环境有所改善。

5 问题分析和改进建议

在试验过程中主要发现较为突出的问题共××个,这些问题严重影响了被试装备作战使用性能的发挥。其中经过分析,×××方面的问题××个,×××

方面的问题××个。

a) ××故障率高

现象描述:报警装置屡次报警,经查为××故障。

主要原因:××寿命过短。

问题对被试装备质量和部队使用的影响程度:由于××故障较多,严重影响到了装备的机动性能,很多试验项目的进度有所延迟,装备在完成任务时有较为严重的影响。

问题的处理情况及结果:工厂对××进行修复,并重新编写了《×××使用维护说明书》,对部队使用人员进行了培训;在多尘地区使用时采用×××方式;部队在使用中将×××保养周期由原说明书规定的××h缩短为××h。采取上述措施后未发现×××问题,采用×××方式后×××保养周期可达到××h,但易造成×××问题,增加了乘员工作强度。建议厂方进一步研究改进后进行补充试验。

b) ××烧结

现象描述:×××,检查时发现××烧结。

主要原因:1)××后盖紧贴××,温度过高,造成××干结;2)密封性不好。

问题的处理情况及结果:1)厂方提供部分××,定期对××进行保养添加××。2)采用××进行双重密封。整改情况:部队定期对××进行更换润滑脂,工厂对××进行了改进,尚未出现异常。

……

6 试验结论

被试装备的列装,提高了我军应急作战的战斗力,其具体表现为:

a) 信息化程度高。利用××系统实现了信息的数字传输。通过××系统的各项内容试验,分析得知该系统有效提高了在高新技术条件下的作战能力;

b) 电磁兼容性好。通信系统结构牢固、紧凑,密封、防震、防水性能好,环境适应性强。××电台信号好,具有高度的保密性和抗干扰能力,操作简便,便于使用和野战维护修理;

c) 打击能力强。综合各种数据分析,该系统精度高,射击反应速度快,首发命中率高,射程远、摧毁能力强,操作方便;

d) 机动性好,操纵灵活。操纵轻便灵活,改善了换挡品质,缩短了换挡时间,降低了驾驶员的工作强度。行动部分安装了带有××减振器、××缓冲器和××扭力轴的悬挂装置,有较大的动行程,提高了车辆的机动性能。

同时,被试装备还存在如下主要问题:软件未按照××体制进行升级;战斗室和动力舱的空间稍小,保养难度较大;部分随车工具使用不够方便;铁路输送要求较高等。

建议按××体制进行软件升级后设计定型。
7 关于部队编制、训练、作战使用和技术保障等方面的意见和建议
随×××列装,×××、×××等配套装备相继列装,但相关编制未改。

附件1 部队试验方案

根据总装备部〔20××〕×××号《关于下达二〇××年新型装备试验试用计划》的通知,对×××进行部队试验。提高装备在各种环境中的作战性能和适用性,为装备设计定型提供依据,特制定本方案。

1 试验目的
在部队正常使用条件下,考核×××的作战使用性能和部队适用性,为其能否设计定型提供依据。根据该型装备的作战使命、特性和作战、训练的基本要求,针对试验地区的使用环境和条件,确定此次训练试验项目。

2 组织领导
根据总装备部的通知要求,成立试验组织领导小组,由单位军事主管任组长,×××、×××任副组长,××科长、××科长、××科长、××团团长、××营营长为组员。主要负责试验实施计划的拟制、组织实施、厂家协调、技术保障,数据的收集、分析、整理、存档等工作。下设组织计划、组织实施、技术保障、后勤保障、成果梳理等试验小组。

组织计划组:由×××任组长,××科长、××科长参加,主要负责试验的组织计划和协调有关工作,由司令部根据训练任务安排试验计划,装备部负责车辆技术状况、弹药、器材保障协调工作。

组织实施组:由××科长任组长,××团团长、××营营长参加,主要负责试验的组织与实施,并及时统计相关数据。

技术保障组:由××科长任组长,××科助理员、××营营长参加,主要负责试验的技术保障、弹药保障,并协调厂家解决技术重难点问题。

后勤保障组:由××科长任组长,××科助理员参加,主要负责试验的油料保障工作。

成果梳理组:由×××任组长,××科长、××科长、××营营长、××团团长参加,并完成装备试验过程的基本信息、故障信息、维修信息、保障信息、缺陷信息的统计及报告,并组织人员对试验数据进行分析、计算,完成梳理成果工作。

3 任务及阶段划分
3.1 试验阶段划分
准备阶段:20××年××月,主要根据总装备部下发的通知要求完成试验工

作的前期任务,区分试验项目、明确项目责任人。

实施阶段:20××年××月,主要完成海训试验项目;20××年××月至××月主要完成野外训练试验项目。

成果梳理阶段:20××年××月××日前,完成数据的采集、分析计算、梳理成果上报工作。

3.2 完成主要任务

20××年参加××台,共消耗××个摩托小时,消耗弹药数分别为:××弹××发,××弹××发,在×××试验时需要×××、×××各××台作为陪试装备。

4 评价指数及方法

4.1 完成规定作战使用任务的程度

根据装备试验日志,分别计算试验项目完成率,计算公式为:

试验项目完成率=试验项目完成情况评价结论为"完成"的总数/试验项目总数×100%

结合装备缺陷报告中记录的信息,定性评价装备满足作战使用要求的程度、达到军事训练大纲要求的程度以及装备的使用方便性、功能完备性和设计合理性,并加以说明。

4.2 可用性

根据维修记录表中记录的有关信息,计算被试装备在试验期间的使用可用度。

计算公式为:

使用可用度=(1-装备试验期间不能工作时间总和/装备试验期间总时间)×100%

其中,装备试验期间总时间的计算方法为:被试装备数×试验期间的总天数×24,单位为 h;不能工作时间指每次故障发生到修复以及每次进入预防性维修到修竣的时间(数据可从故障报告表和维修记录表中得到),单位为 h。

4.3 可靠性

根据故障报告表中记录的信息,统计计算以下的指标:

a) 平均故障间隔时间

计算公式为:

平均故障间隔时间=装备试验期内总工作摩托小时总数/故障总数

b) 致命性故障间隔时间

计算公式为:

致命性故障间隔时间=装备试验期内总工作摩托小时总数/致命性故障总数

计算上述指标时,应剔除由于使用原因造成的故障(只考虑关联故障)。

注:任务故障是指导致坦克不能完成规定任务,且在现场允许的最大修复时

间内不能修复的故障。

4.4 维修性

根据维修记录表中信息,统计计算以下指标:

a) 平均修复时间

计算公式为:

平均修复时间＝试验期间修复性维修总时间/试验期间故障总数

b) 主要部件更换时间

主要部件更换时间的平均值(精确到 0.1h)。

4.5 保障性

根据保障活动记录表中的信息,计算单车战斗准备时间、百公里维护保养工时,并定性评价保障资源的充足性和适用性。

a) 单车战斗准备时间

统计单车从战备储备状态转为战斗状态过程中,完成规定使用保障活动所用时间平均值(精确到 0.1h)。

b) 百公里维护保养工时

计算公式为:

百公里维护保养工时＝〔试验期间维护保养总工时(h)/试验期间总行驶里程(km)〕×100km

c) 随车保障资源的充足性和适用性

对已随车配发的保障资源(含技术资料、保障设备工具、备品备件等)的充足性、适用性进行定性评价。

4.6 指挥信息系统的兼容性

根据××系统组网通信试验项目实施情况,结合试验日志和缺陷报告表中记录的信息,定性评价××系统同车多机工作、××系统和其他相关设备同时使用时互不干扰的能力。

4.7 机动性

根据试验日志和缺陷报告表中记录的信息,定性评价装备实施快速机动,满足运输要求和程度。

4.8 安全性

根据试验日志和缺陷报告表中记录的信息,定性评价被试装备安全报警装置设置的合理性,在使用和维修过程中造成装备或设备损坏、对人员造成伤害的可能性和危害程度。

4.9 人机工程

根据试验日志和缺陷报告表中记录的信息,对被试装备使用操作的方便性、乘员工作的可靠性和舒适性等人机工程进行定性评价。主要评价：登车装置和舱门尺寸及形状的合理性；各类操控装置、仪表、观察装置、座椅、电台及信息终端等的布局合理性；振动、噪声、空气质量、通风及温湿度等车内环境对乘员的影响。

4.10 生存性

根据装备试验日志和缺陷报告表中记录的信息，对被试装备的生存性进行定性评价。

5 有关保障

a）装备保障及车辆定位

根据出动装备计划及试验要求，××单位保障××辆，出动人员××名。修理连根据修理种类两种车型出动人员共××人，各单位挑选思想技术过硬的同志参与试验。

b）油料和弹药保障

根据装备训练任务的要求，××科及时对油料进行添加和统计，并按要求向上级申请补充油料，确保试验落到实处。在每次战教射击训练前，××科将所需弹种及数量能及时请领，确保按要求进行落实。

c）人员定位

各机关部门要根据要求由专人进行负责，确保此次装备试验按照事事有人管、处处有人抓、人人为作战的要求进行。分队人员要结合部队训练需求，合理统筹安排，定岗定位，并将车辆区分和单车乘员花名册于××月××日前上报××科。

d）器材保障

此次训练所需的器材统一由××科协调配发，各单车要加强对随车器材的保管和使用，严禁盲目蛮干，故意损坏。

e）其他保障

此次试验，技术保障具体工作由参试人员承担。××工厂组织技术服务组，提供相应的野战维修设备、器材等以及相应的技术指导。属于设计和生产质量问题的损坏，费用由承制单位负责；属于正常消耗的器材，按部队器材供应渠道进行请领。

附件2 试验车辆技术状况登记表

区 分	统一编号	摩托小时数	公里数	弹药消耗	车辆技术状况
试验前	××—××	××h	××	××	良好
	××—××	××h	××	××	良好
	××—××	××h	××	××	良好
	××—××	××h	××	××	良好
	××—××	××h	××	××	良好
试验后	××—××	××h	××	××	良好
	××—××	××h	××	××	良好
	××—××	××h	××	××	良好
	××—××	××h	××	××	良好
	××—××	××h	××	××	良好
备注					

附件3 试验故障统计表

分类	故障现象	故障次数	故障类别	消耗器材/件	平均修复时间/h
××系统	××折断	××	非关联故障	××	××
××系统	测距机不测距	××	关联故障		××
	系统失控，无法进行跟踪、瞄准	××	任务故障	××	××
	制冷机不工作，图像不清晰	××	关联故障	××	××
××系统	射击过程中××收不到弹底壳	××	非关联故障		××
××系统	××拉杆折断	××	非关联故障	××	××
	××机构不解锁	××	关联故障	××	××

附件4 参试人员花名册

统一编号	姓名	军　衔	专业等级	政治面貌	学历	培训情况
××—××	×××	×级士官	通信×级	××	××	××训练基地
	×××	×级士官	射击×级	××	××	××训练基地
	×××	×级士官	驾驶×级	××	××	××训练基地
××—××	×××	×级士官	通信×级	××	××	××训练基地
	×××	×级士官	射击×级	××	××	××训练基地
	×××	×级士官	驾驶×级	××	××	××训练基地
××—××	×××	×级士官	通信×级	××	××	××训练基地
	×××	×级士官	射击×级	××	××	××训练基地
	×××	×级士官	驾驶×级	××	××	××训练基地
××—××	×××	×级士官	通信×级	××	××	××训练基地
	×××	×级士官	射击×级	××	××	××训练基地
	×××	×级士官	驾驶×级	××	××	××训练基地
××—××	×××	×级士官	通信×级	××	××	××训练基地
	×××	×级士官	射击×级	××	××	××训练基地
	×××	×级士官	驾驶×级	××	××	××训练基地

范例 26　重大技术问题攻关报告

26.1　编写指南

1. 文件用途

对产品研制过程中出现的重大技术问题及其解决情况进行记录和报告。

GJB 1362A—2007《军工产品定型程序和要求》将《重大技术问题攻关报告》列为设计定型文件之一。

2. 编制时机

在研制试验或设计定型试验过程中出现重大技术问题后,完成技术攻关并通过试验验证确认重大技术问题已得到解决时编写。

3. 编制依据

主要包括:研制立项综合论证报告,研制总要求,研制合同,研制方案,研制试验大纲,研制试验报告,设计定型试验大纲等。

4. 目次格式

按照 GJB/Z 170.10—2013《军工产品设计定型文件编制指南　第 10 部分:重大技术问题攻关报告》编写。

GJB/Z 170.10—2013 规定了《重大技术问题攻关报告》的编制内容和要求,并给出了示例。

26.2　编写说明

1　产品概述

主要包括:产品名称、产品组成和用途。其中对于复杂产品的组成可采用列表形式表示。

2　重大技术问题综述

应说明研制过程各阶段出现的重大技术问题基本情况。

3　重大技术问题攻关情况

3.1　基本情况

主要包括:

a) 问题发生时间；

b) 问题发生地点；

c) 问题发生时的环境条件；

d) 问题发生时的使用或试验情况；

e) 问题现象；

f) 必要时应提供照片。

3.2 问题定位

应说明采用故障树(FTA)等方法进行问题分析定位的过程和结果。

3.3 机理分析

主要包括：

a) 问题原因的机理分析；

b) 仿真或试验复现情况。

3.4 解决措施及验证情况

主要包括：

a) 解决措施：根据机理分析采取的解决措施；

b) 验证情况：解决措施的试验验证情况。

4 结论

对研制过程中暴露的所有重大技术问题是否全部归零的结论。

5 附件

必要时应以附件形式提供试验报告等专项报告。

26.3 编写示例

1 产品概述

根据×××号《关于×××立项研制事》，×××号《关于转发×××研制总要求事》，×××(产品名称)自20××年××月开始研制，20××年××月通过方案评审进入工程研制阶段，20××年××月进入设计定型阶段。本报告涉及×××工程研制过程及设计定型试验中出现的重大技术问题攻关情况。

×××(产品名称)主要由×××、×××、×××、×××等组成,详见表1(略)。×××(产品名称)主要用于×××。

2 重大技术问题综述

工程研制阶段出现的技术问题共×××项,其中重大技术问题×××项。主要问题有×××、……、×××。

设计定型阶段出现的技术问题共×××项,其中重大技术问题×××项。

主要问题有×××、……、×××。

3 重大技术问题攻关情况
3.1 ×××问题攻关情况
3.1.1 基本情况

20××年××月××日至20××年××月××日,在×××试验场进行×××试验,在进行×××操作时,暴露了×××问题。引发重大技术问题的故障部位为×××,其组成见图1(略)。

3.1.2 问题定位

×××和×××主要由于×××和×××强度无法满足×××弹中心爆管开舱时高速、高过载,××被抛撒后不能尽快稳定或下落姿态不稳定,致使×××或×××而导致×××,同时××运动方向各异,发生碰撞,碰撞也会导致×××或×××。由于×××弹中心爆管开舱对×××飞行规律、强度变化及机构有很大影响,为缩短研制周期和节约研制资金,研制模拟弹非常必要。通过模拟弹飞行试验,不断发现影响×××作用可靠性的问题所在,进行改进设计,然后进行飞行验证并重新改进设计。

3.1.3 机理分析

由于×××为差动远解机构提供工作的动力——极阻尼力矩,其长度不一、宽度不一、材料不同带来的极阻尼力矩各异,其功能失效(表现为×××、×××和×××)直接导致×××,同时造成×××。

×××强度主要由材质强度、缝合强度、铆接强度决定。经×××和×××的强度拉力对比试验结果表明,×××最低强度为×××kN,×××最大强度为×××kN,×××明显优于×××。针对×××缝合强度采用专用工业缝纫机使缝线按"S",并用×××纤维线缝合×××,并在缝合处涂××胶,固结缝合纤维和×××缝合处,保证了缝合强度。×××铆接强度主要由击针的强度和铆接工艺决定,因此将击针原来铆接处外径 ϕ××× 改成 ϕ×××,中心孔 ϕ××× 改成 ϕ×××,击针铆点强度的对比试验表明,击针铆点强度由××× kN 提高到×××kN,另外设计了新的铆接工装,确保铆点一致。同时采用×××mm厚的硬度较高垫片,并在垫片与×××之间涂环氧胶粘结,加强×××铆接强度,并经过模拟弹飞行试验验证。

×××为×××提供第二环境——离心环境,其变形、断、掉直接影响××离心保险机构的工作,解决×××主要在其材质强度、外形尺寸及相关零件等方面。针对材料强度,采用×××mm厚的×××钢带制作××和加强片,解决了材料强度问题。在×××外形尺寸等方面,×××强度与×××大小、张开角度、是否带×××簧有关,经过模拟弹试验和低速(风速××m/s~××m/s)×

××试验,在确保×××平衡转速、侧发火可靠的基础上,减小了×××翼展尺寸,加大了张开角度,取消了×××簧缺口,保证了×××m/s模拟开舱条件下×××仍能完好。

在增加远解工作时间方面。一将击针螺纹M×改为M×,增加轮系工作时间,二加长击针,增加击针自身解除保险的工作时间;对于差动轮系主要降低模数以增加自身的工作时间,将其模数由原来M=××,传速比××∶××变为M=××,传速比××∶××。加快离心保险解脱方面,第一,调整离心簧的抗力,使离心板在低转速条件下也能打开,第二是优化××形状。

××弹中心爆管开舱时产生的横向过载高、××抛撒速度大,况且××在战斗部中位置有前后之别,内外之差,开舱后××飞行速度彼此各异,加之××的××和××打开时间先后有别,飞行轨道千差万别,在这种开舱条件下,××碰撞是很必然的。××碰撞造成引信体变形导致×××未解脱,或使差动机构在引信体异型腔内运动不灵活而处于待发状态,或引信体变形挡住转子回转到位而处于故障状态,碰撞导致引信上下体差位或碎裂而使引信丧失功能,更有的碰撞还使××引信处于隔爆状态发火等。

针对××碰撞问题,从××方面,调整××战斗部的内腔尺寸,确保××套装、分离可靠,在设计定型阶段,通过改进战斗部壳体外型尺寸,提高××的稳定性,重心位置,以使××重心前移、压心后移,使得××飞行姿态在初始抛撒段及早稳定。

3.1.4 解决措施及验证情况

3.1.4.1 解决措施

针对×××问题,采取了以下措施:

a) 选取高强度×××取代原来的×××,采用上方下圆两种不同的垫片铆接××,提高××铆接强度;

b) 采用上沿翻边、支腿变窄的×××,提高平衡转速,有利于解除保险,同时也有利于××压心后移,提高×××稳定性;

c) 增加了远解工作时间;

d) 加快离心保险解脱时间;

e) 从××方面,调整×××的内腔尺寸,确保××套装、分离可靠;

f) 改进战斗部壳体外型尺寸,提高××的稳定性,重心位置,以使××重心前移、压心后移,使得××飞行姿态在初始抛撒段及早稳定。

3.1.4.2 验证情况

20××年,在试样机研制过程中,接连进行了××轮模拟弹飞行试验,基本解决了×××问题、×××问题以及×××三者之间时序关系问题。在×××

弹的高、低、常温条件下××弹空抛靶试,计消耗××弹×××发,共回收真引信假××弹×××枚,××弹引信发火×××枚,×××枚瞎火,对于×××弹的大射程(常温和低温),回收率××%的前提下,×××对目标的综合发火率为××%;对于×××弹的小射程(高温),回收率××%的前提下,×××对目标的综合发火率××%。

20××年,在设计定型阶段,主要通过调整×××和×××等措施提高×××能力,从而提高×××的综合发火率,在×××弹的高、低、常温条件下××弹空抛靶试,计消耗××弹×××发。其中实弹×××发,××弹作用×××枚,瞎火××弹×××枚,×××对目标的综合发火率为××%;对于×××弹的大射程(高温和低温),回收率××%的前提下,×××对目标的综合发火率为××%;对于×××弹的小射程(高温),回收率××%的前提下,×××对目标的综合发火率为××%。

研制过程中开展了大量的验证试验,确保产品的性能得到了充分的试验和验证,有效降低了研制风险。

3.2 ×××问题攻关情况

3.2.1 基本情况

×××。

3.2.2 问题定位

×××。

3.2.3 机理分析

×××。

3.2.4 解决措施及验证情况

×××。

4 结论

经过全面攻关,完善设计、改进工艺、严格检测,使产品研制中出现的重大技术问题得到了控制和解决,攻关的效果在设计定型基地试验、寒区和热区部队试验中得到了进一步的验证,问题已全部归零。

范例 27　可靠性维修性测试性保障性安全性评估报告

27.1　编写指南

1. 文件用途

是对整个研制过程中开展的可靠性维修性测试性保障性安全性工作情况和产品可靠性维修性测试性保障性安全性满足研制总要求情况的总结性报告。

GJB 1362A—2007《军工产品定型程序和要求》将《可靠性维修性测试性保障性安全性评估报告》列为设计定型文件之一。

2. 编制时机

在完成产品工程研制和设计定型试验后,申请设计定型之前编写。

3. 编制依据

主要包括:研制总要求,研制合同,研制计划,可靠性维修性测试性保障性安全性工作计划,产品规范,可靠性鉴定试验大纲,可靠性鉴定试验报告,维修性试验大纲,维修性试验报告,测试性试验大纲,测试性试验报告,GJB 368B—2009《装备维修性工作通用要求》,GJB 450A—2004《装备可靠性工作通用要求》,GJB 2547A—2012《装备测试性工作通用要求》,GJB 3872—1999《装备综合保障通用要求》GJB 900A—2012《装备安全性工作通用要求》等。

4. 目次格式

按照 GJB/Z 170.13—2013《军工产品设计定型文件编制指南　第 13 部分:可靠性维修性测试性保障性安全性评估报告》编写。

GJB/Z 170.13—2013《军工产品设计定型文件编制指南　第 13 部分:可靠性维修性测试性保障性安全性评估报告》规定了《可靠性维修性测试性保障性安全性评估报告》的编制内容和要求,并给出了示例。

27.2　编写说明

按照 GJB/Z 170.13—2013《军工产品设计定型文件编制指南　第 13 部分:可靠性维修性测试性保障性安全性评估报告》编写。

主管可靠性、维修性、测试性、保障性、安全性工作的人员按照 GJB 450A、GJB 368B、GJB 2547A、GJB 3872、GJB 900A 规定的工作项目开展相关工作,按照 GJB/Z 170.13—2013 的编制要求,可分别形成《可靠性评估报告》、《维修性评估报告》、《测试性评估报告》、《保障性评估报告》和《安全性评估报告》,也可汇总形成《可靠性维修性测试性保障性安全性评估报告》。

1 概述
1.1 产品概述
主要包括:

a) 产品用途;

b) 产品组成。

1.2 工作概述
主要包括:

a) 研制过程简述;

b) 可靠性维修性测试性保障性安全性工作组织机构及运行管理情况;

c) 可靠性维修性测试性保障性安全性文件的制定与执行情况。

2 可靠性维修性测试性保障性安全性要求
逐条列出研制总要求(或研制任务书、研制合同)中的可靠性维修性测试性保障性安全性的定量与定性要求。

3 可靠性维修性测试性保障性安全性设计情况
3.1 可靠性设计情况
主要包括:

a) 可靠性建模、指标预计与分配,应按 GJB 813、GJB/Z 108、GJB/Z 299 执行;

b) 故障模式及影响分析,应按 GJB/Z 1391 执行;

c) 可靠性设计采取的主要技术措施及效果;

d) 其他可靠性工作项目完成情况。

3.2 维修性设计情况
主要包括:

a) 维修性建模,应按 GJB/Z 145 执行;

b) 维修性指标预计与分配,应按 GJB/Z 57 执行;

c) 维修性设计采取的主要技术措施及效果;

d) 其他维修性工作项目完成情况。

3.3 测试性设计情况
主要包括:

a) 测试性建模、指标预计与分配,应按 GJB 2547 及相关标准执行;

b）测试性设计采取的主要技术措施及效果；
　　c）其他测试性工作项目完成情况。

3.4 保障性设计情况
主要包括：
　　a）保障性分析，应按 GJB 3872 及相关标准执行；
　　b）保障性设计采取的主要技术措施及效果；
　　c）其他保障性工作项目完成情况。

3.5 安全性设计情况
主要包括：
　　a）安全性分析，应按 GJB 900 及相关标准执行；
　　b）安全性设计采取的主要技术措施及效果；
　　c）其他安全性工作项目完成情况。

4 可靠性维修性测试性保障性安全性试验情况

4.1 研制试验
概括总结工程研制阶段可靠性维修性测试性保障性安全性的研制试验情况。主要包括：试验时间、试验地点、试验条件、被试品数量及技术状态、试验组织单位、试验承试单位、试验项目、试验数据、数据分析与处理、试验结论以及存在的问题与解决情况等。

4.2 设计定型试验
概括总结设计定型阶段（含基地试验、部队试验、软件定型测评）可靠性维修性测试性保障性安全性的定型试验情况。主要包括：试验时间、试验地点、试验条件、被试品数量及技术状态、试验组织单位、试验承试单位、试验项目、试验数据、数据分析与处理、试验结论以及存在的问题与解决情况等。

5 评估
设计定型试验有明确结论的可直接采用，没有明确结论的以设计定型试验的试验数据为主要支撑，经军方认可，结合研制试验结果，根据相关标准、故障判据和设计规范，对可靠性维修性测试性保障性安全性要求进行定性与定量评估，并对设计保障、控制措施等进行综合评估。

6 存在的问题及建议
对尚存问题进行详细说明，并提出改进建议。

7 结论
给出是否满足设计定型要求的结论意见。

8 附件
必要时以附件形式提供试验报告等专项报告。

27.3 编写示例

《可靠性维修性测试性保障性安全性评估报告》既可以按照工作项目内容（要求、设计情况、试验情况、评估）安排章节，也可以按照质量特性（可靠性、维修性、测试性、保障性和安全性）安排章节，GJB/Z 170.13—2013 中，同时使用了两种章节安排。下面给出的示例按照 GJB/Z 170.13—2013 附录 A 编写。

1 概述

1.1 产品概述

1.1.1 产品用途

×××（产品名称）主要用于×××。其主要作战使用性能如下：

a) ×××；

b) ×××；

……

1.1.2 产品组成

×××（产品名称）主要由×××、×××、×××、×××等组成。

1.2 工作概述

1.2.1 研制过程简述

根据装陆〔××××〕×××号《关于×××立项研制事》，装计〔××××〕×××号《关于转发×××研制总要求事》，×××（产品名称）自20××年××月开始研制，20××年××月通过方案评审进入工程研制阶段，20××年××月完成正样鉴定，进入设计定型阶段。

1.2.2 可靠性维修性测试性保障性安全性工作组织机构及运行管理情况

×××（产品名称）总设计师对产品可靠性维修性测试性保障性安全性管理和技术全面负责，从计划、组织、协调和资源等方面保证产品可靠性维修性测试性保障性安全性工作计划（大纲）的实施。

在设计师系统中建立可靠性维修性测试性保障性安全性工作系统，由总师主管产品可靠性维修性测试性保障性安全性设计工作，主持制定可靠性维修性测试性保障性安全性工作计划（大纲），组织落实工作计划（大纲）中规定的可靠性维修性测试性保障性安全性工作项目；监督指导各组成部分、部件、组件设计师开展可靠性维修性测试性保障性安全性设计工作；协调及分配各组成部分、部件、组件的可靠性维修性指标；收集相关产品、装备的可靠性维修性测试性保障性安全性信息，并对相关的可靠性维修性测试性保障性安全性工作进行教育培训。

产品总质量师负责可靠性维修性测试性保障性安全性工作计划(大纲)实施的监督、控制和支援工作。

建立可靠性维修性测试性保障性安全性工作组与质量师系统相关人员参加的故障审查组织,负责对×××(产品名称)研制过程中出现的故障进行审查,确定责任,对审查结果报请总设计师,与相关的工程技术负责人员一同对提出的改进措施进行审定、验证,在总设计师批准后,对研制方案进行改进、提高和完善。对不能及时解决或悬而未决的问题,提出处理意见。故障审查的全部资料一并进行归档。

1.2.3 可靠性维修性测试性保障性安全性文件的制定与执行情况

×××(产品名称)在研制过程中制定了可靠性维修性测试性保障性安全性工作计划,并落实了工作计划中规定的可靠性维修性测试性保障性安全性工作项目。

2 可靠性

2.1 可靠性要求

2.1.1 可靠性定量要求

根据研制总要求,产品可靠性指标要求如下:

平均故障间隔时间(MTBF):不小于500h。

该指标为基本可靠性参数,采用GJB 899A—2009中定时截尾方案进行验证。

2.1.2 可靠性定性要求

根据研制总要求,产品可靠性定性要求如下:

a) 应采用经试验或分析证明可靠性达到使用要求的零部件或装置;
b) 对承担重要功能的部件应进行冗余设计;
(以下略)。

2.2 可靠性设计情况

2.2.1 建立可靠性模型

×××(产品名称)主要由×××、……、×××以及×××组成。

根据GJB 813规定的程序和方法建立以产品功能为基础的可靠性模型。可靠性模型包括可靠性框图和相应的数学模型,可靠性框图与产品功能框图、原理图、工程图等相协调。

×××(产品名称)可靠性模型见图1(略)。

2.2.2 可靠性预计与分配

可靠性预计采用相似产品法,具体预计过程及结果见表1(略)。

根据产品特点,为提高可靠性分配结果的合理性和可行性,选择故障率参数法进行可靠性分配。在进行可靠性分配时遵循以下几条准则:

a) 对于复杂度高的产品组成部分等,分配较低的可靠性指标,因为产品组成部分越复杂,其组成单元就越多,要达到高可靠性就越困难,并且成本越大;

b) 对于技术不成熟的产品组成部分,分配较低的可靠性指标,对于这种产品组成部分提出高可靠性指标要求会延长研制进度,研制风险增大;

c) 对于处于恶劣环境条件下工作的产品组成部分,分配较低的可靠性指标,因为恶劣的环境会增加产品组成部分的故障率;

d) 对于重要度高的产品组成部分,分配较高的可靠性指标,因为重要度高的产品组成部分故障会影响任务的完成或人身安全。

×××(产品名称)可靠性分配选择故障率 λ 为分配参数,主要考虑四种因素:复杂度、技术发展水平、重要度、使用环境条件。每种因素的分值在 $1\sim10$ 之间。

a) 复杂度——它是根据产品组成部分的元器件、零部件数量以及它们之间组装的难易程度来评定,最复杂的评 10 分,最简单的评 1 分;

b) 技术发展水平——根据产品组成部分目前的技术水平和成熟程度来评定,水平最低的评 10 分,水平最高的评 1 分;

c) 重要度——根据产品组成部分重要度来评定,重要程度最低的评 10 分,最高的评 1 分;

d) 使用环境条件——根据产品组成部分使用的环境条件恶劣情况来评定,工作过程中会经受极其恶劣而严酷的环境条件的评 10 分,环境条件相对最好的评 1 分。

同时,根据工程经验,可靠性分配的指标应取其规定值,并留一定的余量,因此,取 $MTBF_s=550h$。按此方法分配给每个产品组成部分的故障率 λ_i^* 为:

$$\lambda_i^* = C_i \cdot \lambda_s^* \tag{1}$$

式中 C_i——第 i 个产品组成部分的评分数;

λ_s^*——产品规定的故障率指标(1/h)。

$$C_i = \omega_i/\omega \tag{2}$$

式中 ω_i——第 i 个产品组成部分的评分数;

ω——产品的评分数。

$$\omega_i = \sum_{j=1}^{4} r_{ij} \tag{3}$$

式中 r_{ij}——第 i 个产品组成部分,第 j 个因素的评分数:$j=1$ 代表复杂度,$j=2$ 代表技术发展水平,$j=3$ 代表重要度,$j=4$ 代表使用环境条件。

$$\omega = \sum_{i=1}^{n} \omega_i \tag{4}$$

式中 $i=1,2,\cdots,n$——产品组成部分。

根据统计计算产品可靠性指标分配见表××（略）。

经验算，分配方案可行。

2.2.3 故障模式及影响分析

在研制过程中，按照 GJB/Z 1391 全面开展了 FMEA，并随设计状态的变化，不断更新。通过 FMEA 及时发现了设计的薄弱环节，共列出故障模式××个，其中Ⅰ类故障××个，Ⅱ类故障××个。针对Ⅰ类、Ⅱ类故障模式，在设计中予以重点关注，采取了改进措施。详细情况见附录××（略）。

2.2.4 可靠性设计采取的主要技术措施及效果

在×××研制过程中，严格贯彻了"可靠性工作计划"的相关要求，具体设计情况如下：

a) 优先采用现装备使用的标准件和通用件；

b) 主要设备均采用成熟技术，并进行简化设计；

c) 设计中各种接口密切协调，以确保接口可靠性；

d) 设备、元器件及电路均进行了电磁兼容性设计，解决它们与外界环境的兼容，以及产品内部各级电路间兼容；

e) 关键设备×××采取×××设计，提高了环境适应能力。

以上设计措施提高了×××（产品名称）的可靠性。

2.2.5 其他可靠性工作项目完成情况

在×××研制过程中，严格贯彻"可靠性工作计划"，完成了所有工作项目。

2.3 可靠性试验情况

2.3.1 研制试验

20××年××月至20××年××月，被试品××台，技术状态为初样机。根据《×××初样鉴定试验大纲》，由×××组织在×××完成了初样鉴定试验，试验项目×××等，试验数据包括×××，存在的问题主要有×××，解决情况如下：×××。试验结论×××。

20××年××月至20××年××月，被试品××台，技术状态为正样机。根据《×××正样鉴定试验大纲》，由×××组织在×××完成了正样鉴定试验，试验项目×××等，试验数据包括×××，存在的问题主要有×××，解决情况如下：×××。试验结论×××。

2.3.2 设计定型试验

20××年××月至20××年××月，被试品××台，技术状态为20××年××月研制的正样机。根据陆定〔×××〕×××号《下达×××（产品名称）设计定型基地试验大纲》，由×××试验训练基地在×××完成了设计定型基地试验,试验项目×××等,试验数据包括×××,存在的问题主要有×××,解决情况如下:×××。试验结论×××。

20××年××月至20××年××月,被试品××台,技术状态为正样机。根据陆定〔××××〕×××号《下达×××(产品名称)部队试验大纲》,由×××组织,在×××部队完成了寒区部队适应性试验,试验项目×××等,试验数据包括×××,试验结论×××。

20××年××月至20××年××月,被试品××台,技术状态为正样机,根据陆定〔××××〕×××号《下达×××(产品名称)部队试验大纲》,由×××组织,在×××部队完成了热区部队适应性试验,试验项目×××等,试验数据包括×××,存在的问题主要有×××,解决情况如下:×××。试验结论××。

2.4 可靠性评估
2.4.1 可靠性定量要求评估
2.4.1.1 试验方案

技术要求:MTBF不小于500h。

试验方案:采用GJB 899A—2009中方案20-3进行试验,其统计检验参数:

验证下限值:$\theta_1=500h$。

风险率:$\beta=0.20$。

鉴别比:$d=2.79$。

试验总时间:$T=500×4.28=2140h$。

接收判据:等于或小于2个故障。

拒收判据:等于或大于3个故障。

2.4.1.2 数据处理原则

主要包括:

a) 可证实是由于同一原因引起的间歇故障只计为1次故障;

b) 当可证实多种故障模式由同一原因引起时,整个事件为1次故障;

c) 试验中出现多重故障(指同时发生2个或2个以上独立的故障)按发生故障次数进行统计;

d) 在试验中出现的重复性故障(指同一个故障出现2次或2次以上),如果采取了纠正措施,在以后的试验中不再发生,且以后这段时间大于第一次出现故障的累计试验时间,则确认故障已经消除,可只计为1次故障。

e) 出现1次导致人员伤亡或产品毁坏的灾难故障,即提前作出拒收判决;

f) 在试验过程中,一旦出现故障,允许对出现的故障进行修复维修和更换维修,恢复正常工作后,继续进行试验。

2.4.1.3 数据处理方法

根据 GJB 899A—2009,数据处理方法如下:

a) 系统寿命假设

×××是由机、电、液等构成的较复杂系统,属于可修复性产品,为了便于工程应用,假设其寿命服从指数分布。

b) 点估计

×××的 MTBF 点估计由式(5)计算:

$$\hat{\theta} = \frac{T}{r} \tag{5}$$

c) 区间估计

置信度选为 $C=(1-2\beta)\times 100\% = 60\%$,则置信度为 80% 的 MTBF 的置信区间为 (θ_L, θ_U),(置信度 $C=60\%$),其中:

$$\theta_L = \theta_L(C', r) \times \hat{\theta} = \frac{2r\hat{\theta}}{\chi^2_{(1-C)/2}(2r+2)} \tag{6}$$

$$\theta_U = \theta_U(C', r) \times \hat{\theta} = \frac{2r\hat{\theta}}{\chi^2_{(1+C)/2}(2r)} \tag{7}$$

$$C' = (1+C)/2 = 80\% \tag{8}$$

2.4.1.4 评估结果

可靠性数据来源:结合设计定型基地试验以及寒、热区部队试验,累计试验时间 2145h。责任故障 2 个,试验判决接收。

将有关数据代入式(5)至式(8)中,得

$$\hat{\theta} = T/r = 2145/2 = 1072.5 \text{h}$$

$$\theta_L(C', r) = 0.467$$

$$\theta_U(C', r) = 2.426$$

$$(\theta_L, \theta_U)(C=60\%) = (500, 2602)(C=60\%)$$

满足研制总要求提出的 MTBF 不小于 500h 的指标要求。

2.4.2 可靠性定性要求评估

结合设计定型基地试验以及寒、热区部队试验进行评估。主要包括:

a) 优先采用现装备已使用的标准件和通用件;

b) 对承担重要功能的部件进行冗余设计。

3 维修性

3.1 维修性要求

3.1.1 维修性定量要求

根据研制总要求,产品维修性指标要求如下:

平均修复时间(MTBF):0.5h。

3.1.2 维修性定性要求

根据研制总要求,产品维修性定性要求如下:

a) 根据检查的需要提供合理的检查通道,经常开启使用的维修口盖应采用快卸口盖;

b) 同型号、同功能的部件应具有互换性;

c) 对产品中的零部件进行检查、调整、润滑及更换等维修操作时,应尽量不拆卸其他部件。产品的检查点、测试点、润滑点、调整点等应布置在便于接近的位置;

d) 保证合理的维修空间和防误动、防差错设计。

3.2 维修性设计情况

3.2.1 维修性分配与预计

为保证整机的维修性定量要求转化为具体的设计特性,从论证阶段开始完成了多轮整机和各组成部分的维修性指标分配工作。按照顶层设计要求,提出了整机的维修性指标,完成了整机维修性指标 MTTR 的分配,为维修性优化设计、技术协议书的确定奠定了良好的基础。在各系统可靠性指标预计的基础上,完成了各系统的维修性指标预计及全机维修性预计:MTTR 为 $0.\times$,满足成熟期目标值的要求,满足设计要求。

根据 GJB/Z 57—1994《维修性分配与预计手册》,采用加权分配法,分配结果见表1。

表 1 维修性分配结果

LRU	λ_i	k_i	$\lambda_i k_i$	k	$MTTR_i$	$\lambda_i MTTR_i$
LRU1						
LRU2						

平均修复时间

$$MTTR = \frac{\sum_{i=1}^{n} \lambda_i MTTR_i}{\lambda} = 0.\times h$$

预计结果表明,分配后的指标满足×××(产品名称)MTTR 不大于 0.5h 的要求。维修性预计结果见表2。

表 2 维修性预计结果

序号	LRU	MTTR	备注

3.2.2 维修性设计准则符合性分析

依据 GJB/Z 91—1997《维修性设计技术手册》,制定了《维修性设计准则》。在产品研制的各个阶段,对照维修性设计准则进行了 3 轮符合性分析,最后完成了系统级符合性分析报告××份,共分析×××项条款,无不符合项。详见《维修性设计准则符合性分析报告》。

3.3 维修性评估

3.3.1 维修性定量要求评估

评估期间,×××(产品名称)累计进行修复性维修××次,维修时间×××h。这里,维修时间为维修有效持续时间,包括故障定位与隔离、拆装、调整、检查等工作,由于管理等待原因造成的时间消耗未计入。

平均修复时间 MTTR 的点估计值为

$$M_{ct} = \frac{T}{r} = 0.45 \text{ h}$$

$$\overline{M}_{ct} - Z_{1-\beta} \frac{d_{ct}}{\sqrt{n_c}} = 0.\times \text{h}$$

式中　M_{ct} ——平均修复时间的点估计值(h);

　　　T ——修复性维修总时间(h);

　　　r ——修复性维修作业次数(次);

　　　$\overline{M}_{ct}$ ——规定的平均修复时间指标值(h);

　　　$Z_{1-\beta}$ ——对应下侧概率 $1-\beta$ 的标准正态分布分位数,β 是订购方风险,未给定时取 0.1;

　　　d_{ct} ——修复性维修样本的标准差;

　　　n_c ——修复性维修样本量。

由 $M_{ct} \leqslant \overline{M}_{ct} - Z_{1-\beta} \frac{d_{ct}}{\sqrt{n_c}}$ 判定得出,MTTR 评估结果满足指标要求。

3.3.2 维修性定性要求评估

×××(产品名称)维修性定性要求评估如下:

a) 在平台上的安装布局合理、安装位置开敞,便于检查,维修口盖采用了快卸口盖,可达性好;

b) 同型号、同功能的 LRU 可互换;

c) 产品具有 BIT 功能,外场使用不需调整、润滑,产品安装采用快卸固定方式,进行检查及更换等维修操作时,不需拆卸其他部件;

d) 各 LRU 设有产品标牌,标注有产品名称、编号等信息,标识清楚、直观,电连接器采用了不同规格、不同尺寸和不同标识等防差错设计措施,可有效防止连接差错。
4 测试性
4.1 测试性要求
4.1.1 测试性定性要求
    a）按 GJB 2547A—2012《装备测试性工作通用要求》开展测试性工作；

    b）×××测试点的设置应满足×××加电 BIT、周期 BIT 和维护 BIT 功能的需求，并能通过机内测试（BIT）或原位检测设备实现模块内部故障的检测；

    c）加电 BIT：加电后自动进行加电自检，发现故障时记录并上报；

    d）周期 BIT：对关键软硬资源状态进行监控，发现故障时记录并上报；

    e）维护 BIT：根据×××需求，对规定的检测点进行检测，并上报检测结果；

    f）尽量采用在线检测的方式进行故障监控；

    g）×××。

4.1.2 测试性定量要求
    故障检测率为××%；

    故障隔离率为××%；

    虚警率≤×%。

4.2 测试性设计情况
4.2.1 基本情况
    20××年××月，设立由型号总师领导下的测试性工作组，测试性工作组组长单位：X 所，成员单位：Y 所、Z 所。

    20××年××月，组织召开测试性工作会议，制定测试性工作计划，明确各成员单位职责，并对测试性工作计划和职责进行了审议。

    20××年××月，测试性工作组组织召开第×次会议，对测试性设计指标分解、测试性设计准则等进行审议及评审。

    20××年××月，组织完成对产品各子系统设计单位测试性设计方案内部检查和评审。

    20××年××月，测试性工作组联合制定测试性建模要求，并组织完成对各承研单位的测试性建模及准则符合性检查。

    20××年××月，测试性工作组联合制定测试性试验验证要求，并组织第三方完成测试性验证试验，对各承研单位的测试性工作进行评审。

    20××年××月，组织完成测试性设计定型技术资料的内部审查。

4.2.2 测试性工作模式
    ×××（产品名称）BIT 模式包括：加电 BIT、周期 BIT、维护 BIT。

4.2.3 测试性设计准则

按 GJB 2547A—2012 规定的测试准则要求,×××(产品名称)测试性设计准则见表 3。

表 3 产品测试性设计准则的应用

分 类	设 备	LRU/LRM	SRU	电 路
测试要求	√	√	√	√
BIT	√	√	√	√
划分	√	√	√	√
测试控制	√	√	√	√
测试通路	√	√	√	√
测试数据	△	√	△	√
结构设计	△	√	△	√
模拟电路设计	△	√	△	√
数字电路设计	△	√	△	√
元器件选择	√	√	√	√

注:√——适用;△——修改后部分适用;×——不适用。

4.2.4 功能与结构划分

×××(产品名称)按功能组合或独立功能在结构上进行划分,功能与结构划分结果分为两级:LRU/LRM 和 SRU。

×××(产品名称)采用的划分原则如下:

a) 通过对系统功能特性进行分析和层次分解,合理确定功能组合或独立功能单元,对包含两种以上功能的单元,则应保证对每种功能可单独测试;
b) 被测单元(UUT)的最大插针数与 ATE 接口能力一致;
c) 在不影响功能划分基础上,尽量使模拟电路和数字电路分开;
d) 尽量将功能不能明确划分的一组电路布置在同一个可更化单元;
e) 有利于故障隔离和维修更换。

×××(产品名称)功能、结构划分见表 4。

表 4 功能、结构划分表

序号	名 称	划分级别

4.2.5 测试点与诊断策略
4.2.5.1 测试点设计

×××(产品名称)通过对设备、模块功能性、元器件可靠性及失效模式的分析合理进行测试点的设计和选择并遵循下列原则进行了测试点设计：

a) 系统级到可更换模块，从现场到后方维修，按性能监控和维修测试要求统一考虑；

b) 在满足故障检测隔离要求的前提下，优化测试点以保障测试的简洁性；

c) 高电压大电流的测试点应与低电平信号隔开，并符合安全要求；

d) 测试点的布局要便于检测，尽可能集中或分区集中。

按上述的测试点选择原则，×××(产品名称)定义的测试点见表5。

表5 各 LRU/LRM/SRU 测试点定义

序号	LRU/LRM/SRU 名称	测试信号名称	正常/标称值	电路设计形式	测试点应用			二线
					BIT			
					上电	周期	维护	
					√	√	√	√
						√	√	√
					√	√	√	√

×××(产品名称)合理设计测试点，减少故障检测隔离时间，同时降低了对专用测试设备的要求。

4.2.5.2 BIT 输出形式
4.2.5.2.1 外场级 BIT 的输出

通过产品 BIT 可输出×××(产品名称)的 BIT 结果，输出内容和故障级别见表6。

表6 外场级 BIT 的输出结果

LRU/LRM 名称	输出内容	故障级别(警告、注意、提示级)

4.2.5.2.2 内场级检测输出形式

通过产品 BIT 和二线检测设备，可进行×××(产品名称)故障检测和隔离，将故障定位到 SRU 级，测试数据输出形式见图2。

图2 测试数据输出形式

4.2.5.3 故障信息存储和输出

×××(产品名称)进行周期BIT检测到的故障时,将故障信息输出至随机存储器(RAM)中,并按要求将故障信息上报×××(上一层次产品名称)。

4.2.5.4 测试接口

×××(产品名称)测试信号接口表见表7。

表7 测试信号接口表

序号	信号类别	测试信号名称	主要参数	连接器信号	备注

4.2.6 固有测试性评价

×××(产品名称)的固有测试性评价采用加权评分法,评价结果见表8。

表8 固有测试性评价

序号	测试性设计准则	是否符合	说明
1	测试要求	√	
2	BIT	√	
3	划分	√	
4	测试控制	√	
5	测试通路	√	
6	测试数据	√	
7	结构设计	√	
8	模拟电路设计	√	
9	数字电路设计	√	
10	元器件选择	√	

4.3 测试性试验情况

设计定型阶段,分别在内场和外场开展了测试性试验。

为验证测试性指标要求,在《×××(产品名称)设计定型功能性能试验大纲》中,设置了测试性试验项目,通过模拟设置故障,对产品测试性指标进行考核。20××年××月××日至××日,×××(驻承制单位军事代表室)和×××(承制单位)在××(试验地点)进行了测试性试验,共选取××个测试样本,覆盖××个故障模式,占到总故障模式的××%,最终检测到××个故障模式,故障检测率为××%,有××个故障模式隔离到×个LRU,×个故障模式隔离到×个SRU,达到了×××(产品名称)研制总要求规定的测试性指标要求。

为验证测试性指标要求,在《×××(产品名称)设计定型试飞大纲》的附件《×××(产品名称)设计定型可靠性维修性测试性保障性安全性评估大纲》中,规定了测试性评估内容和方法。20××年××月××日至××日,×××(承试单位)在××(试验地点)进行了设计定型试飞,共计飞行×××架次×××h××min,期间×××(产品名称)出现××个故障,检测到××个故障模式,故障检测率为××%,有××个故障模式隔离到×个LRU,故障隔离率为××%,未发生虚警,达到了×××(产品名称)研制总要求规定的测试性指标要求。

4.4 测试性评估

结合设计定型基地试验过程中采集到的测试性自然样本和实验室测试性试验模拟样本,测试性评估结果为:

产品加电BIT和周期BIT故障检测率××%,故障隔离率××%,达到了故障检测率不小于××%,故障隔离率不小于××%的要求;三种BIT故障检测率××%,故障隔离率××%,达到了故障检测率不小于××%,故障隔离率不小于××%的要求。设计定型基地试验和部队试验期间未发生虚警,达到虚警率不大于×%的要求。

5 保障性

5.1 保障性要求

5.1.1 保障性定性要求

按照《×××(产品名称)综合保障工作要求》开展保障性设计工作。通过保障性设计和分析,确定和优化使用、维修中的保障资源,达到保障性目标。

5.1.2 保障性定量要求

按×:1的比例提交×××(产品名称)保障设备;
产品交付时随机提供技术说明书、使用维护说明书、交互式电子手册。

5.2 保障性设计情况

5.2.1 保障性分析

按照GJB 3872—1999《装备综合保障通用要求》制定了《×××(产品名称)保障性工作计划》,明确了保障性工作要求,通过评审后下发给配套研制单位作为开展保障性工作的依据。

按照保障性工作计划,全面开展了保障性分析,包括使用与维修任务分析、修理级别分析、保障设备需求分析、以可靠性为中心的维修分析等4种分析工作。

5.2.2 综合保障方案

通过保障性分析,确定了维修体制为×级维修:基层级、(中继级)和基地级。基层级维修完成×××、×××等维修工作;(中继级维修完成×××、×××等维修工作);基地级维修完成×××、×××等维修工作。维修方式分为:定时维修、视情维修和状态监控等3种。

同时规划了保障资源,明确了保障设备、随机工具、随机备件和用户技术资料等保障资源,形成了综合保障方案、综合保障建议书,完成了部级评审。规划了随机保障设备××项、定检修理设备××项,其中新研/改型保障设备共××项。各新研/改型保障设备完成了研制、试用和鉴定;规划了随机维修工具,包括通用工具、机械工具、×××等。

5.2.3 保障设备研制

产品保障设备见表9。

表9 保障设备清单

序号	名称	型号	数量	备注
1	外场检查仪		1	
2	自动检测设备		1	
3	×××		×	

a) 外场检查仪

20××年××月,确定外场检查仪的技术要求;

20××年××月,完成外场检查仪的方案设计;

20××年××月,完成外场检查仪硬件采购、初样机软件编程、初样机研制、正样机的研制。

20××年××月,与产品进行联试,完成所检、军检后交付外场试用;

20××年××月,外场检查仪完成设计鉴定。

b) 自动检测设备

20××年××月,自动检测设备(ATE)通过方案评审;

20××年××月,ATE通过详细设计评审;

20××年××月,ATE完成了通用硬件资源的采购和齐套、专用激励源的研制和齐套、TPS的评审和软件编程、适配器的开发和软件编程。完成了TPS联试和软件第三方测试;

20××年××月,完成ATE验收测试、所检、军检;

20××年××月,开展ATE设计定型鉴定试验,开展了设计定型技术资料的编写工作。

20××年××月,完成ATE设计定型审查。

5.2.4 随机备件和随机工具

a) 20××年××月,按照评审确定的随机备件和随机工具清单,交付备件和工具;

b) 20××年××月,根据设计定型技术状态,对随机备件、工具进行了再次修订。

产品随机备件见表10。

表 10　随机备件清单

序号	名称	型号	数量	备注
1	保险管		2	
2	×××		×	

产品随机工具见表11。

表 11　随机工具清单

序号	名称	型号	数量	备注
1	×××		×	
2	×××		×	

5.2.5 用户技术资料编制

为保障×××(产品名称)使用与维修,在用户技术资料目录中规划了全机用户技术资料配置项目,同步编制了×××(产品名称)技术说明书、×××(产品名称)使用维护说明书等××套用户技术资料和交互式电子技术手册(IETM),均通过了试用和审查。具体情况说明如下:

a) 20××年××月,明确了用户技术资料的编制方案、用户资料模板和用户资料章节规定等;

b) 20××年××月,全面开展了用户技术资料编写工作,

c) 20××年××月,交付用户技术资料,见表12。

表 12　用户技术资料清单

序号	文件名称	文件代号	幅面	页数	份数	备注
1	履历本		×	××	1	
2	技术说明书		A4	××	1	
3	使用维护说明书		A4	××	1	
4	馈电图册		A4	××	1	
5	战勤人员操作手册		A4	××	1	
6	部件和整件目录		A4	××	1	
7	技术维护要求和周期手册		A4	××	1	
8	定期维护工作手册		A4	××	1	
×	×××		A4	××	×	

试验基地和承试部队结合试验工作对手册进行了适用性审查,提出改进建议共计×××项,现已完成整改工作。

5.2.6 培训

对部队使用维修人员培训进行了全面规划,制定了培训方案和培训计划,完成了培训设备的研制和培训教材的编制等工作,组织培训教师队伍,完成了试验基地使用培训、维修培训,承试部队使用培训、维修培训等培训工作:

a) 20××年××月,完成使用理论培训;
b) 20××年××月,完成维修理论培训;
c) 20××年××月,完成使用操作培训;
d) 20××年××月,完成维修电子班理论培训;
e) 20××年××月,完成维修电子班实习培训。

共培训使用维修人员××人次,全部通过考核获得培训合格证,保障了设计定型基地试验、部队试验和后续的训练使用。

5.3 保障性试验情况

×××(产品名称)一级保障设备、随机备件、随机工具和随机资料等保障资源已齐套并交付完成,并结合科研试飞、设计定型试飞和部队试验进行了保障资源的试用及优化工作,保障资源的适用性得到了初步验证。

5.4 保障性评估

×××(产品名称)随型号按照《×××(产品名称)设计定型可靠性维修性测试性保障性安全性评估大纲》进行了"五性"评估,根据《×××(产品名称)设计定型可靠性维修性测试性保障性安全性评估报告》,对保障性的评估结论如下:

……试验期间结合日常维护检查、排故修理和定检等工作,对保障设备、工具和备件进行了适用性鉴定,结果表明能够满足使用维护工作需要。

6 安全性

6.1 安全性要求

6.1.1 安全性定性要求

a) 按照 GJB 900A—2012《装备安全性工作通用要求》开展安全性工作;
b) 应保证没有直接导致灾难性或危险性的单点故障;
c) 应尽量避免采用高电压部件,如有必要应说明原因及采用后对人员、产品本身及上层系统安全性方面的影响,并采取相应保护措施;
d) 产品本身出现故障或失效,不应危及人员、上层产品和其他设备的安全;
e) 操作或控制关键系统或关键功能的部件应采取防差错设计;
f) 对于关键部件或部位,应采用软、硬件冗余设计,实现"故障—安全",或采取保护联锁等措施消除故障危害;

g) 安装、连接应可靠,避免因脱落而造成的二次故障或多重故障危及关键系统,影响安全;

h) 不允许使用易燃材料;

i) ×××。

6.1.2 安全性定量要求

根据研制总要求,×××的安全性指标要求如下:

×××。

6.2 安全性设计情况

6.2.1 安全性分析

按照 GJB 900A—2012《装备安全性工作通用要求》制定了《×××(产品名称)安全性工作计划》,明确了安全性工作要求,通过评审后下发给配套研制单位作为开展安全性工作的依据。

按照安全性工作计划,开展了整机和系统级的功能危险分析、故障树分析、区域安全性分析、系统安全性评估等工作。通过功能危险分析确定产品的安全性目标,通过结构强度设计、余度设计等手段消除、降低或控制影响×××(产品名称)安全使用的灾难和危险的故障状态,并提出解决措施,提高整机安全性水平。

6.2.2 一般设计准则

在产品总体设计中,遵循了下述一般设计准则:

a) 对性能、重量、可靠性、安全性、维修性及经济性等进行全面的权衡分析,以确定最佳设计方案;

b) 最小风险设计采用最简化的交联配置,降低产品复杂度:

1) 深入进行功能分析,去掉多余或不必要的功能,简化设计目标;

2) 在保证性能要求前提下,产品设计要尽量使电路、结构简化;

3) 尽量减少产品组成部分的数量及其相互间的连接;

4) 尽量选用标准元器件;

5) 尽量实现零、部、组件的通用化、系列化和组合化,控制非标准零、部、组件的比率,使其比率尽量低;

c) 采用成熟技术,充分利用和已使用的同类产品的成熟技术以减少研制风险和增加可靠性;

d) 设计中若需要采用新技术、新工艺、新材料、新元器件、新部件时,应进行安全性分析,并且应进行安全性验证;

e) 应进行故障模式及影响分析,尽可能通过设计消除所有的故障模式,否则,通过使用限制或维修、检查等措施将故障影响减到最小;

f) 通过故障模式及影响分析或其他设计分析方法确定关键件和重要件,对其应进行安全性分析,如通过功能危险分析、初步危险分析、系统危险分析等,将可能导致危险状态的故障消除或减少到最少;

g) 对冗余的电源、控制装置和关键零件采用适当的方法进行保护;

h) 关键功能应尽可能配备应急工作方式,能自动或按指令转入应急方式;

i) 采用告警装置,对系统/分系统/设备下挂的部件出现故障或危险的情况下,向有关人员发出适当的告警信息;

j) 设计中要考虑减少在操作使用及维修中可能产生人为失误,必要时应有防差错及防误动措施;

k) 设计中应考虑功能测试、包装、贮存、装卸、运输、维修对安全性的影响;

l) 设计中应考虑工作人员在操作、保养、维护、修理或调整过程中,尽量避免危险(例如:切削锋口或尖锐部分等);

m) 为把不能消除的危险所形成的风险减少到最低,应采取补偿措施,如联锁、冗余、故障—安全设计等。

(注:以上条款仅为示例,不同型号要求也不尽相同。其中部分条款可参考成品技术协议书中关于型号安全性方面的定性或定量要求)。

6.2.3 详细设计准则

在产品工程设计中,遵循了下述详细设计准则:

a) 各部件的设计应符合 GJB/Z 457—2006《机载电子设备通用指南》的要求;

b) 对重要部件采用多个或多通道来实现以提高系统安全性;

c) 元器件、零部件和材料的选择和使用应符合型号的要求;

d) 所设计的部件必须最大程度地实现通用化、系列化、组合化、综合化;

e) 部件在满足任务需要的前提下,应尽量采用成熟技术、成熟电路,要简化电路设计和结构设计,尽量减少元器件和零件的品种、规格和数量;

f) 部件的设计尽量采用标准的、经验证的、可靠的电路、印制板;

g) 对元器件和零件及材料应按 GJB/Z 35 适当的降额使用,必要时应采取设计补偿措施;

h) 应运用监控、检测手段,对挂在总线上的端机能显示、记录工作状态和故障信息以减少危险事故或事件的发生;

i) 对使用环境和寿命环境进行分析,确定环境对安全性的影响,并采取有效的防护措施;

   1) 应根据顶层文件《×××(上一层次产品名称)环境技术要求》进行防湿热、防霉菌、防盐雾及防沙尘(仅天线)设计;

    2) 应按 GJB/Z 27 进行热设计；
    3) 应对所有设备的耐冲击和振动进行设计,防止由于冲击或振动的恶劣环境应力引起故障；
    4) 应按环境适应性要求进行强度和刚度设计,设计中除了应尽量降低结构应力幅值外,还应采取各种抗疲劳设计措施；
    5) 电子设备的电磁发射和敏感度应符合 GJB 151A—1997 和 GJB 152A—1997 的要求；
    6) 电路板、部件外壳、支架、电缆及其连接器均应按有关标准进行三防处理；
    7) 电连接器的封装可避免潮气和腐蚀性物质的有害影响；
    j) 产品发生故障时能防止对人员、使用平台或其他设备的危害；
    k) 产品控制盒应考虑人机工程,便于使用,有防误操作设计；
    l) 产品显示设备显示画面应清楚准确,不会有歧义；
    m) 产品的设计和安装必须考虑到各通道波段间的相互干扰,并提供必要的防干扰措施；
    n) 应有提示发生故障或险情的告警信息；
    o) 软件应按 GJB 900A—2012 的要求,在软件开发的各个阶段进行有关的软件危险分析；
    p) 应对可能遭到雷击和聚集静电的部件进行保护,如天线；
    q) 通过设计消除粗糙的棱边、锐角、尖端和出现缺口破裂表面的可能性,以防止皮肤割破、擦伤或刺伤。
    （注：以上条款仅为示例,不同型号要求也不尽相同。其中部分条款可参考成品技术协议书中关于型号安全性方面的定性或定量要求）。

6.3 安全性试验情况

通过对产品安全性特性进行检查与评估,安全警告标识清楚,当产品出现故障时可自动或手动进入×××工作状态,以保证正常运行。产品使用维护资料中,对产品的正确操作使用和维护进行了说明,并有安全操作要求和警告提示,正确使用不会对产品和机体造成损害；产品 LRU 均采用倒圆和去锐边处理,在使用维护过程中不会对人员造成伤害。

6.4 安全性评估

安全性设计良好,在产品研制生产、设计定型基地试验和部队试验过程中,未出现人员伤害、设备损坏的现象,未发生影响安全的技术质量问题。

7 存在的问题及建议

7.1 存在的问题

存在的问题主要包括：

    a) ×××；

    b) ×××。

7.2 建议

改进措施和建议主要有：

    a) ×××；

    b) ×××。

8 结论

在×××(产品名称)整个研制过程中，本着"可靠性维修性测试性保障性安全性是设计出来的"研究思想，制定并逐步贯彻实施了可靠性维修性测试性保障性安全性工作计划，通过可靠性维修性分配，将可靠性维修性指标细化到各组成部分的设计中，测试性保障性安全性工作组认真履行职责，测试性保障性安全性措施及设计均已落实在产品图样、技术文件中。通过鉴定试验和定型试验的考核，证明其可靠性维修性测试性保障性安全性已满足研制总要求中规定的战术技术指标要求。

范例 28　电磁兼容性评估报告

28.1　编 写 指 南

1. 文件用途

描述产品研制过程中开展的电磁兼容性工作和电磁兼容性试验结果,对产品电磁兼容性进行综合评价,作为产品设计定型的依据之一。

2. 编制时机

在设计定型阶段编写。

3. 编制依据

主要包括:研制立项综合论证报告,研制总要求,电磁兼容性要求,通用规范,系统规范,电磁兼容性大纲,电磁兼容性控制计划,电磁兼容性试验预测与分析,电磁兼容性试验计划,电磁兼容性试验报告,GJB 1389—1992《系统电磁兼容性要求》,GJB 151A—1997《军用设备和分系统电磁发射和敏感度要求》,GJB 152A—1997《军用设备和分系统电磁发射和敏感度测量》,GJB/Z 17—1991《军用装备电磁兼容性管理指南》,GJB/Z 170.14—2013《军工产品设计定型文件编制指南　第 14 部分:电磁兼容性评估报告》等。

4. 目次格式

GJB/Z 170.14—2013《军工产品设计定型文件编制指南　第 14 部分:电磁兼容性评估报告》编写。

GJB/Z 170.14—2013 规定了《电磁兼容性评估报告》的编制内容和要求,并给出了一个武器系统电磁兼容性评估报告的示例。

28.2　编 写 说 明

1　产品概述

主要包括:任务来源、产品主要用途、组成与功能、产品电磁兼容性主要工作简述等。

2　电磁兼容性要求

逐条列出研制总要求(或研制任务书、研制合同)中对系统、分系统和设备的电磁兼容性定量与定性要求,以及产品研制方案评审会进一步明确的产品电磁兼容性相关要求。

3 电磁兼容性设计情况

电磁兼容性设计情况应正确体现对产品的电磁兼容性要求、产品应用环境及其战术应用的理解;全面反映产品电磁兼容性设计工作的内容;明确表述产品电磁兼容性设计中的主要成果。

3.1 需求分析情况

主要包括:

a) 电磁兼容性总体要求分析情况。根据产品研制总要求中确定的产品电磁兼容性总体要求,以及产品研制方案评审会进一步明确的产品电磁兼容性相关要求,对产品作战使用要求进行分析的情况;对产品遂行任务时面临的自然电磁环境进行分析的情况;对产品遂行任务时面临的人为电磁环境进行分析的情况;

b) 电磁兼容性总体技术要求分析情况。依据对产品电磁兼容性总体要求的分析,参考相关国家军用标准等,对产品在预期电磁环境下的适应性进行分析的情况;按照系统、分系统和设备等不同层级,对产品电磁兼容性设计和试验考核极限值进行分析的情况;对工程可实现性及技术风险进行分析的情况。

3.2 设计工作情况

主要包括:

a) 方案阶段。应包括:

1) 系统电磁兼容性总体技术要求制定情况,向分系统、设备指标及要求的分解情况;

2) 系统、分系统、设备电磁兼容性设计情况,电磁兼容性建模情况。

b) 工程研制阶段。可分为系统级和分系统、设备级两个部分:

1) 系统级。应包括:

(1) 系统方案阶段存在的电磁兼容性问题、解决措施及归零情况;

(2) 对配套货架产品电磁兼容性的符合性检查情况,以及提出的补充要求情况;

(3) 对分系统、设备初样机电磁兼容性的分析预测情况,以及基于分系统、设备初样机电磁兼容性,对系统初样机电磁兼容性的分析预测情况;系统初样阶段电磁兼容性设计情况、设计方案落实情况;

(4) 系统初样阶段存在的电磁兼容性问题、解决措施及归零情况,系统正样机电磁兼容性改进设计情况;

(5) 系统正样阶段为保证电磁兼容性所采取的生产工艺和安装措施情况;

（6）对分系统、设备正样机电磁兼容性更改预测分析情况，以及基于分系统、设备正样机电磁兼容性，对系统正样机电磁兼容性的分析预测情况；

（7）系统联调试验电磁兼容性问题分析及归零情况；

（8）系统电磁兼容性摸底试验问题分析及归零情况。

2）分系统、设备级。应包括：

（1）分系统、设备方案阶段存在的电磁兼容性问题、解决措施及归零情况；

（2）配套货架产品对系统提出的补充要求的落实情况；

（3）分系统、设备初样阶段电磁兼容性设计情况及方案落实情况；

（4）分系统、设备初样机电磁兼容性问题归零及正样机电磁兼容性改进设计情况；

（5）分系统、设备正样阶段为保证电磁兼容性所采取的生产工艺和安装措施情况；

（6）分系统、设备正样机电磁兼容性问题归零情况；

（7）系统设计定型试验前，分系统、设备向系统提交正样机电磁兼容性测试报告。

c) 设计定型阶段

设计定型电磁兼容性试验中存在的问题、原因分析及改进性设计情况。

3.3 阶段成果情况

主要包括：

a) 各阶段解决电磁兼容性问题的关键技术及试验验证情况；

b) 方案阶段电磁兼容性设计工作评审情况；

c) 工程研制阶段电磁兼容性设计工作评审情况；

d) 设计定型阶段电磁兼容性设计工作评审情况。

4 电磁兼容性管理与质量控制情况

4.1 组织管理情况

应正确反映各参研单位产品电磁兼容性管理的运行机制、管理内容、控制措施及管理效益情况，内容主要包括：

a) 电磁兼容性工作主管机构和管理责任人情况；

b) 电磁兼容性管理工作主要内容和主要工作节点；

c) 对已建立电磁兼容性工作组的，应简述其成立和运行情况；

d) 电磁兼容性大纲制定、评审和贯彻情况；

e) 电磁兼容性控制计划制定和控制管理效益；

f) 电磁兼容性工作计划制定和执行情况；

g) 电磁兼容性培训计划制定和实施情况等。

4.2 质量控制情况

主要包括：

a) 电磁兼容性工作纳入质量管理体系情况；

b) 关键节点电磁兼容性技术控制内容与控制措施；

c) 各阶段电磁兼容性质量评估情况；

d) 电磁兼容性质量管理效益等。

5 电磁兼容性试验情况

5.1 研制试验

主要包括：

a) 配套货架产品研制试验情况；

b) 分系统、设备初样机研制试验情况；

c) 系统初样机研制试验情况；

d) 分系统、设备正样机研制试验情况；

e) 系统正样机研制试验情况。

5.2 设计定型试验

主要包括军工产品定型委员会认可的第三方电磁兼容性测试、设计定型基地试验和设计定型部队试验三种情况，内容应包括：

a) 试验时间,试验地点,承试单位,试验环境(试验现场地理、电磁、使用等环境)与条件(战术应用条件),被试品技术状态,试验内容,试验方法,试验布局,以及试验中收发传感器与被试品间的相对空间位置、测试频率点数量及具体频点、被试品工作状态时序、试验场强极限值、敏感判据等重要试验要素的确定依据等；

b) 试验内容符合度情况；

c) 电磁兼容性综合结论得出的方法和依据；

d) 试验中出现的主要问题及其验证结果情况；

e) 各阶段试验结论等。

编写要求,在表述电磁兼容性试验情况时,需反映出以下方面的内容：

a) 应分类明确试验的时间与地点,承试单位,试验环境与条件,被试品技术状态,试验内容与方法,试验数据分析与处理等；

b) 应按照系统级和分系统、设备级分层次说明相关试验情况；

c) 应体现联调试验情况；

d) 应将实际试验内容与试验大纲规定的试验内容进行对比,并说明其符合度。对未完成或未进行的试验应说明其原因；

e) 对于不具备试验条件,或无法进行实装试验的产品,应说明所采用的方法和依据、电磁兼容性综合结论得出的方法和依据、电磁兼容性符合性结论的可信度等；

f) 对于敏感性试验,除说明试验结论外,还应说明试验中产品性能的变化情况等。

6 问题及解决情况

应分类明确试验期间出现问题的现象、原因分析、解决措施、试验验证情况。主要包括：

a) 研制试验中的问题及解决情况。应体现系统联调试验和电磁兼容性专题试验中出现的问题及解决情况；

b) 设计定型试验中的问题及解决情况。设计定型试验中经攻关仍未达标,或尚存问题的,应说明其情况,并分析对作战使用的影响。

7 电磁兼容性综合评估

应根据系统电磁兼容性总体要求、总体技术要求和管理要求,在各类试验数据与试验结论基础上对电磁兼容性设计方案、管理控制措施有效性进行综合评估；应体现系统、分系统、设备不同层次的综合评估情况；综合评估的输入条件或数据应具有可追溯性；对满足产品研制总要求(或研制任务书、研制合同)的程度,应有明确的结论；对不满足研制总要求(或研制任务书、研制合同)的项目,应对作战使用的影响给出明确意见,并附主管部门或同行专家的审查意见。内容主要包括：

a) 设计方案有效性；

b) 管理控制措施有效性；

c) 试验数据可信度；

d) 评估模型和评估方法合理性；

e) 综合评估结论。

8 使用建议

8.1 作战使用建议

根据对产品的综合评估结论,给出作战使用建议。

8.2 维护使用建议

根据对产品的综合评估结论,给出维护使用建议。

8.3 管理建议

根据对产品的综合评估结论,给出管理建议。

8.4 注意事项

应说明产品战术运用中需要关注的有关情况；明确产品使用中需要积累的有关数据等。

28.3 编写示例

1 产品概述

1.1 任务来源

总装装计〔××××〕×××号《关于×××立项研制事》；

装军〔××××〕×××号《关于×××研制总要求事》。

1.2 产品主要用途

×××（产品名称）主要用于×××。其主要作战使用要求及性能如下：

a) ×××；

b) ×××；

……

1.3 产品组成

×××（产品名称）主要由×××、……、×××等组成。

1.4 电磁兼容性工作简述

根据总装装计〔××××〕×××号《关于×××立项研制事》，装军〔××××〕×××号《关于×××研制总要求事》，×××（产品名称）自20××年××月开始研制，20××年××月通过方案评审，完成了电磁兼容性指标分配、方案评估、×××等工作，20××年××月转入工程研制阶段，完成了电磁兼容性仿真预测、方案改进、×××等工作，20××年××月完成正样鉴定，进入设计定型阶段。

2 电磁兼容性要求

根据总装装计〔××××〕×××号《关于×××立项研制事》，装军〔××××〕×××号《关于×××研制总要求事》，×××（产品名称）研制总要求、研制任务书及研制合同对系统、分系统和设备提出了电磁兼容性定量与定性要求，并在研制方案评审会上进一步明确了电磁兼容性相关要求。具体内容如下。

a) 研制总要求对×××（产品名称）的电磁兼容性定量要求包括：×××、×××；

b) 研制总要求对×××（产品名称）的电磁兼容性定性要求包括：×××、×××；

c) 研制任务书对×××（产品名称）的电磁兼容性定量要求包括：×××、×××；

d) 研制任务书对×××（产品名称）的电磁兼容性定性要求包括：×××、

×××；

e) 研制合同对×××(产品名称)的电磁兼容性定量要求包括：×××、×××；

f) 研制合同对×××(产品名称)的电磁兼容性定性要求包括：×××、×××；

g) 研制方案评审会进一步明确的×××(产品名称)电磁兼容性要求包括：×××、×××。

3 电磁兼容性设计情况
3.1 需求分析
3.1.1 电磁兼容性总体要求分析情况

a) 作战使用要求分析情况

×××(产品名称)的典型作战模式为×××、×××，典型作战使用剖面为×××、×××。

b) 自然电磁环境分析情况

×××(产品名称)在典型作战使用剖面所面临的自然电磁环境主要包括：

电子噪声源：×××、×××(列出相关电子元件、发射频谱、发射功率或统计分布特性)。

天电噪声源：×××、×××(作战使用剖面下面临的自然现象，如雷电，列出幅频特性或统计特性)。

地球外噪声源：×××、×××(列出来自地球外层空间噪声及其辐射和分布特性)。

沉积静电：×××、×××。

c) 人为电磁环境分析情况

×××(产品名称)在典型作战使用剖面所面临的人为电磁环境主要包括：

电磁发射系统：广播发射电台、无线电台/站、导航系统、×××、×××(列出相关频段或频点及其幅度等信息)。

友方电磁发射：雷达设备、通信设备、×××、×××(列出相关频段或频点及其幅度等信息)。

敌方电磁发射：雷达干扰设备、通信干扰设备等电子对抗设备(列出相关频段或频点及其幅度等信息)。

3.1.2 电磁兼容性总体技术要求分析情况

a) 电磁环境适应性分析情况

根据自然电磁环境和人为电磁环境的构成要素，结合×××(产品名称)的作战使用要求，对其电磁环境适应性分析情况简述如下。

×××(产品名称)具有雷电、静电等电磁危害的防护能力(雷电电磁防护的设计要求和考核要求×××;静电防护的考核要求是 25kV/m/300kV/m,或其他定性或定量要求);根据武器装备的需求,说明对电子噪声、天电噪声、沉积静电等自然噪声提出的定性或定量要求。

×××(产品名称)具有对电磁脉冲等电磁危害的防护能力(电磁脉冲的相关参数,如上升沿等;干扰源的主要类别,如连续波干扰源、瞬态干扰源、电子设备非线性干扰等;或其他定性或定量要求)。

详见×××(产品名称)电磁环境适应性分析报告。

b) 电磁兼容性考核极限值分析情况

由使用方提出的×××(产品名称)电磁兼容性考核极限值包括×××、×××;

参照×××国军标中×××典型使用环境下推荐的考核极限值包括×××、×××。

c) 工程可实现性及技术风险分析情况

×××(产品名称)工程可实现性分析主要包括×××、×××;

×××(产品名称)工程技术风险分析主要包括×××、×××。

3.2 设计工作情况

3.2.1 方案阶段

3.2.1.1 系统电磁兼容性技术要求及分解情况简述

a) 系统级电磁兼容性技术要求情况简述

根据×××(产品名称)研制总要求,该武器系统应满足 GJB 1389A 中×××、×××等要求;具备在电磁兼容性总体要求中规定的电磁环境下工作的能力。

b) 分系统、设备级电磁兼容性技术要求情况简述

根据×××(产品名称)研制总要求及×××分系统、设备研制方案,该分系统、设备应满足 GJB 151A 中 CE×××、CE×××、……、RE×××、RE×××、……、CS×××、CS×××、RS×××、RS×××、……等测试项目的要求;并按照 GJB 152A 规定的方法进行考核。

×××(说明:各军兵种武器装备可以根据军兵种装备特点补充相关行业标准要求,并可根据该型装备特点补充相关要求。)

3.2.1.2 系统电磁兼容性设计及建模情况简述

a) 功能原理说明

1) 系统功能框图及原理图

系统主要分系统、设备清单(标明一级、二级、三级产品)

序号	产品名称	产品厂家	主要性能指标	产品级别
				一级
				二级
	……	……	……	……
				三级

2）分系统、设备1

功能框图、原理图。

3）分系统、设备2

功能框图、原理图。

……

b) 电磁兼容性干扰预测情况简述

1）系统

×××（产品名称）的电磁兼容性模型主要包括武器系统平台模型、天线模型、线缆模型、设备模型等，并完成了武器系统屏蔽效能、电磁环境、谐振特性，天线耦合、天线布局，线缆布局，设备用频等分析。具体内容可见×××（产品名称）电磁兼容性分析预测报告，结论引用如下。

（1）×××（说明：依据武器系统平台设计方案，主要部位的屏蔽效能、电磁谐振等特性分析情况）；

（2）×××（说明：依据天线布局初步设计方案，武器系统上安装天线的方向图、天线间耦合、平台电磁环境等特性分析情况）；

（3）×××（说明：依据设备布局、线缆布局初步设计方案，武器系统场线耦合、线间串扰等主要耦合通道的电磁耦合特性分析情况）；

（4）×××（说明：依据分系统、设备初步设计方案，其电磁干扰和电磁敏感特性分析情况）；

（5）×××（说明：依据上述分析结论，结合分系统、设备间的干扰关联关系，得出的干扰关联矩阵为）：

	分系统、设备1	分系统、设备2	分系统、设备3	……	分系统、设备n
分系统、设备1		（干扰量值）	（干扰量值）	（干扰量值）	（干扰量值）
分系统、设备2	（干扰量值）		（干扰量值）	（干扰量值）	（干扰量值）
分系统、设备3	（干扰量值）	（干扰量值）		（干扰量值）	（干扰量值）
……	（干扰量值）	（干扰量值）			（干扰量值）
分系统、设备n	（干扰量值）	（干扰量值）	（干扰量值）	（干扰量值）	

2) 分系统、设备1

×××。

3) 分系统、设备2

×××。

c) 电磁兼容性设计及建模情况

1) 系统

(1) ×××(说明:简述天线、线缆布局电磁兼容性设计和建模情况);

(2) ×××(说明:简述设备布局调整、发射功率、谐波抑制、发射带外衰减、接收灵敏度、接收带外抑制、镜像抑制、交互调抑制、屏蔽、接地、电源滤波等电磁兼容性设计情况);

(3) ×××(说明:简述设备内各组件的功能组成和具体性能参数电磁兼容性设计情况,如本振、混频、放大、滤波、调制解调、电源转换等);

……

2) 分系统、设备1

×××。

3) 分系统、设备2

×××。

3.2.2 工程研制阶段
3.2.2.1 系统级

a) 系统方案阶段电磁兼容性问题分析及归零情况

1) 存在的电磁兼容性问题主要包括:×××、×××;

2) 解决措施如下:×××、×××;

3) 归零情况:×××、×××。

b) 配套货架产品电磁兼容性符合性检查情况

经过摸底试验和仿真分析,×××配套货架产品与武器系统能够电磁兼容(或经过摸底试验和仿真分析,×××配套货架产品与武器系统暂不能电磁兼容,需要按照武器系统总体要求,进行电磁兼容性整改)。详见×××配套货架产品电磁兼容性摸底试验和仿真分析报告。

对配套货架产品补充要求如下:

1) ×××;

2) ×××。

c) 分系统、设备初样机电磁兼容性分析预测情况

×××分系统、设备初样机电磁兼容性分析预测情况简述如下。

1) ×××频段或频点谐波发射超标×××dB;

2) ×××频段或频点敏感阈值不满足×××dB要求,易产生敏感;

3) ×××天线和×××天线隔离度为×××dB,不满足×××分系统、设备和×××分系统、设备的隔离度要求,对×××分系统、设备的带外抑制要求应提高×××dB;

……

d) 系统初样机电磁兼容性分析预测情况

基于分系统、设备初样机电磁兼容性,对×××(产品名称)初样机电磁兼容性预测情况简述如下。

1) ×××(说明:产品天线布局评估情况简述);

2) 在×××频段或频点,×××任务干扰系统对×××机载航电设备易产生宽带噪声干扰,对该任务干扰系统的带外抑制要求已提高×××dB;

3) 在×××频段或频点,×××机载设备发射对×××机载设备接收易产生同频干扰,该设备已采取闭锁方式工作;

4) 在机腹×××位置,场强值为×××V/m,不满足 GJB 5313—2004 对人员电磁辐射暴露限值的要求,已提高该位置电磁屏蔽效能×××dB;

……

e) 系统初样机电磁兼容性设计及方案落实情况

系统初样阶段电磁兼容性设计情况简述如下:

×××、×××。

系统初样阶段电磁兼容性设计方案落实情况简述如下:

×××、×××。

f) 系统初样机电磁兼容性问题归零及改进设计情况

1) 系统初样机存在的电磁兼容性问题主要包括:×××、×××;

2) 解决措施如下:×××、×××;

3) 归零情况:×××、×××;

4) 系统正样机电磁兼容性改进设计主要工作为:依据系统初样机电磁兼容性问题、解决措施及归零情况,简述×××系统正样机电磁兼容性的改进设计方案,详见×××系统正样机电磁兼容性的改进设计方案。

g) 系统正样阶段为保证电磁兼容性所采取的生产工艺和安装措施情况

按照×××系统正样机电磁兼容性的改进设计方案,为保证×××系统正样阶段电磁兼容性,需要采取的生产工艺和安装措施如下:×××、……、×××(逐一列出);详见×××系统正样阶段电磁兼容性生产工艺和安装措施报告。

h) 分系统、设备正样机电磁兼容性更改分析预测情况

×××分系统、设备正样机电磁兼容性更改分析预测情况简述如下:

针对×××频段或频点发射超标现象,在×××位置增加×××滤波器,该分系统、设备正样机在该频段或频点发射幅值减少×××dB。

……

i) 系统正样机电磁兼容性分析与预测情况

基于分系统、设备正样机电磁兼容性更改分析预测情况,对×××(产品名称)正样机电磁兼容性分析预测情况简述如下:

×××天线位置调整为机腹×××框和×××框之间,经建模仿真分析,与×××天线的天线隔离度增加×××dB。

……

j) 系统联调试验中电磁兼容性问题分析及归零情况
1) 存在的电磁兼容性问题主要包括:×××、×××;
2) 解决措施如下:×××、×××;
3) 归零情况:×××、×××。

k) 系统电磁兼容性摸底试验中问题分析及归零情况
1) 存在的电磁兼容性问题主要包括:×××、×××;
2) 解决措施如下:×××、×××;
3) 归零情况:×××、×××;
4) 归零情况:×××、×××。

3.2.2.2 分系统、设备初样机研制(C)

a) 方案阶段电磁兼容性问题分析及归零情况
1) 存在的电磁兼容性问题主要包括:×××、×××;
2) 解决措施如下:×××、×××;
3) 归零情况:×××、×××。

详见方案阶段电磁兼容性问题分析及归零报告。

b) 系统对配套货架产品的补充要求的落实情况

针对×××配套货架产品安装在×××位置产生辐射敏感现象,对该配套产品提出提高屏蔽效能×××dB 的补充要求,在工程研制阶段对该配套货架产品机箱重新设计为×××,经试验验证,该配套货架产品落实补充要求后的屏蔽效能为×××dB,满足装机要求。

c) 电磁兼容性设计情况及方案落实情况

×××分系统、设备在初样阶段,通过采取单独屏蔽、电路隔离、增加稳压模块等方法,降低了分系统、设备对外电磁辐射及传导发射,使其满足 GJB 151A 的要求。

详见×××分系统、设备初样阶段电磁兼容性设计方案。

d) 分系统、设备初样机摸底试验中电磁兼容性问题归零情况

1) 分系统、设备初样机摸底试验中存在的电磁兼容性问题主要包括:×××、×××。

2) 解决措施及归零情况如下:×××、×××。

详见×××分系统(或设备)初样阶段电磁兼容性摸底试验、问题分析及问题归零报告。

3.2.2.3 分系统、设备正样机研制(S)

a) 分系统、设备正样机电磁兼容性改进设计情况

依据分系统(或设备)初样机电磁兼容性摸底试验结论及电磁兼容性问题归零情况,并结合武器系统电磁兼容性预测情况,简述×××分系统(或设备)正样机电磁兼容性的改进设计方案,详见×××分系统(或设备)正样机电磁兼容性的改进设计方案。

b) 分系统、设备正样机电磁兼容性生产工艺及安装措施

按照×××分系统(或设备)正样机电磁兼容性的改进设计方案,为保证×××分系统(或设备)正样阶段电磁兼容性,需要采取的生产工艺和安装措施如下:×××、……、×××(逐一列出);详见×××分系统(或设备)正样阶段电磁兼容性生产工艺和安装措施报告。

c) 分系统、设备正样机电磁兼容性摸底试验问题整改及归零情况

根据×××分系统(或设备)正样机电磁兼容性摸底试验结果,对其进行电磁兼容性问题整改。

1) ×××电磁兼容性问题得到解决(逐一列出);

2) ×××电磁兼容性问题只得到部分解决(逐一列出,并详述未解决部分的内容);

3) ×××电磁兼容性问题暂时无法得到有效解决(逐一列出,并详述未解决部分的内容);

4) 电磁兼容性的更改评估预测分析建议如下:×××;

5) ×××分系统(或设备)正样机电磁兼容性问题最终归零情况如下:×××。

详见×××分系统(或设备)正样阶段电磁兼容性摸底试验、问题归零及更改评估预测分析报告。

d) 分系统、设备提交正样机电磁兼容性测试报告情况

按照×××(产品名称)研制总要求及各分系统、设备研制方案,系统设计定型试验前,已提交×××项分系统、设备共计×××份正样机电磁兼容性测试报告,实际提交×××项分系统、设备×××份正样机电磁兼容性测试报告,分系统、设备向系统提交正样机电磁兼容性测试报告情况良好(×××分系统、设备因×××原因未能及时提交)。

系统设计定型试验前,分系统、设备向系统提交正样机电磁兼容性测试报告情况如下:

	应完成试验项目数	已完成试验项目数	已满足要求的试验项目数	尚不满足要求的试验项目数	备注
分系统、设备 1					
分系统、设备 2					
分系统、设备 3					
……					
分系统、设备 n					

3.2.3 设计定型阶段

a) 系统电磁兼容性试验及改进设计情况
1) 系统设计定型电磁兼容性试验中的问题包括:×××。
2) 原因分析如下:×××。
3) 改进性设计情况。

b) ×××分系统(设备)电磁兼容性试验及改进设计情况
1) 设计定型电磁兼容性试验中的问题包括:×××。
2) 原因分析如下:×××。
3) 改进性设计情况。

c) ×××分系统(设备)电磁兼容性试验及改进设计情况
1) 设计定型电磁兼容性试验中的问题包括:×××。
2) 原因分析如下:×××。
3) 改进性设计情况。

3.3 阶段成果情况

3.3.1 解决电磁兼容性问题关键技术及试验验证情况

×××(产品名称)在研制过程中针对×××、×××等电磁兼容性问题,采取的关键技术及试验验证情况如下:

a) ×××关键技术
1) 关键技术内涵:针对×××(产品名称)存在大功率辐射场干扰油量表、飞控等敏感分系统、设备的电磁兼容性问题,采取×××设备布局优化及电磁兼容指标分配,使全机设备达到能够兼容工作的状态。
2) 试验验证情况:20××年××月,通过全机电磁兼容性相互干扰检查试验,验证了通过合理的设备布局及电磁加固,使原机敏感设备在大功率辐射场环境下实现了兼容工作,证明该关键技术可行。

b) ×××关键技术

……

3.3.2 方案阶段评审情况

×××(产品名称)于20××年××月至20××年××月完成了《电磁兼容性大纲》、《电磁兼容性控制计划》、《电磁兼容性试验计划》、系统及分系统、设备《方案阶段电磁兼容性设计方案》和《电磁兼容性总体技术要求》等方案阶段电磁兼容性设计工作的评审。

评审结论：×××、×××。

3.3.3 工程研制阶段评审情况

a) 系统

×××(产品名称)于20××年××月至20××年××月完成了《工程研制阶段电磁兼容性设计方案》、《工程研制阶段电磁兼容性工作总结报告》等工程研制阶段电磁兼容性设计工作的评审。

评审结论：×××、×××。

b) 分系统、设备(C)

×××分系统、设备于20××年××月至20××年××月完成了《初样阶段电磁兼容性设计方案》、《初样阶段电磁兼容性工作总结报告》等工程研制阶段电磁兼容性设计工作的评审。

评审结论：×××、×××。

c) 分系统、设备(S)

×××分系统、设备于20××年××月至20××年××月完成了《正样阶段电磁兼容性设计方案》、《正样阶段电磁兼容性工作总结报告》等工程研制阶段电磁兼容性设计工作的评审。

评审结论：×××、×××。

3.3.4 设计定型阶段评审情况

×××分系统、设备于20××年××月完成了《×××(分系统、设备)设计定型电磁兼容性试验大纲》等定型阶段电磁兼容性设计工作的评审。

评审结论：×××、×××。

×××(产品名称)于20××年××月完成了《×××(产品名称)设计定型电磁兼容性试验大纲》等定型阶段电磁兼容性设计工作的评审。

评审结论：×××、×××。

4 电磁兼容性管理与质量控制情况

4.1 电磁兼容性组织管理情况

×××系统、分系统、设备电磁兼容性组织管理情况简述如下。

a) 电磁兼容性工作组织管理运行机制

建立了×××系统、分系统、设备电磁兼容性组织管理运行机制,设置了电磁兼容性行政和技术管理机构,配置了电磁兼容性技术和管理总师队伍,组织结构图如下:

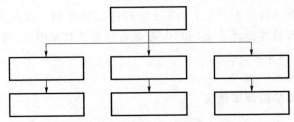

×××系统、分系统、设备电磁兼容性组织结构图

b) 电磁兼容性管理工作主要内容及节点

电磁兼容性管理工作的关键节点包括:×××,×××(具体时间)。

电磁兼容性管理工作的关键内容应包括:×××,×××。

c) 电磁兼容性工作组成立及运行情况

为推进×××(产品名称)电磁兼容性工作的有效性,于20××年××月成立型号电磁兼容性工作组,成员组成包括×××、×××。

d) 电磁兼容性大纲制定、评审和贯彻情况

为推进×××(产品名称)电磁兼容性工作的规范化,制定了《×××电磁兼容性大纲》,并于20××年××月通过评审。

e) 电磁兼容性控制计划制定和控制管理效益

为推进×××(产品名称)电磁兼容性工作的程序化,制定了《×××电磁兼容性控制计划》,并于20××年××月通过评审。

f) 电磁兼容性工作计划制定和执行情况

为保证×××(产品名称)电磁兼容性工作的预见性,制定了《×××电磁兼容性工作计划》,并于20××年××月通过评审。

g) 电磁兼容性培训计划制定和实施情况

为提高×××(产品名称)电磁兼容性设计工作的保障性,制定了《×××电磁兼容性培训计划》,由×××负责具体培训工作。

4.2 电磁兼容性质量控制情况

×××分系统、设备电磁兼容质量控制情况简述如下:

a) 电磁兼容性工作纳入型号质量管理体系情况

×××、×××;

b) 关键节点电磁兼容性技术控制内容与控制措施;

电磁兼容性质量控制的关键节点包括：×××，×××具体时间。

电磁兼容性质量控制的关键内容应包括：系统、分系统和设备的电磁兼容性设计方案的合理性；系统、分系统和设备的电磁兼容性措施的有效性；系统、分系统和设备的电磁兼容性摸底试验的严谨性；军工产品电磁兼容性问题的归零情况等；

电磁兼容性质量控制的途径指控制方法和手段。

c) 各阶段电磁兼容性质量评估报告

×××、×××；

系统、分系统和设备的电磁兼容性质量控制，应形成产品研制各阶段电磁兼容性质量评估报告。电磁兼容性质量评估报告应作为系统、分系统和设备转入下一研制阶段的支撑性文件。

d) 电磁兼容性质量管理效益等情况

×××、×××。

5 电磁兼容性试验情况

5.1 研制试验情况

5.1.1 配套货架产品摸底试验

×××配套货架产品电磁兼容性符合性检查表明其存在电磁兼容性隐患，20××年××月××日，由×××组织在×××完成了摸底试验。

试验时间：×××。

试验地点：×××。

承试单位：×××。

试验环境与条件：×××。

被试品技术状态：×××。

试验项目包括：×××。

试验数据及数据分析与处理详见×××试验报告。

试验结论：×××。

敏感性试验中产品性能变化情况：×××。

存在的问题及解决情况：×××。

5.1.2 分系统、设备初样摸底试验

20××年××月××日，×××分系统（或设备），技术状态为初样机。根据《×××分系统（设备）初样机电磁兼容性摸底试验大纲》，由×××组织在×××完成了初样摸底试验，试验项目等，试验结论×××。

试验时间：×××。

试验地点：×××。

承试单位：×××。

试验环境与条件：×××。

被试品技术状态：×××。

试验项目包括：×××。

试验数据及数据分析与处理详见×××试验报告。

试验结论：×××。

敏感性试验中产品性能变化情况：×××。

存在的问题及解决情况：×××。

5.1.3 系统初样机摸底试验

×××。

5.1.4 分系统、设备正样机摸底试验

20××年××月××日，×××分系统（或设备），技术状态为正样机。根据《×××分系统（设备）正样机电磁兼容性摸底试验大纲》，由×××组织在×××完成了正样机摸底试验。

试验时间：×××。

试验地点：×××。

承试单位：×××。

试验环境与条件：×××。

被试品技术状态：×××。

试验项目包括：×××。

试验数据及数据分析与处理详见×××试验报告。

试验结论：×××。

敏感性试验中产品性能变化情况：×××。

存在的问题及解决情况：×××。

5.1.5 系统正样机摸底试验

20××年××月××日，×××（产品名称），技术状态为正样机。根据《×××（产品名称）正样机电磁兼容性摸底试验大纲》，由×××组织在×××完成了正样机摸底试验。

试验时间：×××。

试验地点：×××。

承试单位：×××。

试验环境与条件：×××。

被试品技术状态：×××。

试验项目包括：×××。

试验数据及数据分析与处理详见×××试验报告。

试验结论：×××。

敏感性试验中产品性能变化情况：×××。

存在的问题及解决情况：×××。

5.2 设计定型试验情况

5.2.1 分系统、设备设计定型试验

20××年××月××日，×××分系统(或设备)，技术状态为×××。根据《×××分系统(或设备)设计定型电磁兼容性试验大纲》，由×××组织在×××完成了设计定型电磁兼容性试验。

试验时间：×××。

试验地点：×××。

承试单位：×××。

试验环境与条件：×××。

被试品技术状态：×××。

试验项目包括：×××。

试验项目与试验大纲的符合情况：×××。

试验方法、试验布局、以及试验中收发传感器与被试品间的相对空间位置、测试频率点数量及具体频点、被试品工作状态时序、试验场强极限值、敏感判据等重要试验要素的确定依据、试验数据及数据分析与处理等详见×××试验报告。

试验结论：×××。

敏感性试验中产品性能变化情况：×××。

存在的问题及解决情况：×××。

5.2.2 系统设计定型试验

20××年××月××日，××××(产品名称)，技术状态为×××。根据《×××(产品名称)设计定型电磁兼容性试验大纲》，由×××组织在×××完成了设计定型电磁兼容性试验。

试验时间：×××。

试验地点：×××(×××第三方测试、×××基地试验、×××部队试验)。

承试单位：×××。

试验环境与条件：×××。

被试品技术状态：×××。

试验项目包括：×××。

试验项目与试验大纲的符合情况：×××。

试验方法、试验布局、以及试验中收发传感器与被试品间的相对空间位置、测试频率点数量及具体频点、被试品工作状态时序、试验场强极限值、敏感判据等重要试验要素的确定依据、试验数据及数据分析与处理等详见×××试验报告。

试验结论：×××。

敏感性试验中产品性能变化情况：×××。

存在的问题及解决情况：×××。

6 问题及解决情况

a）研制试验中存在的问题主要包括：

系统联调试验：

问题现象：×××。

原因分析：×××。

解决措施：×××。

试验验证：×××。

系统正样机试验：

问题现象：×××。

原因分析：×××。

解决措施：×××。

试验验证：×××。

×××电磁兼容性专题试验：

问题现象：×××。

原因分析：×××。

解决措施：×××。

试验验证：×××。

……

b）定型试验中存在的问题主要包括：

问题现象：×××。

原因分析：×××。

解决措施：×××。

试验验证：×××。

尚存在的问题：×××。

是否影响作战使用：×××。

7 电磁兼容性综合评估

7.1 设计方案的有效性评估

×××。

7.2 管理和质量控制措施的有效性评估

×××。

7.3 试验数据可信度评估

×××。

7.3 评估模型和评估方法的合理性

×××。

7.4 系统电磁兼容性的综合评估

×××。

8 使用建议

a) 作战使用建议

根据产品综合评估结论,提出相关使用建议如下:×××、×××。

产品在使用中需要积累的数据如下:×××、×××。

b) 维护使用建议

根据产品综合评估结论,提出相关维护建议如下:×××、×××。

c) 管理建议

根据产品综合评估结论,提出相关管理建议如下:×××、×××。

d) 注意事项

产品在战术运用中需要关注的有关情况如下:×××、×××。

范例 29　价值工程和成本分析报告

29.1　编写指南

1. 文件用途

报告产品研制成本、生产成本估算和寿命周期费用分析结果。GJB 1362A—2007《军工产品定型程序和要求》将《价值工程和成本分析报告》列为设计定型文件之一。

2. 编制时机

在设计定型阶段编写。

3. 编制依据

主要包括：武器装备研制合同暂行办法，武器装备研制合同暂行办法实施细则，国防科研试制费管理规定，研制立项综合论证报告，研制总要求，研制方案，GJB 1364—1992《装备费用—效能分析》等。

4. 目次格式

按照 GJB/Z 170.16—2013《军工产品设计定型文件编制指南　第 16 部分：价值工程和成本分析报告》编写。GJB/Z 170.16—2013 规定了《价值工程和成本分析报告》的编制内容和要求。

29.2　编写说明

1　概述

简述研制工作中与价值工程和成本分析相关的情况，主要包括研制产品的组成，研制工作人力、物力、财力的投入，大型试验情况等。

2　价值工程评估

价值工程的含义是对军工产品的功能和寿命周期费用进行系统分析，在满足战术技术指标和使用要求的前提下，谋求最小耗费的管理过程。

2.1　工作目标

研制总要求确立的研制经费和产品目标价格，以及承研承制单位对其进行分解的情况。

2.2 主要工作内容

根据确定的工作目标,对研制技术方案及其技术途径进行成本分析、制定价值工程实施方案、分阶段实施及检查等工作的情况。

2.3 评估

承研承制单位通过实施价值工程,对工作目标实现的程度进行评估。

3 成本分析

成本分析主要对军工产品从试制、生产、使用、维修和保障所需的费用进行分析和预测。

3.1 研制费用的数据统计

承研承制单位应按系统、按年度对各项研制费用进行完善的数据统计,并对各项成本因素进行详细的定量分析和结构分析。数据统计应根据研制周期内实际发生的直接费用及相关分摊费用进行统计。

3.2 研制经济性分析

主要包括:

a) 结合军工产品性能进行产品使用的效费比分析;

b) 与国内相关产品研制费用的比较分析。

3.3 军工产品后续购置的经济性预测

应采用类比分析等方法,对军工产品购置价格进行分析预测。可结合国防科研生产能力建设规划,分析承研承制单位未来预计的最大生产能力,同时应考虑到使用方可能的装备采购能力和周期,给出不同订购数量及购置周期下的产品订购价格,提出购置的经济性批量和价格的意见。

3.3.1 单位产品成本价格构成预测

单位产品成本价格构成预测一般以表格形式给出,见表29.1。

表29.1 单位产品成本价格构成预测

承研承研单位: 金额单位:万元

序号	产品名称	配套数量	制造成本					期间费用			定价成本	利润	价格	工时定额	备注
			直接材料费	直接人工	制造费用	军品专项费用	小计	管理费用	财务费用	小计					
	合计														
一															
1															
2															
二															
1															

(续)

序号	产品名称	配套数量	制造成本					期间费用			定价成本	利润	价格	工时定额	备注
			直接材料费	直接人工	制造费用	军品专项费用	小计	管理费用	财务费用	小计					
2															
总计															

3.3.2 原材料消耗定额预测分析

按照技术配套表确定的项目,进行原材料消耗定额预测分析。一般以表格形式给出,见表29.2。

表29.2 直接材料预测分析表

金额单位:万元

序号	产品名称	投产数量	原材料	外协件	外购配套件	燃料动力费	备注
	合计						
一							
1							
2							

3.3.3 专项费用汇总分析

按技术配套表确定的项目,进行专项费用汇总分析。军工专项费用主要由专用工装成本分摊、专项试验费用、专用测算设备费用等构成。其中:工装成本方面,与其他可比军工产品相比,根据军工产品研制生产中将采用工装的数量、种类,包括外购与自制成本的变化情况,得出工装费用增减的结论;专项试验费用方面,与其他可比军工产品相比,根据专项试验的种类、次数、外部条件的变化情况,得出专项试验费用增减的结论。专项费用汇总一般以表格形式给出,见表29.3。

表29.3 专项费用汇总表

金额单位:万元

序号	项目	上批报价	本批报价	备注
	合计			
一	订货起点净损失			
	质量筛选损失			
二	专项试验费			
三	理化试验费			
	测试试验费			
	工艺试验费			

(续)

序号	项目	上批报价	本批报价	备注
四	跟产技术服务费			
五	五万元以下零星仪器设备			
六	油封、包装费			
六	运输费			
六	售后服务费			
六	工具、备附件、资料费			
七	工装费			
七	会议费			
七	专家咨询费			
七	工艺及生产定型费			
七	复产鉴定费			
七	试生产费			
八	其他			

3.3.4 费用分配汇总分析

按照技术配套表确定的项目,进行费用分配汇总分析。一般以表格形式给出,见表29.4。

表29.4 费用分配汇总表

金额单位:万元

序号	产品或任务名称	计算期制度总工时	计算期计划任务总工时	费用分配					合计	备注
				燃料动力费	工资及附加费	制造费用	管理费用	财务费用		
	合计									

计算期制度总工时:指在进行订购价格预测中预计的产品启动生产至交付的周期作为计算期,按照《军品价格管理办法》规定制度工时的计算方法计算的期间制度总工时。

计算期计划任务总工时:指在进行订购价格预测中预计的产品启动生产至交付的周期作为计算期,按照研制生产单位任务情况计算的期间任务总工时。

3.4 军工产品后续使用、维修经济性预测

按照使用、维修保障方案和预期寿命,预测军工产品的使用期限内必要的费用支出。

4 有关问题的说明和建议

对于研制、后续购置、使用和维修过程中需要协调解决的经济问题，以及前文未明示的情况、其他需要说明的问题，可以在本节进行简要的叙述。

29.3 编写示例

1 概述

1.1 任务来源

×××（产品名称）是"×××工程"重要装备，是我国自主研制的×××。20××年××月，总装备部装计〔××××〕×××号《关于×××（产品名称）研制立项事》批准立项。20××年××月，总装备部装军〔××××〕×××号《关于×××研制总要求事》批复×××（产品名称）研制总要求，并按照装备命名规定，命名为×××，型号代号×××，简称×××，为×级军工产品。

20××年××月，×××（装备主管机关）和×××（承制单位）签署了《×××（产品名称）研制合同》（合同编号：×××），明确由×××（承制单位）承担×××（产品名称）研制任务。

1.2 产品组成

×××（产品名称）由×××、……、×××和×××组成。产品组成、分级及研制分工见表1。

表1 ×××（产品名称）组成及研制分工

序号	产品名称	产品型号	级别	新研/改型/选型	研制单位	生产单位	备注
1	×××	×××	二级	新研	×××	×××	
2	×××	×××	二级	新研	×××	×××	
3	×××	×××	二级	新研	×××	×××	
…	……	……	……	……	……	……	

×××（产品名称）软件由××个计算机软件配置项组成，源代码×××万行，产品软件配置项、分级及研制分工见表2。

表2 ×××（产品名称）软件配置项一览表

序号	软件配置项名称	标识	等级	新研/升级	研制单位	备注
1	×××	×××	关键	新研	×××	
2	×××	×××	重要	新研	×××	
3	×××	×××	一般	升级	×××	
×	×××	×××	××	……	……	

1.3 研制历程

×××(产品名称)研制自20××年××月开始,历时××年,完成了《常规武器装备研制程序》规定的论证、方案、工程研制和设计定型四个阶段的全部研制工作,主要历程如下:

20××年××月,通过立项综合论证审查;
20××年××月,通过×××组织的研制方案评审;
20××年××月,通过×××组织的初样机设计评审;
20××年××月,完成初样机研制;
20××年××月,通过×××组织的C转S评审;
20××年××月,通过×××组织的正样机设计评审;
20××年××月,完成正样机研制;
20××年××月,通过产品质量评审;
20××年××月,通过×××组织的S转D评审;
20××年××月,通过×××组织的装机方案评审;
20××年××月,完成装机(改装)工作;
20××年××月,完成机上地面联试;
20××年××月,在×××完成设计定型功能性能试验;
20××年××月,在×××完成设计定型电磁兼容性试验;
20××年××月,在×××完成设计定型环境鉴定试验;
20××年××月,在×××完成设计定型可靠性鉴定试验;
20××年××月,在×××完成设计定型基地试验(试飞、试车、试航);
20××年××月,在×××完成设计定型部队试验;
20××年××月,在×××完成软件定型测评;
20××年××月,通过×××(二级定委办公室)组织的全部设计定型试验验收审查;
20××年××月,完成全部配套产品设计定型/鉴定审查。

1.4 研制工作人力、物力、财力的投入

研制工作人力投入见表3。

表3 ×××(产品名称)研制工作人力投入表

序号	人员	论证阶段	方案阶段	工程研制阶段	设计定型阶段	总计
		20××年××月	20××年××月	20××年××月	20××年××月	
1	管理人员					
2	设计人员					

(续)

序号	人员	论证阶段 20××年××月	方案阶段 20××年××月	工程研制阶段 20××年××月	设计定型阶段 20××年××月	总计
3	生产人员					
4	试验人员					
	合计					

研制期间,共投入建设×××、×××、×××(试验设备名称)等试验设备,总投资×××万元;共投入建设厂房×××平方米,总投资×××万元。

历年研制经费投入及使用情况见表4。

表4 研制费收支明细表

金额单位:万元

年度		20××	20××	20××	20××	小计
科研经费拨付						
科研经费支出	设计费					
	材料费					
	外协费					
	专用费					
	试验费					
	固定资产使用费					
	工资费					
	管理费					
	预提收益					
	合计					

1.5 大型试验情况

在工程研制阶段,初样机完成了××项大型研制试验,正样机完成了××项大型研制试验,具体情况见表5和表6。

表5 ×××(产品名称)初样机研制试验情况

序号	试验项目名称	试验起止时间	试验地点	承试单位	备注

表 6　×××（产品名称）正样机研制试验情况

序号	试验项目名称	试验起止时间	试验地点	承试单位	备注

在设计定型阶段，完成了××项设计定型试验，具体情况见表7。

表 7　×××（产品名称）设计定型试验情况

序号	试验项目名称	试验起止时间	试验地点	承试单位	备 注
1	设计定型功能性能试验				
2	设计定型电磁兼容性试验				
3	设计定型环境鉴定试验				
4	设计定型可靠性鉴定试验				
5	设计定型试飞（试车、试航）				
6	设计定型部队试验				
7	软件定型测评				
8	设计定型复杂电磁环境试验				

1.6　目的和任务

对产品进行价值工程和成本分析的目的和任务是：

a) 为保证国防军事需要，研制出高质量、高可靠性的军用产品；

b) 正确反映产品价值规律，实现产品功能与成本的合理匹配；

c) 通过分析了解研制生产项目成本构成，在保证产品质量、进度的前提下，控制研制生产过程中各个环节的成本支出，实现产品效用与成本的合理匹配，提高经济效益。

2　价值工程评估

2.1　工作目标

研制总要求确立的产品研制经费×××万元，产品目标价格××万元（或：研制总要求未明确产品研制经费和产品目标价格，承制单位将研制合同作为实施价值工程的工作目标，通过合同管理控制研制费用，并按上级主管部门要求采用分阶段实施和检查的方法开展费用管理工作，合同研制经费×××万元）。

×××（承制单位）采用价值工程方法，按照产品组成（含软件）对研制经费进行了分解，分别为×××（组成部分1）×××万元，×××（组成部分2）×××万元，×××（组成部分×）×××万元。

2.2　主要工作内容

2.2.1　优选产品方案

为达到性能质量最优、经济性最好的型号研制目标，×××（产品名称）研制确立了价值工程需达到的目标及工作计划,明确了系统之间的关系及各自的职责,建立了相关管理体系。

产品成本的70%～80%是由研制阶段决定的。在研制阶段充分运用价值工程方法对产品的功能成本进行分析,以确定最科学的设计方案,保证产品功能与成本的最优结合,从而提高产品价值。

在设计、试制、试验及小批量生产过程中,始终本着在满足功能、性能和质量的基础上尽可能降低各项成本的思想,贯彻"三化"设计理念,提高零件的加工工艺性,降低成本。尽量采用通用、标准、成熟元器件,压缩元器件的品种和规格,以利于采购和生产的顺利进行。

2.2.2 控制目标成本

2.2.2.1 目标成本分解

应用价值工程方法对目标成本进行分解,具体程序如下:

a) 选定对象

目标成本分解的对象是产品组成部分(含软件)。

b) 功能定义

由设计部门负责完成产品组成部分(含软件)在产品中的功能定义,见表8。

表8 ×××(产品名称)组成部分功能定义

序号	产品组成(含软件)	功能定义	承制单位	备注

c) 功能评价

对各组成部分(含软件)进行功能评价。功能评价常用的方法有0—1评分法、0—4评分法和定量评分法等。通过组织专家会议,采用0—4评分法,对各组成部分的功能进行打分,通过对功能进行两两相互比较,功能非常重要的得4分,另一个相对很不重要的得0分;功能比较重要的得3分,另一个相对不太重要的得1分;两个功能同样重要,各得2分。各组成部分功能的实际得分见表9。

表9 ×××(产品名称)组成部分功能得分

功能	组成部分1	组成部分2	组成部分3	组成部分4	组成部分×	得分
组成部分1	—					
组成部分2		—				
组成部分3			—			
组成部分4				—		
组成部分×						

d) 计算功能系数

某项功能的功能系数＝某项功能得分/功能总得分。

e) 计算目标成本

目标成本＝某项功能的功能系数×总目标成本。

各组成部分功能得分、功能系数和目标成本见表10。

表 10　各组成部分功能得分、功能系数和目标成本

功能	功能得分	功能系数/%	目标成本/万元	备注
组成部分1				
组成部分2				
组成部分3				
组成部分4				
组成部分×				
合计	××	100	×××	

通过采用价值工程方法,按照产品组成对目标成本进行了分解,在此基础上,通过合同谈判,确定了各组成部分的研制经费,并签订了二次配套产品的研制合同(或技术协议书)。

2.2.2.2　目标成本控制

对于二次配套产品,要求配套产品研制单位采取价值工程方法,控制目标成本,确保二次配套产品成本控制在目标成本之内。

对于自研的产品组成部分,采用价值工程方法进行成本控制,降低产品成本使其满足分配的目标成本,具体情况说明如下:

a) 选定对象

目标成本控制的对象是自研产品组成部分的零部组件。采用ABC分类法,初步确定目标成本控制对象的范围。A类组件是指10%的数量占80%以上的成本;B类组件是指20%的数量占10%～20%的成本;C类组件是指10%的数量占0%～10%的成本。各产品组成部分的零部组件分类及其数量、实际成本情况见表11。

表 11　各产品组成部分组件分类及其数量、实际成本情况

功能	组成部分1			组成部分2			组成部分×		
	A类	B类	C类	A类	B类	C类	A类	B类	C类
组件数量									
占比重									
实际成本									
占比重									

将各产品组成部分中的 A 类组件作为分析对象,列出相关明细,见表 12。

表 12　某组成部分 A 类组件明细

功能	规格	实际成本	成本系数	备注
组件 1				
组件 2				
组件 3				
组件 4				
组件×				
合计				

b) 功能定义

对产品各组成部分所有 A 类组件进行功能定义,见表 13。

表 13　×××(产品名称)组成部分功能定义

序号	A 类组件	功能定义	承制单位	备注

c) 功能评价

对产品各组成部分所有 A 类组件进行功能评价。采用 0—1 评分法,计算每一组件的功能评价得分,各组件功能的实际得分见表 14。

表 14　×××(产品名称)组件功能得分

功能	组件 1	组件 2	组件 3	组件 4	组件×	得分
组件 1	—	1	1	1	1	4
组件 2	0	—	0	1	1	2
组件 3	0	1	—	1	1	3
组件 4	0	0	0	—	0	0
组件×	0	0	0	1	—	1

d) 计算功能评价系数

某组件功能评价系数=某 A 类组件功能得分/A 类组件功能总得分。

e) 计算实际成本系数

某组件实际成本系数=某 A 类组件实际成本/A 类组件实际总成本。

f) 计算价值系数

某组件价值系数=某组件功能评价系数/某组件实际成本系数。

产品各组成部分 A 类组件成本系数、功能评价系数与价值系数计算结果见表 15。

表15　产品各组成部分A类组件成本系数、功能评价系数与价值系数

功能	成本系数	功能评价系数	价值系数	研究对象
组件1				
组件2				
组件3				
组件4				
组件×				
合计				

根据组件的价值系数选择研究对象。将价值系数小于1的组件选定为研究对象，因此，研究对象选定为组件×。

g) 确定目标成本

目标成本＝功能评价系数×A类组件总成本。

因此，组件×的目标成本＝功能评价系数×A类组件总成本＝××万元。

由此可得，降低成本潜力＝实际成本－目标成本＝××万元。

h) 确定测定结果

根据上述结果，组件×降低成本潜力最大。通过分析研究组件×的工艺、材料，确定改进设计，用×××材料替代原拟采用的×××材料，从而在保持功能不变的条件下，大大降低了成本。

2.2.3 强化财务管理

在研制过程中不断完善价值工程目标、工作方法。严格按照国防科工委、财政部发布的〔1988〕计计字第×××号文《关于国防科研试制费使用若干问题的规定（试行）》和〔1990〕计计字第×××号文《国防科研试制费核算暂行规定》以及×××等相关管理规定，强化科研财务管理，控制科研经费的开支。

采取以计划为牵引的预算管理模式，量入为出的控制原则，各部门充分沟通，将科研任务转化为经费。

每年初要求项目主管部门将科研任务分解到各研制部门，各研制部门根据任务编制年度预算，预算审核通过后予以下发执行。

每月财务部门反馈预算执行情况，对于执行差异项目及时进行纠偏，年底将预算执行情况纳入部门考核。

进一步梳理科研费管理流程，明确各部门管理职责，强化各部门沟通机制，专门组织财务计划部门梳理管理漏洞，针对缺漏事项制定改进措施，及时完善各项制度及管控流程。

通过科研项目管理知识培训，培养员工科研经费管理知识，提高员工的项目

经费管理意识,为管好用好科研经费奠定基础。

2.3 评估

通过实施价值工程,定期对产品研制费用的使用情况进行检查,并对二次配套单位进行调研,了解到产品研制经费的实际需求,对研制费用的使用效益进行有效的管控,研制费用总体支出额度符合客观实际,较好地实现了工作目标,通过上级主管部门组织的财务检查。具体评估结论如下:

×××(产品名称)研制项目完成了合同标的要求的产品项目、资料项目和其他项目。产品项目的性能和质量满足研制要求,资料项目和其他项目完整齐全,合同经费使用基本合理。

3 成本分析

3.1 研制费用的数据统计

3.1.1 成本计算的依据和方法

本项目科研成本计算的依据:

a)《军工科研事业单位财务制度》,财政部,1997 年;
b)《军工科研事业单位会计制度》,财政部,1997 年;
c)《国防科研项目计价管理办法》,财政部、国防科学技术工业委员会,1995 年;
d)《军品价格管理办法》,中国人民解放军总参谋部、国防科学技术工业委员会、国家计划委员会、财政部,1996 年。

本产品成本计算采用完全成本法。

3.1.2 成本组成及费用

根据《国防科研项目计价管理办法》和《军工科研事业单位会计制度》的规定,科研成本组成包括设计费、材料费、外协费、专用费、试验费、固定资产使用费、工资费、管理费。

3.1.3 成本分析

截至 20××年××月底,累计收到科研经费拨款×××万元,预计累计发生科研经费×××万元,细目见表 4。

3.1.3.1 设计费分析

设计费主要由项目研制过程中所发生的论证费、调研费、软件设计、技术资料费用(包括购买、复制、翻译、晒图等)、设计用品费、设计评审费、技术协调等费用组成。

本项目设计费支出总额为×××万元,占总成本×××万元的比例为×.××%;设计费支出主要为论证、协调、评审等所发生的差旅费、会议费等。

3.1.3.2 材料费分析

材料费主要由项目研制过程中所消耗的原材料、辅助材料、外购成品和元器件的费用(包括购买、运输和整理筛选所发生的费用),以及专用新材料应用试验费和燃料动力费等。

本项目材料费支出总额为×××万元,占总成本×××万元的比例为×.×%;材料费支出主要为外购成品、元器件、原辅材料的消耗费用。

3.1.3.3 外协费分析

外协费主要是在项目研制过程中由于本单位自身的技术、工艺、设备等条件的限制,以及科研生产任务节点安排的需要,与外单位协作所发生的协作加工费用。

本项目外协费支出总额为×××万元,占总成本×××万元的比例为××.××%,本项目外协费包括外协加工费和研制费用,其中外协加工费×××万元,拨付给×××、×××等配套单位的研制经费×××万元。

3.1.3.4 专用费分析

专用费主要为项目研制过程中需购买或自制的专用测试设备仪器的费用,专用工装的研制费、加工制造费和购置费,零星技术措施费,样品样机购置费以及为项目直接开支的标准、计量、情报等技术基础费等。

本项目专用费支出总额为×××万元,占总成本×××万元的比例为××.××%,其中专用测试设备仪器的费用×××万元,专用工装的研制费×××万元,加工制造费×××万元,技术基础费×××万元。

3.1.3.5 试验费分析

试验费是指项目研制过程中用于工艺试验、仿真试验、综合匹配试验、例行试验、可靠性试验、阶段性试验、定型试验、储存试验和打靶、发射、试飞、试航、试车等各种试验验证费用;包括试验过程中所消耗的动力燃料费、陪试品、消耗品的费用,研制单位外场试验的技术保障及参试人员补助费用等。

本项目试验费支出总额为×××万元,占总成本×××万元的比例为×.×%;本项目在财务账面上体现出的试验费主要为外场联试所发生的差旅费、人员补助费等,其中在研制生产过程中发生的部分试验费用,如由本单位自行完成的元器件筛选、例行试验费、可靠性试验费等费用大多归集到研制费用科目,通过分摊计入工资费、设备费和管理费三个成本项目上。

3.1.3.6 固定资产使用费分析

固定资产使用费为项目研制过程中按科研用设备仪器原值的5%、科研用房屋建筑物原值的2%提取的使用费,依据科研生产工时比例分摊计入项目成本。

本项目固定资产使用费总额为×××万元,占总成本×××万元的比例为×.×%。

3.1.3.7 工资费分析

工资费为项目研制过程中我所直接从事军品研发人员实际发生的工资、奖金、津贴、补贴和职工福利费等工资性支出,依据科研生产工时比例分摊计入项目成本。

本项目的工资费支出总额为×××万元，占总成本×××万元的比例为×.××%。

3.1.3.8 管理费分析

管理费用为单位职能管理部门、辅助生产部门和一线科研生产部门的管理人员为组织、保障、管理科研生产工作而发生的费用，主要包括办公费、公用水电气费、会议费、差旅费、取暖费、劳保用品费、外事费、交通运输费、图书资料费、房屋维修费、设备维修费、环境保护费、低值易耗品摊销、科研器材废损和报废、科技培训费、保险费、审计费、业务招待费和其他等费用，依据科研生产工时比例分摊计入项目成本。

本项目的管理费支出总额为×××万元，占总成本×××万元的比例为×.××%。

3.2 研制经济性分析

3.2.1 产品使用的效费比分析

×××

3.2.2 与国内相关产品研制费用的比较分析

该产品属于军用装备，因保密原因，国内其他单位相关产品信息较难获得。与本单位早期研制的同类产品进行比较，无论从技术复杂度、研制工作量、制造难度和工作量以及试验项目要求等方面，新产品均远远超过以前的同类产品，此外，还需要考虑××年来CPI、人力资源成本、能源、原材料等上涨因素。通过开展价值工程，借鉴成熟经验，采取优化设计、优化工艺总方案、元器件竞价采购、择优选用等方法控制成本，加强管理，保证质量，提高效益。综上所述，产品研制经费开支基本合理。

3.3 后续购置的经济性预测

3.3.1 单位产品成本价格构成预测

根据《军品价格管理办法》的有关规定，对单位产品成本价格构成进行了预测，详见表16。

表16 单位产品成本价格构成预测

承研承研单位： 金额单位：万元

序号	产品名称	配套数量	制造成本					期间费用			定价成本	利润	价格	工时定额	备注
			直接材料费	直接人工	制造费用	军品专项费用	小计	管理费用	财务费用	小计					
	合计														
一															
1															
2															

(续)

序号	产品名称	配套数量	制造成本					期间费用			定价成本	利润	价格	工时定额	备注
			直接材料费	直接人工	制造费用	军品专项费用	小计	管理费用	财务费用	小计					
二															
1															
2															
总计															

单位产品成本价格的测算金额为×××万元。其中：
制造成本×××万元，包括：
a）直接材料费×××万元；
b）直接工资和其他直接支出××万元；
c）制造费用××万元；
d）军品专项费用（含专用工装费、专用测试仪器设备费、专项试验费和其他）×××万元；
期间费用××万元，包括：
a）管理费用××万元；
b）财务费用××万元。
单位产品的工时消耗为×××h。

3.3.2 原材料消耗定额预测分析

按照技术配套表确定的项目，对原材料消耗定额进行了预测分析，见表17。

表17 直接材料预测分析表

金额单位：万元

序号	产品名称	投产数量	原材料	外协件	外购配套件	燃料动力费	备注
	合计						
一							
1							
2							

3.3.3 专项费用汇总分析

军工专项费用主要由专用工装成本分摊、专项试验费用、专用测算设备费用等构成。

按技术配套表确定的项目，进行了专项费用汇总分析。其中：工装成本方面,与其他可比军工产品相比,根据军工产品研制生产中将采用工装的数量、种类,包括外购与自制成本的变化情况,得出工装费用增减的结论;专项试验费用方面,与其他可比军工产品相比,根据专项试验的种类、次数、外部条件的变化情况,得出专项试验费用增减的结论。

专项费用汇总分析结果见表18。

表18 专项费用汇总表

金额单位:万元

序号	项 目	上批报价	本批报价	备注
	合计			
一	订货起点净损失			
	质量筛选损失			
二	专项试验费			
三	理化试验费			
	测试试验费			
	工艺试验费			
四	跟产技术服务费			
五	五万元以下零星仪器设备			
六	油封、包装费			
	运输费			
	售后服务费			
	工具、备附件、资料费			
七	工装费			
	会议费			
	专家咨询费			
	工艺及生产定型费			
	复产鉴定费			
	试生产费			
八	其他			

3.3.4 费用分配汇总分析

按照技术配套表确定的项目，进行了费用分配汇总分析，见表19。

表19 费用分配汇总表

金额单位：万元

序号	产品或任务名称	计算期制度总工时	计算期计划任务总工时	费用分配					合计	备注
				燃料动力费	工资及附加费	制造费用	管理费用	财务费用		
合计										

计算期制度总工时：指在进行订购价格预测中预计的产品启动生产至交付的周期作为计算期，按照《军品价格管理办法》规定制度工时的计算方法计算的期间制度总工时。

计算期计划任务总工时：指在进行订购价格预测中预计的产品启动生产至交付的周期作为计算期，按照研制生产单位任务情况计算的期间任务总工时

3.4 军工产品后续使用、维修经济性预测

按照使用、维修保障方案和预期寿命，对产品使用期限内必要的费用支出进行预测。

a) 使用、维修保障方案

产品采用基层级、中继级和基地级三级维修体制。基层级由使用部队实施，完成×××；中继级由维修中心实施，完成×××；基地级由修理厂或研制单位实施，完成×××。

b) 预期寿命

产品为××设备，预期寿命××年。

c) 使用期限内必要的费用支出预测

产品的使用和维修费一般包括人员工资及福利费、能耗费、维修费、培训费以及技术改造费等。

×××平均月工资×××元，按×年计：单套产品的工资费为$××_1$万元，能耗费预计为$××_2$万元；

维修费包括部队维修器材费和工厂级修理费。产品平均修复时间MTTR≤×h，通过对设计定型试验期间的使用数据进行分析，产品故障率较低，涉及维修保障工作较少。预计××年的维修费为$××_3$万元。

培训费包括各类操作和维修人员在院校、训练团和各种集训班学习期间的费用，预计×年内的各种培训费约为$××_4$万元。

技术改造费包括产品的使用维修研究、性能改善等技术改进所需费用，包括

软件升级等,预计产品的技术改造费为×××元/年,×年共×× $_5$ 万元;

综上所述,产品的使用与维修费:×× $_1$ +×× $_2$ +×× $_3$ +×× $_4$ +×× $_5$ =×× 万元。

4 有关问题的说明和建议

对于研制、后续购置、使用和维修过程中需要协调解决的经济问题,以及前文未明示的情况、其他需要说明的问题,简要叙述如下:

a) ×××;
b) ×××;
c) ×××。

范例 30　设计定型录像片解说词

30.1　编 写 指 南

1. 文件用途

设计定型录像片是根据《军工产品定型工作规定》和 GJB 1362A—2007 用于设计定型审查和定委全会审议的、介绍军工产品设计定型有关情况的录像片。主要分为：

a) 一级定委会用录像片。由二级定委组织制作，用于向一级定委全会以及一级定委专家咨询委员会介绍军工产品设计定型有关情况，以下简称Ⅰ类录像片。

b) 二级定委会用录像片。由承研承制单位制作，用于向二级定委全会介绍军工产品设计定型有关情况，以下简称Ⅱ类录像片。

c) 二级定委设计定型审查会用录像片，由承研承制单位制作，用于向设计定型审查会介绍军工产品设计定型有关情况，也可用于二级定委全会、一级定委专家咨询委员会，以下简称Ⅲ类录像片。

设计定型录像片的编制一般包括解说词编写、脚本设计、声像摄制和后期编辑。GJB/Z 170.18—2013《军工产品设计定型文件编制指南　第 18 部分：设计定型录像片》规定了军工产品设计定型录像片的编制内容和要求。军工产品鉴定录像片的编制可参照执行。

GJB 1362A—2007《军工产品定型程序和要求》将《设计定型录像片》列为设计定型文件之一。

2. 编制时机

在编制产品设计定型录像片前，编写解说词并上报审批。

3. 编制依据

主要包括：研制立项综合论证报告，研制总要求，设计定型基地试验大纲，设计定型基地试验报告，设计定型部队试验大纲，设计定型部队试验报告，产品规范，GJB 1362A—2007《军工产品定型程序和要求》，GJB/Z 170.18—2013《军工产品设计定型文件编制指南　第 18 部分：设计定型录像片》等。

4. 目次格式

按照 GJB/Z 170.18—2013《军工产品设计定型文件编制指南 第 18 部分：设计定型录像片》编写。GJB/Z 170.18—2013 规定了《设计定型录像片》的编制内容和要求，并给出了示例。

30.2 编写说明

Ⅰ类录像片解说词字数应控制在 950 字以内（不含标点符号），重大装备经一级定委办公室同意后，可适当增加。

1 片名

使用军工产品或装备全称。

2 任务来源及主要作战使命

任务来源主要介绍军工产品立项批准的部门和时间、研制总要求批准部门和时间以及主要研制单位。主要作战使命介绍承担的主要作战任务、应用环境、作战使用方式、装载平台或配套武器系统等。

示例：

20××年××月国务院、中央军委（或总装备部）批准×××装备立项研制，20××年××月总装备部批准×××装备研制总要求。（如果属于专项工程，加"该装备是×××工程项目。"）××单位为×××装备总设计师单位。该装备是×××，主要用于×××，承担×××任务，打击×××。

3 系统组成及主要战术技术指标

系统组成通常介绍构成全系统单独批准定型或单独命名的部分。主要战术技术指标描述反映该型装备完成作战使命最主要和最具特点的战术技术指标，应从研制总要求中适当选取。指标值的单位采用国家法定计量单位的中文名称。如长度用毫米、厘米、米、千米等，重量用千克、吨等。要求单位、符号前后一致。

示例：

该装备由×××、……、×××组成。

主要战术技术指标

指标名称：指标值　单位

……

4 设计定型试验情况

一般包括基地试验和部队试验两部分。

a) 基地试验主要介绍定型试验时间、承试单位、主要试验科目、主要试验结果、试验结论(可介绍试验情况及与研制总要求指标对比情况,不进行项目水平评价)。对软件产品主要描述软件定型测评情况和结果。

b) 部队试验主要介绍试验时间、承试部队、试验项目、部队评价,结论以定性评价为主。最后应说明有无定型遗留问题及解决情况。

示例:

20××年××月,×××装备在某试验基地进行了设计定型基地试验。按照设计定型试验大纲,进行了×××试验。试验中发射××枚,命中目标××枚,×××。20××年××月,×××装备在×××部队进行了设计定型部队试验,按照部队试验大纲,进行了×××试验,部队反映×××。试验结果表明,×××装备满足主要战术技术指标要求,无(有)定型遗留问题。

5 设计定型审查结论

二级定委对一级军工产品的设计定型审查(建议)结论。

示例:

×××定委审查认为,×××装备通过了设计定型试验考核,主要战术技术指标和使用性能已达到研制总要求;产品图样、技术文件完整、正确,文实相符,符合设计定型标准和要求;×××;具备设计定型条件。建议一级定委批准×××装备设计定型。

Ⅱ类录像片解说词控制在1800字以内(不含标点符号),Ⅲ类录像片解说词字数应控制在4000字以内(不含标点符号),特殊情况解说词经二级定委办公室同意后,可适当增加。

1 片名

军工产品或装备全称。

2 任务来源及主要作战使命

任务来源主要介绍军工产品立项批准的部门和时间、研制总要求批准部门和时间以及主要研制单位。主要作战使命介绍承担的主要作战任务、应用环境、作战使用方式、装载平台或配套武器系统等。

示例:

20××年××月国务院、中央军委(或总装备部)批准×××装备立项研制,20××年××月总装备部批准×××装备研制总要求(如果属于专项工程,加"该装备是×××工程项目")。×××单位为×××装备总设计师单位。该装备是×××,主要用于×××,承担×××任务,打击×××。

3 系统组成及主要战术技术指标

系统组成通常介绍构成全系统单独批准定型或单独命名的部分。主要战术技术指标描述反映该型装备完成作战使命最主要和最具特点的战术技术指标,应从研制总要求中适当选取。指标值的单位采用国家法定计量单位的中文名称。如长度用毫米、厘米、米、千米等,重量用千克、吨等。要求单位、符号前后一致。

示例:
该装备由×××、……、×××组成。
主要战术技术指标
指标名称:指标值　单位
……

4　研制过程及关键技术攻关情况

简要描述装备研制的任务分工和研制过程中的主要节点及关键技术攻关情况。

示例:
任务分工:
参加×××装备研制的单位中,×××单位负责×××;×××单位负责×××;……。

主要研制过程:
20××年××月,×××装备通过方案评审。
20××年××月,×××装备通过设计评审。
20××年××月,完成初样机研制,20××年××月,完成正样机研制。
20××年××月,在×××地进行研制试验,包括×××。
……

关键技术攻关情况:
研制过程中解决的关键技术主要包括×××。

5　设计定型试验情况

一般包括基地试验和部队试验两部分:

a) 基地试验应介绍试验基地试验大纲的批复时间和批准单位、试验基地试验时间段、承试单位、主要试验项目、主要试验结果,试验中出现的问题及其原因、问题归零情况。对软件产品主要描述软件定型测评情况和结果,包括软件定型测评大纲批准单位、测评时间、测评单位、测试的内容和代码量、测试用例数量、发现的错误种类和数量、测评结论及软件错误归零情况等。

b) 部队试验应介绍部队试验大纲的批复时间和批准单位、部队试验时间段、试验单位、试用情况、试验结论及建议。

试验结论描述试验结果与研制总要求战术技术指标对比情况,说明是否符合研制总要求,说明装备各组成部分的定型(鉴定)审查情况,以及有无定型遗留问题及解决情况。

示例：

20××年××月,×××装备在某试验基地进行了设计定型基地试验。按照×××部批准的设计定型试验大纲,进行了×××试验。试验中发射××枚,命中目标××枚,×××。针对试验中出现的×××问题,采取×××措施,问题已全部归零。20××年××月,×××装备在×××部队进行了设计定型部队试验,按照×××部批准的部队试验大纲,进行了×××试验,部队认为×××。试验结果表明,×××装备满足主要战术技术指标要求,无(有)定型遗留问题。

6 设计定型审查结论或设计定型建议

Ⅱ类录像片中该部分标题为"设计定型审查结论"。内容引用二级定委组织的设计定型审查会的审查结论。

Ⅲ类录像片中该部分标题为"设计定型建议"。内容主要描述产品符合设计定型标准和要求的程度。

30.3 编写示例

下面提供一个Ⅲ类录像片解说词的编写示例。Ⅰ类录像片解说词和Ⅱ类录像片解说词可在此基础上根据30.2编写说明进行提炼。

×××(产品名称)

一、任务来源及主要作战使命

20××年××月国务院、中央军委(或总装备部)批准×××(产品名称)立项研制,20××年××月总装备部批准×××(产品名称)研制总要求。×××(产品名称)是×××工程项目,主要用于×××,承担×××任务。×××(承制单位)为总设计师单位。

二、系统组成及主要战术技术指标

×××(产品名称)由×××、……、×××组成。

主要战术技术指标：

×××(指标1名称)：×××(指标值　计量单位)

×××(指标2名称)：×××(指标值　计量单位)

……

三、研制过程及关键技术攻关情况

任务分工：

参加×××(产品名称)研制的单位中,×××(总体研制单位)负责×××；

×××(配套研制单位)负责×××;……。

主要研制过程：
20××年××月,通过方案评审;
20××年××月,通过设计评审;
20××年××月,完成初样机研制;
20××年××月,完成正样机研制;
20××年××月,在×××(试验地点)完成×××研制试验;
20××年××月,在×××(试验地点)完成设计定型基地试验;
20××年××月,在×××(试验地点)完成设计定型部队试验。

关键技术攻关情况：
研制过程中解决的关键技术主要包括×××、……、×××。

四、设计定型试验情况

×××(产品名称)已完成了功能性能试验、环境鉴定试验、可靠性鉴定试验、电磁兼容性试验、软件定型测评、试飞(试车、试航)等基地试验,以及部队试验,简要情况说明如下：

（一）设计定型功能性能试验

20××年××月××日至20××年××月××日,×××(承试单位)按照批准的设计定型功能性能试验大纲,在×××(试验地点)完成了设计定型功能性能试验,主要试验内容包括×××、……、×××等××项,试验结果表明,产品功能性能满足研制总要求。

（二）设计定型电磁兼容性试验

20××年××月××日至20××年××月××日,×××(承试单位)按照批准的设计定型电磁兼容性试验大纲,在×××(试验地点)完成了CE×××、……、CE×××、RE×××、……、RE×××、CS×××、……、CS×××、RS×××、……、RS×××等××项电磁兼容性试验,试验结果表明产品电磁兼容性满足研制总要求。

（三）设计定型环境鉴定试验

20××年××月××日至20××年××月××日,×××(承试单位)按照批准的设计定型环境鉴定试验大纲,在×××(试验地点)完成了设计定型环境鉴定试验,主要试验内容包括低温贮存、低温工作、高温贮存、高温工作、温度冲击、温度—高度、功能振动、耐久振动、加速度、冲击、运输振动、湿热、霉菌、盐雾等××项,试验结果表明产品环境适应性满足研制总要求。

（四）设计定型可靠性鉴定试验

20××年××月××日至20××年××月××日,×××(承试单位)按照批准的设计定型可靠性鉴定试验大纲,在×××(试验地点)完成了设计定型可靠性鉴定试验,试验采用方案17,总试验时间×××h,出现×个故障,试验结果表明产品可靠性满足研制总要求。

(五) 软件定型测评

×××(产品名称)软件共有××个,分别是:×××软件、……、×××软件。其中,关键软件××个,重要软件××个,一般软件××个。

20××年××月××日至20××年××月××日,×××(承试单位)按照批准的软件定型测评大纲,在×××(试验地点)对软件(版本号×××—×××)完成了定型测评,共进行了文档审查、代码审查、系统测试、强度测试和余量测试等××项。针对测试中发现的所有问题,研制单位进行了处理,定型测试机构也全部进行了回归测试,保障了软件质量。

(六) 设计定型试飞(试车、试航)

20××年××月××日至20××年××月××日,×××(承试单位)按照批准的设计定型试飞(试车、试航)大纲,在×××(试验地点)完成了设计定型试飞(试车、试航),主要试验内容包括×××、……、×××等××项,试飞(试车、试航)时间×××h××min,试验结果表明产品功能性能满足研制总要求。

(七) 设计定型部队试验

20××年××月××日至20××年××月××日,×××(承试部队)按照批准的设计定型部队试验大纲,在×××(试验地点)完成了设计定型部队试验,主要试验内容包括×××、……、×××等××项,试飞(试车、试航)时间×××h××min,重点考核作战使用性能和部队适用性。试验结果表明,产品作战使用性能和部队适用性均达到相关指标的要求,试验过程中没有发现产品存在严重的设计缺陷,存在的一些一般性问题,在研制单位的配合下进行了改进,效果良好。通过试验过程、结果和存在问题的综合分析,产品满足作战使用性能和部队适用性要求,通过部队试验。

五、设计定型建议

1. 研制单位已完成了×××(产品名称)全部研制工作,产品技术状态已冻结,经设计定型基地试验和部队试验表明,产品功能性能达到了《×××(产品名称)研制总要求》和部队使用要求。

2. 研制过程中贯彻了《装备全寿命标准化工作规定》和《武器装备研制生产标准化工作规定》,产品符合全军装备体制、装备技术体制和通用化、系列化、组合化要求。

3. 设计定型文件完整、准确、协调、规范,符合 GJB 1362A—2007 和 GJB/Z 170—2013 的规定;软件文档符合 GJB 438B—2009 的规定;产品规范和图样可以指导产品小批量生产和验收,技术说明书和使用维护说明书满足部队使用要求。

4.产品配套齐全,配套的二级产品×个,三级或三级以下产品××个,均已完成逐级考核,通过设计定型/鉴定审查;产品配套软件已通过定型测评,版本固定,符合《军用软件产品定型管理办法》要求;关键工艺已通过考核,工艺文件、工装设备等均能够满足小批量生产的需要。

5.主要配套产品、设备、零部件、元器件、原材料质量可靠,有稳定的供货来源,进口电子元器件规格比为×%,数量比为×%,数费比为×%,没有使用红色等级进口电子元器件,使用紫色、橙色、黄色等级进口电子元器件比例为×%,符合研制总要求和总装备部关于武器装备使用进口电子元器件管理办法等相关要求。

6.研制单位具备国家认可的武器装备研制、生产资格,质量管理体系运行有效,在产品研制过程中认真贯彻《武器装备质量管理条例》,研制过程质量受控,出现的技术质量问题均已归零,无遗留技术问题。

×××(产品名称)符合军工产品设计定型标准和要求,建议批准设计定型。

参 考 文 献

[1] GB/T 131—2006. 产品几何技术规范(GPS) 技术产品文件中表面结构的表示法.
[2] GB/T 191—2008. 包装储运图示标志.
[3] GB/T 192—2003. 普通螺纹 基本牙型.
[4] GB/T 193—2003. 普通螺纹 直径与螺距系列.
[5] GB/T 196—2003. 普通螺纹 基本尺寸.
[6] GB/T 197—2003. 普通螺纹 公差.
[7] GB/T 1031—2009. 产品几何技术规范(GPS) 表面结构 轮廓法 表面粗糙度参数及其数值.
[8] GB/T 1182—2008. 产品几何技术规范(GPS) 几何公差 形状方向位置和跳动公差标注.
[9] GB/T 1184—1996. 形状和位置公差 未注公差值.
[10] GB/T 1800—1997. 极限与配合.
[11] GB/T 2516—2003. 普通螺纹 极限偏差.
[12] GB 3100—1993. 量和单位 国际单位制及其应用.
[13] GB 3101—1993. 量和单位 有关量、单位和符号的一般原则.
[14] GB 3102—1993. 量和单位系列标准.
[15] GB/T 3505—2009. 产品几何技术规范(GPS) 表面结构轮廓法术语、定义及表面结构参数.
[16] GB/T 4457~4459—1984. 机械制图.
[17] GB/T 4728—1985. 电气简图用图形符号.
[18] GB/T 5489—1985. 印制板制图.
[19] GB/T 5465.1—2008. 电气设备用图形符号 第1部分:概述与分类.
[20] GB/T 5465.2—2008. 电气设备用图形符号 第2部分:图形符号.
[21] GB/T 6988—2008. 电气技术用文件的编制.
[22] GB/T 7027—2002. 信息分类和编码的基本原则与方法.
[23] GB/T 7714—2005. 文后参考文献著录规则.
[24] GB/T 14689—2008. 技术制图 图纸幅面和规格.
[25] GB/T 14690—1993. 技术制图 比例.
[26] GB/T 14691—1993. 技术制图 字体.
[27] GB/T 14692—1993. 技术制图 投影法.
[28] GB/T 15834—1995. 标点符号用法.
[29] GB/T 15835—1995. 出版物上数字用法的规定.
[30] GJB 0.1—2001. 军用标准文件编制工作导则 第1部分:军用标准和指导性技术文件编写规定.
[31] GJB 0.2—2001. 军用标准文件编制工作导则 第2部分:军用规范编写规定.
[32] GJB 0.3—2001. 军用标准文件编制工作导则 第3部分:出版印刷规定.
[33] GJB 145A—1993. 防护包装规范.

[34] GJB 150—1986. 军用设备环境试验方法.

[35] GJB 150A—2009. 军用装备实验室环境试验方法.

[36] GJB 151A—1997. 军用设备和分系统电磁发射和敏感度要求.

[37] GJB 152A—1997. 军用设备和分系统电磁发射和敏感度测量.

[38] GJB 179A—1996. 计数抽样检查程序及表.

[39] GJB 181—1986. 飞机供电特性及对用电设备的要求.

[40] GJB 181A—2003. 飞机供电特性.

[41] GJB 181B—2012. 飞机供电特性.

[42] GJB 190—1986. 特性分类.

[43] GJB 289A—1997. 数字式时分制指令/响应型多路传输数据总线.

[44] GJB 358—1987. 军用飞机电搭接技术要求.

[45] GJB 368A—1994. 装备维修性通用大纲.

[46] GJB 368B—2009. 装备维修性工作通用要求.

[47] GJB 438A—1997. 武器系统软件开发文档.

[48] GJB 438B—2009. 军用软件开发文档通用要求.

[49] GJB 439A—2013. 军用软件质量保证通用要求.

[50] GJB 450A—2004. 装备可靠性工作通用要求.

[51] GJB 451A—2005. 可靠性维修性保障性术语.

[52] GJB 466—1988. 理化试验质量控制规范.

[53] GJB 467—1988. 工序质量控制要求.

[54] GJB 467A—2008. 生产提供过程质量控制.

[55] GJB 480A—1995. 金属镀覆和化学覆盖工艺.

[56] GJB 481—1988. 焊接质量控制要求.

[57] GJB 509B—2008. 热处理工艺质量控制.

[58] GJB 546A—1996. 电子元器件质量保证大纲.

[59] GJB 546B—2011. 电子元器件质量保证大纲.

[60] GJB 571A—2005. 不合格品管理.

[61] GJB 593—1988. 无损检测质量控制规范.

[62] GJB 630A—1998. 飞机质量与可靠性信息分类和编码要求.

[63] GJB 726A—2004. 产品标识和可追溯性要求.

[64] GJB 786—1989. 预防电磁场对军械危害的一般要求.

[65] GJB 813—1990. 可靠性模型的建立和可靠性预计.

[66] GJB 832A—2005. 军用标准文件分类.

[67] GJB 841—1990. 故障报告、分析和纠正措施系统.

[68] GJB 897A—2004. 人—机—环境系统工程术语.

[69] GJB 899—1990. 可靠性鉴定和验收试验.

[70] GJB 899A—2009. 可靠性鉴定和验收试验.

[71] GJB 900—1990. 系统安全性通用大纲.

[72] GJB 900A—2012. 装备安全性工作通用要求.

[73] GJB 904A—1999. 锻造工艺质量控制要求.

[74] GJB 905—1990. 熔模铸造工艺质量控制.

[75] GJB 906—1990. 成套技术资料质量管理要求.

[76] GJB 907A—2006. 产品质量评审.

[77] GJB 908A—2008. 首件鉴定.

[78] GJB 909A—2005. 关键件和重要件的质量控制.

[79] GJB 939—1990. 外购器材的质量管理.

[80] GJB 1032—1990. 电子产品环境应力筛选方法.

[81] GJB 1091—1991. 军用软件需求分析.

[82] GJB 1181—1991. 军用装备包装、装卸、贮存和运输通用大纲.

[83] GJB 1182—1991. 防护包装和装箱等级.

[84] GJB 1267—1991. 军用软件维护.

[85] GJB 1268A—2004. 军用软件验收要求.

[86] GJB 1269A—2000. 工艺评审.

[87] GJB 1309—1991. 军工产品大型试验计量保证与监督要求.

[88] GJB 1310A—2004. 设计评审.

[89] GJB 1317A—2006. 军用检定规程和校准规程编写通用要求.

[90] GJB 1330—1991. 军工产品批次管理的质量控制要求.

[91] GJB 1362A—2007. 军工产品定型程序和要求.

[92] GJB 1364—1992. 装备费用—效能分析.

[93] GJB 1371—1992. 装备保障性分析.

[94] GJB 1378A—2007. 装备以可靠性为中心的维修分析.

[95] GJB 1389A—2005. 系统电磁兼容性要求.

[96] GJB 1404—1992. 器材供应单位质量保证能力评定.

[97] GJB 1405A—2006. 装备质量管理术语.

[98] GJB 1406A—2005. 产品质量保证大纲要求.

[99] GJB 1407—1992. 可靠性增长试验.

[100] GJB 1442A—2006. 检验工作要求.

[101] GJB 1443—1992. 产品包装、装卸、运输、贮存的质量管理要求.

[102] GJB 1452A—2004. 大型试验质量管理要求.

[103] GJB 1686—1993. 装备质量与可靠性信息管理要求.

[104] GJB 1686A—2005. 装备质量信息管理通用要求.

[105] GJB 1710A—2004. 试制和生产准备状态检查.

[106] GJB 1775—1993. 装备质量与可靠性信息分类和编码通用要求.

[107] GJB 1909—1994. 装备可靠性维修性参数选择和指标确定要求.

[108] GJB 1909A—2009. 装备可靠性维修性保障性要求论证.

[109] GJB 2041—1994. 军用软件接口设计要求.

[110] GJB 2072—1994. 维修性试验与评定.

[111] GJB 2102—1994. 合同中质量保证要求.

[112] GJB 2115—1994. 军用软件项目管理规程.

[113] GJB 2116—1994. 武器装备研制项目工作分解结构.

[114] GJB 2240—1994. 常规兵器定型试验术语.

[115] GJB 2255—1994. 军用软件产品.

[116] GJB 2353—1995. 设备和零件的包装程序.

[117] GJB 2366A—2007. 试制过程的质量控制.

[118] GJB 2434A—2004. 军用软件产品评价.

[119] GJB 2547—1995. 装备测试性大纲.

[120] GJB 2547A—2012. 装备测试性工作通用要求.

[121] GJB 2691—1996. 军用飞机设计定型飞行试验大纲和报告要求.

[122] GJB 2712A—2009. 装备计量保障中心测量设备和测量过程的质量控制.

[123] GJB 2715A—2009. 军事计量通用术语.

[124] GJB 2725A—2001. 测试实验室和校准实验室通用要求.

[125] GJB 2737—1996. 武器装备系统接口控制要求.

[126] GJB 2742—1996. 工作说明编写要求.

[127] GJB 2786—1996. 武器系统软件开发.

[128] GJB 2786A—2009. 军用软件开发通用要求.

[129] GJB 2873—1997. 军事装备和设施的人机工程设计准则.

[130] GJB 2961—1997. 修理级别分析.

[131] GJB 2993—1997. 武器装备研制项目管理.

[132] GJB 3206A—2010. 技术状态管理.

[133] GJB 3207—1998. 军事装备和设施的人机工程要求.

[134] GJB 3273—1998. 研制阶段技术审查.

[135] GJB 3363—1998. 生产性分析.

[136] GJB 3385—1998. 测试与诊断术语.

[137] GJB 3404—1998. 电子元器件选用管理要求.

[138] GJB 3660—1999. 武器装备论证评审要求.

[139] GJB 3677A—2006. 装备检验验收程序.

[140] GJB 3837—1999. 装备保障性分析记录.

[141] GJB 3870—1999. 武器装备使用过程质量信息反馈管理.

[142] GJB 3872—1999. 装备综合保障通用要求.

[143] GJB 3885A—2006. 装备研制过程质量监督要求.

[144] GJB 3886A—2006. 军事代表对承制单位型号研制费使用监督要求.

[145] GJB 3887A—2006. 军事代表参加装备定型工作程序.

[146] GJB 3888—1999. 军事代表参与武器装备研制合同管理要求.

[147] GJB 3898A—2006. 军事代表参与装备采购招标工作要求.

[148] GJB 3899A—2006. 大型复杂装备军事代表质量监督体系工作要求.

[149] GJB 3900A—2006. 装备采购合同中质量保证要求的提出.

[150] GJB 3916A—2006. 装备出厂检查、交接与发运质量工作要求.

[151] GJB 3919A—2006. 封存生产线质量监督要求.

[152] GJB 3920A—2006. 装备转厂、复产鉴定质量监督要求.

[153] GJB 3966—2000. 被测单元与自动测试设备兼容性通用要求.

[154] GJB 4050—2000.武器装备维修器材保障通用要求.

[155] GJB 4054—2000.武器装备论证手册编写规则.

[156] GJB 4072A—2006.军用软件质量监督要求.

[157] GJB 4239—2001.装备环境工程通用要求.

[158] GJB 4355—2002.备件供应规划要求.

[159] GJB 4599—1992.军工定型产品文件、资料报送要求.

[160] GJB 4757—1997(GJB/Z 20376—1997).武器装备技术通报编制规范.

[161] GJB 4771—1997.航空军工产品技术说明书编写基本要求.

[162] GJB 4827—1998(GJB/Z 20484—1998).装甲车辆经济性评定.

[163] GJB 5000—2003.军用软件能力成熟度模型.

[164] GJB 5000A—2008.军用软件研制能力成熟度模型.

[165] GJB 5109—2004.装备计量保障通用要求检测和校准.

[166] GJB 5159—2004.军工产品定型电子文件要求.

[167] GJB 5234—2004.军用软件验证和确认.

[168] GJB 5235—2004.军用软件配置管理.

[169] GJB 5236—2004.军用软件质量度量.

[170] GJB 5238—2004.装备初始训练与训练保障要求.

[171] GJB 5283—2004.武器装备发展战略论证通用要求.

[172] GJB 5432—2005.装备用户技术资料规划与编制要求.

[173] GJB 5439—2005.航空电子接口控制文件编制要求.

[174] GJB 5570—2006.机载设备故障分析手册编制要求.

[175] GJB 5572—2006.机载设备维修手册编制要求.

[176] GJB 5707—2006.装备售后技术服务质量监督要求.

[177] GJB 5708—2006.装备质量监督通用要求.

[178] GJB 5709—2006.装备技术状态管理监督要求.

[179] GJB 5710—2006.装备生产过程质量监督要求.

[180] GJB 5711—2006.装备质量问题处理通用要求.

[181] GJB 5712—2006.装备试验质量监督要求.

[182] GJB 5713—2006.装备承制单位资格审查要求.

[183] GJB 5714—2006.外购器材质量监督要求.

[184] GJB 5715—2006.引进装备检验验收程序.

[185] GJB 5852—2006.装备研制风险分析要求.

[186] GJB 5880—2006.软件配置管理.

[187] GJB 5881—2006.技术文件版本标识及管理要求.

[188] GJB 5882—2006.产品技术文件分类与代码.

[189] GJB 5922—2007.飞机技术通报编制要求.

[190] GJB 5967—2007.保障设备规划与研制要求.

[191] GJB 6177—2007.军工产品定型部队试验试用大纲通用要求.

[192] GJB 6178—2007.军工产品定型部队试验试用报告通用要求.

[193] GJB 6387—2008.武器装备研制项目专用规范编写规定.

[194] GJB 6388—2008. 装备综合保障计划编制要求.

[195] GJB 6921—2009. 军用软件定型测评大纲编制要求.

[196] GJB 6922—2009. 军用软件定型测评报告编制要求.

[197] GJB 7686—2012. 装备保障性试验与评价要求.

[198] GJB 9001A—2001. 质量管理体系要求.

[199] GJB 9001B—2009. 质量管理体系要求.

[200] GJB/Z 3—1988. 军工产品售后技术服务.

[201] GJB/Z 4—1988. 质量成本管理指南.

[202] GJB/Z 16—1991. 军工产品质量管理要求与评定导则.

[203] GJB/Z 17—1991. 军用装备电磁兼容性管理指南.

[204] GJB/Z 23—1991. 可靠性和维修性工程报告编写一般要求.

[205] GJB/Z 27—1992. 电子设备可靠性热设计手册.

[206] GJB/Z 34—1993. 电子产品定量环境应力筛选指南.

[207] GJB/Z 35—1993. 元器件降额准则.

[208] GJB/Z 57—1994. 维修性分配与预计手册.

[209] GJB/Z 69—1994. 军用标准的选用和剪裁导则.

[210] GJB/Z 72—1995. 可靠性维修性评审指南.

[211] GJB/Z 77—1995. 可靠性增长管理手册.

[212] GJB/Z 89—1997. 电路容差分析指南.

[213] GJB/Z 91—1997. 维修性设计技术手册.

[214] GJB/Z 94—1997. 军用电气系统安全设计手册.

[215] GJB/Z 99—1997. 系统安全工程手册.

[216] GJB/Z 102—1997. 软件可靠性和安全性设计准则.

[217] GJB/Z 102A—2012. 军用软件安全性设计指南.

[218] GJB/Z 105—1998. 电子产品防静电放电控制手册.

[219] GJB/Z 106A—2005. 工艺标准化大纲编制指南.

[220] GJB/Z 108A—2006. 电子设备非工作状态可靠性预计手册.

[221] GJB/Z 113—1998. 标准化评审.

[222] GJB/Z 114—1998. 新产品标准化大纲编制指南.

[223] GJB/Z 114A—2005. 产品标准化大纲编制指南.

[224] GJB/Z 127A—2006. 装备质量管理统计方法应用指南.

[225] GJB/Z 131—2002. 军事装备和设施的人机工程设计手册.

[226] GJB/Z 134—2002. 人机工程实施程序指南.

[227] GJB/Z 141—2004. 军用软件测试指南.

[228] GJB/Z 142—2004. 军用软件安全性分析指南.

[229] GJB/Z 145—2006. 维修性建模指南.

[230] GJB/Z 147—2006. 装备综合保障评审指南.

[231] GJB/Z 151—2007. 装备保障方案和保障计划编制指南.

[232] GJB/Z 170—2013. 军工产品设计定型文件编制指南.

[233] GJB/Z 171—2013. 武器装备研制项目风险管理指南.

[234] GJB/Z 215.1—2004. 军工材料管理要求 第1部分:研制.
[235] GJB/Z 215.2—2004. 军工材料管理要求 第2部分:选用.
[236] GJB/Z 215.3—2004. 军工材料管理要求 第3部分:采购.
[237] GJB/Z 220—2005. 军工企业标准化工作导则.
[238] GJB/Z 299C—2006. 电子设备可靠性预计手册.
[239] GJB/Z 379A—1992. 质量管理手册编制指南.
[240] GJB/Z 457—2006. 机载电子设备通用指南.
[241] GJB/Z 594A—2000. 金属镀覆层和化学覆盖层选择原则与厚度系列.
[242] GJB/Z 768A—1998. 故障树分析指南.
[243] GJB/Z 1391—2006. 故障模式、影响及危害性分析指南.
[244] GJB/Z 1687A—2006. 军工产品承制单位内部质量审核指南.
[245] GJB/Z 20221—1994. 武器装备论证通用规范.
[246] GJB/Z 20517—1998. 武器装备寿命周期费用估算.
[247] 总参谋部,国防科工委,国家计委,财政部. 常规武器装备研制程序.〔1995〕技综字第2709号.
[248] 总参谋部,国防科工委,国家计委,财政部. 战略武器装备研制程序.〔1995〕技综字第2709号.
[249] 总参谋部,国防科工委,国家计委,财政部. 人造卫星研制程序.〔1995〕技综字第2709号.
[250] 中央军委. 中国人民解放军装备条例.〔2000〕军字第96号.
[251] 中央军委. 中国人民解放军装备采购条例.〔2002〕军字第5号.
[252] 中央军委. 中国人民解放军装备科研条例.〔2004〕军字第4号.
[253] 国防科工委. 武器装备研制项目招标管理办法.〔1995〕技综字第2033号.
[254] 中华人民共和国招标投标法. 九届全国人大11次会议,1999年8月30日通过.
[255] 国务院,中央军委. 武器装备研制合同暂行办法.〔1987〕7号.
[256] 总参谋部,国防科工委,国家计委. 武器装备研制合同暂行办法实施细则.〔1995〕技综字第2439号.
[257] 财政部,总装备部. 国防科研试制费管理规定.〔2006〕132号.
[258] 财政部,国防科工委. 国防科研项目计价管理办法.〔1995〕计计字第1765号.
[259] 财政部. 军工科研事业单位财务制度.1996.
[260] 总参谋部,国防科工委,国家计委,财政部. 军品价格管理办法.1996.
[261] 国务院,中央军委. 武器装备研制设计师系统和行政指挥系统工作条例.1984年4月3日.
[262] 国务院,中央军委. 中国人民解放军驻厂军事代表工作条例.1989年9月26日.
[263] 国务院,中央军委. 武器装备质量管理条例.〔2010〕第582号.
[264] 军用软件质量管理规定.〔2005〕装字第4号.
[265] 中华人民共和国中央军事委员会. 中国人民解放军计量条例.2003年7月29日.
[266] 国防科工委. 武器装备研制的标准化工作规定.1990.
[267] 国防科工委. 武器装备研制生产标准化工作规定.2004.
[268] 总装备部. 装备全寿命标准化工作规定. 装法〔2006〕4号,2006年5月22日.
[269] 中国人民解放军总参谋部. 全军武器装备命名规定.〔1987〕参装字第379号,1987.
[270] 国务院,中央军委. 军工产品定型工作规定.〔2005〕32号.
[271] 国务院,中央军委军工产品定型委员会. 军用软件产品定型管理办法.〔2005〕军定字第62号.
[272] 总参谋部,总装备部. 中国人民解放军新型装备部队试验试用管理规定. 装法〔2014〕1号,2014.

[273] 武器装备使用进口电子元器件管理办法.装法〔2006〕3号,2006.
[274] 武器装备使用进口电子元器件管理办法实施细则.装电〔2011〕263号,2011.
[275] 武器装备研制生产使用国产军用电子元器件暂行管理办法.装法〔2011〕2号,2011.
[276] 关于在装备定型工作中加强电子元器件使用情况审查事.军定〔2011〕70号,2011.
[277] 赵卫民,吴勋,孟宪君,等.武器装备论证学.北京:兵器工业出版社,2008.
[278] 龚庆祥,赵宇,顾长鸿.型号可靠性工程手册.北京:国防工业出版社,2007.
[279] 康锐,石荣德,肖波平,等.型号可靠性维修性保障性技术规范.第1册.北京:国防工业出版社,2010.
[280] 康锐,石荣德,肖波平,等.型号可靠性维修性保障性技术规范.第2册.北京:国防工业出版社,2010.
[281] 康锐,石荣德,肖波平,等.型号可靠性维修性保障性技术规范.第3册.北京:国防工业出版社,2010.
[282] 阮镰,陆民燕,韩峰岩.装备软件质量和可靠性管理.北京:国防工业出版社,2006.
[283] 祝耀昌.产品环境工程概论.北京:航空工业出版社,2003.
[284] 秦英孝,关祥武,严勇,等.军事代表科技写作概论.北京:国防工业出版社,2004.
[285] 赵生禄,张林,张五一,等.军事代表业务技术工作概论.北京:国防工业出版社,2008.
[286] 〔美〕国防系统管理学院.系统工程管理指南.周宏佐,曹纯,陆镛,等译.北京:国防工业出版社,1991.
[287] 〔美〕防务系统管理学院.系统工程管理指南.国防科工委军用标准化中心,译.北京:宇航出版社,1992.
[288] 〔美〕国防系统管理学院.系统工程概论.军用标准化中心,译.军用标准化中心,2000.
[289] 张健壮,承文,史克禄.武器装备研制项目风险管理.北京:中国宇航出版社,2010.
[290] 刘孝峰.价值工程在军工产品目标成本管理中的应用.航天财会,2010,(3):30—33.
[291] 梅文华,罗乖林,黄宏诚,等.军工产品研制技术文件编写指南.北京:国防工业出版社,2010.
[292] 梅文华,罗乖林,黄宏诚,等.军工产品研制技术文件编写说明.北京:国防工业出版社,2011.